Heinz O. Häberle, Gregor Häberle

Einführung in die Elektroinstallation

de-FACHWISSEN

Die Fachbuchreihe
für Elektro- und Gebäudetechniker
in Handwerk und Industrie

Heinz O. Häberle, Gregor Häberle

Einführung in die Elektroinstallation

11., überarbeitete und erweiterte Auflage

Hüthig · München/Heidelberg

Produktbezeichnungen sowie Firmennamen und Firmenlogos werden in diesem Buch ohne Gewährleistung der freien Verwendbarkeit benutzt.
Von den im Buch zitierten Vorschriften, Richtlinien und Gesetzen haben stets nur die jeweils letzten oder die zum Zeitpunkt der Errichtung gültigen Ausgaben verbindliche Gültigkeit.
Autoren und Verlag haben alle Texte und Abbildungen mit großer Sorgfalt erarbeitet bzw. überprüft. Dennoch können Fehler nicht ausgeschlossen werden. Deshalb übernehmen weder Autor noch Verlag irgendwelche Garantien für die in diesem Buch gegebenen Informationen. In keinem Fall haften Autor oder Verlag für irgendwelche direkten oder indirekten Schäden, die aus der Anwendung dieser Informationen folgen.

Maßgebend für das Anwenden der Normen sind deren Fassungen mit den neuesten Ausgabedaten, die bei der VDE-Verlag GmbH, Bismarckstraße 33, 10625 Berlin und der Beuth Verlag GmbH, Burggrafenstraße 6, 10787 Berlin erhältlich sind.

Bibliografische Information der Deutschen Bibliothek
Die Deutsche Bibliothek verzeichnet diese Publikation in der Deutschen Nationalbibliografie; detaillierte bibliografische Daten sind im Internet über http://dnb.ddb.de abrufbar.

Möchten Sie Ihre Meinung zu diesem Buch abgeben?
Dann schicken Sie eine E-Mail an das Lektorat
im Hüthig Verlag:
buchservice@huethig.de
Autor und Verlag freuen sich über Ihre Rückmeldung.

ISBN 978-3-8101-0561-5

11., überarbeitete und erweiterte Auflage

Printed in Germany
Titelbild, Layout, Satz, Zeichnungen: Schwesinger, galeo:design
Titelfotos: Hintergrund: Stock-Foto ID: 624494423, everything possible
Stock-Foto ID: 1058522012, Elizabeth Foster
Rechts: SECUTEST ST BASE, Firma Gossen Metrawatt GmbH
Druck: Westermann Druck Zwickau GmbH

Vorwort zur 11. Auflage

Die Konzeption dieses Buchs erfolgte u. a. anhand von Lernfeld 1 „Elektrotechnische Systeme analysieren, Funktionen prüfen und Fehler beheben", Lernfeld 2 „Elektrische Installationen planen und ausführen" und Lernfeld 5 „Elektroenergieversorgung und Sicherheit von Anlagen und Geräten konzipieren" der Bildungspläne für die Berufe Elektroniker/-in, z. B. Elektroniker/-in für Gebäudesystemintegration oder der Fachrichtung Energie- und Gebäudetechnik. Somit ist für die Aus- und Weiterbildung zur Elektrofachkraft, auch für festgelegte Tätigkeiten (EfkffT), eine qualifizierte Unterstützung gegeben.

Das Buch ist gegliedert in 23 Hauptabschnitte, nämlich

1. Leiter und Leitungen
2. Übliche Schaltungen der Elektroinstallation
3. Schaltungen mit Dimmern
4. Energieversorgung der Elektroinstallation
5. Schutz gegen thermische Stromwirkungen
6. Schutz gegen elektrischen Schlag
7. Bemessung von Leitungen der Energietechnik
8. Verlegen der Leitungen
9. Spezielle Anforderungen
10. Anschließen der Geräte
11. Elektromagnetische Verträglichkeit EMV
12. Licht und Beleuchtung
13. Installation mit IR-Wächter
14. Elektroinstallation mit Funktechnik
15. Rollladen- und Jalousieantriebe
16. Gebäudesystemtechnik
17. Prüfung der Elektroinstallation
18. Fehlersuche in Anlagen
19. Telefon-Anschlusstechniken
20. Kommunikationsnetzwerke
21. Photovoltaikanlagen
22. Ladestationen für Elektrofahrzeuge
23. Anhang

Aufgrund technischer Erweiterungen und umfangreicher Änderungen in Normen und Bestimmungen wurde die 11. Auflage neu bearbeitet und weiter an den aktuellen Stand angepasst.

Aktualisiert wurden insbesondere z. B. die Abschnitte übliche Schaltungen der Elektroinstallation, Dimmen von LED-Lampen, Leitungsverlegung, Fehlerschutz durch automatische Abschaltung, Sicherungen, Leitungsschutzschalter, Hausanschluss, Zählerplatz, Smart-Home-Anlagen, Telefon-Anschlusstechniken, Kommunikationsnetzwerke, Photovoltaikanlagen und Ladestationen für Elektrofahrzeuge.

Neu hinzugekommen sind u. a. softwaregestützte Planung der Elektroinstallation, Austausch von Leuchstoffröhren durch LED-Röhren, Gleichzeitigkeitsfaktoren bei elektrischen Anlagen, Unterbrechungsfreie Stromversorgung (USV), Risiko- und Sicherheitsbewertung für den Einsatz von AFDD, Energieeffizienzklassen bei Leuchtmitteln, Energiemanager, Messung des Erdwiderstands, landwirtschaftliche und gartenbauliche Betriebsstätten, Mindestausstattung von Kommunikationsanlagen IuK und RuK, Bezeichnungsschlüssel für LWL, Mindesttrennabstände für Datenleitungen und Energieleitungen, Berechnung des Energieertrags bei PV-Anlagen, Prüfungen und Prüffristen bei PV-Anlagen Stromversorgung der Lademodes von Elektrofahrzeugen.

Besonderer Wert wird im Buch auf eine auch für den Nicht-Fachmann verständliche Darstellung gelegt, die zum Lernerfolg führt. Für die Berufspraxis notwendige Berechnungen werden durch übersichtliche Formeln mit Formelzeichenerklärung und Berechnungsbeispielen unterstützt.

Zahlreiche Kontrollfragen regen zum Durcharbeiten der Inhalte an. Die Lösungen befinden sich im Anhang. Die Kontrollfragen unterstützen auch die Prüfungsvorbereitung für die eingangs genannten Lernfelder.

Die Hinweise im Buch zur Handhabung von Material und Werkzeugen sind als typische Beispiele aufzufassen. Die Hersteller geben für ihre Produkte meist ebenfalls Hinweise zu deren Nutzung, die im Einzelfall von denen im Buch abweichen können. Der Einholung solcher Hinweise sowie von weiteren Informationen dient die im Anhang befindliche Liste von Web-Adressen.

Verlag und Autor danken für die zahlreichen Benutzerhinweise, die zur weiteren Verbesserung des Buches führten und sind auch künftig für konstruktive Verbesserungsvorschläge dankbar.

Frühjahr 2023 *Dr.-Ing. Gregor Häberle*

Inhaltsverzeichnis

1 Leiter und Leitungen

1.1 Allgemeine Grundsätze

Der elektrische Strom fließt in *Leitern*, die in der Regel aus Kupferdrähten bestehen. Diese Leiter sind meist isoliert und werden dann auch als *Adern* bezeichnet. *Mehraderleitungen* bestehen aus mehreren dieser Adern in einer gemeinsamen Hülle, z. B. aus Kunststoff.

Sind einzelne, zusammengehörige, aber mechanisch nicht aneinander verbundene Adern z. B. in einem isolierenden Rohr verlegt, liegt eine *Aderleitung* vor.

> Eine Leitung besteht aus mehreren Leitern, in denen der Strom zu den Verbrauchsmitteln hinfließt und zurückfließt. Sie werden meist ergänzt durch einen zusätzlichen Leiter für Schutzzwecke.

Selten werden 1-adrige Leitungen verwendet, z. B. für den Schutzpotentialausgleich (Abschnitte 4.2 und 9.5).

Elektrische Betriebsmittel, z. B. Schalter und Leuchten, werden durch Leitungen zu elektrischen Stromkreisen verbunden. Bei der nicht sichtbaren Verlegung der Leitungen ist zu berücksichtigen, dass diese später beschädigt werden können, z. B. durch nachträgliches Anbringen von Gegenständen, z. B. von Aufhängevorrichtungen für Bilder oder von Handgriffen in Baderäumen. Deshalb müssen bei der Leitungsverlegung bestimmte Regeln eingehalten werden (**Bild 1.1**).

> Elektrische Leitungen dürfen an senkrechten Wänden nur waagerecht oder senkrecht verlegt werden.

Bei schrägen Wänden, z. B. im Dachgeschoss, werden „senkrechte“ Leitungen entlang der schrägen Raumkante oder parallel dazu verlegt. Unter der Decke, z. B. in einer abgehängten Decke, sowie auf einer Decke (Fußboden-Decke) sind Leitungen mit einem Mindestabstand von 0,2 m parallel zu den Raumwänden zu verlegen.

Leitungen sollen möglichst in der Nähe von *Raumkanten* verlegt werden, also in der Nähe der Decke, des Fußbodens, einer Raumecke, einer Tür oder eines Fensters. Die in DIN 18015 angegebenen Abstände von 0,30 m und 1,10 m werden allerdings meist nur ungefähr eingehalten.

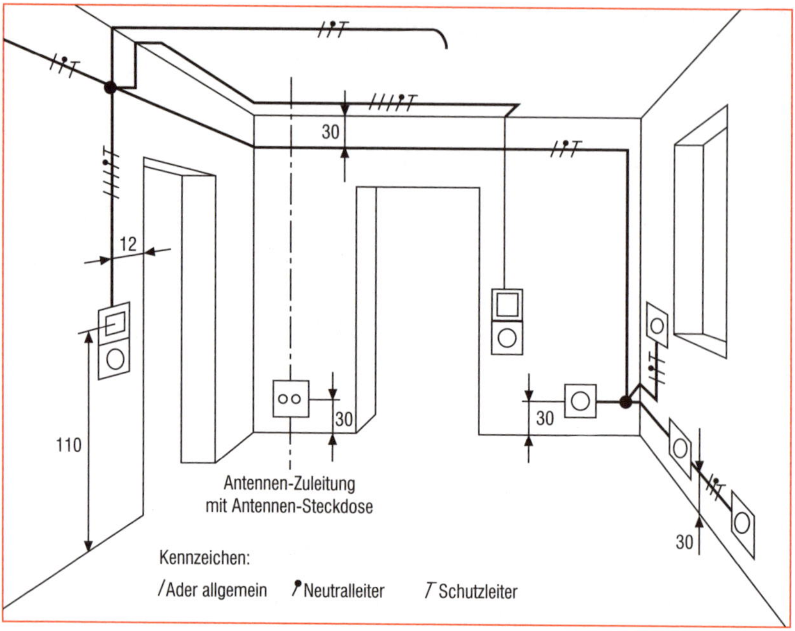

Bild 1.1 Leitungsführung in Wohnräumen nach DIN 18015, Maße in cm

> Oberhalb und unterhalb von Schaltern oder Steckdosen ist das Anbringen von Dübeln oder Nägeln zu unterlassen. In der Nähe von Raumkanten ist es ohne Kenntnis der Leitungsführung einzuschränken.

Die in Bild 1.1 angegebenen Maße können nicht immer eingehalten werden. Deshalb sind Installationszonen vorgesehen (Abschnitt 8.1). Dabei ist zu unterscheiden, ob es sich um Wohnräume handelt oder um Arbeitsräume, z. B. Küchen oder Hausarbeitsräume.

Auch *sichtbar verlegte Leitungen* werden an der Wand senkrecht oder waagerecht verlegt. Man sollte sie möglichst unauffällig verlegen, z. B. entlang von Kanten, an Türfüllungen oder über Teppichleisten.

> Das Einhalten der genannten Regeln für die Leitungsverlegung ist wichtig.

Nur dann können Bilder oder Regale an der Wand angeordnet werden, ohne elektrische Leitungen zu beschädigen. In Ausnahmefällen muss vor dem Einbringen von Haken oder Dübeln der Leitungsverlauf mit einem Leitungssuchgerät festgestellt werden (**Bild 1.2**).

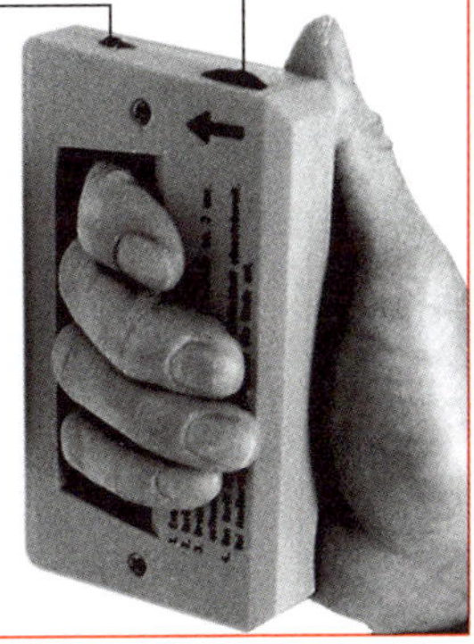

Erkennen von z. B.
- Metallbolzen,
- Metallrohren,
- Wechselstromleitungen.

Geignet für z. B.
- Gips Trockenbau,
- Sperrholzummantelung,
- Holzböden, -decken, -wände,
- tapezierte Wände.

Quelle: www.conrad.de

Bild 1.2 Leitungssuchgerät

1.2 Wichtige Leitungen der Elektroinstallation

Energieleitungen

Es gibt eine große Anzahl von Leitungsarten für die Elektroinstallation. In den meisten Fällen werden aber nur wenige verwendet. Man unterscheidet Leitungen für *feste Verlegung* (**Tabelle 1.1**) und Leitungen für *ortsveränderliche* Betriebsmittel (**Tabelle 1.2**).

Aderleitungen müssen in *Installationsrohren* oder *Installationskanälen* verlegt werden. Bei den mehradrigen Leitungen für feste Verlegung ist ein Schutz durch Rohre nur vorgeschrieben, wenn die Leitungen besonders gefährdet sind, z. B. bei Fußbodendurchführungen. Man verwendet aber für die Montage auf Putz oft Kunststoff-Montagehilfsrohre, weil sie die Verlegung erleichtern (Abschnitt 8.6).

Die Bezeichnung der Leitungen erfolgt leider noch nach zwei Systemen. Bei dem neueren Kurzzeichenschlüssel für harmonisierte Installationsleitungen (**Bild 1.3**) beginnt das Kurzzeichen mit H. Aus dem vollständigen Kurzzeichen sind die Bemessungsspannung, das Isoliermaterial, das Mantelmaterial, der Aufbau, die Aderzahl und der Querschnitt erkennbar. Die harmonisierten Leitungen werden international nach diesem System bezeichnet.

> Harmonisierte Leitungen (H) werden international einheitlich bezeichnet.

Art, Kurzzeichen	Aufbau	Bemerkungen
Aderleitungen H07V-U H07V-R H07V-K	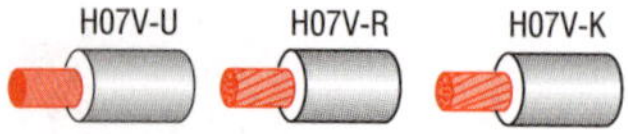	Für Verlegung in Rohren. Zur geschützten Verlegung in und an Leuchten. Zur inneren Verdrahtung von Geräten. Bemessungsspannung 450 V/750 V (450 V Spannung gegen Erde, 750 V Außenleiterspannung).
Mantelleitung NYM-J	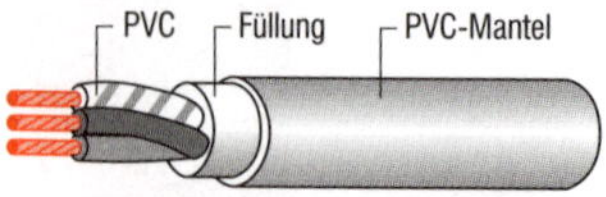	In allen Räumen und im Freien über, auf, im und unter Putz. Verlegung im Erdboden nur möglich in trockenem Rohr oder Kabelkanal. Verlegung oft mit fünf Adern. Alternative Leitung NHXMH (halogenfrei).
Kunststoffkabel NYY-J	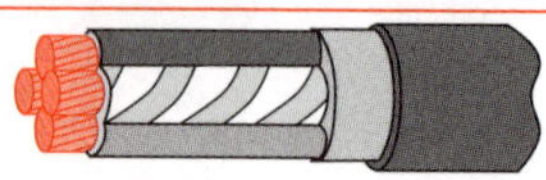	Verlegung wie bei NYM-J, aber zusätzlich zur Verlegung im Erdboden geeignet. Verlegung oft mit fünf Adern.
Stegleitung NYIF	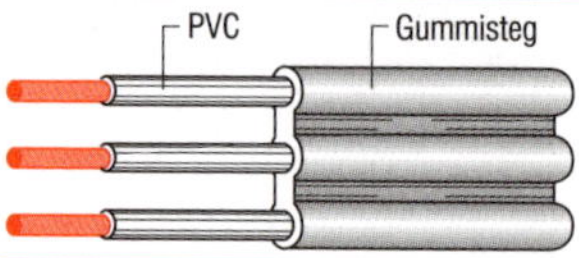	In trockenen Räumen Verlegung in Putz oder unter Putz. Nicht zur Verlegung auf Holz, in Holzhäusern, auf Metall, in Hohlräumen. Nicht für landwirtschaftliche Gebäude.

Tabelle 1.1 Wichtige Installationsleitungen für feste Verlegung

Art, Kurzzeichen	Aufbau	Bemerkungen
Zwillingsleitung H03 VH-H	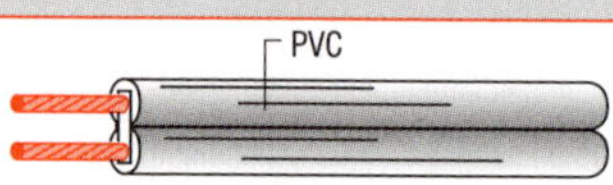	Nicht für Kochgeräte, Wärmegeräte, Werkzeuge, Gewerbe und Landwirtschaft. Bei sehr geringer mechanischer Beanspruchung, z. B. Tischleuchten, Rundfunkgeräte.
Kunststoffschlauchleitung mittlere: H05 VV-F	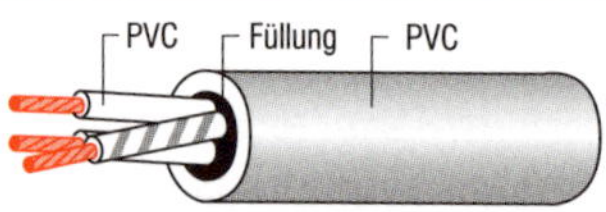	Nicht geeignet für Anwendung im Freien, im Gewerbe und in der Landwirtschaft. Im Haushalt und im Büro allgemein, auch für Wärmegeräte (sofern Leitung nicht heiß wird).
Gummiaderleitung H03 RT-F	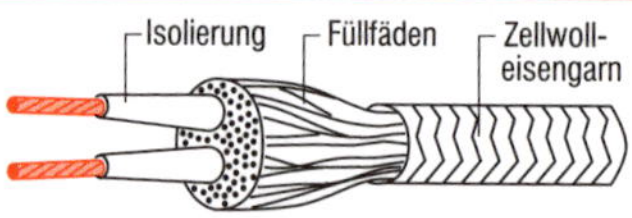	Bei geringer mechanischer Beanspruchung, jedoch gelegentliche Berührung mit heißen Gegenständen, z. B. Bügelautomaten.
Gummischlauchleitungen leichte: H05 RR-F schwere: H07 RN-F	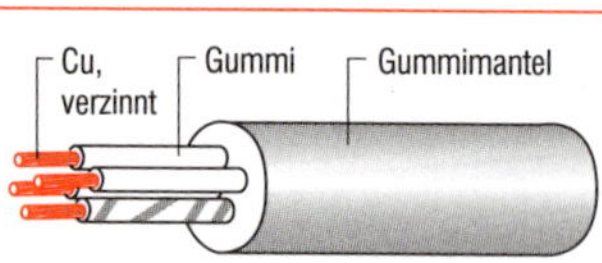 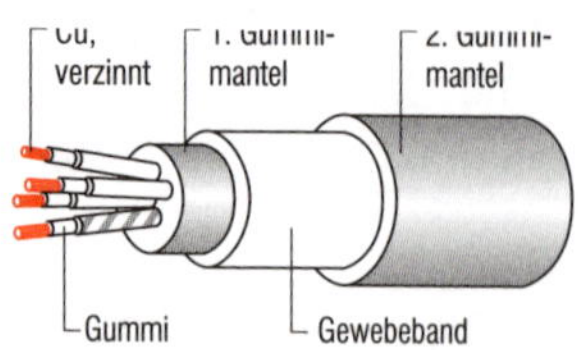	Leichte Gummischlauchleitung: Für leichte Handgeräte in Haushalt, Küche und Büroräumen. Nicht für ständige Anwendung im Freien, im Gewerbe und in der Landwirtschaft. Schwere Gummischlauchleitung: Bei mittlerer mechanischer Beanspruchung für alle Zwecke, z. B. Bohrmaschinen, transportable Motoren.

Tabelle 1.2 Leitungen für ortsveränderliche Betriebsmittel

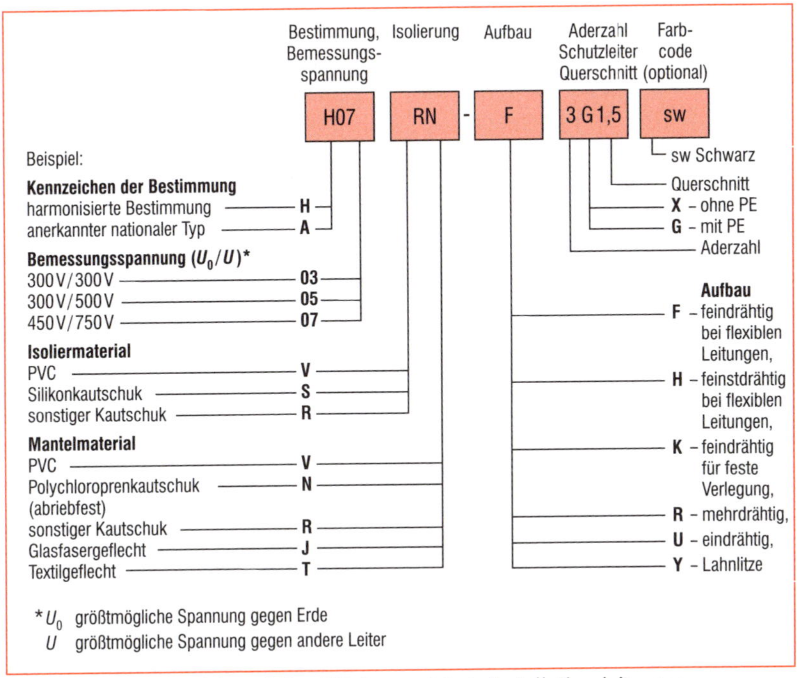

Bild 1.3 Typen-Kurzzeichenschlüssel für harmonisierte Installationsleitungen

Daneben kommen Leitungen vor, deren Kurzzeichen mit N beginnt. Sie entsprechen der deutschen Norm. Bei diesen „nicht harmonisierten“ Leitungen wird an das Kurzzeichen, z.B. NYM, ein J angehängt, wenn ein Schutzleiter vorhanden ist. Der Anhang O kennzeichnet eine Leitung ohne Schutzleiter.

Beispiele:

NYM-J 5×2,5 ist eine 5-adrige Mantelleitung mit Schutzleiter,
Leiterquerschnitt je 2,5 mm^2.

NYIF-J 3×1,5 ist eine 3-adrige Stegleitung mit Schutzleiter,
Leiterquerschnitt je 1,5 mm^2.

NYY-J 5×2,5 ist eine 5-adrige Mantelleitung mit Schutzleiter,
Leiterquerschnitt je 2,5 mm^2.

Für feste Verlegung sind Mehraderleitungen ohne Schutzleiter kaum noch erhältlich. Nach VDE 0100-410 wird nämlich verlangt, dass bei fester Verlegung für jeden Stromkreis ein Schutzleiter bis zu allen Verbrauchsmitteln und zu allen Steckdosen zu führen ist. Das gilt auch dann, wenn die Verbrauchsmittel gar keinen Anschluss für den Schutzleiter haben, z. B. bei Schutzklasse II (Abschnitt 6.3).

Wird nachfolgend im Buch die Leitung NYM oder NYY genannt, so ist immer NYM-J bzw. NYY-J gemeint.

> Mehraderleitungen für feste Verlegung enthalten in der Regel einen grüngelben Schutzleiter.

Kennzeichnung des Schutzleiters

Der Schutzleiter sorgt im Falle eines Isolationsfehlers für die Sicherheit der Anlage, z. B. durch Abschalten der Stromversorgung (Abschnitt 4.3). Er ist ein für Schutzzwecke geerdeter Leiter und wird kurz als PE (von Protection Earth = Schutzerde) bezeichnet. Die Aderisolierung des Schutzleiters ist grüngelb (abwechselnd grün und gelb).

> Grüngelb gekennzeichnete Adern dürfen nur als Schutzleiter verwendet werden, nicht also zur Stromleitung dienen.

Farbkennzeichnung des Neutralleiters

Mehraderleitungen und Kabel enthalten neben dem PE noch einen weiteren Leiter mit bestimmter Aufgabe, nämlich den Neutralleiter N. Das ist der Leiter, der ungeschaltet direkt zum Verbrauchsmittel (Last) geführt ist. Die Aderisolierung des N ist blau. Im Gegensatz zum PE darf die blaue Ader auch anderweitig verwendet werden, insbesondere dann, wenn keine Last anzuschließen ist, z. B. bei Leitungen zu einem Schalter.

> Blau gekennzeichnete Adern sind im ganzen Stromkreis ungeschaltet direkt zur Last zu führen, dürfen aber bei Schalterleitungen auch anderweitig verwendet werden.

Farbkennzeichnung von Mehraderleitungen

Die Farbkennzeichnung wird in Datenblättern und Listen meist in einem Farbcode angegeben (**Tabelle 1.3**).

Bei Mehraderleitungen und Kabeln mit höchstens fünf Adern müssen die Adern farblich gekennzeichnet sein (**Tabelle 1.4**).

Farbe	Farbe in Englisch	Farbcode, international	Farbcode, noch üblich
Schwarz	black	BK	sw
Blau	blue	BU	bl
Braun	brown	BR	br
Grau	grey	GR	gr
Grüngelb	green-yellow	GNYE	gngb

Tabelle 1.3 Farbcodes

Aderzahl	GNYE	BU	BR	BK	GR
3	X	X	X		
4	X	X	X	X	
4*	X	–	X	X	X
5	X	X	X	X	X
> 5	X	BK mit Zahlenangaben 1, 2, 3, 4, 5, 6, 7, 8 ...			

* Bei Drehstromstromkreisen ohne N-Anschluss der Last kann eine 4-adrige Leitung ohne blaue Ader verwendet werden. Zulässig ist aber auch eine 4-adrige Leitung mit blauer Ader.

Tabelle 1.4 Aderfarben von Mehraderleitungen und Kabeln

Üblich ist bei allen Mehraderleitungen und Kabeln eine grüngelbe Ader als Schutzleiter PE.

Signalleitungen

Signale werden meist mit einer niedrigen Spannung übertragen. Zur Übertragung der Signale in Anlagen mit Kleinspannung [bis 50 V Wechselspannung (AC, Alternating Current, Wechselstrom) oder bis 120 V Gleichspannung (DC, Direct Current, Gleichstrom)], z. B. Rufanlagen, Telefonanlagen, Antennenanlagen und Smart-Home-Anlagen, werden Leitungen verwendet, die erheblich schwächer isoliert sind als die Leitungen für das 230-V-Netz oder 400-V-Netz (**Tabelle 1.5**). Es sind keine großen Stromstärken erforderlich. Deshalb sind bei Signalleitungen die Leiterquerschnitte kleiner als bei den Leitungen zum Anschluss von Verbrauchern mit größerer Leistung. An Stelle des Querschnitts wird bei den Signalanlagen oft der Durchmesser angegeben. Dieser beträgt meist 0,6 mm oder 0,8 mm.

Für feste Verlegung sind die Signalleitungen ein- oder feindrähtig. Signalleitungen zum Anschluss ortsveränderlicher Geräte müssen fein- oder feinstdrähtig sein.

Bei Smart-Home-Anlagen finden meist Twisted-Pair-Leitungen als *Busleitung* (*Bus*) Anwendung (Tabelle 1.5, Abschnitte 16.5.2 und 20.3).

Art, Kurzzeichen	Aufbau	Bemerkungen
Y-Draht		1-adrig, verdrillt bis 3-adrig, eindrähtig 0,6 mm Ø und 0,8 mm Ø, Verlegung in Rohr unter Putz in trockenen Räumen.
Klingelstegleitung IFY	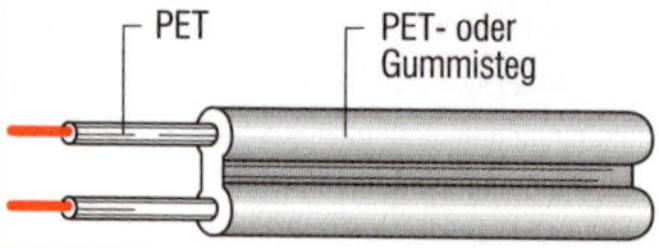	2-adrig und 3-adrig, eindrähtig 0,6 mm Ø und 0,8 mm Ø, Verlegung im Putz bei Rufanlagen in trockenen Räumen.
Kunststoffschlauchdrähte YR	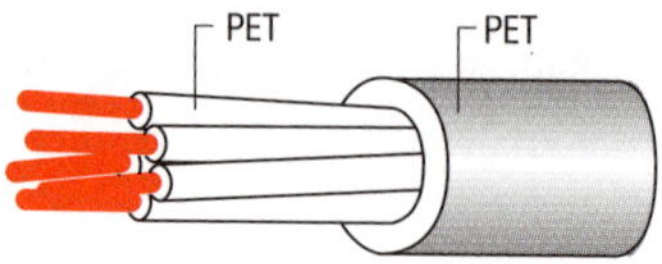	2-adrig bis 24-adrig, eindrähtig mit 0,8 mm Ø, Signalleitung in feuchten Räumen.
Twisted-Pair-Leitungen (verdrillte Doppeladerleitungen)	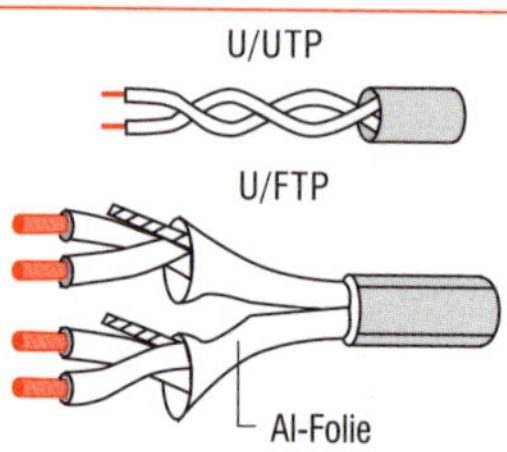	Leitungen aus einer Doppelader oder mehreren Doppeladern. UTP von Unshielded Twisted Pair = ungeschirmtes verdrilltes Paar, ohne Gesamtschirm, FTP = Twisted Pair mit Folie, S/FTP (S von Shielded) hat zusätzlich um die Doppeladern einen gemeinsamen Schirm. Je nach Qualität in Kategorie 3, 4, 5, 7 oder 8. Meistens wird Kategorie 5 oder 7 verwendet. Übliche Leitungen für Computernetze und ähnliche Anwendungen, siehe Abschnitt 11.4 und Kapitel 20.
Glasfaserleitung (Lichtwellenleitung LWL)		Der die IR-Strahlung bzw. Licht leitende Kern ist eine Glasfaser (Quarzglas) oder Kunststofffaser (Acrylglas). Multimodefaser 50 µm Ø bis 140 µm Ø (Faserkategorien OM1 bis OM5), Singlemodefaser etwa 10 µm Ø (Faserkategorien OS1, OS2), siehe Kapitel 20.
Koaxialleitung	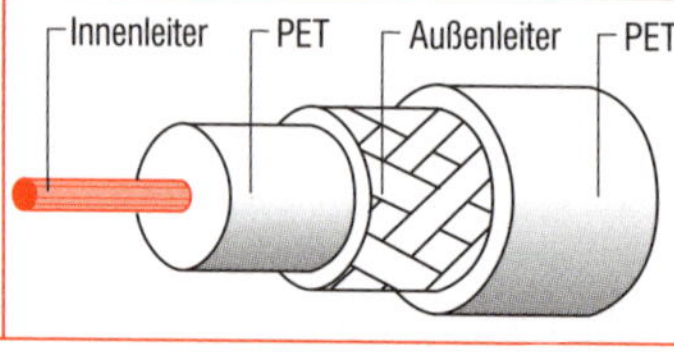	Innenleiter: ein- oder feindrähtig, 0,6 mm Ø bis 1,8 mm Ø, Außenleiter: Geflecht aus feinen Drähten oder Kupferfolie. Verlegung je nach Art der Leitung in allen Räumen möglich. Für Antennenanlagen, Rundfunk- und Fernsehanlagen sowie für ältere Datenanlagen.
Anstelle von PET (Polyethylen) z. T. auch PVC (Polyvinylchlorid) üblich.		

Tabelle 1.5 Wichtige Signalleitungen

Baustoffklassen von Kabeln und Leitungen

Abhängig vom Sicherheitsbedarf einer elektrischen Anlage in einem Gebäude sind unterschiedliche Kabel oder Leitungen zu verwenden. In Stromkreisen für Sicherheitszwecke müssen Kabel und Leitungen eine Feuerwiderstandsdauer entweder gemäß den Brandschutzbedingungen für Baustoffe oder von mindestens einer Stunde besitzen. In feuergefährdeten Betriebsstätten müssen Kabel und Leitungen aus nicht flammausbreitendem Material bestehen oder in nicht brennbaren Kabelkanälen liegen und so angeordnet sein, dass sie keinen äußeren Brand hervorrufen können. Die Leitungen NYM und NYY entwickeln im Brandfall einen giftigen Rauch, wirken aber nicht flammausbreitend. Besser geeignet in Bezug auf das Brandrisiko sind halogenfreie Kabel und Leitungen (**Tabelle 1.6**).

Für Kabel und Leitungen, die der Energieversorgung sowie zu Steuerungs- und Kommunikationszwecken in Gebäuden dienen, gilt die Bauproduktenverordnung (BauPVO, EU-Verordnung 305/2011). Daher sind verschiedene Kabel und Leitungen entsprechend ihrer Flammausbreitung bzw. Wärmeentwicklung in DIN VDE 0100-420 als Vorschlag Baustoffklassen (Brandklassen, Euroklassen) zugeordnet (**Tabelle 1.7**). Für solch eine Zuordnung müssen die Hersteller der Kabel und Leitungen allerdings Prüfungen und Bewertungen nach DIN EN 50575 (DIN VDE 0482-575) vornehmen. Nur die Herstellerangaben sind verbindlich.

Art	Kurzzeichen
Starkstromleitungen 300 V/500 V	NHXMH
	NHMH
Aderleitungen 300 V/500 V (bei 5) 0,6 kV /1 kV (bei 7)	H05ZU, H07ZU
	H07ZU, H07ZR
	H07ZK, H07ZZF
Niederspannungskabel 0,6 kV/1 kV	NHXH, NHXHX
	NHXHFE180
	NHXCHXFE 180
	N2XH, N2XCH

Tabelle 1.6 Halogenfreie Kabel und Leitungen

Baustoffklasse	Beispiele von Kabeln, Leitungen
$B2_{CA}$, C_{CA}	halogenfreie Mantelleitung NHXMH
	Kabel N2XH
	Starkstromkabel NHXHX, NHXH
	flexible Leitungen H05Z1Z1-F, H07ZZ-F
	Installationskabel J-H(ST)H, JE-H(ST)H
E_{CA}	PVC-Installationsleitung NYM
	Installationskabel NI2XY
	flexible Leitungen H03VV-F, H05VV-F
	Starkstromkabel NYY
	Installationskabel J-Y(ST)Y, JE-Y(ST)Y
Zusätzliche Angaben (siehe auch Tabelle 1.8): s1, s2 (smoke) Rauchentwicklung/-dichte; a1, a2 (acid) Säureentwicklung/Korrosivität; d0, d1 (droplets) brennende Tropfen; B2, C, E: Entflammbarkeit schwierig, gering, mittel www.cabling.datwyler.com	

Tabelle 1.7 Zuordnungsvorschlag von Kabeln und Leitungen zu den meist angewendeten Baustoffklassen

Je nach Sicherheitsbedarf in einem Gebäude sind entsprechende Kabel oder Leitungen zu verwenden. Die Kennzeichnung A_{CA} (CA von cable) bedeutet höchste Sicherheitsanforderungen. Ein derart gekennzeichnetes Kabel ist unbrennbar. Die Kennzeichnung F_{CA} steht für keine Sicherheitsanforderungen. Ein solches Kabel ist also leicht brennbar. Die Baustoffklassen werden bei Kabeln und Leitungen mit zusätzlichen Angaben versehen, welche Hinweise zur Rauchentwicklung, Säureentwicklung/Korrosivität und brennendem Abtropfen geben (**Tabelle 1.8**). Der ZVEI sieht in Bauwerken in Deutschland nur die Baustoffklassen (Brandklassen, Euroklassen) $B2_{CA}$, C_{CA} und E_{CA} vor.

> Bei der Auswahl von Kabeln und Leitungen sind Gebäudeart und Gebäudenutzung zu beachten.

Je nach Gebäudeart und Gebäudenutzung sind Kabel und Leitungen unterschiedlicher Baustoffklassen zu verlegen (**Tabelle 1.9**). Für Fluchtwege wird die Brandklasse $B2_{CA}$ s1d1a1 empfohlen. Die in Tabelle 1.9 vorgenommenen Zuordnungen sind als Vorschläge zu sehen, da erst bei der baulichen Planung die wirkliche Nutzung des Gebäudes bzw. der Räumlichkeit bekannt ist und Einfluss auf die Festlegung der Kabel und Leitungen hinsichtlich deren Baustoffklasse hat.

> Kabel und Leitungen haben ein unterschiedliches Verhalten im Falle eines Brandes.

Neben der richtigen Auswahl von Kabeln und Leitungen hinsichtlich des Brandverhaltens ist auch deren Verlegen von Bedeutung (Abschnitt 8.8).

Angabe	**Erklärung nach EN 50399**
Rauchentwicklung	
s1	Rauchentwicklung < 0,25 m^2/s
s2	Rauchwachstumsrate < 1,5 m^2/s
brennendes Abtropfen	
d0	brennendes Abtropfen < 1.200/s
d1	brennendes Abtropfen < 1.200/s, nicht länger als 10 s
Leitfähigkeit, Säuregehalt	
a1	Leitfähigkeit < 2,5 μS/mm; pH-Wert > 4,3
a2	Leitfähigkeit < 10 μS/mm; pH-Wert > 4,3

Tabelle 1.8 Zusätzliche Angaben bei den Baustoffklassen

Gebäude	Baustoffklasse
Gebäude freistehend bis 13 m hoch	E_{CA}
Hochhaus, höher 22 m	C_{CA} s1d2a1
Büro-, Verwaltungsgebäude	C_{CA} s1d2a1
Versammlungsstätte mit mehr als 200 Personen	C_{CA} s1d2a1
Gaststätten, Hotels	C_{CA} s1d2a1
Pflegeheime	$B2_{CA}$ s1d1a1
Krankenhäuser	$B2_{CA}$ s1d1a1
Fluchtwege	$B2_{CA}$ s1d1a1
Wohnheime	C_{CA} s1d2a1
Tagesstätten für Kinder oder alte Menschen	$B2_{CA}$ s1d1a1
Schulen, Hochschulen	C_{CA} s1d2a1
Freizeitparks	C_{CA} s1d2a1
Lagerstätten für Stoffe mit erhöhter Brandgefahr	$B2_{CA}$ s1d1a1
Straßentunnel	$B2_{CA}$ s1d1a1
Serverräume IT	$B2_{CA}$ s1d1a1
Tiefgaragen	C_{CA} s1d2a1

Tabelle 1.9 Zuordnung von Baustoffklassen zu Gebäuden (Vorschläge)

Kontrollfragen

1. Welche Vorgabe verlangt DIN VDE 0100-410 hinsichtlich der Verlegung von Leitungen zu Verbrauchsmitteln und Steckdosen?
2. Welche Farbe muss die Ummantelung des Schutzleiters besitzen?
3. Welche Farbkennzeichnung besitzt der Neutralleiter?
4. Welche Anforderung müssen Kabel und Leitungen in Stromkreisen für Sicherheitszwecke erfüllen?
5. Welche Kennzeichnung besitzt ein unbrennbares Kabel (welches es praktisch nicht gibt)?
6. Was versteht man unter einer Brandklasse bei Kabeln und Leitungen?
7. Welche Brandklasse wird für Fluchtwege empfohlen?
8. Welche alternativen Begriffe werden anstelle von Baustoffklasse bei Kabel und Leitungen verwendet?
9. Welche der nachfolgenden Aussagen ist richtig?
   1. Kabel und Leitungen für Sicherheitszwecke müssen eine Feuerwiderstandsdauer von bis zu 30 min besitzen.
   2. Kabel und Leitungen mit Kennzeichnung A_{CA} finden meist Anwendung.
   3. Die Nutzung eines Gebäudes hat keinen Einfluss auf die Auswahl von Kabeln und Leitungen.
   4. Kabel und Leitungen für Sicherheitszwecke müssen eine Feuerwiderstandsdauer von mindestens 1 h besitzen.
   5. Die Kabelkennzeichnung F_{CA} bedeutet feuerfest und ist daher insbesondere für Kabel in feuergefährdeten Betriebsstätten vorgesehen.

   ☐

10. Welche der nachfolgenden Aussagen ist falsch?
    1. NHXMH ist eine halogenfreie Mantelleitung.
    2. Der Schutzleiter besitzt eine besondere Farbkennzeichnung.
    3. Der Neutralleiter besitzt eine blaue Aderisolierung.
    4. Der Neutralleiter besitzt eine grüngelbe Aderisolierung.
    5. Die Installationsleitung NYM ist der Baustoffklasse E_{CA} zugeordnet.

    ☐

2 Übliche Schaltungen der Elektroinstallation

2.1 Schalter der Elektroinstallation

In der Elektroinstallation verwendet man verschiedene Schalter (**Tabelle 2.1**). Bei den Schaltzeichen unterscheiden wir die Schaltzeichen für den *Installationsschaltplan* bzw. *Installationsplan* und die Schaltzeichen für den *Stromlaufplan.*

Ansicht	Schaltzeichen für Installationsplan	Schaltzeichen für Stromlaufplan	Benennung
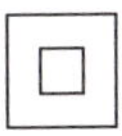			Ausschalter, ohne Beleuchtung
	a) b) 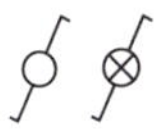	a) b) 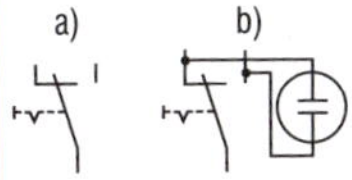	Wechselschalter, a) ohne Beleuchtung b) mit Beleuchtung
		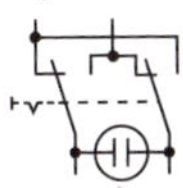	Kreuzschalter, mit Beleuchtung
		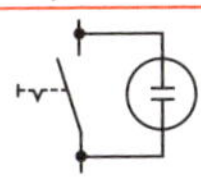	beleuchteter Schalter, hier Ausschalter (für Arbeitsstätten vorgeschrieben)
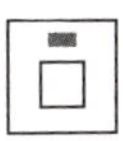	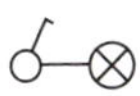	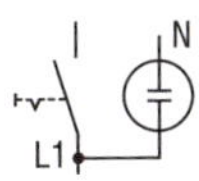	Kontroll-Ausschalter
	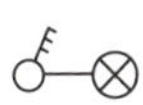	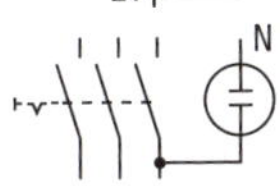	dreipoliger Kontroll-Ausschalter (z. B. als Heizungs-Notschalter)
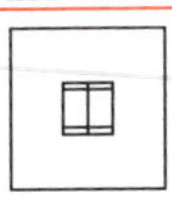		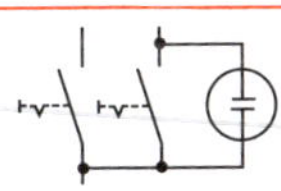	Serienschalter, mit Beleuchtung
		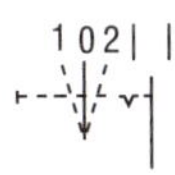	Gruppenschalter (Jalousieschalter)
		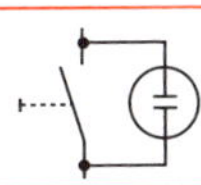	Taster, beleuchtet

Tabelle 2.1 Schalter für die Elektroinstallation (weitere Schaltzeichen siehe Anhang)

Schalter besitzen oft kleine Lichtquellen als Meldelampen. Diese haben entweder die Aufgabe im *beleuchteten Schalter* die Lage des Schalters im Dunkeln anzuzeigen oder im *Kontrollschalter* den Betriebszustand EIN oder AUS zu melden.

> Schalter der Elektroinstallation enthalten oft Lichtquellen als Meldelampen (**Tabelle 2.2**).

Der Anschluss der Meldelampen in beleuchteten Schaltern erfolgt ohne zusätzlichen Leiter so, dass der Betriebsstrom der Meldeleuchte von einem Außenleiter über die Last zum Neutralleiter fließt (**Bild 2.1**). Beim Kontrollschalter liegt die Meldelampe am geschalteten Außenleiter und dem zusätzlich zur Meldelampe geführten Neutralleiter (Bild 2.1).

> Beleuchtete Schalter erfordern keinen zusätzlichen Leiter, während für Kontrollschalter ein zusätzlicher Neutralleiter zur Meldelampe erforderlich ist.

Glimmlampen	LED-Modul (LED-Baugruppe)	vereinfachtes Symbol für beide Lichtquellen
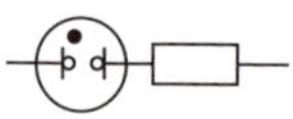	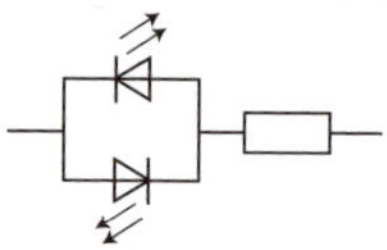	
Geeignet für AC und DC ab 100 V, es leuchten jeweils die negativen Elektroden, bei AC also nacheinander beide Elektroden. Ein hochohmiger Widerstand begrenzt den Strom.	Geeignet für AC und DC ab 6 V, es leuchten jeweils die positiven Elektroden, bei 2 LEDs an AC also nacheinander beide. Ein hochohmiger Widerstand begrenzt den Strom.	Das Symbol für beide Arten von Meldelampen entstand aus dem Glimmlampensymbol. 
AC Alternating Current = Wechselstrom DC Direct Current = Gleichstrom		

Tabelle 2.2 Meldelampen in Installationsschaltern

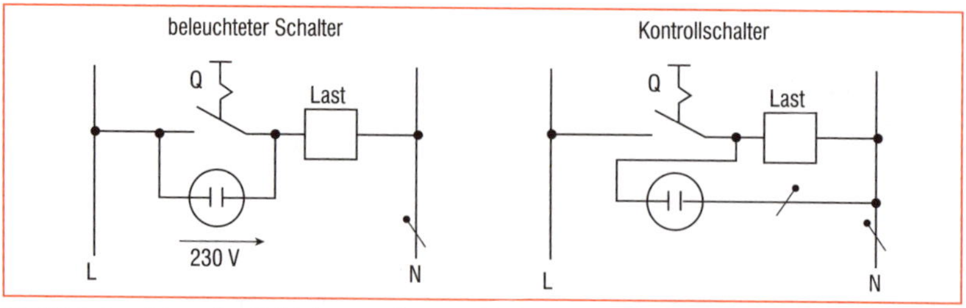

Bild 2.1 Anschluss der Meldelampen im Installationsschalter

Alle *Schalter* gibt es *mit* oder *ohne Beleuchtung*. Bei *beleuchteten Schaltern* soll die Beleuchtung das Auffinden des Schalters im Dunkeln ermöglichen. Sie ist nur im Zustand AUS des Schalters wirksam. Im Zustand EIN erlaubt ja die Beleuchtung des Raumes das Auffinden des Schalters. In Arbeitsräumen, z. B. Verkaufsräumen oder Werkstätten, müssen beleuchtete Schalter verwendet werden.

In Arbeitsräumen müssen beleuchtete Schalter verwendet werden.

Neben den beleuchteten Schaltern gibt es auch *Kontrollschalter*. Das sind Schalter, die den Schaltzustand EIN durch eine kleine Lampe anzeigen. Sie werden z. B. zum Erkennen des Schaltzustandes in einem benachbarten Raum eingesetzt.

Der *Ausschalter* dient zum Ein- und Ausschalten von einer Stelle aus. Es gibt einpolige Ausschalter für Wechselstrom und dreipolige für Drehstrom.

Wechselschalter dienen zum Ein- und zum Ausschalten von zwei Stellen. Wechselschalter können Ausschalter ersetzen und werden deshalb vom Handel auch als *Universalschalter* bezeichnet. *Doppelwechselschalter* sind zwei Wechselschalter, die zu einem Installationsschalter zusammengebaut sind, der die üblichen Abmessungen hat. *Kreuzschalter* erlauben das Ein- und das Ausschalten von mehr als zwei Stellen.

Mit einem *Serienschalter* können zwei Verbraucher von einer Stelle aus geschaltet werden. Im Prinzip besteht der Serienschalter aus zwei Ausschaltern.

Der *Gruppenschalter* (Jalousieschalter) erlaubt entweder den einen oder den anderen Verbraucher zu schalten. Der Gruppenschalter entspricht einem Wechselschalter, der in der Mitte zwischen seinen äußeren Schaltstellungen die Stellung AUS hat (Bild 15.3).

Die bisher beschriebenen Schalter behalten ihre Schaltstellung so lange, bis sie von Hand in die andere Schaltstellung gebracht werden. Bei den *Tastern* (Tastschalter) geht die Schaltstellung wieder in die Ausgangslage zurück, sobald die Betätigungskraft aufhört. Derartige Taster verwendet man z. B. als Klingeltaster in der Klingelanlage.

Installationsschalter behalten den Schaltzustand nach Betätigung bei.
Die Taster gehen nach Betätigungsende wieder in ihre Ausgangsstellung zurück.

Kennzeichnung der Anschlüsse von Schaltern

Die Anschlüsse der Schalter sind je nach Hersteller unterschiedlich gekennzeichnet (**Tabelle 2.3**).

Kennzeichnungen	Bedeutung	Bemerkungen
L oder roter Knopf der Leitersperre oder ⤨ oder →	Spannung führender Leiter (Außenleiter)	Bei Wechselschaltung auch Anschluss des Leiters zur Last.
⟷	Anschlussmöglichkeit für zwei Leiter	Zum Beispiel zum Anschluss weiterer Geräte.
⏚ oder ⏚	Schutzleiter PE oder Schutzpotentialausgleichsleiter PB (Protective Bonding)	Bei Schaltern oft vorgesehen, damit Weiterleitung von PE bzw. PB möglich.
N oder blauer Knopf der Leitersperre	Neutralleiter N	Zur Weiterleitung von N.

Tabelle 2.3 Kennzeichnung der Schalteranschlüsse (Beispiele)

Kontrollfragen

1. In welchen Richtungen dürfen elektrische Leitungen an Wänden verlegt werden?
2. Warum ist in der Nähe von Raumkanten das Anbringen von Dübeln oder Nägeln einzuschränken?
3. Nennen Sie drei wichtige Installationsleitungen für feste Verlegung.
4. Für welche Anwendungen ist die Leitung H05VV-F nicht geeignet?
5. In welchem Fall muss eine Mantelleitung in Rohren verlegt werden?
6. Welches Leitungsmaterial kommt für eine Hausklingelanlage bei Verlegung im Installationsrohr in Betracht?
7. Mit welcher Leitung verbindet man in einem Computernetz die Dateneingänge der einzelnen Computer?
8. In welchen Räumen müssen beleuchtete Schalter verwendet werden?
9. Mit welchen zwei Schaltern kann eine Ausschaltung verwirklicht werden?
10. Auf welche Weise unterscheidet sich ein Tastschalter von einem üblichen Schalter?
11. Welche Bedeutung hat ein roter Betätigungsknopf an der Leitereinführung eines Schalters?

2.2 Arten von Schaltplänen

Darstellung der Leiter und Leitungen

In Schaltplänen sind Leiter und Leitungen durch gerade Linien dargestellt (**Tabelle 2.4**). Verbindungen von Leitern, z. B. durch Klemmen, können im Schaltplan als ausgefüllte kleine Kreise („Punkte“) erscheinen, die aber auch entfallen können, wenn keine Verwechslung möglich ist. Für die Verbindung von Leitungen verwendet man leere oder auch ausgefüllte kleine Kreise.

Die verschiedenen, nach DIN EN 61082 gleichberechtigten Formen führen zu unterschiedlichen Ansichten derselben Schaltung. In der Praxis sind die wahlweisen Darstellungen aber gleich weit verbreitet und werden auch in diesem Buch so wiedergegeben.

> Stromabzweige können mit oder ohne Punkt dargestellt werden.

Eine Mischung beider Formen wird im selben Schaltplan nur dann vorgenommen, wenn ein Doppelabzweig vorkommt. Die Darstellung mit Richtungsangabe ist z. Zt. noch wenig verbreitet. Sie bietet gegenüber der Form ohne Richtungsangabe den Vorteil, dass ersichtlich ist, von wo aus die Verdrahtung erfolgen soll.

Die Aderzahl der Leitungen kennzeichnet man durch schräg verlaufende Querstriche. Bei einer 3-adrigen Leitung können drei Querstriche angegeben werden oder ein Querstrich mit einer dazugesetzten Zahl 3. Schutzleiter PE und Neutralleiter N werden dabei durch besondere Symbole gekennzeichnet (**Bild 2.2**).

Schaltzeichen	Bedeutung
	1. Leiterverbindung 2. Leiteranschluss 3. Leitungsabzweig
	1. Leitungsverbindung 2. Anschluss
a)  b) 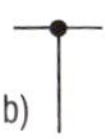	Leiterabzweig, einfach (wahlweise Darstellungen)
a)  b) 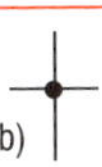	Leiterabzweig, doppelt (wahlweise Darstellungen)

Schaltzeichen	Bedeutung
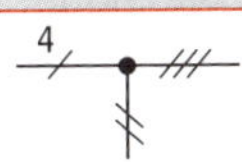	Leitungsabzweig mit Angabe der Aderzahl
	Leiterabzweig mit Richtungsangabe
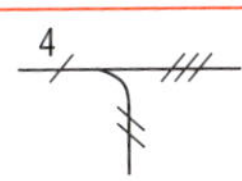	Leitungsabzweig mit Richtungsangabe und Angabe der Aderzahl
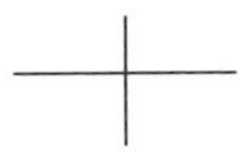	Leiterkreuzung ohne Verbindung

Tabelle 2.4 Leiter und Leitungen in Schaltplänen (vgl. DIN EN 61082)

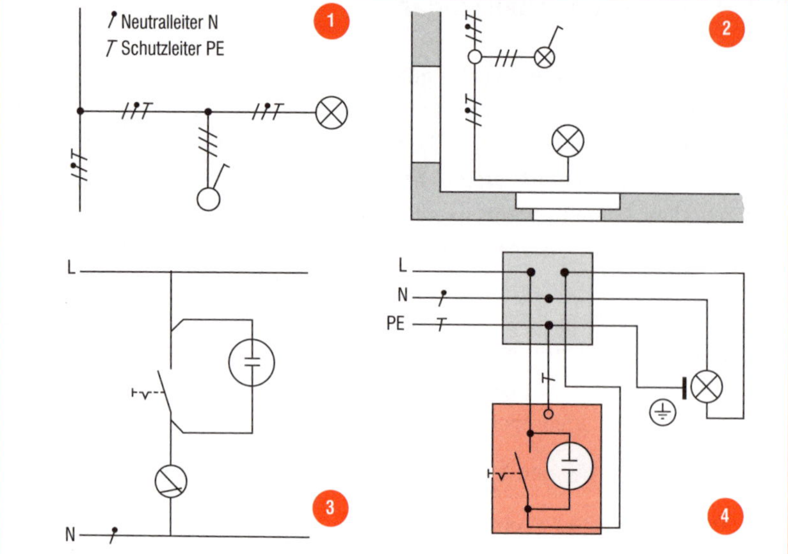

❶ Übersichtsschaltplan
❷ Installationsschaltplan
❸ Stromlaufplan in aufgelöster Darstellung
❹ Stromlaufplan in zusammenhängender Darstellung

Bild 2.2 Schaltpläne einer Ausschaltung mit beleuchtetem Ausschalter (Erklärung von N und PE siehe Text unten.)

Wichtige Schaltpläne

Installationsschaltungen stellt man in Übersichtsschaltplänen, Installationsschaltplänen, Installationsplänen oder in Stromlaufplänen dar (Bild 2.2).

Der *Übersichtsschaltplan* zeigt nur die Aderzahl, nicht dagegen den Anschluss an den Betriebsmitteln. Dasselbe gilt für den Installationsschaltplan. Der *Installationsplan* entspricht dem Installationsschaltplan, jedoch sind keine Leitungen eingetragen. Für Elektroinstallationsarbeiten wird in der Praxis meistens er verwendet.

Aus dem Übersichtsschaltplan und aus dem Installationsschaltplan ist die Wirkungsweise einer Schaltung nicht ohne Weiteres erkennbar. Bei diesen *einpoligen Darstellungen* ist die Aderzahl der Leitung aus dem Schaltpan zu erkennen. Dabei werden Schutzleiter PE (von Protection Earth = Schutzerde) und Neutralleiter N durch entsprechende Symbole angegeben. Dagegen lässt sich der Stromweg innerhalb der Schaltung bei der einpoligen Darstellung nicht verfolgen. Erst recht ist das bei einem *Installationsplan* nicht möglich, weil dort nicht einmal die Leitungen eingetragen sind.

Die verschiedenen Stromlaufpläne geben die Schaltung der *Betriebsmittel* an. Beim *Stromlaufplan in zusammenhängender Darstellung* werden die Anschlussstellen der Betriebsmittel dann benachbart gezeichnet, wenn sie in Wirklichkeit auch beieinander liegen. Der *Stromlaufplan in aufgelöster Darstellung* berücksichtigt die tatsächliche Lage der Betriebsmittelanschlüsse nicht. Die Stromlaufpläne zeigen auch die Wirkungsweise einer Schaltung. Die Schalter werden dabei in *unbetätigtem Zustand* gezeichnet, also bei Schließern im offenen. Will man den Weg des Stroms verfolgen, so muss man sich die offen gekennzeichneten Schalter im geschlossenen Zustand vorstellen.

> Bei Stromlaufplänen kann man den Weg des Stroms verfolgen, wenn man sich die Schalter geschlossen vorstellt.

Strom- und Spannungsrichtung

In Schaltplänen wird oft die Stromrichtung durch *Pfeile* oder *Pfeilstrecken* eingetragen, und zwar meist in roter Farbe (**Bild 2.3**). Dabei ist grundsätzlich die Stromrichtung gleich der Bewegungsrichtung eines positiven Ladungsträgers. Vorsicht: Elektronen sind keine positiven Ladungsträger. Kompliziert wird es aber, wenn es sich um Wechselströme handelt, die ja ständig ihre Richtung und Größe ändern. Deshalb wurde in der Normung vereinbart:

> Die in Plänen durch Pfeile angegebene Stromrichtung ist nur die Richtung eines als positiv bezeichneten Stroms.

Da die wirkliche Stromrichtung davon abweichen kann, nennt man die durch Pfeile beschriebene Richtung eine *Bezugsrichtung* oder auch *Zählrichtung*. Durch die Bezugsrichtungen wird es sinnreich, von positiven oder von negativen Strömen zu sprechen. Im Bild 2.3 ist durch die Bezugsrichtung von *i* angegeben, dass die Stromwerte positiv sind, wenn der Strom von L über R1, E1 nach N fließt und entsprechend negativ bei einem Strom von N nach L.

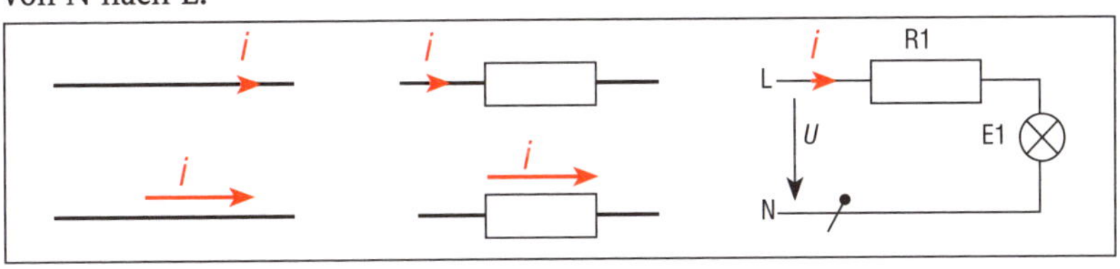

Bild 2.3 Angabemöglichkeiten der Bezugsrichtung eines Stroms

> Positiv ist der Wert eines Stroms, solange der Strom die Richtung des Bezugspfeils hat.

Bei Drehstrom setzt man meist die Strombezugspfeile in gleicher Richtung für alle drei Außenleiter (Bild 4.2). Nun können natürlich drei positive Ströme nicht in der Last gespeichert werden. Deshalb hat immer mindestens ein Außenleiter einen negativen Strom.

Der Strombezugspfeil wird nach DIN EN 60 375 in den Leiter gezeichnet oder neben den Leiter oder neben das Bauelement (Netzwerkelement) gesetzt (Bild 2.3).

Bei Bedarf wird neben den Strompfeil das Vorzeichen, Formelzeichen, z.B. I für Effektivwert oder i für Augenblickswert, der Zahlenwert und die Einheit gesetzt. Bei postiven Werten kann das Vorzeichen entfallen.

Auch Spannungen stellt man oft durch Pfeilstrecken dar. Dabei wird vor allem die Richtung der Polarität (Polung) angegeben. Grundsätzlich ist die Polarität von Plus nach Minus gerichtet. Dabei ist dies eine Bezugsrichtung, vor allem bei Wechselspannung.

> Der Spannungspfeil zwischen zwei Polen ist eine geradlinige Pfeilstrecke.

Neben die Pfeilstrecke setzt man das betreffende Formelzeichen, z.B. U für Effektivwert oder u für Augenblickswert. Wenn erforderlich können auch Vorzeichen und Zahlenwerte mit Einheit neben der Pfeilstrecke stehen, z.B. 12V oder bei einer zum Pfeil entgegengesetzten Spannungsrichtung −12V (**Bild 2.4**).

Auch an Bauelementen (Netzwerkelementen) tritt eine Spannung auf. Diese wird als gerade oder gebogene Pfeilstrecke neben das Bauelement gesetzt mit der Richtung von Plus nach Minus (**Bild 2.5**).

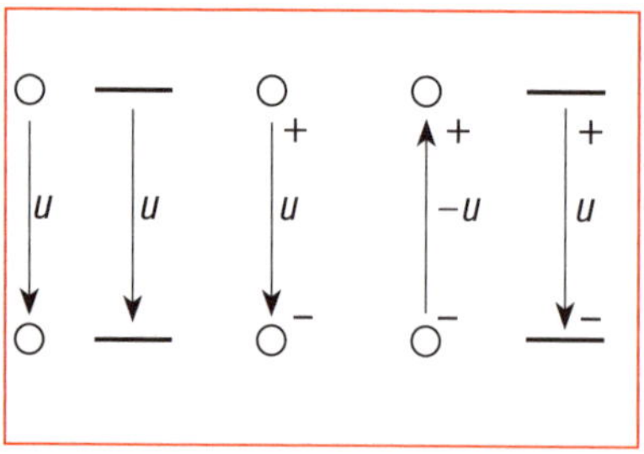

Bild 2.4 Angabe der Bezugspolarität von Klemmen oder Leitern

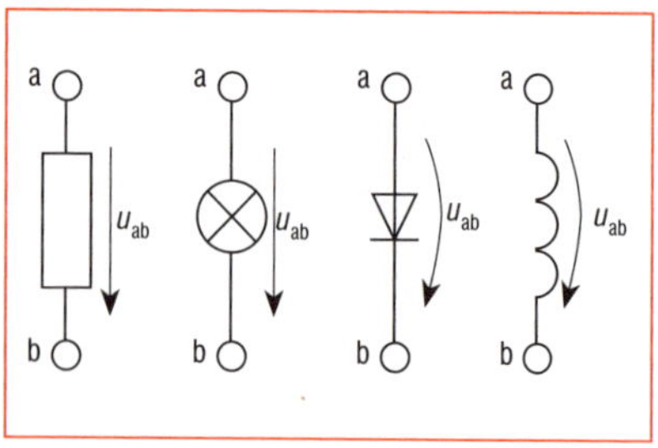

Bild 2.5 Angabe der Bezugspolarität von Bauelementen

> Der Spannungspfeil von Bauelementen wird neben das Bauelement als gerade oder gebogene Pfeilstrecke gesetzt.

Wie beim Spannungspfeil zwischen zwei Polen werden bei Bedarf die Formelzeichen der Spannungen und ihre Zahlenwerte ergänzt.

2.3 Einzelne Aderleitungen und Mehraderleitungen

Die in den nachfolgenden Stromlaufplänen dargestellten Schaltungen können mit einzelnen Aderleitungen oder mit Mehraderleitungen ausgeführt werden. Bei Verwenden einzelner Aderleitungen können gegenüber Mehraderleitungen in manchen Schaltungen zwar Adern eingespart werden, dennoch werden meist Mehraderleitungen verwendet. Weil in den Lagern der Elektroinstallationsbetriebe die Anzahl verschiedenartiger bereitzuhaltender Betriebsmittel aus Kostengründen möglichst klein gehalten sein soll, werden in vielen Betrieben die Aderzahlen der Mehraderleitungen für feste Verlegung oft auf drei und fünf beschränkt.

> Die üblichen Schaltungen der Elektroinstallation können mit Mehraderleitungen von drei oder fünf Adern ausgeführt werden, wobei eine Ader immer grüngelb und eine blau ist.

Nach DIN VDE 0100-410 wird verlangt, dass bei Niederspannungsanlagen (Anlagen bis 1.000 V AC bzw. 1.500 V DC) jeder Stromkreis einen Schutzleiter enthalten muss. Darunter wird teilweise verstanden, dass nach Fertigstellung jeder Leitungszweig einen geerdeten Schutzleiter enthalten muss. Dieser ist, wie schon erwähnt, grüngelb ummantelt.

> Körper elektrischer Anlagen müssen nach DIN VDE 0100-410 mit dem grüngelben Schutzleiter (PE) verbunden werden.

Die **grüngelbe** Aderleitung/Ader darf nur als Schutzleiter oder Schutzpotentialausgleichsleiter dienen. Sie muss an die Schutzleiteranschlüsse der Betriebsmittel angeschlossen werden. Ist bei einem Schalter kein Schutzleiteranschluss vorgesehen (was heute noch vielfach der Fall ist), ist die grüngelbe Ader an eine *lose Klemme* (fliegende Klemme), z. B. eine Wago-Klemme, anzuschließen oder zu isolieren (Bild 2.2). Als Ader zum Schalter nimmt man von einer Mehraderleitung mit fünf Adern die **braune** Ader, als Ader vom Schalter zur Last die **schwarze** Ader. Die **blaue** Ader von Mehraderleitungen ist für den Neutralleiter vorgesehen. Sie darf aber auch für einen anderen Zweck (ausgenommen: als Schutzleiter) verwendet werden, wenn sie nicht als Neutralleiter benötigt wird. Wichtig ist, dass bei einer Elektroinstallation immer gleiche Aderfarben für die gleiche Aufgabe verwendet werden. **Nicht benötigte Adern** einer Mehraderleitung sind netzseitig an Klemmen anzuschließen und am Schalter an einzulegende (lose) Klemmen zu führen oder zu isolieren.

> Die grüngelbe Aderleitung oder die grüngelbe Ader einer Mehraderleitung darf nicht zur Stromleitung verwendet werden.

Durch den Einsatz von RCDs (FI-Schutzschalter, Abschnitt 6.3.4), die seit vielen Jahren in allen Neuanlagen vorhanden sind, wird verhindert, dass bei Missbrauch des Schutzleiters (PE) durch einen Pfuscher, z. B. durch Nutzung als N-Leiter, fatale lebensbedrohliche Situationen entstehen können.

Die nachfolgenden Stromlaufpläne zeigen die Schaltungen in ihrer einfachsten Form, d. h. nicht benötigte Adern einer Mehraderleitung sind nicht dargestellt.

2.4 Ausschaltung

Die Ausschaltung kann mit einem Ausschalter ausgeführt sein (Bild 2.2) oder mit einem Wechselschalter (**Bild 2.6**). Geschaltet wird in beiden Fällen nur der Außenleiter. Mit einem Ausschalter wird ein elektrisches Betriebs-

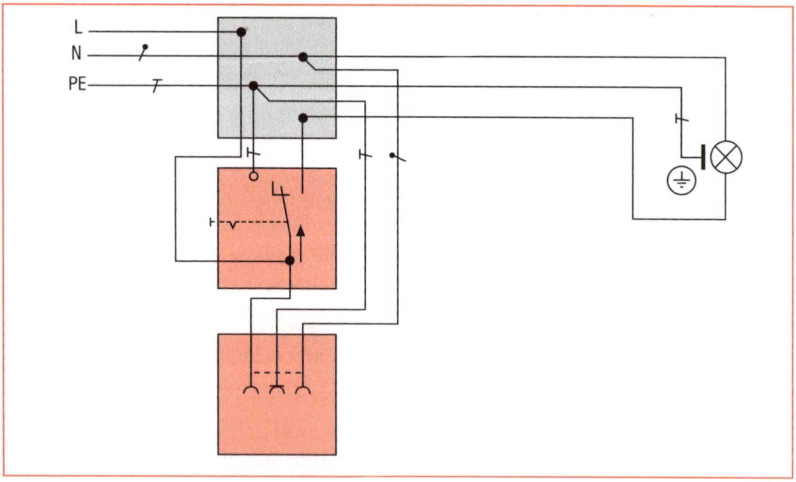

Bild 2.6 Ausschaltung mit Steckdose, durch Wechselschalter verwirklicht

mittel ein- oder ausgeschaltet. Der Schutzleiter PE ist z. B. an eine lose Klemme im Schalter anzuschließen.

> Bei jeder Installationsschaltung wird der Außenleiter geschaltet, während der Neutralleiter direkt zum Verbraucher führt.

Als *Außenleiter* bezeichnen wir den Netzleiter, der Spannung gegen Erde führt.

Bei einer *Ausschaltung mit Steckdose* (Bild 2.6) sind neben dem Außenleiter zwei weitere Leiter zur Steckdose erforderlich, der Neutralleiter N und der Schutzleiter PE. Der *Neutralleiter N* ist der Leiter, der in einer fehlerfreien Anlage keine Spannung gegen Erde führt. Zusätzlich zum Außenleiter L und Neutralleiter N des Betriebsstromkreises muss zum Verbraucher, in unserem Fall eine Lampe, noch der *Schutzleiter PE* geführt werden. Der Außenleiter L für die Steckdose kann am Schalter-Geräteeinsatz in der Schalterdose abgezweigt werden, wenn dort eine Abzweigklemme vorgesehen ist. Anderenfalls muss er aus der Abzweigdose (Verteilerdose) zugeführt werden. Der N-Leiter und der PE-Leiter sind in der Schalterdose hinter dem Schalter-Geräteeinsatz zur Steckdose durchzuschleifen.

In *Arbeitsstätten* müssen beleuchtete Schalter verwendet werden, damit diese auch bei Dunkelheit leicht aufgefunden werden können. Bei der *Ausschaltung mit beleuchtetem Ausschalter* **(Bild 2.7)** liegt eine Meldelampe parallel zur Schaltstrecke des Schalters. Ist der Schalter offen, so ist die Meldelampe in Reihe zum Verbraucher geschaltet. Da der Verbraucher einen viel kleineren Widerstand als die Meldelampe hat, liegt fast die ganze Spannung an der Meldelampe, sodass sie leuchtet.

> Beleuchtete Schalter zeigen den ausgeschalteten Zustand an.

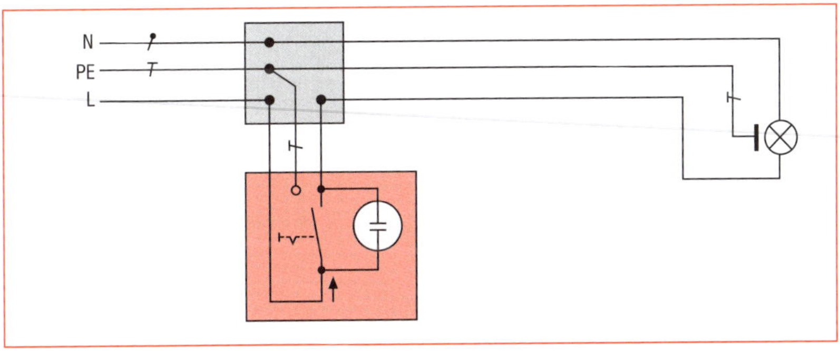

Bild 2.7 Ausschaltung mit beleuchtetem Ausschalter

Für die Beleuchtung von Schaltern für Kleinspannung, z. B. 24 V, sind die Meldelampen LED-Module, da Glimmlampen nicht mit Kleinspannung arbeiten.

> Bei beleuchteten Schaltern ist für eine eingebaute Meldelampe keine zusätzliche Ader erforderlich.

Deshalb können Schalter ohne Beleuchtung durch solche mit Beleuchtung ersetzt werden, ohne dass man an der Schaltung Änderungen vornehmen muss.

Bei der *Ausschaltung mit Kontrollausschalter* (**Bild 2.8**) muss der Neutralleiter mit der Meldelampe verbunden werden, damit sie im eingeschalteten Zustand des Betriebsmittels auch an Spannung liegt.

> Kontrollschalter müssen an den Neutralleiter angeschlossen sein.
> Sie zeigen den Schaltzustand des Betriebsmittels an.

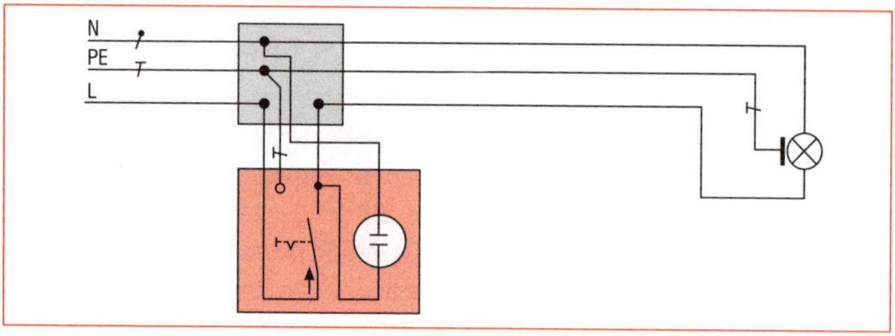

Bild 2.8 Ausschaltung mit Kontrollausschalter

2.5 Serienschaltung

Bei der Serienschaltung liegen eigentlich *zwei Ausschaltungen* vor (**Bild 2.9**). Man kann mit der Serienschaltung zwei Verbraucher beliebig schal-

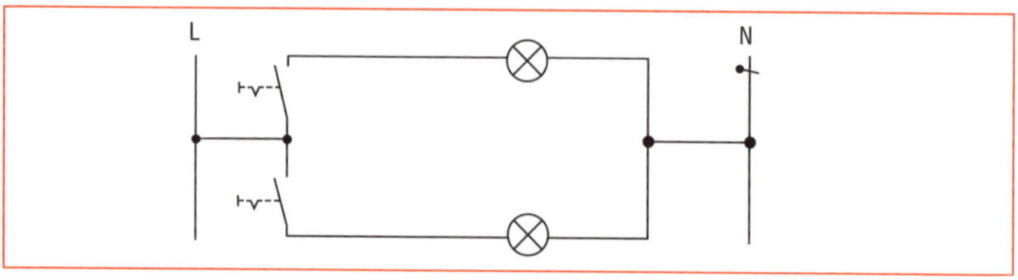

Bild 2.9 Serienschaltung
(als Stromlaufplan in aufgelöster Darstellung, PE nicht dargestellt)

ten, also einen der beiden Verbraucher allein oder beide zusammen. Bei beleuchtetem Serienschalter liegt die Meldelampe parallel zu einem der beiden Ausschalter, wodurch die Spannungsversorgung der Meldelampe im ausgeschalteten Zustand gegeben ist und somit dieser Zustand angezeigt wird (**Bild 2.10**).

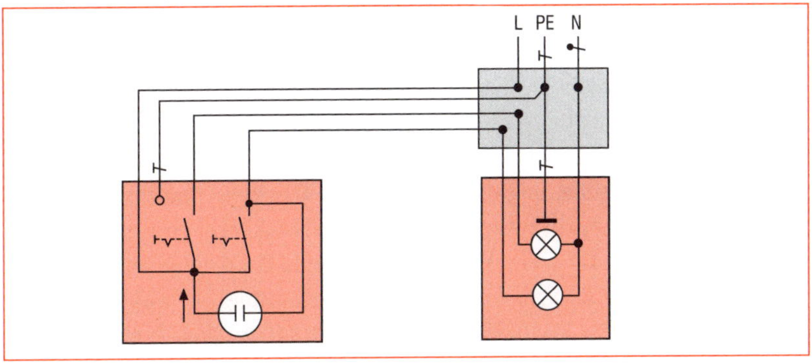

Bild 2.10 Serienschaltung mit beleuchtetem Serienschalter

2.6 Wechselschaltung

Bei der Wechselschaltung sind *zwei Wechselschalter* erforderlich (**Bild 2.11**). Zu einem Wechselschalter hin führt der Außenleiter, vom anderen Wechselschalter geht eine Ader zum Verbraucher. Man nennt diese Ader den *Schalterdraht*. Zwei weitere Adern verbinden die beiden Wechselschalter. Diese Adern nennt man *Korrespondierende*. Außenleiter und Schalterdraht sind an den Schaltern (Schalter-Geräteeinsätzen) an Anschlüssen

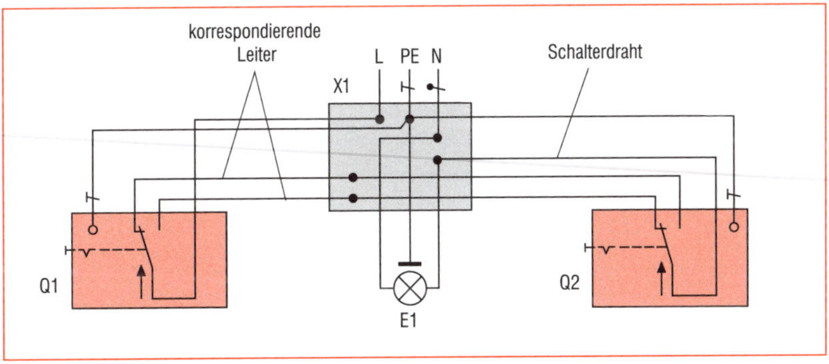

Bild 2.11 Wechselschaltung
(Kennbuchstaben der Betriebsmittel, siehe Tabelle 2.5)

anzuschließen, die besonders gekennzeichnet sind: der Außenleiteranschluss z.B. mit L (früher P), roter Markierung, einem Pfeil, und der Schalterdrahtanschluss mit meist einem Pfeil.

> Bei Wechselschaltungen müssen die Außenleiter und der Schalterdraht an den Schalter-Geräteeinsätzen dort angeschlossen werden, wo die Schalteranschlüsse besonders gekennzeichnet sind.

Wird einer der beiden Wechselschalter falsch angeschlossen, so kann der Verbraucher meist von einer Stelle aus geschaltet werden, nicht aber wahlweise von beiden Stellen aus.

Bei der Wechselschaltung mit *beleuchteten Wechselschaltern* (**Bild 2.12**) liegen die Meldelampen zwischen den Korrespondierenden und liegen im ausgeschalteten Zustand des Verbrauchers somit über diese an Spannung. Wird allerdings ein *Kontrollwechselschalter* verwendet, so erfordert dieser entsprechend wie der *Kontrollausschalter* (Bild 2.8) zusätzlich ein Anschließen an den Neutralleiter zum Anzeigen des Betriebszustandes.

Bei einer Wechselschaltung mit (entfernt liegender) Steckdose erfordert der Steckdosenanschluss z.B. eine eigene 3-adrige Leitung oder drei einzelne Adern (**Bild 2.13**). Zum Schalter Q2 mit dem Schalterdraht (an der Eingangsklemme von Q2, verbunden mit dem Verbraucher E1) müssen einschließlich des Schutzleiters vier Adern führen. Wird hingegen die Steckdose direkt neben dem Schalter oder unterhalb des Schalters angeordnet und die *Sparwechselschaltung* angewendet, dann kann der Schalter Q2 mit der Steckdose X2 mit einer 5-adrigen Leitung versorgt werden (**Bild 2.14**). Es können also zwei Adern *eingespart* werden.

> Bei der Sparwechselschaltung (Schalter mit Steckdose) ist für die Steckdosenseite eine 5-adrige Leitung ausreichend (Bild 2.14).

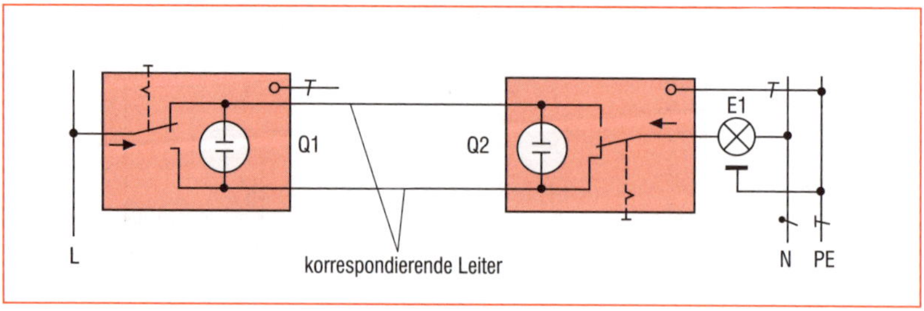

Bild 2.12 Wechselschaltung mit beleuchteten Wechselschaltern (als Stromlaufplan in aufgelöster Darstellung)

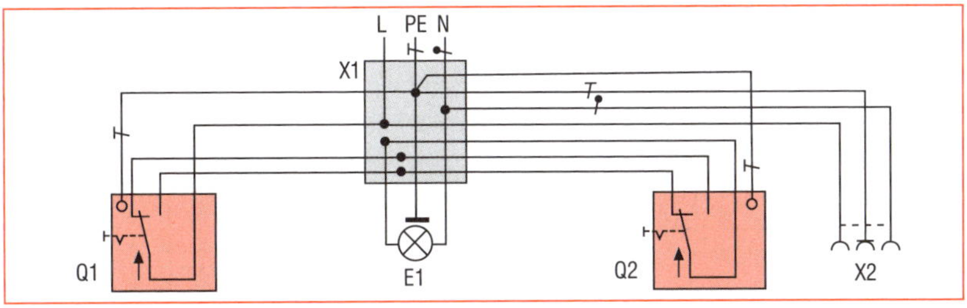

Bild 2.13 Wechselschaltung mit Steckdose

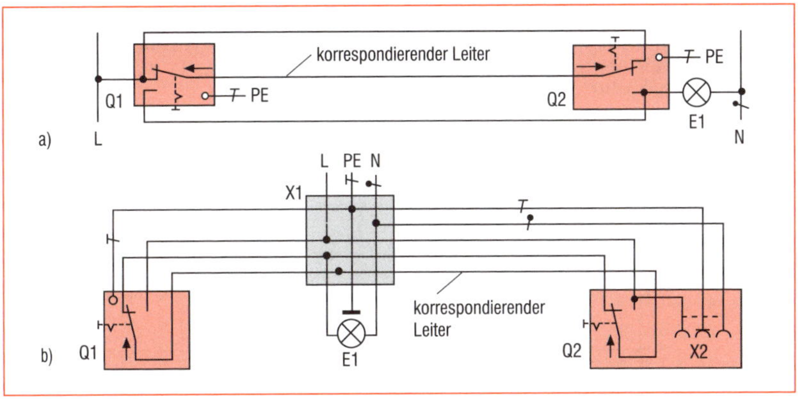

Bild 2.14 Sparwechselschaltung (Stromlaufplan in zusammenhängender Darstellung)
a) Prinzip als Stromlaufplan in aufgelöster Darstellung ohne Steckdose
b) Ausführung mit Steckdose

Bei der üblichen Wechselschaltung kann mit einer 5-adrigen Leitung eine Steckdose allerdings nur unter *dem* Schalter angeordnet werden, der an L angeschlossen ist (**Bild 2.15**). Der andere Schalter (Q2) mit dem Schalterdraht kann als Kontrollwechselschalter ausgeführt sein. Dieser zeigt dann an, ob eine Last eingeschaltet ist.

Sollen bei einer Wechselschaltung unter jedem Schalter Steckdosen angeordnet werden, dann ist wieder die Sparwechselschaltung anzuwenden (**Bild 2.16**). Bei der Sparwechselschaltung können beide Schalter als Kontrollschalter verwendet werden, da bei beiden der Lampendraht zur Last angeschlossen ist.

Beim *Doppelwechselschalter* sind zwei Wechselschalter zusammengebaut. Derartige Schalter haben äußerlich Ähnlichkeit mit einem Serienschalter. Man kann mit einem Doppelwechselschalter und zwei normalen Wechselschaltern zwei Wechselschaltungen verwirklichen **(Bild 2.17)**.

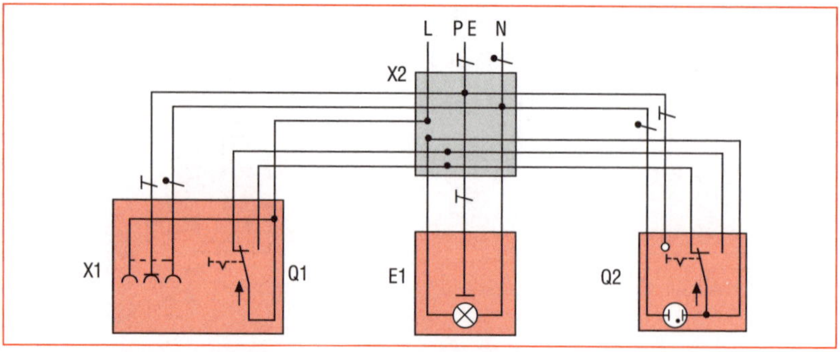

Bild 2.15 Wechselschaltung mit Steckdose unter Schalter Q1 und Verwendung des anderen Schalters Q2 als Kontroll-Wechselschalter (Kennbuchstaben der Betriebsmittel siehe Tabelle 2.5)

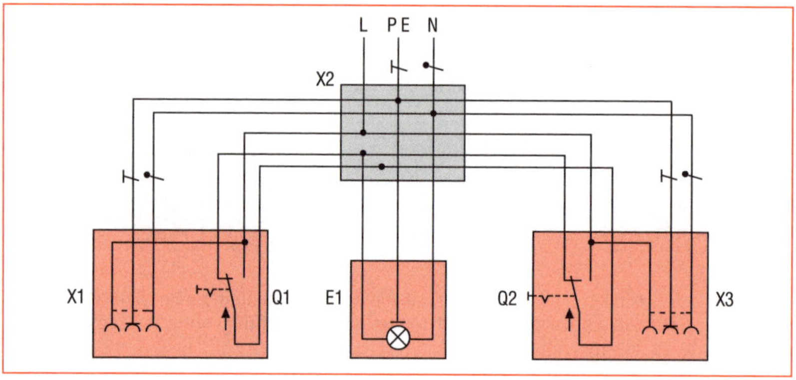

Bild 2.16 Sparwechselschaltung mit Steckdosen unter jedem Schalter

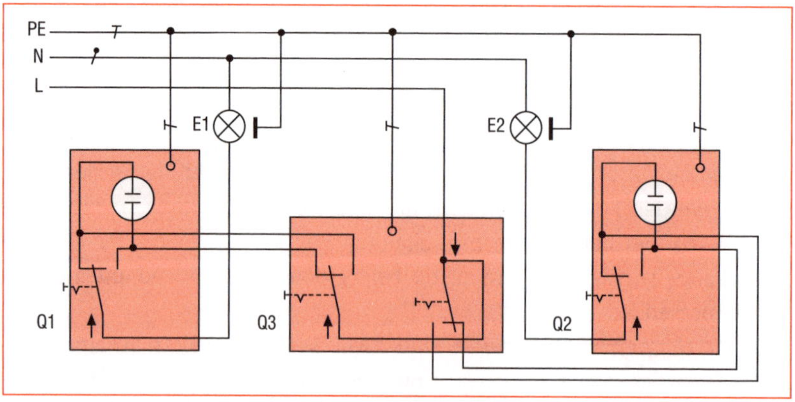

Bild 2.17 Zwei Wechselschaltungen mit Doppelwechselschalter (Stromlaufplan in teilweise aufgelöster Darstellung)

2.7 Kreuzschaltung

Bei der Kreuzschaltung kann ein Verbraucher von drei oder mehr Stellen aus geschaltet werden. Für die äußeren Schalter verwendet man Wechselschalter **(Bild 2.18)**, dazwischen schaltet man einen Kreuzschalter. Je nach Anzahl benötigter Schalter (Schaltstellen) werden mehrere Kreuzschalter benötigt: bei drei Schaltern ein Kreuzschalter, bei vier Schaltern zwei Kreuzschalter, bei fünf Schaltern drei Kreuzschalter und jeweils zwei Wechselschalter. Grundsätzlich können auch an jeder Stelle Kreuzschalter eingebaut werden. Davon wird aber kaum Gebrauch gemacht, weil Wechselschalter preiswerter als Kreuzschalter sind.

Steckdosen können nur unter *dem* Schalter liegen, der an L angeschlossen ist. Eine Sparwechselschaltung kann im Gegensatz zu einer Wechselschaltung nicht zu einer Kreuzschaltung erweitert werden.

Die Bedeutung der Kreuzschaltung hat gegenüber früher abgenommen, weil man bevorzugt Stromstoßschaltungen verwendet, wenn ein Schalten von vielen Stellen aus möglich sein soll (Abschnitt 2.8.2).

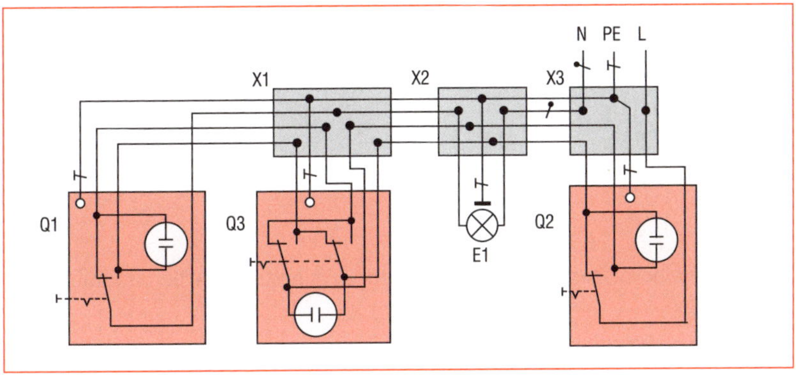

Bild 2.18 Kreuzschaltung mit beleuchteten Schaltern

Kontrollfragen

1. In welcher Weise können Installationsschaltungen dargestellt werden?
2. Welche Arten von Stromlaufplänen unterscheidet man?
3. In welchem Zustand werden Schalter in Stromlaufplänen gezeichnet?
4. Geben Sie fünf Installationsschalter an.

5. Woraus besteht ein Installationsschaltplan?
   1. Gebäudeplan mit eingetragenen Betriebsmitteln,
   2. Gebäudeplan, Betriebsmittel und eingetragene Leitungen,
   3. Gebäudeplan, Betriebsmittel, Leitungen und Aderzahlen,
   4. Betriebsmittel und Leitungen,
   5. Leitungen und Aderzahlen.

   ☐

6. Welche Schalter können für eine Ausschaltung verwendet werden?
   1. Nur Ausschalter,
   2. Ausschalter oder Wechselschalter,
   3. nur Ausschalter oder Serienschalter,
   4. nur Kreuzschalter oder Ausschalter,
   5. nur Kreuzschalter oder Serienschalter.

   ☐

7. Wie bezeichnet man in einem Starkstromnetz den Netzleiter, der Spannung gegen Erde führt?
   1. Neutralleiter,
   2. Schutzleiter,
   3. PEN-Leiter,
   4. Außenleiter,
   5. Netzleiter.

   ☐

8. Welche besondere Anforderung wird an Schalter in Arbeitsräumen gestellt?
   1. Besonders stabile Schalter,
   2. beleuchtete Schalter,
   3. nur zweipolige Schalter,
   4. Anordnung auf Putz,
   5. Anordnung unter Putz.

   ☐

9. Wozu dienen Kontrollschalter?
   1. Kontrolle des Wachpersonals,
   2. Anzeige des Betriebszustandes durch eine Glimmlampe oder LED,
   3. leichtes Auffinden des Schalters bei Nacht,

4. Prüfung auf Leiterunterbrechung,
5. Prüfung der Wirksamkeit einer Schutzmaßnahme.

10. An welchen Anschlussstellen der Wechselschalter muss der Außenleiter oder der Schalterdraht angeschlossen werden?
    1. Anschlussstelle jeweils beliebig,
    2. Anschlussstellen gekennzeichnet, z. B. mit Pfeil,
    3. diejenigen Anschlussstellen, die nicht mit einem Pfeil gekennzeichnet sind,
    4. Außenleiter an Anschlussstelle mit Pfeil, Schalterdraht beliebig,
    5. Außenleiter und Schalterdraht am selben Schalter.

2.8 Softwareunterstützte Planung der Elektroinstallation

Die unterschiedlichen Schaltpläne für die Elektroinstallation (Bild 2.2) werden mit CAD-Schaltplan-Programmen (Computer Aided Design) erstellt. Hierzu gibt es eine Vielzahl Programme (Software), z.B. ProfiCAD, Treesoft CAD, EPLAN, Hagercad, die teilweise sogar kostenfrei sind. Neben den allgemeinen Grafikelementen wie Linien, Kreisen, Rechtecken oder Kreisbögen besitzen die CAD-Schaltplan-Programme für die Elektroinstallation Bibliotheken (Dateien) mit grafischen Elementen für die genormten Schaltzeichen von z.B. Steckdosen, Schaltern, Leuchten, Küchengeräten, Gefahrenmeldeanlagen, Antennenanlagen oder auch KNX-Sensoren und KNX-Aktoren (**Bild 2.19**).

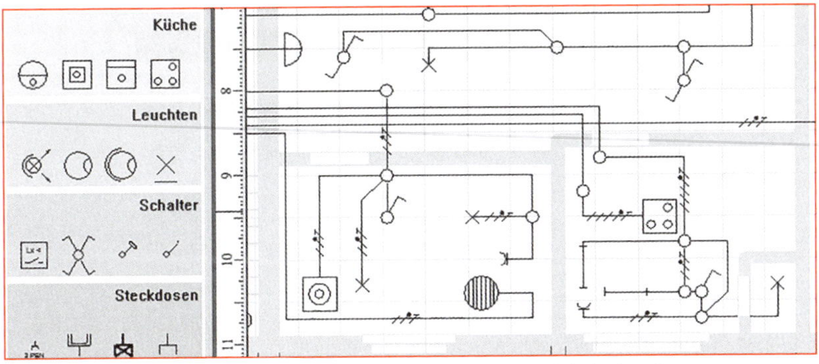

Bild 2.19 Erstellung eines Installationsschaltplans mit CAD-Schaltplan-Programm

Die CAD-Schaltplan-Programme ermöglichen ferner, Grundrisse mit z.B. Türen, Fenstern, Badewannen, Betten, Schränken zu zeichnen oder Grundrisse, die als Datei mittels anderer CAD-Programme erstellt wurden, zu importieren, also sichtbar zu machen. Die elektrischen Schaltzeichen werden dann entsprechend der gewünschten Elektroinstallation in diesen Grundrissen ergänzt (Bild 2.19).

Neben dem Aufbau von Schaltplänen können mit diesen Programmen auch Stücklisten, Leiterlisten oder Kabellisten erstellt werden (**Bild 2.20**). Selbst ein Hinterlegen von Preislisten ist in manchen Programmen möglich, sodass Preiskalkulationen durchführbar sind.

Weitere interessante Funktionen von Planungsprogrammen für die Elektroinstallation eines Wohnhauses sind Planungshilfen bzw. Checklisten zum Festlegen notwendiger Beleuchtungsanschlüsse und notwendiger Steckdosen für die einzelnen Räume (**Bild 2.21**, siehe auch Abschnitt 4.4).

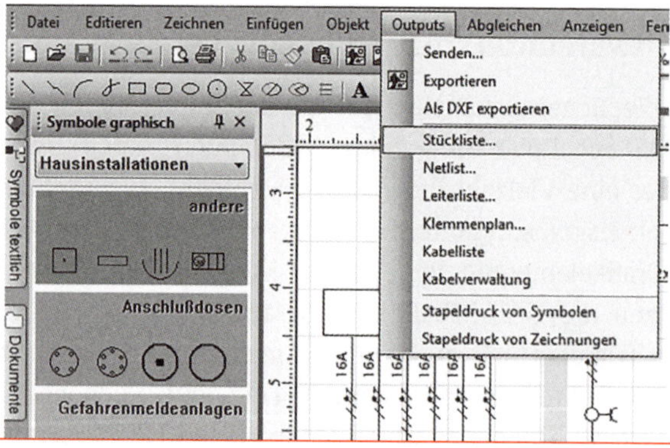

Bild 2.20 Beispiel von Verwaltungsfunktionen eines CAD-Schaltplan-Programms

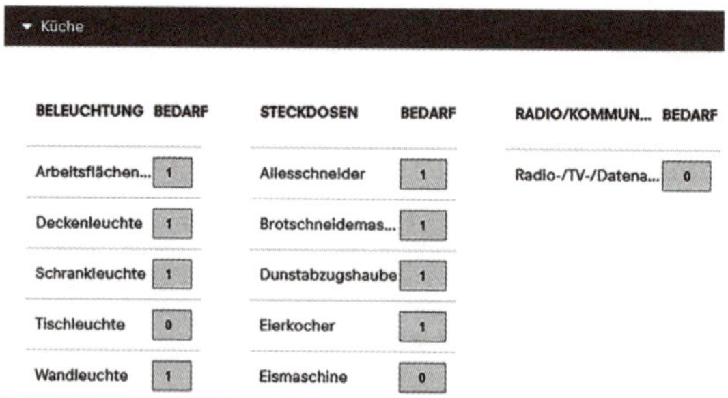

Bild 2.21 Planung der elektrischer Anschlüsse für Beleuchtung und Steckdosen von Räumen

2.9 Schaltungen mit Tastern

2.9.1 Schützschaltungen

Bei Relais oder Schützen handelt es sich meist um elektromagnetisch angetriebene Schalter. Geht es um das Schalten von Signalen, z. B. in der Nachrichtentechnik, so sprechen wir von *Relais*. Beim Schalten von energietechnischen Verbrauchern, z. B. von Motoren, sprechen wir von *Schützen*.

Relais bestehen meist aus einer *Erregerwicklung*, einem *magnetischen Spulenrückschluss* und *Schaltstücken* (**Bild 2.22**). Liegt an der Erregerwicklung Spannung, so entsteht ein magnetisches Feld, welches auf die Schaltstücke einwirkt. Je nach deren Ausführung schließen diese *(Schließer)* oder sie öffnen *(Öffner)*.

Schütze enthalten ähnlich wie *Klappankerrelais* (Bild 2.22) eine Erregerwicklung, einen Magnetkern, einen beweglichen Anker sowie feststehende und bewegliche Schaltstücke (Kontakte). Liegt an der Erregerwicklung Spannung, so entsteht ein magnetisches Feld, welches den Anker anzieht. Durch die Kraft des Ankers bewegen sich die Schaltstücke, sodass die Kontakte öffnen oder schließen.

Es gibt Schütze, die als Erregerspannung eine Gleichspannung brauchen. Diese arbeiten nach dem Anziehen geräuschfrei. Meist arbeiten Schütze mit Wechselspannung. Dadurch geben sie während des Betriebs ein Brummgeräusch von sich. Derartige *Wechselstromschütze* können in Wohnungen störend wirken. Sie sind deshalb dort anzubringen, wo das Geräusch nicht stört, z. B. im Keller. Besondere *Installationsschütze* bestehen aus einem Gleichstromschütz, das von einem angebauten Gleichrichter ge-

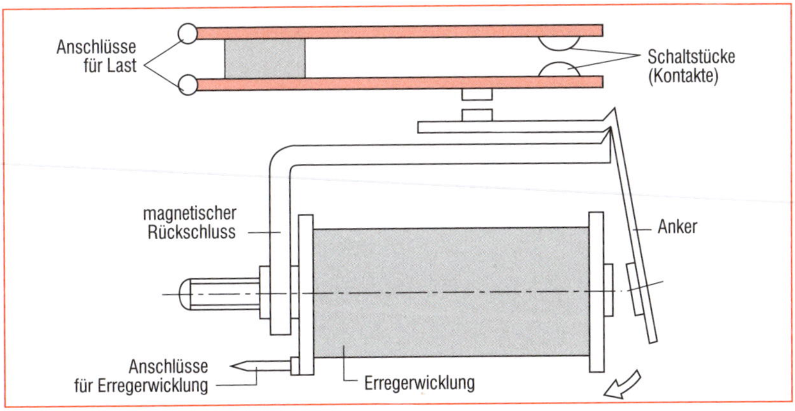

Bild 2.22 Prinzipieller Aufbau eines Klappankerrelais

speist wird. Dieses Schütz kann an Wechselspannung angeschlossen werden, arbeitet dann aber ohne Brummgeräusch.

Eine Übersicht über die Wirkung einer Schützschaltung gibt der *Stromlaufplan* (**Bild 2.23**). Bei den Schützsteuerungen wird der Stromlaufplan meist in *aufgelöster Darstellung* gezeichnet. Dabei ordnet man die Schaltzeichen für die Baugruppen der Schaltung so an, dass der Stromweg möglichst einfach zu verfolgen ist. Auf die wirkliche Anordnung der Baugruppen an den Betriebsmitteln selbst wird keine Rücksicht genommen.

> Bei Schützschaltungen zeichnet man den Hauptstromkreis und den Hilfsstromkreis (Steuerstromkreis) voneinander getrennt.

Im Stromlaufplan sind die Betriebsmittel durch alphanumerische Kennzeichnungen bezeichnet. Die Kennbuchstaben für die Funktion der Betriebsmittel sind genormt (**Tabelle 2.5**). Q1 bedeutet z.B. Schütz 1, und zwar sowohl die Erregerwicklung von Schütz 1 als auch die Kontakte von Schütz 1. Hinsichtlich der Minuszeichen vor den Kennbuchstaben (Bild 2.23) wird auf den Abschnitt *Referenzkennzeichnung* (S. 50) verwiesen. Nach der Normung, die aber nicht überall eingehalten wird, geben die Kennbuchstaben den Verwendungszweck des Betriebsmittels an. Dient also ein Betriebsmittel zum Schalten einer Leistung, dann hat es denselben Kennbuchstaben unabhängig davon, ob es ein von Hand betätigter Schalter oder ein Transistor ist (Tabelle 2.5). Dem Kennbuchstaben folgt zur Vervollständigung der Kennzeichnung des Betriebsmittels eine Zählnummer.

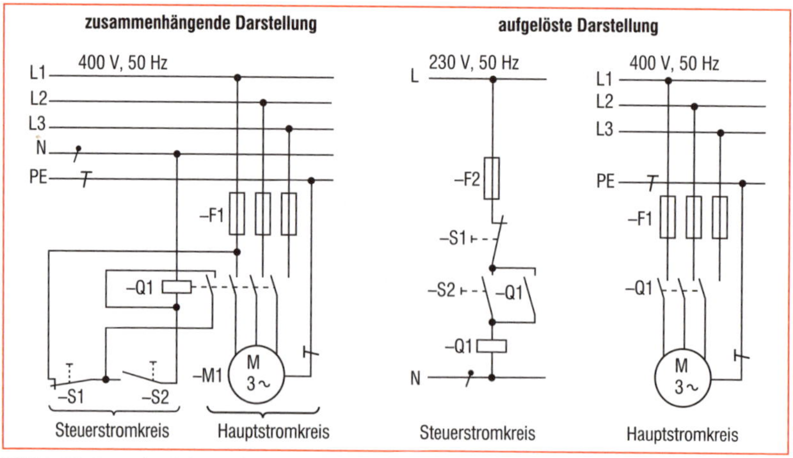

Bild 2.23 Stromlaufpläne einer Schützschaltung

Kenn-buchstabe	Zweck des Objekts (Betriebsmittels)	Beispiele ür Objekte
B	Erfassung und Darstellung von Informationen	Sensor, Mikrofon, Bewegungsmelder, kWh-Zähler
C	Speichern für späteres Abrufen	Kondensator, Festplatte, Pufferbatterie
E	Aussendeobjekte	Lampe, Heizkörper, Kühlschrank
F	Schutz vor Auswirkungen gefährlicher oder unerwünschter Bedingungen	Schmelzsicherung, Leitungsschutzschalter, RCD
G	Bereitstellen eines steuerbaren Durchflusses	Generator, Batterie, Pumpe, Lüfter, Solarzelle, Brenn-stoffzelle
H	Behandlung von Stoffen	3D-Drucker, Presse, Zentrifuge
K	Verarbeitung von Eingangssignalen und Bereit-stellung eines geeigneten Ausgangs	Hilfsschütz, Transistor, Zeitrelais, Computer, Router, Switch, I/O-Modul
M	Ausübung mechanischer Bewegung oder Kraft	Elektromotor, Linearmotor, Turbine, Stellantrieb, Hydraulikzylinder
N	Teilweises oder vollständiges Einschließen (Abdecken) eines anderen Objekts	Dichtung, Buchse, Schranktür, Verkleidung, Muffe, Bodenbelag
P	Bereitstellung wahrnehmbarer Informationen	Messgeräte, Signallampe, Drucker, Manometer, Uhr, Bildschirmgeräte
Q	Steuerung von Zugang oder Durchfluss	Leistungsschalter, Leistungsschütz, Thyristor, Leistungstransistor
R	Begrenzen oder Stabilisieren	Widerstand, Drosselspule, Diode, USV
S	Erkennen menschlicher Handlung, Bereitstellen einer entsprechenden Reaktion	Steuerschalter, Tastatur, Maus, Taster, Wahlschalter, Quittierschalter, Lichtstift
T	Transformieren, Umwandeln	Leistungstransformator, Gleichrichter, Modulator, Antenne, Telefonapparat, ADU (ADC), DAU (DAC)
U	Verortung anderer Objekte	Isolator, Kabelwanne, Mast, Spannvorrichtung, Fundament
W	Leiten von einem Ort zu einem anderen	Leiter, Leitung, Kabel
X	Bereitstellen einer Schnittstelle zu einem anderen Ort	Steckdose, Kupplung, Steckverbinder, Klemmleiste, Signalverteiler
D, J, L, V, Y, Z	für spätere Normung vorgesehen	Reserve, falls die oben angeführte Einteilung nicht ausreichend ist.
A, I, O	nicht für Kennzeichnung anwendbar	Es besteht Verwechslungsgefahr mit 1 für Input = Eingang und 0 für Output = Ausgang.
Im Schaltplan werden die Objekte (Betriebsmittel) mit demselben Kennbuchstaben durchnummeriert, z. B. C1, C2. Maßgebend für den Kennbuchstaben ist der Verwendungszweck. Zum Beispiel wird ein Transistor zur Signalverarbeitung mit K1 bezeichnet, ein Transistor zum Steuern oder Schalten einer Last mit Q1.		

Tabelle 2.5 Kennbuchstaben der Funktion von Betriebsmitteln (Auswahl nach DIN EN 81346-2)

Beispiel:
In einem Schaltplan sind drei Leitungsschutzschalter enthalten.
Welche Bezeichnung erhält der 1. Leitungsschutzschalter?

Lösung: **F1**

Müssen Objekte in Stromlaufplänen zum Unterscheiden genauer mit Kennbuchstaben beschrieben werden, so sieht die DIN EN 81346-2 bis zu drei Ebenen vor. Daraus ergibt sich eine Zeichenfolge von bis zu drei Buchstaben, gefolgt von einer angehängten Zählnummer.

Beispiel:
Q1 wird für ein Steuerungsobjekt verwendet, z. B. für Schütz 1 oder Schutzschalter 1 oder Trennschalter 1. QA1 wird bei Notwendigkeit einer genaueren Unterscheidung für ein Stromsteuerungsobjekt verwendet. Damit können Schütz 1 und Schutzschalter 1 beschrieben werden, nicht aber der Trennschalter 1, der QB1 sein müsste. QAA1 beschreibt dann genau das Schütz 1 und QAB1 genau den Schutzschalter 1.

Im *Hauptstromkreis* von Bild 2.23 liegen der zu schaltende Verbraucher, die Hauptkontakte des Schützes sowie die Überstrom-Schutzeinrichtungen (Sicherungen). Meist liegt ein Anschluss an Dreiphasenwechselspannung vor, also Anschluss an die Außenleiter L1, L2, L3 und den Schutzleiter PE.

Im *Hilfsstromkreis (Steuerstromkreis)* liegen die Erregerwicklung des Schützes, Schalter für den Steuerstrom, z. B. Taster, sowie Meldeeinrichtungen, z. B. Leuchtmelder. Der Anschluss erfolgt meist an Einphasenwechselspannung. Bei Verbrauchern mit nur einem Motor ist es zulässig, die Steuerspannung aus dem 230-V-Netz zu entnehmen. Oft wird aber die Steuerspannung von einem Steuertransformator bezogen. Bei Schaltungen mit mehreren Motoren oder mehreren anderen Verbrauchern muss ein Steuertransformator für die Steuerspannung verwendet werden. Die Hilfsstromkreise können also sehr verschieden sein.

> Schützschaltungen unterscheiden sich hauptsächlich durch ihre Hilfsstromkreise.

Zum Hauptstromkreis von Bild 2.23 können z. B. die Hilfsstromkreise von **Bild 2.24** gehören. Beim Hilfsstromkreis in Bild 2.24 a) erfolgt die Steuerung über einen *Installationsschalter*. Dieser schaltet das Schütz ein und

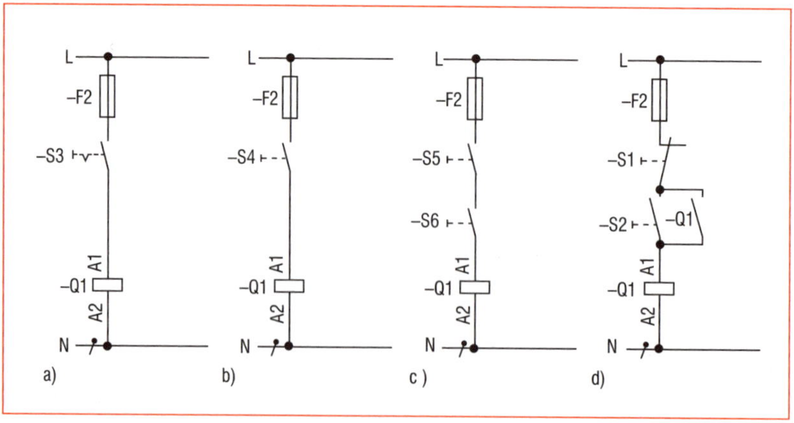

Bild 2.24 Weitere Steuerstromkreise für Schützschaltungen mit dem Hauptstromkreis von Bild 2.23

das Schütz setzt den Motor in Betrieb. Der Motor arbeitet so lange, bis der Installationsschalter erneut betätigt wird.

In Bild 2.24 b) dient ein *Taster* zur Steuerung. Dieser schaltet das Schütz ein, solange er gedrückt wird. Der Motor arbeitet also nur so lange mit, wie der Taster betätigt wird *(Tippbetrieb)*. Beim Hilfsstromkreis in Bild 2.24 c) sind zur Steuerung *zwei in Reihe geschaltete Taster* eingebaut. Der Motor arbeitet nur, wenn beide Taster gleichzeitig betätigt werden (Sicherheitsschaltung). In Bild 2.24 d) erfolgt das Einschalten über den Taster S2. Danach hält sich das Schütz über einen Hilfskontakt Q1 vom Schütz selber *(Haltekontakt)*. Der Motor arbeitet also auch nach der Betätigung von S2 weiter. Er wird erst abgeschaltet, wenn der Taster S1 (Öffner) betätigt wird. Diese Schützschaltung ist die *Grundschaltung* der meisten Schützschaltungen (Bild 2.23).

> Bei den Schützschaltungen ist die Schaltung mit Haltekontakt besonders wichtig.

Mit Schützschaltungen lassen sich sehr komplizierte Aufgaben verwirklichen, z. B. dass von zwei Motoren der eine nur arbeiten kann, wenn der andere nicht arbeitet. Das ist dadurch möglich, dass man in den Hilfsstromkreis des einen Schützes Hilfskontakte (Öffner oder Schließer) des anderen Schützes legt.

Halbleiterschütze

Neben den bisher beschriebenen Schützen mit elektromagnetischem Antrieb gibt es auch Halbleiterschütze. Bei diesen sind an Stelle der beweglichen Kontakte *Halbleiter-Bauelemente* vorhanden, z. B. IGBTs (von Insulated Gate Bipolar Transistor) oder Thyristoren, und anstatt der Schützspule verwendet man einen elektronischen Eingangskreis. **Vorteil:** Halbleiterschütze schalten geräuschlos. **Nachteil:** Halbleiterschütze trennen weniger deutlich vom Netz, es bleibt im abgeschalteten Zustand ein Reststrom. Deshalb muss immer ein zusätzlicher Schalter mit Trennstrecke vorhanden sein.

Das Schaltzeichen unterscheidet sich von den Schützen mit elektromagnetischem Antrieb nur wenig (**Bild 2.25**). Auch die Anschlüsse sind in gleicher Weise bezeichnet.

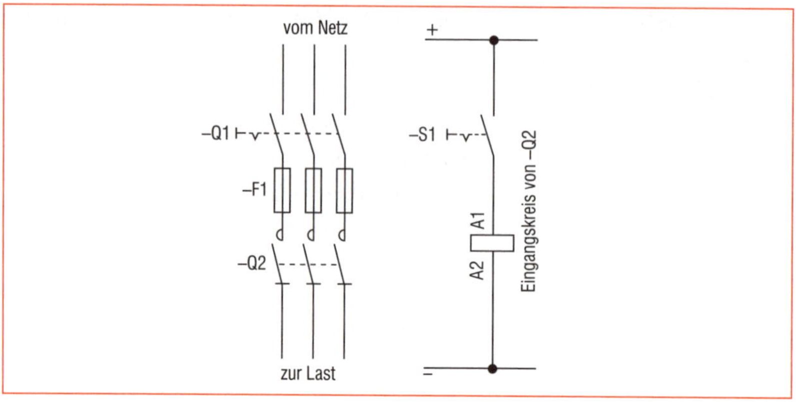

Bild 2.25 Stromlaufplan mit Halbleiterschütz –Q2

Referenzkennzeichnung

DIN EN 81346-1 schreibt für die Kennzeichnung von Betriebsmitteln (Objekten) für industrielle Systeme, Anlagen und Ausrüstungen und Industrieprodukte Strukturierungsprinzipien und eine Referenzkennzeichnung fest. Dabei werden den Betriebsmittelkennzeichen Vorzeichen mit folgenden Bedeutungen vorangestellt:

- funktionsbezogene Struktur mit =,
- produktbezogene Struktur mit –,
- ortsbezogene Struktur mit +,
- Sonstiges mit #, vom Benutzer definierbar (**Bild 2.26**).

> Das Vorzeichen einer Betriebsmittelkennzeichnung steht für eine Betrachtung des Objekts, in der Norm Aspekt genannt.

Bild 2.26 Beispiel einer Anwendung der Referenzkennzeichnung an einer Anlage

Die Betriebsmittelkennzeichnung ist einheitlich in den Schaltplänen und an den Anlagen vorzunehmen.

Funktionsbezogene Struktur bedeutet das Beschreiben eines Objekts mit seiner Funktion, ohne dessen Realisierung zu kennen oder zu beachten.

Produktbezogene Struktur bedeutet das Beschreiben eines Objekts als lieferbares Teil. Jedes lieferbare Teil ist ein Produkt.

Ortsbezogene Struktur bedeutet das Beschreiben eines Objekts als Örtlichkeit, Räumlichkeit, z. B. Einbauplatz in einem Montagerahmen.

Es kann nun vorkommen, dass Betriebsmittelkennzeichen in Schaltplänen für nichtindustrielle Anlagen mit einem der genannten Vorzeichen versehen sind, da auch typische nichtindustrielle Anlagenteile unter Umständen Teil einer industriellen Anlage sein können.

In diesem Buch wurde auf das Anwenden von Referenzkennzeichen weitgehend verzichtet, da hier nichtindustrielle Anlagen im Vordergrund stehen. Weil die im Buch angegebenen Schaltungen produktbezogen sind, wäre also das Minuszeichen den Kennzeichnungen voranzustellen, z. B. –Q1, –S1, –F1.

2.9.2 Stromstoßschaltungen

Ein *Stromstoßschalter* enthält eine Erregerwicklung und einen Schaltmechanismus mit Schalter (**Bild 2.27**). Erhält die Wicklung einen Spannungsimpuls, liegt also dort kurzzeitig Spannung an, so schließt der Schalter und behält seine Lage bei, auch wenn die Erregerspannung wieder null geworden ist. Gelangt nun an die Erregerwicklung ein neuer Spannungsimpuls, so öffnet der Schalter und behält seine Lage bis zum nächsten Impuls bei.

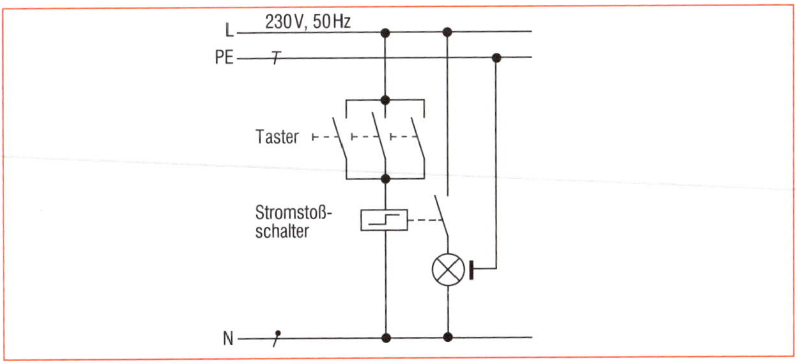

Bild 2.27 Stromstoßschaltung mit Steuerspannung 230 V und drei Tastern (entspricht Kreuzschaltung, Stromlaufplan in aufgelöster Darstellung)

> Ein Stromstoßschalter ändert seine Schaltstellung bei jedem Spannungsimpuls.

Das Ansteuern eines Stromstoßschalters erfolgt über *Taster* (Bild 2.27). Betätigen und nachfolgendes Loslassen des Tasters erzeugt einen Spannungsimpuls. Je nach Schaltstellung wird dadurch der Verbraucher ein- oder ausgeschaltet. Das Ansteuern des Stromstoßschalters kann von mehreren parallel geschalteten Tastern erfolgen, also von mehreren Stellen aus. Die Wirkung ist dann dieselbe wie bei einer Wechselschaltung oder einer Kreuzschaltung.

Bei den meisten Stromstoßschaltern beträgt die Erregerspannung 230 V, bei anderen nur 25 V. Bei letzteren ist ein Transformator für die Erregerspannung erforderlich.

Bei den Stromstoßschaltungen ist es möglich, ***beleuchtete Taster*** zu verwenden (**Bild 2.28**). Beträgt die Steuerspannung 230 V, so liegen zur Beleuchtung der Taster Glimmlampen parallel zu den Tastern. Ist die Steuerspannung eine Kleinspannung, z. B. 25 V, so müssen zur Beleuchtung der Taster LEDs verwendet werden.

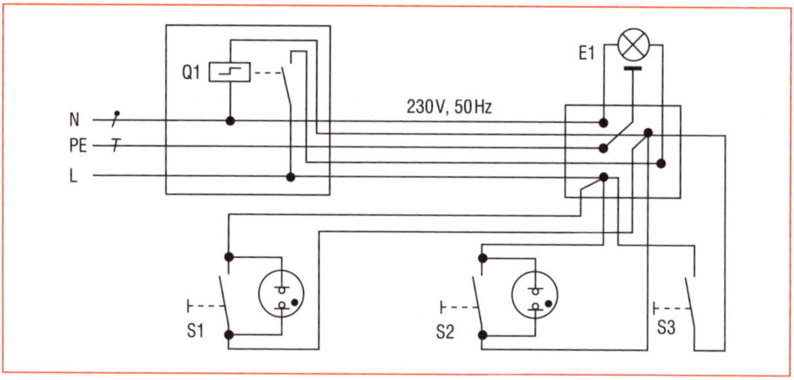

Bild 2.28 Stromstoßschaltung mit beleuchteten Tastern
(Stromlaufplan in zusammenhängender Darstellung, PE-Anschluss an Taster nicht dargestellt)

2.9.3 Klingelanlage und Türöffneranlage

Einfache Anlagen

Die Klingelanlage besteht aus einer *Stromversorgung* (Klingeltransformator), einem *Signalgeber* (Wecker, Gong) und *Tastern* (Klingeltaster). Klingelanlagen werden meist mit Kleinspannung betrieben. Der Klingeltransformator ist kurzschlussfest. Bei einem Kurzschluss ist dann der Strom so schwach, dass kein Schaden auftreten kann. Sind bei einer Klingelanlage für denselben Signalgeber mehrere Tasten vorhanden, so werden diese parallel geschaltet (**Bild 2.29**).

Bei der Hausinstallation wird die Klingelanlage meist mit einem *Türöffner* kombiniert. Türöffner enthalten eine Magnetspule, die bei Ansteuerung das Türschloss entriegelt. Der Taster für den Türöffner befindet sich meist in der Wohnung. Signalgeber der Klingelanlage und Türöffner werden vom selben Klingeltransformator gespeist (**Bild 2.30**).

> Die Klingelanlage und die Türöffneranlage sind meist kombiniert und vom selben Klingeltransformator gespeist.

Es ist auch möglich, Klingelanlagen und Türöffneranlagen mit Beleuchtungsstromkreisen zu kombinieren. Dafür muss ein Stromstoßschalter verwendet werden, dessen Steuerspannung vom Klingeltransformator geliefert wird (**Bild 2.31**).

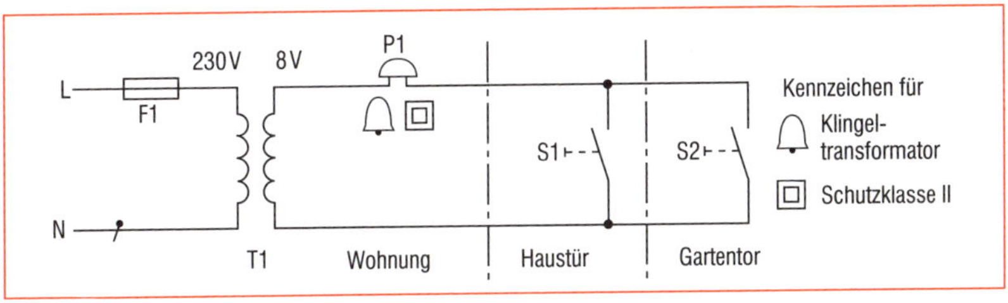

Bild 2.29 Einfache Klingelanlage

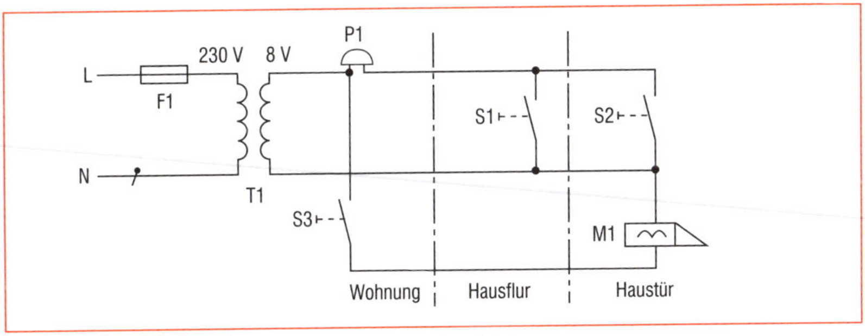

Bild 2.30 Klingelanlage und Türöffneranlage kombiniert

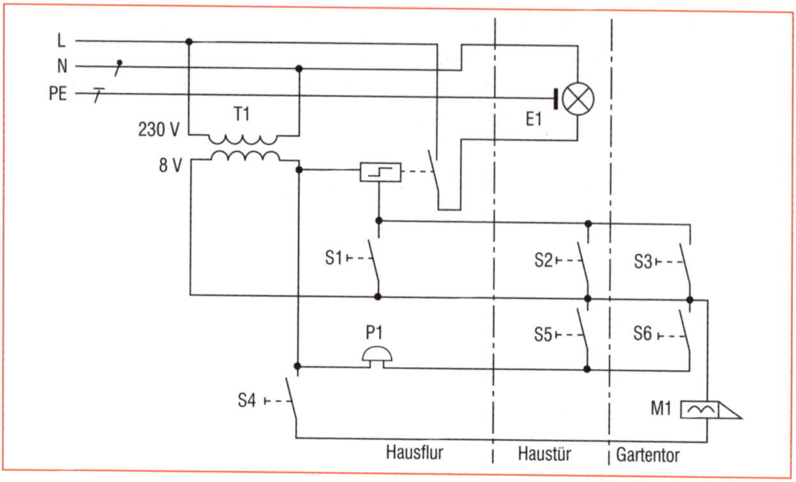

Bild 2.31 Klingelanlage, Türöffneranlage und Beleuchtungsstromkreis kombiniert

Zweidraht-Türsprechanlagen

Die Zweidraht-Türsprechanlagen arbeiten mit Bustechnik. Unter einem Bus versteht man eine 2-adrige Leitung, an die mehrere Geräte, z. B. Taster oder Lautsprecher, angeschlossen werden. Diese Geräte bezeichnet man als *Teilnehmer*. Es gibt sendende Teilnehmer, z. B. Ruftaster, und empfangende Teilnehmer, z. B. Lautsprecher. Dabei wird jeder Teilnehmer mittels Mikrocontrollern (Halbleiterchip mit kleinem Computer) so intelligent gemacht, dass er nur die für ihn bestimmten Signale aufnimmt (**Bild 2.32**).

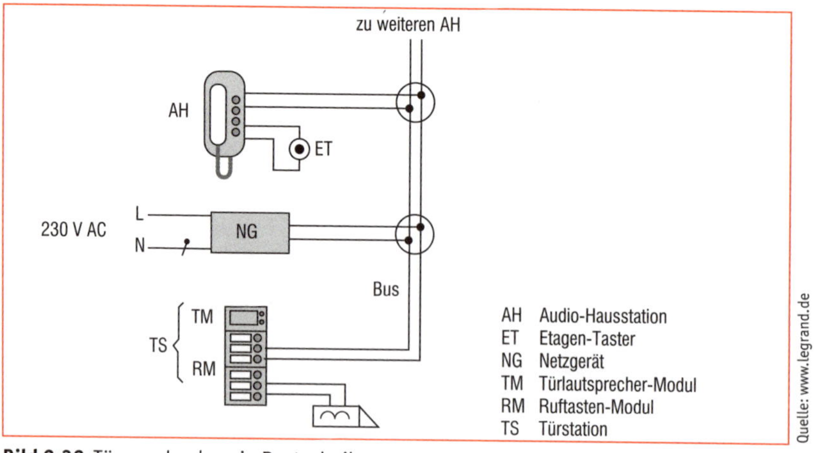

Bild 2.32 Türsprechanlage in Bustechnik

Gibt ein sendender Teilnehmer ein Signal, z. B. die Anfrage „Wer ist da?“, auf die Busleitung, so gelangt dieses Signal zwar an alle angeschlossenen Teilnehmer, es wird aber nur von dem Teilnehmer aufgenommen, für den es bestimmt ist. Zu diesem Zweck wird die Zuordnung der sendenden Teilnehmer zu den empfangenden durch Eingabe von Daten, z. B. an der Türstation oder den Audio-Hausstationen, vorgenommen. Je nach Fabrikat spricht man von *Parametrierung* oder von *Konfiguration*.

Audio-Türsprechanlage

Das *Netzgerät NG* versorgt über einen Bus die Teilnehmer mit der Betriebsspannung. Über den Bus werden auch die Signale von der *Türstation TS* zu den *Audio-Hausstationen AH* übertragen. Die AH enthält das Handtelefon und die Elektronik für den *Etagen-Taster ET* zum Ansteuern der TS. Die TS enthält das *Türlautsprecher-Modul TM* und das *Ruftasten-Modul RM*.

Als Busleitung ist eine verdrillte oder nicht verdrillte Leitung geeignet, z. B. J-Y(St)Y. Die AH enthalten Tasten für Rufen, Sprechen, Türöffner und gegebenenfalls Licht. Soll Licht einschaltbar sein, muss in der Anlage ein Relais (genannt Aktivator) enthalten sein. Der Türöffner kann bei kleiner Leistung direkt an die TS angeschlossen werden, bei großer Leistung an ein Türöffnerrelais. Das Zuordnen der AH zu den Tasten der TS nennt man Konfigurieren. Es erfolgt z. B. mittels steckbarer genauer Widerstände (Konfiguratoren).

Der Türruf nach Betätigung der Ruftaste an der TS erfolgt z. B. zweitönig mit 1.200 Hz/600 Hz. Die kurze Betätigung der ET bewirkt ein Ansteuern des Türöffners von z. B. 4 s.

Video-Türsprechanlage

Im Prinzip ist die Video-Türsprechanlage wie die Audio-Türsprechanlage aufgebaut (**Bild 2.33**). Sie arbeitet aber mit einer höheren Frequenz für das Video-Signal des Schwarzweiß-Bildschirms oder des Farbbildschirms. Deshalb muss als Busleitung eine verdrillte Leitung verwendet werden, z. B. UTP bzw. FTP (Tabelle 1.5).

Außerdem ist zwischen Netzgerät NG und Video-Türstation TS ein *Video-Adapter VA* mit einem Bus-Eingang und einem Bus-Ausgang erforderlich. Eine Abzweigung mittels Abzweigdosen, wie bei der Audio-Türsprechanlage, ist nicht zulässig. Für die *Video-Hausstationen VH* werden die eingehenden Adern und die ausgehenden Adern der Busleitung an dieselbe Klemme angeschlossen (In-Out-Technik).

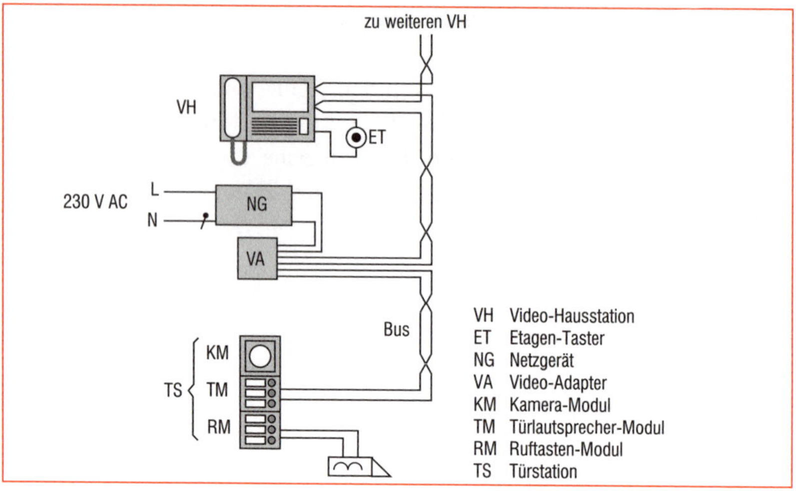

Bild 2.33 Video-Türsprechanlage

Bei größeren Anlagen werden spezielle *Signalverteiler* (Busverteiler) verwendet. Mit diesen kann die Busleitung sternförmig oder baumförmig verlegt werden. Signalverteiler für die einzelne Etage werden als Etagenverteiler bezeichnet.

Das *Kamera-Modul KM* der Türstation kann von der VH aus geschwenkt werden und mit Infrarot-LEDs den Sehbereich beleuchten, sodass auch ohne Licht der Besucher erkennbar ist. Über einen Kamera-Umschalter lassen sich mehrere Kameras anschließen und damit mehrere Eingänge überwachen.

Bei *Mehrstranganlagen* werden die einzelnen Stränge mittels zweier Adern über die Anschlussklemmen des Netzgerätes NG miteinander verbunden (**Bild 2.34**). Die Adressierung der Stränge zwecks Kommunikation über die Stränge hinweg erfolgt über Schalter an den Netzgeräten.

Die heutige Technik ermöglicht das Anbinden einer Video-Türsprechanlage mit ihrem eigenen Bus (In-Home-Bus) ans Internet für eine Fern-Nutzung (**Bild 2.35**). Notwendig hierzu sind ein Gateway (Computer als Tor zu anderem Netzwerk) für den Übergang des In-Home-Busses in das hausinterne Netzwerk (LAN, von Local Area Network) und ein Router für die Internet-Kopplung zur Kommunikation mit Geräten im Internet. Über einen Switch sind weitere Geräte an das hausinterne LAN, WLAN (Wireless LAN) anschließbar, z. B. eine Kamera, ein Bildtelefon mittels VoIP (Abschnitt 19.4) oder auch ein Tablet und ein Smartphone.

Weitere Informationen: www.jung.de

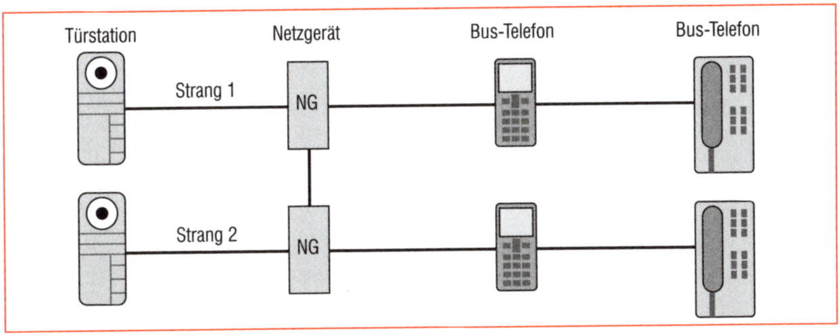

Bild 2.34 Video-Türsprechanlage als Mehrstranganlage

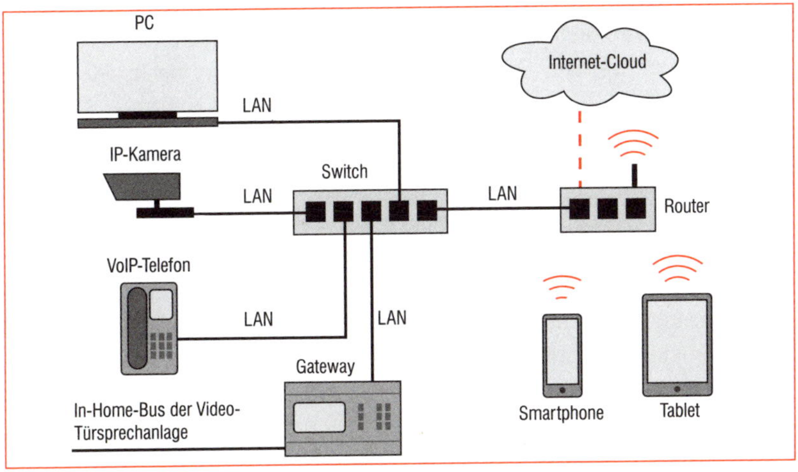

Bild 2.35 Video-Türsprechanlage mit Anbindung ans Internet

2.9.4 Zeitschalter

Zeitschalter sind *Leistungsrelais* (Kleinschütze) mit einer großen, einstellbaren *Abfallverzögerung*. Bei Ansteuerung ziehen sie sofort an. Endet aber die Ansteuerung, so fallen sie nicht sofort ab. Das Abfallen erfolgt erst nach Ablauf der Verzögerungszeit. Die Verzögerungszeit kann je nach Einstellung wenige Sekunden bis zu mehreren Stunden betragen.

Die Abfallverzögerung kann auf verschiedene Arten bewirkt werden. Für sehr lange Verzögerungszeiten ist eine elektrische Uhr eingebaut. Ansonsten verwendet man häufig eine elektronische Schaltung. Bei dieser wird im Prinzip ein Kondensator über einen hochohmigen Widerstand langsam aufgeladen. Ist dessen Spannung genügend hoch geworden, so endet die Abfallverzögerung. Eine derartige Schaltung kann in einem *integrierten Schaltkreis (IC)* enthalten sein.

In der Hausinstallation kommt vor allem der *Treppenlicht-Zeitschalter* vor. Man unterscheidet zwischen dem *Dreileiteranschluss* (**Bild 2.36**, in Neuanlagen nicht mehr erlaubt) und dem *Vierleiteranschluss* (**Bild 2.37**). Bei dieser Zählung ist der Schutzleiter nicht mitgerechnet.

Der Treppenlicht-Zeitschalter für den Dreileiteranschluss enthält einen *Wechsler*. Dieser ist so ausgeführt, dass zuerst der Schließer und danach der Öffner betätigt wird *(Folgewechsler)*. Derartige Treppenlicht-Zeitschalter können nicht nachgeschaltet werden.

Beim Vierleiteranschluss (Bild 2.37) ist die Steuerleitung immer mit der Schalterspule verbunden. Deshalb können solche Treppenlicht-Zeitschalter nachgeschaltet werden. Die Verzögerungszeit läuft dann nach jeder Nachschaltung neu ab.

Treppenlicht-Zeitschalter für den Vierleiteranschluss können meist nachgeschaltet werden.

Ähnlich wie Treppenlicht-Zeitschalter arbeiten die Zeitschalter für eine *Nachlaufsteuerung*. Diese kommt z. B. bei innenliegenden Toiletten für die Steuerung des Ventilatormotors zum Einsatz. Die Ansteuerung des Schalters erfolgt zusammen mit dem Einschalten der Beleuchtung. Nach dem Abschalten der Beleuchtung arbeitet dann der Ventilator noch einige Zeit weiter.

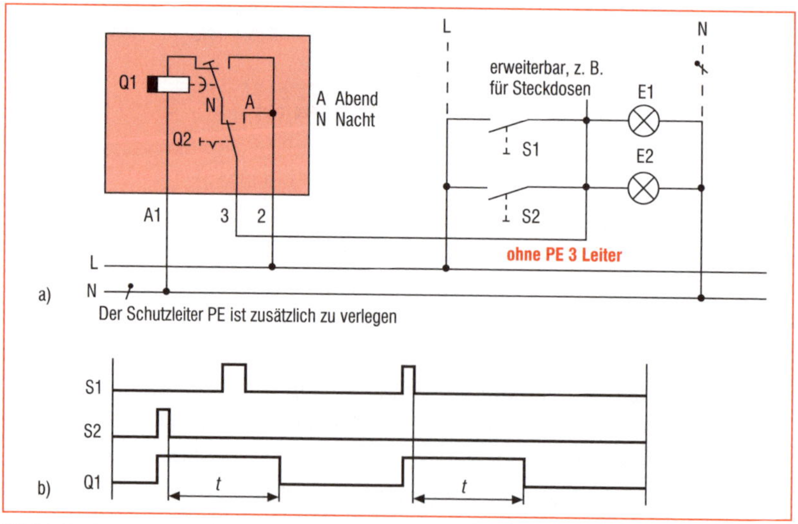

Bild 2.36 Treppenlicht-Zeitschalter mit Dreileiteranschluss
a) Schaltung, b) Zeitablaufdiagramm

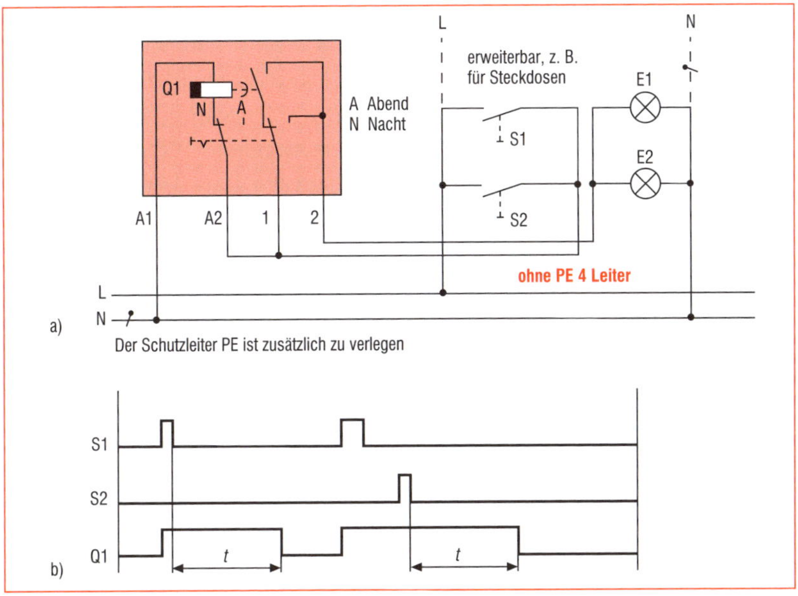

Bild 2.37 Treppenlicht-Zeitschalter mit Vierleiteranschluss
a) Schaltung, b) Zeitablaufdiagramm

Kontrollfragen

1. Aus welchen Teilen besteht ein Relais?
2. Aus welchen Einzelteilen besteht ein elektromagnetisches Schütz?
3. Welchen Vorteil bieten Gleichstromschütze gegenüber Wechselstromschützen?
4. Welche beiden Arten von Stromkreisen unterscheidet man bei Schützschaltungen?
5. Welche Schützschaltung ist besonders wichtig?
6. Beschreiben Sie den Aufbau eines Stromstoßschalters.
7. Wodurch ändert ein Stromstoßschalter seine Schaltstellung?
8. Welche Steuerspannungen werden bei den Stromstoßschaltern verwendet?
9. Durch welche Betriebsmittel erfolgt bei Stromstoßschaltern eine Beleuchtung
   a) bei Steuerspannung 230 V,
   b) bei Steuerspannung 25 V?

10. Welche Spannungsart wird bei Klingelanlagen verwendet?
11. Welche besondere Eigenschaft muss ein Klingeltransformator haben?
12. Welche Steuerspannung muss verwendet werden, wenn eine Beleuchtung beim Klingeln eingeschaltet werden soll?
13. Wie bezeichnet man die Leitung bei einer Zweidraht-Türsprechanlage?
14. Welche Aufgabe hat bei einer Audio-Türsprechanlage die Parametrierung oder Konfiguration?
15. Über welche Leitung erfolgt die Stromversorgung der Teilnehmer bei einer Türsprechanlage in Zweidrahttechnik?
16. Welche Module sind bei einer Audio-Türsprechanlage in der Türstation enthalten?
17. Welches Leitungsmaterial ist bei einer Video-Türsprechanlage als Bus geeignet?
18. Was versteht man unter In-Out-Technik?
19. Auf welche Weise wird die Abfallverzögerung bei Zeitschaltern verwirklicht?
20. Welchen Vorteil bieten Treppenlicht-Zeitschalter mit Vierleiteranschluss?
21. Nennen Sie eine Anwendung von Nachlaufsteuerungen mit Zeitschalter.

2.10 Schaltungen mit Gasentladungslampen

2.10.1 Prinzip der Gasentladungslampen

Bei *Gasentladungslampen* entsteht das Licht nicht durch einen Glühdraht, sondern es wird Gas oder „Metalldampf" durch einen Strom zum Leuchten gebracht. Zu den Gasentladungslampen der Elektroinstallation gehören die *Glimmlampen*, die *Leuchtstofflampen* und die *Metalldampflampen* (z. B. Quecksilberdampflampen, Natriumdampflampen oder Halogen-Metalldampflampen, deren Verkauf aufgrund niedriger Energieeffizienz oder aus Umweltschutzgründen in der EU z. T. verboten ist). Außer bei den Glimmlampen sind zur Zündung der Gasentladungslampen besondere Maßnahmen erforderlich, weil die Zündung eine größere Spannung als 230 V erfordert. Außerdem muss dafür gesorgt werden, dass nach der Zündung die Betriebsspannung verringert wird, weil sonst die Lampen zerstört würden. Diese Aufgaben übernehmen sogenannte *Vorschaltgeräte*.

2.10.2 Einfache Schaltungen der Leuchtstofflampen

Leuchtstofflampen erzeugen in ihrem Inneren hauptsächlich eine *UV-Strahlung*, die durch eine Leuchtstoffschicht an der Innenwand der stabförmigen Lampen in sichtbares Licht umgewandelt wird (**Bild 2.38**). Der Leuchtstoff ist giftig, sodass ein Zerbrechen der Lampen verhindert werden muss. Der Verkauf von Leuchtstofflampen ist in der EU seit 2020 verboten, da sie Quecksilber enthalten (weiterhin erhältlich im Online-Handel).

> Verbrauchte Leuchtstofflampen müssen ordnungsgemäß entsorgt werden. Händler mit Verkaufs- und Lageflächen ≥ 400 m² sind gesetzlich verpflichtet, verbrauchte Lampen zurückzunehmen, zumindest beim Kauf neuer Lampen.

Zum Zünden der bis 1,50 m langen Leuchtstofflampen ist eigentlich eine Hochspannung erforderlich. Zum Herabsetzen der Zündspannung erhalten die Elektroden einen geeigneten Oxidüberzug und werden durch den Strom bis zum Glühen erhitzt, sodass die Elektronen leichter aus den Elektroden austreten können. Außerdem erhöht die Abschaltspannung einer Drosselspule die Spannung bei der Zündung und ihr Wechselstromwiderstand begrenzt die Betriebsspannung nach der Zündung.

Man unterscheidet die *induktive Schaltung,* die *kapazitive Schaltung,* die *Duoschaltung* und die *Tandem-(Reihen-)Schaltung* (**Bild 2.39**). Diese Schaltungen enthalten je Lampe eine Drosselspule sowie einen elektronischen Starter oder einen Glimmzünder. Der Glimmzünder ist eine kleine Glimmlampe mit einer Bimetallelektrode. Nach dem Einschalten glimmt der Glimmzünder und das Bimetall erwärmt sich. Dadurch krümmt es sich und schließt den Stromkreis für die Elektroden der Leuchtstofflampe. Es fließt nun ein kräftiger Heizstrom. Der Glimmzünder erkaltet und öffnet den

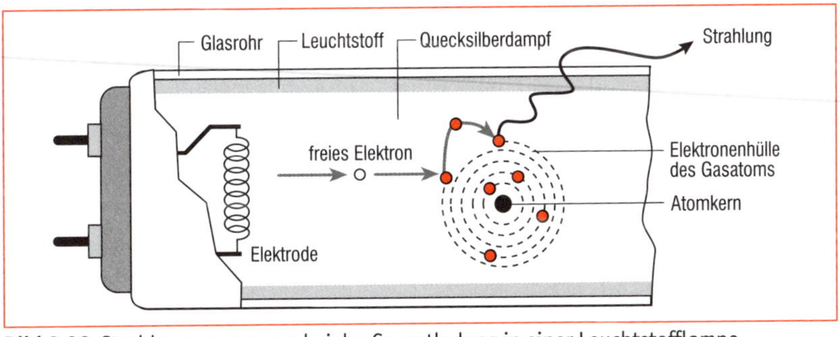

Bild 2.38 Strahlungserzeugung bei der Gasentladung in einer Leuchtstofflampe

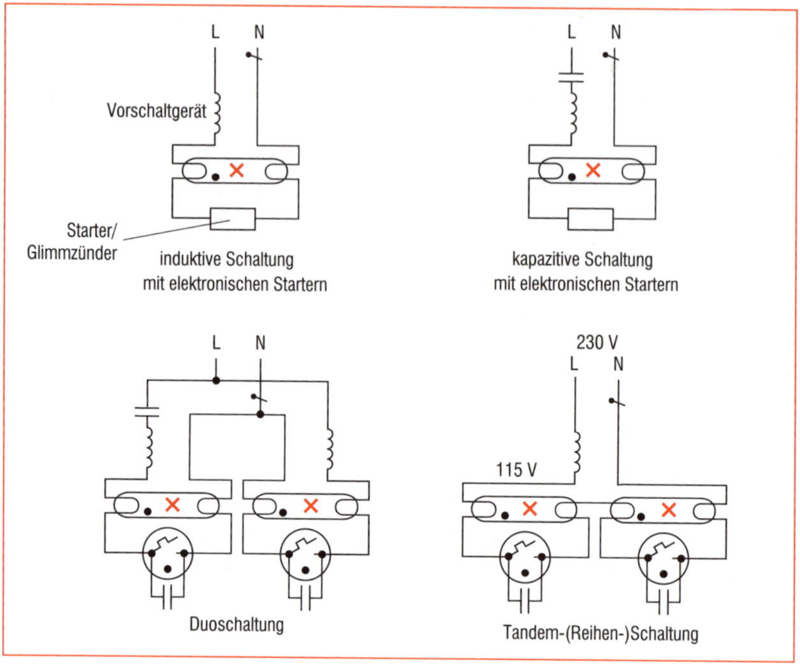

Bild 2.39 Grundschaltungen der Leuchtstofflampen

Stromkreis. Auf Grund der Drosselspule entsteht durch Induktion eine hohe Abschaltspannung. Es erfolgt die Zündung. Danach wirkt die Drosselspule als induktiver Vorwiderstand und setzt die Netzspannung zur Betriebsspannung auf z. B. 80 V herunter.

> Bei Leuchtstofflampen muss zunächst eine hohe Zündspannung vorhanden sein und nach der Zündung eine niedrigere Betriebsspannung.

Drosselspulen rufen eine Verschiebung (Phasenverschiebung) zwischen dem Wechselstrom und der Wechselspannung hervor, und zwar ist die Stromkurve (siehe Bild 4.4) gegenüber der Spannungskurve nach rechts verschoben. Bei Kondensatoren ist das umgekehrt. Mit einer Phasenverschiebung wirkt der Strom weniger als ohne Phasenverschiebung. Ein Maß für die Wirkung ist der *Wirkfaktor* cos φ, der zwischen 0 und 1 beträgt. Leider verringert die Drosselspule den cos φ. Deshalb darf nach TAB (Technische Anschlussbedingung der Verteilungsnetzbetreiber VNB) die induktive Schaltung ohne Kompensation (Verbesserung des Wirkfaktors) nur bis 250 W je Außenleiter angewendet werden.

Bei der kapazitiven Schaltung ist zusätzlich ein Kondensator in Reihe geschaltet. Dadurch wird die induktive Blindleistung *kompensiert* (aufgehoben). Es muss aber eine Überkompensation stattfinden, weil sonst die Spannung zu hoch würde. Somit ist bei der kapazitiven Schaltung der cos φ ebenso verringert, jedoch jetzt mit *voreilendem Strom.* Werden induktive und kapazitive Schaltungen abwechselnd verwendet, so kann der cos φ annähernd 1 werden. Jetzt ist die Blindleistung kompensiert. Das ist bei einer zweilampigen Leuchte durch die Duoschaltung möglich (Bild 2.39).

Bei den Vorschaltgeräten der Leuchtstofflampen nach Bild 2.39 unterscheidet man *konventionelle* Vorschaltgeräte *KVG* und *verlustarme* Vorschaltgeräte *VVG.* Die Schaltung mit VVG ist dieselbe wie bei KVG, jedoch ist bei VVG der Kupferquerschnitt größer und das Kernmaterial der Drosselspulen verlustärmer. KVG dürfen in der EU (Europäische Union) nicht mehr in Umlauf gebracht werden.

2.10.3 Elektronisches Vorschaltgerät (EVG)

Bei Frequenzen bis 50 kHz entfällt das beim Betrieb mit 50 Hz störende Flimmern. Dadurch erhöhen sich die Lichtausbeute sowie die Lebensdauer der Lampe. Darüber hinaus lassen sich Leuchtstofflampen besser dimmen als dies bei den VVG möglich ist (Kapitel 3).

> Elektronische Vorschaltgeräte beseitigen das Flimmern der Leuchtstofflampen, erhöhen ihre Lichtausbeute und ermöglichen ihr Dimmen.

Die Grundschaltung (**Bild 2.40**) hat einen Wirkfaktor cos $\varphi = 1$ und kann durch Sensoren erweitert werden, z. B. zur tageslichtabhängigen Schaltung (**Bild 2.41**).

Die EVG der Klasse A1 sind uneingeschränkt dimmbar, dagegen solche der Klassen A2 und A3 nur eingeschränkt. Die VVG der Klassen B1 und B2 lassen das Dimmen von Leuchtstofflampen in den Schaltungen nach Bild 2.40 nicht zu. Dasselbe gilt für die Klassen C und D der KVG.

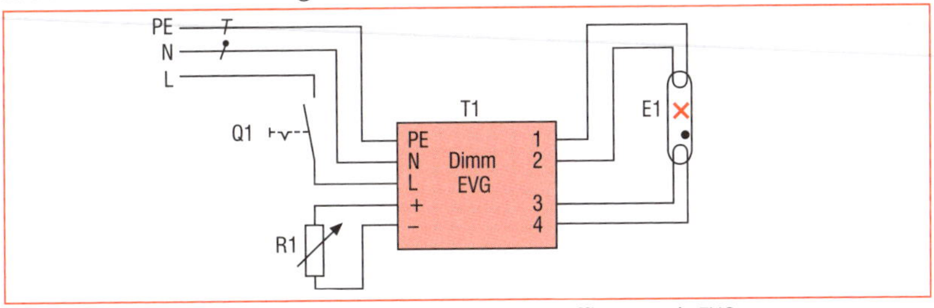

Bild 2.40 Grundschaltung zum Dimmen einer Leuchtstofflampe mit EVG

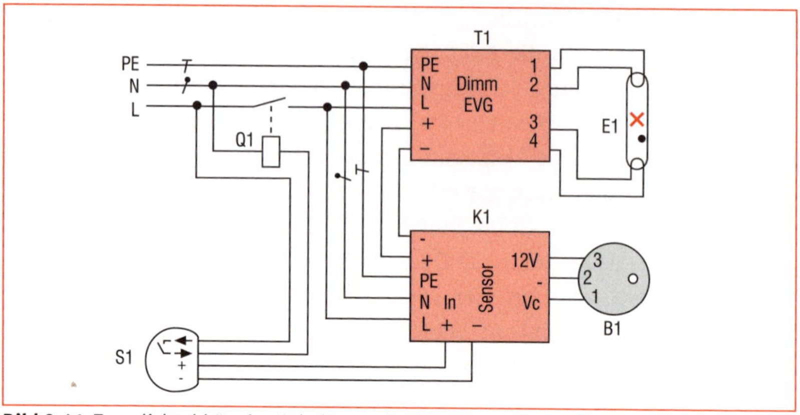

Bild 2.41 Tageslichtabhängige Schaltung mit EVG

2.10.4 Schaltungen mit Metalldampflampen

Bei Metalldampflampen, z. B. Halogen-Metalldampflampen, muss wie bei den Leuchtstofflampen die Zündspannung erhöht und die Betriebsspannung herabgesetzt werden. Dazu sind spezielle Zündgeräte (T1, T2) erforderlich (**Bild 2.42**).

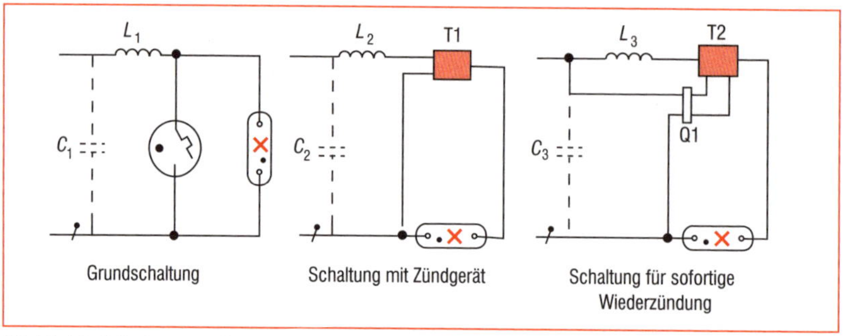

Bild 2.42 Schaltungen für Metalldampflampen

Kontrollfragen

1. Welche Aufgabe hat bei der Leuchtstofflampe der Leuchtstoff?
   1. Umwandlung der UV-Strahlung in Licht,
   2. Erzeugen der UV-Strahlung bei der Gasentladung,
   3. Herabsetzen des Flackerns beim Zünden der Lampe,
   4. Erleichtern des Zündens der Lampe,
   5. Begrenzen der Temperatur in der Lampe.

   ☐

2. Welche Wirkung hat die Drosselspule im Vorschaltgerät der Leuchtstofflampe?
   1. Erhöhung der Spannung nach dem Zünden der Lampe,
   2. nur Herabsetzen der Spannung nach dem Zünden der Lampe,
   3. Vergrößern des Wirkfaktors der Schaltung,
   4. Erhöhung der Spannung beim Zünden der Lampe und Herabsetzen der Lampenspannung nach dem Zünden,
   5. Herabsetzen der Spannung beim Zünden der Lampe und Glättung des Stroms nach dem Zünden.

   ☐

3. Welche Vorteile bieten elektronische Vorschaltgeräte EVG?
   1. Sie sind billiger als Drosselspulen.
   2. Sie setzen nur das Flimmern der Lampen herab.
   3. Sie verringern das Flimmern, aber auch die Lichtausbeute.
   4. Sie erhöhen die Lichtausbeute, verringern das Flimmern und erleichtern das Dimmen, brummen aber etwas stärker.
   5. Höhere Lichtausbeute, weniger Flimmern, kein störendes Geräusch, erleichtern das Dimmen.

   ☐

2.11 Schaltungen mit LED-Leuchtmitteln

2.11.1 Prinzip der LED

Die LED (Light Emitting Diode) ist ein elektronisches Bauelement, das einen PN-Übergang enthält (**Bild 2.43 a**) und ein Leuchtmittel darstellt. Bei diesem stößt ein P-Leiter (Halbleiter mit positiven Ladungsträgern) an einen N-Leiter (Halbleiter mit negativen Ladungsträgern). Die negativen Ladungsträger sind *Elektronen,* die positiven Ladungsträger sind *Löcher* (fehlende Elektronen im Halbleiterkristall aus Atomen). Ohne angelegte Spannung wandern die Elektronen des N-Leiters in den P-Leiter und füllen dort die Löcher auf. Es entsteht eine Isolierschicht, die man *Sperrschicht* nennt.

Eine Spezialform der LEDs sind die organischen LEDs, genannt OLEDs (**Bild 2.43 b**). Der P-Leiter ist die *Lochleitungsschicht HTL* (Hole Transport Layer) und der N-Leiter die *Elektronenleitungsschicht ETL* (Electron Transport Layer). Beide Schichten sind zusammen nur 1 µm (= 0,001 mm) dick und bestehen aus einem organischen Material, das auf der einen Seite P-leitend und auf der anderen Seite N-leitend ist. Anode und Katode sind Metallschichten, die auf das organische Material aufgedampft sind. OLEDs werden als Folien hergestellt und ihre Herstellung ist einfacher als die von LEDs aus Halbleiterkristallen. Die Lebensdauer von OLEDs ist kleiner als die von anderen LEDs, aber die Lichtausbeute kann größer sein.

Legt man eine Gleichspannung so an das Bauelement, dass am P-Leiter der Pluspol liegt und am N-Leiter der Minuspol, dann wird die Sperrschicht abgebaut, weil dauernd neue Elektronen in den N-Leiter nachgeliefert werden, die dann am P-Leiter die vom Pluspol neu erzeugten Löcher füllen. Der PN-Übergang ist jetzt für den Gleichstrom durchlässig. Man sagt, er sei in *Vorwärtsrichtung* geschaltet. Wird der P-Leiter an den Minuspol angeschlossen und der N-Leiter an den Pluspol, dann sperrt der PN-Übergang. Man spricht dann von *Rückwärtsrichtung*.

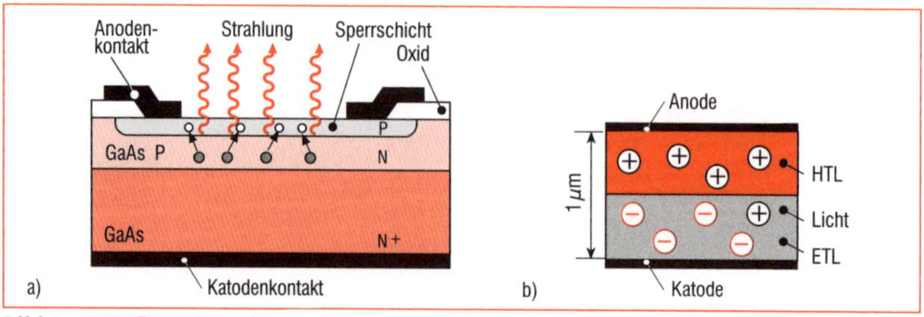

Bild 2.43 Aufbau einer a) LED und einer b) OLED

Manche Halbleitermaterialien, z. B. GaAsP (Gallium-Arsen-Phosphid), senden Licht aus, wenn beim Stromfluss im PN-Übergang ein Elektron in ein Loch fällt. Dieser Vorgang wird für die Lichterzeugung genutzt. Zur Lichterzeugung müssen die LEDs deshalb in Vorwärtsrichtung geschaltet sein.

LEDs sind Halbleiterdioden, die in Vorwärtsrichtung an Gleichspannung betrieben werden.

2.11.2 Prinzipschaltungen und Daten der LED-Leuchtmittel

Der Strom in Vorwärtsrichtung darf nicht zu groß werden, weil sonst die LED zerstört wird. Deshalb schaltet man zur Strombegrenzung eine als Widerstand wirkende Elektronik in Reihe hinzu. Darüber hinaus hält die LED nur wenig Spannung in Rückwärtsrichtung aus. Deshalb wird eine Halbleiterdiode, die keine LED ist, als Sperrdiode dazugeschaltet. Diese hält die Spannung in Rückwärtsrichtung aus und schützt die LED (**Bild 2.44**).

LEDs müssen durch zusätzliche Bauelemente geschützt werden.

Zum Schutz vor zu hoher Rückwärtsspannung lässt sich auch eine zweite LED in Gegenparallelschaltung einsetzen. Je nach Polung ist dann eine der beiden LEDs in Vorwärtsrichtung geschaltet und überbrückt die andere LED, sodass an ihr keine Spannung in Rückwärtsrichtung auftreten kann. Bei dieser Schaltung ist der Betrieb an Wechselspannung möglich, die beiden LEDs emittieren dann abwechselnd Licht.

Die Vorwärtsspannung einer LED beträgt ca. 3 V (**Tabelle 2.6**). Je nach Typ liefert sie weißes Licht oder farbiges Licht. Ihre *Lichtausbeute* (Abschnitt 12.3) ist größer als die von Halogen-Glühlampen und oft auch von Gasentladungslampen. LED-Lampen werden daher die meisten der bisherigen Lampen ersetzen, insbesondere also Leuchtstofflampen und Halogenlampen.

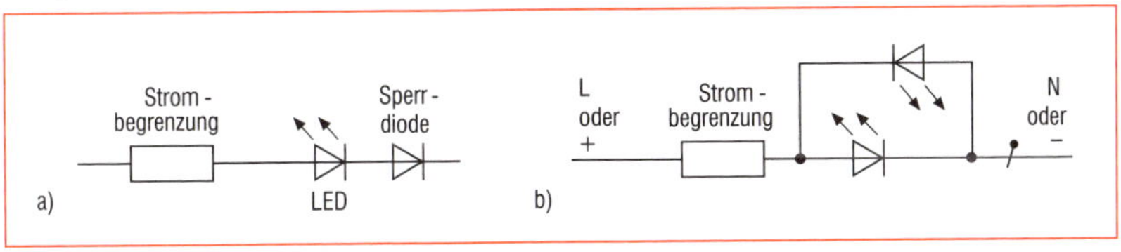

Bild 2.44 Schutz der LED mit Strombegrenzung durch a) Sperrdiode oder durch b) Gegenparallelschaltung einer zweiten LED

Farbe	U_F in V für I_F = 20 mA	Leistung in mW	Lichtausbeute in lm/W
Weiß	3,3	80	80
Blau	3,5		30
Grün	3,3		30
Rot	3,2		25
U_F Vorwärtsspannung, I_F Vorwärtsstrom			

Tabelle 2.6 Kenndaten von Leistungs-LEDs

Die Vorteile einer LED gegenüber anderen Lampen sind

- die hohe Lebensdauer bis 100.000 h,
- die höhere Lichtausbeute als bei Halogen-Glühlampen,
- das Fehlen von ionisierenden Strahlen auf Grund der niedrigen Spannung,
- keine Probleme bei der Entsorgung, da LEDs keine umweltschädlichen Stoffe, z. B. Quecksilber, enthalten und
- sofort volle Helligkeit nach dem Einschalten.

2.11.3 LED-Leuchtmittel

Einzelne LEDs werden bei Signallampen und Taschenlampen verwendet. Für die übrigen Zwecke verbindet man mehrere LEDs miteinander. So bestehen *LED-Streifenmodule* aus einer Reihenschaltung von z. B. 6 oder 12 LEDs, die auf einer streifenförmigen Platine angeordnet sind. Die Betriebsgleichspannung beträgt 6 V, 8 V, 12 V oder 24 V. Die Speisung erfolgt durch eine Konstantstromquelle, die auf der Platine angeordnet sein kann. Derartige Streifenmodule werden zur Beleuchtung entlang von Kanten eingesetzt.

Bei einem *LED-Modul* zum Anschluss an 230 V AC sind z. B. 10 LEDs auf einer Kreisfläche angeordnet (**Bild 2.45**). Im Sockel ist ein Netzteil untergebracht, welches aus den 230 V AC die erforderliche Betriebsgleichspannung

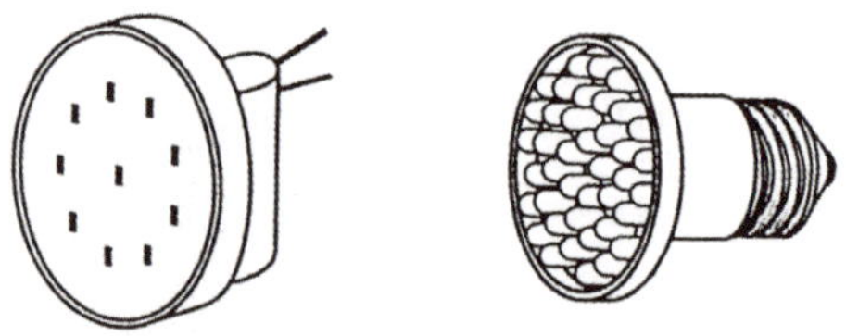

Bild 2.45 LED-Leuchtmittel für 230 V AC

erzeugt. Ähnlich sieht der Aufbau von LED-Lampen aus. Hier sind z. B. 38 LEDs in ein teilweise durchsichtiges Gehäuse eingebaut. Im Sockel mit dem üblichen Edisongewinde E27 oder E14 befindet sich das Netzteil. Auch ein Dimmer, eine Funkantenne oder ein Bewegungsmelder können im Sockel enthalten sein.

> Leuchtmittel mit LEDs erfordern bei Versorgung mit AC immer eine Stromversorgungseinheit für die LEDs.

Die Stromversorgungseinheit (Konverter, Treiber) kann ein Gleichrichter oder ein Umrichter sein. Sie ist oft mit den LED-Lampen fest verbunden, z. B. im Sockel der Lampe.

Die einzelnen LEDs strahlen in eine Richtung mit engem Strahlungswinkel, also ähnlich wie ein Scheinwerfer. Auch Leuchtmittel mit mehreren gleich liegenden LEDs verhalten sich so und sind dadurch vor allem geeignet, wenn das Licht gerichtet sein soll, z. B. bei einer Taschenlampe oder einem Strahler. Soll dagegen das Licht weniger gerichtet sein, so werden bei den Leuchtmitteln die einzelnen LEDs in verschiedenen Richtungen angeordnet (**Bild 2.46**).

Quelle: www.ledtronics.com

Bild 2.46 Anordnung der LEDs bei einem runden Leuchtmittel

LED-Retrofit-Lampen

LED-Retrofit-Lampen sind solche LED-Lichtquellen, die einfach gegen herkömmliche Lampen ersetzt werden können (retrofit = Wiederherstellung). Die Retrofit-Glühbirne, **Bild 2.47**, ersetzt je nach Nennleistung von 4 W, 6 W oder 8 W Glühlampen von 40 W, 60 W oder 75 W und liefert dann 430 lm, 590 lm oder 780 lm (www.arteco-led.com).

> LED-Lampen mit Gewinde E27 führen zu einer Energieeinsparung von 90 % gegenüber herkömmlichen Glühlampen bzw. von 50 % gegenüber sogenannten Energiesparlampen in Form von Leuchtstofflampen.

Lebensdauer: etwa 25.000 h
Lichtstromerhalt bei 25.000 h: 70 %
Schaltzyklen: > 30.000
Betriebsspannung: 230 V, 50 Hz
Dimmbarkeit: nein
Leuchtkraft: 95 lm/W bis 100 lm/W
Farbtemperatur: 2.700 K (Orangeweiß)
Sockel: E 27

Quelle: www.vosla.com

Bild 2.47 LED-Lampe mit LED-Fäden

Bei der LED-Glühbirne, Bild 2.47, sind anstelle von Glühfäden LED-Fäden vorhanden, die aus zahlreichen Mini-LEDs so aufgebaut sind, dass Fäden vorliegen. Im Sockel des E27-Gewindes liegt die Anpassungsschaltung der LED-Fäden an das 230-V-Netz.

Auch für Leuchtstofflampen gibt es Retrofit-Lampen mit LEDs (**Bild 2.48**). Dabei ist es sogar möglich, dass vorhandene Vorschaltgeräte (KVG oder VVG) für die LED-Röhren verwendet werden können; ggf. müssen die Vorschaltgeräte überbrückt werden. Allerdings ist der Starter durch einen LED-Starter (Treiber, Konverter) zu ersetzen (Bild 2.48).

Sollen dimmbare LED-Retrofit-Röhren gedimmt werden, muss jedoch das Vorschaltgerät (KVG, VVG) überbrückt bzw. entfernt werden. Im Falle der *Duoschaltung* sind beim Dimmen die Vorschaltgeräte und die Kompensation zu überbrücken bzw. zu entfernen. Im Falle der *Tandemschaltung* müssen beim Einsatz von LED-Retrofit-Röhren ggf. Verdrahtungsänderungen gegenüber dem Einsatz von Leuchtstofflampen vorgenommen werden, sofern die LED-Retrofit-Röhren nicht für eine Tandemschaltung ausgelegt sind (**Bild 2.49**). Dies ist ggf. auch beim Ersatz einer Leuchtstofflampe mit EVG durch eine LED-Retrofit-Röhre der Fall (**Bild 2.50**). Zu beachten ist, dass EVG-geeignete LED-Retrofit-Röhren nicht direkt an 230 V betrieben werden können.

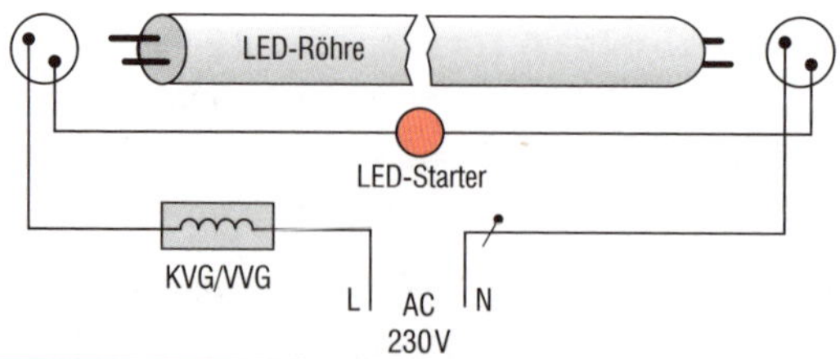

Bild 2.48 LED-Röhre als Ersatz für eine konventionelle Leuchtstofflampe (PE-Anschluss nicht dargestellt)

LED-Röhren, die nicht für Retrofit vorgesehen sind, können direkt an AC 230 V betrieben werden. Sie erfordern kein Vorschaltgerät und keinen Starter (Bild 2.50 b).

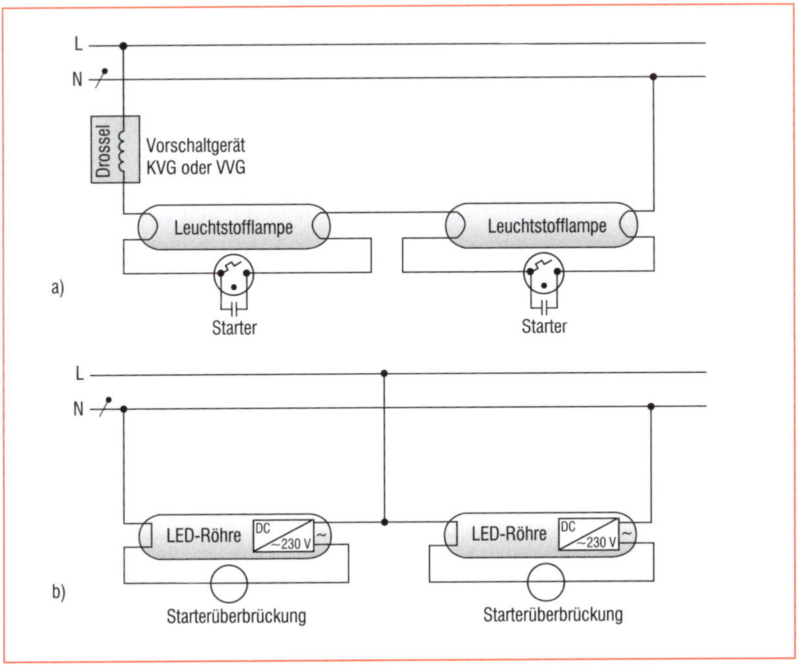

Bild 2.49 Tandemschaltung für Leuchtstofflampen (a) und LED-Röhren (b) (PE-Anschluss nicht dargestellt)

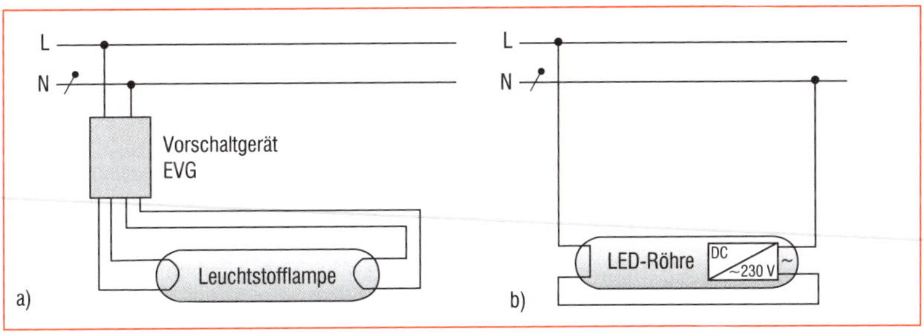

Bild 2.50 Ersatz einer Leuchtstofflampe mit EVG (a) durch eine LED-Röhre (b) (PE-Anschluss nicht dargestellt)

2.11.4 Schaltungen der LEDs in den Modulen

Die LED-Leuchtmittel sind je nach Bauart der Stromversorgung verschieden an das Netz anzuschließen. *Spannungssteuerung* liegt vor, wenn die LED-Module in Parallelschaltung an eine konstante Spannung anzuschließen sind (**Bild 2.51**). In dieser Weise können mehrere Module betrieben werden, sie müssen aber für dieselbe Spannung bemessen sein. Dazu ist es notwendig, dass jedes Modul dieselbe Anzahl an LEDs enthält.

Stromsteuerung liegt vor, wenn die LEDs oder die LED-Module in Reihe an eine Stromquelle mit konstantem Strom anzuschließen sind (**Bild 2.52**). Bei der Stromsteuerung können LED-Module mit unterschiedlicher Bemessungsspannung miteinander betrieben werden.

LED-Leuchten bestehen meist nicht nur aus einer Spannungsversorgung und den zu LED-Modulen geschalteten LEDs. Sie besitzen für ihre Anwendung oft erweiterte Schaltungen. Zunehmend Verbreitung finden LED-Leuchten mit integriertem Bewegungsmelder (**Bild 2.53**; Kapitel 13). Bei diesen Leuchten können der Beleuchtungsbereich, die Einschaltdauer sowie die Helligkeit eingestellt werden. Sollen mehrere gleiche LED-Leuchten

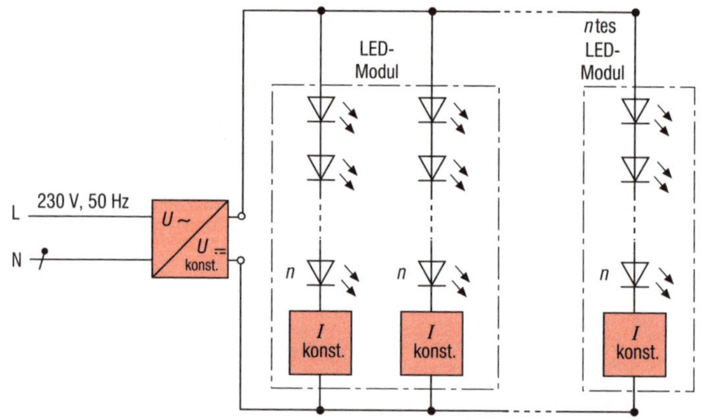

Bild 2.51 Spannungsgesteuertes LED-Leuchtmittel (PE-Anschluss nicht dargestellt)

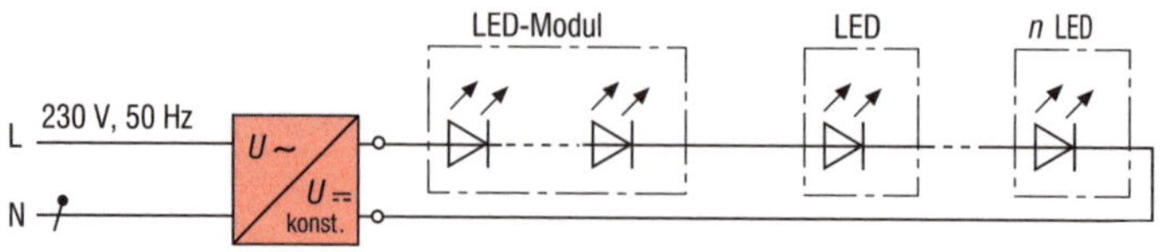

Bild 2.52 Stromgesteuertes LED-Leuchtmittel (PE-Anschluss nicht dargestellt)

miteinander geschaltet werden, so erfolgt dies über die integrierte Funkverbindung.

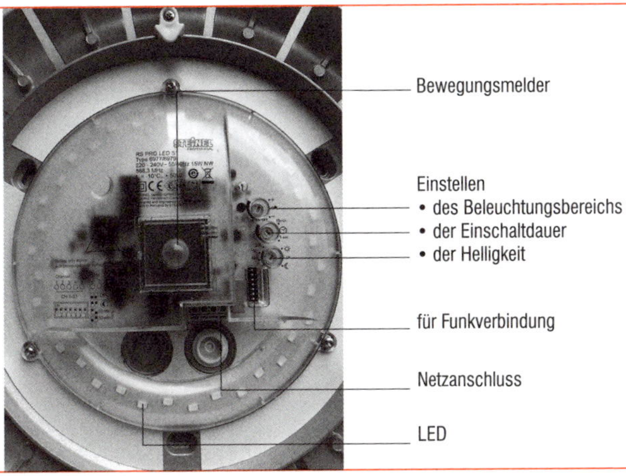

Bild 2.53 LED-Leuchte mit Näherungssensor (Bewegungsmelder)

Kontrollfragen

1. Erklären Sie die Bedeutung der Kurzform LED.
2. In welcher Richtung werden LEDs betrieben?
3. Wie ist die Polung am PN-Übergang, wenn er in Vorwärtsrichtung geschaltet ist?
4. Wie groß ist die Lichtausbeute von LEDs für weißes Licht?
5. Auf welche Weise werden LEDs gegen falsche Polung der Anschlussspannung geschützt?
6. Welche beiden Steuerungsarten werden in LED-Leuchtmitteln angewendet?
7. Welche der folgenden Aussagen ist richtig?
   1. LEDs besitzen umweltbedenkliche Leuchmittel.
   2. LEDs erhalten ihre volle Helligkeit erst nach einigen Sekunden.
   3. LEDs besitzen eine höhere Lichtausbeute als Glühlampen.
   4. Der Strom in Vorwärtsrichtung sollte bei einer LED möglichst groß sein, damit ein helles Licht erzeugt wird.
   5. LEDs werden meist in Rückwärtsrichtung betrieben.

☐

8. Was versteht man unter einer Stromsteuerung bei LEDs?
   1. Die LEDs oder LED-Module sind parallel geschaltet an eine konstante Spannungsquelle angeschlossen.
   2. Die LEDs oder LED-Module sind in Reihe geschaltet an eine konstante Stromquelle angeschlossen.
   3. LEDs oder LED-Module werden durch unterschiedliche Ströme gesteuert.
   4. LEDs oder LED-Module werden durch Spannungsimpulse gesteuert.
   5. LEDs oder LED-Module werden durch Stromimpulse gesteuert.

☐

2.12 Kleinspannungsbeleuchtungsanlagen

Eine Kleinspannungsbeleuchtungsanlage benötigt einen Transformator, heute meist ein elektronischer (S. 83), bzw. einen Konverter (Umsetzer AC/DC) und besteht aus Leitern (Leitungen (Seile), Schienen, Stangen), Leuchten mit Leuchtmittel (Lampe) und Befestigungselementen einschließlich der elektrischen Verbinder (**Bild 2.54**). Die Spannungsversorgung erfolgt durch eine Stromquelle mit einer maximalen Bemessungsspannung von 50 V AC oder 120 V DC. Die verwendeten Leuchtmittel sind NV-Halogenlampen oder LED-Lampen.

Als Schutzmaßnahme ist für Kleinspannungsbeleuchtungsanlagen nach DIN VDE 0100-715 nur SELV (Safety Extra Low Voltage, Abschnitte 6.2 und 6.3) erlaubt. Bei Verwenden von blanken Leitern darf die Spannung maximal 25 V AC oder 60 V DC betragen. Entsprechende Sicherheitstrans-

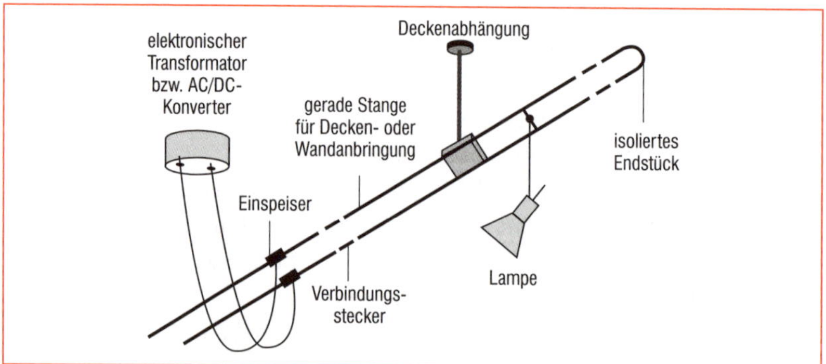

Bild 2.54 Kleinspannungsbeleuchtungsanlage als Stangensystem

formatoren bzw. Konverter mit sicherer Trennung sind einzusetzen, z.B. mit Eingangsspannung 230 V AC und Ausgangsspannung 12 V DC.

Bei Überstrom muss der gesamte SELV-Stromkreis durch eine gemeinsame Überstrom-Schutzeinrichtung geschützt sein (**Bild 2.55**) oder jede einzelne Last muss durch eine Überstrom-Schutzeinrichtung geschützt sein. Bei der Auswahl der Überstrom-Schutzeinrichtung für den Primärstromkreis des Transformators ist dessen Magnetisierungsstrom zu berücksichtigen. Sich selbst zurücksetzende Überstrom-Schutzeinrichtungen sind nur für Transformatoren bis 50 VA erlaubt. Wegen der Brandgefahr sind bedingt oder unbedingt kurzschlussfeste Transformatoren zu verwenden. Bei der Verwendung von Konvertern werden Konverter mit einer Temperaturbegrenzung von 110 °C empfohlen. Im Falle blanker Leiter darf die Leistung der Transformatoren oder Konverter 200 VA nicht übersteigen.

Wegen des Brandschutzes muss die Überstrom-Schutzeinrichtung ein dauerndes Überwachen des Leistungsbedarfs der Leuchten gewährleisten. Ein automatisches Abschalten der Stromversorgung muss innerhalb von 0,3 s im Falle eines Kurzschlusses oder eines Fehlers, der eine Anhebung der Leistung um mehr als 60 W verursacht, sichergestellt sein, und zwar auch bei herabgesetzter Leistung der Stromversorgung. Ebenso muss automatisches Abschalten der Stromversorgung gewährleistet sein, wenn beim Einschalten des Versorgungsstromkreises durch einen Fehler eine Anhebung der Leistung um mehr als 60 W verursacht wird.

> Aufgrund des Brandschutzes muss bei blanken Leitern in Kleinspannungsbeleuchtungsanlagen auf geeignete Überstrom-Schutzeinrichtungen geachtet werden.

Die Stromquellen für SELV und ihre Schutzeinrichtungen müssen angemessen befestigt sein. Ihre elektrischen Anschlussstellen dürfen mechanisch nicht belastet werden. Eine Überhitzung der Betriebsmittel infolge ihrer Isolierung ist zu verhindern. Auf eine leichte Zugänglichkeit der Schutzeinrichtungen ist zu achten. Sie dürfen oberhalb von abnehmbaren oder leicht

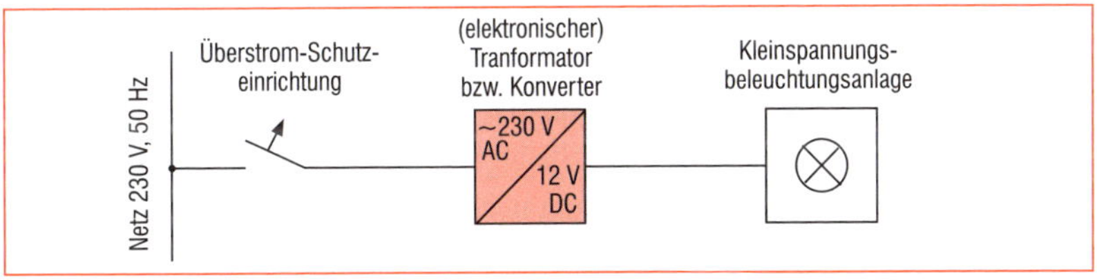

Bild 2.55 Überstrom-Schutzeinrichtung bei einer Kleinspannungsbeleuchtungsanlage

zugänglichen Zwischendecken angebracht werden, sofern ein Hinweis über ihr Vorhandensein und ihre Anordnung gegeben ist.

Als Kabel und Leitungen sind bei Kleinspannungsbeleuchtungsanlagen anzuwenden

- starre Mantelleitungen und Kabel,
- flexible Leitungen,
- Stromschienensysteme oder Stangensysteme,
- isolierte Leiter in einem Elektroinstallationsrohr oder Elektroinstallationskanal oder
- blanke Leiter, nicht jedoch auf brennbarem Material.

Fabrikfertige Kleinspannungs-Beleuchtungssysteme dürfen eingesetzt werden. Die Herstellerangaben sind einzuhalten. Metallteile von Möbeln oder Rohrsystemen in Gebäuden dürfen nicht als aktive Leiter verwendet werden.

Grundsätzlich müssen die Mindestquerschnitte von Leitern der SELV-Stromkreise, die an die Ausgänge der speisenden Transformatoren oder Konverter angeschlossen sind, dem Laststrom entsprechen. Bei Cu-Leitungen beträgt der Mindestquerschnitt 1,5 mm², bei flexiblen Cu-Leitungen bis 3 m Länge reicht 1 mm². Werden bei Kleinspannungsbeleuchtungsanlagen Leuchten an die Leiter gehängt, ist wegen der mechanischen Festigkeit ein Mindestquerschnitt von 4 mm² vorgeschrieben. Ein erlaubter Spannungsfall von maximal 5 % zwischen Transformator und weitest entfernter Leuchte ist zu beachten.

Bei Nennspannungen bis 25 V AC oder 60 V DC dürfen blanke Leiter verwendet werden, wenn sie nicht direkt auf brennbarem Material befestigt sind. Bei freihängenden blanken Leitern müssen zwischen dem Transformator und der Schutzeinrichtung mindestens ein Leiter und die Anschlussstellen isoliert sein, um Kurzschlüsse zu vermeiden. Die Leiter von Kleinspannungsbeleuchtungsanlagen dürfen nicht für fremde Zwecke, z. B. zur Aufhängung von Bezeichnungstafeln, verwendet werden.

> Leiter von Kleinspannungsbeleuchtungsanlagen dürfen nicht zum Aufhängen beliebiger Gegenstände benutzt werden.

Die Hängemittel für Leuchten und die tragenden Leiter müssen mindestens die fünffache Masse der angeschlossenen Lampen und Leuchten tragen können, mindestens jedoch 5 kg. Das hängende System ist an Decken oder Wänden durch isolierende Vorrichtungen zu befestigen. Es muss überall frei zugänglich sein. Die Verbindungen der Leiter sowie die Anschlüsse sind mit Schraubklemmen oder schraublosen Verbindungen herzustellen (**Bild 2.56**).

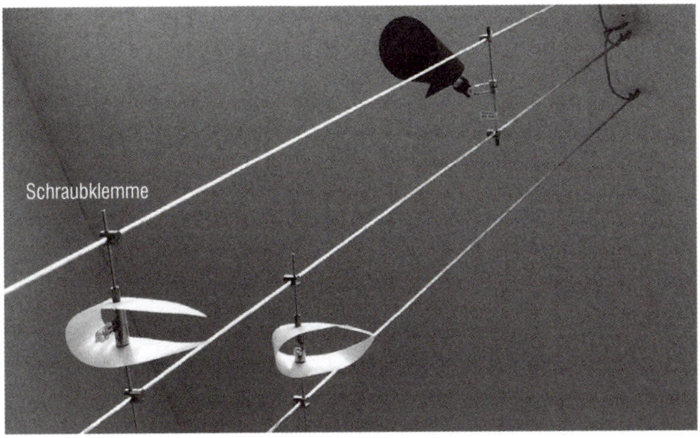

Bild 2.56 Anschluss der Lampen einer Kleinspannungsbeleuchtungsanlage über Schraubklemmen

Eine Kleinspannungsbeleuchtungsanlage kann mit den vielfältig verfügbaren Komponenten für ein 12-V-Niedervolt-Schienensystem, -Stangensystem oder -Seilsystem für alle Raumgegebenheiten geplant und ausgeführt werden. Beispiele für Komponenten sind:

- Schienensystem: Schienen 1.000 mm × 5 mm × 23 mm (mittels Biegevorrichtung biegbar), elektronischer Transformator z. B. 70 VA bis 300 VA, Einspeiser, Deckenabhängungen, Längsverbinder, Lampenhalter,
- Stangensystem: Stangen 6 mm × 700 mm, Querschnitt 6 mm^2 Cu, Winkel mit gleichem Querschnitt, elektronischer Transformator z. B. 70 VA, 105 VA oder 150 VA, Einspeiser, Deckenabhängungen, Verbindungsstecker, Endstücke, Lampenhalter,
- Seilsystem: Seile aus verzinnten Cu mit Stahlkern, Querschnitt 4 mm^2 oder 6 mm^2, elektronischer Transformator z.B. 70 VA, 105 VA oder 150 VA, Einspeiser, Deckenabhängung, Seilspanner, Spannschloss, Lampenhalter.

Weitere Informationen: www.leuchtenzentrale.de
www.conrad.de

3 Schaltungen mit Dimmern

3.1 Prinzip des Dimmens

Dimmer [von (to) dim = verdunkeln] sind Schaltgeräte zum stufenlosen oder stufigen Abschwächen der Helligkeit einer Beleuchtung oder der Drehzahl eines Motors. Sie werden wie ein Vorwiderstand zu der Beleuchtung oder dem Motor geschaltet. Dabei nehmen sie selbst im Gegensatz zu einem Vorwiderstand kaum Leistung auf, weil in jeder Halbperiode der Spannung zeitweise durch völliges Sperren entweder kein Strom fließt oder durch völliges Durchlassen des Stroms am Dimmer keine Spannung anliegt (**Bild 3.1**). Man bezeichnet das Verfahren als *Anschnittverfahren*.

Die Schaltung zum Dimmen von Wechselstrom enthält ein RC-Glied mit Stellwiderstand, einen *Diac* (Bauelement, welches bei etwa 30 V leitend wird) und einen *Triac* (Bauelement, welches durch einen Steuerstrom leitend wird). Innerhalb jeder Halbperiode der Netzspannung wird in Schaltung Bild 3.1 der Kondensator C1 über den Stellwiderstand R1 und den Lastwiderstand R_L aufgeladen. Dabei schwankt die Spannung von C1 im großen Bereich, da C1 beim Beginn jeder Halbperiode entgegengesetzt zur anliegenden Spannung gepolt ist. Diese Spannung wird durch R2C2 integriert, also in eine geeignete Form gebracht. Sobald C2 etwa 30 V erreicht hat, wird der Diac leitend und steuert den Triac Q1 an, sodass Q1 leitend wird. Nun erhält die Last R_L, z. B. eine Lampe, die volle Spannung.

Bei vielen Dimmern wird das *Abschnittverfahren* angewendet. Dabei leitet der Dimmer in jeder Halbperiode der Spannung zunächst den Strom, schneidet ihn dann aber je nach Einstellung ab (**Bild 3.2**). Das Abschnittverfahren erfordert eine Schaltung mit abschaltbaren Bauelementen.

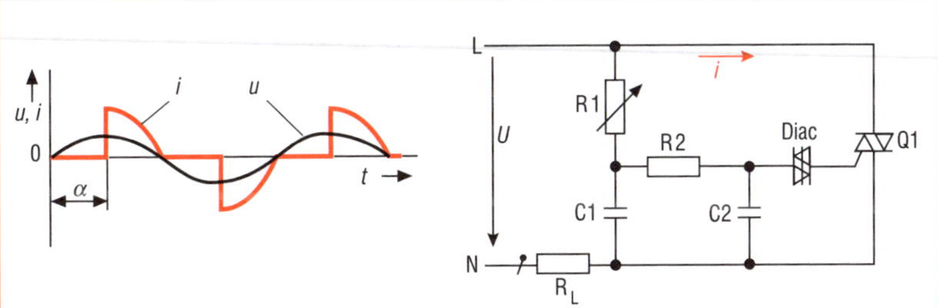

Bild 3.1 Anschnittverfahren mit prinzipieller Realisierung

Das Anschnittverfahren ruft eine Phasenverschiebung analog einer Induktivität hervor, das Abschnittverfahren entsprechend einer Kapazität. Durch Kombination beider Verfahren entsteht das *Sektorverfahren* (**Bild 3.3**), bei dem keine Phasenverschiebung auftritt.

> Beim Dimmen wird das Anschnittverfahren, das Abschnittverfahren oder das Sektorverfahren angewendet.

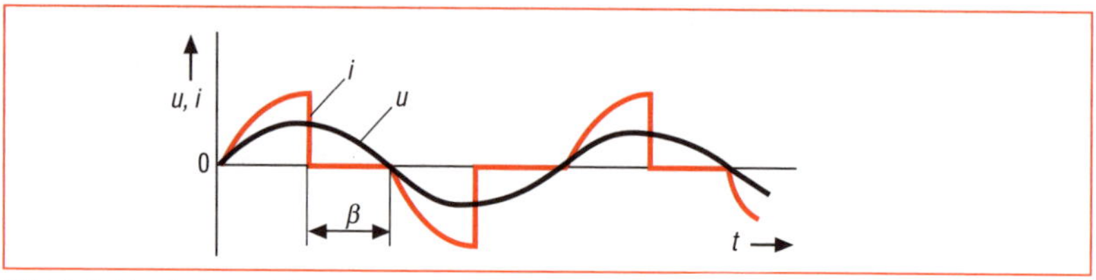

Bild 3.2 Abschnittverfahren

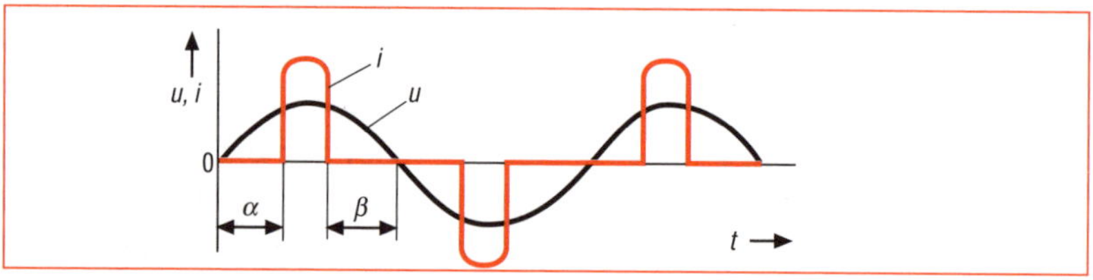

Bild 3.3 Sektorverfahren

3.2 Dimmen von Lampen

Halogen-Glühlampen und Leuchtstofflampen

Man unterscheidet Glühlampendimmer (**Bild 3.4**) und Leuchtstofflampendimmer (**Bild 3.5**). Der so genannte *Leuchtstofflampendimmer* unterscheidet sich vom *Glühlampendimmer* nur durch einen zusätzlichen Anschluss 4 am Wechselschalter.

> Glühlampendimmer erlauben den Anschluss von Halogen-Glühlampen; Leuchtstofflampendimmer den von Leuchtstofflampen *und* Halogen-Glühlampen.

An Dimmer dürfen nur Anlagen mit einer begrenzten Leistung von z. B. 1.000 VA angeschlossen werden. Ist eine größere Leistung erforderlich, z. B. für die Beleuchtung eines Saales, so müssen *Leistungszusätze* (Bild 3.5) verwendet werden. Das sind Dimmerschaltungen, die von einem sogenannten Leuchtstofflampendimmer angesteuert werden.

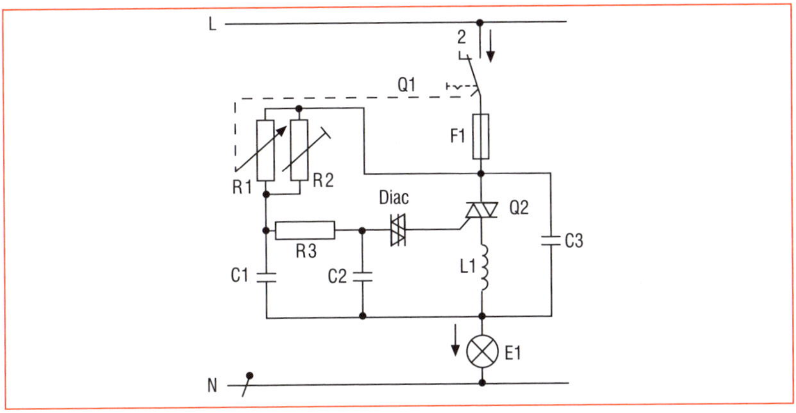

Bild 3.4 Glühlampendimmer

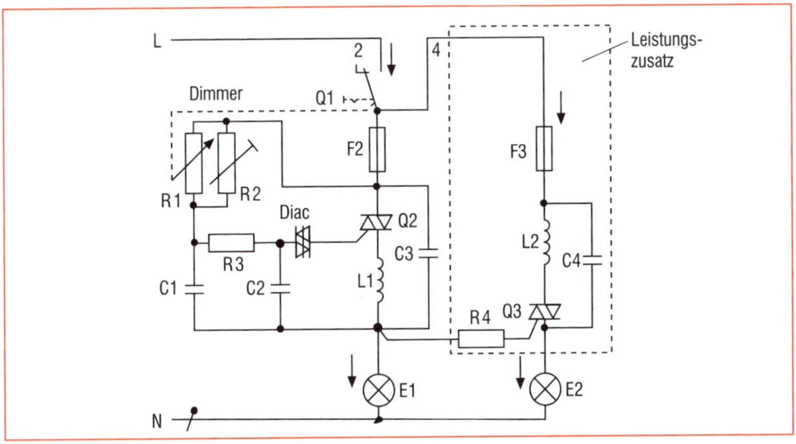

Bild 3.5 Leuchtstofflampendimmer mit Leistungszusatz

> Der Leistungszusatz erlaubt die Verwendung eines Dimmers auch dann, wenn Leistungen höher als die Bemessungsleistung erforderlich sind.

Es ist möglich, an den Leistungszusatz weitere Leistungszusätze anzuschließen. Bei der Wechselschaltung mit Dimmer ist es zweckmäßig, den Dimmer an die Beleuchtungsanlage anzuschließen, nicht an das Netz (**Bild 3.6**). Dadurch ist der empfindliche Dimmer im abgeschalteten Zustand spannungslos und möglichen Überspannungen des Netzes nicht ausgesetzt.

> Bei der Wechselschaltung soll am Dimmer der Lampendraht angeschlossen werden, jedoch nicht der Außenleiter.

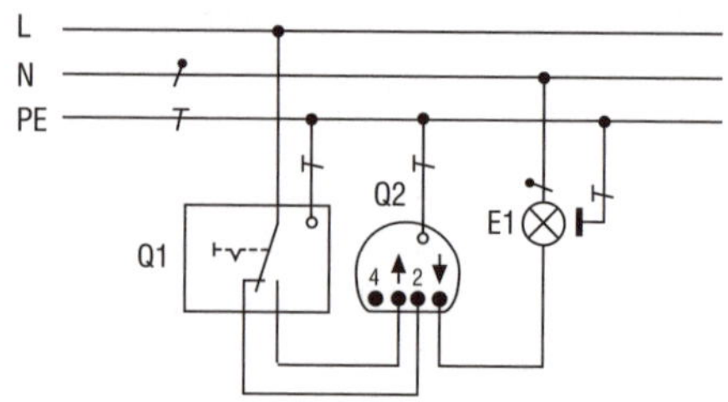

Bild 3.6 Wechselschaltung mit Dimmer Q2 und Halogen-Glühlampe

Zum Dimmen von Leuchtstofflampen müssen die Vorschaltgeräte für die Lampen einen *Heiztransformator* enthalten. Dadurch werden die Elektroden der Lampen unabhängig von der eingestellten Helligkeit geheizt, sodass die Elektronen ohne Zündspannung austreten können. Außerdem muss der Dimmer ständig mit einer Grundlast von etwa 20 W belastet sein, weil sonst das Anschnitt- bzw. Abschnittverfahren nicht zuverlässig arbeitet. Wegen dieser Einschränkungen bevorzugt man bei Leuchtstofflampen vielmehr das Dimmen mit dem EVG (Bild 2.40).

Das Dimmen von LED-Leuchtmitteln ist mit einem Glühlampendimmer meist nicht möglich, da LEDs mit Gleichspannung betrieben werden (Abschnitt 3.5).

Kontrollfragen

1. Welche Aufgabe hat in Schaltung Bild 3.1 der Diac?
2. Welchen Nachteil hat das Anschnittverfahren?
3. Welche Verfahren gibt es zum Dimmen der Lampen?
4. Welche Arten von Dimmern für KVG und VVG unterscheidet man?
5. Wodurch unterscheiden sich die VVG von den KVG?
6. Auf welche Weise kann man durch einen Dimmer eine Anlage steuern, deren Leistung größer ist als die Bemessungsleistung des Dimmers?
7. Wie viele Dimmer braucht man bei einer Wechselschaltung?
8. Warum soll bei einer Wechselschaltung ein Dimmer an die Beleuchtungsanlage angeschlossen werden und nicht an das Netz?

3.3 Dimmen von Niedervolt-Halogenglühlampen

Die *NV-Halogenglühlampen* sind Halogen-Glühlampen mit Betriebsspannungen von 6 V, 12 V oder 24 V. Dadurch haben sie eine große Stromstärke, einen dickeren Glühdraht als Glühlampen für 230 V und können mit einer höheren Glühtemperatur betrieben werden, sodass die Lichtausbeute größer wird. Halogen-Glühlampen sind mit einem Gas gefüllt, das Halogene, z. B. Brom, enthält. Diese Halogene bremsen das Verdampfen des Glühdrahtes, was zu einer längeren Lebensdauer der Lampen beiträgt.

Die Betriebsspannung der NV-Halogenglühlampen wird in elektronischen Transformatoren, z. B. TRONIC-Transformatoren, oder in herkömmlichen Kleinspannungstransformatoren erzeugt. Gedimmt wird jeweils die Eingangsseite des Transformators, weil die Lampenstromstärke sehr viel größer ist.

> Bei NV-Halogenglühlampen wird der Transformator gedimmt, weil seine Eingangsstromstärke viel kleiner als die Lampenstromstärke ist.

Elektronischer Transformator

Beim *elektronischen Transformator,* z. B. beim TRONIC-Transformator, wird die 230-V-Spannung des Netzes gleichgerichtet und danach mit etwa 40 kHz in wechselnder Richtung an die Eingangswicklung des eigentlichen Transformators gelegt (**Bild 3.7**). Es entsteht eine mit 100 Hz modulierte Ausgangsspannung von 12 V 40 kHz. Der Vorteil besteht in der kleinen Baugröße und der Geräuschlosigkeit des Transformators infolge der hohen Frequenz.

Zum Dimmen des elektronischen Transformators ist ein spezieller elektronischer Dimmer erforderlich, z. B. der TRONIC-Dimmer.

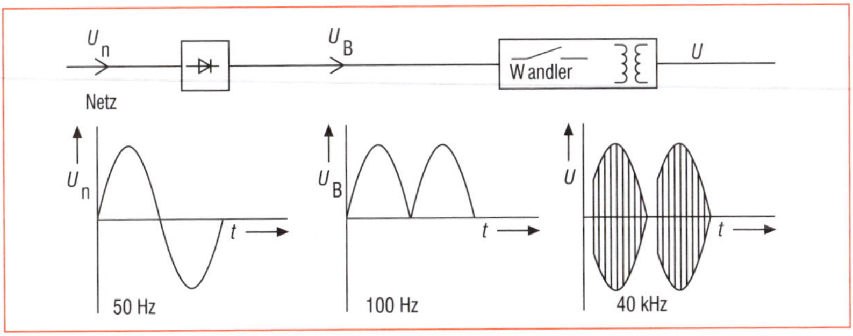

Bild 3.7 Prinzip des elektronischen Transformators für NV-Halogenglühlampen

Elektronischer Dimmer

Der *elektronische Dimmer* ist für die Ansteuerung elektronischer Transformatoren geeignet (**Bild 3.8**). Dabei werden die 100-Hz-Abschnitte meist mit Abschnittsteuerung gesteuert. An den elektronischen Dimmer können ohne Transformator auch 230-V-Halogen-Glühlampen angeschlossen werden.

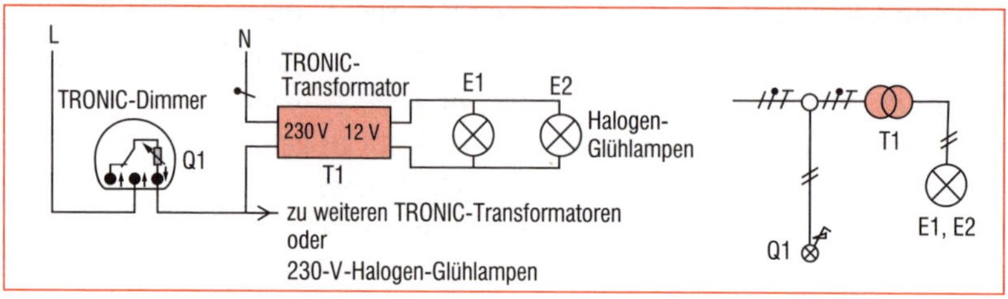

Bild 3.8 Ausschaltung mit elektronischem Transformator und elektronischem Dimmer (PE-Anschluss nicht dargestellt)

NV-Halogentastdimmer

Betreibt man die *NV-Halogenglühlampen* mit herkömmlichen Kleinspannungstransformatoren, so ist ein Dimmen nur mit einem speziellen NV-Halogentastdimmer möglich (**Bild 3.9**).

Der Tastdimmer wird von einem *Kurzhubtaster* angesteuert. Dadurch ist zum Schalten nur ein kurzes Berühren erforderlich. Der Dimmer ist wie ein Leuchtstofflampen-Dimmer aufgebaut, verfügt aber über eine *zusätzliche RC-Beschaltung.* Durch diese wird der ungünstige Einfluss des Transformators auf den Dimmvorgang ausgeglichen. Außerdem ist die im Dimmer enthaltene Feinsicherung eine *träge Sicherung,* damit sie den Einschaltstromstoß des Transformators aushält.

> NV-Halogenglühlampen können von üblichen Leuchtstofflampendimmern nicht gedimmt werden.

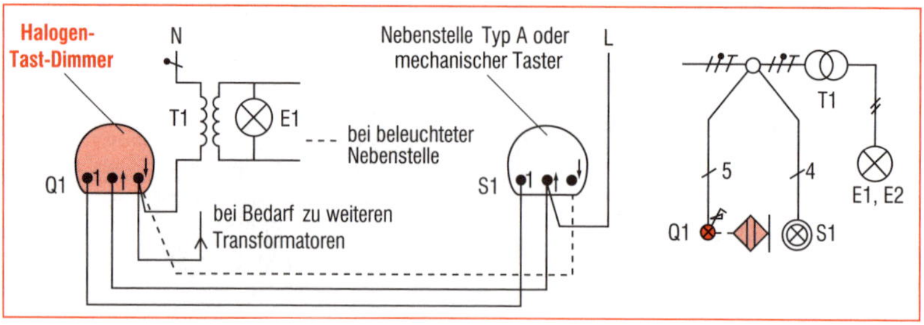

Bild 3.9 Wechselschaltung mit NV-Halogentastdimmer (PE-Anschluss nicht dargestellt)

3.4 Auswahl der Dimmer

Neue Dimmer tragen Kennzeichen, die anzeigen, für welche Lampenart der Dimmer geeignet ist (**Tabelle 3.1**). Die entsprechenden Kennzeichen tragen auch die Transformatoren der NV-Halogenglühlampen. Es können solche Verbrauchsmittel gedimmt werden, deren Lastsymbol wenigstens einen Buchstaben des Dimmersymbols enthält. Zum Thema „Dimmen von LED-Lampen" siehe Abschnitt 3.5.

> Für 230-V-Halogen-Glühlampen eignen sich die meisten Dimmer. Für die Drehzahlsteuerung von Wechselstrommotoren ist nur ein Dimmertyp zu verwenden.

Art der Last mit Lastsymbol		Dimmertyp mit Dimmersymbol				
		Standard R	NV-Anschnitt R, L	Abschnitt R, C	Universal R, L, C	Drehzahl Ⓜ
Halogen-Glühlampen, 230 V	R	X	X	X	X	O
NV-Halogenlampen, dimmbarer Transformator Typ L	L	O	X	O	X	O
NV-Halogenlampen, Elektronik-Transformator Typ C	C	O	O	X	X	O
NV-Halogenlampen, Elektronik-Transformator Typen L, C	L, C	O	X	X	X	O
LED-Retrofit 230 V dimmbar	L, L, C	O	O	X	X	O
Universalmotoren	Ⓜ	O	O	O	O	X

X Übereinstimmung (verwendbar)
O keine Übereinstimmung (nicht verwendbar)

Tabelle 3.1 Dimmertypen

3.5 Dimmen von LED-Lampen

LEDs werden mit Gleichstrom betrieben. Deshalb ist das direkte Dimmen von LEDs mit dem für AC bestimmten Glühlampendimmer nicht möglich. Leuchten mit LEDs sind aber oft an AC angeschlossen und haben deshalb einen Konverter (Treiber) mit AC-Eingang und DC-Ausgang, z. B. bei den LED-Retrofitlampen. Schließt man diese an einen Glühlampendimmer an, dann werden nicht die LEDs gedimmt, sondern der Konverter (**Bild 3.10**).

Schließt man eine LED-Retrofitlampe an einen Glühlampendimmer an, so können beim Dimmen unangenehme Wirkungen auftreten, nämlich

- verspäteter Einsatz der Dimmung,
- Flimmern oder Flackern des Lichtes,
- Beschädigung des Konverters oder Dimmers.

Diese Wirkungen sind eine Folge der $i(u)$-Kennlinie der LED (**Bild 3.11**) und der beim Schalten verzögerungsfreien Lichtwirkung der LED. Das Dimmen von LED-Retrofitlampen mit Glühlampendimmern ist nur möglich, wenn Konverter, Dimmer und LED zueinander passen. Welche Komponenten zusammenpassen, ist bei den Herstellern zu erfahren, z. B. im Internet unter www.busch-jaeger.de.

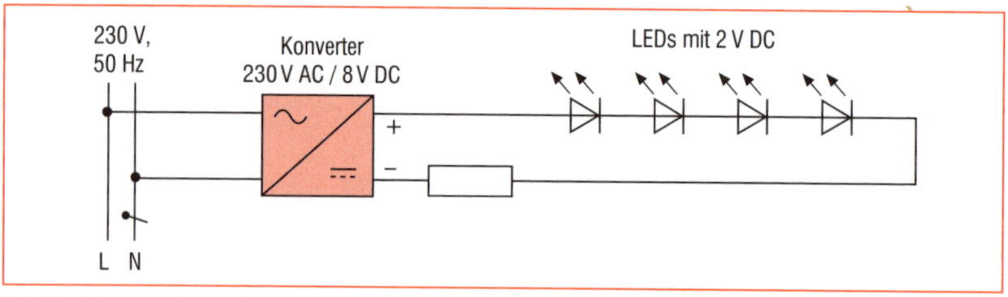

Bild 3.10 Prinzipschaltung zum Dimmen von LED-Lampen (PE-Anschluss nicht dargestellt)

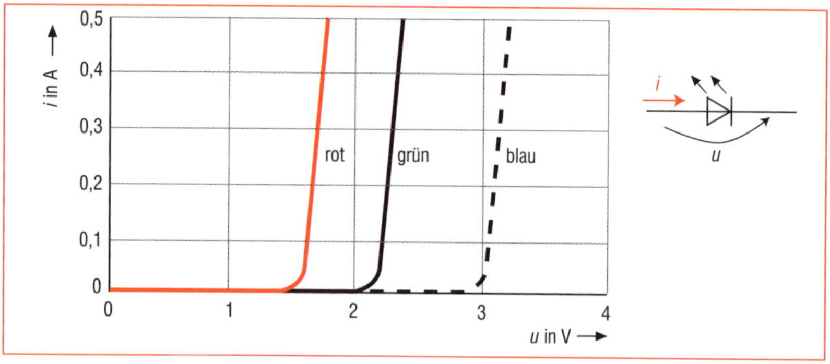

Bild 3.11 $i(u)$-Kennlinien von LEDs, abhängig von den Leuchtfarben

Um das Dimmverhalten von nicht für LED-Lampen optimierten Dimmern zu verbessern, können sogenannte *LED-Kompensationsmodule* zwischengeschaltet werden. Diese reduzieren beim Ausschalten die Restspannung, sodass die LED-Lampen im ausgeschalteten Zustand nicht glimmen. Ebenso verhindern sie, dass LED-Lampen, die über einen Schalter mit Beleuchtungselement betrieben werden, im ausgeschalteten Zustand nicht glimmen.

LED-Lampen mit AC-Anschluss sind mit Glühlampendimmern nur mit Einschränkung dimmbar.

Wegen dieser Einschränkungen wird heute in vielen dimmfähigen Stromversorgungen für LED-Lampen z. B. die Abschnittsteuerung in Verbindung mit der Pulsweitenmodulation PWM, d. h. Verändern der Pulsweiten im Konverter, angewendet. Die abgeschnittenen Halbperioden der Spannung werden über eine Auswerteschaltung in eine glatte DC-Steuerspannung umgesetzt. Diese wird dann für die LEDs PWM-moduliert aufbereitet. Gleiches gilt für die seltener verwendete Anschnittsteuerung.

Die DC-Steuerspannung ist von der Netzspannung entkoppelt und steuert je nach Höhe das flimmerfreie Licht der LED und je nach LED-Typ deren Lichtfarbe.

LED-Lampen können mit speziellen LED-Dimmern, z. B. LED-Universal-Tastdimmern, mittels einstellbarer Gleichspannungen gedimmt werden.

Weitere Informationen: www.distrelec.de → Beleuchtung
www.gira.de
www.jung.de

Ergänzend ist zu erwähnen, dass LED-Lampen oft integrierte Dimmer und eine Funkantenne besitzen (Bild 2.53), welche über Smartphone-Apps (application, Anwendung) angesprochen werden können, z. B. das Philips Hue-System. Diese Apps ermöglichen einerseits die Inbetriebnahme, andererseits die Bedienung der Lichtsysteme. LED-Lichtsysteme können über ein eigenes Funknetzwerk, z. B. basierend auf dem Funkstandard *ZigBee*, vernetzt werden. Eine Smartphone-Kommunikation mit den Leuchten erfordert jedoch dann ein Gateway (Zugangstor), welches zwischen dem lokalen Netzwerk (LAN/WLAN, Local Area Network, Wireless LAN) und dem Funknetzwerk der Leuchten wirkt (**Bild 3.12**). Die Apps ermöglichen auch ein Gruppieren einzelner Lichtquellen in den Räumen.

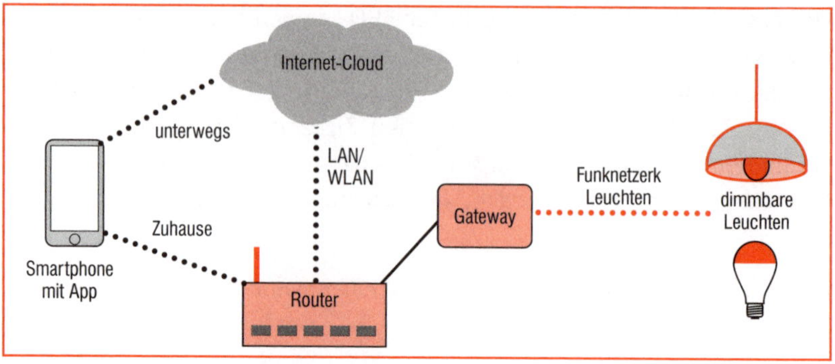

Bild 3.12 Smartphone-Kommunikation mit dimmbaren Leuchten

LED-Leuchten (LED-Lampen) lassen sich auch über Sprachsteuerung ansteuern. Hierbei ist eine geeignete App auf einem Smartphone erforderlich. Bei iPhones ermöglichen dann Siri oder Alexa (Sprachassistentinnen) die Kommunikation mit der Leuchte. Dies kann auch über Bluetooth erfolgen, also dann nicht über das Heimnetzwerk (WLAN). Die Elektronik hierzu ist z. B. im Sockel der Leuchten untergebracht.

Kontrollfragen

1. Nennen Sie die Verfahren zum Ansteuern der Last beim Dimmen von z. B. Halogen-Glühlampen.
2. In welchem Fall muss beim Dimmen ein Leistungszusatz verwendet werden?
3. Von welchem Betriebsmittel wird der Leistungszusatz angesteuert?
4. Warum soll bei einer Wechselschaltung der Dimmer an den Schalterdraht angeschlossen werden und nicht an den L?
5. Warum haben NV-Halogenglühlampen gegenüber anderen Glühlampen ein eher weißes Licht?
6. Weshalb dimmt man bei den NV-Halogenglühlampen nicht die Lampenspannung, sondern die Eingangsspannung des Transformators?
7. Wie wird die Spannung bei NV-Halogenglühlampen aus der 230-V-Spannung gewonnen?
8. Mit welchen Kennzeichen sind Dimmer zum Betreiben einer Wechselschaltung von Halogen-Glühlampen-Leuchten geeignet?

3.6 Lichtmanagement mit DALI

Die Beleuchtungstechnik ist im modernen Wohn-, Geschäfts- und Industriebau von großer Bedeutung. Lichtszenen und Beleuchtungseffekte sind je nach Raumnutzung stark verschieden, z. B. für Wohnzimmer, Arbeitszimmer, Großraumbüros, Verkaufsräume, Restaurants, Eingangsbereiche von Hotels oder Bäderbereiche. Unterschiedliche Arten von Lampen verschiedener Hersteller müssen gedimmt werden können.

Das in IEC 62386 genormte Steuerungsprotokoll DALI (Digital Addressable Lighting Interface) mit einer Länge von 19 bit (Startbit, Adressbyte, Datenbyte, Stoppbit) unterstützt das Ansteuern von Leuchten über Vorschaltgeräte und Transformatoren. Über eine 5-adrige NYM-Leitung können sowohl die Stromversorgung für die Lampen als auch das Übertragen der Steuersignale (DA) sichergestellt werden (**Bild 3.13**). Es sind nur Betriebsmittel mit DALI-Schnittstelle verwendbar.

Eine DALI-Installation erfordert neben einer Spannungsversorgung und Leitung, ein Steuergerät (*Master*), Vorschaltgeräte oder Betriebsgeräte (*Slaves*) für die verschiedenen Lampenarten, z. B. Leuchtstofflampen, Gasentladungslampen, LED-Module, Niedervolt-Halogenlampen (**Bild 3.14**). Bei automatisierter Lichtsteuerung sind entsprechende Sensoren und Sensorsteuerungen erforderlich, ggf. auch Funksteuereinheiten sowie ein Gateway (gateway = Tor) bei Anschluss an einen Bus eines Gebäudemanagementsystems, z. B. den KNX-Bus. Solch ein DALI-KNX-Gateway ersetzt dann das DALI-Steuergerät (DALI-Master). Ein Potenziometer ermöglicht das manuelle Ansteuern der Betriebsmittel. Die Vorschaltgeräte/Betriebsgeräte werden parallel verdrahtet.

Je nach Steuergerät (Master) können 64 oder 256 Vorschaltgeräte/Betriebsgeräte adressiert werden und zwar einzeln oder gruppenweise. Ferner können 16 Lichtgruppen und 16 Lichtszenen gespeichert werden. DALI-Linien können in einer Sternstruktur, Busstruktur oder gemischten Struktur (Topologie) aufgebaut werden (**Bild 3.15**).

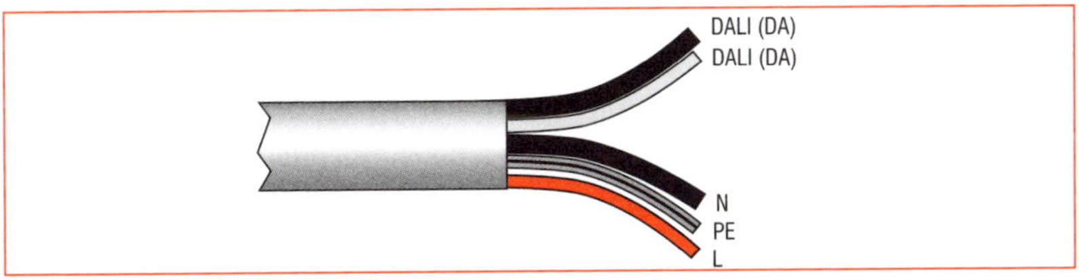

Bild 3.13 5-adrige Leitung für Installationen mit DALI

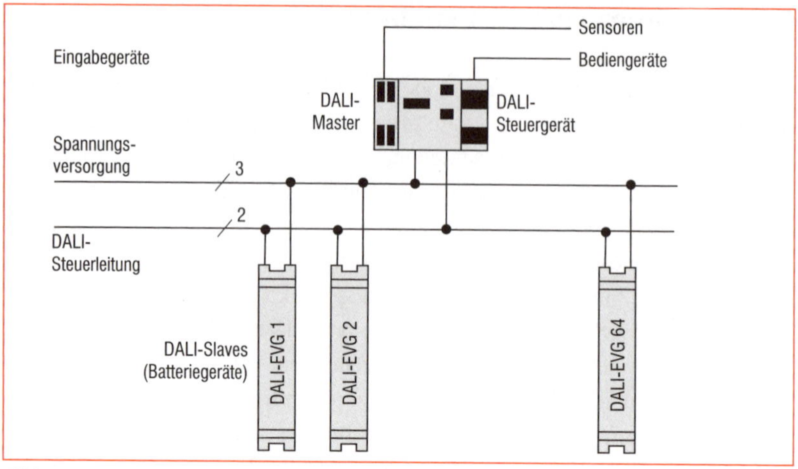

Bild 3.14 Beispiel einer DALI-Beleuchtungsanlage

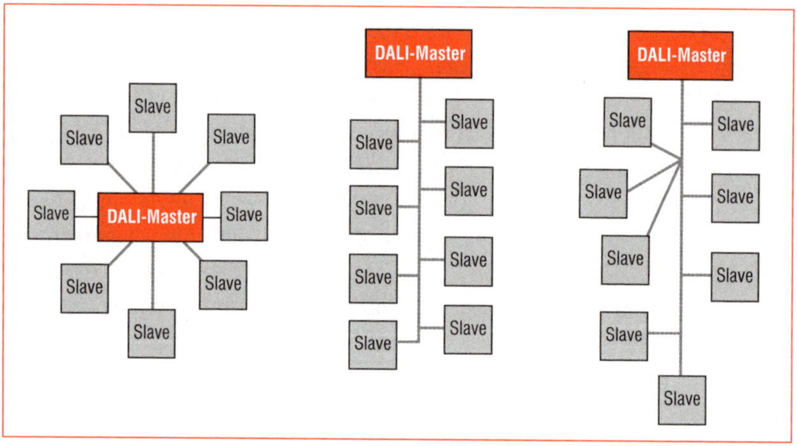

Bild 3.15 Strukturen von DALI-Linien

Die Länge einer Linie ist abhängig vom gewählten Leitungsquerschnitt sowie der Anzahl der angeschlossenen Slaves. Die Leitungslänge darf 300 m nicht überschreiten. Mittels Repeater (Verstärker) sind 600 m möglich. Der Spannungsfall darf über die gesamte Länge der Leitung 2 V DC nicht unterschreiten. Der empfohlene Leitungsquerschnitt ist 1,5 mm^2.

Die Steuergeräte können über eine USB-Schnittstelle für ihre Programmierung an einen PC angeschlossen werden. Eine Konfigurationssoftware ermöglicht über Auswahlmenüs das Programmieren von Lichtszenen und Gruppenzuordnungen.

Das Programmieren der Steuergeräte kann aber auch ohne PC erfolgen, indem die Lichttaster verschiedenartig gedrückt werden, ggf. mittels Drehen am Bediendrehkopf.

> Ein DALI-Bussystem ermöglicht das Programmieren von Lichtszenen.

Es gibt auch DALI-Steuergeräte mit Funkverbindungen, basierend auf eigenem WLAN (Wireless Local Area Network LAN). Über eine entsprechende App können mittels Tablet oder Smartphone die Lampen der an das Steuergerät mittels Leitungen oder WLAN angeschlossenen Leuchten gesteuert werden. Die Inbetriebnahme des DALI-Lichtmanagements ist hierüber ebenfalls machbar. Für eine Anwendung in Sporthallen oder Industriehallen können mehrere derartige Steuergeräte wireless verbunden werden. Eines dieser Steuergeräte wirkt dann diesbezüglich als Master, die anderen Steuergeräte als Slaves (nicht zu verwechseln mit den DALI-Leuchten-Slaves).

Weitere Informationen: www.trilux.de
www.lunatone.com

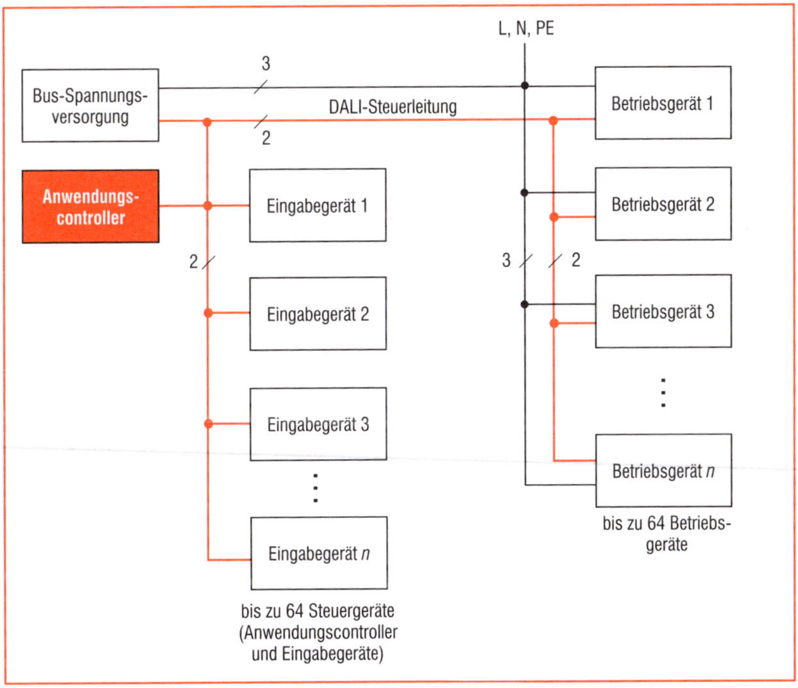

Bild 3.16 Lichtmanagement DALI 2

Das weiterentwickelte Lichtmanagement DALI 2 ermöglicht das Betreiben von bis zu 64 Steuergeräten in einer DALI-Linie zusätzlich zu den bisherigen z. B. 64 Vorschaltgeräten/Betriebsgeräten (**Bild 3.16**). *Steuergeräte* bei DALI 2 sind der sogenannte *Anwendungscontroller* sowie die *Eingabegeräte*, also die Taster oder Sensoren. Der Anwendungscontroller ist programmierbar und stellt die zentrale Steuerung einer DALI-Linie dar , d. h. er steuert die Betriebsgeräte. Beim bisherigen DALI-Lichmanagement (DALI 1) erfolgt die Kommunikation zwischen Steuergerät (Master) und Betriebsgeräten (Slaves) nach dem Master-Slave-Prinzip, d. h. der Master steuert die Berechtigung des Buszugriffs. Bei DALI 2 hingegen können die 64 Steuergeräte jederzeit auf den Bus zugreifen. Statt der 16 Lichtgruppen bei DALI 1 können bei DALI 2 32 Lichtgruppen gesteuert werden. Das Sicherstellen des Vermeidens von Datenkollisionen erfolgt wie bei manchen LAN-Ethernet-Netzwerken (Local Area Networks) durch das Buszugriffsverfahren CSMA/CD (Carrier Sense Multiple Access/Collision Detection). DALI 2 benötigt im Gegensatz zu DALI 1 eine eigene Bus-Spannungsversorgung. Mittels eines DALI-KNX-Gateways anstelle des Anwendungscontrollers kann DALI 2 auch an ein KNX-Gebäudebussystem angeschlossen werden.

Kontrollfragen

1. Welche Kabelart (Leitungsart) wird bei DALI-Geräteinstallationen verwendet?
2. Benennen Sie die einzelnen Adern einer DALI-Leitung.
3. Was versteht man unter einem DALI-Master (DALI 1)?
4. Was versteht man unter einem DALI-Slave (DALI 1)?
5. Auf welche Weise erfolgt beim Lichtmanagement DALI 1 das Buszugriffsverfahren?
6. Auf welche Weise erfolgt beim Lichtmanagement DALI 2 das Buszugriffsverfahren?
7. Wodurch unterscheidet sich das Lichtmanagement DALI 2 vom Lichtmanagement DALI 1?
8. Auf welche Art kann eine DALI-Linie mit einem KNX-Netzwerk verbunden werden?

4 Energieversorgung der Elektroinstallation

4.1 Energieversorgung

4.1.1 Dreiphasenwechselspannung, Drehstrom

Gebäude sind meist an das öffentliche *Drehstromnetz* angeschlossen. Beim *Drehstromgenerator* (**Bild 4.1**) wird der Läufer des Generators von einer Kraftmaschine, z. B. einer Turbine, angetrieben.

Im Prinzip ist der Läufer ein Dauermagnet oder ein Elektromagnet. Infolge seiner Drehung ändert sich in jeder Spule der Ständerwicklung fortlaufend der Magnetismus. Dadurch entsteht nach dem Induktionsgesetz in jeder Spule dauernd eine Wechselspannung. Da die drei Spulen des Drehstromgenerators räumlich um 120° gegeneinander versetzt sind, haben auch die drei Wechselspannungen gegeneinander eine Verschiebung von 120°. Dasselbe gilt für die drei Wechselströme. Man bezeichnet diese Verschiebung als *Phasenverschiebung* (**Bild 4.2**).

Man kann die drei Wechselspannungen des Drehstromnetzes einem Verbraucher mit drei Wicklungssträngen zuführen, z. B. einer gleichartig gebauten zweiten Maschine, einem Motor (**Bild 4.3**). Dazu sind im Grunde sechs Leiter erforderlich, nämlich für jeden Strang zwei Leiter. Verbindet man aber die Stränge so miteinander, dass die Rückleitung für alle drei Stränge gemeinsam erfolgt, sind nur vier Leiter erforderlich. Wir sagen, dass die drei Wechselspannungen aneinander gekettet sind. Immer zwischen zwei Leitern eines derartigen Vierleitersystems besteht eine Spannung.

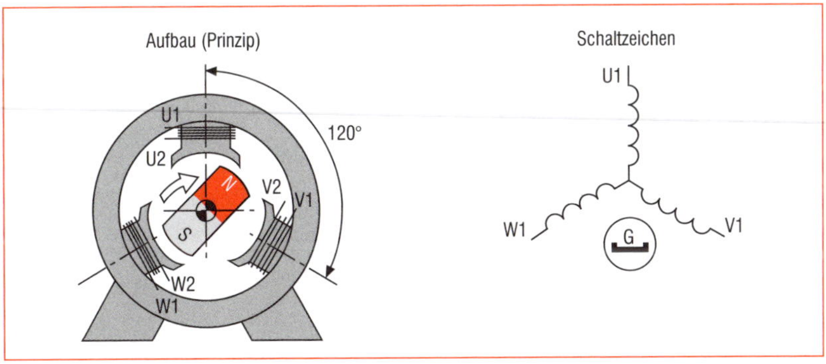

Bild 4.1 Grundsätzlicher Aufbau eines Drehstromgenerators

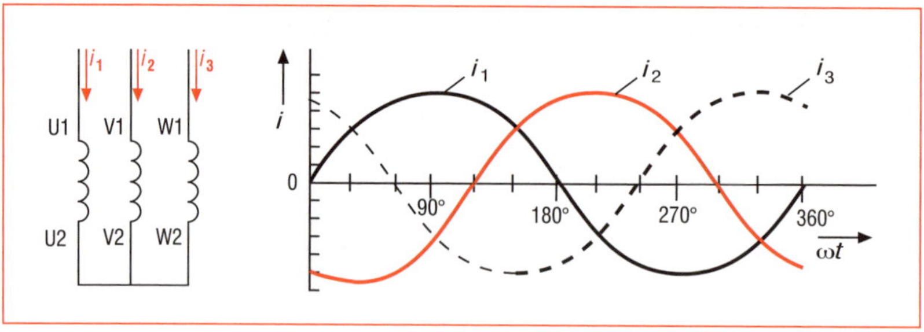

Bild 4.2 Phasenverschiebungen bei den Strömen eines Dreileiternetzes
Hinweis: Die Strompfeile links sind Bezugspfeile (Zählpfeile). Sie geben also nur diejenige Stromrichtung an, in welcher die Stromstärke positiv gezählt wird.

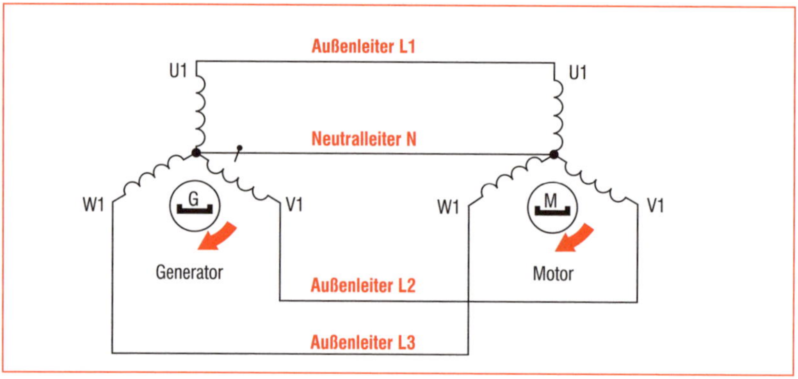

Bild 4.3 Vierleiternetz

> Dreiphasenwechselspannung besteht aus drei Einphasenspannungen, die miteinander verkettet sind und zwischen denen Phasenverschiebungen von 120° bestehen.

Dreiphasenwechselspannung entsteht, wenn sich im Inneren eines Drehstromgenerators (Bild 4.1) ein Magnet dreht. Man sagt, dass dort ein *magnetisches Drehfeld* wirksam ist. Schließt man nun bei einer gleichartig gebauten Maschine an die drei Wicklungsstränge die Wechselspannungen des Vierleitersystems an, so tritt eine Umkehrung des Effektes ein. Die Wechselströme in den drei Strängen rufen ein magnetisches Drehfeld hervor.

> Fließt Dreiphasenwechselstrom durch drei gegeneinander räumlich versetzte Wicklungsstränge, so wird dort ein magnetisches Drehfeld erzeugt.

Deshalb wird der Dreiphasenwechselstrom als *Drehstrom* bezeichnet. Demzufolge spricht man beim *Vierleiternetz* vom *Drehstromnetz*. Bei *Niederspannung* besteht ein Drehstromnetz aus den drei Außenleitern und einem Neutralleiter N. Der N ist geerdet, sodass er in einer einwandfreien Anlage eine kleine Spannung gegen Erde führt. Deshalb wird der N auch als Schutzleiter PE verwendet und ist dann der *PEN-Leiter.*

Die Spannungsverhältnisse sind aus dem *Zeigerdiagramm des Drehstromnetzes* zu entnehmen. Zeigerdiagramme verwendet man in der Wechselstromtechnik an Stelle von schwer zu zeichnenden Liniendiagrammen mit Sinuslinien. Eine Sinuslinie kann man konstruieren, indem man die senkrechte Höhe eines Zeigers in Abhängigkeit vom Winkel aufträgt (**Bild 4.4**). So lässt sich eine Sinuslinie vereinfacht durch einen Zeiger darstellen.

> In der Wechselstromtechnik verwendet man Zeiger zur vereinfachten Darstellung von Sinuslinien.

Beim Vierleiternetz sind sechs Zeiger vorhanden, nämlich drei für die Spannungen zwischen den Außenleitern und drei für die Spannungen zwischen Außen- und Neutralleiter (**Bild 4.5**). Wegen der Phasenverschiebung der Spannungen bildet das Zeigerdiagramm einen Stern. Dadurch ist die Spannung zwischen den Außenleitern *(Dreieckspannung)* immer das $\sqrt{3}$-Fache der Spannung zwischen einem Außenleiter und dem Neutralleiter *(Sternspannung)*.

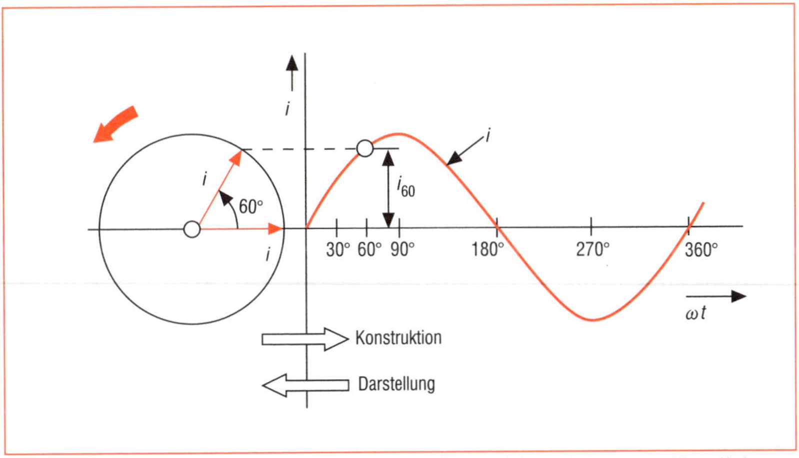

Bild 4.4 Konstruktion der Sinuslinie aus einem Zeiger und Darstellung einer Sinuslinie durch einen Zeiger.
i bedeutet, dass der Strom *I* sich dauernd ändert, also ein Augenblickswert ist.

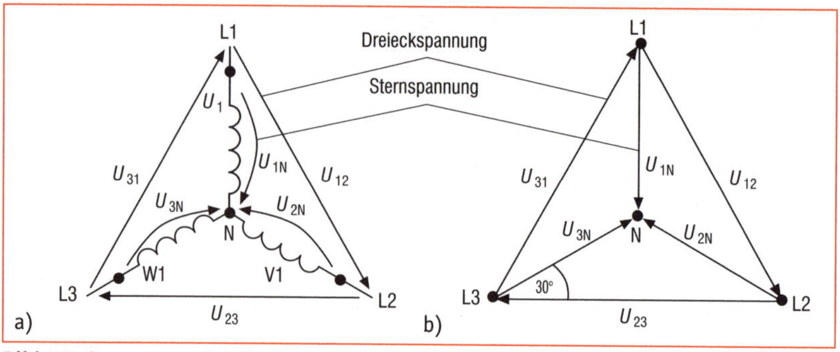

Bild 4.5 Spannungen im Vierleiternetz
a) mit Bezugspfeilen, b) mit Zeigern

Beim Vierleiternetz können drei Dreieckspannungen und drei Sternspannungen entnommen werden.

Die Dreieckspannung lässt sich aus der kleineren Sternspannung berechnen. Wenn wir bei Dreiphasenwechselspannung von Spannung sprechen, so ist die Dreieckspannung gemeint. Am üblichen Vierleiternetz beträgt die Spannung 400V. Aus einem derartigen Netz können wir je nach Anschluss 400V oder 230V entnehmen.

Dreieckspannung

$$U = \sqrt{3} \cdot U_Y \quad \text{1}$$

U Spannung (Dreieckspannung)
U_Y Sternspannung

Den Gebäuden wird die elektrische Energie meist über ein Vierleiternetz mit geerdetem PEN-Leiter zugeführt. Das Vierleiternetz kann ein *Freileitungsnetz* oder ein *Erdkabelnetz* sein. Bei Großbauten kann die Energiezufuhr auch mit Hochspannung erfolgen. Dazu ist nur ein *Dreileiternetz* mit drei Außenleitern erforderlich. Der Neutralleiter kommt dann erst ab der Transformatorenstation hinzu (**Bild 4.6**). Für die Elektroinstallation ist also auch hier ein Vierleiternetz vorhanden.

4.1.2 Sternschaltung und Dreieckschaltung

Am Drehstromnetz können einzelne Lasten zwischen Außenleiter und Neutralleiter angeschlossen werden. Dann liegt einfach ein Anschluss an ein Einphasen-Wechselstromnetz vor. Wenn aber drei gleich große Lasten an

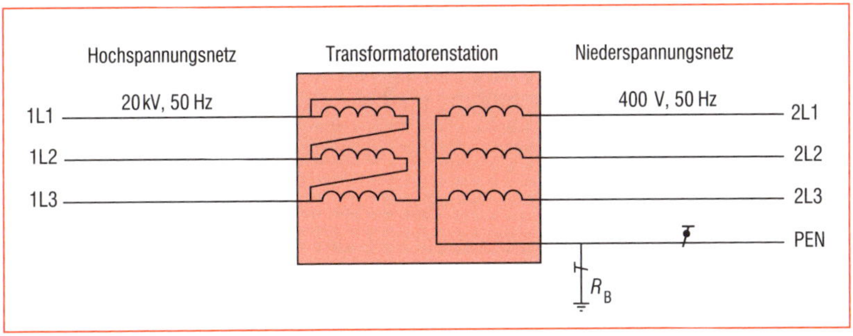

Bild 4.6 Hochspannungsnetz und Niederspannungsnetz bei Dreiphasenwechselspannung

das Drehstromnetz angeschlossen werden, z.B. ein Drehstrommotor mit drei gleichen Wicklungssträngen, gibt es zwei Möglichkeiten der Schaltung.

Bei der *Sternschaltung* liegen drei Lastwiderstände, beim Motor als Stränge bezeichnet, zwischen je einem Außenleiter und dem Neutralleiter. Wegen der Phasenverschiebung zwischen drei Spannungen ist die Summe der Ströme im Neutralleiter gleich Null, sodass der Neutralleiter entfallen kann (**Bild 4.7**). Am Klemmenbrett von Motoren wird die Sternschaltung durch zwei Brücken hergestellt.

Bei der *Dreieckschaltung* liegen bei einem Motor die drei Stränge gleichmäßig verteilt zwischen jeweils zwei Außenleitern (Bild 4.7).

Am Klemmenbrett von Motoren wird die Dreieckschaltung durch drei Brücken hergestellt.

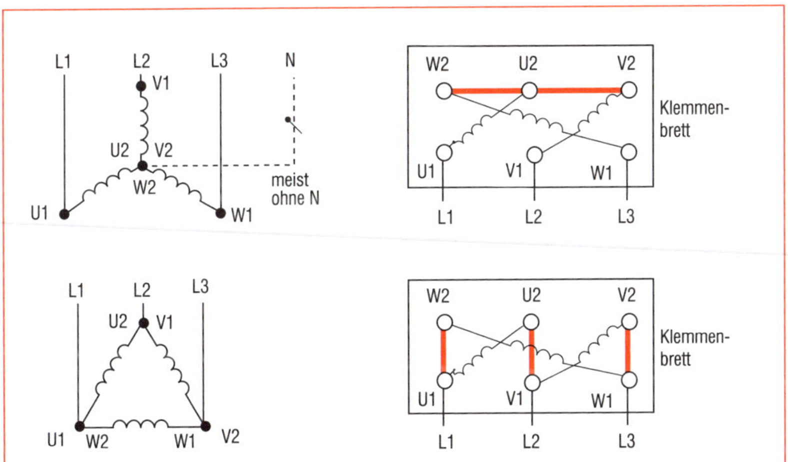

Bild 4.7 Sternschaltung (oben) und Dreieckschaltung (unten)

> Bei Drehstrommotoren ist die Wicklung so an das Klemmenbrett des Motors angeschlossen, dass je nach Bemessungsspannungen des Motors und des Netzes die Sternschaltung oder die Dreieckschaltung verwirklicht werden kann.

Bei nicht zur Schutzklasse II (Abschnitt 6.3.3) gehörenden Betriebsmitteln ist wegen der Schutzmaßnahmen zusätzlich der Schutzleiter PE an eine zusätzliche Schutzleiterklemme anzuschließen.

4.1.3 Leistungen im Drehstromnetz

Im Drehstromnetz unterscheidet man je nach Art und Anschluss der Last verschiedene Leistungen. Im einfachsten Fall ist eine Last zwischen dem Außenleiter und dem Neutralleiter angeschlossen (**Bild 4.8**).

Dann liegt die Last an Einphasenwechselspannung U_Y. Wenn die Last weder eine Induktivität enthält noch eine Kapazität, ist die elektrische Leistung in W (Watt) so groß wie bei Gleichspannung (**Formel 1**, folgende Seite). Dieselbe Formel gilt auch bei Anschluss einer Last zwischen den Außenleitern, jedoch ist da als Spannung die Dreieckspannung U zu nehmen (**Formel 2**, folgende Seite). Deshalb ist hier die Leistung dreimal so groß wie beim Anschluss zwischen Außenleiter und Neutralleiter. Enthält die Last eine Induktivität oder eine Kapazität, so tritt eine Phasenverschiebung zwischen Strom und Spannung ein. Dadurch pendelt ein Anteil der Leistung zwischen Last und Netz hin und her. Der wirksame Teil der Leistung, genannt Wirkleistung, wird durch einen *Wirkfaktor* $\cos\varphi$ (meist Leistungsfaktor genannt) verkleinert (**Formeln 3 und 4**, folgende Seite).

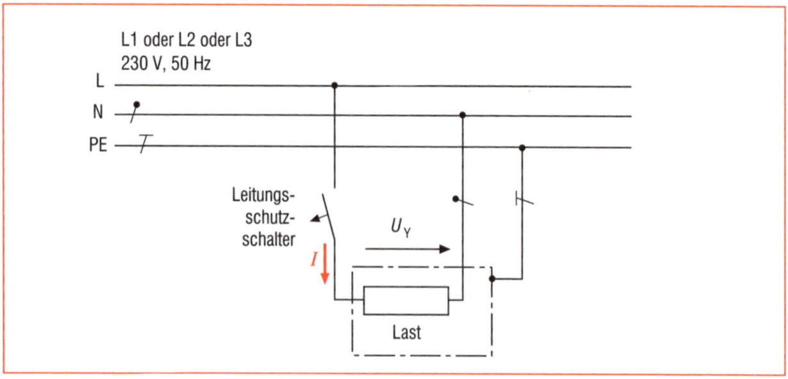

Bild 4.8 Entnahme von Einphasenwechselstrom aus dem Drehstromnetz

Einphasenleistung ohne Phasenverschiebung

$$P = U_Y \cdot I \quad (1)$$

$$P = U \cdot I \quad (2)$$

Einphasenleistung mit Phasenverschiebung

$$P = U_Y \cdot I \cdot \cos\varphi \quad (3)$$

$$P = U \cdot I \cdot \cos\varphi \quad (4)$$

I	Außenleiterstrom
P	Einphasenleistung, Wirkleistung
U_Y	Sternspannung
U	Dreieckspannung, Spannung
$\cos\varphi$	Wirkfaktor

Beispiel:

An einem Außenleiter eines Vierleiternetzes 230 V/400 V und dem Neutralleiter ist eine Beleuchtungsanlage angeschlossen. Die Stromstärke beträgt 12 A, der Leistungsfaktor ist 0,7. Wie groß ist die Wirkleistung?

Lösung:

$P = U_Y \cdot I \cdot \cos\varphi = 230\,\text{V} \cdot 12\,\text{A} \cdot 0{,}7 = \mathbf{1.932\,W}$

Wenn an das Drehstromnetz drei gleiche Lasten anzuschließen sind, wendet man je nach Spannungen von Motor und Netz die Sternschaltung oder die Dreieckschaltung an. Die gesamte Drehstromleistung ist dann dreimal so groß wie die Leistung eines einzelnen Strangs. Weil aber bei der Sternschaltung nur die Sternspannung am Strang liegt und bei der Dreieckschaltung an den Dreieckpunkten der Leiterstrom sich in zwei Stränge verzweigt, ist bei Anwendung der Dreieckspannung U für beide Schaltungen mit $3/\sqrt{3} = \sqrt{3}$ zu multiplizieren (**Formeln 5 und 6**).

Drehstromleistung bei Stern- oder Dreieckschaltung

bei $\cos\varphi = 1$

$$P = \sqrt{3} \cdot U \cdot I \quad (5)$$

bei $\cos\varphi \neq 1$

$$P = \sqrt{3} \cdot U \cdot I \cdot \cos\varphi \quad (6)$$

I	Außenleiterstrom
P	Leistung, Wirkleistung
U	Dreieckspannung, Spannung
$\cos\varphi$	Wirkfaktor

Beispiel 1:

Bei einem in Stern geschalteten Drehstrom-Brennofen betragen $U = 400\,\text{V}$ und $I = 4\,\text{A}$. Wie groß sind a) Strangspannung U_{str} und b) Leistung des Brennofens?

Lösung:
In der Sternschaltung ist die Strangspannung so groß wie die Sternspannung. Bei Wärmegeräten ist $\cos\varphi = 1$.

a) $U_{str} = U_Y = U/\sqrt{3} = 400\,V/\sqrt{3} = \mathbf{230\,V}$

b) $P = \sqrt{3} \cdot U \cdot I \cdot \cos\varphi = \sqrt{3} \cdot 400\,V \cdot 4\,A \cdot 1 = 2.771\,W = \mathbf{2{,}77\,kW}$

Beispiel 2:
Der Brennofen von Beispiel 1 wird versehentlich in Dreieck geschaltet. Die Stromstärke in der Leitung ist jetzt wegen der erhöhten Spannung und der Stromverzweigung am Anschluss um das 3-Fache größer als im Beispiel 1. Wie groß sind jetzt a) Strangspannung U_{str} und b) Leistung des Brennofens?

Lösung:

a) $U_{str} = U = \mathbf{400\,V}$

b) $P = \sqrt{3} \cdot U \cdot I \cdot \cos\varphi = \sqrt{3} \cdot 400\,V \cdot 3 \cdot 4\,A \cdot 1 = 8.314\,W = \mathbf{8{,}31\,kW}$

> Gleich große Widerstände nehmen am gleichen Netz in der Dreieckschaltung die 3-fache Leistung wie in der Sternschaltung auf.

Das gilt nicht für Drehstrommotoren, weil deren Stränge nicht gleichohmig bleiben. Diese entnehmen vielmehr so viel Strom aus der Leitung, wie sie für die Aufgabe brauchen. Dadurch können versehentlich in Stern geschaltete Motoren durchbrennen, wenn sie voll belastet werden.

Auf dem Leistungsschild von Motoren sind angegeben eine Leistung in kW, eine Spannung und der $\cos\varphi$. Daraus lässt sich bei Drehstrommotoren der Leiterstrom (Stromstärke in der Leitung) näherungsweise berechnen. Allerdings ist Folgendes zu beachten:

> Die bei Motoren auf dem Leistungsschild angegebene Leistung ist die mechanische Leistung.

Die zur Ermittlung der Leiterstromstärke erforderliche elektrische Leistung erhält man mit Hilfe des Wirkungsgrades. Dieser ist immer das Verhältnis von Nutzen zu Aufwand, bei Motoren das Verhältnis von mechanischer Leistung zu elektrischer Leistung (**Formel 7**, folgende Seite). Den Wirkungsgrad kann man bei Motoren schätzen. Er beträgt bei Motoren von 0,5 kW bis 10 kW je nach Größe und Qualität zwischen 0,6 und 0,97.

Wirkungsgrad
bei Motoren

$$\eta = \frac{P_{mec}}{P}$$ **7**

η Wirkungsgrad (griech. Eta)
P_{mec} mechanische Leistung
P elektrische Leistung

Beispiel:
Angaben bei einem Drehstrommotor sind: △ 400 V, 4 kW, $\cos\varphi = 0{,}85$
Wie groß ist der Leiterstrom bei 400 V?

Lösung:
Der Wirkungsgrad wird zu 0,8 geschätzt. Dann ist nach der Formel 7

$P = P_{mec}/\eta = 4\,\text{kW}/0{,}8 = 5\,\text{kW} = 5.000\,\text{W}$

und nach Formel 6 (Abschnitt 4.1.3)

$I = P/(\sqrt{3} \cdot U \cdot \cos\varphi) = 5.000\,\text{W}/(\sqrt{3} \cdot 400\,\text{V} \cdot 0{,}85) = \mathbf{8{,}49\,A}$

Kontrollfragen

1. Auf welche Weise kann man Einphasenwechselstrom mit einer Spannung von 230 V dem 400-V-Drehstromnetz entnehmen?
2. Wie sind die Stränge eines Drehstrommotors bei der Sternschaltung an das Drehstromnetz anzuschließen?
3. Wodurch tritt eine Phasenverschiebung zwischen Strom und Spannung auf?
4. Durch welchen Faktor wird bei Wechselstrom eine Phasenverschiebung berücksichtigt?
5. Was versteht man allgemein unter Wirkungsgrad?
6. Wie berechnet man bei Elektromotoren den Wirkungsgrad?

4.2 Hausanschluss und Erdung

Hausanschluss

Der Hausanschluss beginnt an der Abzweigungsmuffe des Kabelnetzes oder ab Dachständer und endet am *Hausanschlusskasten (HAK)*. In diesem sind die Hausanschlusssicherungen der einzelnen Außenleiter L1, L2 und L3 für die einzelnen Wohnungen untergebracht (**Tabelle 4.1**). Der Hausanschlusskasten ist vom *VNB* (Verteilungsnetzbetreiber) verplombt, um zu verhin-

Bemessungsquerschnitt in mm² Cu	Bemessungsstrom der Überstrom-Schutzeinrichtung in A	
	PVC-Kabel, z. B. NYY	VPE-Kabel, z. B. 2XY
16	100	100
25	125	125
35	160	160
50	160	200
Bei Al-Leitern ist der Bemessungsstrom eine Stufe niedriger.		

Tabelle 4.1 Größtzulässige Überstrom-Schutzeinrichtungen der Hausanschlusskästen bei Vierleiter-Hausanschlusskabeln (vgl. auch Tabelle 4.2)

dern, dass ungemessene elektrische Energie entnommen werden kann. Der Hausanschluss ist Eigentum des VNB und wird auf Antrag des Kunden durch den VNB hergestellt. Nach den TAB (Technische Anschlussbedingungen) sowie DIN VDE 0100-444 und DIN VDE 0100-540 empfehlen die VNB, im Hausanschlusskasten vom PEN-Leiter den N-Leiter abzuzweigen, sodass ab Hausanschlusskasten die Hausanschlussleitung 5-adrig ist und ein TN-S-System vorliegt (**Bild 4.9**). Diese Abzweigung ist in jedem Fall an der erstmöglichen Stelle im Gebäude vorzunehmen. Ist der HAK außerhalb des Gebäudes, dann erfolgt die Auftrennung z. B. im Zählerschrank. Auch wegen der EMV (siehe Kapitel 11) ist eine 5-adrige Leitung günstiger als die in der Vergangenheit oft verwendete 4-adrige Leitung.

Der *Hausanschlussraum* muss eine Mindesthöhe von 2 m haben (**Bild 4.10**). Der Arbeits- und Bedienbereich vor dem HAK, den Hauptleitungsverteilern und dem Zählerschrank muss mindestens 1,2 m betragen. Empfohlen ist eine Grundfläche von mindestens von 2 m × 1,8 m (HA-Nische). Meist wird der Hausanschluss vom VNB vorgenommen. Die Installation danach, einschließlich Schutzpotentialausgleich, ist Sache des Elektronikers für Energie- und Gebäudetechnik (Elektroinstallateurs).

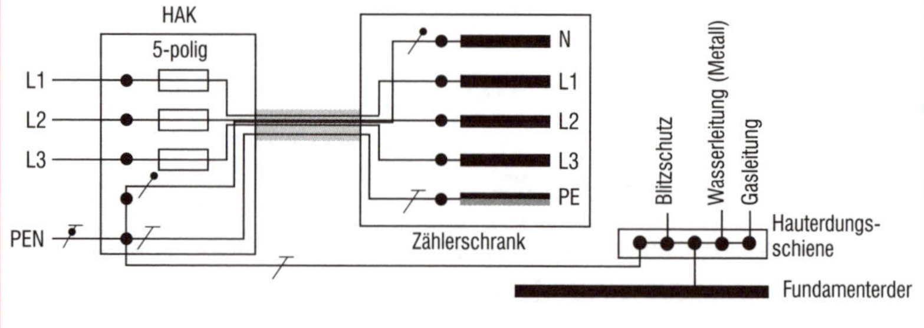

Bild 4.9 Auftrennung PEN-Leiter in PE-Leiter und N-Leiter

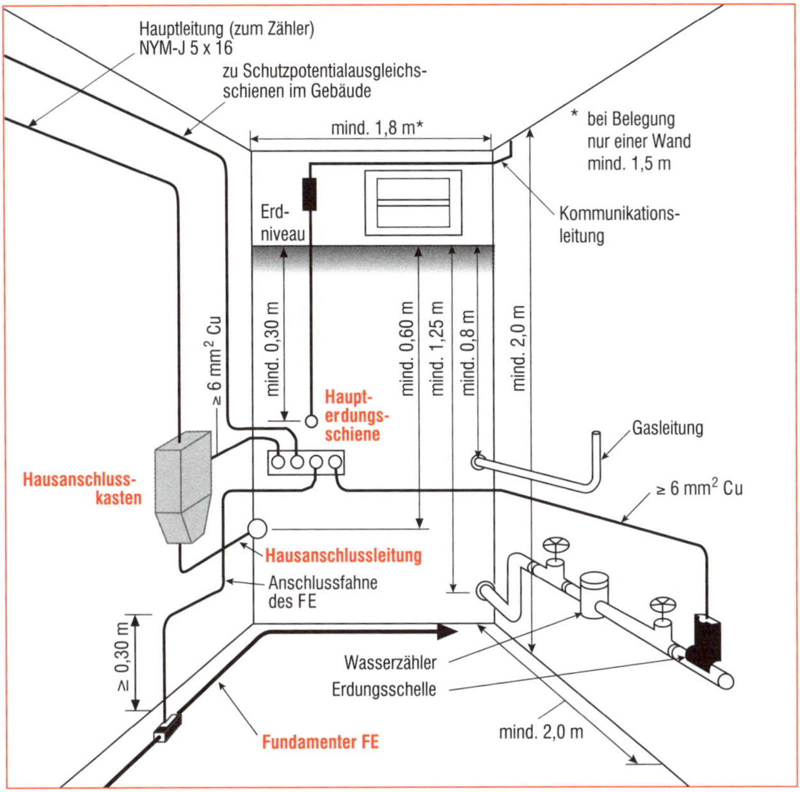

Bild 4.10 Hausanschluss bei Erdkabelanschluss mit Schutzpotentialausgleich

Kundenanlage, Anschlussnutzeranlage

VDE AR-N-4100 unterscheidet die *Kundenanlage*, welche die Betriebsmittel hinter der Übergabestelle ohne die Messeinrichtung zur Energieversorgung der Anschlussnutzer umfasst sowie die *Anschlussnutzeranlage*, welche die Gesamtheit der elektrischen Betriebsmittel hinter der Messeinrichtung zur Entnahme oder Einspeisung elektrischer Energie umfasst (**Bild 4.11**). Diese Definition ist hilfreich, wenn Anschlussnehmer und Anschlussnutzer nicht identisch sind.

Hausanschlusskasten

In Kellerräumen hat der Hausanschlusskasten je nach Bedarf die Schutzart bis IP 54. Beim Dachständeranschluss hat der Hausanschlusskasten in der Regel die Schutzart IP 41.

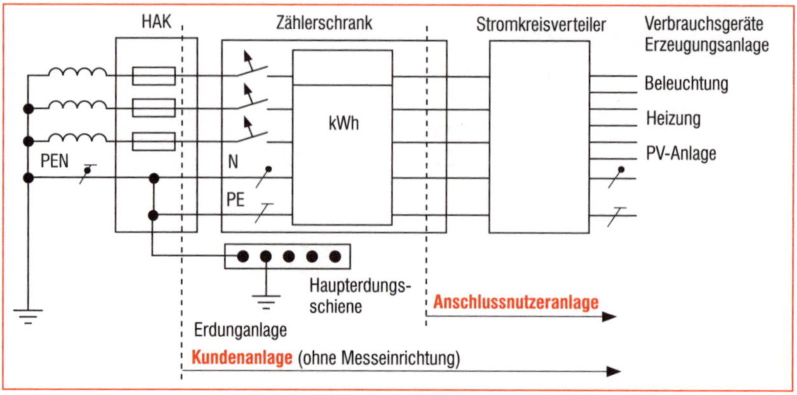

Bild 4.11 Kundenanlage und Anschlussnutzeranlage (siehe auch Bild 11.16)

Für das Anbringen des Hausanschlusskastens gelten nach VDE-AR-N 4100 folgende Maße:

- Höhe Oberkante HAK über dem Fußboden: ≤ 1,5 m,
- Höhe Unterkante HAK über dem Fußboden: ≥ 0,2 m,
- Abstand von HAK zu einer seitlichen Wand: ≥ 0,3 m,
- Tiefe der freien Arbeits- und Bedienfläche vor dem HAK: ≥ 1,2 m.

Bei Installation auf Holz ist der Hausanschlusskasten auf eine 20 mm dicke Fiber-Silikatplatte zu setzen oder vom Hersteller die Rückwand entsprechend zu prüfen und freizugeben. Diese Unterlage muss allseitig mindestens 150 mm über dem Hausanschlusskasten vorstehen, damit das Holz von einem Lichtbogen nicht gezündet wird. Die Installation darf nicht in feuergefährdeten Räumen erfolgen. Der Hausanschlusskasten wird nach erfolgter Installation plombiert.

Erder im Fundament und am Fundament

Nach DIN VDE 0100-410 ist in Abnehmeranlagen des TN-Systems der PEN-Leiter zu erden. Im TN-System muss nämlich der Erderwiderstand aller parallelen Erder möglichst klein sein, damit im Fehlerfall, z. B. bei einem Körperschluss, an den Schutzleitern keine unzulässig hohe Berührungsspannung auftritt. Deshalb wird von den VNB (Verteilungsnetzbetreibern) darauf geachtet, dass diese Erdungen zuverlässig erfolgen. Bei Neubauten werden Erder im Fundament oder am Fundament verlangt und meist kurz als Fundamenterder bezeichnet. Diese Erder sind nach DIN 18014 Bestandteil der elektrischen Anlage.

> Fundamenterder sind unter der Aufsicht einer beim VNB eingetragenen Elektro- oder Blitzschutzfachkraft bzw. von dieser selbst zu errichten.

Fundamenterder im Beton

Der eigentliche Fundamenterder ist ein als Ring im Betonfundament der Außenwände des Gebäudes verlegter Erder. Die in der Erde liegende Oberfläche des Feuchtigkeit haltenden Betons wirkt dabei als Erder. Durch das Einbetten in Beton ist eine lange Lebensdauer des Erders zu erwarten.

Als Werkstoff für den Fundamenterder verwendet man verzinkten oder nicht verzinkten

- Bandstahl mit den Mindestabmaßen 30 mm × 3,5 mm oder
- Rundstahl mit mindestens 10 mm Durchmesser.

Für die Anschlussfahnen ist gleich bemessenes Material zu verwenden, das hier allerdings aus feuerverzinktem Stahl mit Kunststoffmantel oder aus nicht rostendem Edelstahl, z. B. V4A-Stahl, bestehen muss. Der Fundamenterder soll auf allen Seiten mindestens mit 5 cm Beton umschlossen sein. Deshalb verwendet man beim Bau Abstandshalter (**Bild 4.12**). Bei größeren Gebäuden soll der Ring des Fundamenterders durch Querverbindungen so aufgeteilt werden, dass die Maschenweite nicht größer als 20 m × 20 m ist, bei Gebäuden mit äußerer Blitzschutzanlage meist 10 m × 10 m.

Der Fundamenterder darf nicht über Bewegungsfugen (Dehnfugen) geführt werden, weil er die dort auftretenden Kräfte nicht aushält. Er ist an diesen Stellen durch Anschlussfahnen in der Wand hochzuführen und neben der Fuge wieder hinunter zum Fundament. Beide Anschlussfahnen sind

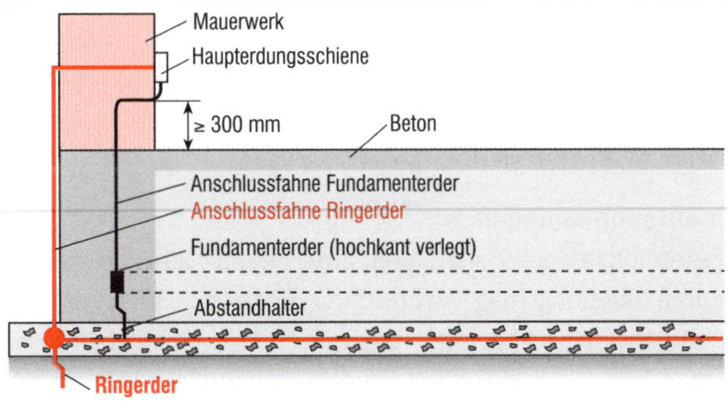

Bild 4.12 Anordnungen des Fundamenterders bei für Wasser durchlässigem Fundament sowie des Ringerders bei isolierendem Fundament

dann mit flexiblen Bändern oder Leitern von Cu oder Al mit mindestens 50 mm^2 zu überbrücken.

Die einzelnen Teile des Erders sind durch Klemm- oder Schweißverbindungen elektrisch gut leitend zu verbinden. Bei stahlbewehrtem Fundament ist alle 1 m eine Verbindung mit der Bewehrung vorzunehmen.

Ringerder

Als Sonderformen der Betonwanne wurden in den letzten Jahren mehr oder weniger isolierende Wannen entwickelt, nämlich weiße Wanne, schwarze Wanne und Wanne mit Perimeterdämmung (Wärmedämmung). Bei weißen Wannen wird wasserundurchlässiger Beton verwendet. Bei schwarzen Wannen wird die Betonwanne durch Bitumen oder Kunststoff abgedichtet, bei Wannen mit Perimeterdämmung besorgt dies die Wärmedämmung. Bei diesen Sonderformen ist die Verbindung mit Erde nicht so sicher wie bei Verlegung im wasserdurchlässigen Beton. Deshalb verlangt hier DIN 18014 die Ausführung der Erder als *Ringerder* (Bild 4.12).

> Ein Ringerder ist außerhalb des Fundament-Betons in einer Mindesttiefe von 80 cm in der Nähe des Fundaments (Abstand > 1 m) eingebettet.

Da der Ringerder nicht vom Beton umschlossen ist, muss er gegen Korrosion geschützt sein. Deshalb verlangt DIN 18014 für den Ringerder nicht rostenden Edelstahl, z. B. V4A-Stahl, oder ein gleichwertiges Material. Auch beim Ringerder ist auf eine maximale Maschenweite von 20 m × 20 m zu achten. Ist eine äußere Blitzschutzanlage vorhanden, sind höchstens 10 m × 10 m erlaubt.

Die Verbindungsstellen der Fundamenterder und Ringerder, z. B. zu den Anschlussfahnen, dürfen einen Übergangswiderstand von höchstens 1 Ω haben. Über die Errichtung des Fundamenterders bzw. Ringerders ist vom Errichter eine Dokumentation anzufertigen, die vom Aufsicht führenden Fachbetrieb sowie dem evtl. ausführenden Baubetrieb zu unterzeichnen ist. Die Dokumentation ist dem VNB vorzulegen.

Erdung von Antennenanlagen

Bei einer Antennenanlage, welche außen an einem Gebäude angebracht ist, muss ein durch Blitzeinschlag verursachter Blitzstrom über einen Erdungsleiter zur Erdungsanlage abgeleitet werden, sofern das Gebäude über kein Blitzschutzsystem (äußere Blitzschutzanlage) verfügt. Der Erdungsleiter muss dann einen Querschnitt von mindestens 16 mm^2 Cu oder 50 mm^2 bei verzinktem Stahl oder einer Al-Knetlegierung besitzen (**Bild 4.13**). Als Erdungsleitungen sind feindrähtige Leitungen nicht zugelassen. Mehrdrähtige Leiter,

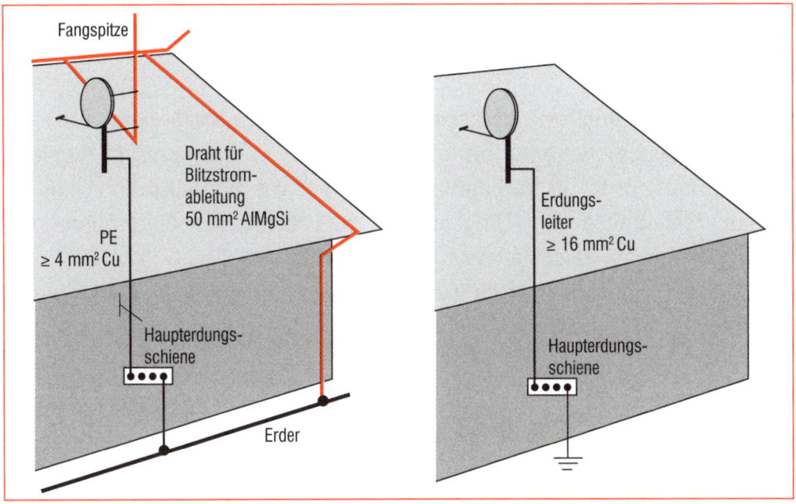

Bild 4.13 Erdung einer Antennenanlage: links mittels Fangstange, rechts nur über Erdungsleiter

Litzenleiter sind zugelassen. Die Erdungsleitung sowie die zugehörenden Klemmverbindungen müssen für eine Blitzstrombelastung von 100 kA geeignet sein.

Bei Verwenden einer Fangstange oder Fangspitze an der Antenne ist eine Verbindung der Antenne mit der Haupterdungsschiene über den Schutzleiter mit Querschnitt mindestens 4 mm^2 erforderlich.

Zum Vergleich: Die Bänder oder Drähte zur Blitzstromableitung bei einem äußeren Blitzschutz eines Gebäudes müssen mindestens den Durchmesser 50 mm^2 besitzen.

Schutzpotentialausgleich

Mit dem Fundamenterder ist ab Hausanschlusskasten oder ab der untersten Hauptleitungs-Abzweigklemme der PEN-Leiter über einen Schutzpotentialausgleichsleiter zu verbinden. Die Verbindung erfolgt an einer Haupterdungsschiene. Der Querschnitt der Schutzpotentialausgleichsleitung vom Hausanschlusskasten zur Haupterdungsschiene muss mindestens 6 mm^2 Cu betragen. Mit gleichem Querschnitt sind mit dieser Haupterdungsschiene zu verbinden:

- metallene Wasserleitungen,
- metallene Abwasserleitungen,
- zentrale Heizungsanlagen,
- Gasinnenleitungen,

- Erdungsleitung für die Antennenanlage,
- Erdungsleitung für die Kommunikationsanlage und
- Blitzschutzerder.

Außer dem vorhergehend beschriebenen Schutzpotentialausgleich über die Haupterdungsschiene wird oft ein *zusätzlicher Schutzpotentialausgleich* vorgenommen, z. B. zur Verbindung der Körper von Betriebsmitteln mit leitenden Metallteilen der Umgebung. Dabei muss der Querschnitt des Schutzpotentialausgleichsleiters mindestens sein

- 2,5 mm^2 Cu bei mechanisch geschützter Verlegung, z. B. im Rohr, oder
- 4 mm^2 Cu bei mechanisch nicht geschützter Verlegung.

4.3 Hauptleitung und Zählerplatz

Hauptleitung

Als Hauptleitungen bezeichnet man jene Leitungen, in denen die elektrische Energie ungemessen ab Hausanschlusskasten (HAK) zum Zähler gelangt. Die *Hauptleitungen* führen vom Hausanschlusskasten, bei größeren Gebäuden von der Hauptleitungsverteilung, zu den Zählern beziehungsweise zu den Hauptleitungsabzweigen (**Bild 4.14**). Vom Hausanschlusskasten bis zum Zähler darf der Spannungsfall höchstens 0,5 % der Spannung betragen.

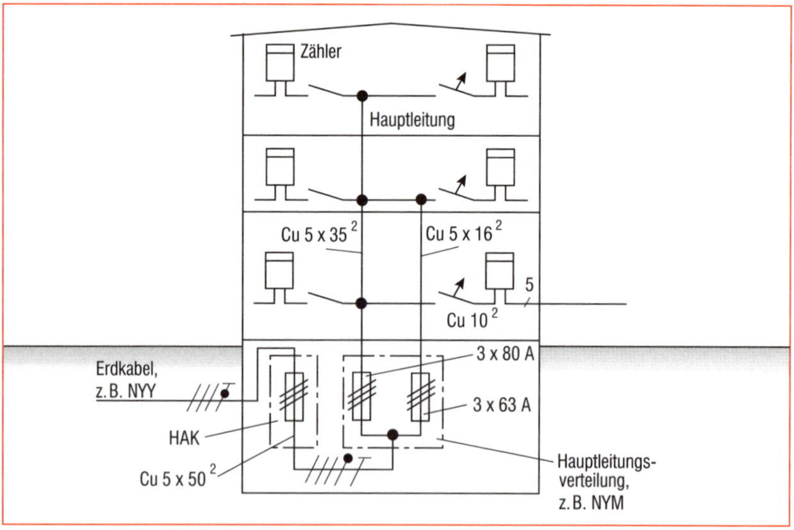

Bild 4.14 Hauptleitungen in einem Sechsfamilienhaus mit elektrischer Warmwasserbereitung (Beispiel)

Als Hauptleitung wird NYM-J verwendet. Die Leitung ist im ganzen Verlauf, auch unter Putz und auf dem Dachgebälk, mit Isolierschellen zu befestigen. Bei Deckendurchführungen sind die Hauptleitungen mittels Schutzrohr vor Beschädigungen zu schützen. Abzweigungen erfolgen an Hauptleitungsabzweigklemmen. Vor dem Zähler ist oft ein dreipoliger *SH-Schalter (Selektiver Hauptleitungsschutzschalter)* angeordnet.

Der SH-Schalter schaltet *selektiv* (ausgewählt, im Prinzip verzögert), sodass Kurzschlüsse in den Stromkreisen nicht vom SH-Schalter, sondern von den Leitungsschutzschaltern der Stromkreise abgeschaltet werden. Je nach EVU/VNB-Versorgungsgebiet (EVU Energieversorgungsunternehmen) wird das jeweilige Anschlussschema der Zähleranlage vom öffentlichen EVU/VNB vorgegeben.

Die *Mindestbelastbarkeit P* der Hauptleitungen (Drehstromleitungen) ist in DIN 18015-1 in kW ($\cos \varphi = 1$ angenommen) mittels Diagramm vorgegeben (**Bild 4.15**). Daraus kann man die zulässige Mindest-Strombelastbarkeit I_Z ablesen. Aus dieser folgt nach der Bemessungsstromregel (Abschnitt 7.2) der Bemessungsstrom der größtmöglichen Überstrom-Schutzeinrichtung. Aus **Tabelle 4.2** lässt sich der dazugehörende Leiterquerschnitt der Haupt-

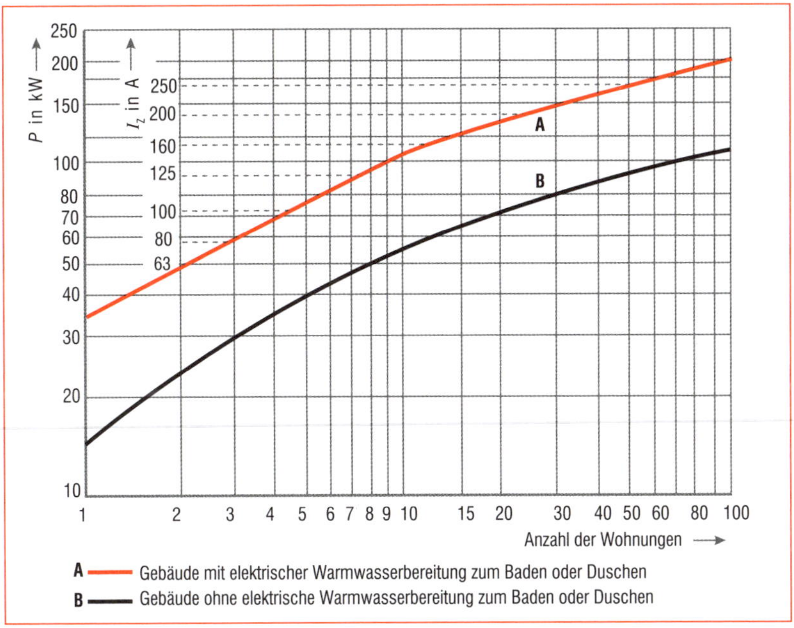

Bild 4.15 Bemessungsgrundlagen für die Drehstrom-Hauptleitung in Wohngebäuden, ohne Ladeleistungen für Elektrofahrzeuge, Energiebedarf von Elektroheizungen

Anzahl der Wohnungen	Bemessungsstrom (Nennstrom) der Überstrom-Schutzeinrichtung I_N in A		Cu-Hauptleitungsquerschnitt bei NYM in mm²	
	Kurve A	Kurve B	Kurve A	Kurve B
1	63	63	16	16
2	80	63	25	16
3	100	63	35	16
4 bis 6	125	80	50	16
7 bis 11	160	80	70	16
12 bis 19	200	100	120	35
20, 21	200	125	120	35
22 bis 34	250	125	120	50

Tabelle 4.2 Größtmögliche Überstrom-Schutzeinrichtungen und Mindestquerschnitte von Hauptleitungen bei Umgebungstemperatur 25 °C, Verlegeart B2 (Bild 7.8)

leitung entnehmen. Dieser wird meist vom VNB vorgegeben, die Regel ist mindestens 10 mm².

Bei Einfamilienhäusern beträgt die erforderliche Mindest-Strombelastbarkeit der Hauptleitung 63 A. Bei Mehrfamilienhäusern richtet sie sich nach der Anzahl der Wohnungen sowie danach, ob im Gebäude eine elektrische Warmwasserbereitung zum Baden oder Duschen vorhanden ist (Bild 4.15). Der Mindestwert beträgt aber auch hier 63 A.

> Die Hauptleitung muss bei allen Häusern mindestens mit 63 A belastbar sein. Bei Mehrfamilienhäusern entnimmt man eine größere Mindestbelastbarkeit dem Bild 4.15.

Bei Neuanlagen ist es zweckmäßig, mit der Kurve A von Bild 4.15 zu arbeiten, weil in jeder Wohnung damit zu rechnen ist, dass über kurz oder lang die elektrische Warmwasserbereitung zum Baden oder Duschen angewendet wird.

Nicht berücksichtigt in den Diagrammen von Bild 4.15 sind elektrische Anlagen, welche Dauerströme mit sich bringen, z.B. Ladeeinrichtungen für Elektrofahrzeuge, Elektroheizungen oder Energieerzeugungsanlagen.

Gleichzeitigkeitsfaktor

Die Leitungsauslegung bzw. das Ermitteln der Strombelastbarkeit für Hauptstromleitungen in Gebäuden kann auch über Berechnungen unter Verwendung des Gleichzeitigkeitsfaktors g erfolgen. Dieser ist das Verhältnis des zu erwartenden Leistungsbedarfs zur installierten Leistung, also der Summe der Bemessungsleistungen der installierten Verbrauchsmittel.

Der Gleichzeitigkeitsfaktor g beruht auf Erfahrungswerten der VNB.

Gleichzeitigkeits-faktor

$$g = \frac{P_N}{P_{inst}} \quad (1)$$

g Gleichzeitigkeitsfaktor
P_N Leistungsbedarf
P_{inst} installierte Leistung

Die Gleichzeitigkeitsfaktoren sind zu unterscheiden: einerseits für unterschiedliche Gewerbebetriebe und andererseits für elektrische Anlagen und elektrisch betriebene Anlagen (**Tabelle 4.3**). Ferner verändert sich der Gleichzeitigkeitsfaktor in Abhängigkeit von der Anzahl Wohneinheiten eines Gebäudes oder der Anzahl Ladestellen für Elektrofahrzeuge (**Bild 4.16**).

Bei der Ermittlung der erforderlichen Leitungsquerschnitte sind Verlegeart, Leitungshäufungen, Umgebungstemperaturen oder Oberschwingungen entsprechend zu berücksichtigen (siehe Abschnitt 7.3).

Anhand des Leistungsbedarfs P_N einer Anlage kann der Betriebsstrom I_B bei gegebener Nennspannung, z.B. $U_n = 400\,V$, berechnet werden anhand der Formeln 5 oder 6 in Abschnitt 4.1.3 mit $I_B = P/(\sqrt{3} \cdot U_n)$, sofern $\cos\varphi = 1$.

Der Betriebsstrom (Bemessungsstrom des Stromkreises) ist für die Bestimmung des Bemessungsstroms der Überstrom-Schutzeinrichtung sowie der Strombelastbarkeit der Leitungen wesentlich (siehe Abschnitt 7.2).

Art der Anlage	Gleichzeitigkeitsfaktor
Bäckerei	0,4 bis 0,8
Baustellenanlagen	0,2 bis 0,4
Büro	0,6 bis 0,7
Kaufhaus	0,7 bis 0,9
Metzgerei	0,5 bis 0,8
Sägewerk	0,7 bis 0,8
Schule	0,6 bis 0,8
Schreinerei	0,3 bis 0,4
Beleuchtungen	0,8 bis 0,9
Klimaanlagen	0,7 bis 0,9
Küchenanlage	0,5 bis 0,7
Schweißanlagen	0,2 bis 0,3
Werkzeugmaschinen	0,3 bis 0,4

Tabelle 4.3 Gleichzeitigkeitsfaktoren für Gewerbebetriebe und elektrische Anlagen (ohne Elektroheizgeräte)

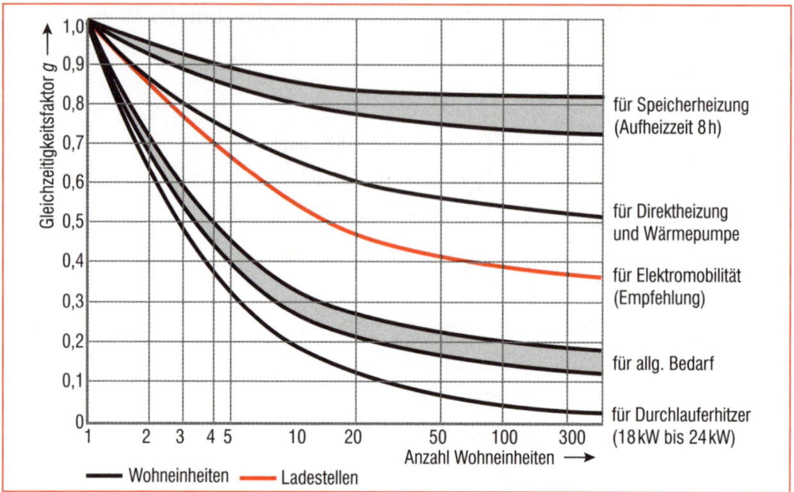

Bild 4.16 Gleichzeitigkeitsfaktoren in Abhängigkeit von Anzahl Wohneinheiten und Ladestellen für Elektrofahrzeug

Beispiel 1:

In einer Bäckerei sind insgesamt Verbrauchsmittel mit 125 kW Leistungsaufnahme installiert. Berechnen Sie den zu erwartenden Leistungsbedarf.

Lösung:

$g = P_N / P_{inst}$ => $P_N = g \cdot P_{inst} = 0{,}6 \cdot 125\,\text{kW} = \mathbf{75{,}00\,kW}$

Beispiel 2:

In einem Wohnblock mit 25 Wohneinheiten, die nicht elektrisch beheizt werden, besitzt jede Wohneinheit Verbrauchsmittel mit insgesamt 14,5 kW Leistungsaufnahme. Berechnen Sie

a) den zu erwartenden Leistungsbedarf P_N,

b) den Betriebsstrom I_B,

c) die zulässige Mindest-Strombelastbarkeit I_Z.

Die Nennspannung U_n für die Hauptstromversorgung des Wohnblocks beträgt 400 V.

Lösung:

a) $g = P_N / P_{inst} \Rightarrow P_N = g \cdot P_{inst} = 0{,}23 \cdot 14{,}5\,\text{kW} \cdot 25 = \mathbf{83{,}38\,kW}$

b) Nach Formel 5 in Abschnitt 4.1.3: $P = \sqrt{3} \cdot U \cdot I$ => $P_N = \sqrt{3} \cdot U_n \cdot I_B$
=> $I_B = P_N / (\sqrt{3} \cdot U_n) = \mathbf{120{,}35\ A}$

c) Nach Formel 1 in Abschnitt 7.2: $I_B \leq I_Z$ => $I_Z \geq \mathbf{120{,}35\,A}$

Zählerplatz

Der Zählerplatz, meist im Zählerschrank untergebracht, wird vom VNB festgelegt. Geeignete Zählerplätze sind vor allem Nischen in Treppenräumen, Vorräume und Flure (DIN 18015-1). Ungeeignet sind Toiletten, Baderäume, Heizungsräume und Wohnräume.

In Mehrfamilienhäusern wird eine Zählerplatzeinheit für ein Tarifschaltgerät für das gesamte Haus im untersten Zählerschrank oder im Zählerschrank für den Allgemeinbedarf angeordnet. Bei Einfamilienhäusern kann der Zählerschrank die Stromkreisverteilung enthalten **(Bild 4.17)**.

Im *anlagenseitigen (oberen) Anschlussraum AAR* des Zählerplatzes sind die Abgangsklemmen und Schaltleitungsklemmen enthalten. Im netzseitigen (unteren) befinden sich die Hauptleitungsabzweigklemmen und die Steuerleitungsklemmen.

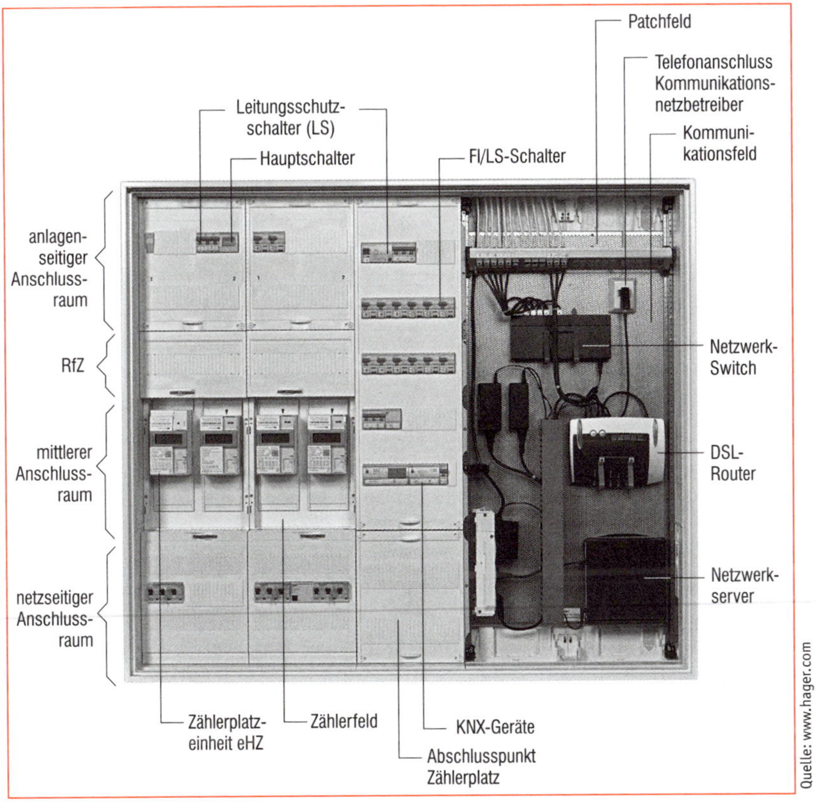

Bild 4.17 Zählerschrank mit Zählerplatz, Stromkreisverteiler und Kommunikationsfeld nach VDE-AR-N-4100

Der *mittlere Anschlussraum MAR* ist für das Zählerfeld sowie für Zusatzanwendungen vorgesehen. Im Raum für Zusatzanwendungen RfZ sind die Betriebsmittel des Netz-und Messstellenbetreibers untergebracht. In neuen Anlagen sind dies z.B. Smart-Meter-Gateways (siehe Abschnitt 16.5) und Steuergeräte für Fernabschaltungen.

Im Zählerfeld ist in neuen Anlagen der *elektronische Haushaltszähler eHZ* platziert. Zu unterscheiden sind Wirkverbrauchszähler, Wirklieferzähler, Zweirichtungszähler und Multitarif-Wirkverbrauchszähler. Als *Smart Meter* (intelligente Messeinrichtung) kann der eHZ neben der Erfassung des Stromverbrauches auch die Verbrauchsdaten über einen zurückliegenden Zeitraum anzeigen und Verbrauchsdaten im Sekundenbereich an ein Smart-Meter-Gateway zum Weitersenden an über ein Netzwerk angeschlossene Computer übertragen (Abschnitt 16.5). Der eHZ besitzt eine optoelektrische Datenschnittstelle auf seiner Vorderseite und auf seiner Rückseite. Daher müssen auch die Zählerplätze mit einer Befestigungs- und Kontaktiereinrichtung BKE zur Kommunikation mit dem eHZ eine derartige Datenschnittstelle besitzen.

Obwohl die Zählerschränke *genormt* sind, werden die Zählerplätze je nach VNB verschieden ausgeführt. Vor allem in alten Anlagen findet man die verschiedensten Arten von Zählerschränken und Zählerplätzen. In jedem Gebäude ist am unteren Zählerplatz ein Feld für die erforderlichen Steuergeräte vorzusehen. Insbesondere sind dort *Tarifschaltgeräte* angeordnet. Tarifschaltgeräte ermöglichen in Zeiten schwacher Netzbelastung, dass die Zähler den Verbrauch in der *Niedrigtarifzeit (Nachtstrom)* getrennt zählen. Als Tarifschaltgeräte werden *Tonfrequenz-Rundsteuer-Empfänger, Funk-Rundsteuer-Empfänger* oder *Tarifschaltuhren* verwendet. Bei den Rundsteuer-Empfängern erfolgt die Umschaltung, sobald beim VNB ein entsprechendes Signal auf das Netz gegeben wird. Es gibt jedoch auch eHZ mit integrierten Tarifschaltuhren.

Ebenfalls im Zählerschrank gibt es einen Raum (Bereich) für den sogenannten Abschlusspunkt Zählerplatz APZ zur Übertragung von Daten des eHZ über das Smart-Meter-Gateway mittels Telekommunikationsleitungen nach außen, z.B. zum Energieversorgungsunternehmen EVU und Versorgungsnetzbetreiber VNB (Bild 4.17). Plombierbar ausgeführt sein müssen Anlagenteile, die nicht gemessene elektrische Energie führen. Außer dem Hausanschlusskasten sind das z.B. der netzseitige und der anlagenseitige Anschlussraum des Zählerplatzes, die Gehäuse zur Aufnahme von Überspannungs-Schutzeinrichtungen sowie der Raum für Zusatzanwendungen und für APZ (Abschnitt 16.5).

4.4 Stromkreisverteiler

Stromkreisverteiler sind in Einfamilienhäusern oft in den Zählerschrank integriert. Anderenfalls sind sie in Augenhöhe in der Nähe des *Belastungsschwerpunkts* der Wohnung, gewöhnlich in der Nähe von Küche und Bad, anzuordnen, bei Mehrfamilienhäusern innerhalb der jeweiligen Wohnung. Meist erfolgt in vorhandenen Anlagen die Zuleitung vom Zählerplatz mit NYM-J 5 × 10 mm². Beim Schutz durch Abschaltung mittels Überstrom-Schutzeinrichtung erfolgte bis 2008 dann die Aufteilung des PEN-Leiters in PE und N im Stromkreisverteiler (**Bild 4.18**), heute nur noch, wenn sich Hausanschlusskasten und Zählerschrank außerhalb des Gebäudes befinden.

Für neue Anlagen wird die Aufteilung des PEN in PE und N schon im Hausanschlusskasten vorgenommen (Abschnitt 4.2). Dann führt zum Stromkreisverteiler eine 5-adrige Leitung NYM-J. Beleuchtungs- und Steckdosenstromkreise werden meist mit Leitungsschutzschaltern 16 A abgesichert, Gerätestromkreise bei Bedarf mit Leitungsschutzschaltern größeren Bemessungsstroms. Kraftstromkreise können auch mit anderen Schutzschaltern abgesichert werden. Das *Schaltvermögen* muss 6 kA betragen, die *Selektivitätsklasse* muss 3 sein.

Nach DIN 18015-2 sollen je nach Wohnungsgröße ausreichend viele Stromkreise für die Beleuchtungs- und Steckdosenstromkreise (**Tabelle 4.4**) sowie für Leistungen über 2 kW vorhanden sein. Die Anzahl der Stromkreise in Wohnungen richtet sich außerdem nach der Zahl der bewohnbaren Räume und den vorgesehenen Geräten.

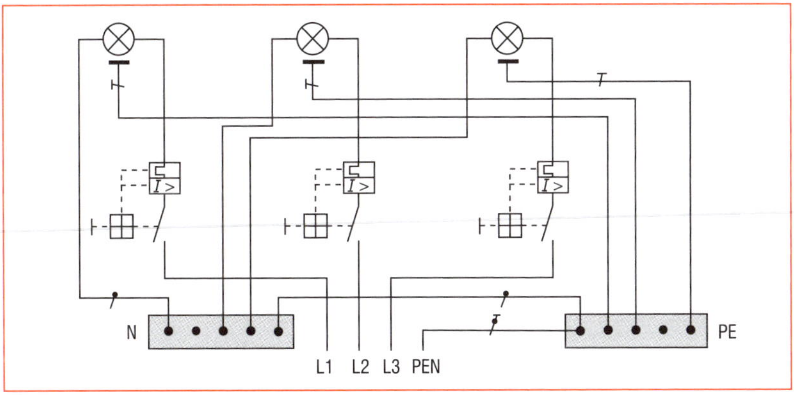

Bild 4.18 Übliche Verdrahtung eines Stromkreisverteilers in einem vor 2008 errichteten Haus (Auszug) bzw. wenn HAK und Zählerschrank außerhalb des Gebäudes installiert sind. Die Stromkreise sind durch je eine Lampe nur angedeutet.

Die Elektroinstallation in Wohnungen ist je nach Ansprüchen und Möglichkeiten des Bauherrn sehr unterschiedlich. Die Norm DIN 18015-2 gibt *Empfehlungen* für die Mindestausstattung mit Steckdosen, Auslässen (Anschlüsse) für die Beleuchtung und Anschlüssen für Sondergeräte (**Tabelle 4.5**). In den letzten Jahren hat sich aber gezeigt, dass bei Neuanlagen oder Modernisierung eher mehr Steckdosen erforderlich sind, u.a. wegen der zahlreichen elektronischen Geräte. Bei neu zu installierenden Stromkreisverteilern ist für eventuelle spätere Erweiterungen eine Platzreserve von 20 % einzuplanen.

Wohnfläche in m²	Mindestzahl der Beleuchtungs- und Steckdosenstromkreise
bis 50	3
über 50 bis 75	4
über 75 bis 100	5
über 100 bis 125	6
über 125	7
Für Hobby- und Kellerräume sind getrennte Stromkreise vorzusehen. Für Geräte über 2 kW ist in jedem in Frage kommenden Raum ein Stromkreis vorzusehen, in der Küche aber zwei Stromkreise.	

Tabelle 4.4 Mindestanzahl der Stromkreise in Wohnungen

Raum	Steckdosen 230 V	Auslass 230 V	Sondergeräte-anschluss 400 V	Bemerkungen
Wohnraum				In Räumen mit Essecken Steckdosenanzahl um 1 erhöhen.
– bis 20 m²	4	2		
– über 20 m²	5	3		
Küche	7	2	6	
Kochnische	4	1	4	
Bad	2	2		Lüfter bei Bad ohne Fenster in Nachlaufschaltung mit der Beleuchtung schalten. Sondergeräteanschluss nur, wenn die Geräte nicht andernorts stehen.
– Lüfter		1		
– Waschmaschine			1	
– Wäschetrockner			1	
– Warmwassergerät			1	
WC	1	1		Lüftung wie bei Bad
Hausarbeitsraum	3	1		Mehrfachsteckdosen wie bei Wohnraum. Lüfter, wenn fensterloser Raum. Sondergeräteanschlüsse nur bei Bedarf.
– Lüfter		1		
– Waschmaschine			1	
– Wäschetrockner			1	
– Bügelmaschine			1	
Flur				
– bis 4 m Länge	1	1		
– über 4 m Länge	1	2		Beleuchtung muss mindestens von zwei Stellen schaltbar sein.

Tabelle 4.5 Mindestausstattung in Wohngebäuden (vgl. DIN 18015-2) (Teil 1/2)

Raum	Steckdosen 230 V	Auslass 230 V	Sondergeräte-anschluss 400 V	Bemerkungen
Freisitz	1	1		Installation je nach Bedürfnis. Hier nur Mindestwerte.
Abstellraum	1	1		
Hobbyraum	3	1		
Keller der Wohnung	1	1		Soweit vorhanden auch für Bodenraum.
je Schlaf-, Kinder-, Gäste-, Arbeitszimmer				Anschlüsse für Telefon, TV, Datentechnik nach Bedarf vorsehen.
– bis 20 m²	4	1		
– über 20 m²	5	2		
Eingänge, Treppenhaus	1 je Stockwerk	1 je Stockwerk		Bei Eingängen muss Beleuchtung ausreichend sein.

Tabelle 4.5 Mindestausstattung in Wohngebäuden (vgl. DIN 18015-2) (Teil 2/2)

4.5 Unterbrechungsfreie Stromversorgung USV

Eine unterbrechungsfreie Stromversorgung soll bei Störungen im öffentlichen Stromversorgungsnetz die Stromversorgung kritischer elektrischer Verbraucher sicherstellen, z. B. Geräte in Operationsräumen von Krankenhäusern oder Computerserver in Rechenzentren. Die Umschaltung auf eine USV muss in sehr kurzer Zeit erfolgen, d. h. im Millisekundenbereich.

USV-Anlagen sind meist batteriegestützt. Große USV-Anlagen besitzen zusätzlich einen Dieselmotor zum Antrieb eines Generators (**Bild 4.19**). Die Überbrückungszeit von 15 s bis 20 s, bis der Dieselgenerator wirkt, wird von einer Batterie abgedeckt. Hinsichtlich des Schutzes bei Überlast und bei Kurzschluss bzw. Schutz gegen direktes/indirektes Berühren sind die bekannten Schutzmaßnahmen auch im Falle von USV vorzusehen (siehe Kapitel 6 und 7).

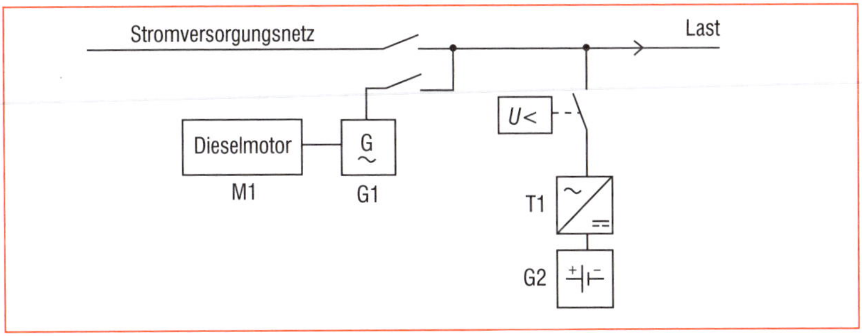

Bild 4.19 Beispiel einer USV-Anlage mit Verbrennungsgenerator und Batterie

Damit geeignete Schutzeinrichtungen den Stromversorgungsnetzbereich der angeschlossenen Verbraucher (Last) im Fehlerfall automatisch abschalten können, bietet es sich an, zwischen Generator oder Batterie und diesem Stromversorgungsnetzbereich einen Transformator zwischenzuschalten, der für eine galvanische Trennung sorgt (**Bild 4.20**). Dadurch ist sichergestellt, dass z. B. eine RCD (Abschnitt 6.3.5) diesen Bereich des Stromversorgungsnetzes schützt. Der Fehlerstrom I_F kann zum Transformator zurückfließen und auf die RCD wirken. Andernfalls würde im Fehlerfall dieser Stromversorgungsnetzbereich nicht abgeschaltet bzw. getrennt werden.

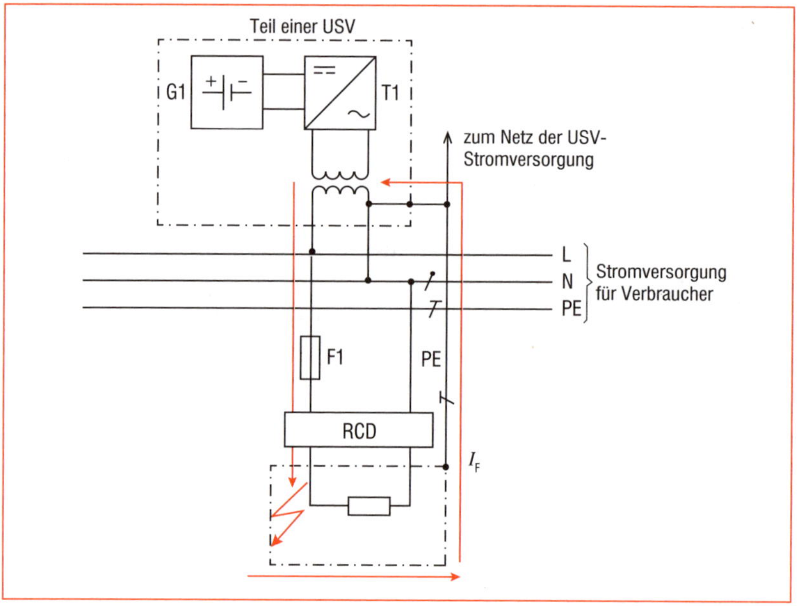

Bild 4.20 Galvanische Trennung durch Transformator
(Die Stromversorgung zum Laden der Batterie der USV ist nicht dargestellt.)

Kontrollfragen

1. Wo beginnt von der Transformatorstation aus gesehen der Hausanschluss?
2. Welche Schutzart ist für den Hausanschlusskasten in Kellerräumen erforderlich?
3. Welches Leitungsmaterial wird für die Hauptleitung in Wohngebäuden verwendet?
4. Mit welcher kleinsten Bemessungsstromstärke der Überstrom-Schutzeinrichtung müssen Einfamilienhäuser im Hausanschlusskasten abgesichert sein?
5. Wo ist der Stromkreisverteiler in Einfamilienhäusern meist untergebracht?
6. Wo befindet sich der Stromkreisverteiler in Mehrfamilienhäusern?
7. Welche Aussage ist richtig?
   1. Jedes Gebäude muss ein externes Blitzschutzsystem besitzen.
   2. Eine Erdungsleitung muss für eine Blitzstrombelastung von maximal 10 kA ausgelegt sein.
   3. Bei einer weißen Wanne ist die Betonwanne mit Kunststoff abgedichtet.
   4. Bei einem Zählerplatz müssen Anlagenteile, welche nicht gemessene Energie führen, plombiert sein.
   5. Bei einem Mehrfamilienhaus ist die Mindest-Strombelastbarkeit der Hauptleitungen unabhängig von der Anzahl der Wohnungen.

   ☐

8. Welche Aussage ist richtig?
   1. Eine USV ist Bestandteil jeder Hausinstallation.
   2. USV-Anlagen werden meist ohne Batterie betrieben.
   3. Die Umschaltung auf eine USV kann Minuten dauern.
   4. Rechenzentren werden ausschließlich über eine USV betrieben.
   5. Die Energieversorgung von Operationsräumen in Krankenhäusern erfolgt im Störungsfall durch eine USV-Anlage.

   ☐

9. Ordnen Sie den Ziffern in **Bild 4.21** die nachfolgenden Begriffe zu:
   - Leitungsschutzschalter,
   - FI/LS-Schalter,
   - Patchfeld
   - Netzwerk-Switch,
   - DSL-Router,
   - Netzwerkserver,
   - anlagenseitiger Anschlussraum,
   - netzseitiger Anschlussraum,
   - EHZ,
   - Raum für Zusatzanwendungen,
   - Abschlusspunkt Zählerplatz,
   - Hauptschalter.

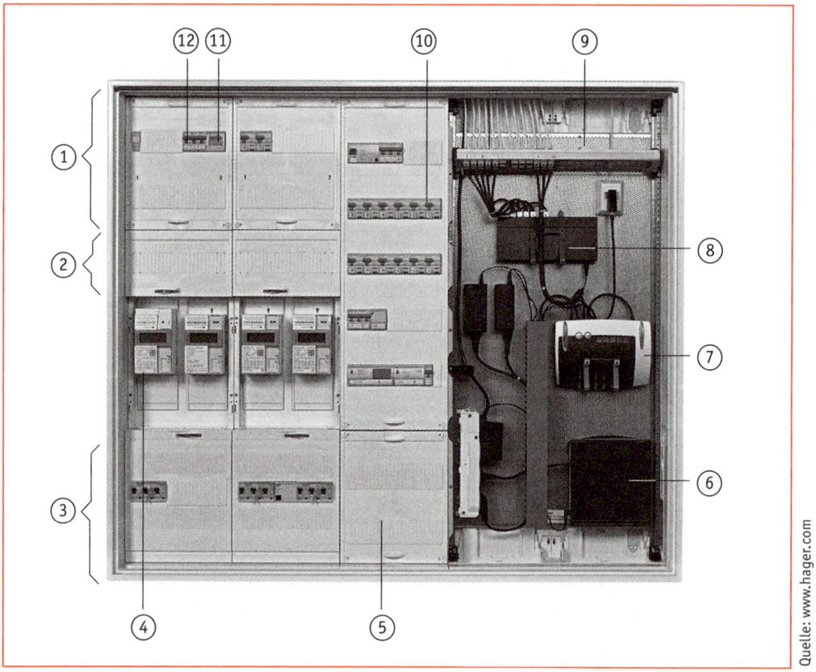

Bild 4.21 Beispiel eines Zählerschranks

5 Schutz gegen thermische Stromwirkungen

5.1 Stromwirkungen

Der elektrische Strom wirkt immer auf seine Umgebung ein. Einige Stromwirkungen treten häufig auf, andere seltener. Häufig sind

- Wärmewirkung in jeder Strombahn, z. B. in der Installationsleitung,
- magnetische Wirkung um jede Strombahn, z. B. um jede Freileitung,
- chemische Wirkung in jeder durch einen Elektrolyten führenden Strombahn.

Seltener sind

- elektromagnetische Strahlungswirkung, z. B. Lichtwirkung in Leuchtstofflampen, LEDs oder Lichtbögen,
- physiologische Wirkung in jeder Strombahn, die durch ein Lebewesen führt, z. B. einen Menschen oder ein Nutztier.

Am häufigsten, weil bei jedem elektrischen Strom unvermeidbar, ist die *thermische Stromwirkung* (von griech. thermos = warm). Bei ihr wird die Energie des elektrischen Stroms in Wärme (Wärmeenergie) umgesetzt.

Diese Wärme kann nützlich sein, aber auch zu Bränden führen.

5.2 Ausbreitung der Wärme

Die Wärme breitet sich vom Ort ihres Entstehens aus durch

- Wärmeleitung, z. B. im kupfernen Lötkolben von der Heizpatrone zum Kolbenschaft,
- Konvektion (Wärmeströmung durch mittels Wärmeausdehnung bewegte Materie, z. B. Luft ab Lötkolben nach oben strömend) und
- Wärmestrahlung durch elektromagnetische Wellen (Infrarot), z. B. vom Lötkolbenschaft nach allen Seiten (**Bild 5.1**).

Diese Arten der Wärmeausbreitung können nützlich sein, aber auch zu Schäden führen, z. B. zu Bränden.

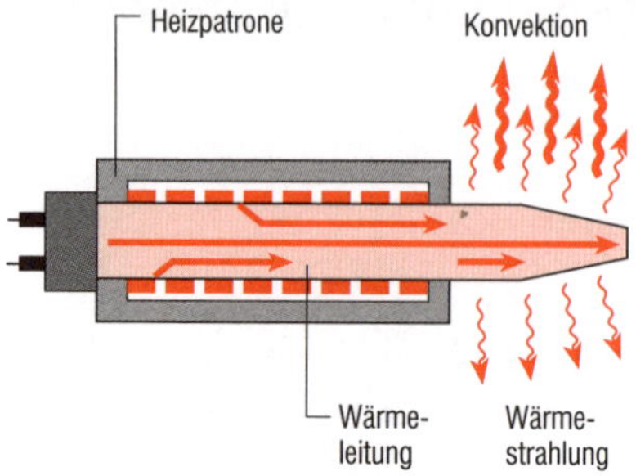

Bild 5.1 Ausbreitung der Wärme bei einem Lötkolben

5.3 Thermischer Schutz in elektrischen Anlagen

Der thermische Schutz von elektrischen Anlagen war bei Entstehen der Energietechnik die erste Schutzmaßnahme. Die Festlegungen der Strombelastbarkeit von Leitungen und die Zuordnung der Überstrom-Schutzeinrichtungen zu den Leiterquerschnitten (Kapitel 7) wurden wegen des thermischen Schutzes ebenso vorgenommen wie die Unterscheidung der Isolierstoffe nach ihrer Wärmebeständigkeit.

Ursprünglich verließ man sich für den thermischen Schutz auf die Überstrom-Schutzeinrichtungen (Abschnitt 7.2). Nun müssen diese wegen der Einschaltströme von Antrieben und auch Beleuchtungsanlagen so gebaut sein, dass sie beim Nennstrom erst einige Zeit nach dem Einschalten der Anlage abschalten. Der Typ B der Leitungsschutzschalter 16 A schaltet nur bei einem vollständigem Kurzschluss (widerstandslose Verbindung von gegeneinander Spannung führenden Teilen) innerhalb von Millisekunden ab, bei einem unvollständigem Kurzschluss (keine widerstandslose Verbindung gegeneinander Spannung führender Teile) mit etwa $5 \cdot 16\,A = 80\,A$ innerhalb einer Sekunde (Bild 7.6) und mit $3 \cdot 16\,A$ erst innerhalb einer Minute. Während dieser Ansprechzeit können bei einem unvollständigen Kurzschluss am 230-V-Netz $P = 230\,V \cdot 80\,A \approx 18.400\,W = 18{,}4\,kW$ Wärmeleistung an einer schadhaften Stelle anstehen, was ausreichend ist für das Entzünden von brennbaren Stoffen.

> Überstrom-Schutzeinrichtungen bieten bei feuergefährdeten Anlagen nur einen geringen Schutz gegen einen Brand.

In einem Fehlerfall, z. B. bei beschädigter Isolation, kann es also trotz der Überstrom-Schutzeinrichtungen zu Bränden und zu Flammen kommen. Vor allem in Anlagen mit brennbaren Bestandteilen, z. B. Holz, besteht bei Isolationsfehlern oder bei Hemmung der Wärmeabfuhr die Gefahr eines Brandes.

5.4 Brandschutzschalter

Brandursachen trotz Leitungsschutzschalter und RCD

Gegenüber dem Brandschutz allein durch Überstrom-Schutzeinrichtungen ist der Brandschutz mit zusätzlicher RCD [(Residual Current Device), Abschnitt 6.3.5] im Stromkreis wirksamer, weil RCDs schon bei kleinen Fehlerströmen von z. B. 30 mA den Stromkreis unverzögert abschalten. Das erfolgt allerdings nur, wenn der Fehlerstrom über Erde oder über den Schutzleiter zum Fließen kommt.

Wenn aber bei einem unvollständigem Schluss ein Fehlerstrom zwischen Außenleiter und Neutralleiter zum Fließen kommt, dann schaltet die RCD die Anlage nicht ab und die Überstrom-Schutzeinrichtung nur dann, wenn der Fehlerstrom mindestens das Dreifache ihres Bemessungsstroms beträgt.

> Brandschutz durch Überstrom-Schutzeinrichtung mit zusätzlicher RCD verhindert nicht alle elektrisch verursachten Brände.

Störlichtbögen

Unvollständige Schlüsse zwischen Außenleiter und Neutralleiter können zu kleinen Lichtbögen führen, die man Fehlerlichtbögen oder Störlichtbögen nennt. Diese können seriell zur Last entstehen oder parallel zur Last (**Bild 5.2**). In Deutschland werden jährlich etwa 40.000 Brände elektrisch verursacht und davon etwa 30 % durch Störlichtbögen.

Parallele Störlichtbögen entstehen durch Isolationsfehler zwischen Außenleiter und Neutralleiter, z. B. infolge von eingeklemmten Adern.

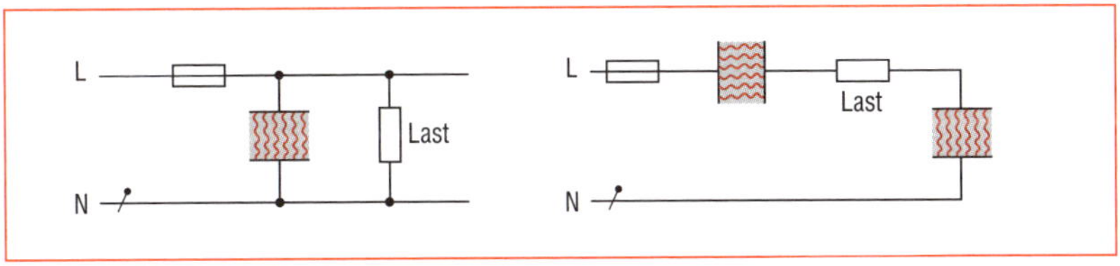

Bild 5.2 Lage von parallelen und seriellen Störlichtbögen

Serielle Störlichtbögen entstehen durch Lockerung von Kontakten, z. B. infolge von Korrosion. Wie können diese Störlichtbögen entdeckt und abgeschaltet werden?

Sensorik für Lichtbögen und AFDD

Ein Lichtbogen ruft im Netz hochfrequente Spannungsstöße hervor, die z. B. vor über 100 Jahren zum „Funken" von Signalen in Gebrauch waren. Die hochfrequenten Spannungen werden beim AFDD (Arc Fault Detection Device = Fehlerlichtbogen-Entdeckungsgerät) über Filter entnommen und betätigen nach Gleichrichtung und Verstärkung eine RCCB (Residual Current operated Circuit-Breaker) oder RCBO (RCD mit Leitungsschutzschalter, **Bild 5.3**). Hierdurch wird ein Abschalten des Stromkreises bewirkt.

Bild 5.3 AFDD kombiniert mit LS-Schalter oder RCCB bzw. RCBO

Komponenten des Brandschutzschalters

Die Kombination von AFDD mit einer RCCB bzw. RCBO (Abschnitt 6.3.5) zu einem Gerät wird Brandschutzschalter genannt (**Bild 5.4**).

Brandschutzschalter sollen nach DIN VDE 0100-420 in Anlagen mit Brandgefahr angewendet werden, z. B. in Anlagen der Holzverarbeitung, der Textilverarbeitung oder in landwirtschaftlichen Gebäuden. Sie werden aber auch für Schlafräume bzgl. einphasigen 16-A-Endstromkreisen empfohlen. Entsprechende Risikobetrachtungen sind vorab vorzunehmen und zu dokumentieren. In Holzhäusern sind AFDD dringend empfohlen.

AFDDs gibt es auch mit einer Teilungseinheit (Bild 5.4, rechts).

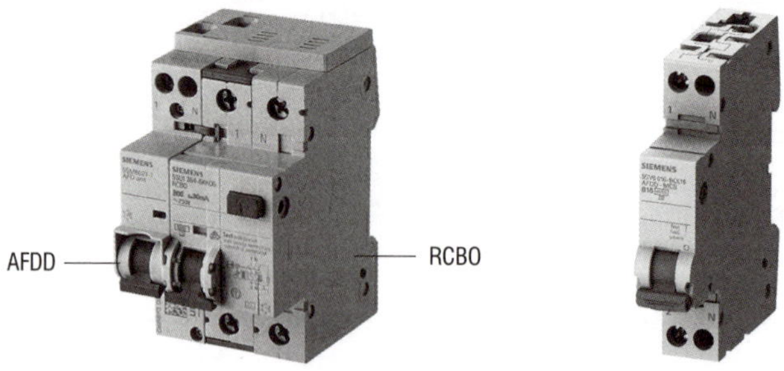

Quelle: Pressebilder Siemens

Bild 5.4 Brandschutzschalter mit AFDD und RCBO

Weitere Informationen: www.abb.com
www.eaton.com
www.siemens.com

Risiko- und Sicherheitsbewertung für den AFDD-Einsatz

Die *Risikobewertung* bezieht sich auf die Brandgefahr hinsichtlich der Nutzung der Räume. Die *Sicherheitsbewertung* bezieht sich insbesondere auf bauliche und elektroinstallationstechnische Gegebenheiten. Sie befasst sich mit dem Verhindern von Bränden infolge von Fehlerlichtbögen oder zumindest mit dem Reduzieren der Gefahren oder deren Auswirkungen. Dabei gibt es (bezogen auf Endstromkreise, und nur um diese geht es in diesem Zusammenhang) folgende Möglichkeiten:

- Kabel und Leitungen mit geeignetem Brandverhalten verlegen,
- Kabel und Leitungen unter Putz in zusätzlichen Schutzrohren oder auf nicht brennbaren Materialien verlegen,
- Einbau von Abschalteinrichtungen, die außerhalb der Raumnutzungszeiten die Endstromkreise abschalten, idealerweise über Zeitschaltuhren gesteuert,
- Verzicht auf Steckdosen in den Endstromkreisen,
- Verwendung von Baustoffen und Bauteilen unter besonderer Beachtung von Brandschutzaspekten und/oder
- Änderung der Raumnutzung gegenüber der ursprünglichen Planung, z. B. Verzicht auf eine Schlafgelegenheit.

Die Risikobewertung eines Raums beruht auf einem *Risikowert*, der die Raumart (z. B. Raum mit Feuerrisiko durch die zu verarbeitenden Materialien), die Personenzahl und das Geschoss des Raums im Gebäude über Faktoren (Erfahrungswerte von AMEV, Arbeitskreis Maschinen- und Elektrotechnik stattlicher und kommunaler Verwaltungen, www.amev-online.de) berücksichtigt (**Tabelle 5.1**). Diesem Risikowert wird ein *Sicherheitswert* der Räume gegenübergestellt, der die Qualität der Elektroinstallation sowie die technischen, brandschutztechnischen, baulichen und organisatorischen Maßnahmen widerspiegelt (**Tabelle 5.2**). Meist werden in den Berechnungen die Mittelwerte der Tabellenwerte verwendet.

Risikowert

$$R = R_O \cdot P \cdot L \quad (1)$$

R Risikowert
R_O Art Raum, Ort
P Anzahl Personen
L Lage der Räume

Sicherheitswert

$$S = Q \cdot Z_T \cdot Z_{BS} \cdot Z_B \cdot Z_O \quad (2)$$

S Risikowert
Q Qualität der Elektroinstallation
Z_T Zuschlag technische Maßnahmen
Z_{BS} Zuschlag brandschutztechnische Maßnahmen
Z_B Zuschlag bauliche Maßnahmen
Z_O Zuschlag organisatorische Maßnahmen

Kriterium	Faktorwert
Klassifikation Nutzung Räume und Orte	R_0
Schlafräume in Kindertagesstätten	1,3 bis 1,7
Aufenthaltsräume in Kindertagesstätten	1,0 bis 1,2
Schlafräume von Heimen	1,5 bis 2,5
Aufenthaltsräume in Heimen	1,0 bis 1,5
Schlaf-/Aufenthaltsräume barrierefreier Wohnungen	1,3 bis 1,7
Räume oder Orte mit einem Feuerrisiko durch verarbeitete oder gelagerte Materialien	1,5 bis 2,5
Räume oder Orte mit brennbaren Baustoffen	1,5 bis 2,5
Räume oder Orte mit Gefährdungen für unersetzbare Güter	1,5 bis 2,5
Bewertung der Personenzahl	P
maximal zwei	1,0
mehr als zwei	1,2 bis 2,0
maximal fünf	1,0
sechs bis 24	1,1 bis 1,4
mehr als 24	1,5
eine Person	1,1
Bewertung der vertikalen Lage der Räume, Orte im Gebäude	L
ebenerdig	1,0
1. Obergeschoss	1,1
2. Obergeschoss	1,2
3. Obergeschoss oder höher	1,3 bis 1,x

Tabelle 5.1 Kriterien zur Berechnung des Risikowerts bzgl. AFDD-Einsatz

Kriterium	Faktorwert
Zuschlagsfaktor technische Maßnahmen	Z_T
Unterputzverlegung der Kabel und Leitungen	1,5
zusätzlicher Schutz der Kabel und Leitungen gegen mechanische Beschädigung	1,2
Verlegung von Kabel und Leitungen nur im Bereich nichtbrennbarer Materialien	1,1 bis 1,2
Einsatz von Kabeln und Leitungen mit verbessertem Verhalten im Brandfall	1,1 bis 1,2
zentrales Abschalten der Endstromkreise für Steckdosen bis 16 A Bemessungsstrom während der Schlafzeit	1,8
zentrales Abschalten der Endstromkreise für Steckdosen bis 16 A Bemessungsstrom „außerhalb" der Nutzungszeit	1,8
Unter-Putzverlegung der Kabel und Leitungen und zentrales Abschalten der Endstromkreise für Steckdosen bis 16 A Bemessungsstrom während der Schlafzeit	2,0
Verzicht auf Endstromkreise für Steckdosen bis 16 A Bemessungsstrom und Einsatz von Leuchten mit Explosionsschutz-Zertifizierung (ATEX, IECEx)	2,0
Zuschlagsfaktor brandschutztechnische Maßnahmen	Z_{BS}
automatische Brandmeldeanlage	1,5
automatische Brandmeldeanlage mit Aufschaltung	1,5
automatische Brandmelde- und Löschanlage	2,5
Zuschlagsfaktor bauliche Maßnahmen	Z_B
Grundrissplanung unter besonderer Beachtung der Brandschutzaspekte (optimale Brandabschnitte)	1,0 bis 1,x
Optimierung der horizontalen Weggestaltung	
bauliche Maßnahmen wie Ausführung der Flure und Ausgänge sowie der Türen und Fenster in den relevanten Räumen selbst	
Auswahl der zum Einsatz vorgesehenen Baustoffe/Bauteile hinsichtlich des Brandverhaltens	
Zuschlagsfaktor organisatorische Maßnahmen	Z_O
physisches Trennen der ortsveränderlichen Betriebsmittel und Geräte von Endstromkreisen für Steckdosen, soweit diese nicht benötigt werden	1,2
im Betriebskonzept vorgeschriebene anwesende Erzieher	1,0 bis 1,x
im Betriebskonzept vorgeschriebene anwesende Pflegekräfte	1,0 bis 1,x

Tabelle 5.2 Kriterien zur Berechnung des Sicherheitswerts bzgl. AFDD-Einsatz

Die Qualität der Elektroinstallation *Q* wird gemäß AMEV EltAnlagen 2020 mit Faktorwert 1 bewertet.

Den Risikowert sowie den Sicherheitswert für ein Gebäude erhält man jeweils durch Addition der einzelnen Risikowerte bzw. Sicherheitswerte der relevanten Räume oder Orte.

Der Abgleich von Risikowert und Sicherheitswert ist ein Maß für den Umgang mit einem Brandrisiko. Ist der Sicherheitswert mindestens so groß wie der Risikowert, dann kann auf AFDDs (Brandschutzschalter) im betrachteten Raum verzichtet werden. Die Entscheidung ist begründet mittels Formular zu dokumentieren. Im Zweifelsfall sollten AFDDs in Endstromkreisen zur Anwendung kommen. Abstimmungen mit dem Sachversicherer sind zu empfehlen.

> Trotz Risikobewertung und Sicherheitsbewertung liegt die letztendliche Entscheidung für oder gegen eine Installation von AFDDs beim Bauherrn, da dieser mit einem eventuellen Schaden klarkommen muss.

Beispiel :
Im Erdgeschoss eines Altenheims sollen Schlafräume für Einzelpersonen errichtet werden. Die Kabel und Leitungen sind unter Putz verlegt. Sind unter den nachfolgend beschriebenen Gegebenheiten AFDDs erforderlich?

a) Weitere brandschutzrelevante Maßnahmen außer Rauchwarnmelder sind für die Schlafräume nicht geplant.

b) Die Rauchwarnmelder sind an eine automatische Brandmeldeanlage angeschlossen.

Lösung:
$R = R_O \cdot P \cdot L = 2{,}0 \cdot 1{,}1 \cdot 1{,}0 = 2{,}2$

a) $S = Q \cdot Z_T \cdot Z_{BS} \cdot Z_B \cdot Z_O = 1{,}0 \cdot 1{,}5 \cdot 1{,}0 \cdot 1{,}0 \cdot 1{,}0 = 1{,}5$
$S < R \rightarrow$ AFDDs sind erforderlich.

b) $S = Q \cdot Z_T \cdot Z_{BS} \cdot Z_B \cdot Z_O = 1{,}0 \cdot 1{,}5 \cdot 1{,}5 \cdot 1{,}0 \cdot 1{,}0 = 2{,}25$
$S > R \rightarrow$ AFDDs sind nicht unbedingt erforderlich, jedoch ggf. dennoch zu empfehlen.

5.5 Rauchwarnmelder

Gesetzliche Vorgaben

Rauchwarnmelder (RWM) sind den Brandmeldern zugeordnet und in allen deutschen Bundesländern für Wohngebäude durch die jeweiligen Landesbauordnungen (LBO) gesetzlich vorgeschrieben. RWM sind keine Brandmeldeanlage.

Weitere Brandmelder sind z. B. Wärmemelder, Brandgasmelder sowie handbetätigte Feuermelder.

Wirkungsweise der RWM

Anders als bei Brandschutzschaltern erfolgt bei den RWM nur eine akustische und/oder optische Warnung und keine Abschaltung eines elektrischen Stromkreises. Die Stromversorgung der RWM erfolgt meist über 9-V-Batterien (**Bild 5.5**), seltener über das 230-V-Netz.

Rauchwarnmelder warnen akustisch die Bewohner von Wohnhäusern vor entstehenden oder entstandenen Bränden.

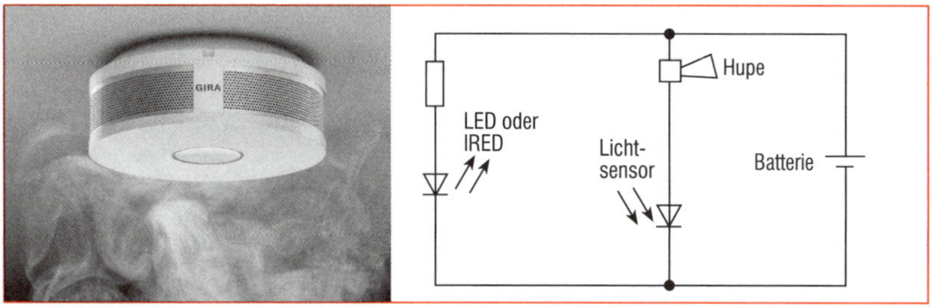

Quelle: www.gira.de

Bild 5.5 Komponenten eines Rauchwarnmelders

Sensorik der RWM

Rauchwarnmelder enthalten einen Rauchsensor, der Rauch erfasst. Zu diesem Zweck sind die RWM über Schlitze oder Gitter offen für die Raumluft. Im Inneren leuchtet eine LED (Licht Emittierende Diode) oder IRED (Infrarot-ED) so gerichtet, dass ein Lichtsensor, z. B. Fotodiode, nicht beleuchtet wird (**Bild 5.6**). Dringt Rauch in den RWM, dann streut der Lichtstrahl der LED etwas, sodass der Strahlungssensor angesteuert wird und die Akustik einschaltet.

Rauchwarnmelder enthalten eine Lichtquelle, deren Strahlung erst durch Streuung im Rauch zu einem Strahlungssensor gelangt.

Bei manchen RWM ist noch zusätzlich ein thermischer Sensor (Differenzialsensor) enthalten. Dieser spricht auf die zeitliche Zunahme der umgebenden Wärme an, die bei einem entstandenen Brand natürlich um so größer ist, je näher das Feuer am Brandmelder liegt.

Es gibt auch RWM mit einem integrierten Lüfter, um rascher an Luftproben des Raums zu kommen. Man bezeichnet diese RWM als Ansaugmelder.

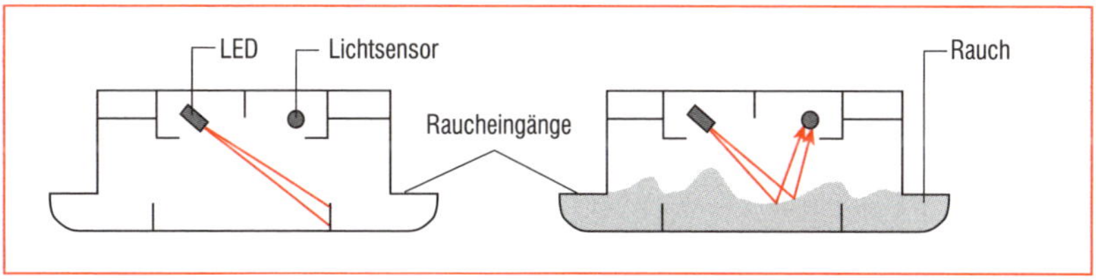

Bild 5.6 Wirkungsweise des Rauchsensors

Errichtung der Rauchwarnmelder

An den Decken in Raummitte errichtete Rauchwarnmelder erfassen den Rauch von etwa 60 m^2 der Raumgrundfläche. Bei größeren Räumen sind zusätzliche RWM erforderlich, z. B. bei „offenen" Wohnungen (ohne Türen). Die RWM sind vor allem in Schlafräumen und Kinderzimmern sowie in Fluren und Treppenhäusern zu errichten, nicht jedoch in der Nähe von Ventilatoren.

Ebenso sollten Rauchwarnmelder bei Montage in Dachschrägen nicht in der Deckenspitze montiert werden, sondern mindestens 0,5 m von dieser entfernt.

> Jeder größere Wohnraum sollte einen eigenen Rauchwarnmelder erhalten.

Bei der Errichtung von RWM in bestehenden Wohnungen ist es zweckmäßig, batteriebetriebene RWM zu verwenden, die wegen ihres kleinen Gewichtes einfach an die Raumdecke geklebt werden können.

In der Küche und im Bad kann wegen des auftretenden Dampfes die Errichtung eines RWM nur vorgenommen werden, wenn der innere Rauchsensor abschaltbar und ein zusätzlicher Wärmedifferenzsensor vorhanden ist.

Funk-Rauchwarnmelder

Funk-Rauchwarnmelder eignen sich zur Vernetzung der verschiedenen RWM einer Wohnung, sodass bei einem entstehenden Brand nicht nur am Brandort Alarm erfolgt, sondern in den anderen Wohnräumen auch. Die Funk-Rauchwarnmelder enthalten einen Funk-Sendeempfänger (Funk-Transceiver), der das Alarmsignal seines RWM aussendet und bei Bedarf ein Alarmsignal eines sendenden RWM zum Einschalten des Alarms seines RWM aufnehmen kann (**Bild 5.7**). Dabei ist die begrenzte Funkreichweite infolge von Dämpfung und Abschirmung zu beachten.

> Eine Vernetzung der RWM einer Wohnung erfolgt am einfachsten mit ausschließlich gleichen Funk-Rauchwarnmeldern.

Die Vernetzung ist aber auch mit unterschiedlichen RWM möglich, sofern diese kompatibel (miteinander vereinbar) sind. So können batteriebetriebene RWM und netzbetriebene RWM miteinander vernetzt werden und die Alarmsignale über Funk (868-MHz-Band) oder Draht gegeben werden (**Bild 5.8**).

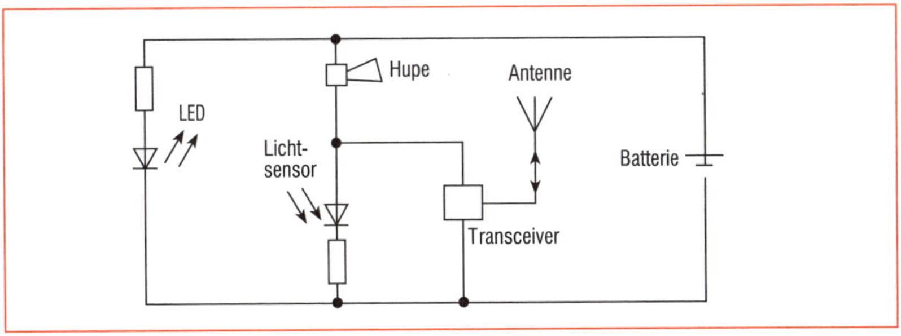

Bild 5.7 Komponenten eines Funk-Rauchwarnmelders

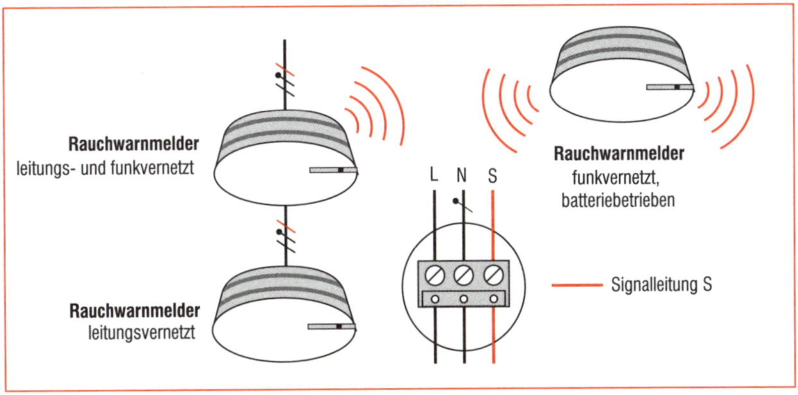

Bild 5.8 Vernetzung verschiedener Rauchwarnmelder einer Wohnung

Bei vernetzten RWM melden alle RWM Alarm, sobald ein RWM Alarm meldet.

Wartung der Rauchwarnmelder

RWM müssen jährlich gewartet werden, insbesondere wegen der Batterien und der Sensoren, die Raucheintrittsöffnungen mindestens alle 30 Monate. Für die Prüfung der Funktion genügt meist das Betätigen einer Prüftaste am Gehäuse des RWM. Die darauf folgende akustische Warnung kostet natürlich Strom, sodass bei reinen Batteriegeräten die Lebensdauer der Batterie durch jede Funktionsprüfung kleiner wird.

Zur Funktionsüberprüfung besitzen Rauchwarnmelder eine Prüftaste, deren Betätigen einen akustischen Alarmton als Bestätigung der Funktionsfähigkeit erzeugen muss.

Bei vielen batteriebetriebenen RWM ist ein Auswechseln der Batterie nicht möglich, da diese in die Elektronik eingelötet ist. Am Ende der Batterie-Lebenszeit ist dann der RWM komplett zu ersetzen.

RWM ohne Verschmutzungskompensation, d. h. keine selbsttätige Anpassung der Empfindlichkeit der Rauchkammer an den Verschmutzungsgrad, sind alle fünf Jahre auszutauschen; RWM mit Verschmutzungskompensation alle acht Jahre.

Weitere Informationen: www.hager.com
www.gira.de

Bei RWM sind auch Ferninspektionen nach DIN 14676-1 erlaubt. Voraussetzung ist z. B. ein M-Bus-Funkmodem (Meter-/Messgeräte-Bus), welches mit den Rauchmeldern vernetzt ist. Die Norm unterscheidet RWM der

- Bauart A mit örtlicher Überprüfung der Rauchsensorik und Energieversorgung,
- Bauart B mit selbstständiger Überprüfung der Rauchsensorik und Energieversorgung sowie funktionsrelevanter Beschädigungen, die Raucheintrittsöffnungen sowie das Warnsignal sind mindestens alle 30 Monate, die Melderumgebung (50 cm frei von Hindernissen) alle 36 Monate vor Ort oder automatisiert zu prüfen und
- Bauart C mit selbstständigem Überprüfen aller genannten Funktionen.

> Rauchwarnmelder der Bauart C ermöglichen ein selbständiges Überprüfen der Rauchsensorik, der Energieversorgung, der Raucheintrittsöffnungen sowie der nicht durch Hindernisse versperrten Melderumgebung.

Kontrollfragen

1. Welche Stromwirkung ist mit jedem Strom verbunden?
2. Auf welche Arten erfolgt die Wärmeausbreitung der Stromwärme?
3. Warum ist ein vollständiger thermischer Schutz durch Überstrom-Schutzeinrichtungen nicht zu erreichen?
4. In welchem Fall eines Kurzschlusses mit einem Kurzschlussstrom von 50 A schaltet eine RCD nicht ab, obwohl ihr Fehlerdifferenzstrom nur 30 mA beträgt?
5. Welche Lichtbögen bezeichnet man als Störlichtbögen?
6. Nennen Sie die beiden Arten von Fehlerlichtbögen.
7. Erklären Sie die Kurzform AFDD.
8. Welche Aufgabe hat eine AFDD?
9. Welche Schalter bewirken in einem Brandschutzschalter das Abschalten der Stromversorgung?
10. Bei welchen Anlagen sollen Brandschutzschalter installiert werden?
11. Welche Aufgabe haben Rauchwarnmelder?
12. Erklären Sie die Wirkungsweise eines Rauchwarnmelders.
13. Wo sind Rauchwarnmelder zu errichten?
14. Wie groß ist der Erfassungsbereich eines Rauchwarnmelders?
15. Wie lange ist etwa die Lebensdauer eines batteriebetriebenen Rauchwarnmelders?
16. Welchen Vorteil bieten Funk-Rauchwarnmelder?

17. Welche der folgenden Aussagen ist richtig?
    1. Rauchwarnmelder sind auf freiwilliger Basis zu installieren.
    2. Rauchwarnmelder schalten bei Erkennung von Rauch eine elektrische Anlage ab.
    3. Rauchwarnmelder erfassen den Rauch von etwa 60 m^2 der Raumgrundfläche.
    4. Rauchwarnmelder sind in Dachschrägen in der Dachspitze anzubringen.
    5. Rauchwarnmelder müssen alle 10 Jahre vom TÜV oder dem Kaminfeger überprüft werden.

18. Welche Erkenntnis aus dem Abgleich von Risikowert und Sicherheitswert im Rahmen einer Risikoanalyse erfordert einen AFDD-Einsatz?

6 Schutz gegen elektrischen Schlag

6.1 Gefährdung durch Strom

Unter Körperströmen verstehen wir elektrische Ströme, die durch den Körper von Menschen oder Nutztieren fließen. Die Körper, bei denen Körperströme fließen können, sind also etwas ganz anderes als die Körper (Gehäuse) elektrischer Betriebsmittel. Beim Menschen sind die Körperströme je nach *Stromart, Stromstärke* und *Einwirkungsdauer* verschieden gefährlich (**Bild 6.1**).

Man unterscheidet vier Bereiche. Im Bereich 1 erfolgt *keine Wahrnehmung* durch den Menschen. Im Bereich 2 spürt man einen *Strom*, jedoch tritt keine schädliche Wirkung auf. Im Bereich 3 treten *Muskelverkrampfungen* und sogar möglicherweise Unregelmäßigkeiten beim Herzschlag auf. In den Bereichen AC-4.1 bis AC-4.3 ist *Herzkammerflimmern* zunehmend wahrscheinlich und damit besteht Todesgefahr. Dasselbe gilt bei Gleichstom für die Bereiche DC-4.1 bis DC-4.3.

Der Stromweg des Körperstroms ist umso gefährlicher, je leichter er zu einem Strom über das Herz führt. Das ist dadurch begründet, dass das menschliche Herz von leichten elektrischen Impulsen, die in einem Teil des Herzens erzeugt werden, gesteuert wird und dadurch besonders empfindlich gegen von außen wirkende elektrische Impulse ist. Der Herzstromfaktor F gibt an, um welchen Faktor die Stromwirkung anders ist als bei einem Strom derselben Stärke, der von der linken Hand zu den Füßen fließt (**Tabelle 6.1**). Der Stromweg linke Hand zur rechten Hand ist also weniger gefährlich als linke Hand zu einem Fuß.

Stromweg bei AC oder DC	Herzstromfaktor F
linke Hand zu den Füßen (R_K = 750 Ω) oder einem Fuß (R_K = 1 kΩ)	1,0
linke Hand zur rechten Hand (R_K = 1 kΩ)	0,4
beide Hände zu beiden Füßen (R_K = 500 Ω)	1,0
rechte Hand zu einem Fuß (R_K = 750 Ω) oder beiden Füßen (R_K = 1 kΩ)	0,8
Rücken zur rechten Hand (R_K = 580 Ω)	0,3
Rücken zur linken Hand (R_K = 580 Ω)	0,7
Brust zur linken Hand (R_K = 580 Ω)	1,7
Gesäß zu linker, rechter Hand (R_K = 550 Ω) oder beiden Händen (R_K = 300 Ω)	0,8; 0,6; 0,7
linker Fuß zum rechten Fuß (R_K = 1,3 kΩ)	0,04

Tabelle 6.1 Herzstromfaktoren (vgl. VDE V 0140-479-1), R_K = Körperwiderstand

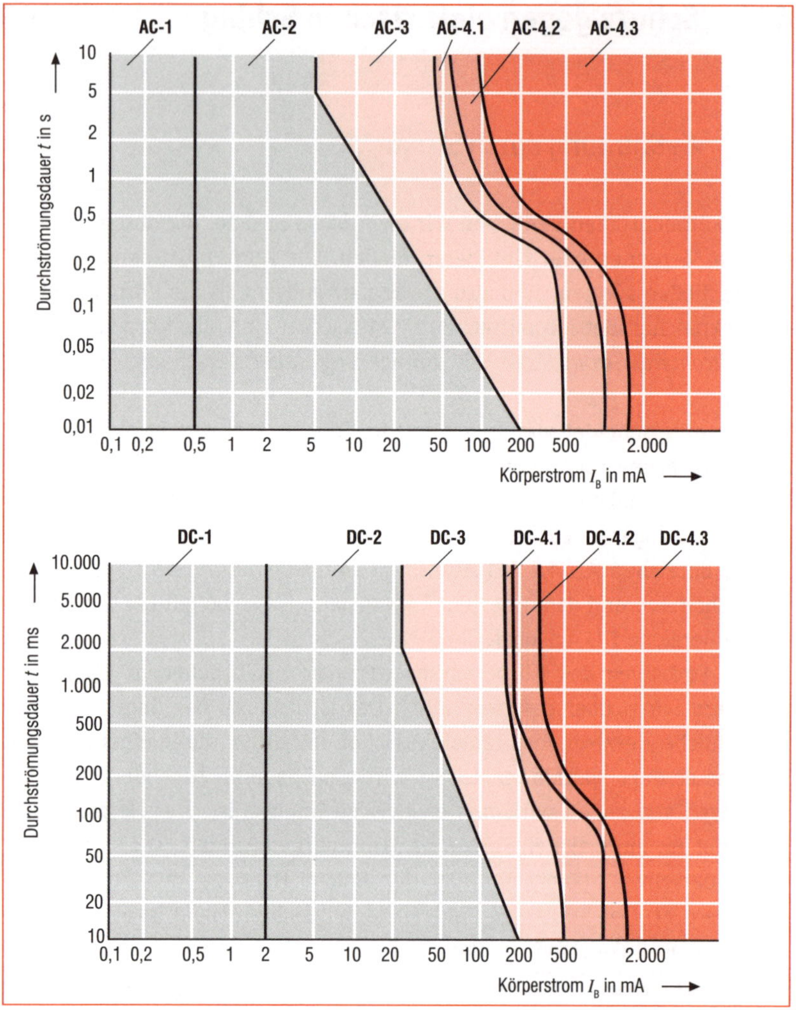

Bild 6.1 Sicherheitskurven nach VDE V 0140-479-1 für Körperstrom I_B von linker Hand zu den Füßen bei Wechselstrom AC 15 Hz bis 100 Hz und DC ohne Oberschwingungen (AC von Alternating Current, DC von Direct Current)

Aus den Zahlenwerten erkennt man deutlich, dass eine stehend verrichtete Arbeit in einer elektrischen Anlage gefährlicher ist als eine entsprechende Arbeit, die beim Sitzen auf einem isolierenden Stuhl verrichtet wird.

Herzstromfaktor

$$F = \frac{I_{Bn}}{I_B}$$ 1

I_{Bn} Körperstrom linke Hand zu Fuß
I_B Körperstrom (Stromweg Tabelle 6.1)

> Die Gefährdung durch Körperströme hängt von der Stromstärke, vom Stromweg im Körper und von der Einwirkungsdauer ab.

Nimmt man beim Menschen einen Körperwiderstand R_K von 1.300 Ω an, so tritt eine Gefährdung ein, wenn zwischen zwei Körperstellen eine Wechselspannung von mehr als 50 V auftritt. Man hat festgestellt, dass die Gefährdung durch Gleichspannung gleicher Höhe geringer ist. Deshalb liegt bei Gleichspannung die Grenze bei 120 V.

Für Wechselspannung verwenden wir das Kurzzeichen *AC* (von *Alternating Current = Wechselstrom).* Für Gleichspannung verwenden wir das Kurzzeichen *DC* (von *Direct Current = Gleichstrom).*

> Bei Spannungen bis 50 V AC oder bis 120 V DC ist meist keine Gefährdung gegeben.

Voraussetzung dafür ist, dass die Stromversorgung sicherstellt, dass keine Überschreitung der Spannung erfolgt, auch nicht aus einem Netz höherer Spannung. Außerdem dürfen keine besonders ungünstigen Verhältnisse vorliegen, z. B. Zugriffsmöglichkeit durch Kinder oder nasser Standort.

6.2 Basisschutz (Schutz gegen direktes Berühren)

Direktes Berühren liegt vor, wenn Teile einer elektrischen Anlage, die im ordnungsgemäßen Zustand Spannung gegeneinander haben, berührt werden können. Man unterscheidet dabei *direktes zweipoliges Berühren* (**Bild 6.2**) und *direktes einpoliges Berühren* (**Bild 6.3**).

> Der Schutz gegen direktes Berühren wird *Basisschutz* genannt.

Für den Basischutz gibt es verschiedene Möglichkeiten (**Tabelle 6.2**).

Vor allem wird der Basisschutz durch *Isolierung aktiver Teile* angewendet. *Aktive Teile* sind solche Teile einer elektrischen Anlage, die im fehlerfreien Zustand Strom führen. Diese Teile müssen von einer dauerhaften Isolierung umgeben sein, die nur durch Zerstören entfernt werden kann.

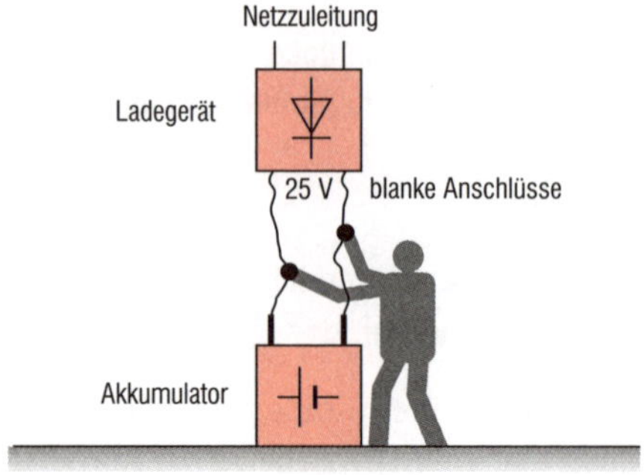

Bild 6.2 Direktes zweipoliges Berühren

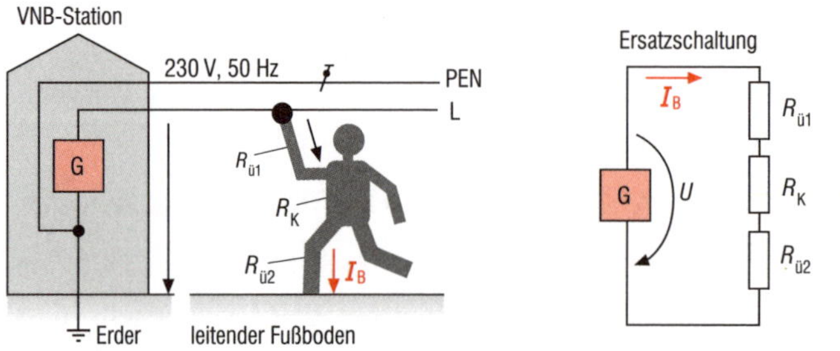

$R_{Ü1}$ Widerstand Leiter – Körper; R_K Körper(innen)widerstand; $R_{Ü2}$ Widerstand Körper – Leiter; I_B Körperstrom (Berührungsstrom)

Bild 6.3 Direktes einpoliges Berühren

Art	Ausführung	Beispiele
Isolierung aktiver Teile	Aktive Teile müssen mit einer Isolierung umgeben sein, die nur durch Zerstörung entfernt werden kann.	Isolierung von elektrischen Mehraderleitungen, Kabeln und Motoren.
Abdeckung, Umhüllung	Aktive Teile müssen mindestens nach Schutzart IP2X abgedeckt oder umhüllt sein.	Abdeckung von Installationsschaltern und Schützen.

Tabelle 6.2 Basisschutz der Wohnhausinstallation

Durch *Abdeckungen* oder *Umhüllungen* wird ebenfalls der Basisschutz bewirkt. Es muss sichergestellt sein, dass Abdeckungen nur mithilfe eines Werkzeugs bzw. Schlüssels oder nach Ausschaltung der Spannung entfernt werden können. In Bereichen von *fachlich überwachten Anlagen* (Abschnitt 6.5) gibt es zusätzliche Möglichkeiten für den Basisschutz.

> Der Basisschutz erfolgt in allgemein zugänglichen Anlagen immer durch Isolierung oder Abdeckung oder Umhüllung.

SELV-Stromkreise (von Safety Extra Low Voltage = Sicherheitskleinspannung) und *PELV-Stromkreise* (von Protective Extra Low Voltage = Schutzkleinspannung) dürfen in trockenen Räumen ohne Basisschutz sein, wenn die Bemessungsspannung nicht größer als 25 V AC bzw. 60 V DC ist (Abschnitt 6.3.2). Bei PELV muss der Stromkreis über die Haupterdungsschiene geerdet sein; die Körper der Betriebsmittel müssen mit einem geerdeten Schutzleiter verbunden sein. In den anderen Fällen darf der Basisschutz bei Spannungen bis höchstens 12 V AC bzw. 30 V DC gegebenenfalls entfallen.

SELV-Stromkreise und PELV-Stromkreise können bei trockener Umgebung und Spannungen bis 25 V AC oder 60 V DC den Basisschutz ersetzen.

6.3 Fehlerschutz (Schutz bei indirektem Berühren)

6.3.1 Allgemeines

Indirektes Berühren liegt vor, wenn infolge eines *Isolationsfehlers* die Spannung an leitfähige Teile gelangt, die normalerweise keine Spannung führen und berührt werden können. Die VDE-Bestimmungen nennen den Schutz bei indirektem Berühren *Fehlerschutz.*

Durch Isolationsfehler treten je nach Art und Ort *Körperschluss, Kurzschluss* oder *Erdschluss* auf (**Bild 6.4**).

Bei einem Körperschluss gelangt die Spannung über die schadhafte Isolation an den *Körper des Betriebsmittels*, z. B. das Gehäuse. Der Körper eines

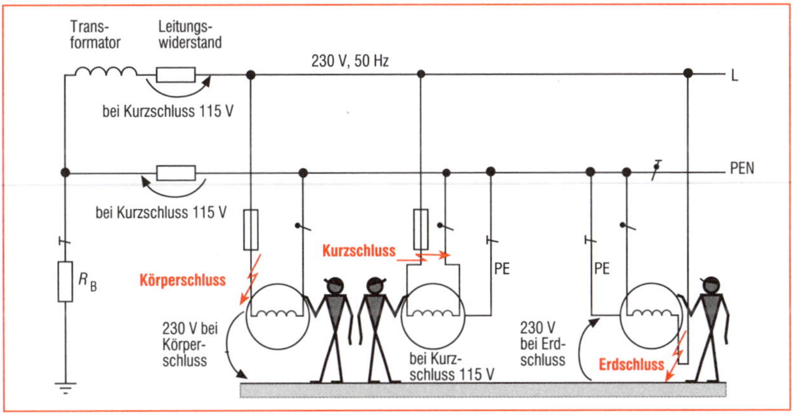

Bild 6.4 Mögliche Folgen von Isolationsfehlern

Betriebsmittels besteht aus den leitfähigen, nicht aktiven Teilen. Es handelt sich dabei also um etwas ganz anderes als den Körper beim Körperstrom. Bei einem Kurzschluss ruft der starke Kurzschlussstrom in den Leitungswiderständen hohe Spannungen hervor, die teilweise am Körper auftreten können. Bei einem Erdschluss gelangt die Spannung des Netzes an den Erdboden, sodass zwischen ihm und einem entfernten Erder eine Spannung auftritt, die zu einem Unfall führen könnte.

Gegen die Folgen derartiger Fehler müssen in den elektrischen Anlagen *Schutzmaßnahmen* getroffen werden. Man unterscheidet Schutzmaßnahmen ohne Schutzleiter PE (von Protection Earth = Schutzerde) und Schutzmaßnahmen mit PE oder Schutzpotentialausgleichsleiter PB (von Protective Bonding = schützende Anbindung). Der PE bzw. PB verhindert im Fehlerfall eine bestehenbleibende gefährliche Berührungsspannung (**Tabelle 6.3**).

> Schutzmaßnahmen in elektrischen Anlagen verhindern, dass durch Isolationsfehler Gefahren entstehen und bestehen bleiben.

Schutz durch	Beispiele
Schutzmaßnahmen ohne Schutzleiter PE	
Sicherheitskleinspannung SELV	Klingelanlage, motorisch angetriebenes Spielzeug
Schutzkleinspannung PELV	Elektrowerkzeuge im Behälterbau
doppelte oder verstärkte Isolierung (Schutzklasse II)	Handleuchten, allgemein
Schutztrennung mit einem Verbraucher	Rasiersteckdose im Hotel
Schutzmaßnahmen mit Schutzleiter PE oder Schutzpotentialausgleichsleiter PB (Schutzerdung über den PE oder PB)	
automatische Abschaltung der Stromversorgung a) durch Fehlerstrom-Schutzeinrichtung RCD oder b) durch Überstrom-Schutzeinrichtung	üblicher Schutz in TN-Systemen oder TT-Systemen für Endstromkreise und Verteilungsstromkreise
Versorgung über Transformator, isoliert gegen Erde, Körper der Betriebsmittel über PE geeerdet. Mit Isolationsüberwachungseinrichtung.	in medizinisch genutzten Räumen
Funktionskleinspannung FELV nur zusammen mit a) oder b)	Elektrowerkzeug für Kleinspannung, z. B. AC 42 V

Tabelle 6.3 Fehlerschutz (Schutz bei indirektem Berühren)

6.3.2 Fehlerschutz durch Kleinspannung

Fehlerschutz durch Kleinspannung ist möglich, wenn die Stromquelle ein *Sicherheitstransformator* oder ein Betriebsmittel ist, das dieselbe Sicherheit bietet (**Bild 6.5**). Das können elektrochemische Stromquellen sein, z. B. Akkumulatoren, sowie elektronische Geräte, bei denen beim Auftreten eines Fehlers die Ausgangsspannung entsprechend klein ist. Die Spannungsgrenzen für den Fehlerschutz betragen in der Wohnhausinstallation 50 V AC oder 120 V DC. Bei besonderen Umgebungsbedingungen gelten kleinere Werte, z. B. in medizinisch genutzten Räumen.

Bei den Kleinspannungen zum Schutz gegen indirektes Berühren können die Systeme *SELV (von Safety Extra Low Voltage = Sicherheits-Kleinspannung)* oder *PELV (von Protective Extra Low Voltage = Schutz-Kleinspannung)* angewendet werden.

> SELV oder PELV als Fehlerschutz haben Bemessungsspannungen bis 50 V AC oder 120 V DC. Bei besonderen Umgebungsbedingungen gelten davon meist die halben Werte.

Der Unterschied zwischen SELV und PELV liegt in der Verbindung des Kleinspannungs-Stromkreises mit Erde. Bei SELV darf keine Verbindung zur Erde vorhanden sein, sodass der SELV-Stromkreis gegen Erde keine Spannung führt (Bild 6.5). Bei PELV wird der Kleinspannungs-Stromkreis geerdet und die Körper der Betriebsmittel werden zum Zweck des Funktionspotentialausgleichs über den Schutzleiter PE mit der Haupterdungsschiene verbunden (**Bild 6.6**).

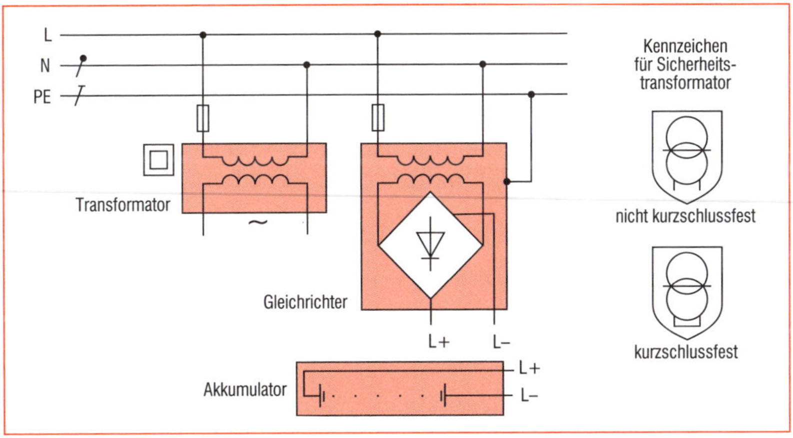

Bild 6.5 Stromquellen für SELV

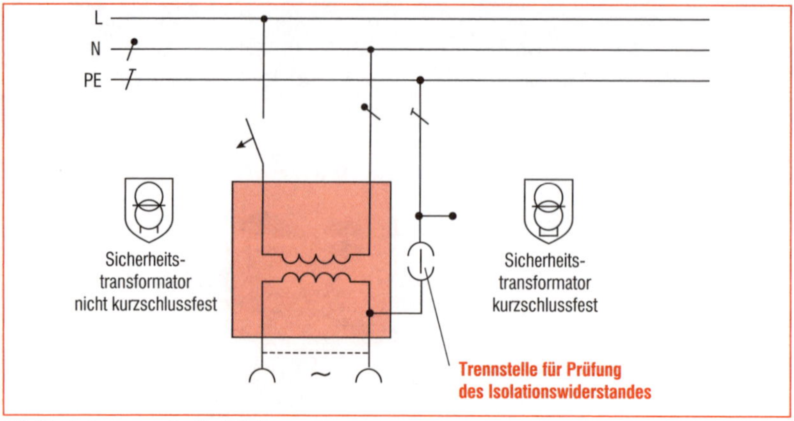

Bild 6.6 Stromquelle für PELV

Die unterschiedliche Erdung von SELV und PELV hat zur Folge, dass beim fehlerfreien SELV-Stromkreis Spannung gegen Erde nicht vorliegt, beim PELV-Stromkreis aber vorliegt. Tritt dagegen in beiden Stromkreisen ein Erdschluss auf, so ist jetzt im SELV-Stromkreis Spannung gegen Erde vorhanden, aber sonst tritt keine Folge ein. Beim PELV-Stromkreis führt dagegen ein Erdschluss zum Abschalten durch die Sicherung.

Beim SELV-Stromkreis bleibt ein Erdschluss unbemerkt, beim PELV-Stromkreis erfolgt Abschaltung durch die Sicherung.

Steuerstromkreise dürfen nicht mit SELV betrieben werden, weil ein zweiter Erdschluss zur automatischen Einschaltung führen könnte.

Leitungen von SELV-Stromkreisen sind getrennt von Leitungen anderer Stromkreise zu verlegen. Mehradrige Leitungen und Leiterbündel dürfen aber Stromkreise verschiedener Spannung enthalten, wenn die Leiter der SELV-Stromkreise eine Isolierung haben, die der höchsten Bemessungsspannung der mehradrigen Leitung bzw. des Leiterbündels entspricht.

Steckvorrichtungen von SELV-Stromkreisen dürfen für andere Stromkreise nicht nutzbar sein. Ein Schutzkontakt ist überflüssig. Überschreitet die Bemessungsspannung von SELV 25 V AC bzw. 60 V DC, so muss der Basisschutz sichergestellt sein (**Bild 6.7**).

Für PELV als Fehlerschutz gelten die Bedingungen von SELV. Jedoch sind die PELV-Stromkreise einpolig (mit einem Leiter) mit Erde bzw. einem Schutzleiter verbunden (Bild 6.6).

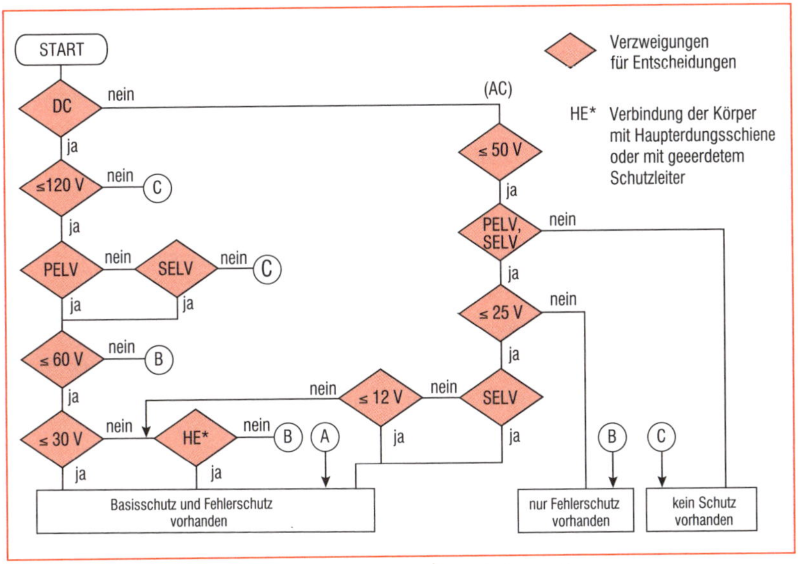

Bild 6.7 Arten des vorhandenen Schutzes in Abhängigkeit von der Spannung
In Anlagen mit besonderen Umgebungsbedingungen können niedrigere Werte gelten.

> PELV entspricht SELV, jedoch haben PELV-Steckverbindungen meist einen Schutzkontakt.

Von SELV und PELV muss *FELV* (Functional Extra Low Voltage = Funktionskleinspannung) streng unterschieden werden. Bei FELV ist die sichere Trennung vom 230-V-Netz nicht vorgeschrieben. Es können also z. B. Transformatoren verwendet werden, die nicht den strengen Anforderungen der Sicherheitstransformatoren unterliegen. Dadurch findet durch FELV allein keinerlei Schutz statt. Es sind bei FELV-Stromkreisen dieselben Schutzmaßnahmen wie beim speisenden 230-V-Netz zu treffen.

Kontrollfragen

1. Durch welche Maßnahme wird in den meisten Fällen der Basisschutz bewirkt?
2. In welchem Fall liegt indirektes Berühren vor?
3. Nennen Sie die wichtigsten Schutzarten ohne Schutzleiter, die den Fehlerschutz erzielen.

4. Geben Sie die beiden wichtigsten Schutzarten mit Schutzleiter an, mit denen Fehlerschutz erreicht wird.
5. Wie groß ist die höchstzulässige Berührungsspannung bei Wechselspannung (vereinbarte Grenze der Berührungsspannung)?
6. Welche Schutzaufgabe haben der PE oder der PB?
7. In welchen Fällen können die Systeme SELV und PELV angewendet werden?
8. Nennen Sie die Bemessungsspannungen der Systeme SELV und PELV als Fehlerschutz.
9. Wodurch unterscheiden sich die Systeme SELV und PELV?
10. Welche Art von Stromkreisen dürfen nicht mit SELV betrieben werden?
11. Worauf ist beim Verlegen von Leitungen von SELV-Stromkreisen zu achten?

6.3.3 Doppelte oder verstärkte Isolierung (Schutzklasse II)

Die *Schutzklasse II,* auch noch Schutzisolierung genannt, ist eine sehr wirksame Schutzmaßnahme bei indirektem Berühren.

Sie wird durch *folgende Maßnahmen* erreicht:

1. Verwendung elektrischer Betriebsmittel, die mit dem Symbol **Bild 6.8** gekennzeichnet sind oder
2. Anbringung einer zusätzlichen Isolierung an elektrische Betriebsmittel, die nur eine einfache Isolierung (Basisisolierung) haben oder
3. Anbringung einer verstärkten Isolierung an nicht aktiven Teilen.

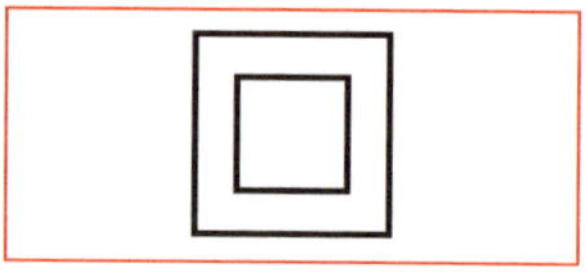

Bild 6.8 Symbol für doppelte oder verstärkte Isolierung (Schutzklasse II)

Leitungen und Kabel, die den VDE-Bestimmungen entsprechen, gehören zur Schutzklasse II, obwohl sie nicht durch das Symbol für Schutzklasse II gekennzeichnet sind.

> Überzüge aus Farben oder Lack genügen nicht als doppelte oder verstärkte Isolierung.

Leitfähige Teile von Betriebsmitteln der Schutzklasse II dürfen nicht an einen Schutzleiter angeschlossen werden, sofern dies in den Normen für die betreffenden Betriebsmittel nicht ausdrücklich vorgesehen ist. Enthält die Anschlussleitung eines Betriebsmittels mit doppelter oder verstärkter Isolierung einen Schutzleiter, so muss dieser im Stecker angeschlossen werden, keinesfalls im Betriebsmittel, notfalls an einer isoliert aufgebauten Schutzleiteranschlussstelle im Gehäuse der Schutzklasse II.

6.3.4 Schutztrennung mit einzelnem Verbrauchsmittel

Bei der Schutztrennung sind die Betriebsmittel vom speisenden Netz galvanisch (d.h. nicht durch stromleitende Teile verbunden) sicher getrennt. Dadurch können keine Körperströme auftreten, auch wenn ein Fehler in der Basisisolierung vorliegt.

Für die Schutztrennung muss die Stromversorgung aus einem den VDE-Normen entsprechenden *Trenntransformator*, aus einem Motorgenerator mit entsprechend isolierten Wicklungen oder durch eine andere Stromversorgung erfolgen, die eine gleichwertige Sicherheit bietet. Trenntransformatoren zur Verwendung an wechselnden Arbeitsplätzen *(ortsveränderliche Trenntransformatoren)* müssen zur Schutzklasse II gehören.

Der Ausgangsstromkreis des Trenntransformators darf nicht mit einem anderen Stromkreis oder mit Erde verbunden werden. Auf der Ausgangsseite des Trenntransformators soll die Leitungslänge nicht größer als 500 m sein. Das Produkt von Bemessungsspannung und Leitungslänge soll dort höchstens 100.000 Vm betragen.

> Bei der Schutztrennung sind besonders auftretende Erdschlüsse zu vermeiden, da sonst die Schutzwirkung aufgehoben ist.

Deshalb sind für bewegliche Leitungen mindestens Gummischlauchleitungen vom Typ H07RN-F zu verwenden.

Stromkreise mit Schutztrennung sollen getrennt von anderen Stromkreisen verlegt werden. Falls das nicht möglich ist, muss man mehradrige Kabel oder Leitungen ohne Metallmantel oder isolierte Leiter in Isolierstoffrohren verwenden. Die Körper der Stromkreise mit Schutztrennung dürfen absichtlich weder mit Erde noch mit dem Schutzleiter oder mit Körpern von anderen Stromkreisen verbunden werden.

Grundsätzlich könnten bei der Schutztrennung mehrere Verbrauchsmittel an die Stromquelle, z.B. den Trenntransformator, angeschlossen werden. Allerdings wäre dann bei einem Erdschluss an einem Verbrauchsmittel die Trennung von der Netzspannung am anderen Verbrauchsmittel nicht mehr gegeben. Deshalb ist der Anschluss mehrerer Verbrauchsmittel nur in fachlich überwachten Anlagen (Abschnitt 6.5) zulässig.

Wenn im Hinblick auf eine besondere Gefährdung die Schutztrennung zwingend vorgeschrieben ist, darf an die Stromquelle (z. B. Trenntransformator) auch in fachlich überwachten Anlagen immer nur ein einzelner Verbraucher angeschlossen werden. Ist der Standort des Benutzers metallisch leitend, z. B. auf Stahlgerüsten, so muss der Körper des zu schützenden Verbrauchers mit dem Standort durch einen besonderen Leiter verbunden werden (**Bild 6.9**). Dieser Leiter verhindert Potentialunterschiede zwischen den Körpern der Betriebsmittel und dem metallenen Standort und dient damit dem Fehlerschutz. Er wird *Schutzpotentialausgleichsleiter* genannt.

> Die Schutztrennung kommt ohne und mit Schutzpotentialausgleichsleiter vor.

Gegenüber der Schutzkleinspannung unterscheidet sich die Schutztrennung vor allem durch die höheren Spannungen. Gebräuchlich sind Trenntransformatoren zur Schutztrennung mit Ausgangsspannungen von 230 V und bei Drehstrom von 400 V. Die Schutzmaßnahme Schutztrennung wird bei besonderen Umwelteinflüssen angewendet, z. B. für Rasiersteckdosen in Baderäumen und für Elektrowerkzeuge im Kesselbau.

Die bisher beschriebenen Schutzmaßnahmen ohne Schutzleiter schützen meist nur in einzelnen Teilen einer Anlage vor dem elektrischen Schlag. Die folgenden Schutzmaßnahmen mit Schutzleiter sind in der Lage, einen Schutz in der gesamten Anlage zu gewährleisten.

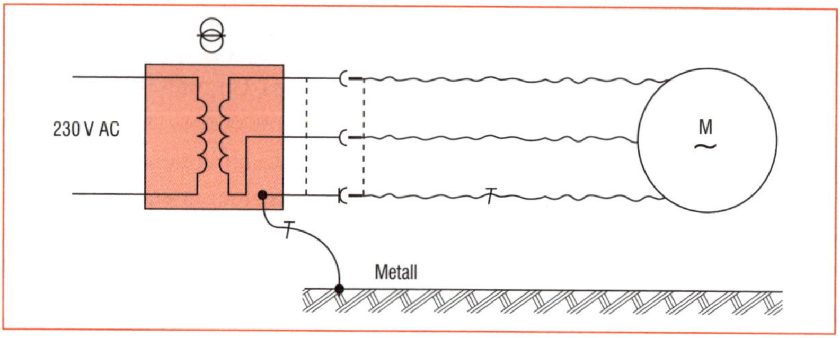

Bild 6.9 Schutztrennung bei metallisch leitendem Standort

6.3.5 Fehlerschutz durch automatisches Abschalten der Stromversorgung

Netzsysteme

Durch selbsttätiges Abschalten nach dem Auftreten von Fehlern soll verhindert werden, dass eine Berührungsspannung so lange fortbesteht, dass eine Gefährdung auftritt. Die dauernd zulässige Berührungsspannung *(vereinbarte Grenze der Berührungsspannung)* beträgt bei AC meist $U_L = 50\,V$ und bei DC entsprechend $U_L = 120\,V$.

> Die höchstzulässige Berührungsspannung beträgt 50 V bei AC, 120 V bei DC.

Die höchstzulässige Berührungsspannung kann für besondere Anwendungsfälle niedriger sein.

Beim Schutz durch automatische Abschaltung unterscheidet man verschiedene *Netzformen*, die „Systeme" (Netzsysteme, Verteilungssysteme) genannt werden (**Bild 6.10**). Am meisten verbreitet sind die *TN-Systeme*. Das sind Systeme mit N-Leiter und PE-Leiter, wobei beide Leiter auch kombiniert vorkommen als *PEN-Leiter*. Beim *TT-System* werden die Körper der Betriebsmittel unmittelbar geerdet.

Am häufigsten liegt für die Elektroinstallation ein *TN-S-System* vor (S von separated = getrennt). Dieses System mit getrenntem PE und N liegt ab Hausanschluss oder spätestens ab Unterverteilung vor (Bild 6.10 und **Bild 6.11**). Von der Transformatorstation bis zum Hausanschluss liegt meist

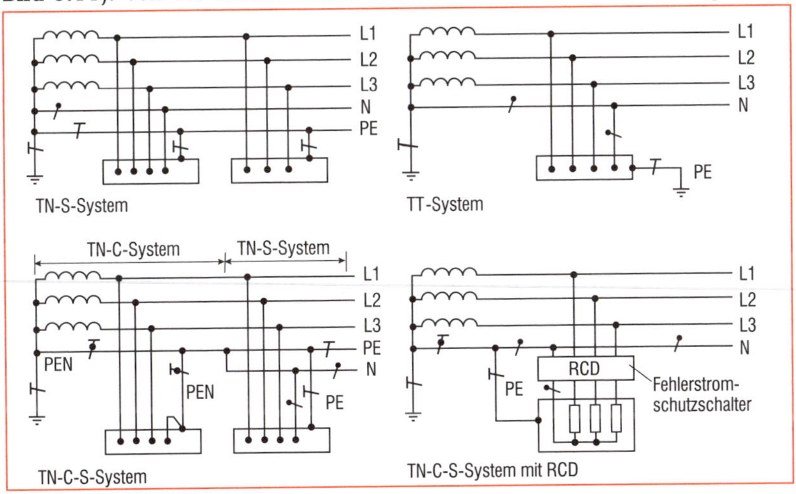

Bild 6.10 Systeme für automatische Abschaltung der Stromversorgung

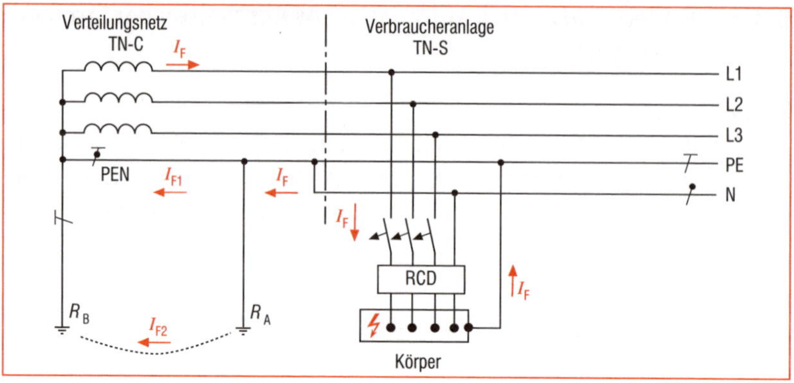

Bild 6.11 Fehlerschutz durch automatische Abschaltung mittels RCD im TN-C-S-System

ein *TN-C-System* vor (C von combined = kombiniert), mit einem PEN-Leiter und überwiegend drei Außenleitern. Bei vorübergehend errichteten Anlagen, z. B. für Baustellen, findet man oft das TT-System mit direktem Anschluss an einen Erder.

Automatische Abschaltung der Stromversorgung beruht darauf, dass der Strom vom Außenleiter zur Erde, der bei einem Isolationsfehler zustande kommt, die Abschaltung z. B. über eine Fehlerstrom-Schutzeinrichtung bewirkt.

> Der Fehlerstrom vom Außenleiter zur Erde bewirkt die automatische Abschaltung der Stromversorgung.

Deshalb wird der PEN-Leiter vom Versorgungsnetz des VNB in der Nähe der Transformatorstation durch die *Betriebserdung* R_B geerdet (Bild 6.11). Der Erdungswiderstand sollte möglichst klein sein, damit bei einem Isolationsfehler ein genügend großer Fehlerstrom zum Fließen kommt, der dann die Anlage abschaltet. Deshalb wird an jedem Hausanschluss der PEN-Leiter über die *Anlagenerdung* R_A zusätzlich geerdet (Abschnitt 4.2). Dabei wird der Erder, meist ein Fundamenterder, an einer *Haupterdungsschiene* mit dem Schutzleiter PE und mit den Schutzpotentialausgleichsleitern PB zu den metallischen Rohrsystemen des Gebäudes verbunden. Es entsteht dadurch ein *Schutzpotentialausgleich über die Haupterdungsschiene* (Abschnitt 4.2).

Fehlerstrom-Schutzeinrichtungen

Bei der **Abschaltung durch Fehlerstrom-Schutzeinrichtungen** RCD (von Residual Current Protective Device = Reststrom-Schutzeinrichtung, auch FI-

Schutzschalter genannt) werden von den Endstromkreisen die Außenleiter L und Neutralleiter N durch RCDs geführt. Die Körper der Betriebsmittel sind an den Schutzleiter PE angeschlossen (Bild 6.11). Die RCDs erkennen durch ihren Aufbau, ob im Endstromkreis ein Fehlerstrom im PE zustande kommt. Ist das der Fall, schaltet die RCD die Stromversorgung ab.

Die Fehlerstrom-Schutzeinrichtung RCD enthält einen **Summenstromwandler** mit dem Eisenkern 1, an dessen Ausgangswicklung die Auslösespule A für den Schalter angeschlossen ist (**Bild 6.12**). Ohne Isolationsfehler heben sich die Magnetfelder von L1, L2, L3 und N auf. Bei einem Isolationsfehler wird wegen des Überwiegens eines Stroms eine Spannung in der Ausgangswicklung induziert, die an der Auslösespule A liegt und die Abschaltung bewirkt.

> Der Summenstromwandler in einer RCD bildet einen Differenzstrom durch Vergleich von hineinfließenden und zurückfließenden Strömen.

Der zur Abschaltung führende Differenzstrom ist der Bemessungs-Differenzstrom $I_{\Delta N}$ der RCD. $I_{\Delta N}$ beträgt je nach Bauart 10 mA, 30 mA, 0,3 A, 0,5 A oder 1 A. Die Auslösung der RCD erfolgt im Bereich 50 % bis 100 % von $I_{\Delta N}$.

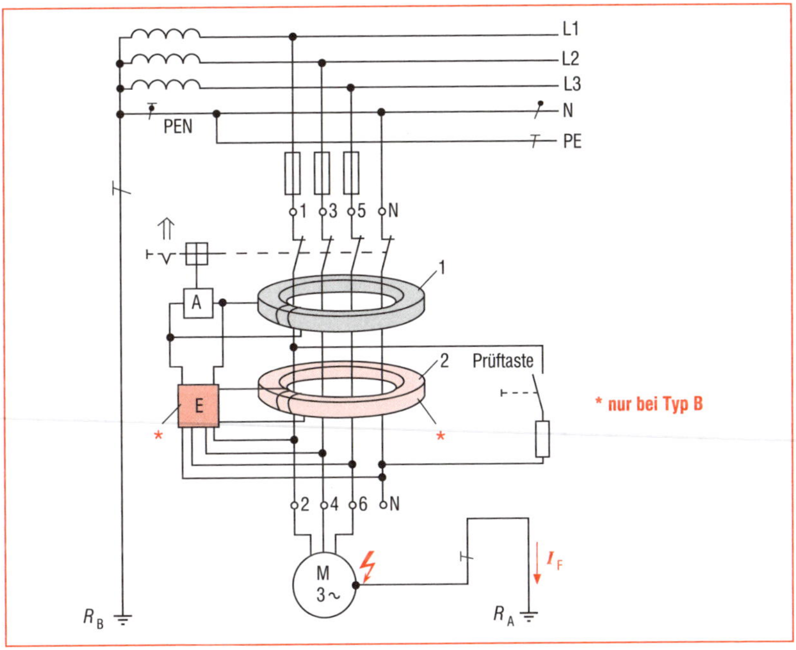

Bild 6.12 Aufbau und Anschluss einer RCD

Bisher beschriebene RCDs können nur durch Wechselstrom-Fehlerströme oder auf Null zurückgehende Impuls-Fehlerströme zum Abschalten gebracht werden. Elektronische Schaltungen mit Gleichrichter-Zwischenkreisen, z. B. für Motoren, können auch zu Gleichstrom-Fehlerströmen führen, die in einem Summenstromwandler wirkungslos bleiben. Deshalb enthalten manche RCDs einen zweiten Eisenkern. Dieser wird durch einen Gleichstrom-Fehlerstrom magnetisiert. Die Magnetisierung wird durch eine elektronische Schaltung E und einen Sensor (Hall-Generator) im Eisenkern überwacht. Ist ihre Ausgangsspannung genügend groß, wird über E die Auslösespule angesteuert (Bild 6.12).

Arten von RCDs

RCDs vom Typ A schalten nur bei Wechsel-Fehlerströmen und Impuls-Fehlerströmen der Netzfrequenz (50 Hz) oder glatten Gleichstrom-Fehlerströmen ≤ 6 mA ab, die Typen B und B+ zusätzlich bei glatten Gleichstrom-Fehlerströmen > 6 mA und Wechselstrom-Fehlerströmen bis 2 kHz (allstromsensitive RCDs). Der Typ B+ ist eine RCD vom Typ B, die an einen Überlastschalter angebracht ist, den sie bei Bedarf auslöst. Typ B+ beherrscht AC-Fehlerströme bis 20 kHz. Geräte vom Typ F sind für Lasten geeignet, die Mischfrequenzen enthalten, z. B. bei einphasigen Umrichtern. Sie schalten auch bei glatten Gleichstrom-Fehlerströmen ≤ 10 mA ab. Die RCD-Typen sind durch Symbole am Gerät angegeben (**Bild 6.13**). Außerhalb Deutschlands werden ferner RCDs vom Typ AC hergestellt und verwendet. Diese schalten nur bei Wechselstrom-Fehlerströmen ab.

Eine weitere Kennzeichnung bei RCDs ist S für selektiv oder K für kurzzeitverzögert. Selektive RCDs schalten verzögert ab. Damit soll erreicht werden, dass bei Anlagen mit mehrfachem Schutz durch RCDs (**Bild 6.14**) nur jene RCD abschaltet, die am nächsten zur Fehlerstelle liegt. Vor RCDs

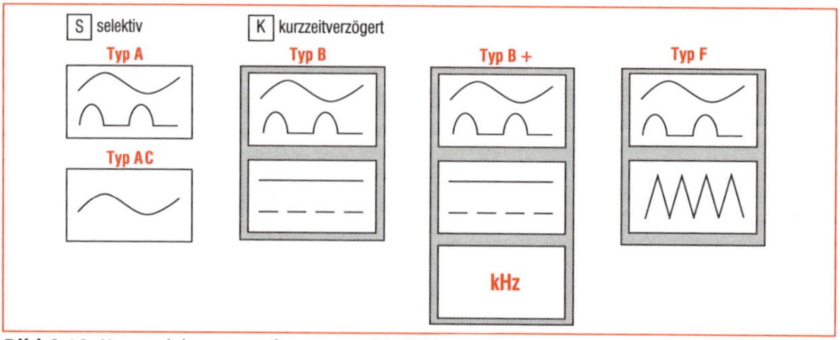

Bild 6.13 Kennzeichnungen der unterschiedlichen RCD-Typen

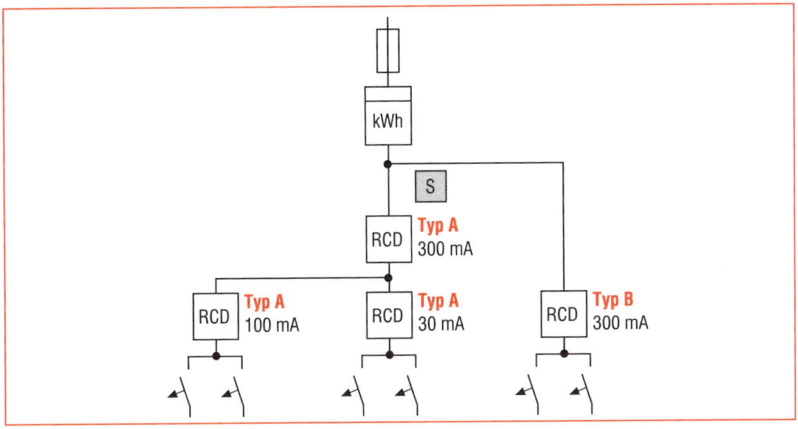

Bild 6.14 Anordnung der RCDs in einer Anlage

vom Typ B dürfen keine RCDs vom Typ A eingebaut werden, da sonst das selektive Abschalten nicht gewährleistet ist.

RCDs vom Typ A werden bei Hausinstallationen, Schwimmbädern oder Springbrunnen angewendet. RCDs vom Typ B kommen in Laboren, Experimentiereinrichtungen oder Industrieanlagen, in denen z.B. drehzahlgeregelte Antriebe, Frequenzumrichter mit Drehstromanschluss oder USV-Anlagen angewendet werden, sowie bei Photovoltaik-Anlagen zum Einsatz. RCDs vom Typ B+ sind für vorbeugenden Brandschutz vorgesehen, z.B. in Schreinereien. RCDs vom Typ F finden Anwendung in Stromkreisen mit einphasigen Frequenzumrichtern (**Bild 6.15**). RCDs der Typen A, F mit Kennung EV (Electric Vehicle) gibt es speziell für Ladeeinrichtungen

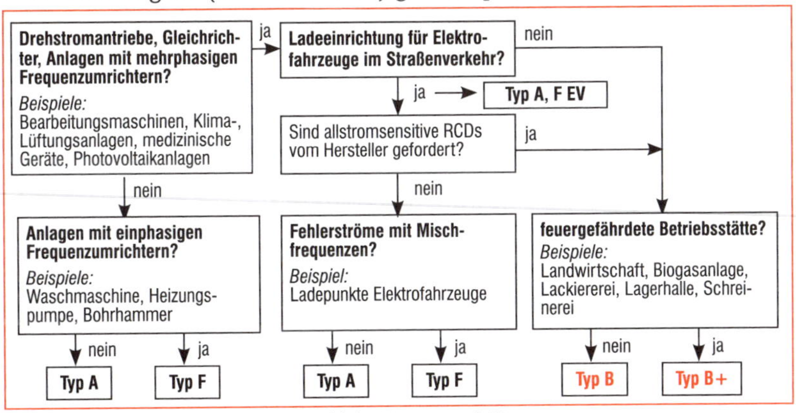

Bild 6.15 Vorgehensweise zur Auswahl der Typen von RCDs
Anmerkung: Die Herstellerangaben für die Betriebsmittel und Geräte sind zu beachten.

für Elektrofahrzeuge. DC-Fehlerströme ≥ 6 mA werden von diesen RCDs erkannt.

Bei RCDs unterscheidet man je nach Bauart die Typen A, AC, B, B+ oder F.

Ausführungsformen von RCDs sind RCCB (von RCD Circuit Breaker = RCD ohne Überstromschutz) und RCBO (von RCD Breaker with Overcurrent protection = RCD mit Überstromschutz, d. h. mit Leitungsschutzschalter LS, auch FI/LS-Schalter genannt). CBR (von Circuit Breaker) enthalten einen Leistungsschalter mit RCU (Residual Current protective Unit = Fehlerstrom-Auslöser).

Nicht zum Schutz durch automatisches Abschalten nach DIN VDE 0100-410 zugelassen sind PRCD (portable RCD) und SRCD (Socket Outlet RCD = ortsfeste RCD für Steckdosen).

Automatisches Abschalten

Bedingungen für den Fehlerschutz sind im **TN-System** folgende:

1. Alle Körper müssen mit dem geerdeten Punkt des Netzes über Schutzleiter bzw. PEN-Leiter verbunden sein (Schutzerdung).
2. Jeder Stromkreis muss durchgehend bis zur Last einen Schutzleiter PE enthalten.
3. Bei einem Körperschluss bzw. Kurzschluss muss die Abschaltung innerhalb der festgelegten Zeit erfolgen (**Tabelle 6.4**).
4. PEN-Leiter dürfen für sich allein nicht schaltbar sein.

Spannung	Endstromkreise mit Steckdosen bis 63 A, sonstige Endstromkreise bis 32 A				Verteilungsstromkreise	
	AC		DC			
	TN	TT	TN	TT	TN	TT
$U_0 \leq 120\,V$	0,8 s	0,3 s	–	–	5,0 s	1,0 s
$U_0 \leq 230\,V$	0,4 s	0,2 s	1,0 s	0,4 s		
$U_0 \leq 400\,V$	0,2 s	0,07 s	0,4 s	0,2 s		

AC Wechselspannung, DC Gleichspannung, TN TN-System, TT TT-System, U_0 Spannung Außenleiter gegen Erde

Tabelle 6.4 Maximale Abschaltzeiten beim Fehlerschutz

Die Abschaltung innerhalb der festgelegten Zeit erfolgt, wenn die Schleifenimpedanz (Widerstand der Fehlerschleife) genügend klein ist.

Schleifenimpedanz

$$Z_s \leq \frac{U_0}{I_a} \quad (1)$$

Z_s Schleifenimpedanz im Fehlerfall
U_0 Nennspannung gegen Erde
I_a Abschaltstrom

Diese Bedingung ist bei der Abschaltung durch eine RCD im TN-System immer erfüllt, da der Abschaltstrom hier so groß ist wie der Bemessungsdifferenzstrom $I_{\Delta N}$, also recht klein.

Bei der **Abschaltung durch Überstrom-Schutzeinrichtungen** muss der bei einem Isolationsfehler entstehende Strom so groß sein, dass die Überstrom-Schutzeinrichtung innerhalb der Zeit von Tabelle 6.4 die Stromversorgung unterbricht **(Bild 6.16)**. Als Überstrom-Schutzeinrichtung werden für Endstromkreise meist Leitungsschutzschalter LS (Abschnitt 7.2) verwendet, für Verteilungsstromkreise auch Schmelzsicherungen. Bei Leitungsschutzschaltern beträgt der Abschaltstrom I_a je nach Typ des Schaltern

bei Charakteristik B $I_a = 5 \cdot I_N$ **1**

bei Charakteristik C $I_a = 10 \cdot I_N$ **2**

I_N Bemessungsstrom des Leitungsschutzschalters
I_a Abschaltstrom

Bei einem Leitungsschutzschalter von 16 A im 230-V-Netz sind das bei einem Leitungsschutzschalter der Charakteristik B

$$I_a = 5 \cdot I_N = 5 \cdot 16\,\text{A} = \mathbf{80\,A}$$

Die Schleifenimpedanz darf dann höchstens betragen

$$Z_S \leq U_0 / I_a = 230\,\text{V}/80\,\text{A} = \mathbf{2{,}88\ \Omega}$$

Dagegen darf die Schleifenimpedanz beim Schutz durch eine RCD mit 30 mA betragen bis zu

$$Z_S \leq U_0 / I_a = 230\,\text{V}/0{,}03\,\text{A} = \mathbf{7.667\ \Omega}$$

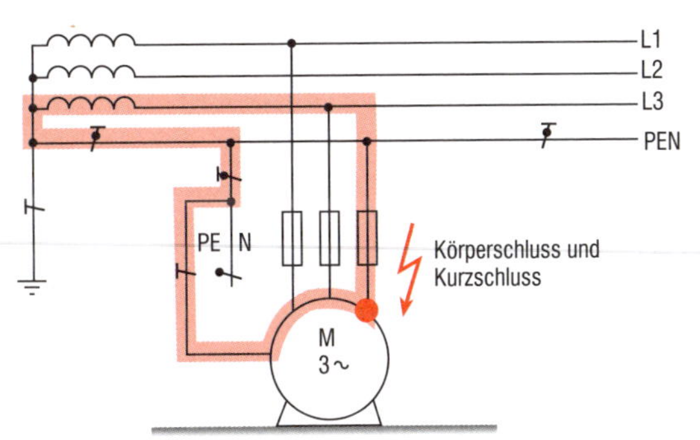

Bild 6.16 Stromwege im TN-System bei einem Körperschluss, wenn der Fehlerschutz durch die Überstrom-Schutzeinrichtung erfolgt

Beim **TT-System** kann der Fehlerschutz durch automatische Abschaltung mittels RCD oder mittels der Überstrom-Schutzeinrichtung für den Überlastschutz erfolgen (**Bild 6.17**). Allerdings ist das Netz weniger gut geerdet als beim TN-System. Deshalb kommt für die Abschaltung mittels Überstrom-Schutzeinrichtungen der Abschaltstrom meist nicht zustande, wobei die Abschaltzeit wegen der höheren Gefährdung im TT-System kürzer als im TN-System sein muss.

Im TT-System ist das Verwenden von RCDs meist erforderlich.

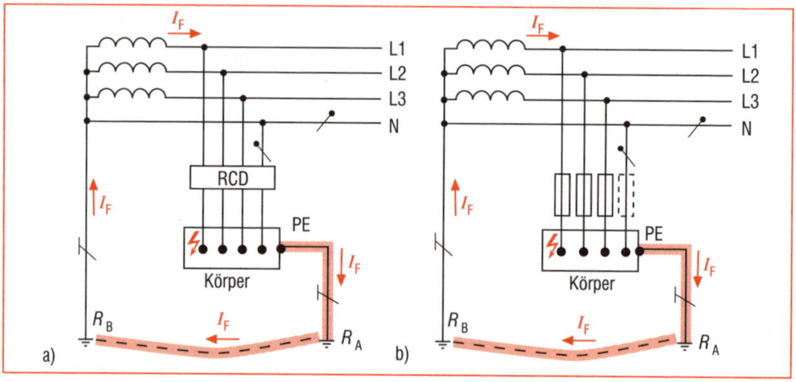

Bild 6.17 Fehlerschutz in einem TT-System
a) durch eine Fehlerstrom-Schutzeinrichtung RCD
b) durch Überstrom-Schutzeinrichtung

6.3.6 Koordination elektrischer Schutzeinrichtungen

Bei der Installation von Überstrom-Schutzeinrichtungen, d.h. Leistungsschaltern, Leitungsschutzschaltern (OCPD, overcurrent protective device), und Fehlerstrom-Schutzeinrichtungen RCD muss auf richtiges Kombinieren dieser Betriebsmittel geachtet werden, um die elektrische Sicherheit einer Anlage zu gewährleisten.

Bei in Reihe geschalteten Schutzeinrichtungen in einem Stromnetz soll bei Auftreten von Überstrom oder Fehlerstrom nur die unmittelbar vor der Fehlerstelle befindliche Schutzeinrichtung auslösen (**Bild 6.18**). Dies bezeichnet man als *Selektivität* (selectivity = Empfindlichkeit). Dadurch soll sichergestellt werden, dass möglichst viele Teile der elektrischen Anlage noch weiterhin in Betrieb bleiben. Die Schutzeinrichtungen sind immer am Anfang des zu schützenden Stromkreises anzubringen.

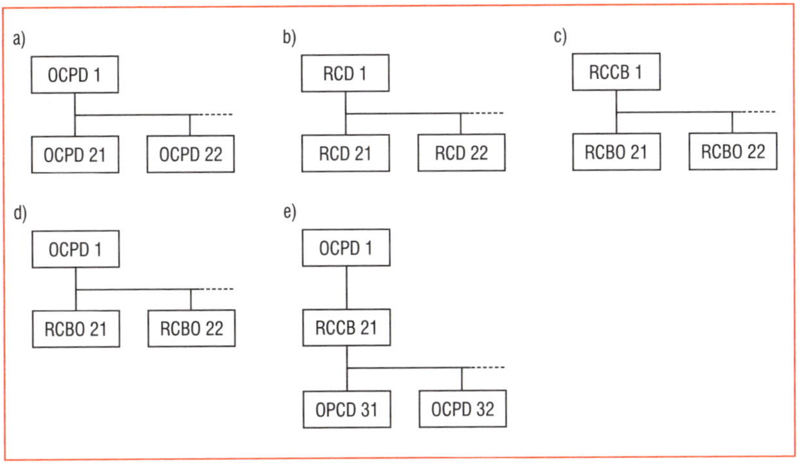

Bild 6.18 In Reihe und parallel geschaltete verschiedenartige Schutzeinrichtungen in einem Stromnetz (DIN VDE 0100-530).

Stromselektivität wird durch unterschiedliche Auslöseströme der Schutzeinrichtungen erreicht, Zeitselektivität durch unterschiedliche Zeitverzögerungen beim Auslösen. Die Selektivität von Schutzeinrichtungen kann anhand deren Kennlinien, z.B. Zeit-Strom (i^2t), aus Datenblättern beurteilt werden. Gleichartige in Reihe geschaltete Schutzeinrichtungen müssen sich darin unterscheiden (Bild 6.18 a und b). Bei ungleichartigen Schutzeinrichtungen, z.B. OCPD, RCCB, RCBO, ist darüber hinaus insbesondere die Verschiedenheit der Überstromschutz-Charakteristiken (Abschnitt 7.2) zu berücksichtigen (Bild 6.18 c bis e).

> Eine automatische Stromabschaltung mittels Schutzeinrichtungen erfordert deren geeignetes Hintereinanderschalten.

Die Abschaltzeiten der Schutzeinrichtungen im Fehlerfall müssen kürzer sein als die von DIN VDE 0100-410 vorgegebenen Abschaltzeiten der Stromkreise, um diese vorgegebenen Zeiten sicherzustellen (Tabelle 6.4). Zu beachten sind unterschiedlich erforderliche Bauelement-Abschaltzeiten bzgl. einer Anwendung im TN-System oder im TT-System (**Tabelle 6.5**). Die Bauelement-Abschaltzeiten müssen außerdem je nach Größe der Abschaltströme, welche ein Vielfaches der Bemessungsdifferenzströme bzw. der Bemessungsströme der Schutzeinrichtungen sind, und in Abhängigkeit einer selektiven Verwendung verschieden sein.

Schutzeinrichtung	TN-System		TT-System	
	I_a	t_a in s	I_a	t_a in s
LS-Schalter Typ B	≥ 5 I_N	< 0,1	Die Fehlerströme sind meist kleiner als die notwendigen Abschaltströme.	
LS-Schalter Typ C	≥ 10 I_N	< 0,1		
Schmelzsicherung gG	≥ 14 I_N	< 0,4		
RCD allgemein	≥ 5 $I_{\Delta N}$	< 0,04	≥ 2 $I_{\Delta N}$	< 0,15
RCD selektiv	≥ 5 $I_{\Delta N}$	< 0,15	≥ 2 $I_{\Delta N}$	< 0,2
I_a Abschaltstrom, I_N Bemessungsstrom Schutzeinrichtung, $I_{\Delta N}$ Bemessungsdifferenzstrom, t_a Bauelement-Abschaltzeit				

Tabelle 6.5 Beispiele für die Auswahl von Schutzeinrichtungen für 230 V AC (vgl. Erläuterungen zu DIN VDE 0100-410)

Die erlaubte Anzahl einphasiger Endstromkreise hinter einer RCD (FI-Schutzschalter), um diese Stromkreise zu überwachen und bei Bedarf automatisch abzuschalten, ist in DIN 18015-1 wie folgt festgelegt:

- zweipoligen RCDs dürfen maximal zwei einphasige Endstromkreise,
- vierpoligen RCDs dürfen maximal sechs einphasige Endstromkreise

zugeordnet werden. Werden alternativ RCBOs (FI/LS-Schalter) für höchstmögliche Verfügbarkeit eingesetzt, so gelten die gleichen Maßgaben.

6.3.7 Weitere Anwendungen des Summenstromwandlers

6.3.7.1 Aufbau der Stromzangen

Der Summenstromwandler ist im letzten Jahrzehnt zu einem wichtigen Bestandteil von Geräten zum Prüfen und Messen in elektrischen Anlagen geworden. Im Prinzip liegt ein Transformator als Durchsteckstromwandler vor, bei dem die Eingangsseite nur eine Windung hat und die Ausgangsseite eine Vielzahl von Windungen, z. B. 1.000 (**Bild 6.19**).

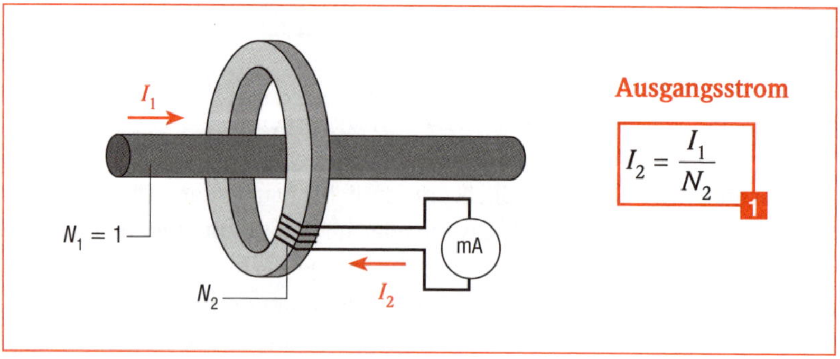

Bild 6.19 Durchsteckstromwandler (Prinzip)

Die Ausgangsseite des Stromwandlers ist an einem Strommesser angeschlossen und damit praktisch kurzgeschlossen. Beim Betrieb mit Wechselstrom liegt ein Stromtransformator vor, bei dem beide Ströme dieselbe Durchflutung hervorrufen, also $I_1 \cdot N_1 = I_2 \cdot N_2$ und $I_1 : I_2 = N_2 : N_1$.
Mit $N_1 = 1$ wird $I_2 = I_1 : N_2$.

> Beim Durchsteckstromwandler mit x-Windungen der Ausgangswicklung ist der Ausgangsstrom der x. (x-te) Teil vom Eingangsstrom.

Werden beim Durchsteckstromwandler mehrere Leiter des AC-Systems durchgesteckt, dann erfolgt in jedem Augenblick die Addition der Ströme, wobei die Summe im Verhältnis der Windungszahlen gebildet wird. Wird z. B. bei einer Last der Hinleiter zur Last durchgesteckt und der Rückleiter von der Last ebenfalls, so wird bei einer einwandfreien Anlage kein Strom angezeigt, da die beiden Ströme verschieden gerichtet sind und sich zu 0 addieren. Ist aber ein Isolationsfehler vorhanden, so fließt von der Last weniger Strom zurück. Im Eisenkern überwiegt dann die magnetische Flussdichte vom Strom in einer Richtung, und es wird ein Fehlerstrom angezeigt (**Bild 6.20**).

Zur Erleichterung der Handhabung kann man den Eisenkern des Durchsteckstromwandlers so aufklappbar machen, dass er die Form einer Zange annimmt (**Bild 6.21**). Auf diese Weise entsteht aus dem Durchsteckstromwandler ein *Zangenstromwandler* oder kurz eine *Stromzange*. Mit der Stromzange kann man einen oder mehrere Leiter umfassen, ohne einen Stromkreis aufzutrennen.

Zur weiteren Vereinfachung kann der Strommesser in den Griff der Stromzange eingebaut werden, und zwar als analoges Instrument oder als digitale Anzeige (**Bild 6.22**). Zur Erfassung der elektrischen Spannung sind zwei Anschlussklemmen am Fuß oder am Seitenteil der Stromzange erfor-

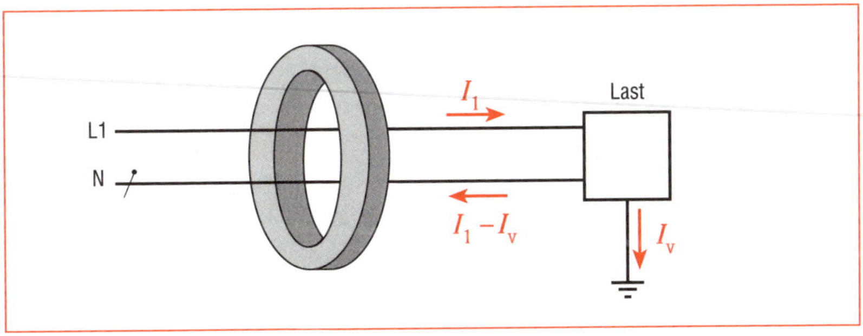

Bild 6.20 Addition der Ströme beim Durchsteckstromwandler (I_V Verluststrom)

derlich. Durch diese ist es möglich, die Spannung zu erfassen, sodass eine Spannungsmessung und eine Frequenzmessung möglich werden. Bei letzterem ist für die Elektronik eine Batterie erforderlich. Durch diese kann ein Mikrocontroller betrieben werden, der die gemessenen Werte speichert oder graphisch am Display ausgibt.

Dadurch entsteht aus der einfachen Stromzange ein Multiplex-Instrument, das z. B. auch Oberschwingungen erfassen und deren THD-Wert (Total Harmonic Distortion, Abschnitt 7.4) in Form einer Graphik ausgeben kann (**Bild 6.23**).

Bei Strommesszangen können sich Messwert-Ungenauigkeiten durch Fremd-Einstreuungen, Zangenverschmutzungen oder ungünstige Leiteranordnungen in der Zange verstärken.

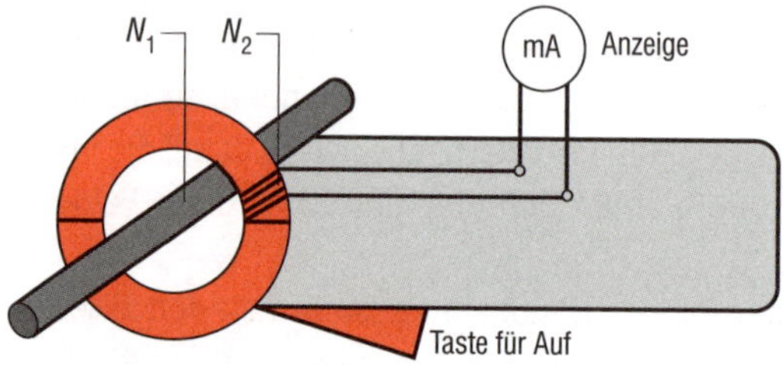

Bild 6.21 Bestandteile einer Stromzange

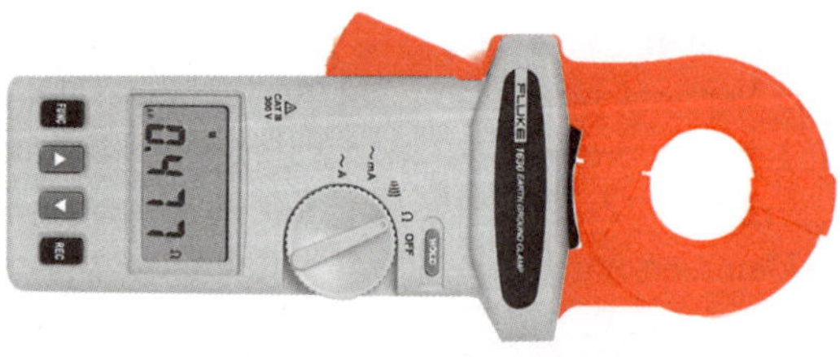

Quelle: www.fluke.com

Bild 6.22 Stromzange für Strom- und Spannungsmessung

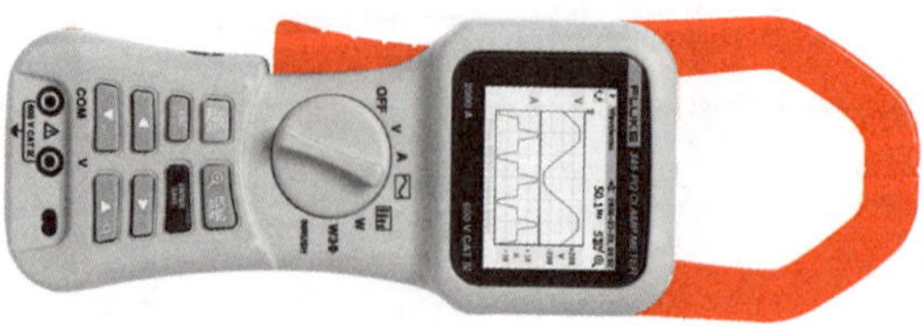

Quelle: www.fluke.com

Bild 6.23 Stromzange als Multidigitalmeter

6.3.7.2 Anwendung der Stromzangen

Stromzangen eignen sich bei entsprechender Ausführung für alle Arten von elektrischen Messungen, vor allem aber zur Prüfung, ob Ströme in bestimmten Leitern tatsächlich, wie gewünscht, Null oder genügend klein sind. Bei einer *Vorstrommessung* ist ein Anlagenteil abgeschaltet und man prüft nach **Bild 6.24**, ob trotzdem in den Leitern ein Strom vorhanden ist, z. B. infolge eines Isolationsfehlers eines benachbarten Stromkreises.

Durch Messung der Stromsumme in den Anschlussleitungen prüft man, ob der Schutzleiterstrom genügend klein ist (Bild 6.24). Je nach Isolationszustand der Anlage und kapazitiven Kopplungen der Leiter tritt eine Abweichung von Null auf. Die Grenzen des Schutzleiterstroms, z. B. 1 mA/kW und maximal 10 mA bei Wärmegeräten der Schutzklasse I, müssen eingehalten sein. Erdungsmessung mit Stromzange siehe Abschnitt 17.4.3.

Weitere Informationen: www.fluke.com

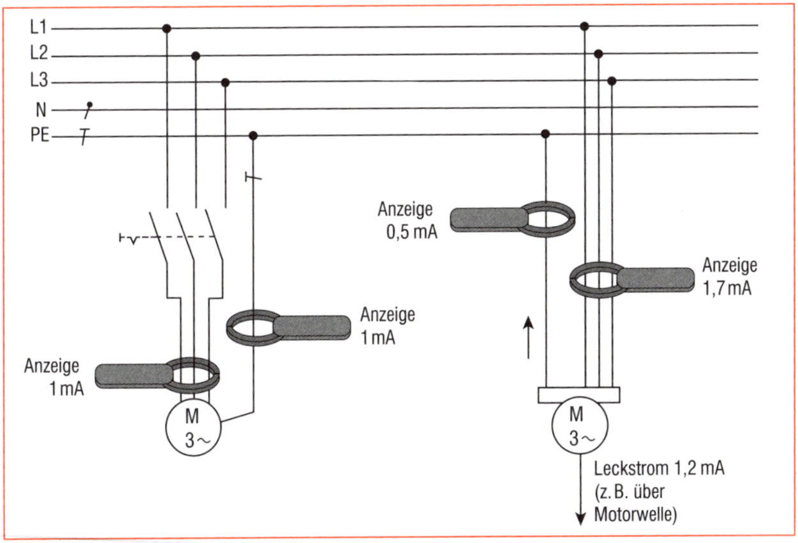

Bild 6.24 Vorstrommessung und Leckstrommessung mit Stromzangen

6.3.8 Fehlerschutz durch Meldung im IT-System

Beim IT-System erfolgt die Stromversorgung einer eng begrenzten Anlage durch einen nicht geerdeten Transformator (**Bild 6.25**). Deshalb ist der Fehlerstrom bei einem Körperschluss oder einem Erdschluss so schwach, dass

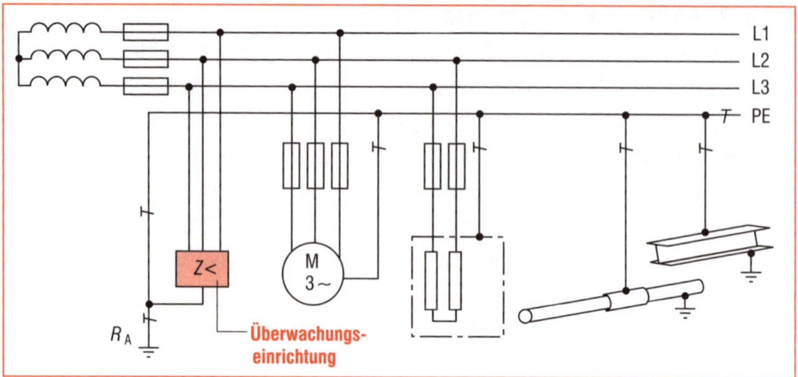

Bild 6.25 Fehlerschutz in einem IT-System mit Isolationsüberwachungseinrichtung IMD

eine Abschaltung nicht erfolgt. Es müssen jedoch Maßnahmen getroffen werden, die den ersten Fehler melden und beim zweiten Fehler zur Abschaltung führen.

Schutz bei indirektem Berühren erfordert im *IT-System* folgende Maßnahmen (Bild 6.25):

1. Kein aktiver Leiter der Anlage darf direkt geerdet werden.
2. Die Körper müssen mit einem Schutzleiter verbunden werden.
3. Erdungswiderstand der Körper und größtmöglicher Fehlerstrom beim ersten Fehler müssen so klein sein, dass die höchstzulässige Berührungsspannung nicht überschritten wird.
4. Für die gesamte Anlage sind ein zusätzlicher Schutzpotentialausgleich und eine Isolationsüberwachungseinrichtung IMD (Isolation Monitoring Device) erforderlich.

Die Isolationsüberwachungseinrichtung muss so beschaffen sein, dass der erste Körper- oder Erdschluss ein akustisches oder optisches Signal auslöst oder eine automatische Abschaltung herbeiführt. Wenn alle Körper durch einen Schutzpotentialausgleichsleiter miteinander verbunden sind, muss die Abschaltung bei einem zweiten Fehler wie im TN-System erfolgen.

Bei AC-Anlagen, die ausschließlich Elektrofachkräften und unterwiesenen Personen zugänglich sind, insbesondere aber in IT-Systemen, dürfen auch RCMs (Residual Current Monitor) zur *Überwachung* von Stromkreisen verwendet werden. Bei RCMs gibt es wie bei den RCDs unterschiedliche Typen. Das RCM meldet mittels optischer oder akustischer Signale festgelegte Wertüberschreitungen oder meldet diese an übergeordnete Computer (**Bild 6.26**, siehe auch Abschnitt 17.4.2).

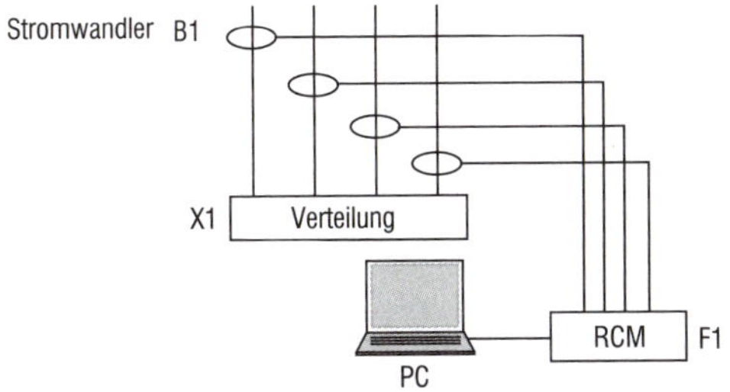

Bild 6.26 RCM-System für vier Stromkreise

Kontrollfragen

1. Wo ist der Schutzleiter eines Betriebsmittels mit doppelter oder verstärkter Isolierung anzuschließen?
2. Auf welche Besonderheit ist beim Ausgangsstromkreis eines Trenntransformators für Schutztrennung zu achten?
3. Wodurch unterscheiden sich Schutzkleinspannung und Schutztrennung?
4. Was versteht man unter automatischer Abschaltung der Stromversorgung?
5. Beschreiben Sie die Wirkungsweise einer RCD.
6. Warum sind im TT-System RCDs nicht zu vermeiden?
7. Welche Aufgabe hat der Summenstromwandler in einer RCD?
8. In welchem Zusammenhang werden Leitungsschutzschalter und Schmelzsicherungen verwendet?
9. Wodurch unterscheiden sich die Charakteristiken A und B bei Leitungsschutzschaltern?

6.4 Zusätzlicher Schutz

Nach den VDE-Bestimmungen ist meist ein zusätzlicher Schutz vorzusehen, z. B. in der Wohnhausinstallation. Dieser dient zur Verbesserung des Basisschutzes und auch des Fehlerschutzes, z. B. bei falscher Handhabung der Anlage.

> Elektrische Anlagen sind durch den Basisschutz, den Fehlerschutz und den zusätzlichen Schutz sicher zu gestalten.

Ursprünglich war dieser zusätzliche Schutz eine freiwillige Maßnahme, in den letzten Jahren ist er aber in manchen Bereichen zur Pflicht geworden. Zusätzlicher Schutz durch RCDs ist in der Hausinstallation Pflicht bei Steckdosenstromkreisen bis 32 A und bei Endstromkreisen bis 32 A im Außenbereich für den Anschluss von tragbaren Betriebsmitteln. Dieser Schutz ergänzt den Basisschutz und den Fehlerschutz.

> Für fast alle Endstromkreise der Hausinstallation ist ein zusätzlicher Schutz durch eine RCD mit $I_{\Delta N} \leq 30\,\text{mA}$ erforderlich.

Natürlich ist der Schutz gegen *Überlastung* (Abschnitt 7.2) mittels Leitungsschutzschalter trotz der zusätzlichen RCDs notwendig, weil RCDs nicht gegen Überlastung schützen (**Bild 6.27**). Deshalb wird in DIN VDE 0100-410 empfohlen, für die betreffenden Stromkreise RCBOs mit eingebautem Überstromschutz (Fehlerstrom-Leitungsschutzschalter FI/LS-Schalter) zu verwenden.

Auf den zusätzlichen Schutz durch RCDs darf bei Steckdosen verzichtet werden, wenn diese

- fachlich ständig überwacht werden (Abschnitt 6.5) oder
- nur für ein bestimmtes Betriebsmittel errichtet werden.

Ein *zusätzlicher Schutzpotentialausgleich* ergänzt den Fehlerschutz. Er darf für die gesamte Anlage oder nur für Teile der Anlage angewendet werden. Dieser Schutz erfolgt durch Verbinden aller berührbaren Körper von fest angebrachten Betriebsmitteln durch einen Schutzpotentialausgleichsleiter von kleinem Widerstand (**Bild 6.28**). Mit dem Ausgleichsleiter PB ist der Schutzleiter PE zu verbinden.

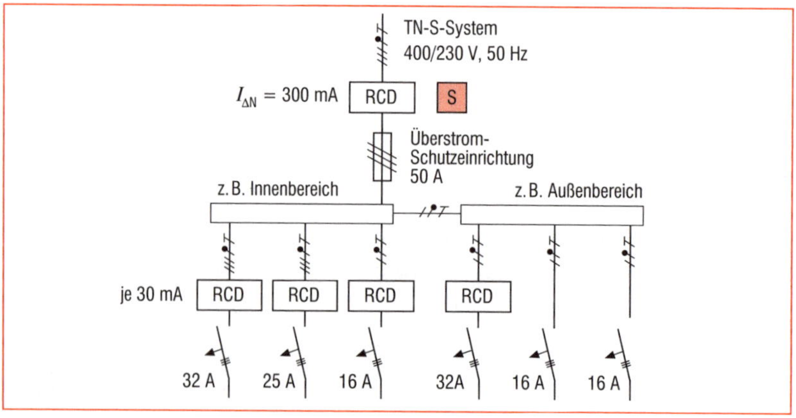

Bild 6.27 Zusätzlicher Schutz durch RCDs mit $I_{\Delta N} \leq 30$ mA

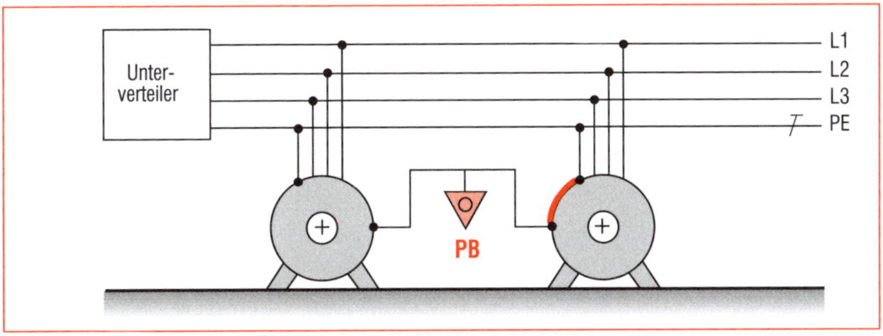

Bild 6.28 Zusätzlicher Schutz durch Schutzpotentialausgleich

6.5 Schutz in fachlich überwachten Anlagen

Unter fachlich überwachten Anlagen (kein Normbegriff) versteht man Anlagen, die nach DIN VDE 0100-410 „nur von Elektrofachkräften oder elektrotechnisch unterwiesenen Personen betrieben und überwacht werden". In diesen Anlagen können der übliche Basisschutz und Fehlerschutz vorgenommen werden. Außerdem sind die nachfolgend genannten Maßnahmen zulässig, die in *nicht* fachlich überwachten Anlagen allein nicht ausreichen.

Basisschutz in fachlich überwachten Anlagen

In fachlich überwachten Anlagen ist der Basisschutz durch *Anordnung außerhalb des Handbereichs* möglich. Der Handbereich erstreckt sich ab der Standfläche von Personen bis zur Höhe von 2,50 m. Oberhalb davon wird also in den genannten Anlagen keine vollständige Basisisolierung verlangt.

Die Basisisolierung kann in den fachlich überwachten Anlagen auch entfallen, wenn *Hindernisse* die unbeabsichtigte Annäherung unmöglich machen. Die Hindernisse müssen so beschaffen sein, dass sie nicht unbeabsichtigt entfernt werden können.

> Nur in fachlich überwachten Anlagen genügen für den Basisschutz die Anordnung außerhalb des Handbereiches sowie Hindernisse.

Fehlerschutz in fachlich überwachten Anlagen

Schutztrennung mit mehreren Verbrauchsmitteln an einem Trenntransformator ist in den genannten Anlagen ähnlich wie beim Anschluss von nur einem Verbrauchsmittel möglich **(Bild 6.29)**. Dabei sind aber folgende zusätzliche Bedingungen zu erfüllen:

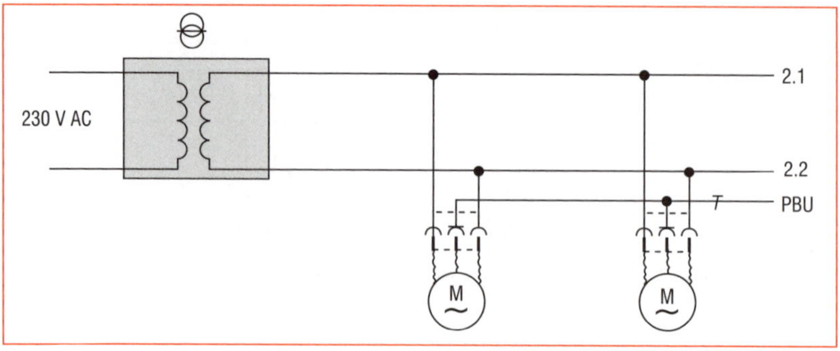

Bild 6.29 Anschluss mehrerer Verbraucher an einen Trenntransformator (Einrichtung zum automatischen Abschalten bei zwei Schlüssen ist zusätzlich erforderlich, z. B. durch Überstrom-Schutzeinrichtung)

1. Die Körper müssen untereinander durch ungeerdete, isolierte Schutzpotentialausgleichsleiter verbunden werden (PBU, PB unearthed). Dies entfällt bei Betriebsmitteln mit doppelter oder verstärkter Isolierung.
2. Es sind Steckdosen mit Schutzkontakt zu verwenden, an denen der Schutzpotentialausgleichsleiter anzuschließen ist.
3. Beim Auftreten von zwei Schlüssen, z. B. Körperschlüssen, muss eine automatische Abschaltung wie beim TN-System erfolgen.

Schutz durch nicht leitende Umgebung ist in den fachlich überwachten Anlagen möglich (**Bild 6.30**). Durch nichtleitende Umgebung wird ein gleichzeitiges Berühren von Teilen vermieden, die wegen eines Isolationsfehlers unterschiedliche Spannungen annehmen könnten. Die Körper der Betriebsmittel müssen dabei so angeordnet sein, dass Personen unter normalen

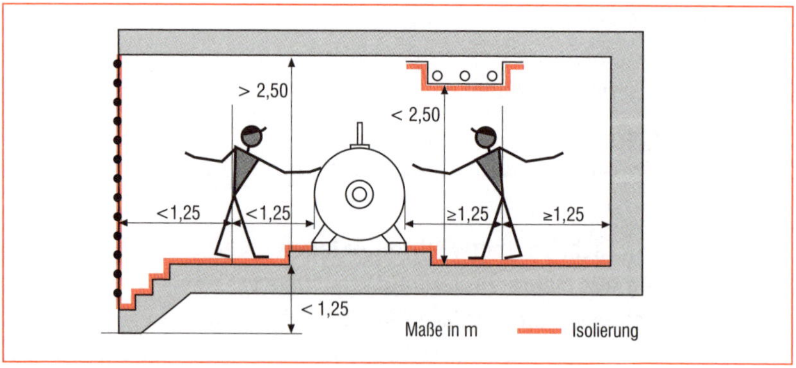

Bild 6.30 Isolierung und Abstände bei Schutz durch nicht leitende Umgebung

Umständen nicht gleichzeitig zwei Körper berühren können und auch kein anderes leitfähiges Teil erreichbar ist. Deshalb dürfen bei nicht leitender Umgebung an Betriebsmittel keine Schutzleiter angeschlossen werden. Die Isolationsimpedanz von isolierenden Fußböden oder Wänden muss am 400-V-Netz mindestens 50 kΩ betragen (Abschnitt 17.4.2).

Fehlerschutz durch erdfreien, örtlichen Schutzpotentialausgleich ist in fachlich überwachten Anlagen möglich (**Bild 6.31**). Für diesen Fehlerschutz müssen alle gleichzeitig berührbaren Körper und fremde, leitfähige Teile durch Schutzpotentialausgleichsleiter PB miteinander verbunden werden. Eine Verbindung mit dem Schutzpotentialausgleich über die Haupterdungsschiene erfolgt nicht (PBU), weil sonst eine Verbindung mit Erde bestünde.

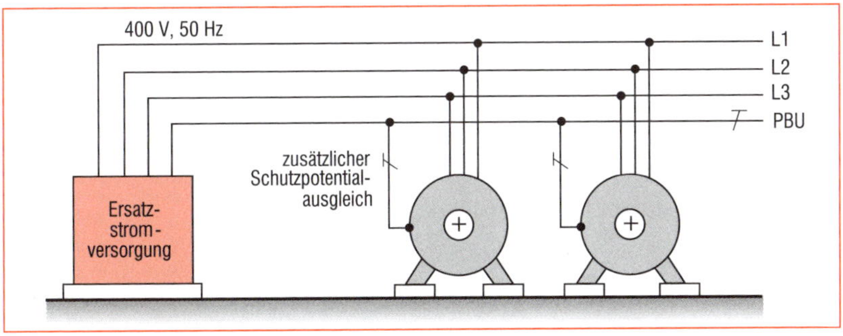

Bild 6.31 Schutz durch erdfreien, örtlichen Schutzpotentialausgleich bei einer Ersatzstromversorgung

Zusätzlicher Schutz in fachlich überwachten Anlagen

In den fachlich überwachten Anlagen ist ein zusätzlicher Schutz nicht bindend vorgeschrieben. So kann der zusätzliche Schutz durch RCDs mit einem Differenz-Bemessungsstrom von $I_{\Delta N} \leq 30$ mA auch bei Steckdosenstromkreisen entfallen.

6.6 Ausnahmen bei den Schutzmaßnahmen

Schutzmaßnahmen gegen direktes Berühren sind *entbehrlich,* wenn sie technisch nicht durchführbar sind, z. B. in elektrochemischen Anlagen, bei Glühöfen, Schmelzöfen oder Schweißeinrichtungen. In diesen Fällen sind *Maßnahmen* zu treffen, die einen gewissen Schutz darstellen, z. B. Verwendung von isolierendem Werkzeug und von Warnschildern.

Auch für Betriebsmittel der VNB (Verteilungsnetzbetreiber) zur Messung der elektrischen Arbeit und Leistung, z. B. Kilowattstunden-Zähler, werden bei Spannungen bis 250 V gegen Erde keine Schutzmaßnahmen gefordert.

Für Metallmäntel und Bewehrungen von Leitungen oder Kabeln, Metallrohren zum Schutz von Mehraderleitungen oder Kabeln, Metallrohren mit isolierenden Auskleidungen, Stahlmasten und Stahlbetonmasten in Verteilungsnetzen, Dachständern und mit diesen leitend verbundenen Metallteilen sind ebenfalls keine Schutzmaßnahmen vorgeschrieben. Dadurch können an diesen Teilen bei Fehlern in der Anlage *gefährliche Spannungen* auftreten.

Sind Körper von Betriebsmitteln so klein, Maße etwa 50 mm × 50 mm, dass sie nicht umgriffen werden oder nicht in nennenswertem Umfang mit Teilen des menschlichen Körpers in Berührung kommen können, so sind Schutzmaßnahmen für den Fehlerschutz ebenfalls nicht verlangt. Dazu gehören z. B. Schrauben, Schilder und Leitungsschellen.

> Teile des öffentlichen Versorgungsnetzes, Metallmäntel von Leitungen sowie metallene Kleinteile unterliegen nicht den Bestimmungen über Schutzmaßnahmen für den Fehlerschutz.

Kontrollfragen

1. Welcher zusätzliche Schutz verbessert den Basisschutz und den Fehlerschutz?
2. Nennen Sie eine weitere zusätzliche Schutzart zur Verbesserung nur des Fehlerschutzes.
3. Was versteht man unter fachlich überwachten Anlagen?
4. Welche Maßnahmen für den Basisschutz gelten zusätzlich in fachlich überwachten Anlagen?
5. Nennen Sie die Teile von Anlagen mit bis 250 V Bemessungsspannung gegen Erde, für die keine Schutzmaßnahmen durchzuführen sind.
6. Wie erfolgt der zusätzliche Schutzpotentialausgleich?
7. Unter welcher Bedingung genügt für den Fehlerschutz ein erdfreier, örtlicher Schutzpotentialausgleich?

8. In welchen Fällen darf auf den zusätzlichen Schutz durch RCDs bei Steckdosen für 230 V verzichtet werden?
   1. In Räumen mit isolierendem Fußboden sowie in trockenen Räumen.
   2. In ständig fachlich überwachten Anlagen sowie bei Steckdosen, die nur für ein bestimmtes Betriebsmittel errichtet sind.
   3. Bei Steckdosen außerhalb des Handbereichs.
   4. Bei Steckdosen mit doppelter oder verstärkter Isolierung für Geräte der Schutzklasse I.
   5. Bei Steckdosen mit erdfreiem örtlichen Schutzpotentialausgleich.

6.7 Schutzarten IP

Der Verwendungszweck sowie der Einsatzort von elektrischen Betriebsmitteln erfordert eine Schutzangabe hinsichtlich zufälligem Berühren, Fremdkörpern und Wasser. Dies erfolgt durch die Schutzart IP (International Protection). Diese Kennzeichnung besteht aus den Buchstaben IP und meist zwei nachfolgenden Ziffern (**Tabelle 6.6**). An diese können sich auch noch zwei weitere Kennbuchstaben (als 3. und 4. Stelle nach IP) anschließen. Der Kennbuchstabe der 3. Stelle bezieht sich auf einen besonderen Berührungsschutz, der Kennbuchstabe der 4. Stelle steht für ergänzende Angaben (**Tabelle 6.7**).

Berührungsschutz, Fremdkörperschutz		**Wasserschutz**	
Schutz	**Beschreibung**	**Schutz**	**Beschreibung**
IP 0X	kein Berührungsschutz, kein Fremdkörperschutz	IP X0	kein Wasserschutz
IP 1X	Schutz gegen Fremdkörper > 50 mm Ø	IP X1	Schutz gegen senkrecht fallendes Tropfwasser
IP 2X	Schutz gegen Fremdkörper > 12 mm Ø	IP X2	Schutz gegen bis zu 15° schräg fallendes Tropfwasser
IP 3X	Schutz gegen Fremdkörper > 2,5 mm Ø	IP X3	Schutz gegen Sprühwasser bis zu 60°
IP 4X	Schutz gegen Fremdkörper > 1 mm Ø	IP X4	Schutz gegen Spritzwasser
IP 5X	Schutz gegen schädliche Staubablagerungen	IP X5	Schutz gegen Strahlwasser, z. B. aus Düse
IP 6X	Schutz gegen Eindringen von Staub	IP X6	Schutz bei Überflutung
		IP X7	Schutz beim Eintauchen
		IP X8	Schutz beim Untertauchen
		IP X9K	Schutz gegen Hochdruck- oder Dampfstrahlreinigung

Tabelle 6.6 Bedeutung der ersten und zweiten Kennziffer hinter IP

Besonderer Berührungsschutz		Ergänzende Angaben	
3. Stelle	Beschreibung	4. Stelle	Beschreibung
A	Handrückensicherheit	H	Betriebsmittel für Hochspannung
B	Fingersicherheit	M	geprüft in Betrieb der beweglichen Teile
C	Werkzeugsicherheit (Zugangssonde 2,5 mm Ø)	S	geprüft bei Stillstand der beweglichen Teile
D	Drahtsicherheit (Zugangssonde 1 mm Ø)	W	geprüft bei festgelegten Wetterbedingungen

Tabelle 6.7 Bedeutung der dritten und vierten Stelle hinter IP

Die erste Kennziffer (0 bis 6) gibt den Schutz gegen Berühren und Eindringen von Fremdkörpern (gleichzeitig Berührungsschutz) an. Die zweite Kennziffer (0 bis 9) gibt den Schutz gegen Eindringen von Wasser bzw. Flüssigkeiten an. Je größer die jeweiligen Kennziffern sind, umso höher ist der Schutz. Wird nur eine einzige Kennziffer für die Schutzart benötigt, so kann die fehlende Kennziffer durch ein X ersetzt werden. Eine höhere Schutzart schließt jedoch nicht unbedingt eine tiefere mit ein, z.B. Schutz bei Überflutung beinhaltet nicht Schutz gegen Strahlwasser.

Beim Auswählen von Betriebsmitteln, z.B. Schalter, Leuchten, elektrische Maschinen, sollte die Schutzart IP möglichst niedrig angesetzt werden, da ein hoher Schutz auch einen hohen Preis bedeutet. An feuchten und nassen Orten müssen Betriebsmittel, z.B. Abzweigdosen, mindestens der Schutzart IP X1 (Tropfwasserschutz) genügen (**Bild 6.32**). Bei ungeschützten Anlagen im Freien ist für Betriebsmittel mindestens die Schutzart IP X3 (Sprühwasserschutz) erforderlich. Hat ein Betriebsmittel zwei IP-Angaben, z.B. IP 65/IP 54, dann bezieht sich die zweite IP-Angabe auf den Anschluss.

> Die Schutzart beschreibt den Schutz aktiver Teile gegen Berührung, Eindringen von Fremdkörpern und Wasser.

Quelle: www.spelsberg.de

Bild 6.32 Abzweigdose, Verbindungsdose mit Schutzart IP55

6.8 Sicherheit beim Arbeiten in elektrischen Anlagen

6.8.1 Grundsätzliche Bestimmungen

Bekanntlich sind elektrische Anlagen sehr sicher ausgeführt, sodass die Anzahl der elektrischen Unfälle von Laien relativ gering ist. Auch die Anzahl der beim Arbeiten von Fachleuten in elektrischen Anlagen entstehenden Unfälle ist sehr gering. Das wird durch fachmännisches Arbeiten erreicht, welches mit entsprechenden Sicherheitsvorkehrungen verbunden ist.

> Zum fachmännischen Arbeiten gehört die Einhaltung der Sicherheitsbestimmungen.

Zur Vermeidung von elektrischen Unfällen müssen *Arbeiten grundsätzlich im spannungsfreien Zustand* des Anlageteils, an dem gearbeitet wird, ausgeführt werden. Von diesem Grundsatz gibt es in Notfällen einige Ausnahmen, jedoch nicht für Auszubildende. Das Bedienungspersonal der Anlage, z. B. die Arbeiter an den Maschinen, ist vor Beginn der Arbeiten zu informieren, dass Arbeiten an der Anlage durchgeführt werden und deshalb die Anlage spannungsfrei geschaltet wird. Bei jeder Arbeit in einer elektrischen Anlage hat eine Person die Aufsicht, z. B. ein Meister oder auch der Monteur. Diese *aufsichtsführende Person* muss sich vergewissern, dass die Anlage zuverlässig spannungsfrei gemacht wird, ehe die Arbeiten beginnen.

Bestimmungen über das Vorgehen beim Arbeiten in elektrischen Anlagen sind in DIN VDE 0105-100 und in der Vorschrift 3 der DGUV (Deutsche Gesetzliche Unfall-Verhütung) enthalten (Tabelle 18.2 in Abschnitt 18.2), vor allem bei Spannungen über AC 50 V.

6.8.2 Zeichen zur Unfallverhütung

Sicherheitsfarben

Die fünf Arten der Zeichen zur Unfallverhütung unterscheiden sich durch ihre Farben (**Bild 6.33**). Es bedeuten

- Rot mit Schwarz und Weiß: *Verbotszeichen* (Verbot oder Halt),
- Gelb mit Schwarz: *Warnzeichen* (Gefahr oder Vorsicht!),
- Blau mit Weiß: *Gebotszeichen* (Gebot, Hinweis),
- Grün mit Weiß: *Rettungszeichen* (Erste Hilfe, Gefahrlosigkeit),
- Rot mit Weiß: *Brandschutzzeichen* (Brandbekämpfung).

Zusatzzeichen (**Bild 6.34**) tragen einen Text und sind nur für Personen verständlich, welche die verwendete Sprache verstehen. Für die Zusatzzeichen nutzt man die Sicherheitsfarben.

Bild 6.33 Zeichen zur Unfallverhütung (vgl. ASR A 1.3)

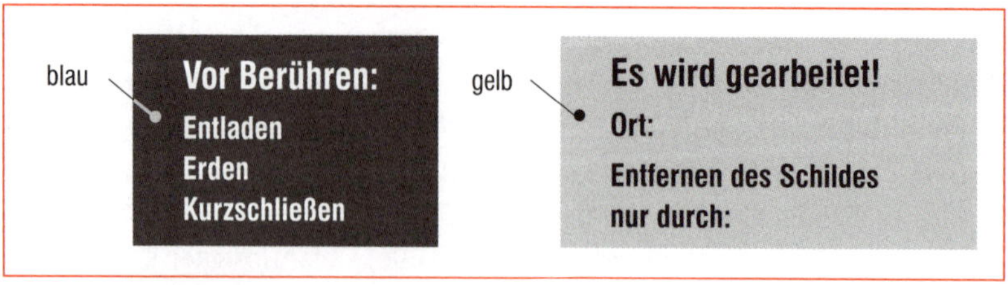

Bild 6.34 Zusatzzeichen

Die Technischen Regeln für Arbeitsstätten ASR (Arbeitsstättenregeln) geben den Stand der Technik sowie sonstige sichere arbeitswissenschaftliche Erkenntnisse wieder. Sie werden vom Ausschuss für Arbeitsstätten ermittelt und vom BMAS (Bundesministerium für Arbeit und Soziales) bekannt gegeben.

6.8.3 Sicherheitsregeln 1 bis 5

Zum Herstellen des spannungslosen Zustands ist nach den Sicherheitsregeln 1 bis 3 zu verfahren (**Bild 6.35**). Das trifft auf alle elektrischen Anlagen zu, insbesondere auch für Arbeiten in der Hausinstallation.

Fünf Sicherheitsregeln der Elektrotechnik

Vor Beginn der Arbeiten:

1. **Freischalten**
2. **Gegen Wiedereinschalten sichern**
3. **Spannungsfreiheit feststellen**
4. **Erden und Kurzschließen**
5. **Benachbarte, unter Spannung stehende Teile abdecken oder abschranken**

Bild 6.35 Die fünf Sicherheitsregeln beim Arbeiten in elektrischen Anlagen

Sicherheitsregel 1: Freischalten

Unter *Freischalten* versteht man das allseitige zuverlässige Ausschalten oder Abtrennen eines Anlageteils von allen nicht geerdeten Leitern. Nach DIN VDE 0105-100 müssen dabei in Anlagen mit Nennspannungen über 1 kV sichtbare Trennstrecken hergestellt werden. In Niederspannungsanlagen ist das Freischalten mittels der Installationsschalter nicht zuverlässig möglich. Deshalb erfolgt hier das Freischalten durch einen zum Trennen geeigneten Schalter, durch Herausnahme der Schmelzsicherungen bzw. durch Abschalten der Leitungsschutzschalter oder RCDs. Elektronische Schalter mit Halbleiter-Bauelementen an Stelle von mechanischen Kontakten, z. B. Halbleiterschütze, sind nicht für das Freischalten geeignet, da Halbleiter-Bauelemente auch dann einen Reststrom führen, wenn sie auf Sperren geschaltet sind.

Wenn das Freischalten nicht von der aufsichtsführenden Person selbst vorgenommen wird, so muss das Freischalten der aufsichtsführenden Person zuverlässig mitgeteilt werden. Diese *Meldung* ist zur *Vermeidung von Hörfehlern* von der aufsichtsführenden Person zu wiederholen. Die *Gegenbestätigung* ist abzuwarten.

> Es muss dafür gesorgt werden, dass die Freischaltung vor Arbeitsbeginn absolut sicher vorgenommen wird.

Sind Kondensatoren in der Anlage vorhanden, so muss dafür gesorgt sein, dass diese vor Arbeitsbeginn entladen sind. Meist ist dazu keine besondere Maßnahme erforderlich, wenn Kondensatoren mit Entladewiderständen betrieben werden, insbesondere in Niederspannungsanlagen.

> **Sicherheitsregel 2:** Gegen Wiedereinschalten sichern.

Nach dem Freischalten muss dafür gesorgt werden, dass der Anlageteil nicht wieder mit dem Netz verbunden wird. Dieses Sichern kann z. B. durch *Mitnehmen der Schmelzsicherungen,* durch *Abschließen des Hauptschalters* mit einem Vorhängeschloss, durch Verwendung von *Klebestreifen* (nicht empfohlen) oder durch Anbringen von Sperrelementen (**Bild 6.36**) erfolgen. Zusätzlich ist ein *Verbotsschild* an der Seite der Freischaltung aufzustellen, welches einen entsprechenden Hinweis enthält (**Bild 6.37**). Wenn es möglich ist, so ist dieses Verbotsschild am Schaltgriff oder am Schalter für die Freischaltung anzubringen. Erfolgt das Freischalten durch ferngesteuerte Schalter, so muss der Steuerstromkreis zuverlässig gegen Wiedereinschalten gesichert sein.

Bild 6.36 Sperrelemente zum Schutz gegen Wiedereinschalten

Bild 6.37 Verbotsschild „Nicht Schalten" zur Anbringung am Hauptschalter bei Arbeiten in der elektrischen Anlage

Sicherheitsregel 3: Spannungsfreiheit feststellen.

Es ist grundsätzlich möglich, dass beim Freischalten nicht der Stromkreis erfasst wurde, an dem gearbeitet wird. So kann z. B. bei Schützschaltungen eine *Spannungsverschleppung* von einem fremden Stromkreis erfolgen. Deshalb ist in jedem Fall zu *prüfen*, ob der freigeschaltete Anlagenteil auch tatsächlich spannungsfrei ist. Die *Spannungsfreiheit* muss *an der Arbeitsstelle* kontrolliert werden, nicht an der Stelle der Freischaltung. Zum Feststellen der Spannungsfreiheit müssen Spannungsprüfer oder Messgeräte verwendet werden, deren einwandfreie Funktion kurz vorher geprüft wurde.

Die Sicherheitsregeln 4 und 5 dienen der *zusätzlichen Sicherung* des Arbeitsplatzes bis zum Abschluss der Arbeiten. Im Gegensatz zu den Sicherheitsregeln 1 bis 3 sind die Regeln 4 und 5 nicht immer anzuwenden, z. B. meist nicht bei der Hausinstallation.

Sicherheitsregel 4: Erden und kurzschließen.

Das Erden und Kurzschließen ist in Anlagen mit Spannungen bis 1.000 V nur für Arbeiten an Freileitungen und Erdkabeln erforderlich. Es wird mit geeigneten Einrichtungen vorgenommen.

Diese werden zuerst mit dem Erder und dann mit den zu erdenden und kurzzuschließenden Anlageteilen verbunden. Die *Erdungs- und Kurzschlussvorrichtungen* müssen genügend große Querschnitte und einwandfreie Anschlussstellen haben, weil zutreffendenfalls *starke Kurzschlussströme* abzuleiten sind. Beim Arbeiten an Freileitungen müssen alle Leiter, auch der PEN-Leiter und alle Steuerleiter, in der Nähe der Arbeitsstelle kurzgeschlossen und geerdet werden. Hier erfolgt die Erdung durch den Anschluss an den PEN-Leiter, der mit einem Erder verbunden ist.

Sicherheitsregel 5: Benachbarte, unter Spannung stehende Teile abdecken oder abschranken.

Die Sicherheitsregel 5 ist anzuwenden, wenn in der Nähe der Arbeitsstelle unter Spannung stehende Teile eines anderen Stromkreises vorhanden sind, z. B. in Zähleranlagen. Bevor aber mit Arbeiten in der Nähe unter Spannung stehender Teile begonnen wird, muss geprüft werden, ob es nicht zweckmäßiger ist, die unter Spannung stehenden Teile spannungsfrei zu machen.

Arbeiten in der Nähe von spannungsführenden Teilen sollen möglichst vermieden werden.

Können wegen der Betriebssicherheit oder wegen zu erwartender Schäden zur Arbeitsstelle benachbarte spannungsführende Anlagenteile nicht abgeschaltet werden, so muss dafür gesorgt werden, dass ein Berühren mit dem Körper oder mit Werkzeugen nicht möglich ist. Bei unmittelbarer Nähe zur Arbeitsstelle ist das *Abdecken* mit Gummitüchern, Abdeckplatten oder Formstücken erforderlich. Beim Abstand von einigen Metern von der Arbeitsstelle kann das *Abschranken* zweckmäßig sein.

Arbeiten nach der Sicherheitsregel 5 kommen auch in Anlagen mit Bemessungsspannungen über 1 kV und bei Freileitungen vor.

6.8.4 Wiedereinschalten der Anlage

Vor Arbeitsbeginn in einer elektrischen Anlage sind die Sicherheitsregeln 1 bis 5 bzw. 1 bis 3 in dieser Reihenfolge durchzuführen. **Nach Abschluss der Arbeit erfolgt die Aufhebung in umgekehrter Reihenfolge, also von 5 bis 1 bzw. 3 bis 1**. Mit der Aufhebung darf erst begonnen werden, wenn die Arbeitsstelle ordnungsgemäß geprüft und geräumt ist, wenn also z.B. Werkzeuge und Geräte entfernt wurden.

Das Wiedereinschalten darf erst erfolgen, wenn von der Arbeitsstelle die Einschaltbereitschaft ausdrücklich gemeldet wurde. Es ist nicht zulässig, das Wiedereinschalten einer Anlage nach einer vereinbarten Zeit vorzunehmen, wenn keine vorherige Freigabemeldung erfolgte.

> Das Wiedereinschalten der elektrischen Anlage nach Beendigung der elektrischen Arbeiten in dieser erfordert eine Freigabemeldung durch bzw. an die aufsichtsführende Person.

Kontrollfragen

1. Warum ist die Anzahl der Elektrounfälle so gering?
2. Wie lauten die Sicherheitsregeln, die in jedem Fall bei Arbeiten in elektrischen Anlagen zu beachten sind?
3. Welche Person überwacht den Spannungszustand der Anlage vor Arbeitsbeginn?
4. Was versteht man unter Freischalten?
5. Auf welche Weise kann das Freischalten erreicht werden?
6. Mit welchen Geräten kann die Spannungsfreiheit festgestellt werden?
7. In welchen Anlagen ist vor Arbeitsbeginn das Erden und Kurzschließen erforderlich?
8. In welcher Reihenfolge sind Erden und Kurzschließen vorzunehmen?
9. Warum müssen die Vorrichtungen für Erden und Kurzschließen große Querschnitte haben?
10. In welchem Fall sind benachbarte, unter Spannung stehende Teile abzudecken oder abzuschranken?
11. Auf welche Weise ist das Abdecken von Spannung führenden Teilen möglich?
12. In welcher Reihenfolge sind die Sicherheitsregeln nach Abschluss der Arbeit aufzuheben?
13. Nennen Sie die Voraussetzungen zum Einschalten einer elektrischen Anlage, die vorher wegen Arbeiten abgeschaltet war.
14. Welche der folgenden Aussagen ist richtig?
    1. Das Arbeiten in elektrischen Anlagen erfordert immer ein Freischalten.
    2. Freischalten kann über Installationsschalter erfolgen.
    3. Das Wiedereinschalten der elektrischen Anlage erfordert ein Freigeben durch die aufsichtsführende Person.
    4. Kondensatoren in einer elektrischen Anlage müssen vor Arbeitsbeginn in dieser nicht entladen sein.
    5. Eine Sicherung gegen Wiedereinschalten ist vor allem wegen Kleinkindern notwendig.

☐

7 Bemessung von Leitungen der Energietechnik

7.1 Mindest-Leiterquerschnitte

Leitungen der Energietechnik, insbesondere Installationsleitungen, dürfen keine zu kleinen Querschnitte haben, weil sonst neben der Stromtragfähigkeit ihre mechanische Festigkeit nicht genügend groß ist (**Tabelle 7.1**).

Der Mindestquerschnitt von Kupferleitungen beträgt *bei fest verlegten Leitungen* 1,5 mm². Nur innerhalb von Geräten, z. B. Schaltschränken, sind je nach Anwendung bei fester Verlegung kleinere Querschnitte möglich.

> Der Mindestquerschnitt bei der Elektroinstallation beträgt für fest verlegte Leitungen 1,5 mm².

Bei *beweglichen Leitungen* können kleinere Querschnitte montiert werden, wenn es sich um besonders kleine Verbraucher handelt. Signalleitungen, z. B. für Klingelanlagen, gehören nicht zu den Leitungen der Energietechnik. Hier kommen kleinere Querschnitte vor, z. B. für fest verlegte Leitungen 0,5 mm².

Querschnitt in mm²	Art der Leitung
0,1 Cu	Bewegliche Leitung für Kleinstgeräte bis 1 A, höchstens 2 m lang.
0,5 Cu	Bewegliche Leitung von Kleinstgeräten bis 2,5 A, höchstens 2 m lang, oder Lichtketten für Innenräume zwischen den einzelnen Lampen oder Leitungen in Schaltanlagen und Verteilern bis 2,5 A.
0,75 Cu	Bewegliche Leitungen für Geräte bis 10 A oder Leitungen an und in Beleuchtungskörpern (Fassungsadern) oder Leitungen in Schaltanlagen und Verteilern bis 16 A oder Leitungen bis 10 m Länge ohne Steckvorrichtungen in Möbeln oder Lichtketten für Innenräume zwischen Lichtkette und Stecker.
1 Cu	Bewegliche Leitungen für Geräte bis 16 A oder Leitungen in Schaltanlagen und Verteilern bis 20 A.
1,5 Cu	Festverlegte isolierte Leitungen oder Leitungen in Räumen mit besonderer Gefährdung (z. B. feuergefährdete Räume).
4 Cu 16 Al*	Offen verlegte Leitungen (auf Isolatoren), dabei Abstand der Befestigungspunkte bis 20 m.
6 Cu 16 Al*	Offen verlegte Leitungen (auf Isolatoren), dabei Abstand der Befestigungspunkte über 20 m bis 45 m.
10 Cu	Kupferleiter für Freileitungen
25 Al	Aluminiumleiter für Freileitungen
* Leiter muss mehrdrähtig sein.	

Tabelle 7.1 Mindest-Leiterquerschnitte

7.2 Schutz von Leitungen gegen zu hohe Erwärmung

Überstrom-Schutzeinrichtungen

Wenn durch die Leiter von Leitungen ein zu starker Strom fließt, dann tritt eine zu hohe Temperatur auf, sodass die Leiterisolierung zerstört wird. Ein zu starker Strom kann durch eine *betriebsmäßige Überlast,* z.B. durch Überlastung eines Motors, oder einen *Kurzschluss* auftreten.

Soll die zu hohe Erwärmung verhindert werden, so muss dafür gesorgt werden, dass zu starke Ströme unterbrochen werden, ehe die Temperatur unzulässig ansteigt. Das Abschalten wird durch Überstrom-Schutzeinrichtungen (umgangssprachlich Sicherungen genannt) erreicht (**Bild 7.1**).

> Überstrom-Schutzeinrichtungen sollen den Stromkreis rechtzeitig abschalten, wenn die Stromstärke zu groß ist, damit keine unzulässig hohe Temperatur in der Leitung auftritt.

Es gibt Überstrom-Schutzeinrichtungen, die nur reagieren, wenn ein Kurzschluss auftritt. Man sagt, dass diese Überstrom-Schutzeinrichtungen bei einem Kurzschluss schützen. Derartige Überstrom-Schutzeinrichtungen mit *Kurzschlussschutz* sind *Leistungsschalter* (Schalter mit großem Schaltver-

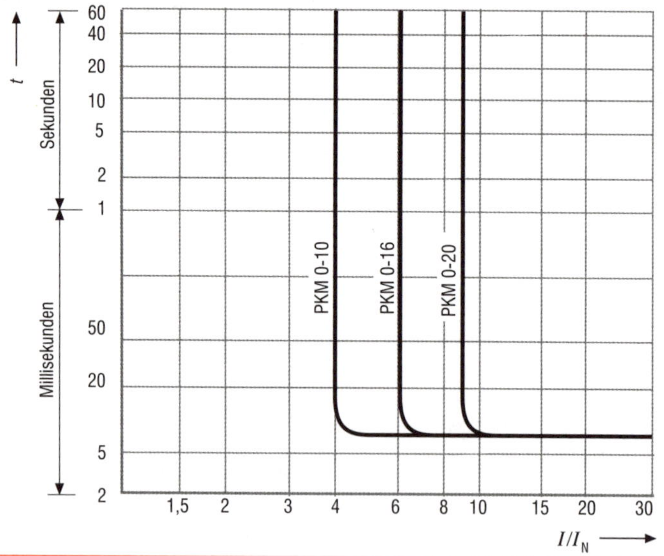

Bild 7.1 Auslösekennlinien von Überstrom-Schutzeinrichtungen nur mit elektromagnetischem Auslöser (Kurzschlussschnellauslöser)
I_N Bemessungsstrom des Schutzschalters

mögen), die nur einen schnell arbeitenden Auslöser *(Schnellauslöser)* enthalten. Dieser *elektromagnetische Auslöser* besteht im Wesentlichen aus einer Spule, deren magnetische Wirkung oberhalb des Auslösestroms so stark wird, dass ein Schaltmechanismus betätigt wird.

Aus der Auslösekennlinie Bild 7.1 erkennt man, dass die Abschaltung fast unverzögert erfolgt, sobald je nach Typ ein Mehrfaches des Bemessungsstroms überschritten wird. Derartige Schutzschalter können den Schutz bei einem Kurzschluss übernehmen. Den Überlastschutz (Schutz gegen Überlastung) können sie nicht gewährleisten, weil ihr Abschaltstrom erheblich größer als ihr Bemessungsstrom ist.

> Schutzschalter mit elektromagnetischer Auslösung allein können den thermischen Schutz bei einem Kurzschluss übernehmen, jedoch nicht den Schutz gegen Überlastung.

Es gibt Überstrom-Schutzeinrichtungen, die zusätzlich zum elektromagnetischen einen thermischen Auslöser enthalten. Er besteht im Wesentlichen aus einem Bimetallstreifen, über den der zu überwachende Strom fließt (**Bild 7.2**). Bei zu großer Stromstärke tritt eine so hohe Erwärmung des Bimetallstreifens auf, dass er sich stark krümmt und einen Schalter betätigt.

Aus der Wirkungsweise des thermischen Auslösers geht hervor, dass es je nach Stromstärke verschieden lange dauert, bis die Abschaltung erfolgt (**Bild 7.3**).

> Schutzschalter mit thermischem Auslöser reagieren mit Verzögerung.

Schalter mit thermischen Auslösern können bei Kurzschluss nicht schützen, da der starke Kurzschlussstrom zur Zerstörung führt, ehe der Schalter abschaltet. Sind aber beide Auslösearten vorhanden und wird der thermische

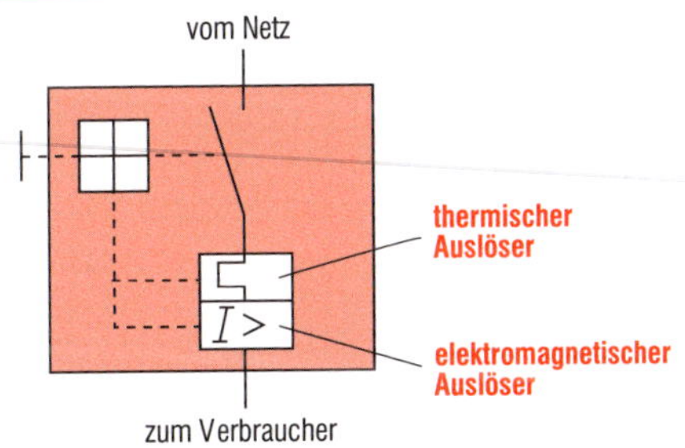

Bild 7.2 Überstrom-Schutzeinrichtung (Schutzschalter) mit thermischem Auslöser und elektromagnetischem Auslöser

Auslöser auf den Bemessungsstrom eingestellt, z.B. auf 16 A, so kann die Überstrom-Schutzeinrichtung sowohl bei einem Kurzschluss als auch gegen Überlastung schützen (**Bild 7.4**). Zu diesen Überstrom-Schutzeinrichtungen gehören die *Leitungsschutzschalter LS* (**Bild 7.5**) und die *Motorschutzschalter* (Motorstarter).

> Schutzschalter mit kombinierter Auslösung bewirken bei Überlastung das Abschalten durch einen thermischen Auslöser und bei Kurzschluss durch einen elektromagnetischen Auslöser.

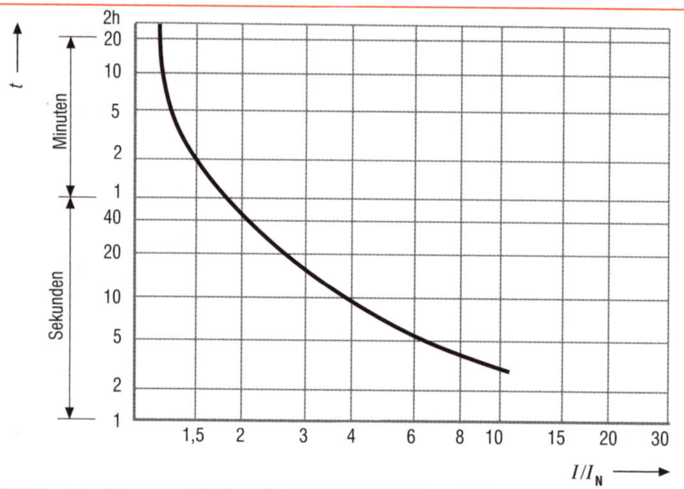

Bild 7.3 Auslösekennlinie eines Schutzschalters nur mit thermischem Auslöser
I_N Bemessungsstrom des Schutzschalters

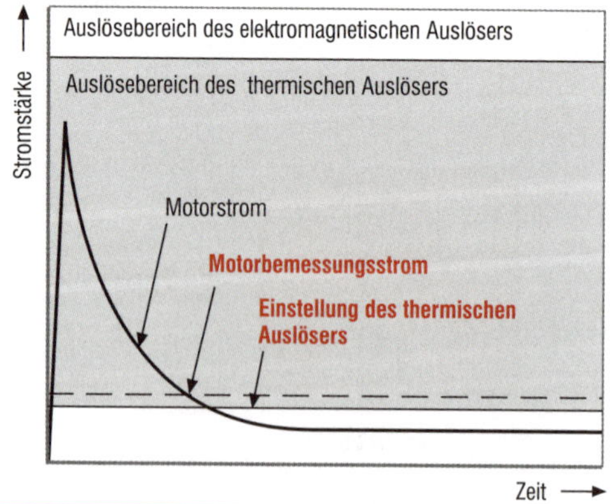

Bild 7.4 Verlauf des Motorstroms nach dem Einschalten und Auslösebereiche

Die Kennlinien von Überstrom-Schutzeinrichtungen mit beiden Auslösern enthalten eine geschwungene Kurve und eine Senkrechte (**Bild 7.6**). Entlang der Kurve ist der thermische Auslöser wirksam, anschließend in der Senkrechten der elektromagnetische Auslöser. Wegen der Herstellungstoleranzen erfolgt die Auslösung bei Schaltern desselben Typs nicht genau gleich. Deshalb werden in den Kennlinien *Bänder (Bereiche)* angegeben, in denen die eigentliche Kennlinie liegen muss (Bild 7.6).

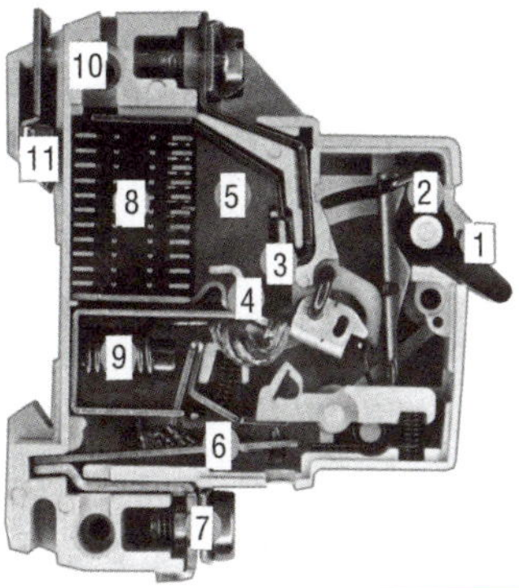

1 Plombierbohrungen
2 Schaltknebel
3 Festkontakt
4 beweglicher Kontakt
5 Keramikplatte
6 thermischer Auslöser mit Bimetallstreifen
7 Anschlussstelle
8 Lichtbogenkammer
9 elektromagnetischer Schnellauslöser
10 Entlüftungskanal
11 Befestigungsklinke

Quelle: www.eaton.com

Bild 7.5 Schnitt durch einen Leitungsschutzschalter

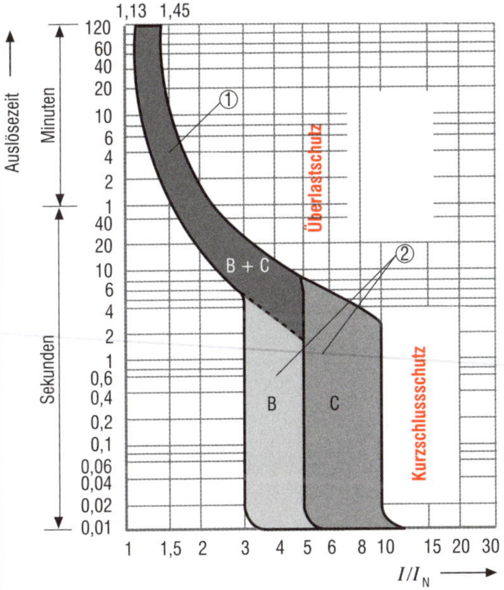

① thermische Auslösung

② elektromagnetische Auslösung

Bild 7.6 Auslösebänder von Leitungsschutzschaltern der Typen B und C (siehe auch S. 151)

Die Schutzschalter gibt es in verschiedenen Typen. Für die *Wohnhausinstallation* verwendet man die Leitungsschutzschalter B und C. Bei C reagiert der Überlastschutz wie bei B, die Auslösung bei Kurzschluss erfolgt aber erst bei größerer Stromstärke.

Außerdem gibt es Leitungsschutzschalter D bzw. K in Stromkreisen mit hohen Stromspitzen, z. B. durch Kondensatoren, und Schutzschalter A (früher Z) mit schon bei kleineren Stromstärken wirkendem Kurzschlussschutz zum Schutz von Halbleiterbauelementen.

Typische Bemessungsströme von Leitungsschutzschaltern, z. B. der Charakteristik B (des Typs B) sind 6 A, 10 A, 13 A, 16 A, 20 A, 25 A, 32 A, 40 A, 50 A, 63 A, 80 A, 100 A, 125 A.

Leitungsschutzschalter der Charakteristiken A (früher Z), C, D und K gibt es darüber hinaus auch mit Werten unter 1 A.

Schmelzsicherungen

Schmelzsicherungen, nämlich Diazed-, Neozed- und NH-Sicherungen (Niederspannungs-Hochleistungssicherungen) stellen einen zuverlässigen Kurzschlussschutz dar, können aber gegen Überlastung nur im begrenzten Umfang wirken.

Diese Sicherungen unterbrechen den Stromkreis durch Abschmelzen eines Schmelzleiters, wenn die Stromstärke während einer bestimmten Zeit einen bestimmten Wert überschreitet. Schmelzsicherungen für DC können auch für AC verwendet werden, jedoch nicht umgekehrt. Die Auslösecharakteristik wird über Strom-Zeit-Diagramme beschrieben (**Bild 7.7**). Die

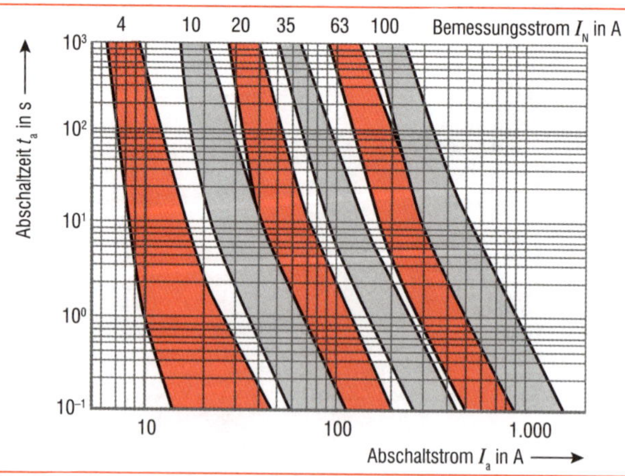

Bild 7.7 Strom-Zeit-Kennlinie einer gG-Schmelzsicherung

Betriebsklassen von Niederspannungssicherungen werden durch zwei Buchstaben angegeben (**Tabelle 7.2**). Der erste Buchstabe gibt die Funktionsklasse an, der zweite das Schutzobjekt. Entsprechend ihrem Bemessungsstrom besitzen Schmelzsicherungen Farbcodes, die das Auswechseln defekter Schmelzeinsätze erleichtern sollen (**Tabelle 7.3**).

Bei Schmelzsicherungen unterbricht bei entsprechend großer Stromstärke und Zeitdauer ein Schmelzleiter den Stromkreis.

Kennung	Bedeutung
gG	Ganzbereichsschutz für allgemeine Anwendung, trägflink
gR	Ganzbereichsschutz für Halbleiterbauelemente, superflink, schneller als gS
gS	Ganzbereichsschutz für Halbleiterbauelemente und Leitungsschutz (superflink)
gF	Ganzbereichsschutz für Industrieanlagen, Kraftwerke, Bahnstromsysteme, Oberleitungsbusse; 690 V, 750 V, 1.200 V; fast acting, flink
gPV	Ganzbereichsschutz für Photovoltaik, superflink
aR	Teilbereichsschutz als Kurzschlussschutz für Halbleiterbauelemente (superflink), kein Überlastschutz
aM	Teilbereichsschutz als Kurzschlussschutz für Schaltgeräte in Motorstromkreisen (träge), kein Überlastschutz
gTr	Ganzbereichsschutz für (Verteilnetz-)Transformatoren
gB	Ganzbereichsschutz für Bergbauanlagen (kurzschlussflink). Betriebsspannungen bis 1.000 V

Tabelle 7.2 Betriebsklassen von Niederspannungssicherungen

Nennstrom I_n in A	Anzeigerfarbe
2	Rosa
4	Braun
6	Grün
10	Rot
13	Schwarz
16	Grau
20	Blau
25	Gelb
32	Violett
35*	Schwarz
50	Weiß
63	Kupfer
80	Silber
100	Rot
*manche Länder 40	

Tabelle 7.3 Anzeigerfarben von Schmelzsicherungen nach DIN VDE 0636-3

Bemessungsstromregel

Es kommt nun darauf an, die richtige Überstrom-Schutzeinrichtung auszuwählen. Das erfolgt mit der *Bemessungsstromregel*. Danach darf der Bemessungsstrom (Nennstrom) des zu schützenden Stromkreises höchstens so groß sein wie der Bemessungsstrom der Überstrom-Schutzeinrichtung, der wieder höchstens so groß sein darf wie die Strombelastbarkeit der Leitung.

Bemessungsstromregel

$$I_B \leq I_N \leq I_Z \quad (1)$$

I_B Bemessungsstrom des Stromkreises

I_N Bemessungsstrom der Überstrom-Schutzeinrichtung

I_Z Strombelastbarkeit der Leitung

Beispiel:
Bei einem Stromkreis ist die Summe der Stromstärken der gleichzeitig eingeschalteten Betriebsmittel 18 A, die Leitung ist mit 16 A abgesichert und mit 17,5 A belastbar. Ist die Anlage in Ordnung?

Lösung:
Hier ist $I_B = 18\,\text{A}$, $I_N = 16\,\text{A}$, $I_Z = 17{,}5\,\text{A}$, d.h. $I_B > I_N \Rightarrow$ die Anlage ist nicht in Ordnung.

Schutz bei Überlastung

Der Strom in den Leitern einer Leitung ruft dauernd Wärme hervor. Diese Wärme wird an die Umgebung abgegeben, je höher der Temperaturunterschied zwischen Leiter und Umgebung ist. Dadurch stellt sich im Dauerbetrieb ein Gleichgewicht ein, bei dem die Leitung je nach Verlegeart (**Bild 7.8**) so viel Wärme abgibt, wie in ihr erzeugt wird.

Weil der Isolierstoff der Leitung nur eine begrenzte Temperatur von etwa 100 °C aushält, ist die Strombelastbarkeit einer Leitung von verschiedenen Parametern (Umständen) abhängig. Bei hoher Umgebungstemperatur wird die Leitung wenig gekühlt, kann also nicht so hoch belastet werden, z. B. in einer Sauna. Dann ist die Art der Leitungsverlegung maßgebend, weil davon die Kühlung abhängt. Schließlich kommt es noch darauf an, ob bei einer Leitung zwei Adern mit Strom belastet sind (üblich bei Einphasenwechselstrom) oder drei (üblich bei Drehstrom).

> Die Wärmeabfuhr der in einer Leitung erzeugten Stromwärme hängt von der Umgebungstemperatur und der Art der Verlegung ab.

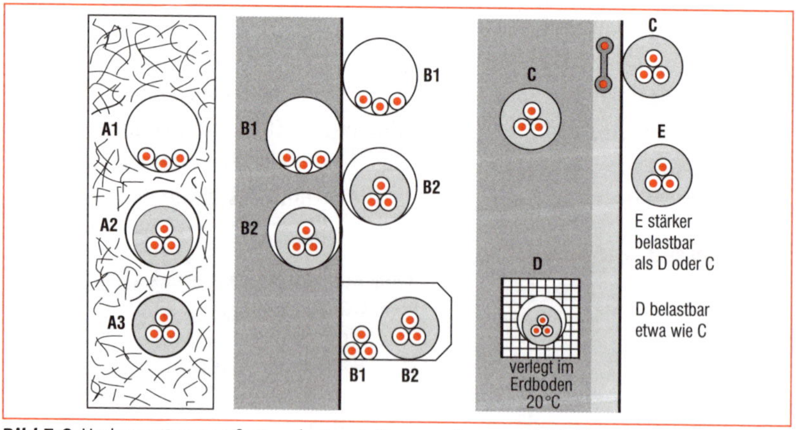

Bild 7.8 Verlegearten von fest verlegten Leitungen Gruppen A bis E

Für die Wohnhausinstallation wurden ursprünglich *drei Verlegearten* unterschieden, A, B und C mit zunehmender Wärmeabfuhr. **A** verursacht eine schlechte Kühlung, weil die Leitung in einem Wärmedämmstoff liegt (Bild 7.8). **B** ermöglicht eine mäßige Kühlung durch Verlegung der Leitung in Rohren oder Kanälen, die im Mauerwerk oder auf dem Mauerwerk liegen. **C** hat eine gute Kühlung zur Folge, weil die Leitung ohne Rohr im Mauerwerk, im Putz oder auf dem Mauerwerk liegt. Die Arten A und B sind feiner unterteilt in A1, A2, B1 und B2 (**Tabelle 7.4**).

Querschnitt in mm²	Strombelastbarkeit I_r in A für Leitertemperatur $\vartheta_B \leq 70°$										
	Bemessungsstrom der Überstrom-Schutzeinrichtung für Überlastschutz in A										
	Verlegeart, Anzahl der Strom führenden Leiter										
	A1		A2		B1		B2		C		bewegliche Leitungen nicht fest verlegt
	2	3	2	3	2	3	2	3	2	3	2 oder 3
1,5	16,5	14,5	16,5	14	18,5	16,5	17,5	16	21	18,5	18
	16	13	16	13	16	16	16	16	20	16	16
2,5	21	19	19,5	18,5	25	22	24	21	29	25	26
	20	16	16	16	25	20	20	20	25	25	25
4	28	25	27	24	34	30	32	29	38	34	34
	25	25	25	20	32	25	32	25	35	32	32
6	36	33	34	31	43	38	40	36	49	43	44
	35	32	32	25	40	35	40	35	40	40	40

Tabelle 7.4 Strombelastbarkeiten für Kabel und Leitungen (Kupfer) für $\vartheta_U = 25\,°C$ (Weitere Querschnitte siehe Anhang und DIN VDE 0298-4)

Beispiel:

Eine Saalbeleuchtung ist als Wechselschaltung an 230 V AC und mit H07V-U von 1,5 mm² in Rohren unter Putz ausgeführt. Wie groß darf die Stromstärke höchstens sein und wie groß ist der Bemessungsstrom des Leitungsschutzschalters vom Typ B?

Lösung:

Die Leitung gehört zur Gruppe B1 und ist nach Tabelle 7.4 mit 18,5 A belastbar und mit einem Leitungsschutzschalter 16 A abzusichern.

Der Schutz bei Überlast wird durch eine Überstrom-Schutzeinrichtung erfüllt, welche einige Zeit *nach* dem Eintreten der Überlastung abschaltet. Das ist zulässig, weil auch die Zunahme der Leitungstemperatur durch eine zu große Stromstärke während mehrerer Minuten ungefährlich ist. Die Leitung braucht einige Zeit, bis sie unzulässig warm wird, und außerdem halten die Isolierstoffe kurze Zeit wesentlich höhere Temperaturen als im Dauerbetrieb aus. Der Schutz bei Überlast wird durch die Zuordnung der Überstrom-Schutzeinrichtungen zu den Leiterquerschnitten gewährleistet (Tabelle 7.4).

Die Tabelle 7.4 gilt für Leitungen und (nicht im Erdreich verlegte) Kabel mit in Deutschland meist zutreffenden Umgebungstemperaturen bis ϑ_U = 25 °C. Für ϑ_U = 30 °C und für Leitertemperatur $\vartheta_B \leq$ 90 °C gelten die Tabellen „Strombelastbarkeit" im Anhang.

> Leitungen dürfen gegen Überlast nicht stärker abgesichert werden, als die Strombelastbarkeit angibt.

Anordnung der Überstrom-Schutzeinrichtungen als Überlastschutz

Der Überlastschutz soll die Leitung gegen Überlastung schützen. Deshalb sollten die Schutzeinrichtungen am Anfang der zu schützenden Leitung angeordnet werden. Dies ist insbesondere für Überstrom-Schutzeinrichtungen für den Kurzschlussschutz zu beachten. Beachte auch Abschnitt 6.3.6.

> Schutzeinrichtungen für den Überlastschutz sind am Anfang jedes Stromkreises erforderlich.

In der Elektrophysik versteht man unter *Stromkreis* den Stromweg vom Erzeuger zum Verbraucher und wieder zurück. Dagegen versteht man in der Elektroinstallation unter Stromkreis alle Betriebsmittel, die ab der Überstrom-Schutzeinrichtung auf der Verbraucherseite vorhanden sind. Schutzeinrichtungen für den *Überlastschutz* sind auch dann erforderlich, wenn im Verlauf der Leitung die *Strombelastbarkeit* verringert wird, z. B. durch eine Verringerung des Leitungsquerschnitts (**Bild 7.9**).

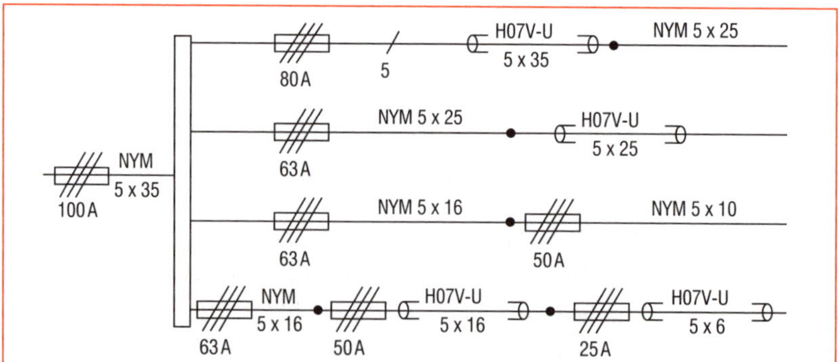

Bild 7.9 Setzen von Überlast-Schutzeinrichtungen bei Verringerung der Strombelastbarkeit (Beispiele)

Die Schutzeinrichtungen gegen Überlast dürfen im Zuge der Leitung versetzt werden, wenn dadurch der Überlastschutz nicht beeinträchtigt wird. Außerdem muss die Leitung gegen die Folgen eines Kurzschlusses geschützt sein. Für das Versetzen der Überstrom-Schutzeinrichtung im Zuge der Leitung müssen einige Bedingungen erfüllt sein (**Bild 7.10**). Eine *Versetzung* bis zu 3 m ist ohne weitere Bedingungen zulässig, wenn die Leitungen vor der Überlast-Schutzeinrichtung *kurzschlusssicher, erdschlusssicher und nicht in der Nähe von brennbaren Materialien* verlegt sind. Kurzschluss- und erdschlusssichere Verlegung ist z. B. durch Verwendung von zugänglichen und mechanisch nicht gefährdeten Kabeln oder Mantelleitungen möglich.

> Eine Versetzung der Überlast-Schutzeinrichtungen ist zulässig, wenn dadurch der Überlastschutz der Leitung nicht beeinträchtigt wird.

Davon wird vor allem bei Motorleitungen häufig Gebrauch gemacht. Dort wird der Überlastschutz durch einen Motorschutzschalter unmittelbar vor dem Motor wahrgenommen, sodass die Schmelzsicherung am Leitungsanfang nur noch den Kurzschlussschutz zu übernehmen hat.

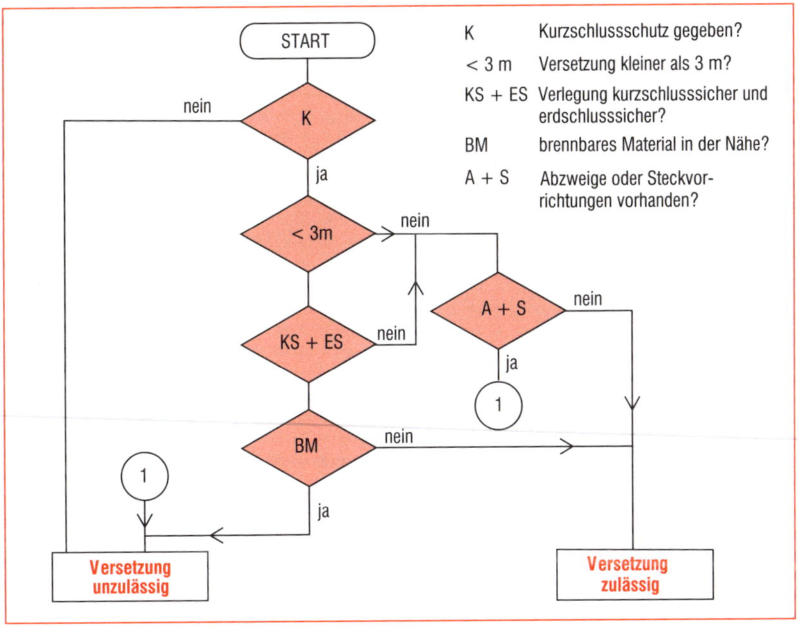

Bild 7.10 Bedingungen für das Versetzen von Überlast-Schutzeinrichtungen im Zuge der Leitung

Verzichten auf Überlastschutz

Manchmal muss auf den Überlastschutz verzichtet werden, in manchen Fällen *darf* darauf verzichtet werden. Auf den Überlastschutz muss verzichtet werden, wenn durch das Abschalten eine höhere Gefahr entsteht, als durch eine Überlastung. Das trifft z. B. für Stromkreise der Sicherheitsbeleuchtung in Versammlungsstätten zu. Bei Leitungen ohne Abzweige und Steckvorrichtungen darf auf den Überlastschutz verzichtet werden, wenn mit dem Auftreten einer Überlast nicht zu rechnen ist. Hier muss der Schutz bei einem Kurzschluss aber gewährleistet sein.

Schutz bei Kurzschluss

Der Schutz der Leitungen gegen die Folgen eines Kurzschlusses *(Kurzschlussschutz)* wird durch Überstrom-Schutzeinrichtungen gewährleistet, die durch den Kurzschlussstrom in sehr kurzer Zeit (unverzögert) ansprechen.

Am einfachsten ist der Fall, wenn eine Überstrom-Schutzeinrichtung verwendet wird, die den *Überlastschutz und* den *Kurzschlussschutz* übernehmen kann, z. B. ein Leitungsschutzschalter. Wird diese Überstrom-Schutzeinrichtung am Anfang der Leitung angeordnet und nach Tabelle 7.4 bemessen, so ist der Kurzschlussschutz meist erfüllt. Dazu muss allerdings das Ausschaltvermögen der Überstrom-Schutzeinrichtung mindestens so groß sein wie der größtmögliche Kurzschlussstrom an der Einbaustelle der Überstrom-Schutzeinrichtung. Das ist aber bei normalen Installationen immer der Fall.

> Der Kurzschlussschutz ist gewährleistet, wenn Leitungsschutzschalter für den Überlastschutz nach der Zuordnungstabelle ausgewählt und am Anfang der zu schützenden Leitung angeordnet werden.

Bei sehr spannungssteifen Netzen mit sehr großen Querschnitten, z. B. in Industriebetrieben, könnte allerdings der Fall eintreten, dass der Kurzschlussstrom das Ausschaltvermögen des Leitungsschutzschalters übersteigt. Dann muss vorher der größte zu erwartende Kurzschlussstrom ermittelt und mit dem Abschaltvermögen des Leitungsschutzschalters verglichen werden.

Das *Ausschaltvermögen* der Leitungsschutzschalter ist am Schalter angegeben (**Bild 7.11**). Es ist die Stromstärke, die vom Schalter sicher abgeschaltet werden kann, und beträgt gewöhnlich 6.000 A. Außer diesem Schaltvermögen ist auch die *Selektivitätsklasse* am Leitungsschutzschalter angegeben. Unter Selektivität versteht man die Fähigkeit des Schalters zum Abschalten des Kurzschlusses, ohne dass die *Vorsicherung* derselben Selektivitätsklasse mit anspricht. Für das Abschalten ist das Produkt Stromquadrat mal Zeit maßgebend, der so genannte i^2t-Wert. Bei einem Leitungsschutzschalter 16 A darf der i^2t-Wert in der Selektivitätsklasse 3 höchstens 35.000 A^2s betragen.

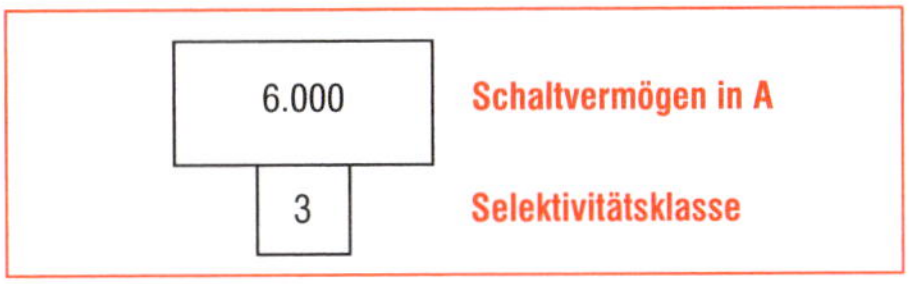

Bild 7.11 Angabe von Schaltvermögen und Selektivitätsklasse bei einem Leitungsschutzschalter

7.3 Spannungsfall an Leitungen

Elektrische Leitungen haben in der Hinleitung und in der Rückleitung je einen Widerstand, den man bei der Gebäudeinstallation als Wirkwiderstand annehmen kann (**Bild 7.12**). Beide Widerstände zusammen bilden den *Leitungswiderstand* R_{Ltg}. Der Strom ruft in ihm eine Spannung $U_a = R_{Ltg} \cdot I$ hervor, die man Spannungsfall nennt. Wegen des *Spannungsfalls* liegt am Ende der Leitung eine kleinere Spannung als am Anfang.

Bei Gleichstrom und bei Wechselstrom ohne Phasenverschiebung zwischen U und I (also bei $\cos\varphi = 1$) ist die Spannung am Leitungsende um den vollen Betrag von $R_{Ltg} \cdot I$ kleiner als am Leitungsanfang. Hier ist der *Spannungsunterschied* ΔU so groß wie der Spannungsfall.

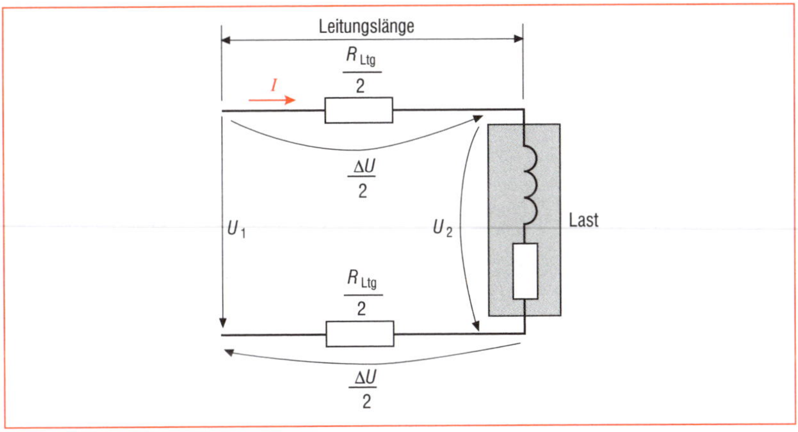

Bild 7.12 Widerstände einer DC- oder AC-Leitung mit $\cos\varphi = 1$

Beispiel:

Eine 3-adrige Wechselstromleitung mit PE-Leiter der Länge von 50 m wird mit $U_1 = 230\,\text{V}$ gespeist und gibt am angeschlossenen Verbrauchsmittel mit $\cos\varphi = 1$ eine Spannung von $U_2 = 220\,\text{V}$ ab.
Wie groß sind a) Spannungsunterschied ΔU, b) Spannungsfall U_a?

Lösung:

a) $\Delta U = U_1 - U_2 = 230\,\text{V} - 220\,\text{V} = \mathbf{10\,V}$

b) $U_a = \Delta U = \mathbf{10\,V}$

Bei Wechselstrom mit Phasenverschiebung zwischen U und I des Verbrauchsmittels ist die Spannung U_1 gleich der *geometrischen* Summe (Gesamtstrecke der aneinander gehängten Zeiger) von U_2 und $R_{Ltg} \cdot I$ (**Bild 7.13**). Der für die Spannung an der Last maßgebende Spannungsunterschied ΔU ist also nur wenig kleiner als der eigentliche Spannungsfall U_a. Deshalb werden nach den TAB (Technische Anschlussbedingungen) für die Gebäudetechnik Spannungsunterschied und Spannungsfall gleichgesetzt:

> Der Spannungsfall (entlang einer Leitung) ist die Differenz zwischen den Beträgen der Spannung am Anfang und am Ende der Leitung.

Der Spannungsfall wird mit Δu auch in % der Bemessungsspannung des Netzes angegeben (**Tabelle 7.5**). Das Hauptstromversorgungsystem führt nicht gemessene Energie zwischen dem Hausanschlusskasten HAK und dem Zähler.

Der Spannungsfall einer Leitung hängt von der Stromstärke, der Leitungslänge, dem Leiterquerschnitt, der Leitfähigkeit des Leitermaterials, gewöhnlich Kupfer mit $\gamma = 56\,\text{m}/(\Omega \cdot \text{mm}^2)$, und bei Wechselspannung vom Leistungsfaktor ab. Außerdem ist er je nach Stromart verschieden zu be-

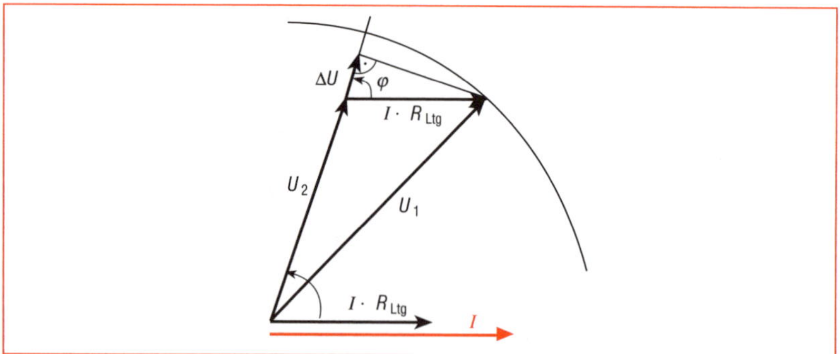

Bild 7.13 Zeigerbild der Spannungen bei AC

rechnen. Die Berücksichtigung des Spannungsfalls ist nur bei langen Leitungen erforderlich, bei Gleichstrom und bei Einphasenwechselstrom für Leitungslängen über 25 m, bei Drehstrom für Leitungen über 35 m.

Zur genaueren Berechnung des Spannungsfalls ist die Leitfähigkeit γ bei der anzunehmenden Betriebstemperatur der Leitung zu verwenden (**Tabelle 7.6**). Zur überschlägigen Berechnung wird oft mit γ_{20} gerechnet, bei Cu also mit $\gamma_{20} = 56\ \text{m}/(\Omega \cdot \text{mm}^2)$.

Man kann den Spannungsfall bei einer über 20 °C liegenden Leitertemperatur auch berechnen, indem man ihn zunächst für 20 °C berechnet und dann mit einem Faktor erhöht. Je °C nimmt bei Kupfer der Leiterwiderstand um 0,4 % zu. Bei 50 °C beträgt die Erhöhung gegenüber 20 °C dann 30 · 0,4 % = 12 %. Der zu verwendende Faktor ist somit 1,12 für 50 °C. Für 70 °C beträgt der Faktor 1,2.

Spannungsfall in %	Art der Anlage
vom Hausanschlusskasten bis zum Zähler, nach TAB*	
0,5	Hauptstromversorsorgungssystem
ab Messeinrichtung (Zähler) bis zum Verbrauchsmittel, nach DIN 18015	
3	bei allen Stromkreisen
* Technische Anschlussbedingungen des VNB (Verteilungsnetzbetreiber)	

Tabelle 7.5 Höchste Spannungsfälle Δu in % der Bemessungsspannung

Leitertemperatur ϑ_B in °C	Formelzeichen	Leitfähigkeit in m/(Ω · mm²)	
		Cu	Al
20	γ_{20}	56	35
50	γ_{50}	50	31
70	γ_{70}	46	29

Tabelle 7.6 Leitfähigkeiten γ

Beispiel:

Der Spannungsfall Δu bei einer Leitertemperatur von 20 °C wird berechnet zu $\Delta u = 2{,}9\,\%$. Wie groß ist der Spannungsfall Δu bei einer Leitertemperatur von 50 °C ?

Lösung:

$\Delta u = 2{,}9\,\% \cdot 1{,}12 = \mathbf{3{,}25\,\%}$

Spannungsfall

$$\Delta u = \frac{\Delta U \cdot 100\,\%}{U} \quad (1)$$

$$\Delta U = U_1 - U_2 \quad (2)$$

Bei Gleichstrom:

$$\Delta U = \frac{2 \cdot I \cdot l}{A \cdot \gamma} \quad (3)$$

Bei Einphasenstrom:

$$\Delta U = \frac{2 \cdot I \cdot l \cdot \cos\varphi}{A \cdot \gamma} \quad (4)$$

Bei Dreiphasenstrom:

$$\Delta U = \frac{\sqrt{3} \cdot I \cdot l \cdot \cos\varphi}{A \cdot \gamma} \quad (5)$$

U_1	Spannung am Leitungsanfang in V
U_2	Spannung am Leitungsende in V
ΔU	Spannungsfall in V
U	Bemessungs-Netzspannung in V
Δu	relativer Spannungsfall in %
$\cos\varphi$	Leistungsfaktor
I	Leiterstrom in A (oder I_N der Überstrom-Schutzeinrichtung)
l	einfache Leitungslänge in m
A	Leiterquerschnitt in mm^2
γ	Leitfähigkeit in $m/\Omega \cdot mm^2$ Oft wird auch das Formelzeichen κ (Kappa) verwendet.

DIN VDE 0100-520 unterscheidet zulässige Spannungsfälle *ab Hausanschluss* wie folgt:

- 3 % für Beleuchtungsstromkreise,
- 5 % für sonstige Stromkreise.

Bei privatem Energieversorgungsnetz sind nach DIN VDE 0100-520 ab Hausanschluss folgende Spannungsfälle zulässig:

- 6 % für Beleuchtungsstromkreise,
- 8 % für sonstige Stromkreise.

Im Entwurf der DIN VDE 0100-520 von 2019 ist der Spannungsfall für alle Arten von Stromkreisen ab Hausanschluss auf maximal 4 % festgelegt. Abweichungen sind erlaubt beim Anlauf von Motoren sowie bei Verbrauchern mit hohen Einschaltströmen.

Leitungsberechnung bei langen Leitungen

> Bei langen Leitungen ermittelt man zuerst die erforderlichen Überstrom-Schutzeinrichtungen, daraus nach der Zuordnungstabelle den erforderlichen Leiterquerschnitt und prüft dann, ob der Spannungsfall nicht zu groß ist.

Wenn der Spannungsfall zu groß sein sollte, muss der nächsthöhere Querschnitt der Leitung gewählt werden und auf den zulässigen Spannungsfall erneut überprüft werden.

Beispiel:

Ein Drehstrommotor mit einem Bemessungsstrom I_N = 15 A und einem Leistungsfaktor von cos φ = 0,8 wird an das Drehstromnetz 400 V angeschlossen. Der Anzugsstrom I_a beträgt das Vierfache vom Bemessungsstrom. Die Leitungslänge ab Zähler beträgt dabei 50 m.

Es sind zu ermitteln:

a) Einstellung des Motorschutzschalters für den Überlastschutz und kleinstmöglicher Bemessungsstrom der Überstrom-Schutzeinrichtung für den Kurzschlussschutz,

b) Leiterquerschnitt für die vorgesehene NYM-Leitung unter Putz in Installationsrohr nach der Zuordnungstabelle (Tabelle 7.4),

c) erforderlicher Leiterquerschnitt unter Berücksichtigung des zulässigen Spannungsfalls, wenn die Leitertemperatur 50 °C beträgt, also nach Tabelle 7.6 $\gamma_{50} = 50\,\text{m}/(\Omega \cdot \text{mm}^2)$.

Lösung:

a) Motorschutzschalter: $I = I_N = \mathbf{15\,A}$

Kurzschlussschutz: $I \geq 4 \cdot I_N = 4 \cdot 15\,\text{A} = 60\,\text{A} \approx \mathbf{63\,A}$

b) NYM ⇒ Gruppe B2 ⇒ bei 15 A erforderlich **1,5 mm²**

c) $$\Delta U = \frac{\sqrt{3} \cdot I \cdot l \cdot \cos\varphi}{A \cdot \gamma_{50}} = \frac{\sqrt{3} \cdot 15\,\text{A} \cdot 50\,\text{m} \cdot 0{,}8}{1{,}5\,\text{mm}^2 \cdot 50\,\text{m}/(\Omega \cdot \text{mm}^2)} = \mathbf{13{,}86\,V}$$

$$\Delta u = \frac{\Delta U \cdot 100\,\%}{U} = \frac{13{,}86\,\text{V} \cdot 100\,\%}{400\,\text{V}} = 3{,}5\,\% > 3\,\%$$

nicht ausreichend, zu verlegen sind **2,5 mm².**

Spannungsfall am Blindwiderstand

Auch am induktiven Blindwiderstand X_L der Leitung entsteht zusätzlich ein Spannungsfall ΔU_L. Bei Einphasenstrom ist wie bei Formel 4 auf der vorhergehenden Seite die Leiterlänge doppelt so groß wie die Leitungslänge (Faktor 2), sin φ rührt vom Blindwiderstand (**Formel 1**) der Last und Leitung her.

induktiver Spannungsfall

$$\Delta U_L = 2 \cdot X_L \cdot I \cdot \sin\varphi \quad (1)$$

$$\Delta U_L = 2 \cdot X_L' \cdot l \cdot I \cdot \sin\varphi \quad (2)$$

ΔU_L	induktiver Spannungsfall in V
I	Stromstärke in A
l	Leitungslänge in m
X_L	induktiver Blindwiderstand in mΩ
X_L'	induktiver Blindwiderstandsbelag in mΩ/m
sin φ	Blindfaktor

Meist ist der induktive Blindwiderstand X_L der Formel 1 nicht bekannt. Dann rechnet man mit dem Blindwiderstandsbelag X_L'. Das ist der Blindwiderstand einer Einheit der Leiterlänge (**Formel 2**). X_L' kann gemessen werden und beim Hersteller erfragt werden oder bei Installationsleitungen zu 0,08 mΩ/m angenommen werden.

Aus Formel 4, Seite 192 und Formel 2 folgt **Formel 3**, die mit anderen Formelzeichen in DIN VDE 0100-520 enthalten ist.

(gesamter) **Spannungsfall**

$$\Delta U = 2 \cdot I \cdot l \cdot \left(\frac{\cos \varphi}{A \cdot \gamma} + X_L' \cdot \sin \varphi \right) \quad (3)$$

$$\sin \varphi = \sqrt{1 - \cos^2 \varphi}$$

ΔU	Spannungsfall in V
I	Stromstärke in A
l	Leitungslänge in m
A	Leiterquerschnitt in mm²
γ	Leitfähigkeit in m/Ω · mm²
X_L'	induktiver Blindwiderstandsbelag in mΩ/m
$\cos \varphi$	Leistungsfaktor
$\sin \varphi$	Blindfaktor

Bei Leitungen der Gebäudeinstallation ist der induktive Widerstand meist vernachlässigbar, da X_L' und sin φ klein sind. Bei Freileitungen sind X_L' und sin φ aufgrund der großen Leiterabstände viel größer, sodass die induktiven Anteile zu beachten sind.

Ermittlung von Leitungslängen mit Norm-Tabellen

Anstelle der Berechnung von maximalen Leitungslängen unter Berücksichtigung des erlaubten Spannungsfalls können diese auch Tabellen aus Normen entnommen werden. DIN VDE 0100-520 Beiblatt 2 enthält eine Tabelle, welche maximal zulässige Kabel- und Leitungslängen für 3 AC 400 V, 50 Hz bei einem Spannungsfall von 3 % enthält (**Tabelle 7.7**). Für Einphasen-Wechselspannung sind die angegebenen Werte mit dem Faktor 0,5 zu multiplizieren. Im Falle anderer Spannungsfälle sind die angegebenen Werte mit Umrechnungsfaktoren zu multiplizieren (**Tabelle 7.8**).

DIN VDE 0100 Beiblatt 5 enthält eine Tabelle basierend auf normierten Werten, mit denen man relativ bequem die erlaubte Leitungslänge für einen gewünschten Spannungsfall berechnen kann (**Tabelle 7.9, Formel 1,** Seite 196). Die normierten Werte beruhen auf einem Spannungsfall von 1 %, einem Betriebsstrom von $I_B = 1$ A und einer Nennspannung des Netzes von $U_n = 1$ V.

Betriebsstrom in A	maximal zulässige Leitungslänge in m Leiterbemessungsquerschnitt in mm² (Cu)					
	1,5	2,5	4	6	10	16
6	92	150	–	–	–	–
10	55	90	141		–	–
16	34	56	88	132	–	–
20	28	45	70	106	–	–
25	–	36	56	85	142	–
35	–	–	40	60	101	160
40	–	–	–	53	89	140
Weitere Werte siehe DIN VDE 0100-520 Beiblatt 2						

Tabelle 7.7 Maximal zulässige Leitungslängen für 3 AC 400 V, 50 Hz und 3 % Spannungsfall

Spannungsfall in %	Umrechnungsfaktor
1	0,33
1,5	0,50
4	1,33
5	1,67
8	2,67
10	3,33

Tabelle 7.8 Umrechnungsfaktoren bei von 3 % abweichenden Spannungsfällen

Querschnitt in mm²	Mehrleiterkabel 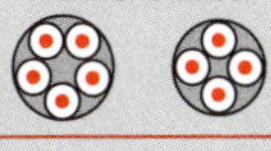		Einleiterkabel 	
	Länge l_{norm} in m			
	Cu-Leiter	Al-Leiter	Cu-Leiter	Al-Leiter
1,5	0,4	0,2	–	–
2,5	0,6	0,4	–	–
4	1,0	0,6	–	–
6	1,5	0,9	–	–
10	2,6	1,5	2,6	1,5
16	4,1	2,5	4,1	2,5
25	6,6	4,0	6,5	3,9
35	9,1	5,5	9,0	5,5
50	12,2	7,4	12,1	7,4
Werte für das Ermitteln der Grenzlängen nach Formel 1 auf der folgenden Seite. Weitere Werte, auch für VPE/EPR-isolierte Kabel, in DIN VDE 0100 Beiblatt 5.				

Tabelle 7.9 Normierte Leitungslängen für 3 AC 400 V, 50 Hz
PVC-Kabel, $U_n = 1$ V, $I_B = 1$ A, $\Delta u = 1$ %, Leitertemperatur 70 °C

Zu beachten ist allerdings, dass einerseits die Werte der Tabellen, andererseits auch die mittels Formeln berechneten Werte etwas abweichen können.

Diesen Tabellenwerten liegt zugrunde, dass der Phasenwinkel des Bemessungsstroms bzw. Betriebsstroms und der Impedanzwinkel der Leitung gleich groß sind.

Für einphasige Stromkreise ist die nach Formel 1 berechnete zulässige Leitungslänge zu halbieren. Im Falle paralleler Kabelsysteme ist die nach Formel 1 berechnete zulässige Leitungslänge mit der Anzahl der parallelen Systeme zu multiplizieren.

bei Drehstromsystem

$$l_{zul} = l_{norm} \cdot \frac{U_n}{I_B} \cdot \Delta u \qquad (1)$$

l_{zul}	zulässige Leitungslänge in m
l_{norm}	normierte Leitungslänge in m
U_n	Nennspannung in V
I_B	Betriebsstrom in A
Δu	Spannungsfall in %

Beispiel:

In einem Stromkreis von 60 m Länge soll über ein Cu-Einleiterkabel mit Querschnitt 16 mm² und PVC-Isolierung ein Betriebsstrom von 70 A bei einer Netznennspannung von 400 V übertragen werden. Der Spannungsfall soll 3 % nicht übersteigen. Die Leitertemperatur beträgt 70 °C.

Ermitteln Sie die zulässige Leitungslänge.

Lösung:

$$l_{zul} = l_{norm} \cdot \frac{U_n}{I_B} \cdot \Delta u = 4{,}1\ \text{m} \cdot \frac{400\ \text{V}}{70\ \text{A}} \cdot 3\,\% = \mathbf{70{,}28\,m}$$

Ebenfalls in DIN VDE 0100 Beiblatt 5 sind Tabellen enthalten mit Grenzlängen von Kabeln und Leitungen in Abhängigkeit von Schutzgeräten, Abschaltzeiten für Fehler und Schutz bei Kurzschluss sowie der Netzvorimpedanz (Impedanz des vorgelagerten Netzes am Anschlusspunkt). Diese Überprüfung muss auch erfolgen, um die maximal zulässige Leitungslänge zu bestimmen (Abschnitt 7.5).

7.4 Umrechnungsfaktoren zur Leitungsberechnung

Leitungshäufung

Die in Tabelle 7.4 abgebildete Zuordnung von Strombelastbarkeit, Verlegeart und Leiterquerschnitt betrifft den idealen Fall, in dem die Abfuhr der Stromwärme nicht behindert ist und z. B. durch Häufung von Leitungen keine zusätzliche Wärme entsteht. Die reale Strombelastbarkeit I_Z einer Leitung ist oft kleiner als die in Tabellen von Normen oder Herstellern angegebene Bemessungsstrombelastbarkeit (Tabelle 7.4, Tabellen „Strombelastbarkeit" im Anhang bzw. Tabellen in DIN VDE 0298-4).

Die reale Strombelastbarkeit I_Z erhält man mittels Umrechnungsfaktoren, auch Reduktionsfaktoren, Korrekturfaktoren genannt, welche auf die Werte von z.B. Tabelle 7.4 oder der Tabellen „Strombelastbarkeit" im Anhang anzuwenden sind.

Strombelastbarkeit

$$I_Z = k \cdot I_r \quad \text{1}$$

I_Z reale Strombelastbarkeit in A
k Umrechnungsfaktor (oft auch F, f)
I_r Strombelastbarkeit in A, Tabellenwert

Bei Leitungshäufungen ist zu unterscheiden, ob die Leitungen an Wänden, Decken, Fußböden (Verlegeanordnung) befestigt (**Tabelle 7.10**) oder mittels Kabelwannen/Kabelpritschen verlegt sind (**Tabelle 7.11**).

Anordnung der Leitungen (Verlegeanordnung)	Umrechnungsfaktor *k* – Anzahl vom Strom belastete Leitungen						
	1	2	3	4	5	6	7
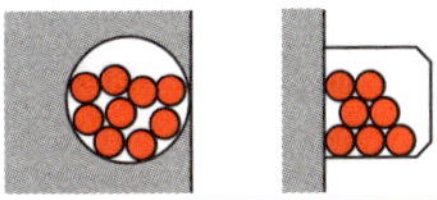	1	0,80	0,70	0,65	0,60	0,57	0,54
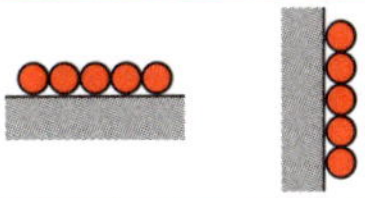	1	0,85	0,79	0,75	0,73	0,72	0,72
	0,95	0,81	0,72	0,68	0,66	0,64	0,63

Tabelle 7.10 Umrechnungsfaktoren *k* für fest verlegte Leitungen (1- oder mehradrig) (weitere Werte siehe DIN VDE 0298-4)

Anordnung	Anzahl Kabelträger	Umrechnungsfaktor *k* – Anzahl Leitungen je Kabelträger					
		1	2	3	4	6	9
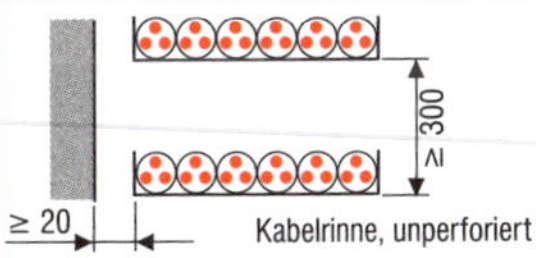	1	0,97	0,84	0,78	0,75	0,71	0,68
	3	0,97	0,82	0,75	0,71	0,66	0,61
	6	0,97	0,81	0,73	0,69	0,63	0,58
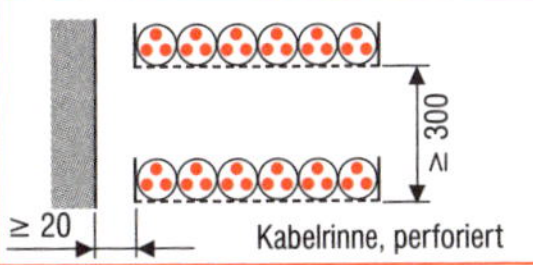	1	1	0,88	0,82	0,79	0,76	0,73
	3	1	0,86	0,79	0,77	0,71	0,68
	6	1	0,84	0,77	0,73	0,68	0,64

Tabelle 7.11 Umrechnungsfaktoren *k* für Leitungsverlegung mittels Kabelwannen/Kabelpritschen

Mittels Umrechnungsfaktoren kann bei Leitungshäufung die reale Strombelastbarkeit einer Leitung berechnet werden, welche kleiner ist als ihre Strombelastbarkeit gemäß Tabellenwert.

Einfluss der Umgebungstemperaturen

Meist verwendet man für die Strombelastbarkeit I_r. Werte aus Tabellen, die auf einer Umgebungstemperatur von 30 °C beruhen (Tabellen „Strombelastbarkeit“ im Anhang).

Weicht die Umgebungstemperatur der verlegten Leitungen von 30 °C ab, muss die Strombelastbarkeit I_Z ebenfalls mittels Umrechnungsfaktor berechnet werden. Bei niedrigeren Umgebungstemperaturen als 30 °C wird I_Z dadurch größer, bei höheren Umgebungstemperaturen dagegen kleiner (**Tabelle 7.12**). Auch der Isolierstoff der Leitung hat hierbei Einfluss. Verwendet man Strombelastbarkeitstabellen auf Basis 25 °C Umgebungstemperatur (Tabelle 7.4), muss bei abweichenden Temperaturen, z. B. 40 °C, zuerst auf 30 °C Umgebungstemperatur umgerechnet werden und erst danach auf die Umgebungstemperatur von 40 °C.

Treten nun Leitungshäufungen und von 30 °C abweichende Umgebungstemperaturen gemeinsam auf, dann müssen die verschiedenen Umrechnungsfaktoren miteinander multipliziert werden: $k = k_1 \cdot k_2$.

Isolierstoff	maximale Betriebstemperatur ϑ_B in °C	Umrechnungsfaktor k									
		Umgebungstemperatur ϑ_U in °C									
		10	15	20	25	30	35	40	45	50	60
Kautschuk	60	1,29	1,22	1,15	1,08	1,0	0,91	0,82	0,71	0,58	–
Polyvinylchlorid	70	1,22	1,17	1,12	1,06	1,0	0,94	0,87	0,79	0,71	0,50

Tabelle 7.12 Umrechnungsfaktoren k bei von 30 °C abweichenden Umgebungstemperarturen

Beispiel:

Eine Leitung (Isolierstoff synthetischer Kautschuk) mit einer Strombelastbarkeit I_r von 35 A wird zusammen mit vier weiteren gleichen Leitungen an einer Wand eng nebeneinander verlegt. Die Umgebungstemperatur beträgt 25 °C.

a) Wie groß sind die Umrechnungsfaktoren?

b) Wie groß ist die reale Strombelastbarkeit?

Lösung:

a) Der Umrechnungsfaktor für Leitungshäufung
beträgt bei fünf Leitungen 0,73 (Tabelle 7.10).
Der Umrechnungsfaktor auf die Umgebungstemperatur 25 °C
beträgt 1,08 (Tabelle 7.12).

b) $I_Z = k_1 \cdot k_2 \cdot I_r = 0{,}73 \cdot 1{,}08 \cdot 35\,\text{A} = \mathbf{27{,}59\,A}$

Mehradrig belastete Leitungen

Bei Leitungen mit mehr als drei stromführenden Leitern müssen bzgl. ihrer Strombelastbarkeit ebenfalls Umrechnungsfaktoren angewendet werden (**Tabelle 7.13**). Auch hier wirken sich die durch den Strom entstehenden Leitertemperaturen auf die Strombelastbarkeit der Leiter der Leitung aus. Anzuwenden sind diese Umrechnungsfaktoren auf die Werte von z.B. Tabelle 7.4 oder der Tabellen „Strombelastbarkeit" im Anhang.

Anzahl stromführende Leiter	2	3	5	7	10	14	19	24	40	61
Umrechnungsfaktor *k*	1	1	0,75	0,65	0,55	0,50	0,45	0,40	0,35	0,30

Tabelle 7.13 Umrechnungsfaktoren *k* mehradrig belasteter Leitungen

Oberschwingungen

Die Sinusform der 50-Hz-Wechselspannung wird durch qualitativ schlechte Generatoren, Wechselrichter oder durch Verbraucher mit nichtlinearen Kennlinien verzerrt. Verbraucher mit nichtlinearen Kennlinien sind z.B. PCs, Energiesparlampen, LEDs, Flachbildschirme, elektronische Vorschaltgeräte. Jede periodische Schwingung besteht aus einer Überlagerung von Sinusschwingungen unterschiedlicher Periodendauern (**Bild 7.14**).

Schwingungen mit ganzzahligen Ordnungszahlen nennt man *Oberschwingungen* oder *Harmonische*. Die Ordnungszahl einer Oberschwingung ist das ganzzahlige Verhältnis der Frequenz der Oberschwingung zur Frequenz der Grundschwingung. Bei der Leitungsberechnung ist vor allem die dritte Teilschwingung mit Ordnungszahl 3 zu beachten, welche zur

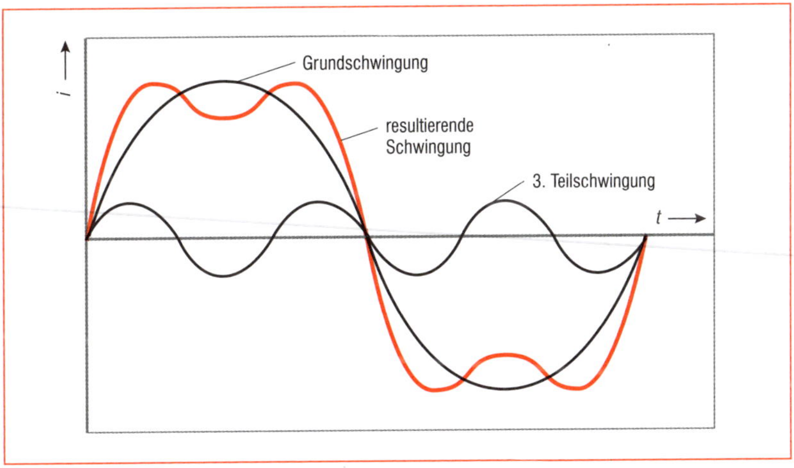

Bild 7.14 Periodische Schwingungen

Schwingungsveränderung gegenüber der Grundschwingung am meisten beiträgt. Beim 50-Hz-Netz besitzt diese eine Frequenz von 150 Hz.

Der Oberschwingungsanteil eines Stroms oder einer Spannung wird als THD-Wert (Total Harmonic Distortion) in % oder als entsprechende Dezimalzahl angegeben. Je nach THD-Wert sind verschiedene Reduktionsfaktoren, bezogen auf die dritte Teilschwingung, bei der Leitungsberechnung anzuwenden (**Tabelle 7.14**). Oberschwingungsanteile unter 15 % wirken sich hinsichtlich der Strombelastbarkeit nicht aus, Anteile über 45 % bewirken, dass der Neutralleiterstrom größer ist als der Außenleiterstrom.

> Treten bei der Leitungsverlegung Leitungshäufung und von 30 °C abweichende Umgebungstemperaturen und Oberschwingungen auf, so sind drei Umrechnungsfaktoren miteinander zu multiplizieren.

Der Neutralleiterstrom wird über den THD-Wert und den Außenleiterstrom berechnet. Zu berücksichtigen ist dabei, dass sich die drei Oberschwingungsströme in den Außenleitern auf den Neutralleiterstrom auswirken (**Bild 7.15**). Es wird empfohlen, den Neutralleiter mit gleichem Querschnitt zu verlegen wie die Außenleiter.

Oberschwingung mit Anteil 3. Teilschwingung am Außenleiterstrom in %	Umrechnungsfaktor (Reduktionsfaktor) *k* für 3. Teilschwingung	
	Außenleiterstrom	Neutralleiterstrom
0 bis 0,15	1,00	–
> 0,15 bis 0,33	0,86	–
> 0,33 bis 0,45	–	0,86
> 0,45	–	1,00

Tabelle 7.14 Umrechnungsfaktoren *k* für Ströme mit Oberschwingungen in 4- und 5-adrigen Leitungen und Kabeln

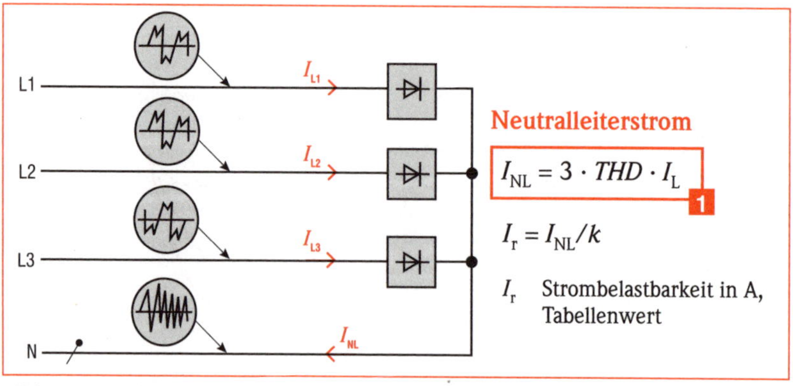

Bild 7.15 Auswirkungen von Oberschwingungen auf den Strom im N-Leiter

Beispiel:

Eine 4-adrige Leitung in einer Umgebungstemperatur von 30 °C soll in Verlegeart C einen Drehstrom von 70 A übertragen. Sein Oberschwingungsgehalt bzgl. der dritten Teilschwingung beträgt 40 %. Welcher Leiterquerschnitt ist für die Außenleiter und den Neutralleiter unter Verwendung der Tabellen der Seiten 484 und 485 vorzusehen?

Lösung:

Neutralleiterstrom: $I_{NL} = 3 \cdot THD \cdot I_L = 3 \cdot 0{,}4 \cdot 70\,A = 84\,A$.

Nach Tabelle 7.14 beträgt der Umrechnungsfaktor (Reduktionsfaktor) 0,86.

Bemessungsstrombelastbarkeit: $I_r = I_{NL}/k = 84\,A/0{,}86 = 97{,}7\,A$

Nach Tabelle 2, Seite 485, muss der Leiterquerschnitt für die Außenleiter und den Neutralleiter **25 mm²** betragen.

7.5 Leitungslängen und Überstrom-Schutzeinrichtungen

Überstrom-Schutzeinrichtungen benötigen für ihre Wirkung einen Mindest-Auslösestrom. Daher begrenzen auch sie die wirksame Leitungslänge. Aus Tabellen der Normen DIN VDE 0100 Bbl. 5 können maximale Leitungs-längen anhand von Anforderungen bzgl. Spannungsfall (Tabelle 7.9) und Fehlerschutz und Kurzschlussschutz (**Tabelle 7.15**) entnommen werden. Wichtig ist dabei, dass die kürzeste maximale Leitungslänge dieser Fälle als gesamthaft zu wählende maximale Leitungslänge genommen wird.

> Spannungsfall, Fehlerschutz und Kurzschlussschutz haben Einfluss auf die maximale Länge einer Leitung.

Querschnitt in mm²	Bemessungsstrom Überstrom-Schutz-einrichtung in A	maximal zulässige Leitungslänge in m bei Z_{vo} = 300 mΩ		
		LS B	LS C	gG
1,5	16	79	34	54
2,5	16	130	57	90
4	16	210	92	146
6	20	244	102	152
10	25	315	125	199

Z_{vo} Schleifenimpedanz vor der Schutzeinrichtung, LS Leitungsschutzschalter mit Charakteristiken B,C, gG Schmelzsicherung

Tabelle 7.15 Maximale Längen von Leitungen im Zusammenhang mit Überstrom-Schutz-einrichtungen (vgl. DIN VDE 0100 Bbl. 5)

Mit zunehmendem Bemessungsstrom der Überstrom-Schutzeinrichtung sowie mit zunehmender Schleifenimpedanz vor der Schutzeinrichtung nimmt die maximal zulässige Leitungslänge ab. Mit zunehmendem Leiterquerschnitt sind größere Leitungslängen möglich.

Beispiel:
Für ein PVC-isoliertes Cu-Mehrleiterkabel mit Leiterquerschnitt 4 mm², eingesetzt in einem Drehstromsystem mit Netzspannung 400 V und Stromstärke 16 A, soll die maximale Leitungslänge bestimmt werden.

Wie lang darf die Leitung sein, wenn ein Leitungsschutzschalter Charakteristik C im Stromkreis vorhanden ist und die Schleifenimpedanz Z_{vo} vor der Schutzeinrichtung 300 mΩ beträgt?

Lösung:
Aus Tabelle 7.15 sind **92 m** zu entnehmen.

7.6 Vorgehensweise bei der Leitungsberechnung – Ablauf

Bevor mit einer Leitungsverlegung begonnen werden kann, muss die Stromaufnahme I_B des zu versorgenden Betriebsmittels in Erfahrung gebracht werden. Anschließend sind die in den vorherigen Abschnitten erläuterten Einflüsse auf eine Leitungsdimensionierung hinsichtlich Leiterquerschnitt und Leitungslänge zu beachten (**Bild 7.16**).

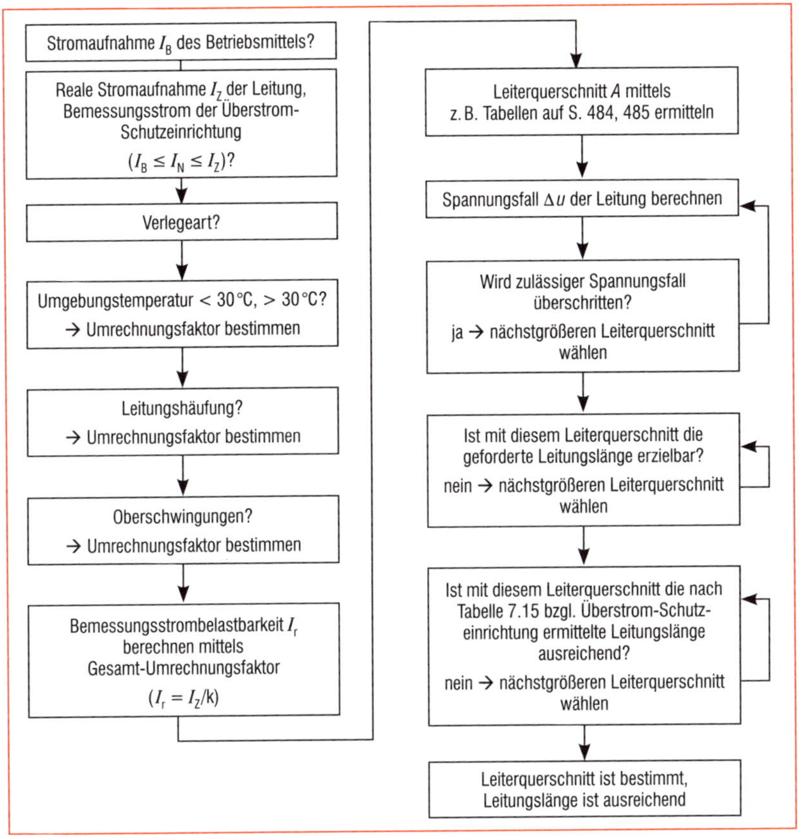

Bild 7.16 Ablauf der Leitungsberechnung

Kontrollfragen

1. Wie groß ist der Mindestquerschnitt von fest verlegten Leitungen in der Elektroinstallation?
   1. 0,75 mm^2 Cu, 2. 1 mm^2 Cu, 3. 1,5 mm^2 Cu, 4. 2,5 mm^2 Cu, 5. 4 mm^2 Cu.

   ☐

2. Welche Aufgabe haben Überstrom-Schutzeinrichtungen?
   1. Nur Schutz der Leitung bei einem Kurzschluss,
   2. Schutz der Leitung bei Kurzschluss oder Überlastung,
   3. nur Schutz der Leitung bei Überlastung,
   4. Schutz der Anlage bei einem Blitzeinschlag,
   5. Abschalten der Anlage bei Feuer.

   ☐

3. Welche Aufgabe haben elektromagnetische Auslöser?
   1. Auslösen bei langdauernder Überlastung,
   2. Auslösen bei Kurzschluss und bei Überlastung,
   3. Auslösen nur bei Kurzschluss,
   4. zusätzlicher Schutz, wenn der thermische Auslöser versagt,
   5. Auslösen bei Überspannung.

   ☐

4. Welche Eigenart haben thermische Auslöser?
   1. Verzögerte Auslösung,
   2. schnelle Auslösung,
   3. Auslösung nur bei Kurzschluss,
   4. rasche Alterung,
   5. Einstellung der Stromstärke nicht möglich.

   ☐

5. Von welchen Umständen hängt die Strombelastbarkeit einer Leitung ab?
   1. Nur vom Querschnitt,
   2. nur von der Art der Kühlung der Leitung,
   3. von der Umgebungstemperatur,
   4. vom Querschnitt, Art der Kühlung und Umgebungstemperatur,
   5. nur vom verwendeten Isolierstoff.

   ☐

6. Wo sind Überstrom-Schutzeinrichtungen als Kurzschlussschutz anzuordnen?
   1. Im Hausanschlusskasten,
   2. am Anfang jedes Stromkreises,
   3. vor dem Zähler,
   4. unmittelbar vor dem Verbrauchsmittel,
   5. vor der Stromkreisverteilung oder am Ende des Stromkreises.

   ☐

7. Welche Bedingung muss stets erfüllt sein, wenn eine Überlast-Schutzeinrichtung näher zum Verbraucher hin angeordnet wird, als grundsätzlich vorgeschrieben ist?
   1. Kurzschlussschutz muss vorhanden sein,
   2. die Leitung muss kurzschlusssicher und erdschlusssicher verlegt sein,
   3. die Leitung muss erdschlusssicher verlegt sein,
   4. die Leitung muss kurzschlusssicher verlegt sein,
   5. die Überstrom-Schutzeinrichtung darf höchstens um 3 m versetzt angeordnet werden.

   ☐

8. In welchem aufgezählten Fall muss auf den Überlastschutz verzichtet werden?
   1. Stromkreis für Sicherheitsbeleuchtung,
   2. Stromkreis für Aufzug,
   3. Stromkreis für Umwälzpumpe einer Heizungsanlage,
   4. Beleuchtungsstromkreis in einer Fabrikhalle,
   5. Stromkreise für die Ausleuchtung eines Fußballstadions.

   ☐

9. Ein Leitungsschutzschalter vom Typ B wird nach DIN VDE 0100 ausgewählt und am Anfang eines Beleuchtungsstromkreises angeordnet. Welche Aussage ist richtig?
   1. Nur Überlastschutz ist gegeben.
   2. Nur Kurzschlussschutz ist gegeben.
   3. Der Stromkreis ist jetzt kurzschlusssicher.
   4. Der Stromkreis ist kurzschlusssicher und erdschlusssicher.
   5. Kurzschlussschutz und Überlastschutz sind gegeben.

   ☐

10. Welche elektrischen Größen bewirken bei Zunahme ihres Zahlenwertes einen größeren Spannungsfall?
    1. Nur der Leiterstrom,
    2. Leiterstrom, Leistungsfaktor und Leiterquerschnitt,
    3. Leiterstrom, Leistungsfaktor und Leitungslänge,
    4. Leistungsfaktor, Leitfähigkeit,
    5. Leitungslänge, Leiterquerschnitt und Leiterstrom.

    ☐

11. Welche elektrischen Größen bewirken bei Abnahme ihres Zahlenwertes einen kleineren Spannungsfall?
    1. Nur die Leitungslänge,
    2. Leiterstrom, Leistungsfaktor und Leiterquerschnitt,
    3. Leiterquerschnitt, Leistungsfaktor und Leitfähigkeit,
    4. Leiterstrom, Leitungslänge, Leistungsfaktor,
    5. Leitfähigkeit, Leiterquerschnitt, Leiterstrom.

    ☐

12. Bei welchen Leitungen ist der Spannungsfall infolge induktivem Blindwiderstand größer als bei anderen Leitungen?
    1. Kabel bei Erdverlegung,
    2. lange Freileitungen,
    3. Leitungen der Elektroinstallation für LED-Beleuchtung,
    4. Leitungen mit großem Oberschwingungsanteil,
    5. in Stahlrohren verlegte Leitungen.

    ☐

8 Verlegen der Leitungen

8.1 Festlegungen vor Arbeitsbeginn

Vor Beginn der eigentlichen Arbeit kennzeichnet man z. B. mit Kreide die Stellen für die Geräte, etwa Schalter und Dosen, sowie den Verlauf der Leitungen. Vor allem bei der Leitungsverlegung auf Putz müssen die Leitungswege sauber angezeichnet werden. Für längere Leitungsabschnitte verwendet man eine mit Kreide eingefärbte Schnur. Diese richtet man auf dem Leitungsweg aus, bei Bedarf auch mit einer Wasserwaage. Dabei muss die Schnur straff gespannt sein. Zur Kennzeichnung zupft man die Schnur, sodass sie auf der Unterlage federt. Dadurch entsteht auf der Unterlage ein farbiger Strich *(Schnurschlag)*.

> Geräte für die Elektroinstallation und Leitungen sollten bei der Hausinstallation in Installationszonen angeordnet sein (**Bild 8.1**).

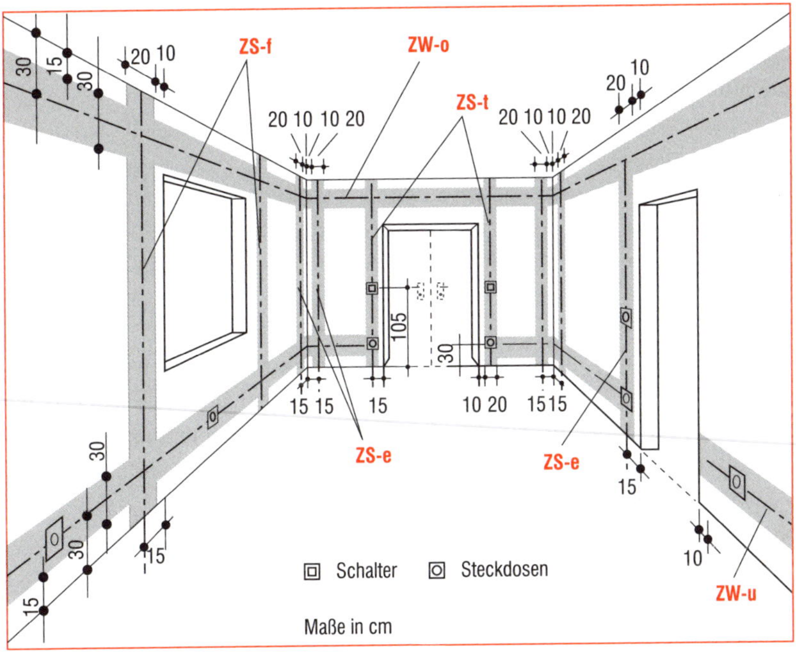

Bild 8.1 Installationszonen ZS-f bis ZW-u in Wohnräumen

Man unterscheidet waagerechte und senkrechte Installationszonen ZW und ZS. Die waagerechten Zonen sind 0,30 m breit, die senkrechten 0,20 m. Dabei gelten für nicht sichtbar verlegte Leitungen in Wohnräumen nach DIN 18015-3:

- ZS-f 10 cm bis 30 cm neben der Fensterkante,
- ZS-e 10 cm bis 30 cm an Wandecken,
- ZW-u 15 cm bis 45 cm über dem Fußboden,
- ZW-o 15 cm bis 45 cm unter der Deckenbekleidung.

Schalter und Steckdosen sind in den Installationszonen je nach ihrer Zweckmäßigkeit anzuordnen. Schalter sind vorzugsweise neben den Türen in senkrechten Installationszonen anzubringen. Die oberste Schaltermitte bei mehreren Schaltern soll maximal 1,15 m über dem Fußboden liegen. Wenn nur ein Schalter an der Installationsstelle vorhanden ist, ist eine Höhe von 1,05 m zweckmäßig, damit er auch von Kindern bequem betätigt werden kann.

> Schalter sollen in den senkrechten Installationszonen liegen, Steckdosen in senkrechten oder waagerechten Installationszonen.

Bei einflügeligen Türen liegt die Installationszone auf der Schlossseite der Tür, damit man beim Betreten die Schalter betätigen kann. Bei zweiflügeligen Türen und bei Fenstern befindet sich auf jeder Seite je eine Installationszone.

Bei schrägen Wänden verlaufen die sonst senkrechten Installationszonen parallel zu den Bezugskanten, z. B. den Fenstern.

Für Räume, in denen gearbeitet wird, z. B. Küchen und Hausarbeitsräume, ist auf der Wand eine zusätzliche Installationszone ZW-m vorzusehen (**Bild 8.2**). Diese dient zum Anbringen von Steckdosen in Höhe der Arbeitstische:

- ZW-m 1,0 m bis 1,3 m über dem Fußboden.

Im Raum oben und unten, also nicht an den Wänden, gibt es weitere Installationszonen. In allen Räumen (r) befinden sich auf dem Fußboden (nach DIN 18015-3 benannt „auf der Decke“) die Installationszonen ZD-r und ZD-t. In allen Räumen „unter der Decke“ gibt es die Installationszone ZD-r’ zu beachten. Für diese Zonen gilt:

- ZD-r im Raum Breite ≤ 0,30 m, Wandabstand ≥ 0,20 m,
- ZD-t im Türdurchgang Breite ≤ 0,30 m, Wandabstand ≥ 0,15 m,
- ZD-r’ Wandabstand ≥ 0,20 m.

Mit den in DIN 18015-3 verwendeten Begriffen „auf der Decke“ und „unter der Decke“ wird die Leitungsführung angegeben. *Leitungsführung auf*

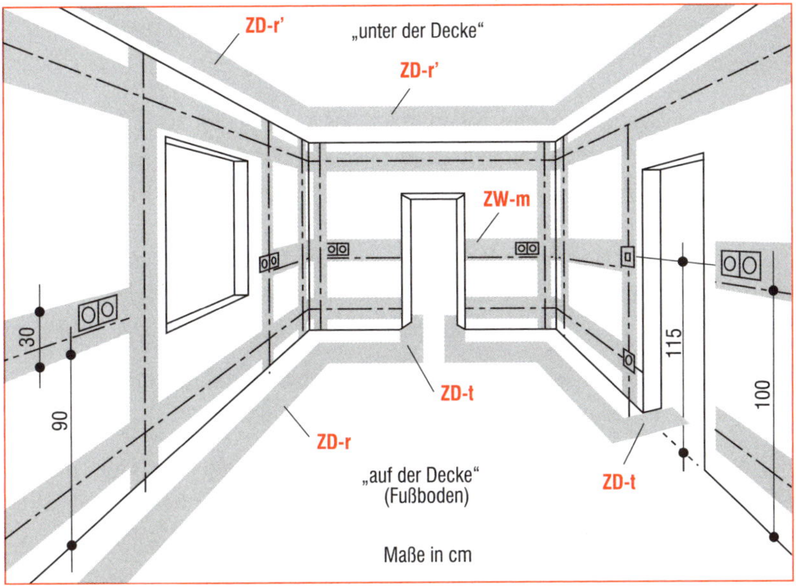

Bild 8.2 Installationszonen in Arbeitsräumen

der Decke bedeutet, dass die Installation direkt auf der Rohdecke des Stockwerks, z. B. dem betonierten Fußboden erfolgt. *Leitungsführung unter der Decke* (ZD-r') erfolgt oben im Raum unter oder im Putz, in Hohlräumen oder abgehängten Decken.

Außerdem gibt es die Leitungsführung „in der Decke“, z. B. bei der Betoninstallation in der Rohdecke. Dafür sind keine Installationszonen festgelegt.

> Für die Betoninstallation in der Decke sind keine Installationszonen festgelegt.

8.2 Arbeitsmittel

Persönlicher Schutz

Beim Verlegen von Leitungen und beim Setzen von Geräten treten wie bei den anderen Arbeiten am Bau Gefahren auf. Das trifft vor allem zu, wenn Arbeiten über Kopf ausgeführt werden. Kopfverletzungen sind dann durch Anstoßen oder herabfallende Gegenstände möglich. Die Gefahr von Kopfverletzungen ist auf Baustellen in der Regel gegeben.

Bei Arbeiten auf einer Rohbaustelle muss der Schutzhelm getragen werden.

Ein ordnungsgemäßer Schutzhelm trägt das GS-Zeichen (Geprüfte Sicherheit, **Bild 8.3**). Dieses Zeichen kann nach der Prüfung durch sicherheitstechnische Organisationen, z. B. dem TÜV oder dem VDE, erteilt werden. Auch die anderen Arbeitsgeräte sollten dieses Zeichen tragen.

Herabfallende Gegenstände können auch zu Verletzungen der Füße führen. Deshalb sind auf der Baustelle *Sicherheitsschuhe* zu tragen. Das sind stabile Schuhe, die vorn zum Schutze der Zehen eine Stahleinlage haben.

Auf Rohbaustellen ist das Tragen von Sicherheitsschuhen gefordert, da dadurch Fußverletzungen verhindert werden können.

Bei der Leitungsverlegung und beim Setzen von Geräten werden vielfach Maschinen eingesetzt (Bohrmaschinen, Fräsmaschinen). Bei diesen Arbeiten sind die Augen durch herumfliegende Splitter besonders gefährdet.

Bei Arbeiten mit Bohrmaschinen und Fräsmaschinen müssen Schutzbrillen zur Verhinderung von Augenverletzungen getragen werden.

Bild 8.3 Zeichen für geprüfte Sicherheit
(hier vom TÜV = Technischer Überwachungsverein geprüft)

Leitern

Oft wird von der Leiter aus gearbeitet. Unfälle beim Umgang mit Leitern sind häufig. Deshalb muss vor der Arbeit die Leiter auf ihren ordnungsgemäßen Zustand hin geprüft werden. Mängel an der Leiter sind dem Vorgesetzten zu melden. Besonders ist auf die Standsicherheit der Leiter zu achten. Stehleitern dürfen nicht als Anlegeleitern benutzt werden.

Anlegeleitern müssen im richtigen Winkel aufgestellt werden (**Bild 8.4**). Stellt man sich seitlich an den Fußpunkt der Leiter und berührt mit dem abgewinkelte Arm am Ellbogen den Holm, ist der Anstellwinkel korrekt. Stühle und Tische sind kein Ersatz für eine Leiter.

In Treppenhäusern besteht oft die Notwendigkeit die Leiter so aufzustellen, dass ihre Füße auf verschiedener Höhe stehen. Hier ist es zweckmäßig, eine Leiter mit einzeln verstellbaren Füßen zu wählen (**Bild 8.5**).

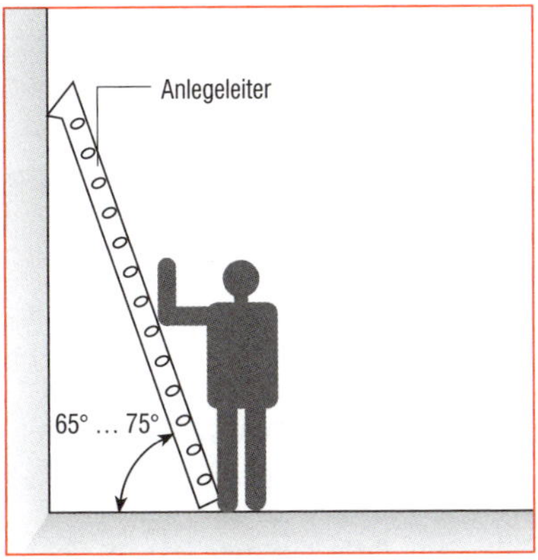

Bild 8.4 Prüfung des Anstellwinkels einer Anlegeleiter

Bild 8.5 Stehleiter mit einzeln verstellbaren Füßen

Bohrmaschinen und Bohrhämmer

Handbohrmaschinen und Schlagbohrer werden als Einzelgeräte und kombiniert hergestellt. Oft kann die Drehzahl durch eine Getriebeumschaltung und durch elektronische Drehzahlsteuerung verändert werden.

Schlagbohrmaschinen und Schlagbohrer haben zur Aufnahme der Bohrer ein Bohrfutter. Auf diesem ist der größte Schaftdurchmesser des Bohrers angegeben, z.B. 10 mm. Größere Bohrmaschinen und Schlagbohrer haben einen zusätzlichen Handgriff. Diesen sollte man beim Bohren mit großem Durchmesser benutzen, weil sonst die Bohrmaschine beim Festklemmen herumschlägt und den Benutzer verletzt.

Sollen Bohrlöcher eine bestimmte Bohrtiefe erhalten, so schiebt man von einer Mantelleitung ein Stück Isolierung passender Länge über den Bohrer (**Bild 8.6**).

Bei dem Schlagbohrer und der Bohrmaschine tritt die Schlagwirkung erst auf, wenn eine Anpresskraft ausgeübt wird. Dadurch entsteht eine *Rückschlagwirkung*. Sie muss vom Benutzer aufgefangen werden.

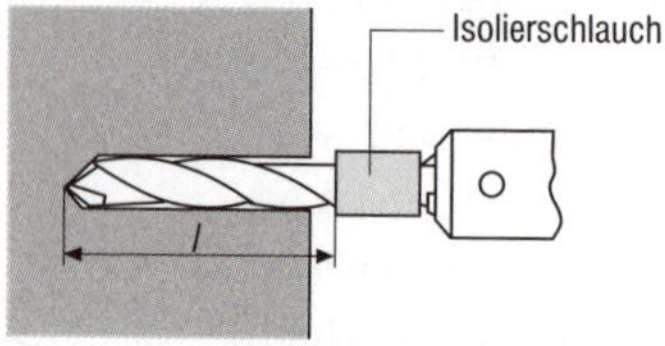

Bild 8.6 Hilfsmittel zur Erreichung einer bestimmten Bohrlochtiefe

> Die Rückschlagwirkung des Schlagbohrers und der Schlagbohrmaschine muss vom Benutzer aufgefangen werden.

Mit dem *Bohrhammer* lassen sich Arbeiten in Beton oder Steinen leichter durchführen als mit einem Schlagbohrer. Beim Bohrhammer treibt ein Elektromotor einen Pumpenkolben an, welcher Luft in einem Zylinder verdichtet. Dadurch wird ein Schlagkolben nach vorn geschleudert. Der Schlagkolben gibt dann seine Energie an den Bohrer ab. Durch dieses Verfahren wird die Rückwirkung auf den Benutzer stark verringert.

> Bohrhämmer arbeiten fast ohne Rückstoß.

Mit dem Bohrhammer können meist auch leichte Stemmarbeiten sowie Meißelarbeiten ausgeführt werden. Er eignet sich auch sehr gut zum Herstellen von Dosenlöchern mit Hilfe eines Dosenbohrers.

Fräsmaschinen

Lange Schlitze werden zweckmäßigerweise mit einer *Mauerschlitzfräse* (auch Mauernutfräse) hergestellt (**Bild 8.7**). Beim Arbeiten mit der Mauerschlitzfräse muss auf gute Standfestigkeit geachtet werden, da das Gerät stark angedrückt werden muss. Das Tragen einer Staubmaske ist zweckmäßig.

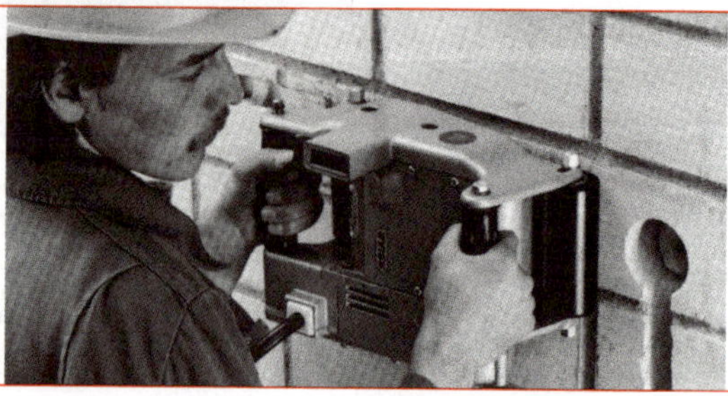

Quelle: www.obo.de

Bild 8.7 Mauerschlitzfräse mit automatischem Vorschub

Mit *Mauerschlitzfräsen* lassen sich im Putz oder Mauerwerk z.B. Schlitze bis zu einer Breite von 30 mm und einer Tiefe von 45 mm herstellen. Die Frästiefe kann eingestellt werden, die Fräsbreite wird durch Einlegen von einer oder mehreren Frässcheiben erreicht. Der Vorschub muss vom Benutzer bewirkt werden. Es gibt auch Fräsen, die sich mit einer Zugvorrichtung selbst durch die Wand ziehen *(Automatikfräse).*

8.3 Setzen der Dosen oder Geräte

Bei der Unterputzinstallation und bei der Imputzinstallation werden zuerst die Dosenlöcher hergestellt. Je nach Dosengröße stellt man entsprechende Vertiefungen im Mauerwerk durch Fräsen oder Stemmen so her, dass der vordere Dosenrand bündig mit der späteren Putzoberfläche abschließen kann (**Bild 8.8**).

Bei den Dosen für die Elektroinstallation haben die *Gerätedosen* (Geräte-Anschlussdosen) für die Aufnahme eines Gerätes und seiner Leitung sowie zum Anschluss höchstens einer weiteren Leitung die niedrigste Bauhöhe (Bild 8.12). Die *Verbindungsdosen* (Abzweigdosen, Verteilerdosen) dienen zum Anschluss mehrerer Leitungen und werden meist mit Putz überdeckt oder übertapeziert. *Geräte-Verbindungsdosen* sind höher zur Aufnahme weiterer Klemmen, sie kombinieren Geräte- mit Verbindungsdose und vereinfachen dadurch die Installation (Bild 8.13).

Bei Brandschutzwänden sind meist rote *Brandschutzdosen* zu verwenden.

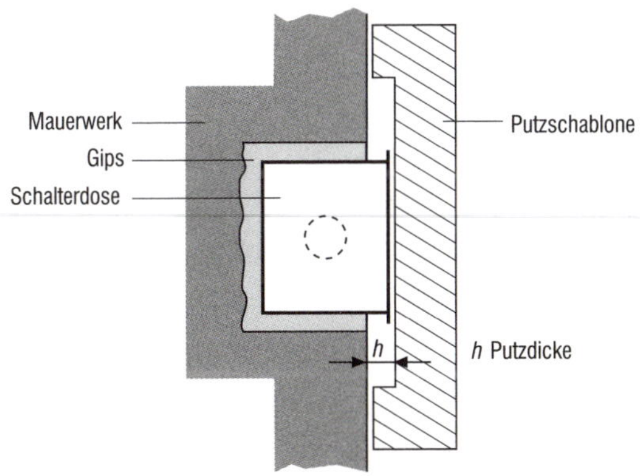

Bild 8.8 Anordnung von Dosen bei der Unterputzinstallation bzw. Imputzinstallation

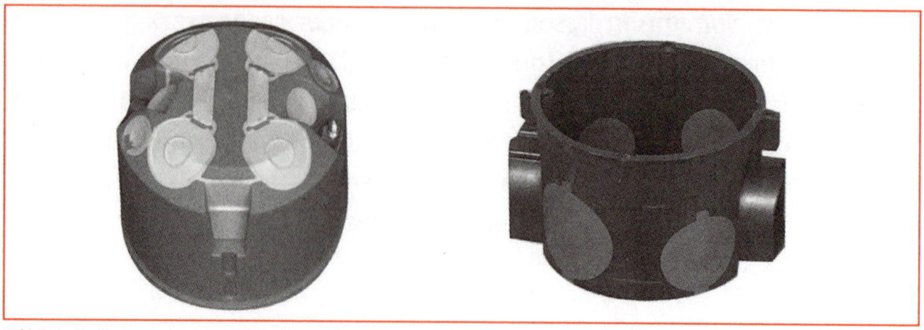

Bild 8.9 Beispiele von Membrandosen

Für Betonwände sind sogenannte Membrandosen verfügbar. Bei diesen werden z. B. die vier Membranen einer Dose für vier Anschlüsse mittels Cuttermesser eingeschnitten, sodass danach die Leitungsrohre eingeführt werden können (**Bild 8.9**). Der Klemmenraum dieser Dosen ist größer als der herkömmlicher Betonschalterdosen. Weitere Dosen gibt es für spezielle Anwendungen, z. B. Dosen für Schallschutzwände bis 68 dB oder für Strahlenschutzwände, beispielsweise in Kliniken. Auch für Datenleitungen gibt es eigene Gerätedosen. Dosen für den Außenbereich (Outdoor) besitzen z. B. die Schutzart IP68. Kabelabzweigdosen (Verbindungsdosen) mit derartigem Schutz können im Erdreich oder sogar unter Wasser eingesetzt werden.

Weitere Informationen: www.kaiser-elektro.de

Nach der Herstellung der Mauerschlitze für die Leitungen werden die Dosen in den Dosenlöchern befestigt. Das kann durch *Eingipsen* (Bild 8.8) oder *Annageln* erfolgen. Zum Annageln müssen die Gerätedosen entsprechend ausgebildet sein (**Bild 8.10**). Das Befestigen mit Gips darf nur in trockenen Räumen vorgenommen werden, weil Gips bei dauernder Feuchtigkeit „fault“. In feuchten Räumen verwendet man an Stelle von Gips schnellbindenden Zement.

Das *Anrühren von Gips* muss in der richtigen Reihenfolge vorgenommen werden, weil sonst der Gipsbrei zu schnell hart wird. Man füllt zunächst Wasser in ein Gefäß, meist

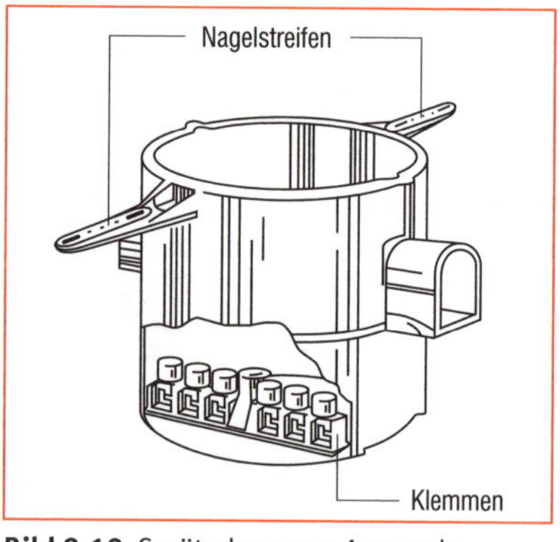

Bild 8.10 Gerätedose zum Annageln

ein Gummigefäß. Danach gibt man mit dem Spachtel so viel Gips ein, bis der Wasserspiegel überragt wird. Man lässt das Wasser etwa eine Minute einziehen und rührt dann kurz durch. Bei zu langem Rühren erhärtet der Gipsbrei schnell.

> Beim Anrühren von Gipsbrei gibt man Gips zum Wasser, nicht Wasser zum Gips.

Bei der Aufputzinstallation setzt man die Geräte auf die Putzschicht. Meist erfolgt das durch Dübel. Man bohrt die Dübellöcher mit Schlagbohrern, Schlagbohrmaschinen oder Bohrhämmern. Dazu braucht man besondere Dübelbohrer. Diese haben eine Schneide, die mit Hartmetallblättchen bestückt ist. Nach dem Bohren des Dübellochs wird der Dübel in das Loch geschoben (**Bild 8.11**). Die Befestigungsschraube des Gerätes spreizt den Dübel auseinander, sodass er an die Wand der Bohrung fest angepresst wird. Es gibt eine große Anzahl verschiedener Dübel (**Tabelle 8.1**).

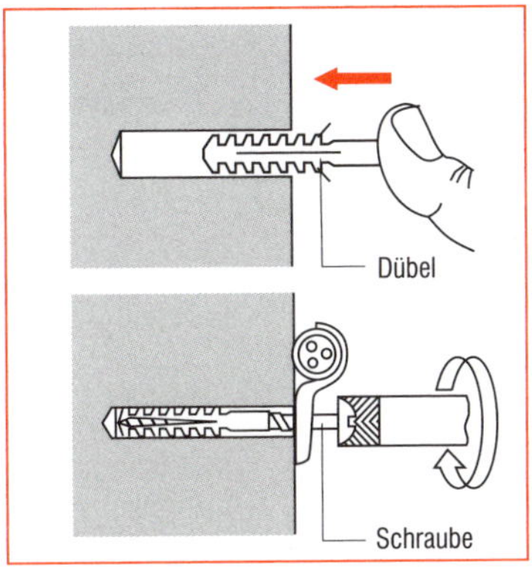

Bild 8.11 Setzen eines Dübels

Dosenabhängige Installationsarten

Die Installationsart unterscheidet sich je nach verwendeten Dosen. Am übersichtlichsten ist die Installation, wenn Gerätedosen und Verbindungsdosen verwendet werden (**Bild 8.12**).

Wenn die etwas höheren Geräte-Verbindungsdosen verwendet werden, sind im Vergleich weniger Leitungszweige notwendig (**Bild 8.13**). Die Übersichtlichkeit der Anlage ist zwar kleiner, jedoch kann man auch später die Anlage leichter überprüfen, da man zum Prüfen oder Messen keinen Putz oder keine Tapezierung über Verbindungsdosen entfernen muss.

> Geräte-Verbindungsdosen führen zu weniger Leitungszweigen und ermöglichen den einfacheren Zugang für spätere Prüfungen.

Ansicht	Benennung, Abmessungen		Baustoffe					
			Be	Vz	LBe	Hz	GBe	SP
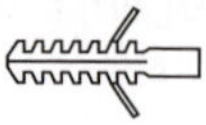	Dübel S	S4 … S5	○	○	○	○	○	
		S6 … S14	×	×	×	×	○	
		S20	●	●	●	×		
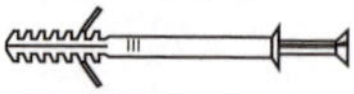	Rahmendübel	Ø 8	×	×	○	○	○	
		Ø 10, Ø14	×	×	×	○	○	
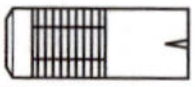	Dübel M	M5 … M8	×	×				
		M10 … M16	●	×				
	Mauerschraube		×					
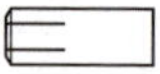	Einschlaganker	M5, M6, M8	×					
		M10 … M20	●					
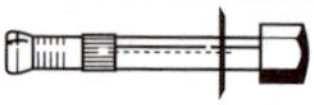	Stahldübel		●					
	Schwerlastdübel	M6	×					
		M8 … M24	●					
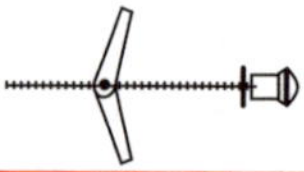	Kippdübel							○
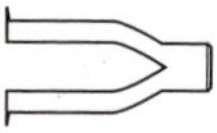	Hohlraumdübel							○
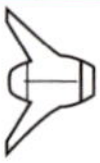	Anker							○
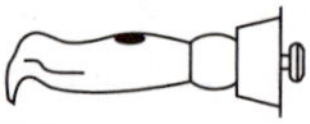	Injektionsanker				×	×	×	
	Spreizpatrone		○	○	○	○	○	○
	Gipskarton-Dübel		Gipskarton, Gipsfaserplatten					

Last (durchmesserabhängig):
- ● 3 kN … 60 kN
- × 0,25 kN … 3 kN
- ○ 0,05 kN … 0,25 kN

(1 kN = 100 kg)

Baustoffe:
- Be Beton
- Vz Vollziegel u. ä.
- LBe Leichtbeton, Bims
- Hz Hohlziegel u. ä.
- GBe Gasbeton (Porenbeton)
- Sp Spanplatten u. ä.

Tabelle 8.1 Gebräuchliche Dübel

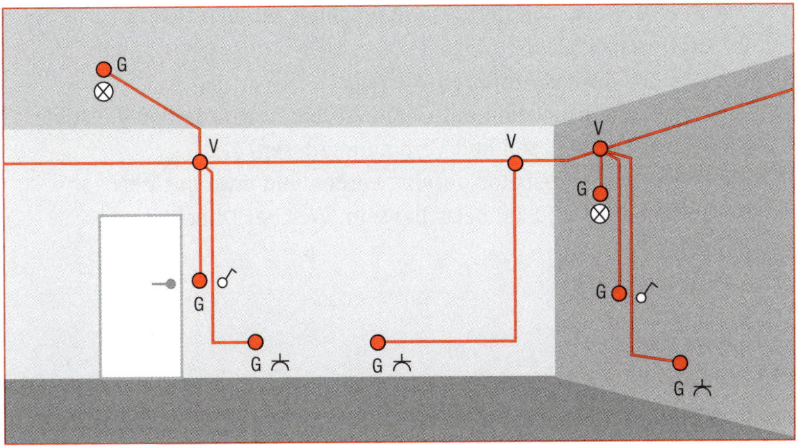

Bild 8.12 Installation mit Gerätedosen (G) und Verbindungsdosen (V)

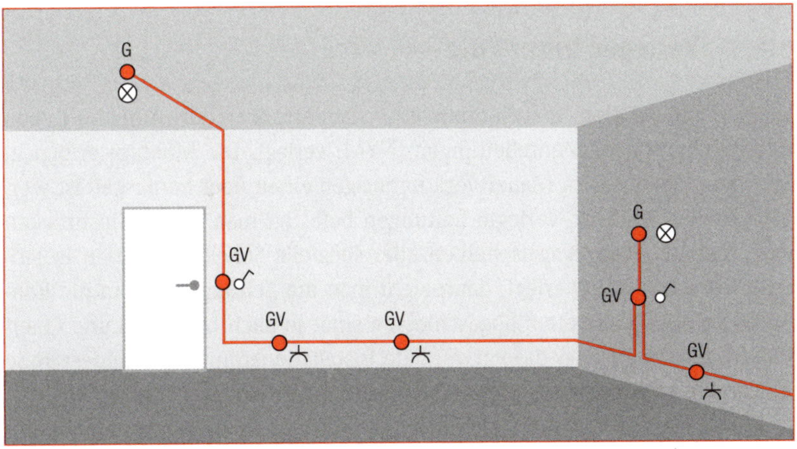

Bild 8.13 Installation mit Geräte-Verbindungsdosen (GV)

Kontrollfragen

1. Warum soll auf einer Rohbaustelle ein Schutzhelm getragen werden?
2. Wodurch schützt man sich auf der Baustelle gegen eine Fußverletzung?
3. Beim Umgang mit welchen Maschinen trägt man Schutzbrillen?
4. Wie groß soll die Entfernung zwischen Schalter und Fußboden in einem Wohnraum höchstens sein?

5. Auf welche Weise befestigt man in feuchten Räumen Dosen in den Dosenlöchern?
6. Beschreiben Sie das Anrühren von Gips.
7. Warum ist die Installation mit Geräte-Verbindungsdosen oft günstiger als nur mit Gerätedosen und Verbindungsdosen?
8. Ein Dübel soll in Gasbeton gesetzt werden und etwa mit 2 kN (entspricht etwa 200 kg) belastbar sein. Welcher Dübel kommt in Frage?
   1. Mauerschraube,
   2. Einschlaganker,
   3. Stahldübel,
   4. Schwerlastdübel,
   5. Injektionsanker.

   ☐

8.4 Verlegen unter Putz

Unter Putz werden Installationsrohre (Isolierrohre) zur Aufnahme von Aderleitungen oder Mantelleitungen (NYM) verlegt. Die Montage erfolgt in Schlitzen, die aus dem Mauerwerk herausgemeißelt oder herausgefräst werden. In den Schlitzen verlegte Leitungen befestigt man durch Gipsbrücken bzw. Nagelschellen, Nagelscheiben oder spezielle Schellen. Werden Isolationsrohre unter Putz verlegt, dann zieht man die Leitungen erst in die Rohre, wenn die Putzarbeiten abgeschlossen sind. Je nach Leiterzahl und Querschnitt der Leiter muss das verwendete Installationsrohr eine Mindestgröße im Durchmesser haben (**Tabelle 8.2**). Gleiches gilt bei Mehraderleitungen.

Die Art des Installationsrohres richtet sich nach der Beanspruchung am Einbauort. Die Art der Beanspruchung wird durch Kennzeichen angegeben (**Tabelle 8.3**). Dieses Kennzeichen ist auf der Oberfläche des Installationsrohres in Abständen von etwa 1 m angegeben.

Leiteranzahl	Rohr-Nennmaße in mm					
	Bemessungsquerschnitt der Leiter in mm²					
	1,5	2,5	4	6	10	16
2	16	16	16	20	25	25
3	16	20	20	20	25	32
4	20	20	20	25	32	40
5	20	20	25	25	32	40

Tabelle 8.2 Rohr-Nennmaße (Durchmesser) für Aderleitungen H07V-U

Code-ziffer	Druckfestigkeit	Schlagfestigkeit	kleinste Verarbeitung bei °C	größte Temperatur in °C	Biege-verhalten
1	sehr leicht	sehr leicht	+ 5	+ 60	starr
2	leicht	leicht	−5	+ 90	biegsam
3	mittel	mittel	−15	+ 105	s-z-biegend
4	schwer	schwer	−25	+ 120	flexibel
5	sehr schwer	sehr schwer	−45	+ 150	–
Außer den fünf Codeziffern können anschließend weitere neun angegeben sein. (s-z-biegend = selbst zurückbiegend)					

Tabelle 8.3 Kennzeichnungscode für Installationsrohre nach VDE 0605-1

Beispiel:

Ein Installationsrohr trägt die Kennzeichnung 3 3 2 4 2. Welche Eigenschaften hat das Rohr?

Lösung: Mittlere Druckfestigkeit, mittlere Schlagfestigkeit, Verarbeitung nicht unter −5 °C, temperaturfest bis + 120 °C, biegsam.

Die Verlegung unter Putz mit NYM oder mit Aderleitungen in Installationsrohren ist in der Hausinstallation die häufigste Verlegungsart.

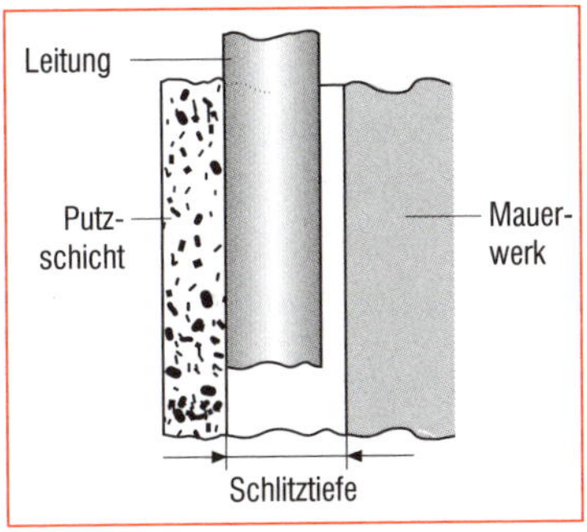

Bild 8.14 Anordnung der Leitung im Mauerschlitz

Nach dem Herstellen der Dosenlöcher werden die Leitungsschlitze erstellt. Dem Leitungsdurchmesser oder Außendurchmesser des Rohres entsprechend sind die Mauerschlitze so tief auszufräsen oder auszustemmen, dass ein bündiger Abschluss der Leitung mit dem unverputzten Mauerwerk möglich ist (**Bild 8.14**). Zur Schonung des Mauerwerks ist es zweckmäßig, zunächst die weichen *Mauerfugen* zu vertiefen, um dann die härteren Steinkanten zu beseitigen. Bei *tragenden Wänden* darf die erforderliche Festigkeit nicht durch unsachgemäß große Schlitze gefährdet werden. *Betonträger* dürfen im gefährdeten Querschnitt nicht geschwächt werden, sie sind zu umgehen. Stemmarbeiten an *Schornsteinen* sind zu vermeiden.

Mauerschlitze für die Elektroinstallation dürfen die Festigkeit von tragenden Bauteilen eines Gebäudes nicht beeinträchtigen.

Nach der Herstellung der Mauerschlitze werden die Leitungen bzw. Rohre in diese eingelegt und z. B. durch *Gipsbrücken,* Dübelstecklaschen oder

Hakennägel befestigt. Bei Verwendung von Hakennägeln muss sorgfältig gearbeitet werden, damit keine Beschädigung oder Verformung der Leitungen oder Rohre erfolgt.

Wenn Installationsrohre verlegt werden, müssen alle Bögen mit großem Biegeradius ausgeführt werden, um die Leitungen später problemlos einziehen zu können (**Bild 8.15**).

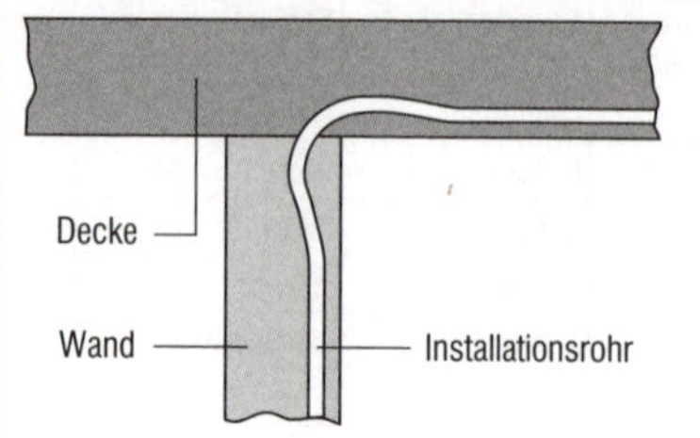

Bild 8.15 Bogen bei Installationsrohr in Unterputzverlegung

Wird eine Rohrlänge von 10 m überschritten oder liegen mehr als drei Bögen im Leitungszug, so muss zum späteren Einziehen der Leitungen eine zusätzliche Dose *(Zugdose)* eingebaut werden. Der Bemessungsdurchmesser der Installationsrohre (Rohrweite) muss so groß sein, dass die vorgesehenen Leitungen bequem eingezogen werden können (Tabelle 8.2).

8.5 Verlegen im Putz

Bei der Montage werden *Stegleitungen* (**Bild 8.16**) oder seltener auch Mantelleitungen (begrenzt durch die Putzdicke) direkt auf dem Rohmauerwerk verlegt. Eine Stegleitung darf nur in trockenen Räumen verwendet werden. Die Befestigung von Stegleitungen auf Holz ist nicht zulässig.

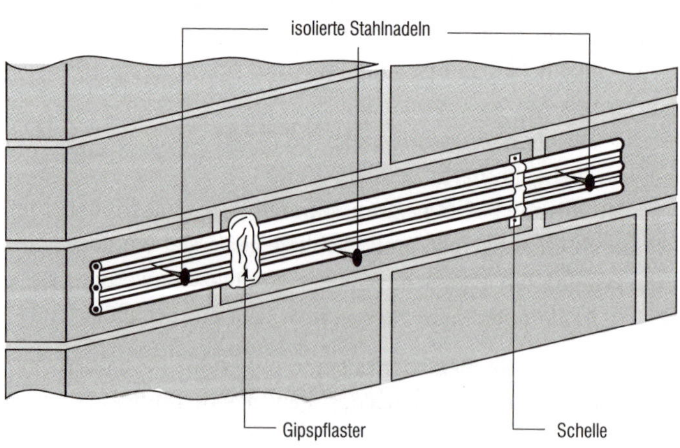

Bild 8.16 Befestigung von Stegleitung

Die Stegleitung wird an der Wand ohne Mauerschlitze befestigt. Dabei ist zu beachten, dass die Leitung mit ihrer vollen Fläche am Mauerwerk anliegt, weil sie sonst später aus der Putzschicht herausragt. Die Stegleitung darf nur mit solchen Mitteln befestigt werden, welche die Aderisolierung nicht beschädigen. Das Befestigen erfolgt durch Gipsbrücken, Schellen, Stahlnadeln oder durch Kleben.

Wenn die Leitung mit *Gipsbrücken* befestigt werden soll, dann wird sie zum Fixieren zunächst mit nicht ganz eingeschlagenen Stahlnadeln leicht an die Wand geheftet (Bild 8.16).

> Bei der Stegleitung dürfen die Stahlnadeln nur durch die Nadelrille der Stegleitung geschlagen werden.

Den Gipsbrei bringt man mit einem Spachtel über die Leitung auf und zwar möglichst flach. Wenn die *Gipsbrücken* abgebunden haben, werden die Stahlnadeln wieder entfernt. Auch bei der Befestigung mit speziellen Schellen (Bild 8.16) ist das vorherige Anheften der Leitung zweckmäßig.

Erfolgt das Befestigen der Stegleitung auf Dauer mit Stahlnadeln, müssen diese am Kopf eine Isolierstoffscheibe haben. Hier entfällt das vorherige Anheften der Leitung. Es gibt auch pneumatisch (durch Druckluft) angetriebene *Stegleitungsnagler* (**Bild 8.17**), bei denen die Stahlnadeln automatisch eingeführt werden. Das *Ankleben* der Stegleitung kann nur an trockenen und staubfreien Flächen erfolgen. Dabei werden das Mauerwerk entlang dem gewählten Leitungsweg und die Stegleitung mit einem speziellen Klebstoff eingestrichen. Nach einer Trockenzeit von etwa 5 Minuten wird die Stegleitung fest angedrückt, sodass sie haftet.

Für die Herstellung von Bögen gibt es bei der Stegleitung zwei Möglichkeiten (**Bild 8.18**). Bei Bögen mit aufgetrennter Stegleitung muss keine Vertiefung gestemmt werden. Bei rechtwinklig umgebogener Stegleitung ist

Quelle: www.obo.de

Bild 8.17 Pneumatisch angetriebener Stegleitungsnagler

Bild 8.18 Herstellung von Bögen beim Verlegen einer Stegleitung

eine Vertiefung erforderlich. Werden mehrere Stegleitungen nahe beieinander verlegt, so muss zwischen ihnen ein Abstand von etwa 20 mm eingehalten werden, damit die Putzschicht sicher hält.

Häufungen von Stegleitungen müssen vermieden werden, damit der Putz hält und keine unzulässige Erwärmung erfolgt.

Enden Stegleitungen nicht in Dosen, z. B. an der Decke, so kann bei Zugbeanspruchung der Stegleitung der Putz abbröckeln. Deshalb verwendet man an der Decke besondere Befestigungsschellen (Deckenauslassschellen, **Bild 8.19**), an der Wand Auslassdosen oder Befestigungsschellen.

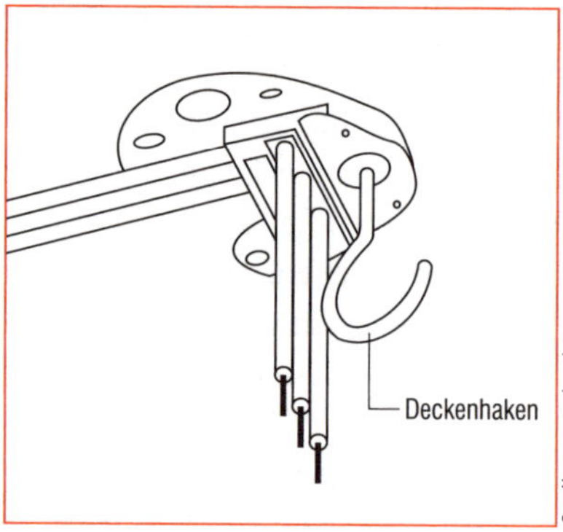

Quelle: www.obo.de

Bild 8.19 Deckenauslassschelle mit Deckenhaken

Nach dem Verputzen muss die Stegleitung an allen Stellen von einer mindestens 4 mm dicken Putzschicht bedeckt sein. Die Putzschicht stellt für die Stegleitung den mechanischen Schutz dar. Außerdem bewirkt sie die Wärmeabfuhr. Wenn mit Beschädigung der Putzschicht zu rechnen ist, z. B. in landwirtschaftlich genutzten Räumen, darf Stegleitung nicht verlegt werden.

Die Leitungsverlegung im Putz erfordert einen geringeren Arbeitsaufwand als die Verlegung unter Putz, sie ist aber nicht überall zulässig.

Stegleitungen sind nur mit großem Aufwand zu erneuern. Außerdem erfordert die normgerechte Verlegung und das Vermeiden von Beschädigungen höchste Aufmerksamkeit. Deshalb werden sie heute kaum noch verlegt. In Räumen mit Dusch- oder Badewanne sind sie nicht mehr zulässig (DIN VDE 0100-701).

8.6 Verlegen auf Putz

Bei der Verlegung auf Putz wird die Leitung oder das Installationsrohr unmittelbar auf der Wand oder an der Decke befestigt (**Bild 8.20**). Die Befestigung der Leitung oder des Installationsrohres erfolgt mit Nagelclips oder mit Schellen. Diese sollten so montiert werden, dass sie die Leitung tragen. Deshalb muss z.B. der Nagel unterhalb der Leitung liegen. Das gilt nicht, wenn die Leitung von einem Mauervorsprung oder einer Sockelleiste getragen wird.

Auf Putz können Leitungen mit einem isolierenden Mantel, z.B. NYM, oder auch Erdkabel, z.B. NYY, verlegt werden, aber auch Aderleitungen in Installationsrohren.

Nach dem Anzeichnen des Leitungsweges (Abschnitt 8.1) werden die Geräte, z.B. die Schalter, mit Hilfe von Dübeln montiert. Dann kennzeichnet man entlang des Leitungsweges die Stellen, an denen Schellen (**Bild 8.21**) zu setzen sind. Der Abstand der Schellen voneinander soll je nach Durchmesser der Leitung bei waagerechter Verlegung 250 mm (bei Durchmesser bis 9 mm) bis 400 mm (bei Durchmesser 20 mm bis 40 mm), bei senkrechter Verlegung 400 mm bis 550 mm betragen. Der Abstand von

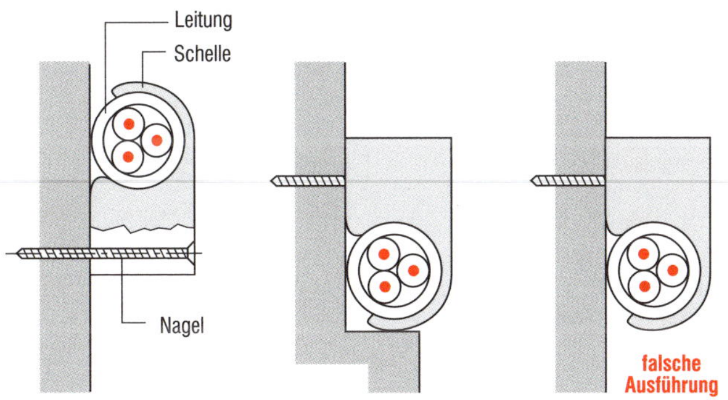

Bild 8.20 Leitungsführung auf Putz

Schelle zum Installationsgerät, z.B. Schalter, soll 80mm betragen. Bei einem Bogen soll die Schelle 50mm vor der Biegung liegen (**Bild 8.22**).

Die Bereiche zwischen den derart festliegenden Schellen teilt man gleichmäßig so auf, dass der Abstand der Schellen möglichst nicht größer als 250mm ist, z.B. 230mm.

Bei *Bögen* darf der *Biegeradius* nicht zu klein sein, um die Leitung nicht zu beschädigen. Bei Leitungen, z.B. Mantelleitungen, bis 8mm Außendurchmesser (*d*) und mit starren Leitern soll der kleinste Biegeradius nach DIN VDE 0100-520 das Vierfache des Leitungsdurchmessers betragen (Bild 8.22). Bei dickeren Leitungen mit starren Leitern ist das Fünf- bis Sechsfache erforderlich. Wenn mehrere Leitungen nebeneinander bzw. untereinander liegen, ist der Biegeradius der äußeren Bögen um den Leitungsabstand *a* größer.

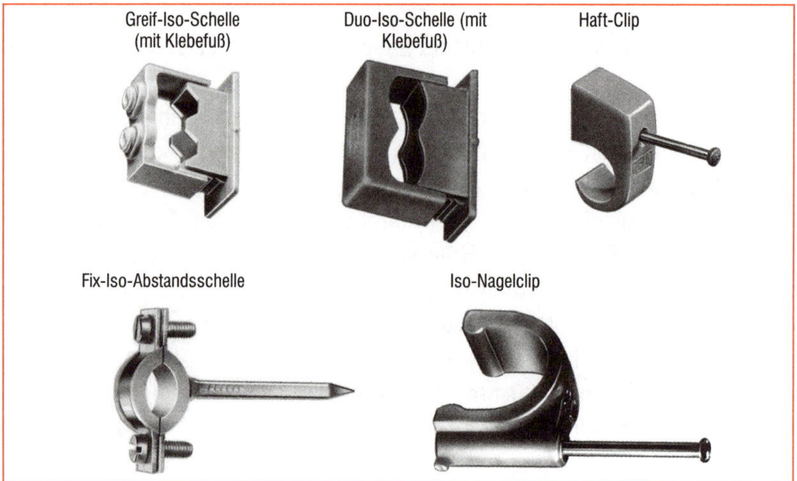

Bild 8.21 Auswahl von Schellen

$$r_1 = 4 \cdot d \quad (1)$$

$$r_2 = r_1 + a \quad (2)$$

Faktor 4 in Formel 1 gilt für Leitungen mit z.B.

- starren Leitern und Außendurchmesser $d \leq 8$ mm,
- flexiblen Leitern festverlegt und Außendurchmesser $d > 12$ mm.

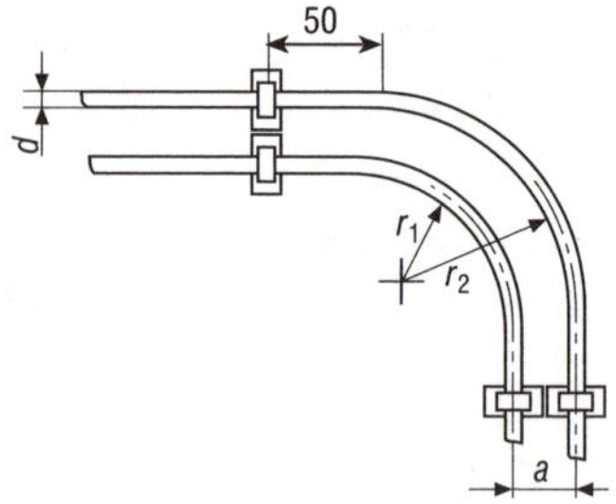

Bild 8.22 Biegeradius der Leitungen bei der Aufputzinstallation

Die beschriebene Verlegung auf Putz führt oft zu durchhängenden Leitungen bzw. zu nicht sauberen Bögen. Außerdem ist für das Anbringen der zahlreichen Schellen eine erhebliche Arbeitszeit erforderlich. Deshalb werden oft steife Kunststoff-Montagehilfsrohre verwendet (**Bild 8.23**). Bögen werden meist ohne Rohre ausgeformt. Die Rohre gibt es mit Innendurchmessern von etwa 16 mm bis 58 mm. Allerdings dürfen in diese dann nur Mantelleitungen (Mehraderleitungen) eingezogen werden.

Der Abstand der Schellen sollte nicht mehr als 0,8 m, der Abstand vom Rohrende zur Schelle nicht mehr als 0,15 m betragen. Durch die Rohre wird die Kühlung der Leitungen erschwert. Bei Verlegung von NYM in derartigen Rohren liegt die Verlegeart B2 vor, bei Verlegung von NYM direkt auf der Wand dagegen Verlegeart C (Bild 7.8, Tabelle 7.4).

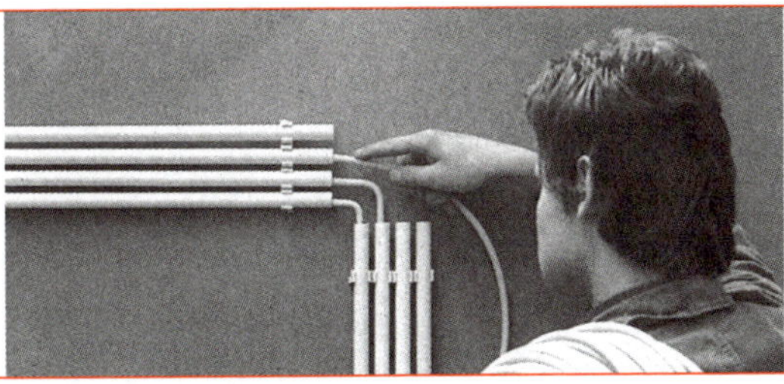

Bild 8.23 Verlegung mit Montagehilfsrohr

8.7 Verlegen über Putz

Bei der Verlegung über Putz wird die Leitung mit *Abstandsschellen* befestigt. (**Bild 8.24**). Dadurch befindet sich zwischen Wand und Leitung ein Zwischenraum und es kann zwischen Leitung und Wand kein Wasser stehen bleiben. Man verwendet diese Verlegungsart in nassen Räumen, in denen mit Wasser gespritzt wird. Über Putz können Mantelleitungen (NYM) oder ähnliches Leitungsmaterial, z. B. Erdkabel, verlegt werden.

8.8 Einführen der Leitungen in Betriebsmittel

In trockenen Räumen werden die Leitungen durch die Leitungseinführungen der Betriebsmittel, z. B. der Dosen, einfach hindurch gesteckt. Bei manchen Betriebsmitteln müssen die Aussparungen dafür mit einer Zange ausgebrochen werden.

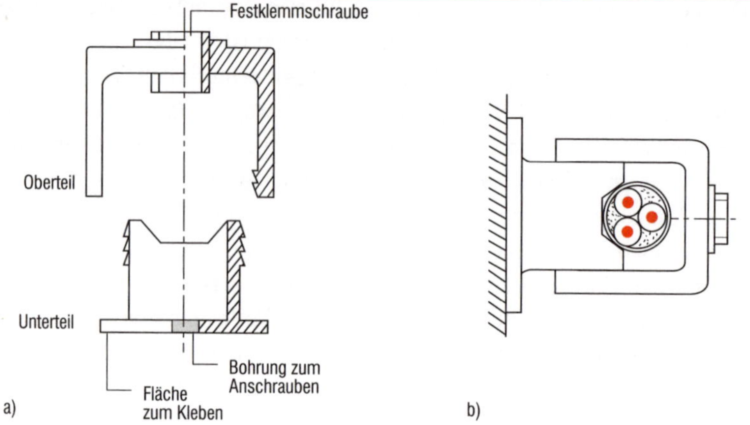

Bild 8.24 Abstandsschelle
a) Einzelteile der Abstandsschelle
b) Abstandsschelle mit 3-adriger Mantelleitung

> Die Aussparungen sollten dem Außendurchmesser der Leitung entsprechen.

Der Mantel der Leitung muss mindestens 2 mm in das Gehäuse des Betriebsmittels hineinragen (**Bild 8.25**). Entsprechend müssen die Rohre in das Gehäuse hineinragen.

Bei der Installation in feuchten oder nassen Räumen müssen die Einführungsstellen für die Leitungen gegen Feuchtigkeit abgedichtet werden. Das ist z. B. durch *Verschraubungen* oder durch *Würgenippel* möglich (**Bild 8.26**). Die Abdichtungen müssen dem Außendurchmesser der Leitungen angepasst sein. Auch bei diesen Abdichtungen muss der Leitungsmantel

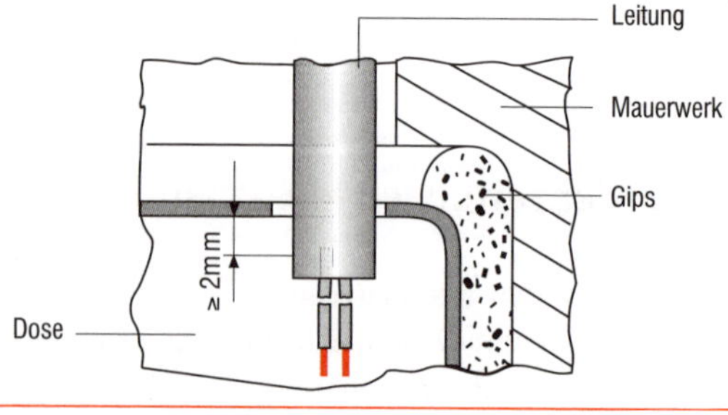

Bild 8.25 Leitungseinführung in eine Dose

mindestens 2 mm länger sein als die Abdichtung, damit eine Aderverletzung vermieden wird.

Bei Verschraubungen kann der Raum zwischen Dichtung und Leitungsmantel zusätzlich mit einer knetbaren *Dichtungsmasse* verschlossen werden. Auch durch spezielle *Gummidurchführungen* ist eine Abdichtung möglich (**Bild 8.27**).

> Bei bewegbaren Leitungen muss eine Zugentlastung vorhanden sein, damit die Leiter nicht aus den Klemmen herausgerissen werden (**Bild 8.28**).

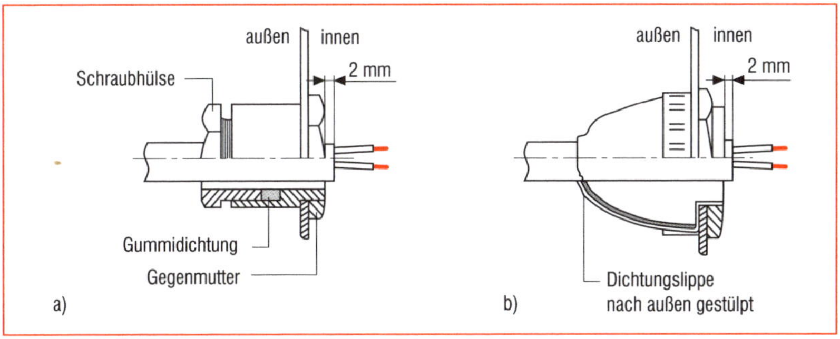

Bild 8.26 Abdichtung der Einführungsstelle
a) durch Verschraubung b) durch Würgenippel

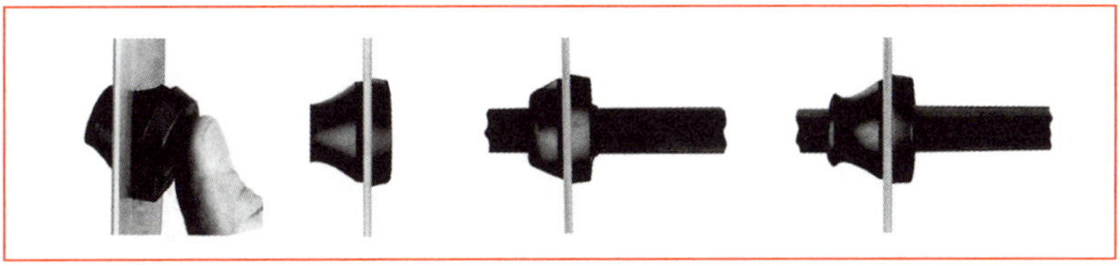

Bild 8.27 Gummidurchführungen zur Abdichtung

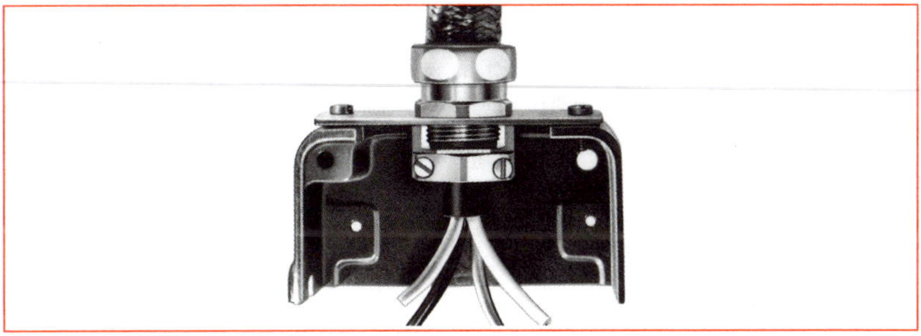

Bild 8.28 Einführung mit Sicherheitsverschraubung und Zugentlastung

Grundsätzlich sind Kabel und Leitungen so zu verlegen, dass im Brandfall durch sie keine Übertragung des Feuers in andere Räume erfolgt. Durchbrüche in Wänden oder Fußböden sind nach Durchführung der Kabel und Leitungen mit unbrennbarem Material zu verschließen, z. B. mit Mörtel.

Eine Abschottung ist erforderlich, z. B. mittels

- Dämschichtbildner,
- Mineralfasern oder
- Mörtel,

wenn mehrere Leitungen gebündelt durch eine Wand geführt werden. Solch eine Abschottung muss amtlich zugelassen sein.

Unter Einwirkung von Hitze schäumen Dämmschichtbildner stark auf, dichten dadurch die Zwischenräume zwischen den Leitungen ab und verhindern den Übergang von Feuer oder Qualm in den benachbarten Raum. Bohrungen in Beton oder Mauerwerk können mittels spezieller Stopfrahmen sowie Pack- und Füllstücken brandsicher abgedichtet werden (**Bild 8.29**). Brandschutzschäume sind hierbei nur dann geeignet, wenn sie im Brandfall aufschäumen. Auch ein Verlegen der Leitungen in z. B. Elektroinstallationskanälen oder Elektroinstallationsrohren aus Edelstahl, Kupfer oder Guss wird angewendet (**Bild 8.30**). Den Elektroinstallationsrohren wird hierbei ein Brandschutzschlauch übergezogen.

> Beim Übergang von Kabeln und Leitungen in andere Räume müssen die Durchbrüche in Wänden oder Decken mit unbrennbarem Material verschlossen werden.

Quelle: Zapp-Zimmermann, www.z-z.de

Bild 8.29 Brandschottung durch ZZ-Steine

Bei der senkrechten Leitungsverlegung sind mindestens alle 3,5 m als Zugentlastung im Brandfall, damit die Leitungen durch ihr Eigengewicht nicht abreißen, Leitungsschleifen oder Kästen mit nichtbrennbarem Material über den Befestigungsschellen vorzusehen (**Bild 8.31**).

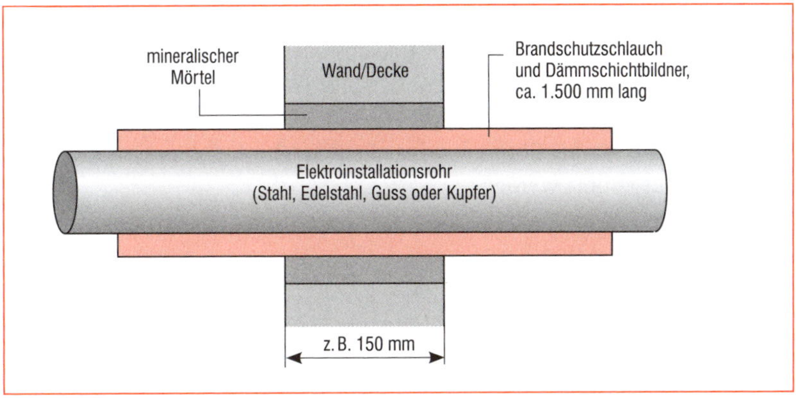

Bild 8.30 Brandschutzsichere Leitungsverlegung mittels Elektroinstallationsrohr durch Wand oder Decke

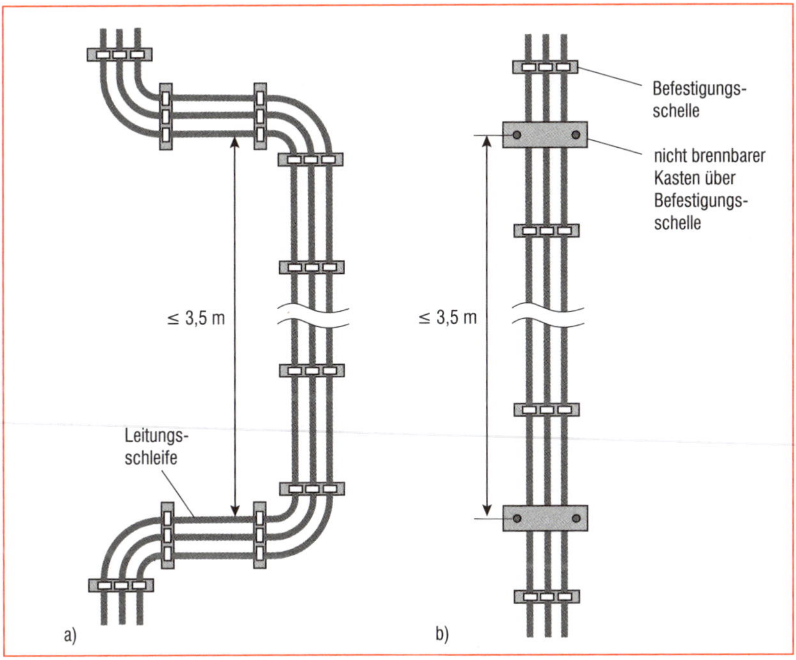

Bild 8.31 Brandschutzsichere vertikale Leitungsverlegung
a) Leitungsschleifen, b) Kästen mit nichtbrennbarem Material

Kontrollfragen

1. Wie viele Adern mit 2,5 mm^2 können in einem Installationsrohr 16 mm Durchmesser verlegt werden?
2. Ein Installationsrohr trägt die Kennzeichnung 4 4 2 4 1. Für welche Verlegung ist das Rohr geeignet?
3. Welche Verlegungsart ist in der Hausinstallation die häufigste?
4. Wie werden bei der Unterputzverlegung NYM-Leitungen in den Mauerschlitzen befestigt?
5. Warum müssen die Bögen von Installationsrohren mit einem großen Radius ausgeführt werden?
6. In welchen Räumen erfolgt die Leitungsverlegung über Putz?
   1. Räume mit Brandrisiko,
   2. nasse Räume mit Spritzwasser,
   3. Gaststätten,
   4. Schlafräume mit Waschbecken,
   5. Trockenräume.

   ☐

7. Welche Leitungen dürfen auf Putz verlegt werden?
   1. Nur NYM und NYY,
   2. Aderleitungen im Installationsrohr, NYM und NYY,
   3. nur Aderleitungen im Installationsrohr,
   4. alle Arten von Leitungen für feste Verlegung,
   5. Gummischlauchleitungen und Kunststoffschlauchleitungen.

   ☐

8. Welche der folgenden Aussagen ist richtig?
   1. Die Einführungsstellen von Leitungen und Kabeln in feuchte Räume müssen bei Verwenden von NYM-Leitungen nicht abgedichtet werden.
   2. Zugentlastungen sind nur bei dünnen Leitungen erforderlich.
   3. Werden Leitungen in einen Raum mit Feuerlöscher verlegt, dann sind keine besonderen Brandschutzmaßnahmen vorzunehmen.
   4. Die Durchbrüche von Kabeln und Leitungen in andere Räume müssen wegen eines möglichen Brandfalles mit unbrennbarem Material verschlossen werden.
   5. Eine Leitungsverlegung in einem Elektroinstallationsrohr erfordert keinen besonderen Brandschutz.

   ☐

9 Spezielle Anforderungen

9.1 Hohlwandinstallation

Hohlwände kommen beim Wohn- und Zweckbau sowie bei Wohnwagen vor. Hohlwände enthalten meist einen Rahmen, in der Regel aus Gipskarton, der mit Platten abgedeckt ist. Auch Decken können so aufgebaut sein. Hohlwände in Holzrahmen sind oft ganz oder teilweise brennbar. Zur Wärmeisolierung werden Hohlwände mit Isoliermaterial in Mattenform oder Schüttung ausgeführt.

Verbindungsdosen, Gerätedosen und Kleinverteiler müssen für die Hohlrauminstallation geeignet sein. Das ist durch das Symbol ▽H erkennbar, das diese Betriebsmittel tragen (VDE 0606). Darüber hinaus verfügen diese Dosen über einen speziellen Befestigungsmechanismus (**Bild 9.1**). Zusätzlich ist in den letzten Jahren, im Zusammenhang mit Maßnahmen zur Energieeinsparung und der Isolierung, die „winddichte“ Elektroinstallation eine häufige Forderung. Dafür werden spezielle Produkte und Zubehörteile angeboten.

Die Hohlwanddosen haben einen kegelförmigen oder einen überstehenden Rand. Man steckt die Dose in die genau bemessene Bohrung der Hohlwand und zieht die Befestigungsschraube an. Dadurch presst sich eine Befestigungskralle oder eine Befestigungslasche von hinten an die Platte und sorgt für den festen Sitz der Dose.

> Für die Hohlwandinstallation sind besondere Dosen mit dem Kennzeichen ▽H erforderlich.

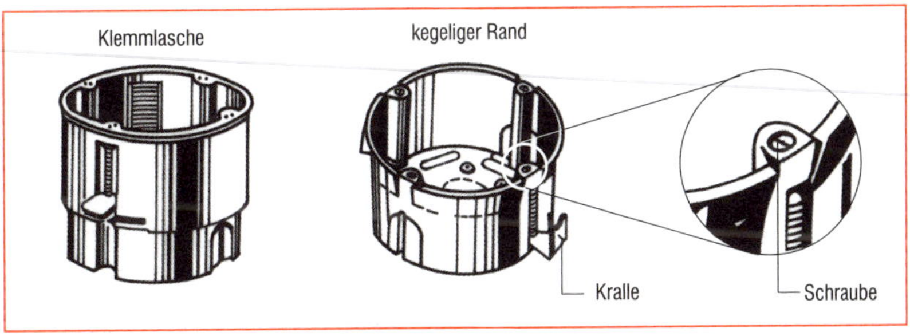

Bild 9.1 Dosen für die Hohlwandinstallation

Die zu den Dosen passenden Einsätze, z. B. Schalter, werden am Zentralring der Dosen befestigt und dürfen nicht mit Krallen angebracht werden. Zum Befestigen von Leuchten und anderen Betriebsmitteln an Hohlwänden außen verwendet man Hohlwanddübel (**Bild 9.2**).

Bei der Hohlwandinstallation können Leitungen mit flammwidrigem, isolierendem Mantel, z. B. NYM, verwendet werden. Stegleitungen dürfen in Hohlwänden nicht eingesetzt werden. Die Verlegung von Aderleitungen in Installationsrohren ist zulässig, wenn die Installationsrohre aus flammwidrigem Material bestehen.

> Installationsgeräte für die Hohlwandinstallation müssen das Kennzeichen ▽H tragen, weil hier besondere Anforderungen in Bezug auf die mechanische Festigkeit und die Feuersicherheit eine Rolle spielen.

Leitungen sollten *vor* dem Verschließen der Hohlwände verlegt werden, da sich die Leitungen nur dann befestigen lassen. Die Leitungen dürfen in kleinem Abstand von der Rahmenkonstruktion nicht parallel zu dieser verlegt werden, weil die Rahmen bei der Montage miteinander vernagelt oder verschraubt werden. Befestigt man die Leitungen in den Hohlwänden nicht, z. B. bei nachträglichem Einbau, so müssen sie an den Anschlussstellen der Dosen von Zug und Schub entlastet sein.

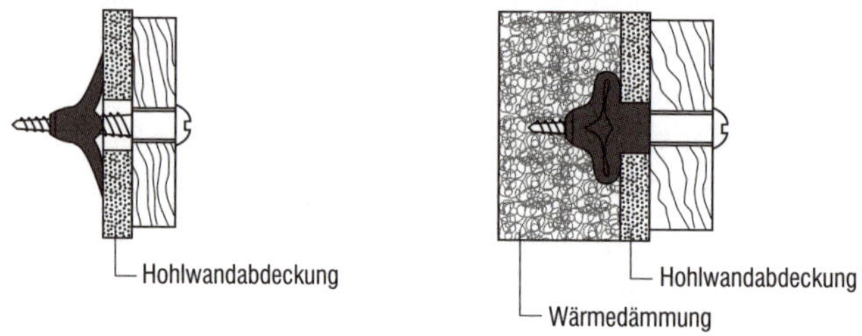

Bild 9.2 Hohlwanddübel

9.2 Installationskanäle

Installationskanäle werden vor allem angewendet, wenn eine Häufung von Leitungen auftritt, z. B. in großen Gebäuden (**Bild 9.3**). Es gibt Installationskanäle aus Kunststoff und solche aus Metall. Installationskanäle aus Metall müssen an den Schutzpotentialausgleichsleiter angeschlossen sein, wenn in ihnen auch Kommunikations- oder Datenleitungen geführt werden.

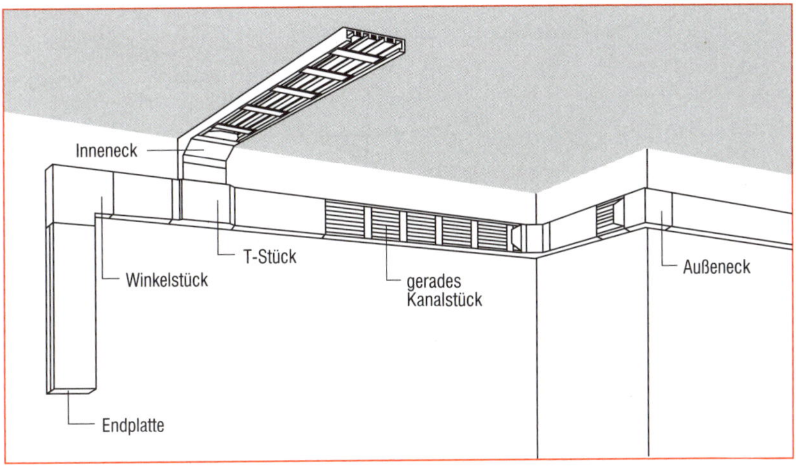

Bild 9.3 Leitungsverlegung in Installationskanälen

Leitungskanäle sind Installationskanäle, die nur der Leitungsführung dienen. Werden Kommunikations- oder Datenleitungen zusammen mit den Starkstromleitungen in einem Leitungskanal geführt, so müssen Kanäle mit Trennwänden verwendet werden.

Geräteeinbaukanäle erlauben den Einbau von Installationsgeräten, z. B. Schalter, direkt in den Installationskanal. Werden Kommunikationseinrichtungen zusammen mit Starkstromeinrichtungen in Geräteeinbaukanälen montiert, so müssen die Einbaugeräte getrennte Abdeckungen haben.

Die Leitungsverlegung in Installationskanälen ermöglicht die Häufung von Leitungen, z. B. in großen Gebäuden, und eine rationelle Nachinstallation, z. B. bei der Modernisierung von Altgebäuden.

Es gibt Installationskanäle aus Metall und aus Kunststoff. Metallene Installationskanäle werden selten verwendet, weil die Metallteile gegebenenfalls in die Schutzmaßnahme einzubeziehen sind, aber nicht als Schutzleiter verwendet werden dürfen. Dagegen sind Installationskanäle aus Kunststoff häufig. Je nach Art und Lage spricht man z. B. von Wand-, Galerie-, Sockelleisten-, Aufboden- oder Türkanal (**Bild 9.4**).

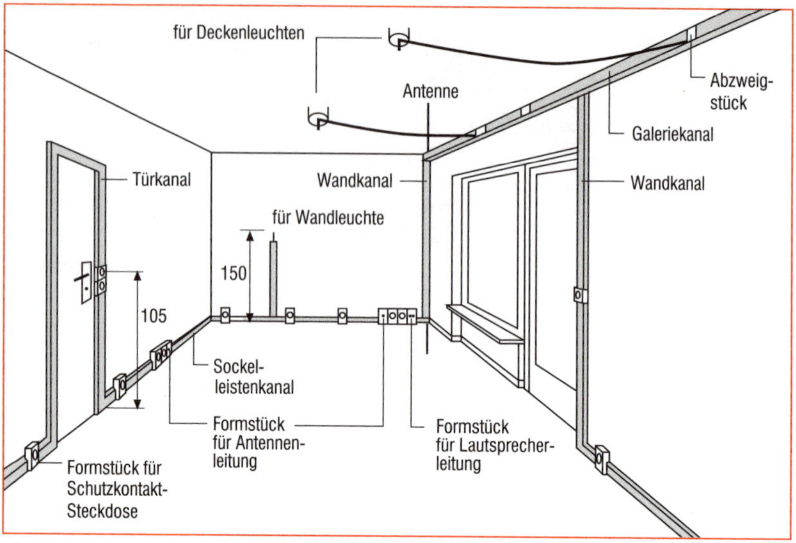

Bild 9.4 Arten von Installationskanälen

9.3 Nachinstallation

Oft müssen in älteren Bauten oder in schlecht geplanten Neubauten nachträglich zusätzliche Leitungen installiert werden. Sofern die vorhandene Installation mit Installationsrohren unter Putz ausgeführt ist, können manchmal weitere Leiter oder Leitungen in diese Installationsrohre eingezogen werden. Das ist aber nur selten der Fall. Sonst kommt nur eine Verlegung auf Putz in Betracht.

Eine Nachinstallation erfolgt meist durch Verlegung auf Putz.

In einfachen Fällen, z. B. zusätzliche Steckdosen im Hausarbeitsraum, kann NYM im Montage-Hilfsrohr (Bild 8.23) verlegt werden. Meist lassen sich aber bei der Nachinstallation Elektroinstallationskanäle verwenden. Diese bezeichnen wir im Folgenden als Installationskanäle. Man spricht von Leitungskanälen, wenn sie nur der Leitungsführung dienen. Geräteeinbaukanäle dienen der Leitungsführung und der Aufnahme von Installationsgeräten, z. B. von Steckdosen.

Die Nachinstallation erfolgt meist mit Installationskanälen.

Zur Nachinstallation haben sich vor allem *Sockelleistenkanäle* bewährt (Bild 9.4). Diese Kanäle werden wie eine Sockelleiste am Fußboden geführt. Die Installationsgeräte können bei Sockelleistenkanälen mit Hilfe von Geräteträgern auf den Kanal montiert werden.

Installationskanäle haben ein Unterteil und eine aufrastbare Abdeckung (**Bild 9.5**). Das Unterteil kann ein Gefach oder mehrere Gefache enthalten. In Installationskanäle mit mehreren Gefachen können Leitungen verschiedener Spannungen eingelegt werden. Die Leitungen mit der niedrigen Spannung, z. B. für Computernetzwerke, müssen aber wegen der elektromagnetischen Verträglichkeit EMV (Kapitel 11) separat liegen (**Bild 9.6**; Abschnitt 20.3).

> 230-V-Leitungen dürfen gemeinsam mit anderen Leitungen nur in Installationskanälen mit Trennwänden verlegt werden.

Die Unterteile der Installationskanäle werden mittels Schrauben und bei Bedarf mittels Dübeln in Abständen von etwa 0,70 m befestigt. Zwischen aufeinander stoßenden Installationskanälen muss man einen Abstand von etwa 1 mm lassen, da die Installationskanäle sich bei Erwärmung ausdehnen. Befinden sich mehrere Leitungen in einem Installationskanal, so liegt eine *Leitungshäufung* vor, welche die Kühlung erschwert. Die Strombelastbarkeit ist dann geringer, z. B. bei 8 NYM-Leitungen nur noch 52 % der normalen Strombelastbarkeit einer Leitung (Abschnitt 7.4).

Für horizontale und vertikale Richtungsänderung des Installationskanals verwendet man Formstücke, für den Abschluss Endstücke (**Bild 9.7**), Installationsgeräte, z. B. Steckdosen oder Schalter, werden je nach Kanalart von Geräteträgern oder von Geräteeinbaudosen aufgenommen.

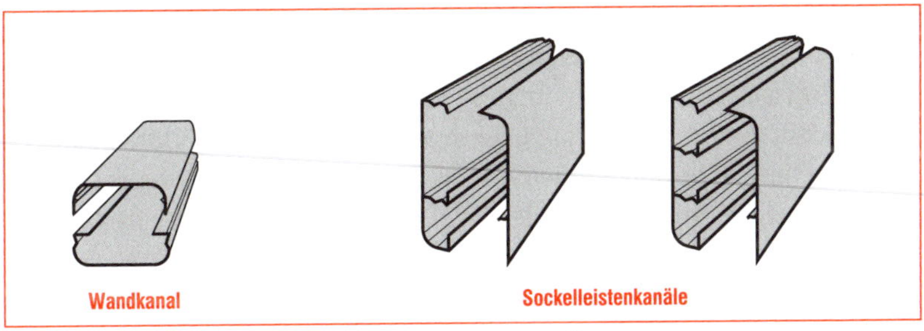

Bild 9.5 Formen von Installationskanälen aus Kunststoff

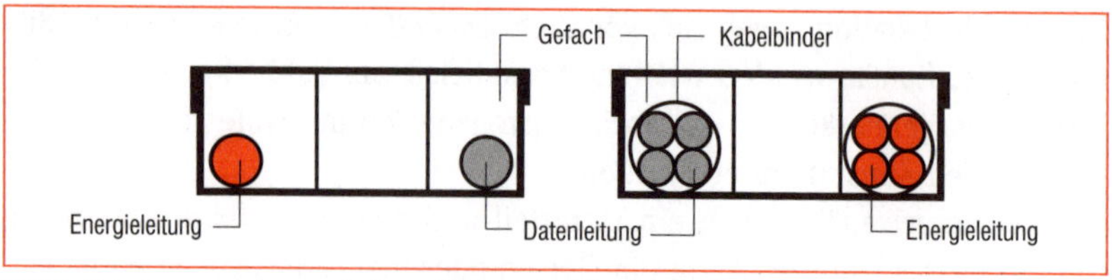

Bild 9.6 Leitungsverlegung in Installationskanal oder Kabelwanne

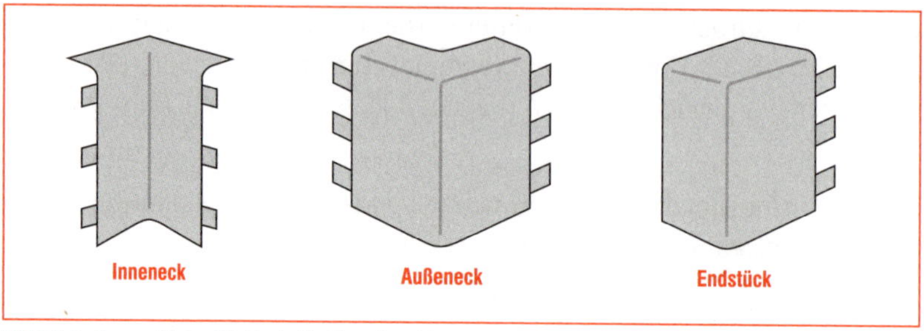

Bild 9.7 Formstücke für Installationskanäle

9.4 Sonderverlegungen

Die starke Zunahme der Anzahl der elektrischen Leitungen in Gebäuden hat dazu geführt, dass man sich um eine Rationalisierung bei der Leitungsführung bemüht hat. Das führte zur Entwicklung besonderer Verfahren zur Leitungsverlegung.

Beim *Unterflur-Installationssystem* werden die Leitungen in Kanälen aus verzinktem Stahlblech verlegt. Die Kanäle liegen im Estrich unten (**Bild 9.8**) oder auch bündig mit der Oberfläche, z.B. unter dem Teppichboden. Auch die Verlegung der Leitungskanäle im Beton ist möglich (**Bild 9.9**). Die Unterflurinstallation wird dort angewendet, wo gehäuft viele Auslässe erforderlich sind, z.B. in Großraumbüros, in Werkstätten und in Prüfräumen.

Die Leitungsverlegung *im Beton* wird angewendet, wenn eine nachträgliche Unterputzinstallation zu teuer ist. Das trifft vor allem bei Bauten und Bauteilen aus Fertigteilen und aus Beton zu.

Bei der Leitungsverlegung in Beton müssen Installationsrohre verwendet werden, die mindestens mittleren mechanischen Druckbeanspruchungen standhalten (**Bild 9.10**). Mantelleitungen dürfen *nicht ungeschützt* für die Leitungsverlegung im Beton verwendet werden, wenn dieser aufgrund seiner Beschaffenheit geschüttelt, gerüttelt oder gestampft werden muss.

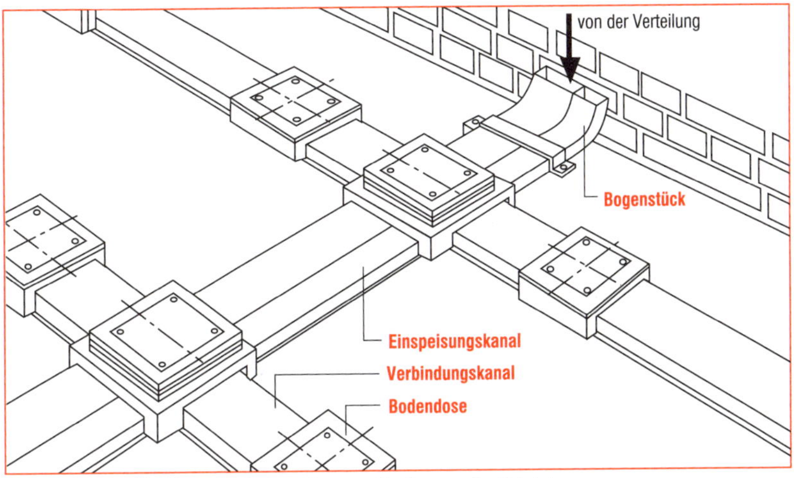

Bild 9.8 Unterflur-Installationssystem zur Verlegung im Estrich

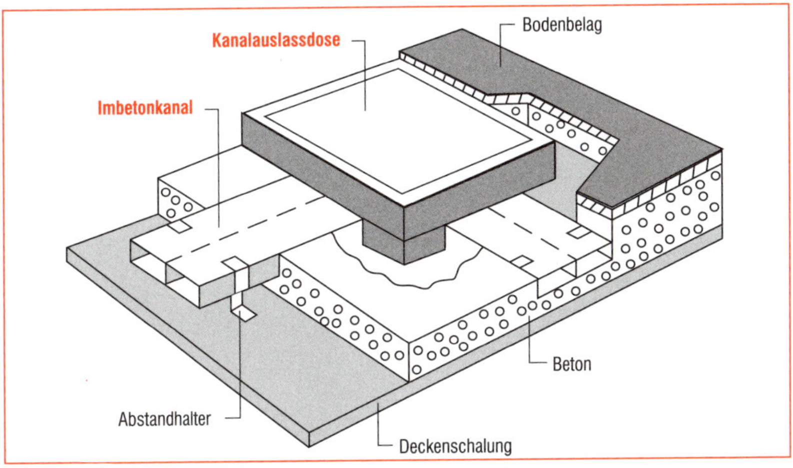

Bild 9.9 Unterflur-Installationssystem zur Verlegung im Beton

Bild 9.10 Beispiel einer Imbetoninstallation

Kabel des Typs NYY dürfen im Beton verlegt werden bei ausreichendem Schutz vor mechanischer Beschädigung während der Rohbauphase. Dosen für die Imbetoninstallation müssen das Kennzeichen ▽B tragen.

> Die Imbetoninstallation erfordert ein besonders widerstandsfähiges Installationsmaterial.

Die Einführungsstellen an allen Dosen sowie die Rohrverbindungen müssen dicht ausgeführt sein, damit kein Beton bzw. keine Betonflüssigkeit eindringen kann. An Dosen stellt man die Einführungsstellen mit etwa 0,5 mm Untermaß her. Auf das einzuführende Installationsrohr wird eine Dichtungskappe in konischer Form aufgebracht. Das Installationsrohr mit der Dichtungskappe wird dann in die Einführungsstelle der Dose gesteckt, sodass eine einwandfreie Dichtung erfolgt.

Kontrollfragen

1. Welche Dübel verwendet man für die Befestigung einer Leuchte an Hohlwänden?
   1. Rahmendübel,
   2. Kippdübel,
   3. Schwerlastdübel,
   4. Hohlraumdübel,
   5. Hohlwanddübel.

   ☐

2. Welche besondere Eigenschaft muss eine Mantelleitung für die Hohlwandinstallation haben?
   1. Flammwidriger Mantel, flammwidrige Isolierung,
   2. flexible Leiter,
   3. nur flammwidrige Isolierung,
   4. feindrähtige Leiter,
   5. in Installationsrohr verlegt.

   ☐

3. Welche Verlegungsart ist bei einer Nachinstallation zu empfehlen?
   1. Beliebige Aufputz-Installation,
   2. Imputz-Installation,
   3. Aufputz-Installation mit Installationskanälen,
   4. Unterputz-Installation mit Montage-Hilfsrohren,
   5. Unterputz-Installation mit Installationskanälen.

4. Welchen Nachteil haben Installationskanäle aus Metall?
   1. Der Kanal muss an den Schutzleiter angeschlossen sein, ist aber selbst als Schutzleiter nicht geeignet.
   2. Der Kanal muss als Schutzleiter verwendet werden.
   3. Die Festigkeit ist geringer als bei Kunststoff.
   4. Die Befestigung muss durch Nageln hergestellt werden.
   5. Der Kanal ist nur für Drehstrom zulässig.

5. In welchem Material werden die Leitungswege der Unterflur-Installationssysteme verlegt?
   1. Nur in Beton,
   2. in Beton oder im Estrich,
   3. nur im Estrich,
   4. im Industrie-Parkett,
   5. im Gips oder im Gasbeton.

6. Welche Anforderungen an das Material treffen bei der Leitungsverlegung im Beton *nicht* zu?
   1. Dosen müssen mit 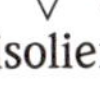 gekennzeichnet sein.

   2. Leitungen müssen isoliert sein.
   3. NYM darf in Stampfbeton direkt verlegt werden.
   4. Installationsrohre müssen einer mittleren mechanischen Druckbeanspruchung standhalten.
   5. NYY darf auch ohne Schutzrohr im Schüttbeton verlegt werden.

7. In welchen Installationskanälen dürfen 230-V-Leitungen zusammen mit Leitungen für SELV-Stromkreise verlegt werden?
   1. In metallenen Installationskanälen,
   2. in beliebigen Installationskanälen mit Kennzeichnung $\overset{H}{\triangledown}$,
   3. nur in beliebigen Sockelleistenkanälen,
   4. nur in Installationskanälen mit zusätzlichen Trennwänden,
   5. nur in beliebigen Installationskanälen aus Kunststoff.

   □

8. Welcher Nachteil tritt auf, wenn in einem Installationskanal Leitungen für mehrere Stromkreise gemeinsam verlegt sind?
   1. Es treten Induktionsschleifen auf, sodass die EMV nicht mehr gesichert ist.
   2. Es liegt eine Leitungshäufung vor, sodass von den einzelnen Leitern der Stromkreise die Strombelastbarkeit verringert ist.
   3. Man kann nur den Leitungsweg nicht mehr verfolgen.
   4. Nur die Isolierung zwischen den einzelnen Stromkreisen wird geschwächt, weil der Abstand jetzt geringer ist als bei einzelner Leitungsführung.
   5. Man kann die grüngelben Schutzleiter nicht mehr den einzelnen Stromkreisen zuordnen.

   □

9.5 Orte mit Badewanne oder Dusche

9.5.1 Bereiche

In Orten (Räumen) mit Badewanne oder Dusche können bei einer nicht fachgerechten elektrischen Anlage Unfälle passieren, da der Mensch einen kleinen Widerstand und eine Verbindung zum Erdpotential haben kann. Die Wirkung eines elektrischen Schlags ist daher größer. Deshalb gelten hier strengere Bestimmungen als in anderen Wohnräumen. Diese Bestimmungen gelten teilweise im gesamten Raum mit Badewanne oder Dusche, insbesondere aber in räumlich begrenzten Bereichen. Diese Bereiche sind mit Kennzahlen versehen. Je niedriger die Kennzahl für den Bereich ist, desto strenger sind die einzuhaltenden Bestimmungen.

> In Orten mit Badewanne oder Dusche unterscheidet man die Bereiche 0, 1 und 2 (DIN VDE 0100-701).

Der Bereich 0 umfasst das *Innere* der Badewanne oder Duschwanne einschließlich eines Wannenrandes (**Bild 9.11**). Ist in Duschräumen keine Wanne vorhanden, so gibt es auch keine Bereiche 0 und 2 (**Bild 9.12**).

Die Bereiche 1 und 2 gehen vom Standort des Benutzers (Fußboden) bis zum höchsten, fest angebrachten Brausekopf oder Wasserauslass oder bis in eine Höhe von 2,25 m und zwar je nachdem, was höher ist.

In Orten ohne Wanne gibt es nur den Bereich 1 mit dem Radius 1,20 m bis zur Höhe 2,25 m bzw. bis zum Brausekopf oder Wasserauslass.

In Orten mit einer Wanne gehört zum Bereich 1 der Raum unterhalb der Wanne und oberhalb vom Bereich 0 bis zu einer Höhe von 2,25 m bzw. bis zum Brausekopf oder Wasserauslass. Ist die Wanne eingemauert, so reicht der Bereich 1 bis an die äußere Kante der Einmauerung (**Bild 9.13**).

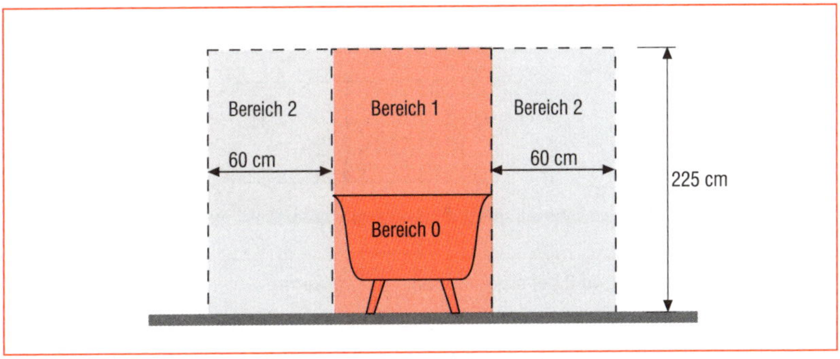

Bild 9.11 Bereiche in einem Ort mit Badewanne oder Duschwanne

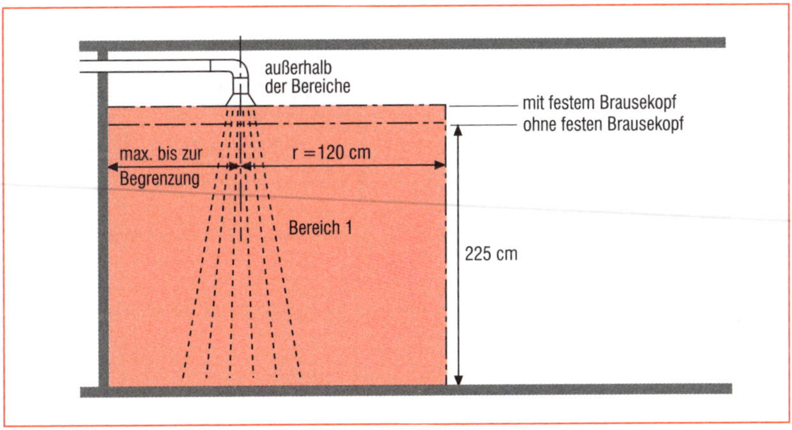

Bild 9.12 Bereiche in einem Ort mit Dusche ohne Duschwanne

> Der Bereich 2 beginnt bei Orten mit einer Wanne am Ende von Bereich 1 und ist 0,60 m breit.

Bei Orten mit abgemauerten (nicht bis an die Decke reichenden Mauern) Wannen oder Duschplätzen muss beachtet werden, dass vom Standort des Benutzers um die Mauer herum gegriffen werden könnte, z. B. um das Handtuch zu erreichen. Hier erstreckt sich bei Wannen der Bereich 2 und bei Duschplätzen ohne Wanne der Bereich 1 um die Ecke herum um die Länge eines Fadens nach **Bild 9.14.**

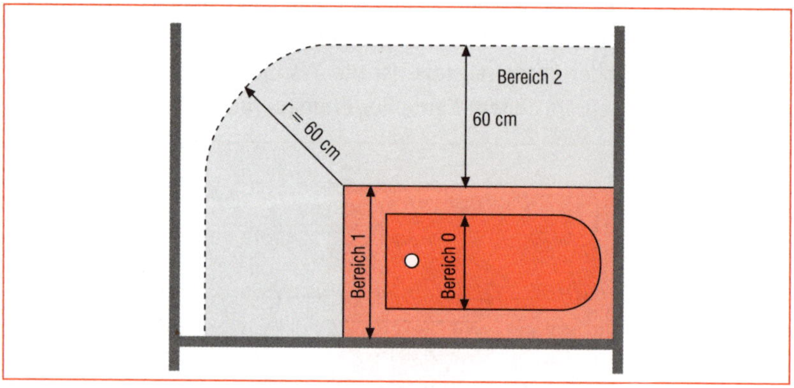

Bild 9.13 Bereiche 0, 1 und 2 bei einer eingemauerten Wanne

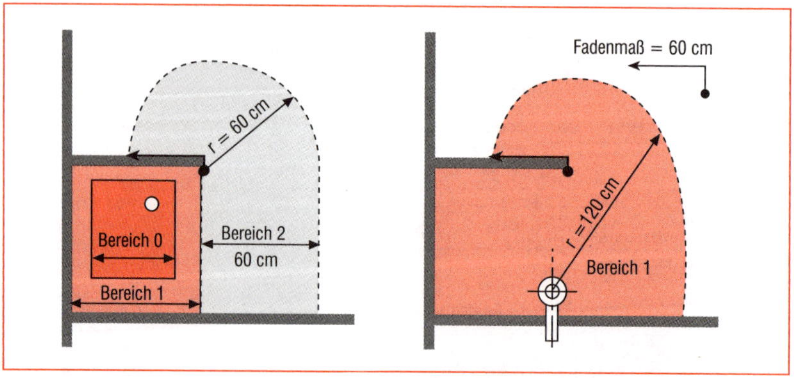

Bild 9.14 Bereiche bei abgemauerten Wannen oder wannenlosen Duschplätzen

9.5.2 Schutz gegen elektrischen Schlag

Im ganzen Ort

Auch außerhalb der Bereiche 0, 1 und 2 sind strengere Bestimmungen als in den sonstigen Wohnräumen zu beachten.

Für alle Stromkreise muss ein *zusätzlicher Schutz* durch Fehlerstrom-Schutzeinrichtung RCD Typ A mit $I_{\Delta N} \leq 30\,\text{mA}$ gegeben sein. Das gilt auch für Stromkreise in anderen Räumen, wenn ihre Leitungen durch einen Ort mit Badewanne oder Dusche führen.

Bei Orten mit Badewanne oder Dusche muss bei allen im Ort verlegten Leitungen meist ein Schutz durch RCD Typ A mit kleinem Bemessungs-Differenzstrom erfolgen.

Das gilt nicht bei Stromkreisen

- mit SELV oder PELV,
- mit Schutztrennung für nur einen Verbraucher oder nur eine Steckdose,
- zur ausschließlichen Versorgung von ortsfesten Wassererwärmern.

In Orten mit Badewanne oder Dusche ist meist ein *zusätzlicher Schutzpotentialausgleich* durchzuführen (**Bild 9.15**). In diesen sind alle fremden, elektrisch leitfähigen Teile, die in den Ort führen, einzubeziehen. Das betrifft insbesondere alle Rohrsysteme sowie in den Fußboden eingelassene Metallgittermatten zur Potentialsteuerung. Die Verbindung muss mit einer ungeschützt verlegten Leitung von mindestens $4\,\text{mm}^2$ Cu oder einer geschützt verlegten Leitung von mindestens $2{,}5\,\text{mm}^2$ Cu erfolgen.

Wenn in der Anlage ein Schutzpotentialausgleich über die Haupterdungsschiene vorhanden ist, kann der zusätzliche Schutzpotentialausgleich im Bad entfallen.

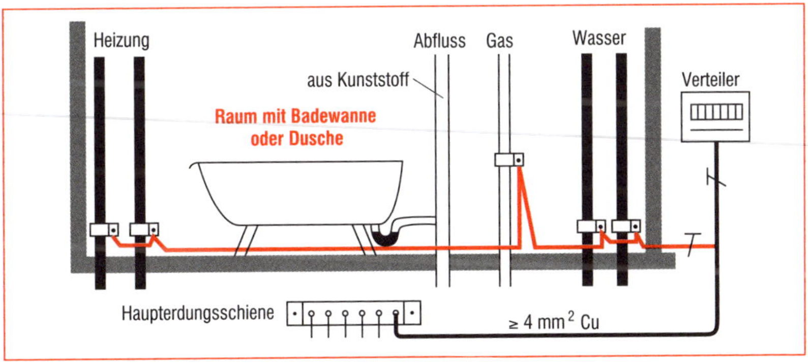

Bild 9.15 Zusätzlicher Schutzpotentialausgleich in Orten mit Badewanne oder Dusche

Bereich 2

Im Bereich 2 sind alle fest installierten Verbrauchsmittel erlaubt und – außer Steckdosen – alle Installationsgeräte. Darüber hinaus sind Rasiersteckdosen-Einheiten nach VDE 0570 sowie Steckdosen für SELV oder PELV zulässig, insbesondere für die Kommunikationstechnik. Die Stromquelle für SELV oder PELV darf dabei nicht im Bereich 0 oder 1 installiert sein.

> Im Bereich 2 dürfen keine Steckdosen für 230 V angebracht werden.

Bei SELV oder PELV muss trotz der niedrigen Spannung der Basisschutz (Schutz gegen direktes Berühren) erfolgen. Im Bereich 2 ist also die Installation einer Niedervolt-Halogen-Glühlampenkette mit blanken Drähten nicht zulässig. Begrenzen Wände mit in ihnen verlegten Leitungen den Ort, so muss zwischen Leitung oder Kabel einerseits und Wandoberfläche andererseits ein Abstand von mindestens 0,06 m bestehen bleiben, damit metallene Handgriffe nicht mit den Leitern in Verbindung kommen können.

> Die Verlegung von Leitungen im Bereich 2 ist auf das unbedingt Notwendige zu beschränken.

Bereich 1

Im Bereich 1 dürfen nur solche elektrischen *Verbrauchsmittel* installiert werden, die nach Herstellerangabe für den Bereich 1 geeignet sind. Dazu gehören Whirlpooleinrichtungen, Duschpumpen, Lüftungseinrichtungen, Handtuchtrockner und Wassererwärmer sowie Geräte für SELV oder PELV mit Nennspannung 25 V AC bzw. 60 V DC.

Als *Installationsgeräte,* einschließlich Steckdosen, sind im Bereich 1 nur solche für SELV und PELV mit Nennspannung 25 V AC bzw. 60 V DC zulässig sowie Abzweigdosen und Anschlussdosen für Verbrauchsmittel der Bereiche 0 oder 1.

> Im Bereich 1 dürfen Leuchten mit 230 V nur montiert werden, wenn die Leuchtmittel nicht auswechselbar sind.

Bereich 0

Im Bereich 0 ist die Gefährdung des Benutzers besonders hoch. Deshalb dürfen hier keinerlei elektrische Installationsgeräte eingebaut werden. Dagegen dürfen Verbrauchsmittel für SELV-Stromkreise 12 V AC oder 30 V DC fest angeordnet und fest angeschlossen werden, wenn sie nach Herstellerangabe für den Bereich 0 zugelassen sind.

> Im Bereich 0 dürfen keine elektrischen Installationsgeräte eingebaut werden.

9.6 Räume und Kabinen mit Saunaheizungen

An Räume und Kabinen mit Saunaheizungen werden hohe Anforderungen seitens der elektrischen Sicherheit gestellt, da die Köperwiderstände der Saunabesucher durch Feuchtigkeit besonders niedrig sind. Am einfachsten ist es, wenn eine normgerechte, fabrikfertige Saunakabine mit dem CE-Zeichen eingebaut wird, weil da die Sicherheitsbestimmungen von vornherein erfüllt sind.

Man unterscheidet die Bereiche 1, 2 und 3 (**Bild 9.16**).

Bereich 1: Nur Betriebsmittel sind zulässig, die zum Heizgerät gehören.

Bereich 2: Es bestehen keine Anforderungen an die Wärmefestigkeit der Betriebsmittel. Es dürfen nur Schaltgeräte für die Heizung eingebaut werden.

Bereich 3: Temperaturfestigkeit der Betriebsmittel bis 125 °C ist erforderlich. Kabel und Leitungen müssen 170 °C aushalten, z. B. Leitungen H05SS-F.

Die Betriebsmittel müssen in den Bereichen 1, 2 und 3 mindestens der Schutzart IP24 entsprechen. Es wird empfohlen, Kabel- und Leitungsanla-

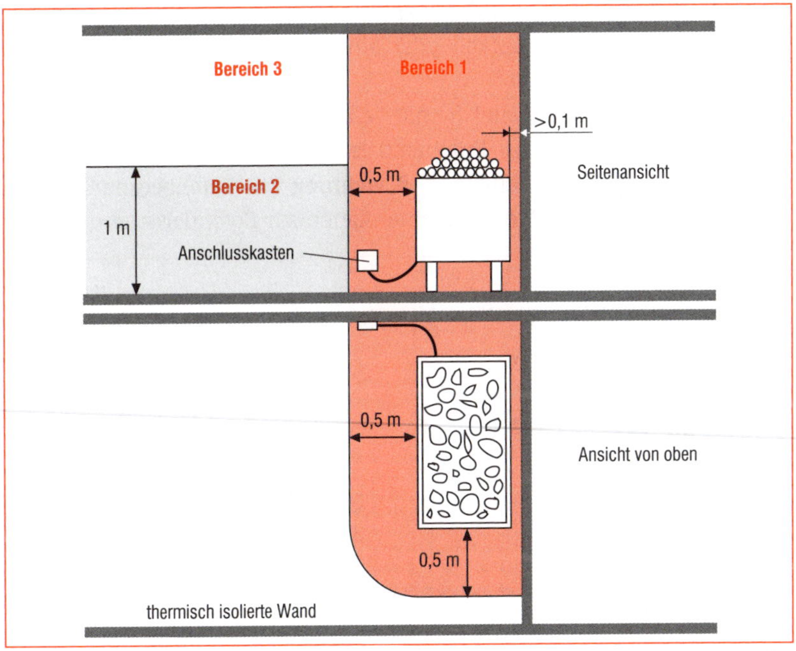

Bild 9.16 Bereiche von Räumen und Kabinen mit Saunaheizung (nach DIN VDE 0100-703)

gen außerhalb der Saunakabine zu errichten. Schalter für die Beleuchtung müssen außerhalb der Saunakabine angeordnet werden.

Im ganzen Saunaraum oder in der ganzen Saunakabine dürfen keine Steckdosen installiert werden. Der Basisschutz (Schutz gegen direktes Berühren) muss durch Isolierung, durch Umhüllung oder Abdeckung vorgenommen werden, auch bei SELV. Für alle Stromkreise außer dem Stromkreis der Heizung ist ein zusätzlicher Schutz durch RCD Typ A mit einem Bemessungsdifferenzstrom von höchstens 30 mA erforderlich.

9.7 Becken von Schwimmbädern, Wasserbecken, Springbrunnen

Anlagen mit Pools und Wasserbecken werden wegen der dort vorherrschenden elektrischen Gefährdung von Personen infolge des durch Feuchtigkeit herabgesetzten Körperwiderstandes und der Verbindung zum Erdpotential nach DIN VDE 0100-702 in drei Bereiche eingeteilt (**Bild 9.17**). Dies gilt nicht für Handwaschbecken oder Ähnliches. Die Bereiche 1 und 2 dürfen durch feste Abtrennungen mit einer Mindesthöhe von 2,5 m abgetrennt werden. Für Handwaschbecken oder ähnliche Becken gilt dies und das Nachfolgende nicht.

In den drei Bereichen sind fremde leitfähige Teile, die ein elektrisches Potential einschließlich des Erdpotentials in die Bereiche einführen können, z. B. metallene Rohrleitungen, Bewehrung von Betonbecken sowie in den Fußboden eingelassene Metallgittermatten zur Potentialsteuerung, über

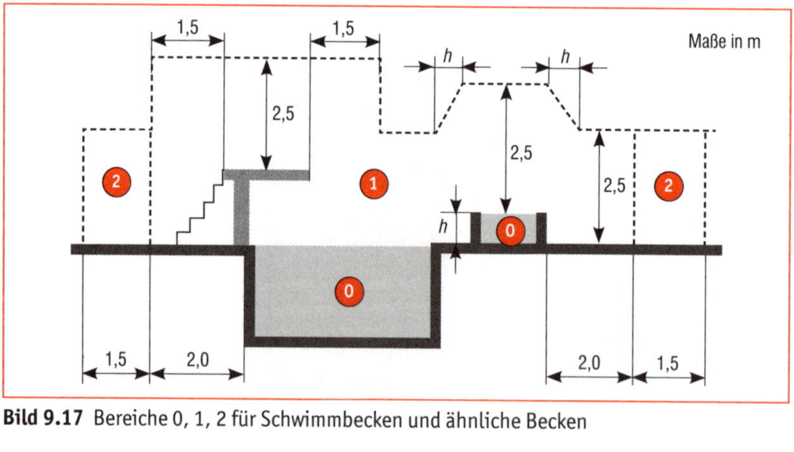

Bild 9.17 Bereiche 0, 1, 2 für Schwimmbecken und ähnliche Becken

Schutzpotentialausgleichsleiter miteinander und über den Schutzleiter PE zu verbinden. Haltegriffe am Beckenrand oder Einstiegs-/Ausstiegsleitern sind davon nicht betroffen.

In den Bereichen 0 und 1 darf bei beschwimmbaren oder begehbaren Becken nur die Schutzmaßnahme SELV mit Nennspannungen bis 12 V AC oder 30 V DC angewendet werden, wobei die Stromquelle außerhalb der Bereiche 0, 1, 2 sein muss. Bei nicht beschwimmbaren/nicht begehbaren Becken dürfen als Schutz für die Stromkreise angewendet werden

- SELV mit Stromquelle außerhalb der Bereiche 0, 1, 2 oder
- RCDs Typ A mit $I_{\Delta N} \leq 30$ mA oder
- Schutztrennung für ein einziges Verbrauchsmittel mit Stromquelle außerhalb der Bereiche 0, 1, 2.

Sind die Stromquellen durch RCDs Typ A mit $I_{\Delta N} \leq 30$ mA geschützt, dürfen die Stromquellen in beiden Fällen auch im Bereich 2 angeordnet sein.

Im Bereich 2 erfolgt der Schutz in gleicher Art wie bei nicht beschwimmbaren/nicht begehbaren Becken.

Im Bereich 1 gilt für elektrische Betriebsmittel mindestens die Schutzart IPX8, im Bereich 1 mindestens IPX5, im Bereich 2 mindestens IPX4 im Außenbereich und IPX2 in Innenräumen, bei Reinigung mit Strahlwasser jeweils IPX5.

In den Bereichen 0 und 1 dürfen Leitungen nur zur Versorgung von Betriebsmitteln in diesen Bereichen verwendet werden. Schaltgeräte, Steuergeräte und Steckdosen dürfen in diesen Bereichen nicht errichtet werden. Nur für SELV sind Abzweigdosen oder Verbindungsdosen im Bereich 1 zulässig. An Verbrauchsmitteln sind Steuergeräte erlaubt, wenn sie vom Hersteller angebracht sind. Verbrauchsmittel dürfen in den Bereichen 0 und 1 nur fest angebracht werden, wenn der Hersteller dies erlaubt.

> Unabhängig von der Nennspannung muss bei Becken aller Art der Basisschutz gewährleistet sein.

Kontrollfragen

1. Warum können in Orten mit Badewanne oder Dusche bei nicht fachgerechten Anlagen Unfälle entstehen?
2. Welche Bereiche unterscheidet man in Orten mit Badewanne oder Dusche?
3. Welche Schutzeinrichtung ist in Orten mit Badewanne oder Dusche meist anzuwenden?
4. Bis zu welcher Höhe vom Fußboden aus erstrecken sich die Bereiche 1 und 2 in einem Ort mit Badewanne ohne fest angebrachten Brausekopf oder Wasserauslass?
5. Welcher zusätzliche Schutz gegen elektrischen Schlag ist in Orten mit Badewanne oder Dusche anzuwenden?
6. Wo dürfen in Orten mit Badewanne oder Dusche normale Netzsteckdosen 230 V angebracht werden?
7. Wie hoch ist bei PELV die höchstzulässige Nennspannung im Bereich 1 von Orten mit Badewanne?
8. Wie hoch ist bei SELV die höchstzulässige Nennspannung im Bereich 0 von Orten mit Dusche?
9. Wie verfährt man am einfachsten beim Errichten einer Saunakabine in einem Wohnhaus?
10. Wo sollen die Schalter für die Beleuchtung der Saunakabine angeordnet werden?
11. In einem Kellerraum mit Steckdosen wird eine Saunaheizung eingebaut. Wie ist mit den Steckdosen zu verfahren?
12. Welcher zusätzliche Schutz ist innerhalb der Saunakabine erforderlich?
13. Warum ist im Bereich 3 eine höhere Wärmefestigkeit erforderlich als im Bereich 2?
14. Welches Leitungsmaterial würden Sie für das Saunaheizgerät empfehlen?
15. Welche der nachfolgenden Aussagen ist richtig?
    1. Beleuchtungsanlagen mit zugehörenden Schaltern dürfen in Saunakabinen installiert sein.
    2. Die Körperwiderstände von Personen sind immer gleich groß.
    3. Für den Bereich von Handwaschbecken gelten in Hallenbädern die Vorschriften des Bereichs 0.
    4. Im Bereich 1 von begehbaren Becken dürfen Steckdosen für Reinigungszwecke errichtet werden.
    5. Im Bereich 1 von begehbaren Becken sind Abzweigdosen und Verbindungsdosen für SELV zulässig.

☐

9.8 Landwirtschaftliche und gartenbauliche Betriebsstätten

Betriebsstätten, in denen Nutztiere gehalten und Futtermittel, Düngemittel und tierische oder pflanzliche Erzeugnisse gelagert werden, sind der Landwirtschaft zugeordnet. Den gartenbaulichen Betriebsstätten sind Bereiche zugeordnet, in denen Pflanzen wachsen. Aber auch hier gibt es Bereiche zum Lagern von Düngemitteln und Pflanzen für den Verkauf.

In landwirtschaftlichen und gartenbaulichen Betriebsstätten entstehen aufgrund von z. B. Feuchtigkeit, Staub, Chemikalien, Dung und Gülle Einflüsse auf die elektrischen Betriebsmittel. Auch auf Mensch und Tier gibt es Auswirkungen hinsichtlich des dadurch herabgesetzten Übergangswiderstandes zum menschlichen oder tierischen Körper. Durch das Vorhandensein leicht entzündlicher Stoffe (z. B. Heu, Stroh, Scheunen aus Holz) besteht ferner eine erhöhte Brandgefahr. Bestandteile dieser Betriebsstätten im Sinne von DIN VDE 0100-705 sind neben Stallungen, Lagerräumen oder Gewächshäusern auch Räumlichkeiten, die eine leitfähige Verbindung zu diesen eigentlichen Betriebsstätten besitzen, sei es durch metallene Rohrleitungssysteme, Metallkabelmäntel oder Schutzleiter derselben elektrischen Anlage oder durch fremde leitfähige Teile.

Besonders gefährdet bzgl. eines elektrischen Schlags sind große Nutztiere, da sie meist feucht stehen und bei einem Isolationsfehler eine größere Spannung überbrücken als der zweifüßige Mensch. Ein zusätzlicher Schutzpotentialausgleich muss alle Körper und fremden leitfähigen Teile, die von den Nutztieren berührt werden können, miteinander verbinden. Metallgitter im Fußboden zur Potentialsteuerung, auch Baustahlmatten, sind hierbei miteinzubeziehen (**Bild 9.18**). Betroffen sind davon Stand-, Liege-, Melkbereiche und dazugehörende Gänge. Die Schutzpotentialausgleichsleiter sind über die Haupterdungsschiene mit dem Fundamenterder zu verbinden (**Bild 9.19**). Die höchstzulässige Berührungsspannung kann 50 V AC bzw. 60 V DC betragen.

> Große Nutztiere sind bzgl. eines elektrischen Schlags gefährdeter als der Mensch.

Die Schutzpotentialausgleichsleiter müssen gegen mechanische Beschädigung und Korrosion geschützt sein. Verwendet werden darf feuerverzinkter Bandstahl von mindestens 30 mm × 3 mm, feuerverzinkter Rundstahl mit Durchmesser ≥ 8 mm oder ein Kupferleiter mit Querschnitt ≥ 4 mm^2.

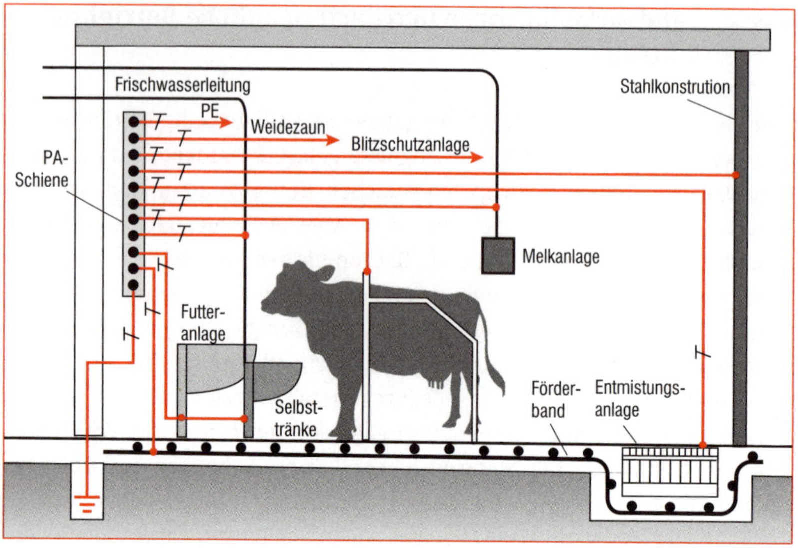

Bild 9.18 Schutzpotentialausgleich in einem Stall für Nutztiere

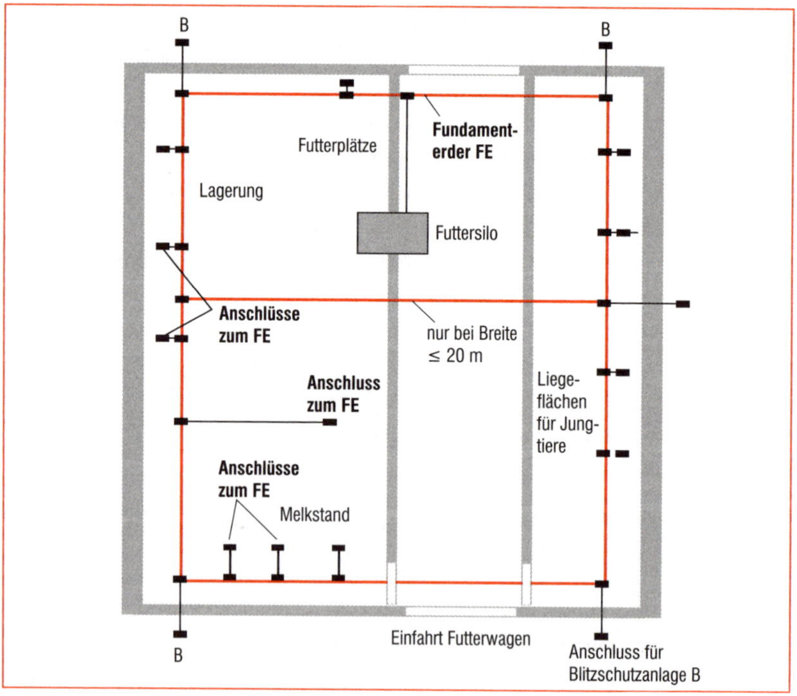

Bild 9.19 Verlauf eines Fundamenterders in einem Stall für Nutztiere

In Endstromkreisen für Steckdosen sind RCDs mit einem Bemessungsdifferenzstrom von $I_{\Delta N} \leq 30\,\text{mA}$ vorzusehen, in allen anderen Stromkreisen RCDs mit $I_{\Delta N} \leq 300\,\text{mA}$, ausgenommen Stromkreise, welche Verteiler versorgen. Zu installieren sind RCDs vom Typ A oder, sofern elektronische Steuerungen mit Stromrichter vorkommen, vom Typ B. An Orten mit Brandrisiko sind für alle Stromkreise, auch für Verteilungsstromkreise, RCDs vom Typ B oder B+ mit $I_{\Delta N} \leq 300\,\text{mA}$ erforderlich. RCMs, die einen Leistungsschalter ansteuern, dürfen verwendet werden, wenn der Betriebsstrom den größten Bemessungsstrom der lieferbaren RCDs übersteigt. Der Einsatz von AFDDs ist zu prüfen. Beim meist verwendeten TN-System müssen hinter dem Speisepunkt der elektrischen Anlage Neutralleiter und Schutzleiter getrennt sein.

Die RCDs, aber auch andere Schaltgeräte für Schutzmaßnahmen müssen möglichst außerhalb der feuergefährdeten Orte angebracht werden. Ist dies nicht möglich, müssen sie eine feuersichere Umhüllung haben. Die Kabel und Leitungen in feuergefährdeten Bereichen erfordern einen Schutz gegen Überlast und Kurzschluss.

In jedem Gebäude oder Gebäudeteil der landwirtschaftlichen oder gartenbaulichen Betriebsstätten muss eine Trenneinrichtung dessen gesamte elektrische Anlage zuverlässig trennen (abschalten), z. B. eine RCD. Diese Trenneinrichtung muss alle aktiven Leiter, also auch den N-Leiter (Neutralleiter) gleichzeitig vom Netz trennen. Bei der Installation von Trenn- und Schaltgeräten sowie Bedienungsvorrichtungen wie NOT-AUS oder NOT-HALT ist darauf zu achten, dass diese nicht in Reichweite der Tiere angeordnet werden. Für die Tiere dürfen nur solche elektrischen Betriebsmittel zugänglich sein, die z. B. zu deren Fütterung oder Trinkwasserbereitstellung dienen.

> Elektrische Bedien- und Schaltgeräte müssen in Ställen derart angebracht sein, dass Nutztiere diese nicht erreichen können, ausgenommen sind Bediengeräte zur Nahrungsaufnahme.

Kleinspannungsstromkreise SELV und PELV, auch für ≤ 25 V AC bzw. ≤ 60 V DC, erfordern einen Basisschutz mittels Abdeckungen oder Umhüllungen mindestens der Schutzart IPXXB oder IP2X. Alternativ besitzen ihre Leitungen eine Isolierung, die einer Prüfwechselspannung von 500 V Effektivwert mindestens 1 min standhält. An Orten mit Brandrisiko sind Kabel oder Leitungen von Kleinspannungsstromkreisen als Mantelleitungen oder Erdkabel zu verlegen. Hier ist die Schutzart IP4X gefordert. Die elektrischen Betriebsmittel, die in landwirtschaftlichen und gartenbaulichen Betriebsstätten für den üblichen Gebrauch zur Anwendung kommen, müssen mindestens der Schutzart IP44 entsprechen. Steckdosen sind ggf. mit einem besonderen Schutz zu versehen, z. B. mit einem zusätzlichen Gehäuse oder durch Anbringen in Gebäudenischen.

Kabel und Leitungen sind in Ställen so zu verlegen, dass sie von Nutztieren nicht erreicht werden können. Ein Schutz gegen Beschädigung muss gegeben sein. Freileitungen erfordern in diesen Anlagen Isolierungen. Kabel müssen in Erde ≥ 0,6 m tief mit zusätzlichem mechanischen Schutz verlegt werden, in urbarem Ackerland sogar ≥ 1 m Tiefe. Selbsttragende Kabel müssen in einer Höhe ≥ 6 m errichtet werden.

Landwirtschaftliche Gebäude mit Intensivtierhaltung müssen für einen Stromausfall vorbereitet sein. Eine ausreichende Versorgung der Nutztiere mit Futter, Wasser, Luft und Beleuchtung muss sichergestellt sein. Hierzu ist eine Sicherheitsstromversorgung vorzusehen. Für Lüftungs- und Beleuchtungsanlagen sind getrennte Stromkreise notwendig. Elektrisch betriebene Lüftungsanlagen benötigen eine elektrische Ersatzstromquelle. Jeder Ausfall der Stromversorgung muss optisch und akustisch gemeldet werden.

> Gebäude für Intensivtierhaltung benötigen eine Sicherheitsstromversorgung.

In feuergefährdeten Bereichen dürfen nur Leuchten mit der Kennzeichnung ▽D angebracht werden. Die Lampen müssen dabei die Schutzart IP54 besitzen. Auf entsprechende Sicherheitsabstände der Leuchten zu brennbaren Materialien ist zu achten.

Kontrollfragen

1. Aus welchen Gründen sind große Nutztiere besonders hinsichtlich eines elektrischen Schlags gefährdet?
2. Welche Aussage ist richtig?
   1. In landwirtschaftlichen Betriebsstätten reichen RCDs vom Typ A aus.
   2. Jeder Gebäudeteil einer landwirtschaftlichen Betriebsstätte muss über eine einzige Trenneinrichtung abgeschaltet werden können.
   3. NOT-AUS-Einrichtungen müssen auch für Tiere erreichbar sein.
   4. Erdverlegte Kabel erfordern keinen besonderen mechanischen Schutz.
   5. RCDs können in landwirtschaftlichen Betriebsstätten an beliebigen Orten ohne weiteren Schutz installiert werden.

   ☐

10 Anschließen der Geräte

10.1 Zurichten der Leitungen

Unter *Zurichten* versteht man das Vorbereiten von Leitungen und Kabeln zur Herstellung des Anschlusses. Beim Zurichten unterscheidet man Abschneiden, Abmanteln, Abisolieren, Herstellen von Anschlussenden und Ausformen von Drahtenden. Zum *Abschneiden* der Leitungen auf die erforderliche Länge verwendet man bei Leiterquerschnitten bis 10 mm^2 meist Seitenschneider, bei sehr großen Querschnitten spezielle Kabelschneider. *Abisolieren* ist das Entfernen der Aderisolierung von Leitungen. *Abmanteln* ist das Entfernen des äußeren Mantels von Leitungen. Zum Abisolieren und zum Abmanteln verwendet man Kabelmesser sowie Abmantel- und Abisolierwerkzeuge. Das *Kabelmesser* (**Bild 10.1**) ist ein Werkzeug, das leicht zu Verletzungen führt, deshalb ist es stets vom Körper wegzuführen. Wegen seiner Gefährlichkeit wird es oft durch ein Systemwerkzeug (Werkzeug mit mehreren Funktionen) ersetzt (www.jokari.de).

Es versteht sich, dass offene Messer nicht in der Arbeitskleidung getragen werden dürfen. Bei Montagearbeiten sollen sie nach Gebrauch in die Werkzeugtasche zurückgelegt werden.

Zum Abisolieren eignet sich die *Abisolierzange* (**Bild 10.2**) besser als das Kabelmesser. Mit der Abisolierzange lassen sich alle Arten von Leitungen

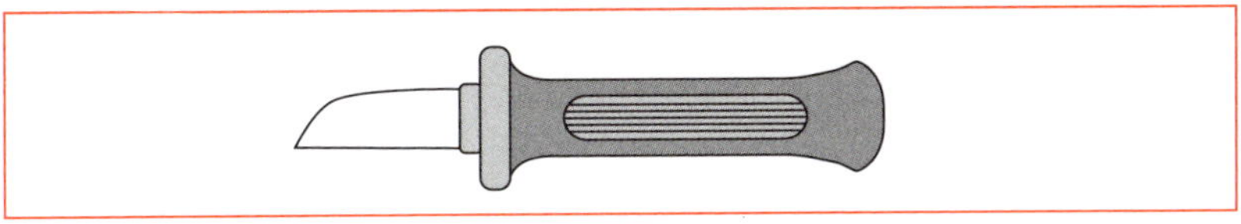

Bild 10.1 Kabelmesser

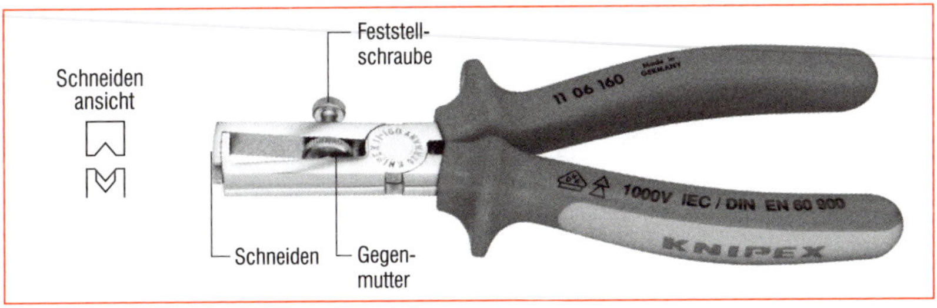

Quelle: www.knipex.de

Bild 10.2 Einfache Abisolierzange

und Kabeln abisolieren. Vor Arbeitsbeginn wird bei dieser einfachen Abisolierzange zuerst mit Hilfe der Feststellschraube der ungefähre Durchmesser der Ader eingestellt. Dann wird ein Probeschnitt gemacht. Daraus kann man erkennen, ob die Zange weiter zu öffnen oder zu schließen ist. Es ist dabei zu beachten, dass nur die Isolierung eingeschnitten wird und nicht der Kupferleiter. Ist die richtige Einstellung gefunden, so wird mit der Gegenmutter diese Stellung fixiert.

Das Abisolieren mit dem Kabelmesser führt leicht zu einer Verletzung des Kupferleiters. Dann ist dieser eingekerbt und infolgedessen bricht der Leiter beim Biegen leicht ab.

> Beim Abisolieren darf der Kupferleiter nicht beschädigt werden, da er sonst leicht abbrechen kann.

Das Abmanteln kann mit einem besonderen *Abmantelwerkzeug* (**Bild 10.3**) erfolgen. Dieses Werkzeug besteht aus einem Griff mit einer innen liegenden Klinge, einem Kabelhalter und einer Einstellschraube. Auch dieses Werkzeug wird bei einfacher Ausführung mit Hilfe eines Probeschnitts auf die Mantelstärke der jeweiligen Leitung eingestellt. Dann wird die Mantelleitung eingeklemmt und das Abmantelwerkzeug um die Leitung gedreht. Die Aderisolierung darf dabei auf keinen Fall eingeschnitten werden.

Klemmen für Betriebsmittel der Elektroinstallation sind heute so ausgeführt, dass bei *eindrähtigen* Leitern einfach das abisolierte Leiterstück in die Klemme eingeführt und dort fest gehalten wird (**Bild 10.4**). Eine besondere Ausformung der Leiterenden erfolgt hier nicht. Bei *mehrdrähtigen Leitungen*, insbesondere bei flexiblen Leitungen, müssen dagegen die Enden der Leiter meist ausgeformt werden. Dies geschieht mit Hilfe von *Aderendhülsen* oder durch *Kabelschuhe*.

Aderendhülsen werden auf den feindrähtigen, abisolierten Leiter geschoben und dort mit einer besonderen *Quetschzange* (**Bild 10.5**) befestigt. Ähnlich erfolgt das *Aufquetschen* von Kabelschuhen.

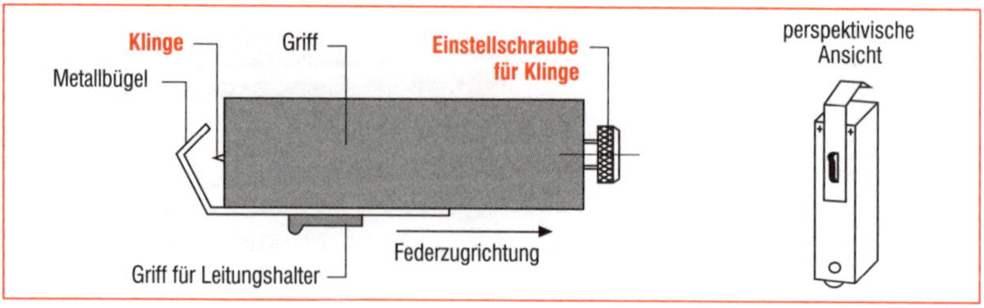

Bild 10.3 Einfaches Abmantelwerkzeug

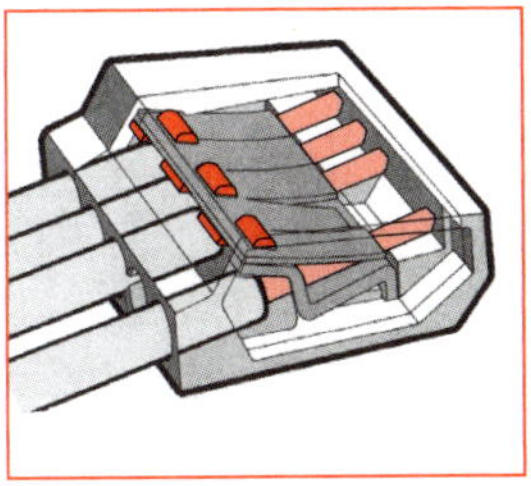

Bild 10.4 Schraubenlose Steckklemme für eindrähtige Leiter

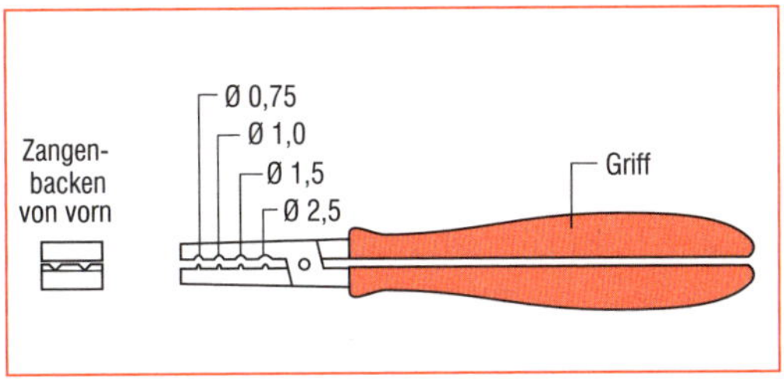

Bild 10.5 Quetschzange zum Aufbringen der Aderendhülsen

Moderne Abisolierwerkzeuge stellen sich selbst auf den abzumantelnden und abzuisolierenden Kabel-, Leitungs- oder Leiterdurchmesser ein bzw. besitzen für die unterschiedlichen Durchmesser entsprechende Bearbeitungsstellen (**Bild 10.6**). Manche Abisolierwerkzeuge ermöglichen als Multifunktionswerkzeuge das Abschneiden, Abmanteln, Verdrillen und Crimpen (**Bild 10.7**). Hierzu besitzen sie ein entsprechendes Magazin für die Aderendhülsen. Auch zur Bearbeitung von Kommunikationsleitungen oder Lichtwellenleitungen (LWL) gibt es passende Werkzeuge.

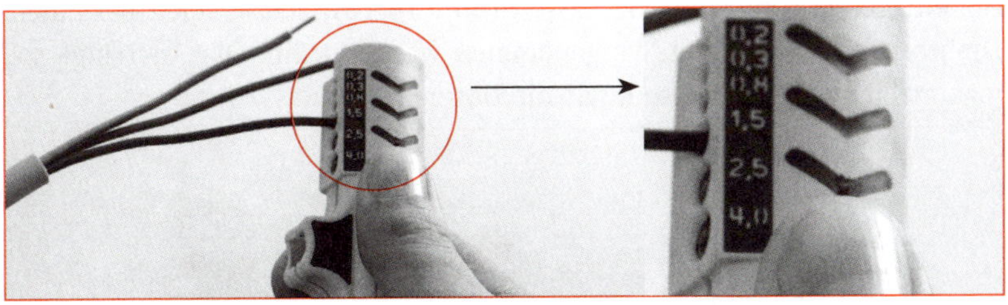

Bild 10.6 Abisolieren für verschiedene Leiterdurchmesser

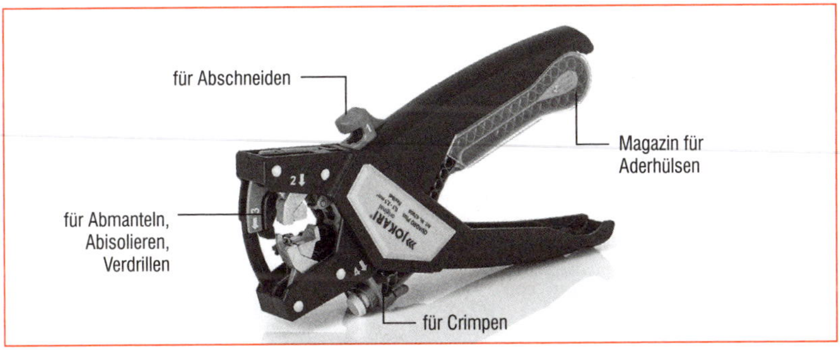

Bild 10.7 Abisolierwerkzeug mit der Fähigkeit des Schneidens, Abmantelns, Verdrillens, Crimpens

10.2 Verklemmen der Leiter

Bei der Elektroinstallation wird der eigentliche Anschluss an Klemmen vorgenommen. Die Herstellung dieses Anschlusses bezeichnet man als Verklemmen. Es gibt zahlreiche Arten von Klemmen.

Bei allen Klemmen ist wichtig, dass dauernd eine Kontaktkraft wirksam ist. Oft wird die Kontaktkraft durch eine Schraube hervorgerufen (**Bild 10.8**). Diese muss kräftig angezogen werden, damit die Kontaktkraft genügend groß ist. Dabei verformt sich der Leiter durch Fließen des Leitermetalls, sodass die Kontaktkraft im Laufe der Zeit geringer wird. Besonders groß ist die Verformung, wenn feindrähtige Leiter verzinnt werden, weil Zinn eine geringe Festigkeit hat.

> Das Verzinnen von feindrähtigen Leitern zum Ausformen von Drahtenden ist nicht zulässig.

Es gibt auch Klemmen mit einer *Käfigzugfeder* für nicht ausgeformte Enden von mehrdrahtigen Leitern (**Bild 10.9**).

Beim Verklemmen in Dosen und Klemmräumen muss man Folgendes beachten: Leiter genügend lang lassen (**Bild 10.10**), sodass auch bei einem Drahtbruch der Anschluss vorgenommen werden kann. Die Aderlänge soll maximal doppelt so groß sein wie die Dosenbreite.

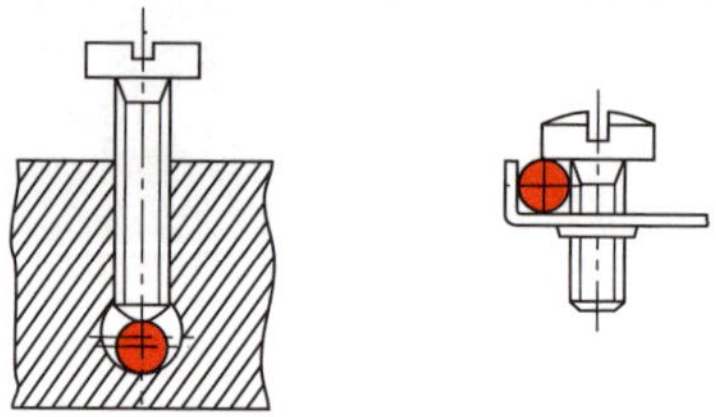

Bild 10.8 Arten von Schraubklemmen

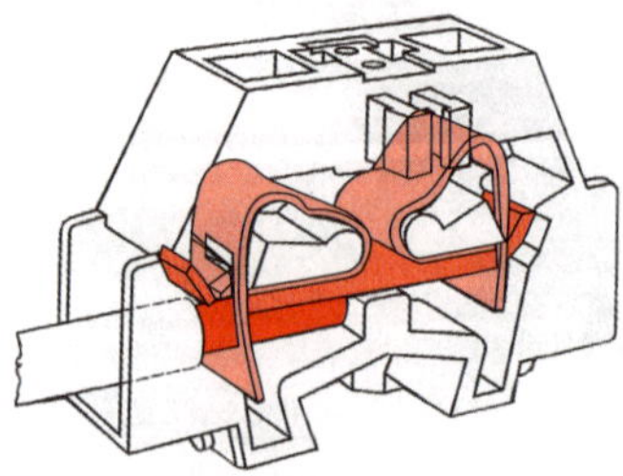

Bild 10.9 Klemme für nicht ausgeformte mehrdrähtige Leiter

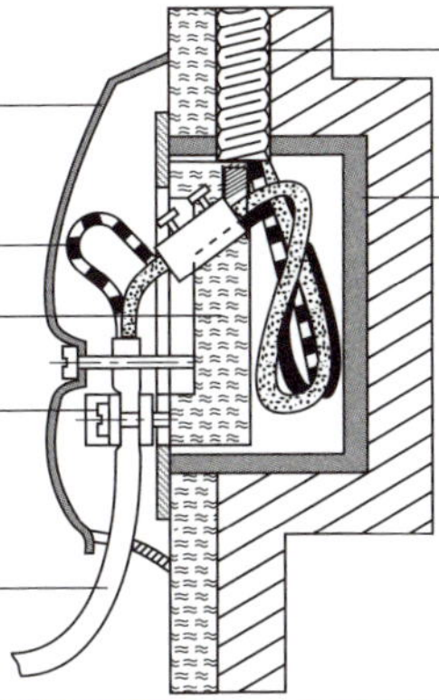

Bild 10.10 Geräteanschluss mit Geräteanschlussdose

Ortsfeste Betriebsmittel, die gelegentlich transportabel genutzt werden, z. B. zum Reinigen, müssen mit beweglichen Leitungen angeschlossen werden, z. B. mit H05VV-F. Diese Leitung verbindet man mit der festverlegten Installationsleitung über eine Geräteanschlussdose.

Die Leiter sollen parallel zueinander und zur Dosenwand verlaufen. Bei runden Dosen verlegt man die Leiter kreisförmig im gleichen Drehsinn. Ein ungeordnetes Durcheinander von Drähten erschwert die Fehlersuche.

Verdrallen bzw. *Verrödeln* der Leiter an Stelle Verwendung von Klemmen ist *verboten*. Vor dem Verklemmen sind die Leiter zu säubern und zu glätten.

> Das Verklemmen erfolgt mit sauberen, geglätteten, genügend langen und gut abisolierten Leitern, sodass die Übersichtlichkeit in den Dosen erhalten bleibt.

Verbindungsklemmen in Installationsdosen dürfen nur bis zu Nennquerschnitten von 2,5 mm^2 lose Einzelklemmen sein. Bei größeren Querschnitten als 2,5 mm^2 müssen die Verbindungsklemmen mit dem Gehäuse fest verbunden werden.

Die Übersichtlichkeit lässt sich nur dann gewährleisten, wenn in den Verbindungskästen nicht zu viele Anschlüsse hergestellt werden müssen. Die Zahl der zulässigen Anschlüsse ist von der Leiterzahl in den Gehäusen und vom Leiterquerschnitt abhängig (**Tabelle 10.1**).

Die Leiter zu den Verbindungsklemmen sind bei fester Verlegung bis 10 mm^2 Querschnitt eindrähtig, bei größeren Querschnitten meist mehrdrähtig.

Die Verbindungsklemmen müssen genügend groß sein (**Tabelle 10.2**). Nicht zulässig ist dabei das gleichzeitige Klemmen unterschiedlicher Leiterquerschnitte an derselben Klemme, falls vom Hersteller nicht ausdrücklich erlaubt.

Dose für Querschnitt in mm^2	maximale Klemmenzahl für die Dose bei Leiterquerschnitt in mm^2					
	1,5	2,5	4	6	10	16
1,5	5	–	–	–	–	–
2,5	6	5	–	–	–	–
4	8	6	5	–	–	–
6	10	8	6	5	–	–
10	12	10	8	6	5	–
16	18	15	12	8	6	5
1,5… 16	Leiterzahl jeweils das Dreifache der angegebenen Klemmenzahl					

Tabelle 10.1 Klemmenzahl und Leiterzahl bei Verbindungsdosen zur Aufnahme von Verbindungsklemmen, VDE 0606

Querschnitt der Klemme in mm^2	größtzulässige Leiteranzahl bei Leiterquerschnitt in mm^2							
	0,75	1	1,5	2,5	4	6	10	16
1,5	4	4	4	–	–	–	–	–
2,5	–	4	4	3	–	–	–	–
4	–	–	4	4	3	–	–	–
6	–	–	–	4	4	3	–	–
10	–	–	–	–	4	4	3	–
16	–	–	–	–	–	4	4	3

Tabelle 10.2 Anzahl der Leiter an Klemmen

Wenn mehr Leiter miteinander verbunden sind, als in der Tabelle 10.2 angegeben, so verwendet man

- mehrere isolierte Einzelklemmen auf einem abisolierten Drahtende oder
- schraubenlose Verbindungsklemmen mit entsprechend vielen Anschlussmöglichkeiten oder
- einen gesonderten Leiter als Verbindung von Klemme zu Klemme.

> An die Klemmen von Schaltern und Steckdosen dürfen nur dann mehr als ein Leiter angeklemmt werden, wenn die Klemme als Verbindungs- und nicht als Anschlussklemme ausgeführt ist.

Schraubenlose Verbindungsklemmen sind gegenüber den Schraubenklemmen sehr montagefreundlich und bewirken einen immer gleichen Kontaktdruck. Bei Zulassung durch die VDE-Prüfstelle müssen diese Klemmen bis 10 mm^2 Querschnitt das Anschließen von Leitern ohne Zurichten ermöglichen. Dann ist auch bei mehrdrähtigen und feindrähtigen Leitern kein Abquetschschutz erforderlich.

Reihenklemmen oder *Schaltanlagen-Anreihklemmen* nennt man Klemmen, die auf Hutprofilschienen mit 15 mm² oder 35 mm² Profil in Reihe aufgesetzt sind. Derartige Klemmen kommen z. B. in Verteilungen vor. Bis zu Leiterquerschnitten von 10 mm² ist das Klemmen von beliebigen Leitern des betreffenden Querschnitts in der Regel ohne Herrichten und ohne Aderendhülse möglich. Es gibt Reihenklemmen mit und ohne Schraubverbindungen.

Wenn die Elektroinstallation schlecht geplant war, stellt man beim Verklemmen fest, dass zu wenige Klemmen für eine übersichtliche Verklemmung vorhanden sind. Notfalls ist dann erforderlich, nachträglich zusätzliche Klemmen zu installieren.

> Eine schlechte Planung der Elektroinstallation zeigt sich spätestens beim Verklemmen der Leitungen in den Gehäusen und Verteilungen.

10.3 Anschließen von Steckdosen und Steckern

10.3.1 Steckverbindungen für Einphasenwechselstrom

Eine Steckverbindung besteht aus einer Steckdose und einem Stecker. Die Kontakte der Steckdose führen im Allgemeinen dauernd Spannung. Deshalb sind sie so ausgeführt, dass sie nicht ohne weiteres berührt werden können. Man bezeichnet derartige Kontakte als *weibliche Kontakte* oder als *Buchsen*. Beim Stecker liegt an den Steckerkontakten erst Spannung, wenn diese mit den weiblichen Kontakten der Steckdose in Berührung kommen. Die Steckerkontakte bezeichnet man als *männliche Kontakte* oder als *Stifte*.

> Bei Steckverbindungen unterscheidet man weibliche Kontakte (Buchsen) und männliche Kontakte (Stifte).

Die Steckdose für Einphasenwechselspannung verfügt über zwei weibliche Kontakte und einen Schleifkontakt. Der *Schleifkontakt* ist jederzeit berührbar, führt aber normalerweise keine Spannung und dient ausschließlich als Schutzleiterverbindung. An den Schleifkontakt ist der Schutzleiter PE anzuschließen (**Bild 10.11**). Wenn es die Klemmanschlüsse der Steckdosen er-

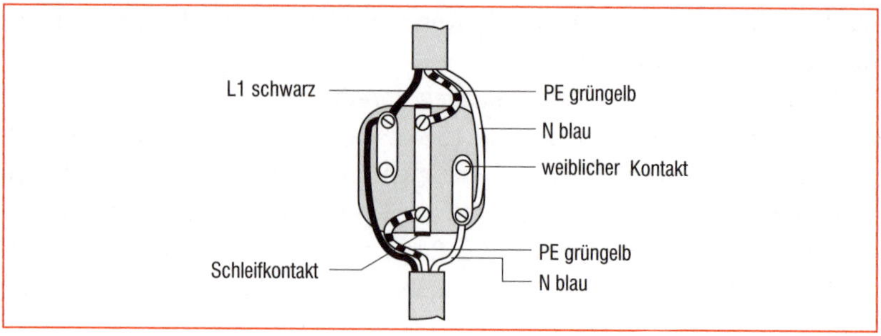

Bild 10.11 Anschluss mit Durchverbindung an eine Steckdose für Einphasenwechselspannung

lauben, ist eine Durchverbindung von zwei Leitungen möglich, z.B. zum Anschluss einer weiteren Steckdose. Dagegen ist es nicht erlaubt, mehr als zwei Leiter an eine Steckdosenklemme anzuschließen, wenn der Hersteller dieses konstruktiv nicht vorgesehen hat.

> An Steckdosenklemmen dürfen höchstens zwei Leiter angeschlossen werden.

Werden mehr als zwei Leitungen in die Dose eingeführt, so müssen hinter der Steckdose lose Klemmen eingelegt werden.

Der Stecker für Einphasenwechselspannung hat zwei männliche Kontakte und einen Schleifkontakt (**Bild 10.12**). An die männlichen Kontakte werden in beliebiger Reihenfolge der Außenleiter und der Neutralleiter angeschlossen. Der grüngelbe Schutzleiter ist immer an den Schleifkontakt anzuschließen. An den Stecker dürfen nur flexible Leitungen angeschlossen

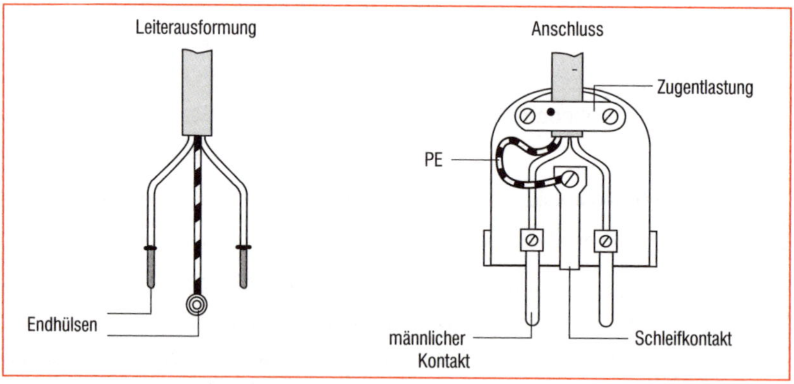

Bild 10.12 Leiterausformung und Anschluss an einen Stecker für Einphasenwechselspannung (Schutzkontaktstecker, auch: Schukostecker)

werden. Deshalb sind die Leiter (Adern) der Leitungen für den Anschluss auszuformen. Darunter versteht man Maßnahmen, welche die feindrähtigen Leiter für den Anschluss unter einer Schraubklemme vorbereiten. Meist geschieht das durch Endhülsen. Man schiebt die *Endhülsen* über das abisolierte Leiterende und quetscht sie mit einer Quetschzange fest.

> Leiterenden von flexiblen Leitungen müssen ausgeformt werden, meist mit Endhülsen.

Das früher übliche *Verlöten* der Leiterenden ist nicht zulässig, da Lötzinn unter Schraubklemmen nachgibt, sodass ein Wackelkontakt entsteht.

Der Stecker enthält eine Vorrichtung, durch welche die Anschlüsse an den Kontakten von Zug entlastet sind, wenn an der Leitung gezogen wird (Bild 10.12). Meist wird für die Zugentlastung eine Schelle verwendet. Diese muss auf den Mantel der Leitung drücken, sodass dieser etwas über die Schelle hinaus in das Innere des Steckers reicht. Beim Zurichten der Leiterenden muss dafür gesorgt sein, dass der Schutzleiter PE so lang ist, dass bei einem Versagen der Zugentlastung er als Letzter aus der Anschlussklemme gerissen wird.

> Der Schutzleiter PE muss so lang sein, dass er als Letzter aus der Anschlussklemme gerissen wird.

Bei *Verlängerungsleitungen* besteht die Steckvorrichtung aus einer Steckerkupplung und einem Stecker. Die Steckerkupplung entspricht im Wesentlichen einer Steckdose, an Stelle der Dose ist jedoch ein abgeschlossenes Kupplungsgehäuse vorhanden. Im Gegensatz zur Steckdose wird an die Kupplung eine flexible Leitung angeschlossen. Der Anschluss von mehreren flexiblen Leitungen an die Kupplung ist ebenso nicht zulässig wie beim Stecker. Die Ausformung der Leiterenden erfolgt bei der Kupplung in derselben Weise wie beim Stecker.

> Kupplungen von Verlängerungsleitungen sind in der gleichen Weise anzuschließen wie Stecker.

Es gibt *Stecker ohne Schutzkontakt.* Diese sind nur für Geräte mit doppelter oder verstärkter Isolierung (Schutzklasse II) vorgesehen. In der Regel sind diese Stecker mit der Leitung fest verbunden, z.B. durch Vulkanisation. Wird ein Stecker ohne Schutzkontakt schadhaft, so kann er nach Abschneiden von der Leitung durch einen *Stecker mit Schutzkontakt* ersetzt werden. Der Anschluss für den Schutzleiter bleibt dann unbenutzt.

> Stecker ohne Schutzkontakt und Schutzkontaktstecker mit nicht benutztem Schutzleiteranschluss dürfen nur bei Geräten mit doppelter oder verstärkter Isolierung verwendet werden.

Neben den herkömmlichen Steckdosen gibt es auch *intelligente Steckdosen*. Bei diesen ist z. B. ein Fernsteuern über WLAN/Internet möglich. Mittels Smartphone-App oder sogar Sprachsteuerung können dann Geräte geschaltet werden, die an solche fernsteuerbaren Steckdosen angeschlossen sind. Eine Zeitschaltuhrenfunktion kann ebenfalls in Steckdosen integriert sein und über eine Smartphone-App aktiviert werden. Ferner gibt es Steckdosen mit USB-Anschluss, um z. B. ein Smartphone aufzuladen.

Weitere Informationen: www.eberle.de

10.3.2 Steckverbindungen für Drehstrom

CEE-Steckverbindung

Die CEE-Steckverbindung (CEE von Commission pour la Contrôle de l'Équipment Électrique = Kommission zur Begutachtung elektrotechnischer Erzeugnisse) wird in Industrie, Gewerbe, Landwirtschaft sowie in Hafenanlagen und auf Campingplätzen angewendet. Sie erfüllen z. B. die IP-Schutzarten IP44 oder IP67. Meist wird die fünfpolige Steckverbindung (L1, L2, L3, N, PE) gebraucht (**Bild 10.13**). Steckdose und Stecker sind so ausgeführt, dass sie nur in einer eindeutigen Lage zueinander passen. Deshalb ist in der Steckdose eine Nut vorhanden, welche das entsprechende Gegenstück des Steckers aufnimmt. Außerdem hat der Kontakt für den PE einen größeren Durchmesser. Der PE-Kontaktstift ist zudem etwas länger als die anderen Kontaktstifte des Steckers. Die CEE-Steckverbindung bietet daher *Verpolungssicherheit*.

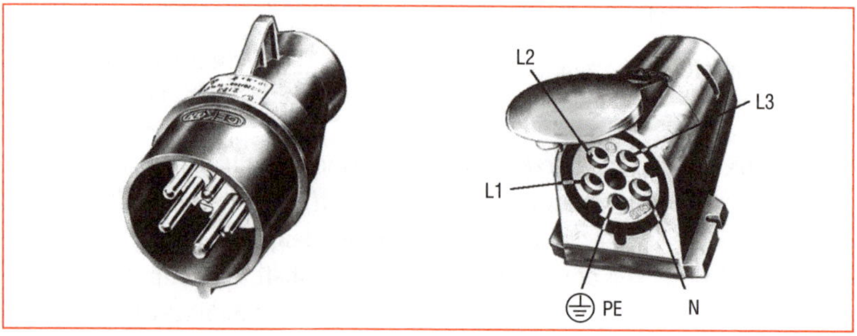

Bild 10.13 CEE-Steckverbindung für Drehstrom 400 V (3 AC)

Drehstromsteckdosen müssen nach DIN VDE 0100 so angeschlossen werden, dass sich beim Blick von vorn auf die Buchsen der Steckdose im Uhrzeigersinn eine Reihenfolge der Außenleiter ergibt, die zu einem Rechtsdrehfeld bei einem Motor oder einem Drehfeldrichtungsanzeiger führt.

> Bei der Drehstromsteckdose muss die Reihenfolge der Außenleiter so sein, dass beim Blick von außen auf die Buchsen im Uhrzeigersinn L1, L2, L3 oder L3, L1, L2 oder L2, L3, L1 folgen.

Es sei ausdrücklich darauf hingewiesen, dass die Reihenfolge L1, L2, L3 nicht vorgeschrieben ist. Diese Reihenfolge wäre in den meisten Anlagen auch nicht feststellbar, weil die verschiedenen Außenleiter in den Leitungen nicht besonders gekennzeichnet sind. Die Prüfung auf ein Rechtsdrehfeld erfolgt mit einem *Drehfeldrichtungsanzeiger*.

Es gibt Drehfeldrichtungsanzeiger, bei denen sich eine Scheibe dreht. Diese Anzeiger sind im Prinzip wie ein kleiner Drehstrommotor aufgebaut. Bei anderen Drehfeldrichtungsanzeigern leuchtet je nach Drehrichtung des zu erwartenden Drehfeldes eine von zwei LEDs oder Glimmlampen auf. Mittels zweier LEDs arbeitet auch die Drehfeldanzeige von Multiprüfgeräten **(Bild 10.14)**.

CEE-Steckverbindungen mit Bemessungsströmen ab 63 A müssen so aufgebaut sein, dass das Ziehen des Steckers nur im abgeschalteten Zustand

Bild 10.14 Multiprüfgerät mit Drehfeldrichtungsanzeige

möglich ist. Es muss also eine *Verriegelung* vorhanden sein. Das ist erforderlich, weil sich bei größeren Stromstärken beim Ziehen des Steckers ein Lichtbogen bilden könnte. Die Verriegelung kann *mechanisch oder elektrisch* erfolgen. Zur elektrischen Verriegelung dient ein in der Mitte liegender Pilotkontakt. Meist wird die mechanische Verriegelung angewendet. Dann ist die Steckdose mit einem Schalter zusammengebaut, der im eingeschalteten Zustand die Steckdose verriegelt.

Die Spannungsbereiche der CEE-Steckvorrichtungen für 3 AC, aber auch für AC, werden durch Farben verdeutlicht. Die am häufigsten eingesetzten Steckvorrichtungen für 50 Hz und 60 Hz haben die **Farben**

- Blau für Spannungen von 200 V bis 250 V und
- Rot für Spannungen von 380 V bis 415 V.

Steckvorrichtungen für weniger häufige Spannungsbereiche mit 50 Hz und 60 Hz sehen wie folgt aus: Violett für 20 V bis 25 V, Weiß für 40 V bis 50 V, Gelb für 100 V bis 130 V, Schwarz für 480 V bis 500 V und 600 V bis 690 V.

Grün sind CEE-Steckvorrichtungen für einen weiten Bereich von 20 V bis 500 V und Frequenzen von 60 Hz bis 500 Hz.

> CEE-Steckvorrichtungen haben je nach Spannungsbereich verschiedene Farben.

Die Stecker der Steckvorrichtungen haben bei Spannungen ab 100 V eine Nase, die in eine Nut (Unverwechselbarkeitsnut) der Steckdose passt. Damit wird verhindert, dass die Steckerstifte in falsche Buchsen der Steckdose gelangen.

Von entscheidender Bedeutung für die Sicherheit ist die Lage der Schutzkontaktbuchse. Sie wird als Uhrzeit angegeben, z. B. 4 h (**Tabelle 10.3**). Diese Angabe gibt den Abstand des Schutzkontaktes von der Unverwechselbarkeitsnut an. Zum Verständnis stellt man sich vor, dass diese Nut der Steckdose unten liegt und die Schutzkontaktbuchse am Ende eines gedachten kleinen Zeigers einer entsprechend liegenden Uhr. Bei einer fünfpoligen Steckvorrichtung für 400 V/50 Hz befindet sich der Schutzkontakt in der Stellung 6 h, also an der Unverwechselbarkeitsnut.

> Die Lage der Schutzkontaktbuchse ist abhängig von der Frequenz, der Bemessungsspannung und der Anzahl der Steckbuchsen bzw. Steckerstifte.

Bei CEE-Steckvorrichtungen für PELV-Stromkreise mit 40 V bis 50 V und 50 Hz oder 60 Hz sind außer der Nase am Stecker und der Unverwechsel-

Spannung in V	Frequenz in Hz	Polzahl (Anzahl der Steckbuchsen) 3	4	5
100 ... 130	50; 60	 4h	 4h	 4h
200 ... 250	50; 60	 6h	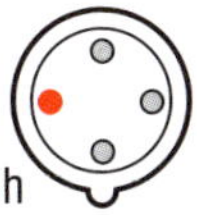 9h	 9h
380 ... 415	50; 60	 9h	 6h	 6h
Weitere Steckvorrichtungen siehe Tabellenbuch Elektrotechnik.				

Tabelle 10.3 Anordnung der Schutzkontaktbuchsen mit Lageangabe bei häufigen Steckvorrichtungen

barkeitsnut an der Steckdose eine Hilfsnase an der Steckdose und eine Hilfsnut am Stecker angebracht. Damit wird die Unverwechselbarkeit bezüglich der Spannungen auch bei der hier kleineren Polzahl sichergestellt. Bei Steckvorrichtungen von 20 V bis 25 V, z. B. für SELV, fehlen Hilfsnase und Hilfsnut. Dadurch verhindert man, dass der Stecker für 20 V bis 25 V in eine Steckdose für 40 V bis 50 V eingeführt wird.

Perilex-Steckverbindungen

Perilex-Steckverbindungen dürfen *nur bei der Hausinstallation*, z. B. in Wohnungen, Bürohäusern und Geschäftshäusern, eingesetzt werden. Derartige Steckvorrichtungen sind immer fünfpolig (**Bild 10.15**). Bei Perilex-Steckdosen befindet sich der Kontakt für den Schutzleiter PE in der Mitte. Der dazu passende männliche Kontakt ist kein Stift, sondern ein Flachste-

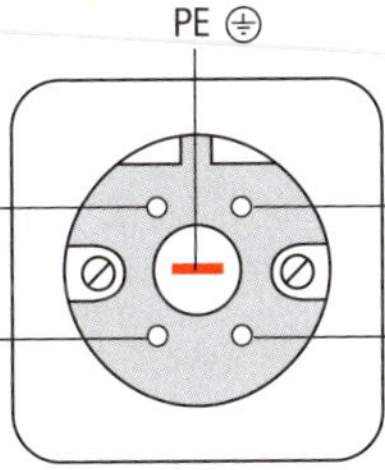

Bild 10.15 Perilex-Steckdose für 16 A

cker. Bei den Steckdosen für 16 A ist der dazu passende Kontakt *waagerecht* angeordnet, bei den Steckdosen für 25 A *senkrecht*. Auch bei den Perilex-Steckvorrichtungen ist nach DIN VDE 0100 vorgeschrieben, dass beim Blick von außen auf die Buchsen der Außenleiter die Reihenfolge so sein muss, dass sich beim Anschluss eines Drehstrommotors ein Rechtsdrehfeld einstellt.

> Blickt man von außen auf die Buchsen einer Perilex-Steckdose, so muss die Reihenfolge der Außenleiter L1, L2, L3 oder L3, L1, L2 oder L2, L3, L1 sein.

Die Prüfung auf die richtige Reihenfolge der Außenleiter erfolgt wie bei der CEE-Steckdose mit einem Drehfeldrichtungsanzeiger. Für den Anschluss des Perilex-Steckers gelten hinsichtlich der Ausformung der Leiterenden sowie der Länge des Schutzleiters dieselben Regeln wie bei der Steckvorrichtung für Einphasenwechselspannung.

> Perilex-Steckverbindungen sind nur für Wohnungen, Büros und Geschäftshäuser zulässig. Sie werden allerdings auch dort mehr und mehr durch die CEE-Steckverbindungen verdrängt.

Für 230 V AC sind Adapterleitungen erhältlich, die einen Perilex-16-A-Stecker mit einer Kupplung für Schutzkontaktstecker (Schukostecker) verbinden.

Kontrollfragen

1. Welchen Nachteil hat die Verwendung eines Kabelmessers?
2. Welche Maßnahme ist beim Arbeiten mit dem Kabelmesser erforderlich?
   1. Das Messer muss immer rostfrei sein.
   2. Die Klinge darf nicht zu scharf sein.
   3. Das Messer ist immer vom Körper wegzuführen.
   4. Die Klinge muss immer in Richtung des Körpers bewegt werden.
   5. Das Messer ist nach jedem Einsatz zu schärfen.

   ☐

3. Warum ist das Verzinnen der Aderenden von feindrähtigen Leitern nicht zulässig?
4. Was versteht man unter Reihenklemmen?
5. Aus welchen Teilen besteht eine Steckverbindung?
6. Was versteht man bei einer Steckverbindung unter einem männlichen Kontakt?
   1. Die Stifte des Steckers,
   2. den Kontakt mit dem größeren Leiterquerschnitt,
   3. den beim Herausziehen als letzten öffnenden Kontakt,
   4. den beim Herausziehen als ersten öffnenden Kontakt,
   5. den Kontakt des Schutzleiters PE.

   ☐

7. Wie lang muss der Schutzleiter bei einer Steckverbindung sein?
8. Mit welchem Gerät überprüft man die Drehrichtung eines Drehfeldes an der Steckdose?
9. In welchen Anlagen dürfen Perilex-Steckdosen verwendet werden?
10. Welche besondere Bedingung besteht bei CEE-Steckvorrichtungen ab 63 A?
    1. Sie müssen kurzschlussfest sein.
    2. Es muss eine Überspannungs-Schutzvorrichtung eingebaut sein.
    3. Sie müssen gegen das Ausziehen des Steckers unter Spannung verriegelt sein.
    4. Ihr Pilotkontakt muss rot markiert sein.
    5. Ihr Steckkontakt muss auch in eine Perilex-Steckdose passen.

    ☐

11. Welche der folgenden Aussagen ist richtig?
    1. Perilex-Verbindungen werden häufig in Industrieanlagen eingesetzt.
    2. Die waagrechte oder senkrechte Anordnung der Kontaktstecker einer Perilex-Steckerverbindung hat keine Auswirkung.
    3. Die waagrechte oder senkrechte Anordnung der Kontaktstecker einer Perilex-Steckerverbindung ist ein Hinweis für die Drehfeldrichtung.
    4. Bei CEE-Steckvorrichtungen hat der PE-Kontaktstift einen größeren Durchmesser.
    5. Die Lage der Schutzkontaktbuchse bei CEE-Steckvorrichtungen ist ein Herstellermerkmal.

☐

11 Elektromagnetische Verträglichkeit (EMV)

11.1 Aufgabe der EMV

Elektronische Bauelemente werden durch von außen wirkende Spannungen beeinflusst und durch hohe Spannungen beschädigt. Andererseits beeinflussen elektrotechnische Betriebsmittel ihre Umgebung durch ihre Spannung und ihren Strom.

> Maßnahmen zur EMV sollen sicherstellen, dass elektrotechnische Einrichtungen ohne Probleme in ihrem Umfeld arbeiten.

Die elektrotechnischen Einrichtungen sollen also trotz Beeinflussung im Umfeld zufriedenstellend arbeiten und andere elektrotechnische Einrichtungen der Umgebung nicht stören.

Nach den Richtlinien der EU (Europäische Union) müssen elektrische Geräte mit dem CE-Kennzeichen (CE von Certified Europe, Konformitätskennzeichen) von demjenigen versehen sein, der sie in den Verkehr bringt (**Bild 11.1 a**). Mit dem Kennzeichen wird versichert, dass das deutsche EMV-Gesetz und die EMV-Richtlinie der EU eingehalten sind. Auch über das EMC-Funkschutzzeichen (C von compatibility = Verträglichkeit) des VDE wird für elektrotechnische Erzeugnisse die elektromagnetische Verträglichkeit bescheinigt (**Bild 11.1 b**).

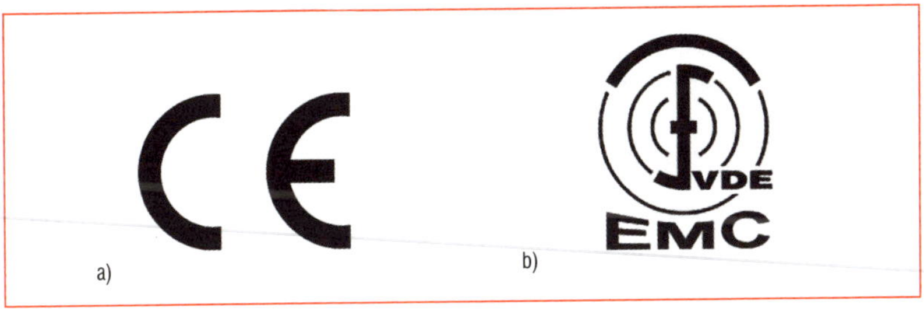

Bild 11.1 Kennzeichen von elektrotechnischen Erzeugnissen
a) CE-Kennzeichen , b) EMC-Funkschutzzeichen VDE

11.2 Arten der Felder

Felder rufen eine Kraftwirkung hervor, z. B. eine Gewichtskraft im Schwerefeld der Erde. In der Elektrotechnik stellt man Felder durch *Feldlinien* dar, welche die Richtung der Kraft angeben (**Bild 11.2**).

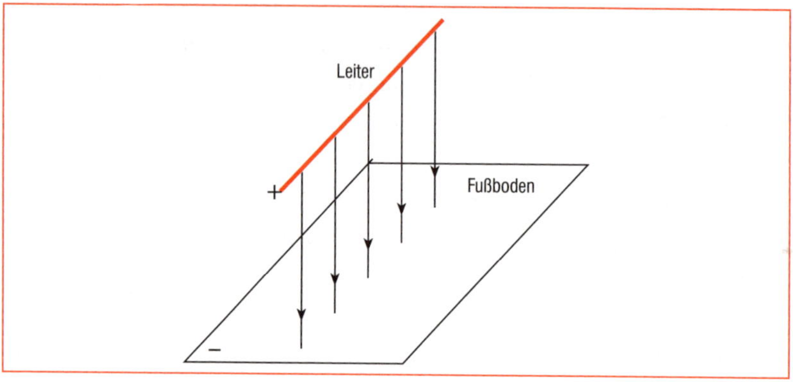

Bild 11.2 Elektrisches Feld zwischen Leiter und Fußboden

Elektrisches Feld (E-Feld)

Wenn zwischen zwei Polen eine elektrische Spannung besteht, so ist im Zwischenraum ein elektrisches Feld mit der Feldstärke E wirksam. Gleichspannung ruft ein elektrisches *Gleichfeld* mit ständig gleicher Richtung der Feldlinien hervor, Wechselspannung ein *Wechselfeld* mit dauernd wechselnder Richtung. Ein elektrisches Gleichfeld, das durch Ladungstrennung erzeugt wird, z. B. durch Reibung eines isolierenden Stoffes, nennt man *elektrostatisches Feld.* Zwischen Gewitterwolken und dem Erdboden besteht ein derartiges elektrostatisches Feld großer Feldstärke.

Magnetisches Feld (H-Feld)

Jeder elektrische Strom ruft ein Magnetfeld mit der Feldstärke H hervor (**Bild 11.3**). Gleichstrom ruft ein magnetisches Gleichfeld hervor, Wechselstrom ein magnetisches Wechselfeld.

Elektromagnetisches Feld

Elektrische und magnetische Wechselfelder können das jeweils andere Wechselfeld hervorrufen, z. B. das magnetische Wechselfeld durch Induktion eine Wechselspannung und damit ein elektrisches Wechselfeld. Man bezeichnet deshalb beide Wechselfelder auch als elektromagnetische Felder.

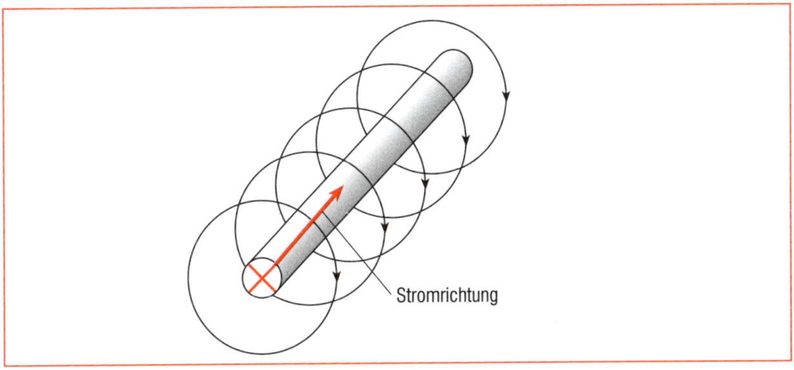

Bild 11.3 Magnetisches Feld um einen stromdurchflossenen Leiter

> Elektromagnetische Wechselfelder enthalten einen E-Anteil (E vom Formelzeichen der elektrischen Feldstärke) und einen H-Anteil (H vom Formelzeichen der magnetischen Feldstärke).

11.3 Entstehen von elektromagnetischen Störungen

Eine elektromagnetische Störung wird auch als EMI (Electromagnetic Interference, interference = Störung) bezeichnet. Eine EMI entsteht, wenn sich ein elektrisches oder ein magnetisches Feld *ändert.* Durch Gehen über einen isolierenden Fußbodenbelag lädt sich der menschliche Körper wie ein Kondensator mit der Kapazität C_K elektrisch auf, es entsteht eine hohe Spannung, allerdings von kleiner Energie, da C_K klein ist. Berührt man nun ein geerdetes Gerät, z. B. einen Computer, so bricht diese Spannung zusammen und ruft dabei einen Stromstoß hervor (**Bild 11.4**).

Besonders starke EMIs werden durch einen Blitzeinschlag hervorgerufen, auch wenn der Einschlag in einiger Entfernung erfolgt. Bei diesem

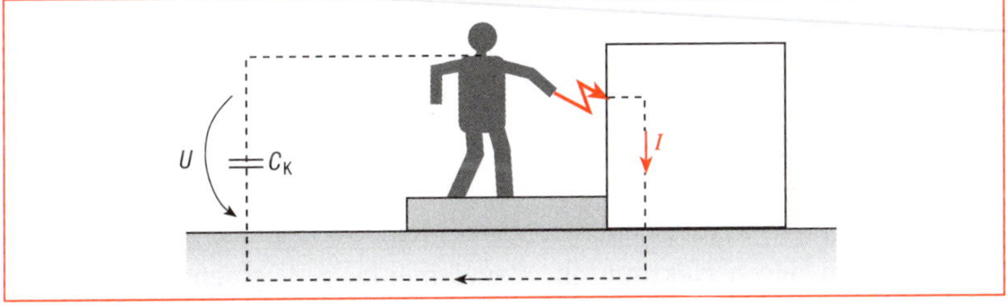

Bild 11.4 Elektrostatische Körperentladung

LEMP (von Lightning Electromagnetic Pulse = elektromagnetischer Blitzimpuls) fließt dann ein kurzer, aber sehr großer und energiereicher Strom. Sein sich schnell änderndes Magnetfeld induziert in Leitern der Umgebung eine Spannung, die sehr hoch sein kann.

> EMIs entstehen durch sich ändernde elektromagnetische Felder.

Außer durch LEMPs entstehen EMIs durch Schalten des elektrischen Stroms, z. B. durch einen Schalter, oder durch Anschnittsteuerungen des Wechselstroms.

11.4 Maßnahmen gegen EMIs

Von einer Störquelle Q, z. B. einem Schalter, gehen EMIs aus, die über eine *Kopplung* K, z. B. eine Leitung, zur *Störsenke* S, z. B. einem Gerät, gelangen (**Bild 11.5**). Eine Beeinflussung der Störung ist in Q, K oder S möglich.

> EMIs können durch Maßnahmen an der Störquelle, an der Kopplung und an der Störsenke bekämpft werden.

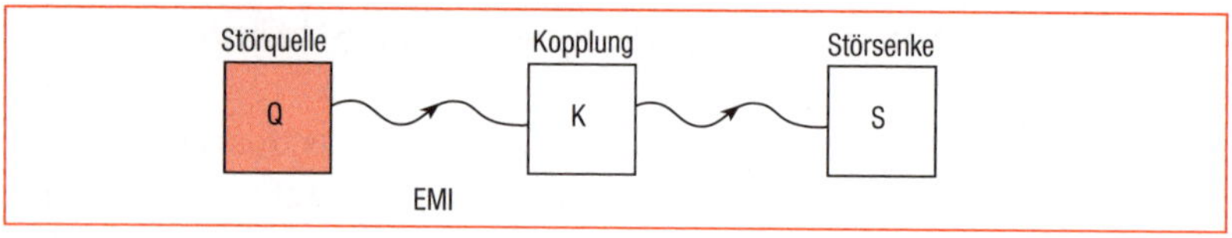

Bild 11.5 Prinzip der Störbeeinflussung

Maßnahmen an der Störquelle

Auswahl störfreier Betriebsmittel

Am einfachsten ist es, wenn anstelle von Störung erzeugenden Betriebsmitteln, z. B. Elektromotoren mit Stromwendern, störungsfreie Betriebsmittel, z. B. Käfigläufermotoren, verwendet werden. EMIs infolge Entladung von elektrostatischen Ladungen verhindert man durch „antistatische" Unterlagen. Diese sind elektrisch schwach leitend und verhindern dadurch das Entstehen elektrostatischer Ladungen und Spannungen.

Entstörung der Betriebsmittel

EMIs hervorrufende Betriebsmittel können entstört werden, indem man die Spannung der EMIs kurzschließt und so nicht nach außen gelangen lässt. Das geschieht durch elektronische Bauelemente, z. B. einen VDR (Voltage Dependent Resistor = spannungsabhängiger Widerstand, **Bild 11.6**).

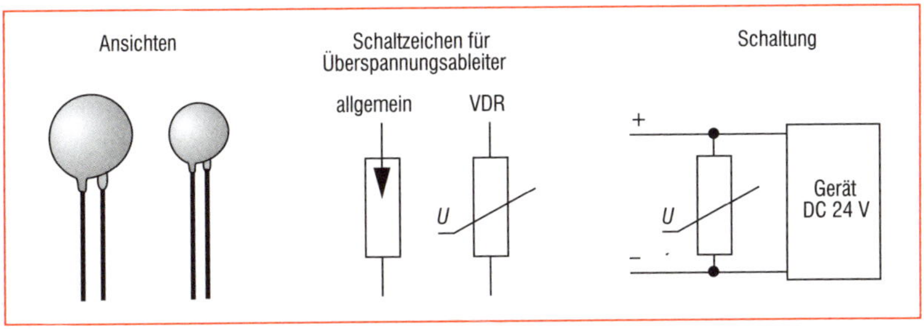

Bild 11.6 VDR zur Entstörung eines 24-V-Gerätes

Der VDR hat bei niedriger Spannung, z. B. bei 24 V, einen sehr hohen Widerstand, beeinflusst also die Betriebsspannung nicht. Entsteht aber eine EMI mit ihrer hohen Spannung, so wird der VDR leitend und schließt die EMI kurz. Ähnlich wirken andere Bauelemente, z. B. Suppressordioden und Gasableiter. Alle schließen hohe Spannungen kurz. Man spricht von Bauelementen für den *Überspannungsschutz.*

> EMIs lassen sich an der Störquelle durch Bauelemente für den Überspannungsschutz beseitigen.

Mit denselben Bauelementen werden auch Baugruppen für den Überspannungsschutz vor Störsenken aufgebaut (Abschnitt 11.5).

Maßnahmen gegen Kopplung

Man unterscheidet induktive Kopplung, kapazitive Kopplung und galvanische Kopplung.

Induktive Kopplung

Sie erfolgt vor allem durch *Induktionsschleifen,* wenn ein sich änderndes Magnetfeld eines Stroms in der Leiterschleife eines anderen Stromkreises eine Spannung induziert (**Bild 11.7**).

Die induktive Kopplung vermeidet man durch

- nahe beieinander liegende Leiter desselben Stromkreises,
- gemeinsame Leitungswege für die verschiedenen Systeme, z. B. Verlegen in Installationskanälen,
- Verwendung kopplungsfreier Lichtwellenleitungen bei Signalleitungen,
- Verwendung kopplungsarmer Leitungen mit verdrillten Adern, z. B. Twisted-Pair-Leitungen (UTP oder FTP, jeweils ungeschirmt U oder geschirmt mit Drahtgeflecht S, unshielded, shielded),
- Schirmung bei hohen Frequenzen (siehe auch kapazitive Kopplung).

Bei UTP oder FTP (Tabelle 1.5) wechselt in jedem Drall die Richtung des Magnetfeldes, sodass die Kopplung fast unwirksam ist (**Bild 11.8**). Bei hohen Frequenzen werden in der Schirmung durch Induktion Wirbelströme erzeugt, die gegen ihre Ursache wirken, also gegen das induzierende Magnetfeld (Lenz'sches Gesetz).

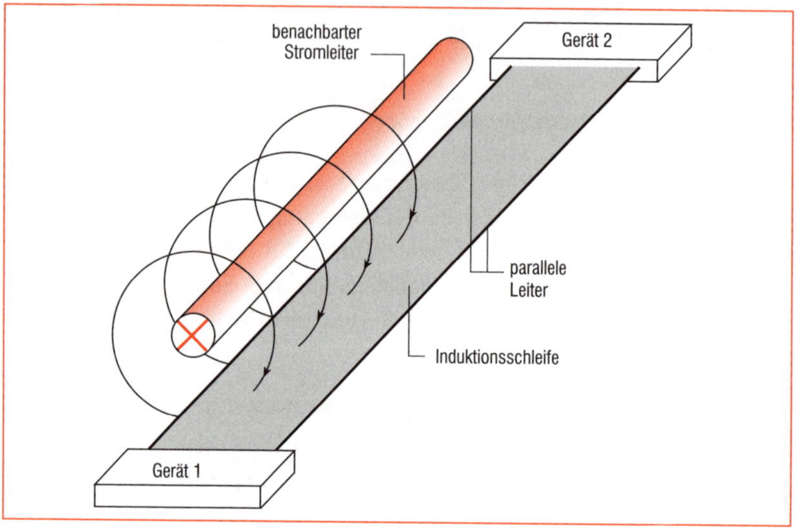

Bild 11.7 Induktive Kopplung bei einer Induktionsschleife

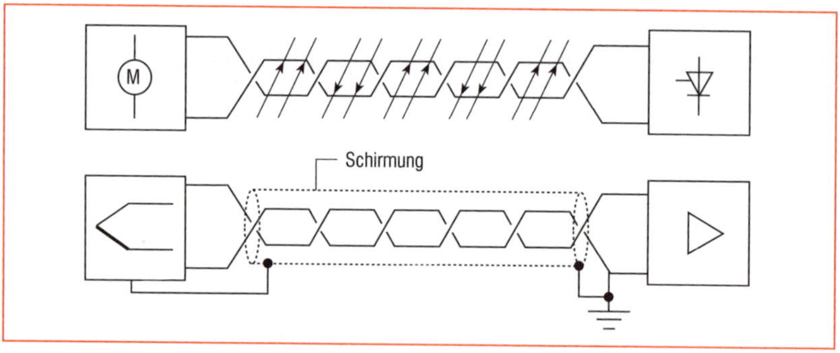

Bild 11.8 Maßnahmen gegen induktive Kopplung

Kapazitive Kopplung

Sie erfolgt zwischen jedem unter Spannung stehenden Leiter zu jedem elektrisch leitenden Gegenstand, wenn Leiter und Gegenstand voneinander elektrisch isoliert sind. Man vermeidet die kapazitive Kopplung durch

- größere Abstände,
- Schirmung mittels elektrisch leitender Schirme (Bild 11.8).

Die Schirme der Leitungen bestehen aus elektrisch leitenden Folien oder aus Drahtgeflechten. Steckverbinder müssen dann ein elektrisch leitendes Gehäuse haben, z. B. aus Messing (**Bild 11.9**).

Die Schirmung verhindert auch die Kopplung durch elektromagnetische Strahlung. Bei hohen Frequenzen verhindert sie ebenso die induktive Kopplung.

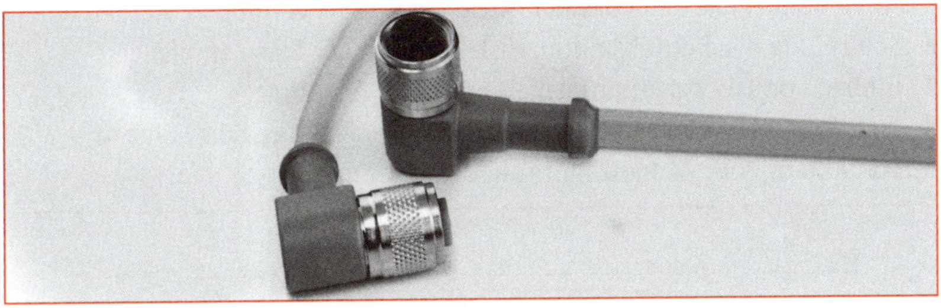

Bild 11.9 Geschirmte Steckverbinder

Galvanische Kopplung

Sie erfolgt zwischen elektrischen Leitern, die miteinander *mäßig leitend* verbunden sind, z. B. über Erde.

Die galvanische Kopplung zwischen verschiedenen Stromkreisen wird durch *Schutzpotentialausgleichsleitungen* SPL beseitigt (**Bild 11.10**). Dabei

- müssen die Schirme als SPL verwendet werden,
- müssen die SPL *einzeln* zu einem Bezugspunkt geführt werden,
- muss der Bezugspunkt an die Haupterdungsschiene angeschlossen sein.

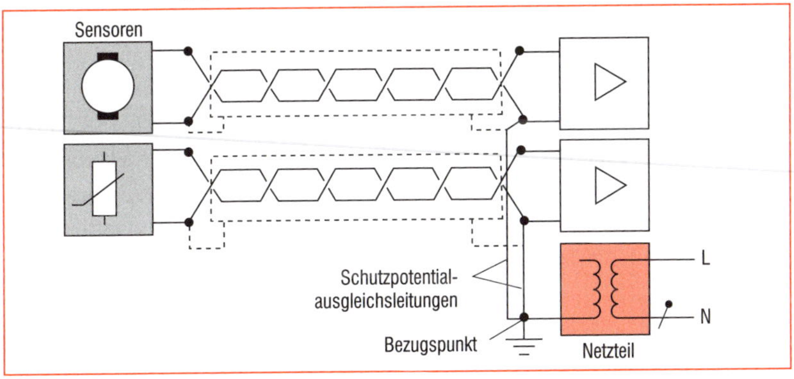

Bild 11.10 Maßnahme gegen galvanische Kopplung

Eine *galvanische Trennung* kann ferner erreicht werden durch den Einsatz von *Optokopplern*. In diesen wird das elektrische Signal z. B. über eine Leuchtdiode in ein optisches Signal umgewandelt und dieses z. B. über eine Fotodiode wieder in ein elektrisches.

Maßnahmen an der Störsenke

Störungen gelangen zur Störsenke über die Leitungen oder durch Strahlung (**Bild 11.11**).

An der Störsenke kann das Eindringen von EMIs verhindert werden durch

- Schirmung der Betriebsmittel, insbesondere der Signalempfänger,
- Einbau von Überspannungsableitern in die Zuleitung,
- Ausfiltern von Störspannungen hoher Frequenz durch den Einbau von Filtern, z.B. Tiefpassfiltern, in die Zuleitung.

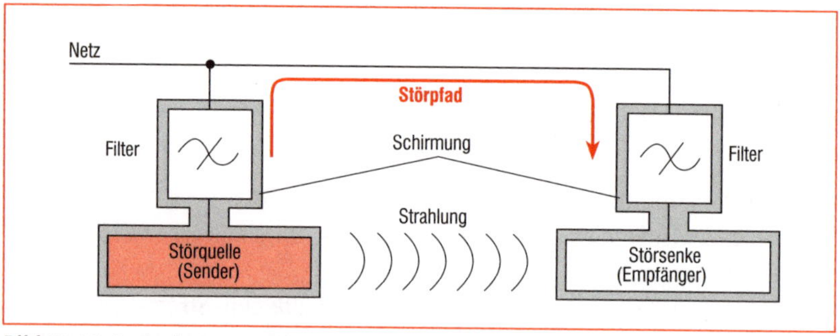

Bild 11.11 Ausbreitung von Störungen

Maßnahmen durch Potentialausgleichsanlagen

Potentialausgleichsanlagen in elektrischen Anlagen dienen neben dem Schutz von Personen und Geräten vor elektrischen Gefahren auch dem Reduzieren oder Vermeiden elektromagnetischer Störungen. Daher sollten in Potentialausgleichsanlagen möglichst keine Potentialunterschiede, Streuströme oder induzierte Störströme auftreten. Bereits bei der Planung der Elektroinstallation eines Gebäudes müssen deshalb auch hierzu geeignete EMV-Maßnahmen nach DIN VDE 0100-444 berücksichtigt werden, um EMIs entgegenzuwirken. Diese Maßnahmen sind insbesondere von der Intensität der Nutzung und der Dichte der informationstechnischen und kommunikationstechnischen Geräte abhängig.

Beim Potentialausgleich ist zu unterscheiden zwischen dem Schutzpotentialausgleich, meist zum Schutz vor elektrischem Schlag, und dem Funktionspotentialausgleich, welcher dem einwandfreien Funktionieren des Gerätes dient. Alle Schutz- und Funktionserdungsleiter sind an die Haupterdungsschiene HES anzuschließen.

Ein *sternförmiges Schutzleiter-Netzwerk*, bei dem die Schutzleiter der Geräte sternförmig verbunden sind, besitzt keine Leiterschleifen, in denen Störströme induziert werden können (**Bild 11.12**). Der Schutzleiter-Sternpunkt ist über eine Erdungsschiene mit der Haupterdungsschiene zu verbinden. Anwendung findet diese Struktur z. B. in Wohnungen.

Die sternförmige Struktur hat allerdings den Nachteil, dass sie unterbrochen wird, sobald z. B. Computer über geschirmte Datenleitungen zu einem Netzwerk verbunden sind.

Ein *begrenzt vermaschtes sternförmiges Schutzleiter-Netzwerk* findet Anwendung, wenn in Gebäuden an verschiedenen Stellen kleine Gruppen existieren, die jeweils vernetzte Geräte der Informationstechnik betreiben (**Bild 11.13**). Durch das Verbinden der Schutzleiter mit einem möglichst en-

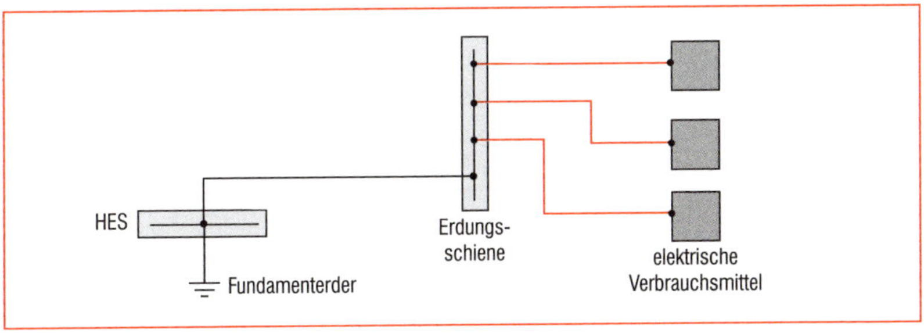

Bild 11.12 Sternförmiges Schutzleiter-Netzwerk

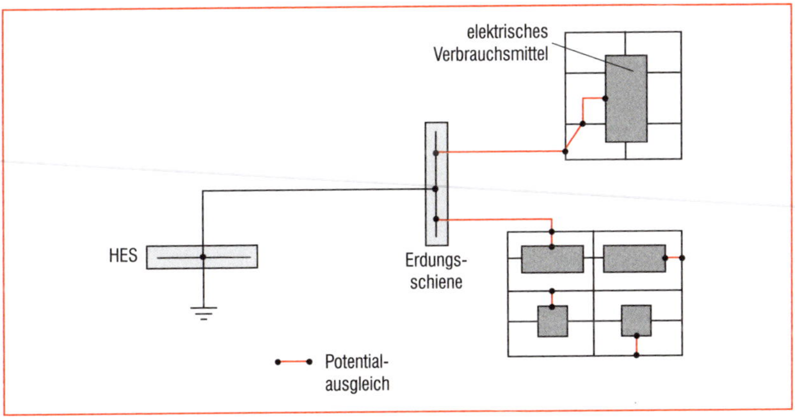

Bild 11.13 Begrenzt vermaschtes sternförmiges Schutzleiter-Netzwerk

gen metallischen Maschennetz können Störströme abgeleitet werden. Das Maschennetz besteht aus verlegten Leitungen im Fußboden. Die Schutzleiter müssen über eine Erdungsschiene mit der Haupterdungsschiene verbunden sein.

Ein vollständig *vermaschtes Schutzleiter-Netzwerk* ist bei einer hohen Dichte von EMI-empfindlichen Geräten zu empfehlen. In dieses werden neben einem im Fußboden durch Leiter verlegten Maschennetz mit Maschenweite kleiner 2 m × 2 m auch die metallenen Konstruktionen des Gebäudes miteinbezogen, also miteinander verbunden (**Bild 11.14**). Betroffen sind dabei auch z. B. die Armierungen im Fußboden.

> Ein vermaschtes Schutzleiternetz ist bei hoher Dichte informationstechnischer Geräte als Potentialausgleichsanlage ein wirkungsvoller Schutz gegen EMIs.

Bei mehrstöckigen Gebäuden sollte in jedem Stockwerk eine Potentialausgleichsanlage errichtet werden. Die Potentialausgleichsanlagen der Stockwerke sollten mindestens zweimal durch Leiter untereinander verbunden sein. Als Leiter können auch metallene Konstruktionsteile des Gebäudes genutzt werden, die mit dem Fundamenterder verbunden sind.

Ein *Potentialausgleichsringleiter* (BRC, Bonding Ring Conductor) ist meist entlang der Außenwände eines Gebäudes verlegt (**Bild 11.15**). Über kurze Wege können an ihn die Schutzleiter der Geräte und Verteiler angeschlossen werden. Der Ringleiter ist mit der Haupterdungsschiene zu verbinden. Der Potentialausgleichsringleiter sollte vorzugsweise aus Kupfer sein. Er kann blank oder isoliert sein und muss überall zugänglich sein. Alle

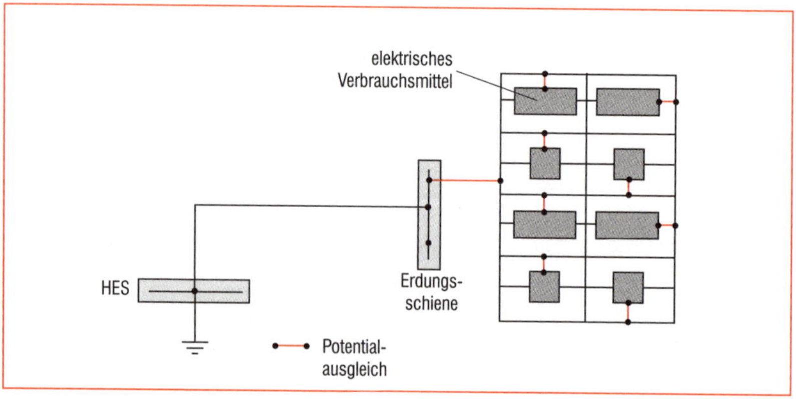

Bild 11.14 Vermaschtes Schutzleiter-Netzwerk

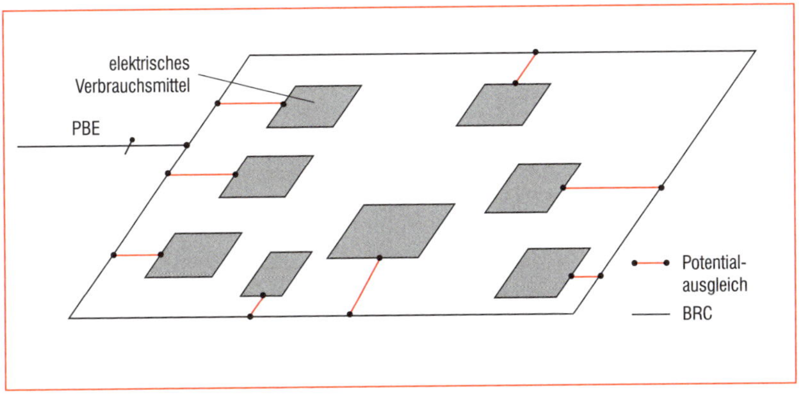

Bild 11.15 Potentialausgleichsringleiter

Schutz- oder Funktionserdungsleiter dürfen mit dem Potentialausgleichsleiter verbunden werden.

Manche elektronischen Betriebsmittel benötigen für ihren einwandfreien Betrieb eine Bezugsspannung mit ungefährem Erdpotential. Ein *Funktionserdungleiter* (FE) stellt neben dem Schutzleiter einen weiteren Anschluss zum Bezugs-Erdpotential dar. Funktionserdungsleiter besitzen einen rosa Mantel oder sind an den Leiterenden und Anschlussstellen rosa markiert. Eine grüngelbe Markierung ist für den Funktionserdungsleiter nicht erlaubt. Die Verbindungen sind möglichst kurz auszuführen.

11.5 Überspannungsschutz von Niederspannungsanlagen

Die gefährlichsten Überspannungen treten durch LEMPs auf. Die ganze Niederspannungsanlage stellt dann eine Störsenke dar. Demzufolge werden Überspannungsableiter vor die ganze Anlage und je nach Anforderung vor Anlagenteile geschaltet (**Bild 11.16**). Dazu unterscheidet man die Schutzzonen LPZ (Lightning Protection Zone = Blitzschutzzone), und zwar

- LPZ 0_A, LPZ 0_B, LPZ 0_C → Bereiche außerhalb des Gebäudes,
- LPZ 1 → Bereich vor der Unterverteilung,
- LPZ 2 → Bereich der Unterverteilung und robuster Endverbraucher,
- LPZ 3 → Bereich empfindlicher Endverbraucher.

Für LPZ 1 werden Ableiter der Klasse SPD Typ 1 (Surge Protection Device = Überspannungsschutz-Baugruppe) eingesetzt, für LPZ 2 der Klasse SPD Typ 2 und für LPZ 3 der Klasse SPD Typ 3.

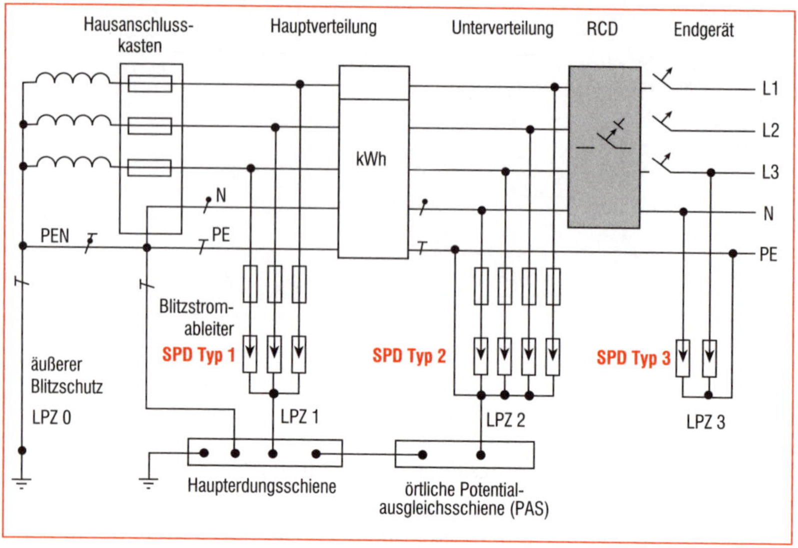

Bild 11.16 Überspannungsschutz einer Niederspannungsanlage

> Je nach Anforderung schützen in den Blitzschutzzonen verschiedene Typen von Überspannungs-Schutzeinrichtungen (ÜSE oder SPD) vor den Folgen von LEMPs.

Aus Bild 11.16 geht hervor, dass in der angegebenen Schaltung das Telefon-Festnetz nicht geschützt ist. Über dieses können ebenfalls Überspannungen eintreten und empfindliche Endverbraucher, z. B. Computer, beschädigen oder deren Daten vernichten. Deshalb sollten bei Anschluss des Computers an das Telefonnetz zwischen TAE-Telefonsteckdose (Kapitel 19) und Computer entsprechende steckbare Schutzeinrichtungen geschaltet werden.

Im TN-System oder TT-System dürfen SPDs der Typen 1 und 2 nicht auf der Ausgangsseite einer RCD liegen. Diese würde nämlich bei Ansprechen der SPD die elektrische Anlage abschalten, da sich für die RCD ein Ansprechen der SPD als Fehler darstellt. Ist jedoch vor der RCD bereits eine SPD vom Typ 2 angeordnet, dann darf hinter der RCD eine weitere SPD Typ 2 platziert werden. SPDs vom Typ 3 dürfen jedoch immer hinter einer RCD angeordnet sein.

Beim IT-System dürfen SPDs der Typen 1 und 2 auf der Ausgangsseite der RCD liegen. Hier ist in der fehlerfreien Anlage keine Spannung gegen Erde vorhanden. Im Fehlerfall wird aufgrund der Überspannung an den SPDs abgeschaltet, was auch erwünscht ist.

11.6 Feldarme Elektroinstallation

In der Natur sind ständig elektrische und magnetische Gleichfelder vorhanden, an die sich die Menschheit im Laufe ihrer Entwicklung ohne Schaden gewöhnt hat. Dagegen treten elektromagnetische Wechselfelder niedriger Frequenz in der Natur nicht auf. Deshalb befürchten manche Menschen, dass sie von derartigen Feldern geschädigt werden.

> E-Felder können durch geschirmte Leitungen vermieden werden.
> H-Felder lassen sich bei 50 Hz kaum verhindern.

Die Wirkung der Felder auf den Menschen wird am ehesten beim Schlafen erwartet. Eine allpolige Abschaltung des (Schlaf-) Raums ist durch einen Funk-Schaltaktor, außerhalb des Raums angebracht, möglich (Kapitel 14). Zur Steuerung des Schaltaktors ist ein Handsender zu verwenden. Das Sendesignal tritt nur ganz kurz auf. Die Stromversorgung erfolgt z.B. batterielos durch Betätigen der Steuertasten, die häufig Piezo-Tasten sind. Beim Betätigen dieser Tasten tritt während der Betätigung durch den Piezo-Effekt eine Spannung auf, die für das Einschaltsignal ausreicht.

Einen höheren Komfort als die Funksteuerung bietet die Netzabkopplung mittels Netzabkoppler NAK (Netzfeld-Abschaltautomat). Der NAK schaltet die Anlage ein, wenn ein beliebiger Schalter eine Last, z. B. die Nachttischleuchte, einschaltet. Sobald alle Lasten wieder abgeschaltet sind, trennt der Abkoppler die Anlage vom Netz. Der NAK wird wie der Funk-Schaltaktor angeordnet. Er arbeitet aber ohne Sender.

NAK gibt es zum Aufschnappen auf die Hutschiene in der Verteilung (**Bild 11.17**) oder zum Einbau in eine Abzweigdose. Einschaltschwelle und Halteschwelle sind in mA einstellbar. Der NAK enthält eine Schaltung zur Netzstrom-Erfassung, ein Unterspannungsrelais sowie einen Gleichrichter, der vom Netz gespeist wird. Der Laststrom erzeugt eine Spannung für das Unterspannungsrelais. Sinkt der Laststrom unter eine Halteschwelle von z. B. 7 mA, so ist die Spannung so klein, dass das Unterspannungsrelais schaltet. Jetzt liegt die Überwachungs-Gleichspannung an den Installationsschaltern des Raums. Wird einer von ihnen betätigt, übersteigt der Gleichstrom die Einschaltschwelle von z. B. 10 mA und das Relais schaltet die Anlage ein (**Bild 11.18**). Dauerverbraucher, z. B. Telefon, Bewegungsmelder, Kühlschrank, Gefrierschrank, sollten verständlicherweise nicht mit einem Netzabschalter betrieben werden. Ihre unterbrechungsfreie Funktion muss sichergestellt werden.

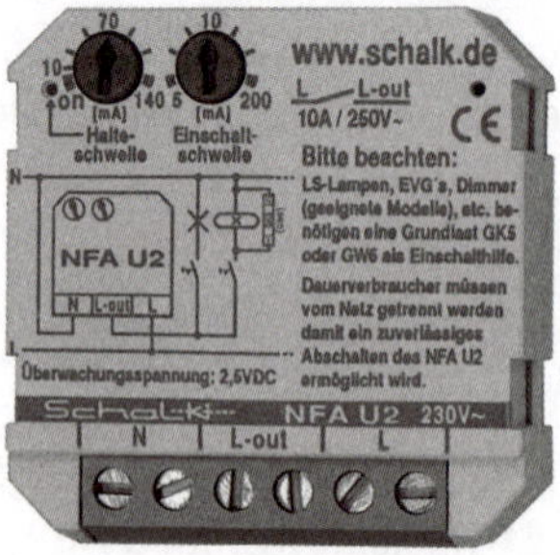

Quelle: www.schalk.de

Bild 11.17 Netzabkoppler für Einbau in Verteilung

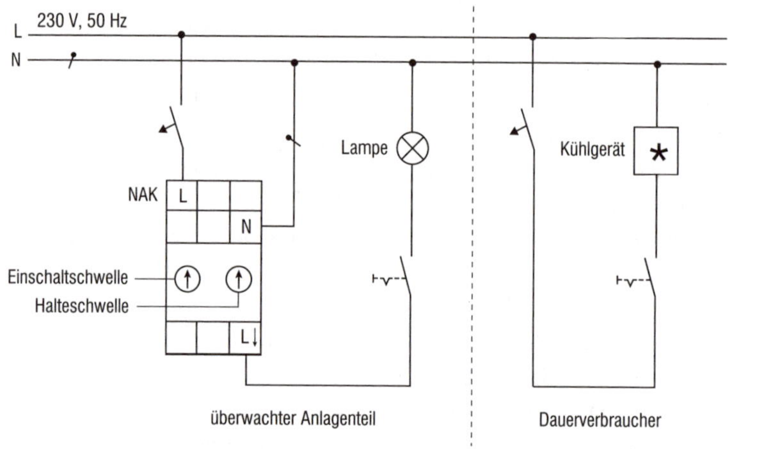

Bild 11.18 Beispiel eines installierten Netzabkopplers (PE-Anschluss nicht dargestellt)

Kontrollfragen

1. Welche Aufgabe hat das EMV-Gesetz?
2. Welche drei Felder haben für die EMV Bedeutung?
3. Was versteht man unter EMI?
4. Erklären Sie die Kurzform EMI.
5. Wodurch werden sehr starke EMIs hervorgerufen?
6. Welche Folgen hat ein LEMP?
7. An welchen Stellen können EMIs bekämpft werden?
8. Wie können EMIs an der Störquelle vermieden werden?
9. Wie erfolgt die Entstörung von Betriebsmitteln, die EMIs hervorrufen können?
10. Welche Arten der Kopplung unterscheidet man?
11. Durch welche Maßnahme verringert man eine galvanische Kopplung?
12. Wodurch verhindert man das Eindringen von EMIs in eine Störsenke?
13. Welche Schutzzonen LPZ unterscheidet man?
14. Welche Typen der Überspannungsschutzeinrichtungen verwendet man für die Blitzschutzzonen LPZ1, LPZ2 und LPZ3?
15. Wie können bei der feldarmen Elektroinstallation elektrische Felder bei Spannungen von 50 Hz vermieden werden?
16. Welche Aussage über magnetische Felder von Strömen mit 50 Hz ist richtig?
    Diese Magnetfelder
    1. lassen sich kaum verhindern,
    2. heben sich gegenseitig auf,
    3. werden durch Bleimäntel abgeschirmt,
    4. werden durch Schutzpotentialausgleich vermieden,
    5. werden durch elektromagnetische Felder hoher Frequenz aufgehoben.

    ☐

17. Auf welche Weise kann das Auftreten von elektromagnetischen Feldern in einem Schlafzimmer vermieden werden?
    1. Abschalten der Beleuchtung mittels Installationsschalter,
    2. Ersatz des Installationsschalters durch einen Funk-Aktor,
    3. Einbau eines Netzabkopplers vor dem Raum in die Netzzuleitung zum Stromkreis des Schlafzimmers,
    4. Abschirmung des Raumes mittels Metallmatten an den Wänden,
    5. Abschirmung des Raumes durch Leitfolien an Wänden und Decken.

    ☐

18. Welche der folgenden Aussagen ist richtig?
    1. Gegen kapazitive Kopplung hilft Verdrillen von Adern.
    2. Schutzpotential-Ausgleichsleitungen haben auf eine galvanische Kopplung keinen Einfluss.
    3. Potentialausgleichsleitungen wirken nicht bei magnetischen Störungen.
    4. Der Funktionspotentialausgleich dient dem Funktionieren eines Geräts.
    5. Der Potentialausgleichsringleiter wird auch an Gebäudeinnenwänden verlegt.

☐

12 Licht und Beleuchtung

12.1 Licht

Licht ist elektromagnetische Strahlung mit Wellenlängen von 380 nm bis 780 nm. Licht wird durch Elektronenbewegung hervorgerufen, z. B. in der Glühlampe infolge hoher Temperatur (Temperaturstrahler), bei einer Gasentladungslampe durch Elektronensprünge (Entladungsstrahler) und bei LEDs durch kurzzeitiges Auffüllen von Löchern im PN-Übergang durch Elektronen. Die Wellenlänge wird von der Frequenz der Strahlung bestimmt. Die Lichtfarbe kann also durch die Wellenlänge oder durch die Frequenz angegeben werden.

Wellenlänge

$$\lambda = \frac{c_0}{f} \quad (1)$$

λ Wellenlänge
f Frequenz
c_0 Ausbreitungsgeschwindigkeit (in Luft 300.000 km/s)

Das menschliche gesunde Auge erkennt je nach Frequenz der Strahlung verschiedene Farben (**Bild 12.1**). Bei gleicher Leistung der Strahlung empfindet das menschliche Auge je nach Wellenlänge die Helligkeit unter-

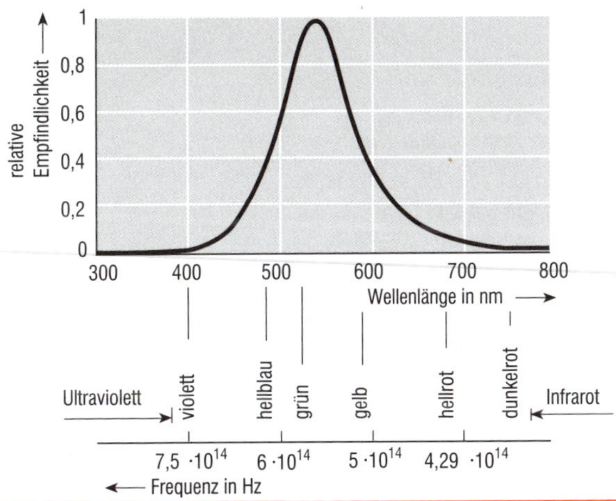

Bild 12.1 Empfindlichkeit des menschlichen Auges

schiedlich groß. Man bezeichnet dies als relative Empfindlichkeit. Sie ist am größten bei Grüngelb. Bei Tieren, z. B. Insekten, können der Wellenlängenbereich und die relative Empfindlichkeit völlig anders sein.

> Licht ist elektromagnetische Strahlung, die vom menschlichen Auge wahrgenommen wird.

Weißes Licht entspricht keiner Strahlung mit fester Frequenz. Zerlegt man weißes Licht mittels eines Prismas aus Glas, so erscheint ein *Spektrum* der danach benannten Spektralfarben (**Bild 12.2**).

Je nach den Anteilen der Spektralfarben kann das weiße Licht variieren. Man unterscheidet bei den Lampen ww = warmweiß, nw = neutralweiß und tw = tageslichtweiß. Die Farben der beleuchteten Gegenstände erscheinen entsprechend differenziert. Der Farbwiedergabeindex R_a (Referenzindex allgemein) und die Farbwiedergabestufe spiegeln dies wider (**Tabelle 12.1**).

Die Farbwiedergabe hängt neben der Lampenart auch von der Stärke der Beleuchtung ab.

Oft wird auch die Farbtemperatur (in Kelvin) angegeben. Je höher sie ist (z. B. 3.000 K bei NV-Halogenlampen, 2.800 K bei Glühlampen), desto „weißer" ist das Licht.

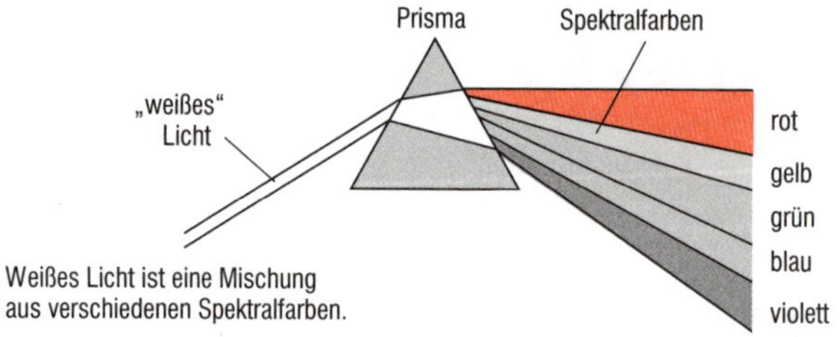

Bild 12.2 Zerlegung von weißem Licht

FW-Index	FW-Stufe	FW	möglich durch
90 und mehr	1A	sehr gut	LED-Leuchtmittel, Glühlampe
80 bis 89	1B	sehr gut	LED, Energiesparlampe
70 bis 79	2A	gut	Leuchtstofflampe
60 bis 69	2B	gut	Leuchtstofflampe
40 bis 59	3	genügend	sonstige
Die Farbwiedergabe hängt neben der Lampenart auch von der Stärke der Beleuchtung ab.			

Tabelle 12.1 Farbwiedergabe FW durch Beleuchtung

12.2 Lichttechnische Begriffe

Lichtstrom Φ_v ist die nach der Empfindlichkeit des menschlichen Auges bewertete Leistung der betreffenden Lichtquelle. Seine Einheit ist das Lumen (lat. Lumen = Licht) mit dem Einheitenzeichen lm. Der Lichtstrom wird von den Lampenherstellern angegeben. Index v von visuell = sichtbar.

Beleuchtungsstärke E_v ist der auf die Fläche senkrecht auftreffende Lichtstrom. Ihre Einheit ist das Lux (lat. Lux = Helligkeit) mit dem Einheitenzeichen lx (**Tabelle 12.2**).

Lichtstärke I_v ist der in einer bestimmten Richtung (je Raumwinkel) abgestrahlte Lichtstrom. Ihre Einheit ist das Candela (lat. Candela = Kerze) mit dem Einheitenzeichen cd.

Leuchtdichte L_v ist das Verhältnis der Lichtstärke einer Lampe oder Leuchte zur sichtbar leuchtenden Fläche. Sie hat die Einheit cd/m². Sie ist ein Maß für den Helligkeitseindruck, den das Auge erfährt.

Lichtausbeute η_v ist der von einer Lampe hervorgerufene Lichtstrom je W Leistungsaufnahme.

Größe	Formelzeichen	Formel	Einheit
Lichtstrom	Φ_v	–	Lumen [lm]
Beleuchtungsstärke	E_v	$E_v = \frac{\Phi_v}{A}$	Lux [lx]
Lichtstärke	I_v	–	Candela [cd]
Leuchtdichte	L_v	$L_v = \frac{I_v}{A_L}$	cd/m²
Lichtausbeute	η_v	$\eta_v = \frac{\Phi_v}{P}$	lm/W

A beleuchtete Fläche, A_L sichtbare selbst leuchtende Fläche, *P* Leistungsaufnahme

Tabelle 12.2 Lichttechnische Größen

12.3 Elektrische Lichtquellen, Effizienzklassen

Lampen nennt man die eigentlichen Lichtquellen, z.B. Halogen-Glühlampen. *Leuchten* sind die Geräte der Beleuchtungstechnik einschließlich der darin enthaltenen Lampen. Die Daten der Lampen (**Tabelle 12.3**) werden vom Hersteller genannt, bezogen auf den Neuzustand. Bei Entladungslampen und bei LEDs wird die Lampenleistung oft ohne die Leistungsaufnahme der Vorschaltgeräte angegeben.

Lampenart	Leistung in W	Lichtstrom in lm	Lichtausbeute in lm/W	Anwendung
HV-Halogen	150	2.500	16,7	Verkaufsräume, Konferenzräume
NV-Halogenlampe 12 V	20	320	16,0	Schaufenster
	100	2.200	22,0	Vitrinen
LED-Leuchtmittel	27	4.000	80,0 …180,0	Universallampe, oft in eine Vorzugsrichtung strahlend
Keramik-Halogen-Metalldampflampe	70	5.200	74,3	Gartenanlage
	400	42.000	105,0	Lagerräume
Energiesparlampe	7	400	57,1	noch Universallampe
	26	1.800	69,2	
Leuchtstofflampe	35	3.320	50,0 … 100,0	noch Universallampe
Na-Dampf-Hochdrucklampe	150	14.000	93,0	Außenanlagen
	1.000	120.000	120,0	
Glühlampe	40	430	10,8	früher Universallampen für Häuser und Gewerbe
	75	960	12,8	

Tabelle 12.3 Daten von Lampen (Beispiele, Herstellerangaben)

Die von den Herstellern genannten Daten, insbesondere der Lichtstrom, gelten nur für den Neuzustand der sauberen Lampen.

Aus Tabelle 12.3 ist erkennbar, dass bei den noch weit verbreiteten Glühlampen die Lichtausbeute kleiner ist als bei anderen Lichtquellen. Wegen dieser *niedrigen Effizienz* ist ihr Verkauf gesetzlich eingeschränkt worden, gleiches gilt für andere niedrig effiziente Lampen, z. B. verschiedene Halogenlampen.

Zukünftig werden überwiegend LED-Lampen zum Einsatz kommen.

Gemäß der Ökodesign-Verordnung (EU) 2019/2015 werden seit September 2021 LEDs, OLEDs und andere Lichtquellen mit den Energieeffizienzklassen A bis G gekennzeichnet. Die bisherigen Kennzeichnungen A+++ bis E werden dadurch ersetzt (**Bild 12.3**).

Die niedrigste Energieeffizienzklasse G bedeutet einen Wert von weniger als 85 Lumen/Watt. Die einzelnen Energieeffizienzklassen sind jeweils in Schritten von 25 Lumen/Watt abgestuft. Es gilt also die

- Energieeffizienzklasse A bei ≥ 210 lm/W,
- Energieeffizienzklasse B bei 185 lm/W < 210 lm/W,
- Energieeffizienzklasse C bei 160 lm/W < 185 lm/W,
- Energieeffizienzklasse D bei 135 lm/W < 160 lm/W,

- Energieeffizienzklasse E bei 110 lm/W < 135 lm/W,
- Energieeffizienzklasse F bei 85 lm/W < 110 lm/W,
- Energieeffizienzklasse G bei < 85 lm/W.

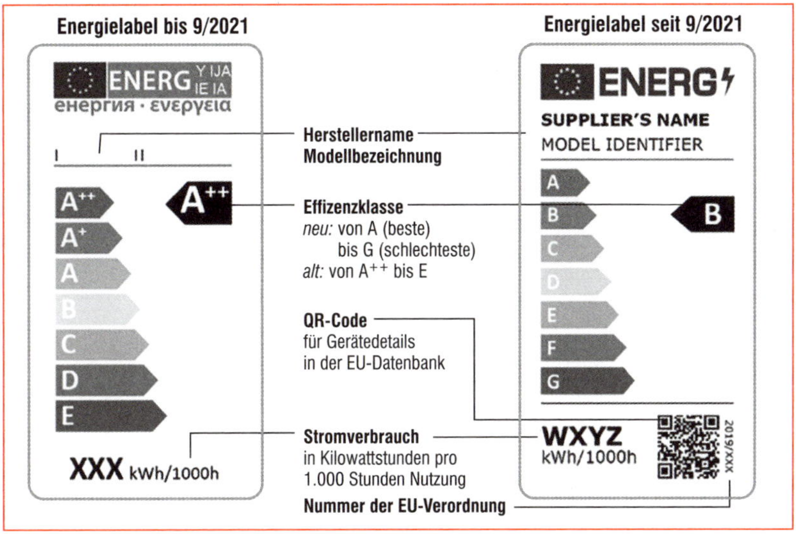

Bild 12.3 EU-Kennzeichnung für Leuchtmittel

12.4 Anforderungen an die Beleuchtung

Für eine gute Beleuchtung sind zu berücksichtigen:

- Die **Beleuchtungsstärke** sollte dem Zweck angepasst sein, zur Entspannung nicht zu groß und zum Arbeiten ausreichend groß.
- Die **Leuchtdichteverteilung** sollte ausgewogen sein; eine zu hohe Leuchtdichte verursacht Blendung und zu hohe Leuchtdichteunterschiede führen zu Ermüdung durch ständiges Anpassen.
- Eine **Blendung** sollte reduziert werden durch eine Leuchtenanordnung außerhalb des Blickfelds und die Beschränkung der Leuchtdichte.
- **Lichtfarbe** und **Farbwiedergabe** sollten dem Zweck angepasst sein.
- Die **Lichtrichtung** sollte dem Zweck angepasst sein, bei stark gerichtetem Licht entstehen starke Schatten.
- Das **Flimmern von Gasentladungslampen** ist bei der Arbeit störend, aber vermeidbar durch EVG (elektronische Vorschaltgeräte) oder auch durch eine Verteilung der Lampen auf verschiedene Außenleiter.

Für bestimmte Bereiche oder Tätigkeiten legt die DIN EN 12464-1 einen *Wartungswert* der Beleuchtungsstärke E_m fest. Das ist die Beleuchtungsstärke, die zum Zeitpunkt der Wartung mit Ersatz der Lampen mindestens vorhanden sein muss (**Tabelle 12.4**).

Ort oder Tätigkeit	E_m in lx	Lichtfarbe	Güteklasse
Flure	100	ww, nw	2
Kantine	200	ww, nw	2
Medizinische Räume	500	nw, tw	1
Viehställe	50	nw	3
Farbprüfung	1.000	tw	1
Unterrichtsräume	500	nw, ww	1
Treppen in Schulen	150	nw, ww	2
Werkzeugmacherei	750	nw	1
nw neutralweiß, tw tageslichtweiß, ww warmweiß			

Tabelle 12.4 Wartungswerte Beleuchtungsstärke E_m, Lichtfarbe und Güteklasse (Beispiele), vgl. DIN EN 12464-1

12.5 Beleuchtungsplanung für einen Innenraum

Bei der Planung einer Innenraumbeleuchtung sind vor allem zu berücksichtigen

- Art und Größe des Raums,
- Art der Leuchten und die
- erforderliche Beleuchtungsstärke.

Daraus ermittelt man den *Beleuchtungswirkungsgrad* η_B

Beleuchtungs-wirkungsgrad

$$\eta_B = \eta_R \cdot \eta_{LB} \quad (1)$$

η_B Beleuchtungswirkungsgrad
η_R Raumwirkungsgrad
η_{LB} Leuchtenbetriebswirkungsgrad

Der *Raumwirkungsgrad* ist umso höher, je heller Wände, Decken und Boden des Raums sind und je geringer der Abstand der Leuchte zur beleuchteten Fläche ist. Er beträgt zwischen 0,4 und 1,2.

Der *Leuchtenbetriebswirkungsgrad* beträgt zwischen 0,9 (direkte Beleuchtung) und 0,5 (indirekte Beleuchtung).

Bei normalen Arbeitsräumen liegt meist ein Beleuchtungswirkungsgrad von 0,5 (= 50 %) vor.

Mithilfe des Beleuchtungswirkungsgrades und des Lichtstroms einer Lampe nach Tabelle 12.3 ließe sich die erforderliche Lampenzahl berechnen, wenn der Lichtstrom der Lampe dauernd gleich bliebe. Dieser nimmt aber infolge Verschmutzung der Leuchte und des Raums sowie Alterung der Lampe ab. Wenn der Wartungswert der (mittleren) Beleuchtungsstärke E_m nicht unterschritten werden darf, muss der anfängliche Wert entsprechend höher sein. Den größeren Anfangswert bezeichnet man als *Planungswert der Beleuchtungsstärke* E_P, weil er für die Planung der Beleuchtung maßgebend ist (**Bild 12.4**).

Die Erhöhung von E_m auf den Planungswert E_P wird durch einen *Wartungsfaktor WF* erreicht. Dieser Faktor beschreibt die Abnahme des Bemessungslichtstroms einer Lampe am Ende des Wartungszeitraums.

$$E_{alt} = E_{neu} \cdot WF \Rightarrow E_{neu} = E_P = E_m / WF$$

$$E_P = \frac{E_m}{WF} \quad (1)$$

E_P Planungswert der Beleuchtungsstärke in lx
E_m Wartungswert der Beleuchtungsstärke in lx
WF Wartungsfaktor

Der Wartungsfaktor *WF* ist abhängig von der Art des Raums und dem Intervall der Reinigung der Leuchten einschließlich Ersatz der Lampen (**Tabelle 12.5**).

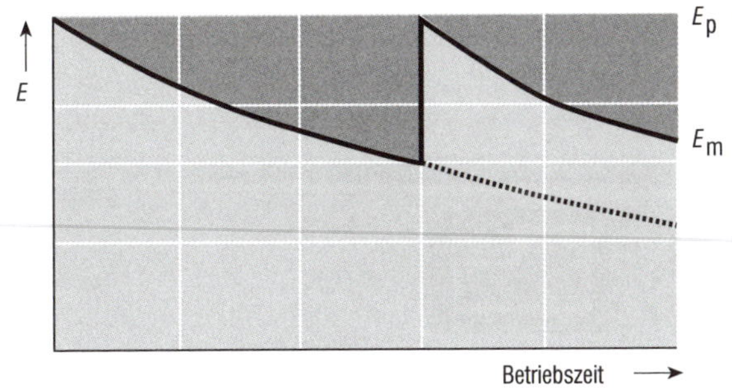

Bild 12.4 Verlauf der Beleuchtungsstärke

Wartungsfaktor (WF)	Innenraumbeleuchtung bei 4.000 Betriebsstunden
0,8	normale Minderung, sehr saubere Räume
0,7	mittlere Minderung, normale Arbeitsräume
0,6	starke Minderung, eher schmutzige Arbeitsräume

Tabelle 12.5 Gerundete Wartungsfaktoren bei offenen Leuchtröhren

Daraus folgend kann man die erforderliche Anzahl der Lampen berechnen:

Lampenanzahl

$$n = \frac{E_m \cdot A}{WF \cdot \Phi_{La} \cdot \eta_B} \tag{1}$$

n	Lampenanzahl
A	beleuchtete Grundfläche in m^2
WF	Wartungsfaktor
E_m	Wartungswert der Beleuchtungsstärke in lx
Φ_{La}	Lichtstrom einer Lampe neu in lm
η_B	Beleuchtungswirkungsgrad

Beispiel 1:

Ein Arbeitsraum für Farbprüfung 3 m × 4 m, Beleuchtungswirkungsgrad 50 %, Wartungsfaktor 0,7, soll mit Leuchtstofflampen 58 W, Vorschaltgeräten 13 W, 5.200 lm beleuchtet werden. Wie viele Lampen sind erforderlich?

Lösung:

Nach Tabelle 12.4 ist $E_m = 1.000$ lx

$$n = \frac{E_m \cdot A}{WF \cdot \Phi_{La} \cdot \eta_B} = \frac{1.000\,\text{lx} \cdot 12\,\text{m}^2}{0{,}7 \cdot 5.200\,\text{lm} \cdot 0{,}5} = \mathbf{6{,}6 \approx 6}$$

Die verwendeten Zahlenwerte für den Beleuchtungswirkungsgrad und den Wartungsfaktor stellen nur grobe Anhaltswerte dar. Für eine exakte Berechnung im Einzelfall sind sie zu ungenau (daher Tabellenbuch Elektrotechnik verwenden). Manche Lampenhersteller bieten zum kostenlosen Download eine *Berechnungssoftware* an, mit der eine exakte Berechnung einer Anlage möglich ist (**Bild 12.5**).

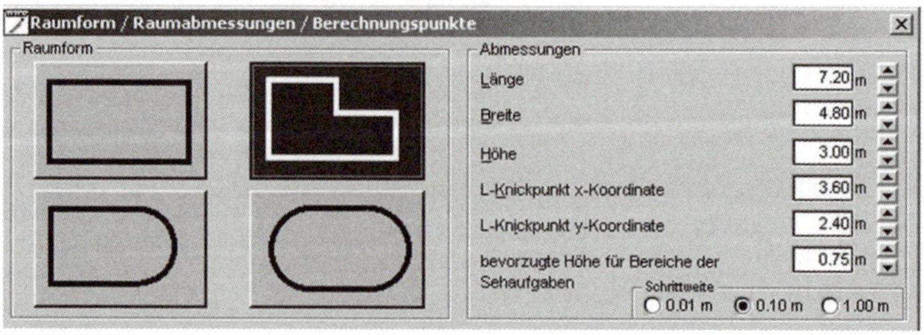

Quelle: www.trilux.com

Bild 12.5 Ausschnitt einer Software zur Beleuchtungsberechnung

Beispiel 2:
Der Arbeitsraum von Beispiel 1 soll mit Retrofit-LED-Röhren anstelle der vorhandenen Röhren in Leuchten mit KVG oder VVG neu ausgestattet werden. Der Wartungsfaktor beträgt weiter 0,7. Als Ersatzröhren für Leuchtstofflampen 58 W sind LED-Röhren 32 W in Gehäuse T8 G13 150 cm mit dem Lichtstrom von 4.800 lm vorgesehen. Der Beleuchtungswirkungsgrad beträgt deshalb nun 85 %.

a) Wie viele LED-Röhren sind zu beschaffen?
b) Wie verändert sich der Stromverbrauch (Energieverbrauch)?
c) Welche Maßnahmen sind vor dem Einsatz der LED-Röhren erforderlich?

Lösung:

a) Der Planungswert der Beleuchtungsstärke nach Formel 1, Seite 293, bleibt unverändert, Formel 1, vorhergehende Seite, gilt deshalb weiter.

$$n = \frac{E_m \cdot A}{WF \cdot \Phi_{La} \cdot \eta_B} = \frac{1.000\,\text{lx} \cdot 12\,\text{m}^2}{0{,}7 \cdot 4.800\,\text{lm} \cdot 0{,}85} = \mathbf{4{,}2 \approx 4}$$

b) Es werden gegenüber den Leuchtstofflampen 2 LED-Röhren weniger benötigt. Damit verbunden ist ein deutlich geringerer Stromverbrauch (Energieverbrauch). Für die sechs Leuchtstofflampen erhält man je Verbrauchsstunde (h) 6 · (58 W + 13 W) · 1 h = 426 Wh, für die vier LED-Röhren erhält man 4 · 32 W · 1 h = 128 Wh.
Die LED-Röhren sind also um 298 Wh günstiger je Verbrauchsstunde.

c) Überflüssig werden 6 – 4 = 2 Leuchten, die somit abzubauen sind. In den verbleibenden Leuchten sind die Starter durch die zu beschaffenden 4 LED-Betriebsvorrichtungen zu ersetzen und dann die neuen LED-Röhren einzusetzen.
Aufwendiger, aber technisch besser ist folgendes Vorgehen: Umverdrahtung durch Entfernen der KVK oder VVG, Einsetzen der 4 LED-Betriebsvorrichtungen und Vornehmen von Verdrahtung, Montage sowie abschließend Einsetzen der neuen LED-Röhren. Der Reflexionsgrad wirkt neben der Größe des Raums auf den Raumwirkungsgrad η_R (Formel 1, Seite 292).

Im Zusammenhang mit dem Wartungswert der Beleuchtungsstärke E_m und der Leuchtdichte L_v ist als weitere Einflussgröße der Reflexionsgrad zu nennen (**Tabelle 12.6**). Dieser ist je nach angestrahltem Bereich verschieden.

Zu hohe Leuchtdichten verursachen Blendungen. Der Reflexionsgrad wirkt neben der Größe des Raums auf den Raumwirkungsgrad η_R (Formel 1, Seite 292).

Leuchtdichte

$$L_v = E_m \cdot \frac{\rho}{\pi} \quad (1)$$

L_V Leuchtdichte
E_m Wartungswert der Beleuchtungsstärke
ρ Reflexionsgrad

Bereich	Reflexionsgrad
Decke	0,7 bis 0,9
Wand	0,5 bis 0,8
Arbeitsfläche	0,2 bis 0,7
Boden	0,2 bis 0,4

Tabelle 12.6 Typische Reflexionsgrade

Kontrollfragen

1. Für welche Farbe ist die relative Empfindlichkeit des menschlichen Auges am größten?
2. Was versteht man unter der Beleuchtungsstärke?
3. Welche Einheit hat die Leuchtdichte?
4. Erklären Sie den Wartungswert einer Beleuchtungsstärke.
5. Bei welchen Lampen ist die Lichtausbeute besonders niedrig?
6. Nennen Sie die wichtigsten Anforderungen an eine Beleuchtung.
7. Nennen Sie drei wichtige Größen der Beleuchtungstechnik.
8. Welche Größe der Lichttechnik hat die Einheit Lumen?
9. Mit welchem Hilfsmittel kann weißes Licht in seine Spektralfarben zerlegt werden?
10. Was versteht man unter relativer Empfindlichkeit?
11. Auf welche Weise wird eine Lichtfarbe angegeben?

13 Installation mit IR-Wächter

13.1 Infrarotmelder

Prinzipielle Wirkungsweise

IR-Melder (Infrarotmelder, auch IR-Detektoren genannt) nehmen IR-Strahlung (Infrarotstrahlung) wahr. Die Infrarotstrahlung ist eine elektromagnetische Strahlung, entsprechend der Lichtstrahlung. Jedoch ist ihre Wellenlänge sehr viel größer als die des Lichts. Deshalb kann Infrarotstrahlung vom menschlichen Auge nicht wahrgenommen werden.

Eine derartige Infrarotstrahlung wird von jedem Körper ausgesendet, wenn er gegenüber seiner Umgebung erwärmt ist. An Stelle von Infrarotstrahlung könnte man auch von Wärmestrahlung sprechen. Auch der Mensch stellt mit seiner Oberflächentemperatur von etwa 30 °C einen *IR-Strahler (Wärmestrahler)* dar (**Bild 13.1**). Die Leistung eines derartigen Strahlers beträgt immerhin fast 100 W für alle IR-Strahlen und etwa 50 W für die Wellenlänge von 10 µm.

> Jeder Mensch und jedes Tier mit warmem Blut stellt einen IR-Strahler dar.

Die IR-Strahlen werden durch die IR-Melder wie von einem in entgegengesetzter Richtung arbeitenden Scheinwerfer aufgefangen (**Bild 13.2**). Durch die Wirkung eines Hohlspiegels oder einer Linse werden die IR-Strahlen auf den eigentlichen *Wärmesensor (Wärmefühler)* konzentriert. Diese IR-

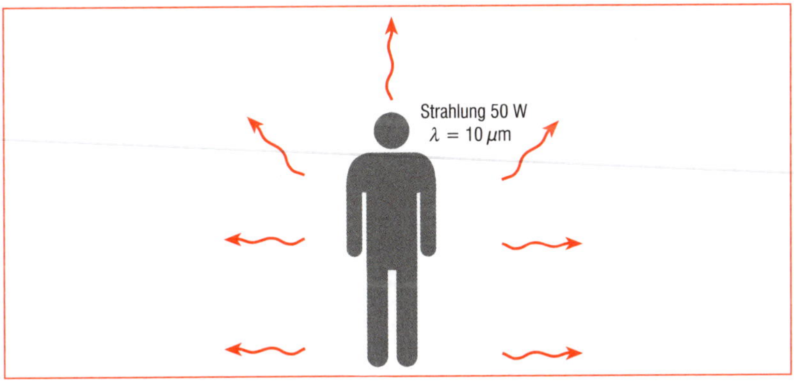

Bild 13.1 Mensch als Infrarotstrahler

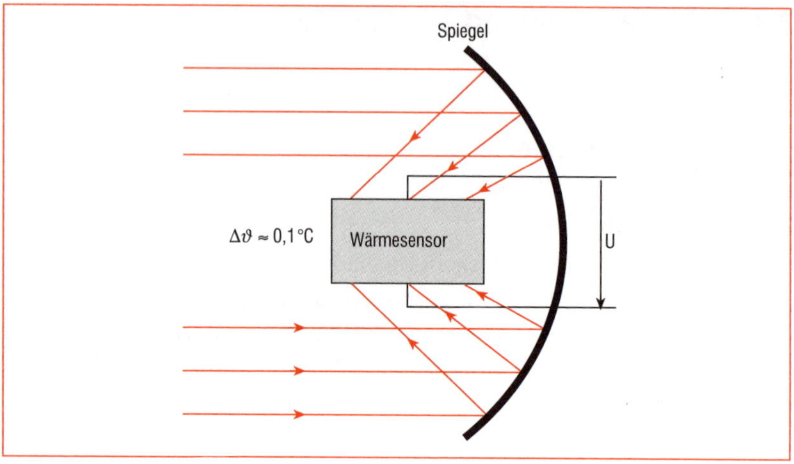

Bild 13.2 Prinzip des Infrarotmelders

Melder werden meist als *passive IR-Melder (PIR-Melder)* bezeichnet, da sie IR-Strahlen nur aufnehmen und nicht senden.

> Der PIR-Melder enthält einen Hohlspiegel oder eine Linse und im Brennpunkt davon den Wärmesensor.

Zusätzlich muss der PIR-Melder die vom Wärmesensor ausgehenden Signale entsprechend verarbeiten, z. B. verstärken. Von Nachteil bei den PIR-Meldern ist der Umstand, dass nicht nur Menschen IR-Strahlen aussenden, sondern auch alle erwärmten Körper. Der PIR-Melder muss deshalb etwas „intelligent" sein, um einen sich bewegenden IR-Strahler, z. B. einen Menschen, von einem anderen PIR-Strahler unterscheiden zu können.

Pyroelektrischer Effekt

Bei einigen Halbleitern, z. B. Lithiumtantalat ($LiTaO_3$) oder Bleititanat ($PbTiO_3$), tritt bei Erwärmung infolge der Drehung der elektrischen Dipole eine Oberflächenladung auf. Bringt man bei derartigen Materialien beiderseits eine metallische Elektrode an, so tritt bei Erwärmung zwischen den Elektroden ein elektrisches Potential auf. Man bezeichnet diese Wirkung als *Pyroelektrischen Effekt* (griech. Pyro = Feuer). Bei Änderung der Erwärmung ändert sich das Potential, sodass eine Spannung auftritt.

Aufbau eines PIR-Melders

Der PIR-Melder besteht aus Jalousieblende, dem dahinter liegenden Fenster, einem *Parabolreflektor (Hohlspiegel)*, dem eigentlichen Wärmesensor, einer gedruckten Schaltung für die Signalauswertung und dem Stromversorgungsteil (**Bild 13.3**). Das alles ist in ein Gehäuse eingebaut, welches aus leitendem Kunststoff besteht. Dadurch wird eine Einstreuung von Störungen durch elektromagnetische Felder verhindert. Die Gehäuseabmessungen können so gehalten sein, dass sich der PIR-Melder in einer Unterputzdose einbauen lässt. Die Jalousieblende verhindert das Einfallen von Streulicht auf den Wärmesensor. Sie bestimmt zusammen mit dem Parabolreflektor die Richtcharakteristik des PIR-Melders.

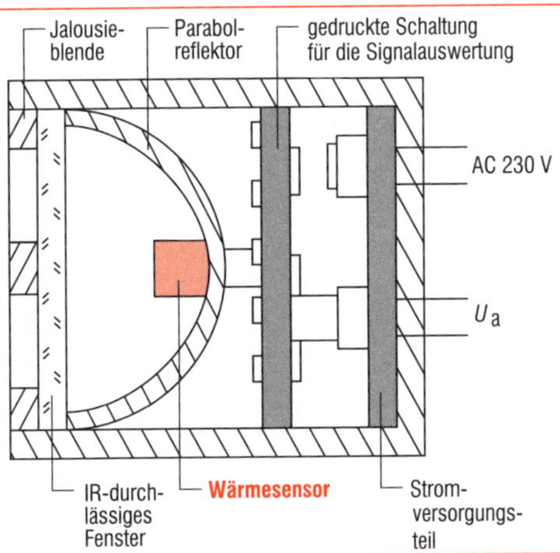

Bild 13.3 Infrarotmelder

Signalverarbeitung beim PIR-Melder

Fällt Infrarotstrahlung auf den Wärmesensor, so tritt in ihm eine Spannung auf. Der Innenwiderstand des Wärmesensors ist sehr groß, sodass ihm keine Leistung entnommen werden kann. Deshalb wird ein als *Impedanzwandler* geschalteter Operationsverstärker nachgeschaltet (**Bild 13.4**). Der Impedanzwandler setzt den großen Innenwiderstand des Wärmesensors auf eine kleine Impedanz (Scheinwiderstand) herunter. Die parallel zum Wärmesensor geschalteten Dioden dienen als Schutz gegen Übersteuerung bei zu starker Bestrahlung des Wärmesensors. Das Signal hinter dem Impedanzwandler wird durch zwei weitere *Operationsverstärker* verstärkt. Die RC-Glieder unterdrücken Störungen.

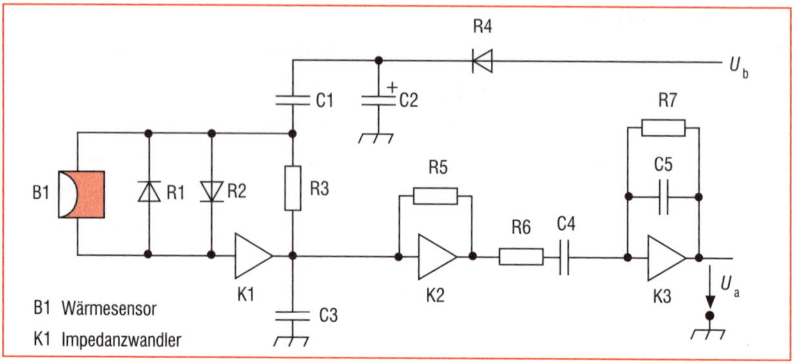

Bild 13.4 Schaltung des PIR-Melders (Prinzip)

> Das vom Wärmesensor gelieferte Signal wird durch mehrere Verstärkerstufen so weit verstärkt, dass der PIR-Melder eine passende Ausgangsspannung zum Ansteuern von Alarmeinrichtungen besitzt.

Aus der Wirkungsweise des Wärmesensors und der Schaltung geht hervor, dass vom PIR-Melder ein Signal abgegeben wird, wenn sich die Wärmestrahlung *ändert* (**Bild 13.5**). Tritt keine Änderung der Strahlung ein, sinkt nach einigen Sekunden die Ausgangsspannung des PIR-Melders auf null. Dadurch ist der PIR-Melder vor allem zur Erfassung von bewegten Wärmestrahlern geeignet, nicht aber zur Erfassung von konstanter Wärmestrahlung.

> Der PIR-Melder spricht auf eine sich ändernde Wärmestrahlung an.

Das vollständige, funktionsfähige Gerät mit dem PIR-Melder wird *IR-Wächter* oder *Automatikwächter* genannt. Durch eine geeignete Form der Linse bzw. durch die Anzahl der bis zu 80 Linsen und durch eine Unterteilung des Wärmesensors liegen beim IR-Wächter mehrere Erfassungssektoren nebeneinander (**Bild 13.6**). Der IR-Wächter spricht an, wenn zwischen zwei Sektoren ein Temperatursprung erfolgt. Dagegen spricht der IR-Wächter nicht an bei einer gleichbleibenden Wärmestrahlung, z. B. durch einen Heizkörper.

> Der PIR-Melder erkennt eine gleichbleibende Wärmestrahlung nicht.

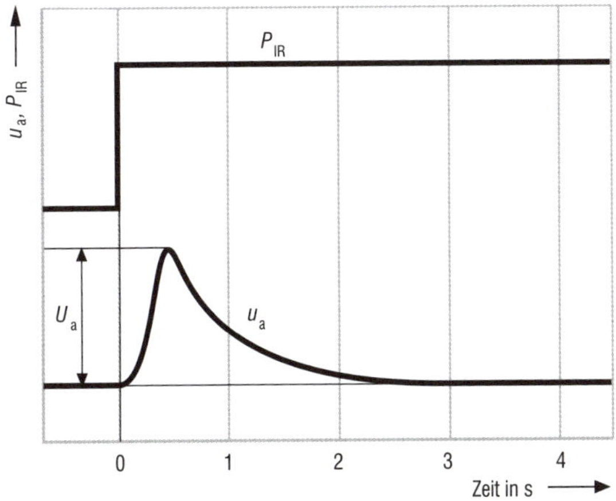

Bild 13.5 Verlauf der Ausgangsspannung u_a bei sprungartiger Zunahme der IR-Strahlung P_{IR}

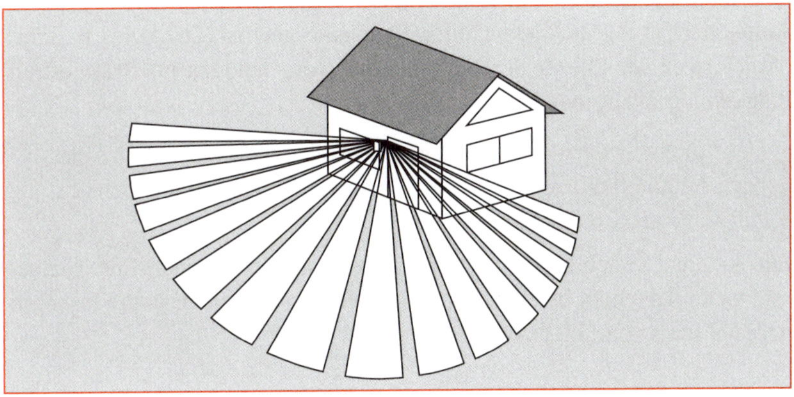

Bild 13.6 Erfassungssektoren bei einem IR-Wächter

13.2 Installationsgerät Automatikwächter

PIR-Melder sind im *Automatikwächter* (Bewegungsmelder) anschlussfertig eingebaut (**Bild 13.7**). Der Automatikwächter ist in drei Achsen verstellbar, sodass er je nach Anforderung ausgerichtet werden kann. Das Fenster des Automatikwächters lässt sich durch *Blenden* verengen, sodass man den *Erfassungswinkel*, der ohne Blende 110° beträgt, bis auf 25° verkleinern kann.

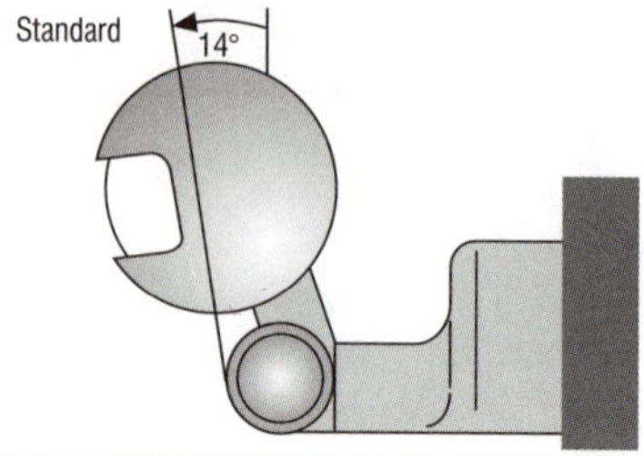

Bild 13.7 Automatikwächter

Der Automatikwächter schaltet bei Erfassung eines Wärmestrahlers meist eine Beleuchtung ein. Das hat aber nur bei Dunkelheit einen Sinn. Deshalb ist im Automatikwächter ein *Dämmerungsschalter* eingebaut, dessen Empfindlichkeit eingestellt werden kann. Außerdem enthält der Automatikwächter einen *einstellbaren Zeitschalter*, sodass auch nach Aufhören der Änderung einer Wärmestrahlung ein Signal abgegeben wird, z. B. zur Aufrechterhaltung der Beleuchtung über eine gewisse Zeit. Dies ist erforderlich, weil der PIR-Melder eigentlich nur bei Änderung der Wärmestrahlung ein Signal abgeben kann.

> Der Automatikwächter enthält einen einstellbaren Zeitschalter, sodass nach Aufhören der Änderung der Wärmestrahlung z. B. eine Beleuchtung zeitverzögert abschaltet.

Ein Automatikwächter (Bewegungsmelder) ist auch in manchen Lampen und vielen Leuchten der Wohnraumbeleuchtung enthalten, heute insbesondere auf Basis von LEDs (Abschnitt 2.11.4).

Sendemodul, Empfänger und Fernschaltmodul

Der Automatikwächter kann durch ein Sendemodul (Modul = Baugruppe) ergänzt werden (**Bild 13.8**). Das *Sendemodul* setzt das Ausgangssignal des IR-Melders in ein Signal von 120 kHz um. Dieses hochfrequente Signal wird

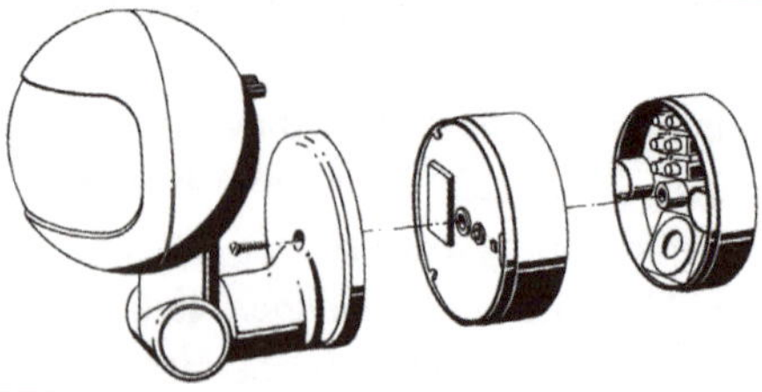

Bild 13.8 Automatikwächter mit Sendemodul

einfach über das vorhandene 230-V-Netz weitergeleitet. Ist an einer beliebigen Stelle des Netzes der zum Sendemodul passende *Empfänger* angeschlossen, z. B. an einer Beleuchtungssteckdose, so wird nun dort das *Signal des Automatikwächters* empfangen, z. B. zwecks Einschalten einer Beleuchtung oder eines akustischen Melders.

Auch das *Fernschaltmodul* kann die 120-kHz-Signale des Automatikwächters über das 230-V-Netz empfangen und zum Schalten von fest angeschlossenen Verbrauchsmitteln, z. B. von Leuchten für eine Rundumbeleuchtung, verwenden. Das Fernschaltmodul ist also an das 230-V-Netz anzuschließen. Die vom Automatikwächter zu steuernden Verbrauchsmittel sind dann mit dem Fernschaltmodul zu verbinden.

Darüber hinaus gibt es Automatikwächter, die über eine Bluetooth-Anbindung oder Busanbindung in eine Smart-Home-Anlage oder eine Gebäudesystemtechnik integriert werden können, z. B. über KNX (Kapitel 16).

> Sendemodul, Empfänger oder Fernschaltmodul sind erforderlich, wenn der Anschluss der vom Automatikwächter zu steuernden Verbrauchsmittel nicht direkt am Automatikwächter erfolgen kann.

Funkwächter nennt man einen Automatikwächter, der mit Funksignalen arbeitet (Bild 14.11). Da er von seiner Batterie mit Strom versorgt wird, ist kein Anschluss an das 230-V-Netz erforderlich. Die Verbrauchsmittel müssen dann über Funkaktoren angesteuert werden (Kapitel 14).

13.3 Schaltungen mit dem Automatikwächter

Die Schaltungen der folgenden zwei Seiten zeigen die Schaltungsfunktion (Prinzip), nicht jedoch die reale Ausführung, weil der in jedem Stromkreis erforderliche Schutzleiter wegen der Übersichtlichkeit nicht dargestellt ist. Auch die Ausführung mit Mehraderleitungen ist nicht berücksichtigt (Abschnitt 2.3).

Im einfachsten Fall soll eine vorhandene Außenbeleuchtung, z. B. an der Wohnungstür, durch den Automatikwächter optimiert werden. Dafür erfolgt eine *Einschaltung*, wenn sich ein Mensch nähert. Einige Zeit später erfolgt *Abschaltung*. Der bisher verwendete Ausschalter ist dann überflüssig (**Bild 13.9**).

Soll aber nach Einschalten durch den Automatikwächter von Hand eine Abschaltung möglich sein, dann ist der bisherige Ausschalter durch einen Taster mit einem Öffner zu ersetzen (**Bild 13.10**). Mit einem handelsüblichen Serienschalter kann erreicht werden, dass je nach Schalterstellung völlige Abschaltung, Automatikbetrieb oder Dauerbetrieb möglich ist (**Bild 13.11**).

Auch eine *Wechselschaltung* kann mit dem Automatikwächter verwirklicht werden. Hierbei erfolgt das Einschalten bei Vorhandensein eines Wärmestrahlers durch den Automatikwächter. Das Abschalten ist jederzeit durch Taster mit Öffnern möglich. Die Öffner der Taster sind in Reihe ge-

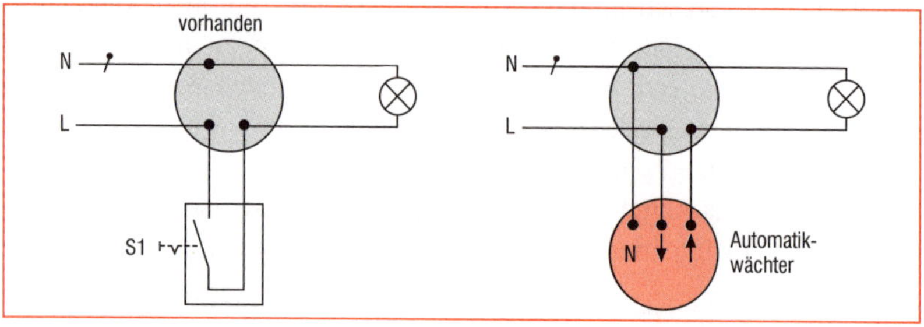

Bild 13.9 Schalterersatz durch Automatikwächter (Prinzip, PE-Anschluss nicht dargestellt)

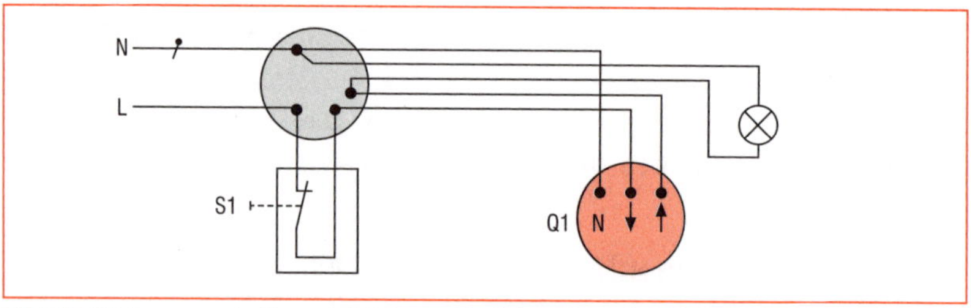

Bild 13.10 Lampenschaltung mit Automatikwächter für EIN und Taster für AUS (Prinzip, PE-Anschluss nicht dargestellt)

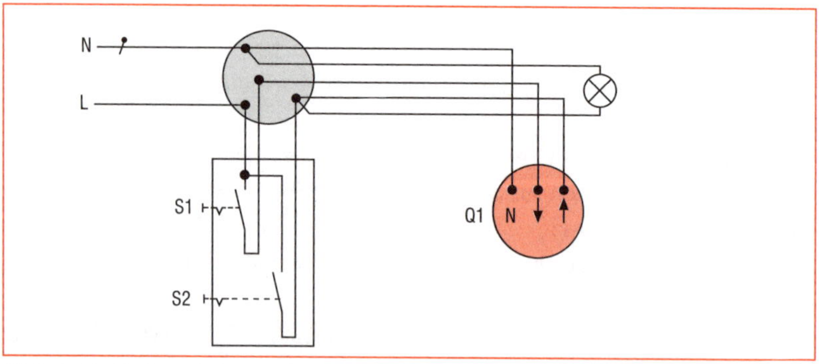

Bild 13.11 Lampenschaltung mit Automatikwächter und Serienschalter für AUS, Dauerbetrieb und Automatikbetrieb (Prinzip, PE-Anschluss nicht dargestellt)

schaltet. Dadurch kann die Schaltung auch auf mehr als zwei Abschaltstellen erweitert werden. Automatikwächter können auch mit einem *Treppenlicht-Zeitschalter* kombiniert werden. Hierbei erfolgt die Einschaltung der Beleuchtung entweder durch den Treppenlicht-Zeitschalter oder durch den Automatikwächter (**Bild 13.12**). Es ist auch möglich, denselben Verbraucher bzw. dieselbe Verbrauchergruppe durch *mehrere Automatikwächter* zu schalten (**Bild 13.13**). Auch hier kann die Abschaltung durch Taster mit Öffnern von Hand erfolgen.

Bei allen angeführten Schaltungen ist die Verwendung von Sendemodulen beim Automatikwächter und von Empfängern bzw. Fernschaltmodulen auf der Verbraucherseite möglich.

> Automatikwächter mit ihren Zubehörmodulen können in sehr verschiedenartigen Schaltungen eingesetzt werden.

Automatikwächter können in der *Sicherheitstechnik zur Überwachung* von Eingängen, Außenanlagen und Innenräumen eingesetzt werden. Bei Bedarf wird die Anwendungsmöglichkeit durch die *größte Reichweite* des IR-Bewegungsmelders begrenzt, die etwa 20 m beträgt.

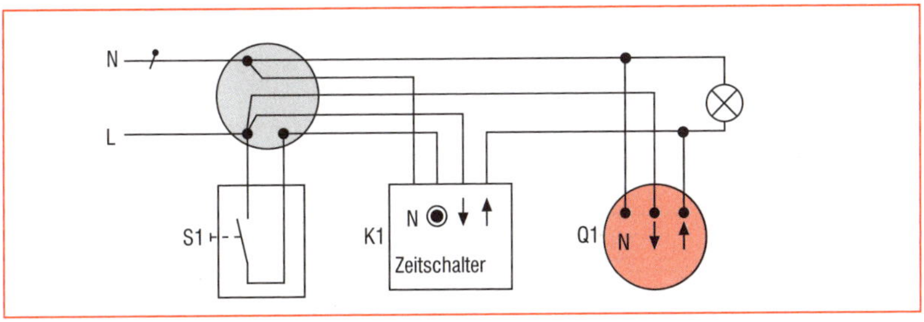

Bild 13.12 Kombination von Automatikwächter und Treppenlicht-Zeitschalter (Prinzip, PE-Anschluss nicht dargestellt)

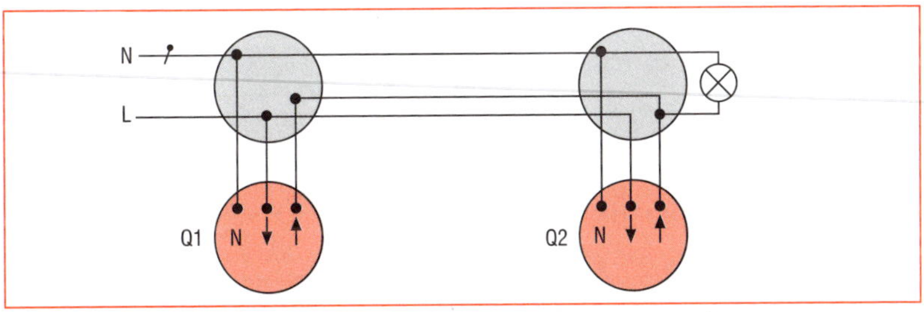

Bild 13.13 Schaltung mit mehreren Automatikwächtern (Prinzip, PE-Anschluss nicht dargestellt)

Außer dem IR-Bewegungsmelder in den Automatikwächtern gibt es entsprechende Ultraschallgeräte oder Radargeräte (Abschnitt 13.6).

13.4 Präsenzmelder

Eine besondere Form des IR-Wächters ist der *Präsenzmelder (Anwesenheitsmelder)*. Er wird oft an der Decke montiert und überwacht den darunter liegenden Bereich (**Bild 13.14**). Solange dort eine Wärme abgebende Bewegung, z. B. durch eine Person, erfolgt, schaltet der Präsenzmelder die Last, z. B. die Beleuchtung, ein.

Nach der Abnahme der Haube kann die Beleuchtungsstärke eingestellt werden, ab der die Last, z. B. die Beleuchtung, abgeschaltet wird. Außerdem lässt sich die *Nachlaufzeit* eingeben, nach welcher bei Wegfall der Bewegung die Last abgeschaltet wird (Bild 13.14).

Beim Präsenzmelder ist die Unterteilung in *Sektoren* (**Bild 13.15**) besonders wichtig, weil dadurch eine hohe Empfindlichkeit erreicht wird, sodass schon die Bewegungen an der Arbeitsstelle, z. B. am Schreibtisch, zum Ansprechen führen.

> Der Präsenzmelder ist ein IR-Wächter mit hoher Empfindlichkeit.

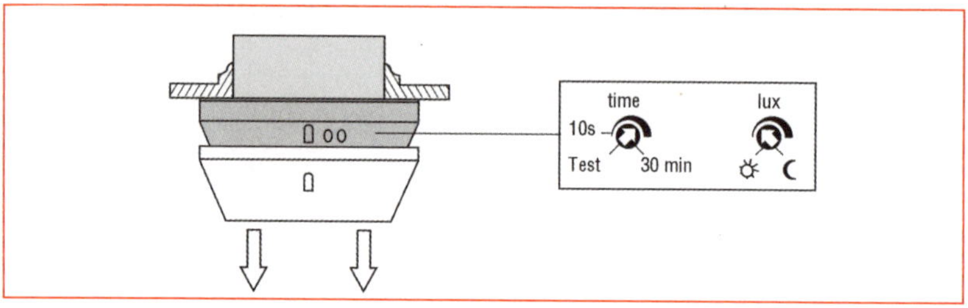

Bild 13.14 Präsenzmelder

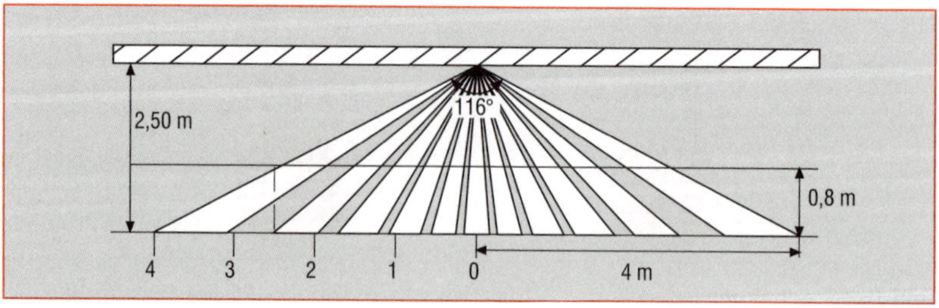

Bild 13.15 Erfassungsbereich beim Präsenzmelder

Funk-Präsenzmelder
Die batteriebetriebenen Funk-Präsenzmelder können nachträglich leicht errichtet werden, da die Leitungsverlegung an der Decke entfällt. Die Stromversorgung erfolgt beim Funk-Präsenzmelder meist über Lithium-Batterien mit einer Lebenszeit von bis zu 12 Jahren. Der Funk-Präsenzmelder erfasst die IR-Strahlung und sendet, wenn sie sich ändert, ein Signal an den Funk-Aktor, der z. B. die Beleuchtung einschaltet. Deren bisheriger Schalter muss allerdings bei nachträglicher Errichtung durch einen Funk-Aktor ersetzt werden (Kapitel 14).

13.5 Montagehinweise

> Bei der Montage ist zu bedenken, dass der IR-Wächter auf Wärmeänderung anspricht und dass sein Erfassungsbereich in Sektoren unterteilt ist.

Deshalb soll

- der IR-Wächter nicht in der Nähe von Leuchten oder Heizkörpern montiert werden,
- der Erfassungsbereich nicht durch Büsche oder Bäume unterbrochen sein,
- der IR-Wächter so montiert sein, dass die zu erfassende Bewegung quer zu den Sektoren erfolgt (**Bild 13.16**).

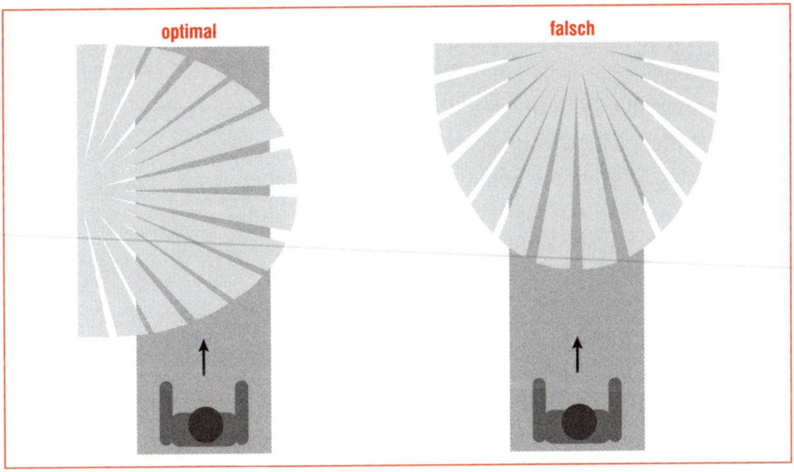

Bild 13.16 Optimaler und falscher Montageort des IR-Wächters

Bei der Montage ist zu beachten, dass die Bilder 13.9 bis 13.13 nur die Prinzipschaltung darstellen. Zur Verwirklichung der Installationsschaltung als reale Schaltung sind insbesondere die in der Prinzipschaltung zu ergänzenden Schutzleiter zu verlegen und anzuschließen.

13.6 Weitere Arten von Automatikwächtern

Neben Automatikwächtern, die auf IR-Strahlung beruhen, gibt es auch Automatikwächter, welche mit Ultraschall oder Radar arbeiten. Bei Ultraschallgeräten erzeugt ein Generator Ultraschallwellen, die an einem sich bewegenden Objekt reflektiert werden. Die Änderungen der gesendeten und empfangenen Ultraschallwellen werden ausgewertet. Durch die Bewegung ändern sich die Wellenlängen der Schallwellen (Doppler-Effekt). Ultraschall-Bewegungsmelder dürfen nicht im Bereich von Lüftungen montiert werden.

Radar-Bewegungsmelder arbeiten nach dem Doppler-Prinzip mit elektromagnetischen Wellen, z. B. von 24 GHz. Die vom bewegenden Objekt reflektierten, sich ändernden elektromagnetischen Wellen werden ausgewertet. Die verdeckte Montage in einer Wand ist möglich, da elektromagnetische Wellen viele Materialien durchdringen, z. B. Gips.

Kontrollfragen

1. Erklären Sie die Abkürzung PIR.
2. Auf welchem Effekt beruht die Arbeitsweise eines PIR-Melders?
3. Nennen Sie die Teile eines PIR-Melders.
4. Wie muss die IR-Strahlung, die auf einen IR-Wächter trifft, beschaffen sein, damit er anspricht?
5. Wodurch werden die Sektoren des Erfassungsbereiches erzielt?
6. Warum enthält ein IR-Wächter einen Zeitschalter?
7. Auf welche Arten kann das Signal eines IR-Wächters zu einem Verbrauchsmittel gelangen?
8. Erklären Sie die Aufgaben eines Präsenzmelders.
9. Warum kann am Präsenzmelder die Beleuchtungsstärke eingestellt werden?
10. Welche nachteilige Wirkung haben Büsche im Erfassungsbereich eines IR-Wächters?
11. Warum dürfen IR-Wächter nicht nahe bei Leuchten montiert werden?

14 Elektroinstallation mit Funktechnik

14.1 Prinzip

Die Funktechnik arbeitet mit elektromagnetischen Wellen. Um jeden elektrischen Strom entsteht ein Magnetfeld. Ändert sich dieses Magnetfeld, so entsteht ein elektrisches Feld. Bei einem Wechselstrom entsteht aus beiden Feldern zusammen ein *elektromagnetisches Feld.* Wenn die Frequenz des Wechselstroms groß ist, löst sich dieses elektromagnetische Feld von der Leitung ab, es wird in Form von Wellen abgestrahlt. Die Abstrahlung erfolgt umso leichter, je höher die Frequenz ist.

> Die Elektroinstallation mit Funktechnik arbeitet mit elektromagnetischer Strahlung.

Die Fernbedienung von Fernsehgeräten arbeitet meist mit Infrarotstrahlung (IR-Strahlung). Das ist eine elektromagnetische Strahlung mit einer sehr hohen Frequenz, nämlich etwa 315×10^{12} Hz = 315.000 GHz. Der Zuschauer hält beim Fernsehen zur Fernsteuerung einen kleinen Sender in der Hand und steuert damit den Fernsehempfänger.

Dieses Prinzip ist auch für die Elektroinstallation anwendbar. Allerdings hat es sich gezeigt, dass IR-Strahlung für die Elektroinstallation weniger geeignet ist als elektromagnetische Strahlung von z. B. 0,433 GHz, 0,868 GHz, 2,4 GHz oder 5 GHz, weil IR-Strahlung durch Gegenstände zwischen Sender und Empfänger unterbrochen wird. Deshalb werden Installationsgeräte mit IR-Strahlung für Neuanlagen nicht mehr verwendet. Dagegen hat die Elektroinstallation mit Funktechnik eine breite Verwendung gefunden, und zwar je nach Hersteller unter verschiedenen Namen, z. B. Funk-Management (Jung) oder Funkcontrol (Busch-Jaeger).

Prinzipiell ist die Elektroinstallation mit Funktechnik wie die Elektroinstallation mit Stromstoßschaltern aufgebaut, jedoch sind hier keine eigentlichen Steuerleitungen vorhanden (**Bild 14.1**).

> Die Elektroinstallation mit Funktechnik entspricht in vielen Beziehungen der Elektroinstallation mit Stromstoßschaltern, jedoch sind keine Steuerstromkreise erforderlich.

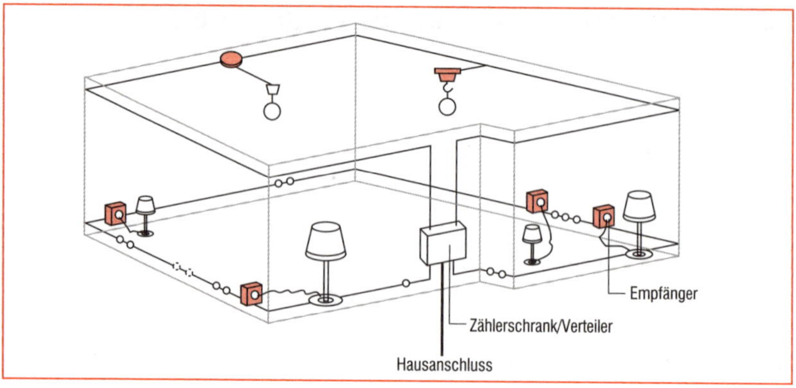

Bild 14.1 Ringleitung für die Elektroinstallation mit Funktechnik

Die eigentliche Elektroinstallation kann in Form von *Ringleitungen* ausgeführt sein. Wie bei der üblichen Elektroinstallation bleiben die Steckdosenstromkreise ohne Schalter. Dagegen müssen die Leuchten der Beleuchtungsstromkreise geschaltet werden können. Das erfolgt durch *Aktoren*, die einen Funkempfänger enthalten. Der Aktor muss im Leitungszug des Hauptstromkreises liegen (Bild 14.1). Es gibt Aktoren, die nur zum Schalten geeignet sind, und solche zum Dimmen. Diese Aktoren werden auch als Empfänger bezeichnet.

> Bei der Elektroinstallation mit Funktechnik steuern Aktoren mit Funkempfänger die Verbrauchsmittel.

Der Funkempfänger wird ähnlich der Fernsteuerung des Fernsehempfängers durch Signale eines Senders angesteuert. Dieser Funksender braucht während des Sendens eine kleine elektrische Energie. Diese stammt beim *Handsender* aus einer Batterie, beim fest anzubringenden *Wandsender* aus einer Batterie oder aus dem 230-V-Netz. Mittlerweile gibt es auch Sender mit extrem niedrigem Energiebedarf, der durch das Betätigen der Sendertasten gedeckt wird, z. B. Schaltereinsätze von EnOcean.

14.2 Wirkungsweise der Funkübertragung

Elektromagnetische Wellen von hoher Frequenz breiten sich im freien Raum geradlinig aus (**Bild 14.2**). Sie durchdringen (transmittieren) auch viele Materialien, z. B. alle elektrischen Nichtleiter. Bei Wänden aus schwach

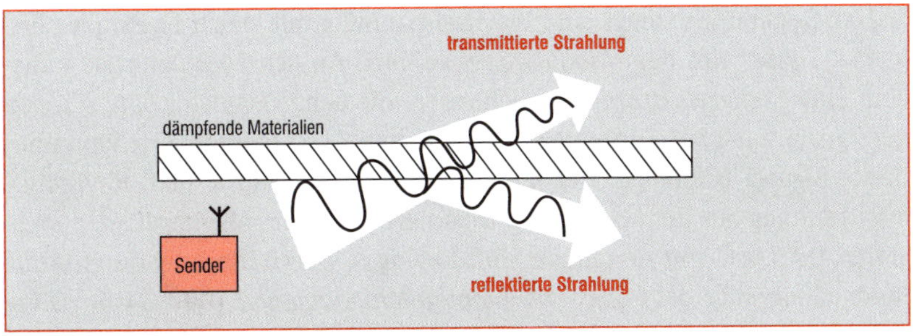

Bild 14.2 Ausbreitung von elektromagnetischen Wellen

leitendem Material, z. B. Beton, tritt eine Dämpfung auf, die das Signal schwächt. Bei elektrisch gut leitendem Material, z. B. Metallfolien, ist die Dämpfung so groß, dass die Ausbreitung unterbrochen wird. Außerdem tritt bei elektrisch schwach oder stark leitendem Material eine *Reflexion* auf. Diese kann beim Zusammentreffen der reflektierten Welle mit der geradlinig ausgebreiteten Welle zur Schwächung oder zur Verstärkung des Empfangs führen.

> Funksignale werden durch elektrisch leitende Wände gedämpft und an den Wänden reflektiert.

Auf diese Eigenschaften muss vor allem beim Einbau von Wandsendern geachtet werden. Bei der sehr kleinen Strahlungsleistung der Sender von etwa 3 mW ist sonst kein sicheres Schalten möglich.

Zur Signalübertragung muss die elektromagnetische Welle so moduliert (beeinflusst) werden, dass sie die gewünschte Information enthält. Zu diesem Zweck verfügt der Sender über einen Generator für z. B. 433 MHz und einen Modulator (**Bild 14.3**).

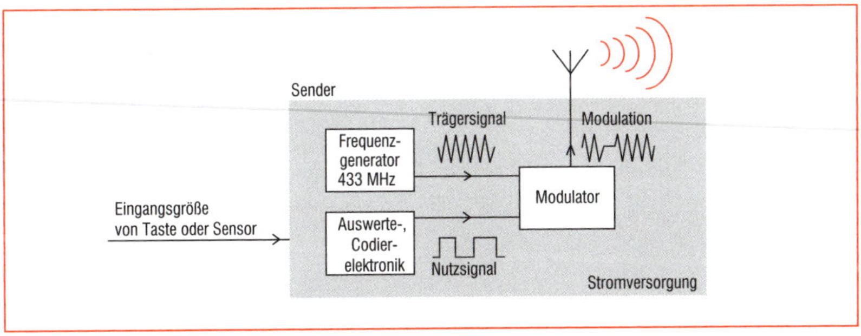

Bild 14.3 Blockschaltplan eines Senders für die Elektroinstallation mit Funktechnik von 433 MHz

Der Generator erzeugt eine Wechselspannung mit gleich bleibender Frequenz. Diese wird dem *Modulator* zugeführt. An den Modulator ist außerdem eine *Codierelektronik* angeschlossen, die dem Modulator *binäre Signale* (Signale mit zwei Zuständen, z.B. EIN und AUS) übergibt. Im Rhythmus dieser Signale beeinflusst der Modulator (lat. modulatio = Takt, Rhythmus) die Spannung aus dem Generator. Man bezeichnet das als *Amplitudenumtastung ASK* (ASK von Amplitude Shift Keying = Verschlüsselung durch Amplitudenänderung) oder auch als *Amplitudenmodulation* (**Bild 14.4**). Diese ASK-Signale werden vom Sender über eine kleine Antenne abgestrahlt.

> Die Elektroinstallation mit Funktechnik verwendet Spannungen der Frequenzen von 433 MHz, 868 MHz, 2,4 GHz oder 5 GHz.

In umgekehrter Reihenfolge arbeitet der Aktor (Empfänger). Der Empfänger nimmt über eine kleine Antenne die ASK-Signale auf und setzt sie in binäre Signale um (**Bild 14.5**).

In einer Auswertungsschaltung wird geprüft, ob diese Signale für das betreffende Verbrauchsmittel bestimmt sind. Zutreffendenfalls wird ein Schalter angesteuert, der das Verbrauchsmittel, z.B. eine Beleuchtung, einschaltet.

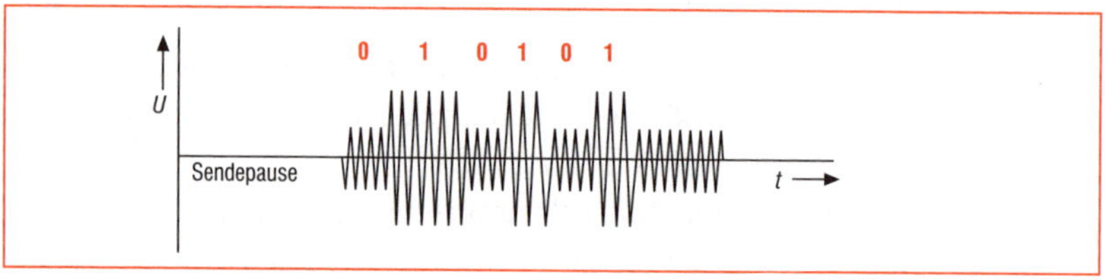

Bild 14.4 Amplitudenumtastung ASK eines binären Signals

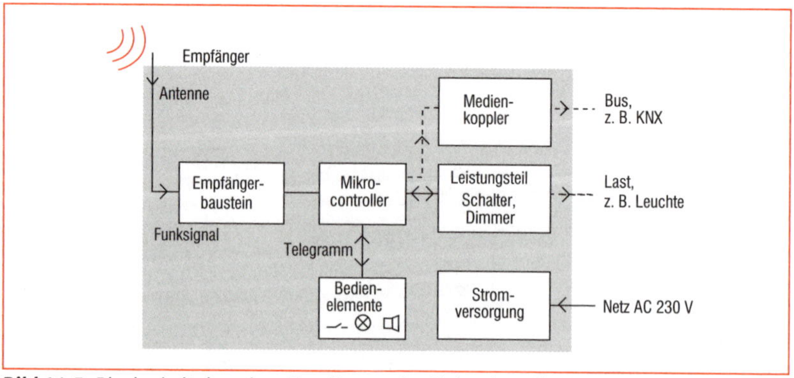

Bild 14.5 Blockschaltplan eines Empfängers der Elektroinstallation mit Funktechnik

> Der Aktor schaltet das oder die Verbrauchsmittel, wenn die von seinem Empfänger aufgenommenen Binärsignale dafür bestimmt sind.

14.3 Komponenten für die Elektroinstallation mit Funktechnik

Es sind zu unterscheiden Sender und Aktoren. Die Sender (Geber) enthalten Sensoren und die Aktoren (Empfänger) enthalten Funkempfänger.

Sender

Der Handsender (**Bild 14.6**) kann bis zu acht Kanäle (Übertragungsstrecken) bedienen. Mit fünf Tasten können sogenannte *Lichtszenen* gewählt werden, z.B. Lichtszene 1 mehrere Leuchten hell, Lichtszene 2 mehrere Leuchten verschieden gedimmt. Mit den Tasten „Gruppen" lassen sich mehrere Kanäle zusammenfassen. Die Spannungsversorgung erfolgt über Batterien oder mittels spezieller Tasten, die bei Betätigung eine Spannung liefern, z.B. durch einen Piezo-Kristall.

Der Sender sendet für jeden Kanal eine bestimmte Bitfolge in Form von *ASK-Impulspaketen*. Diese Impulsfolge wird als Telegramm bezeichnet. Die Telegramme haben eine festliegende Form (**Bild 14.7**).

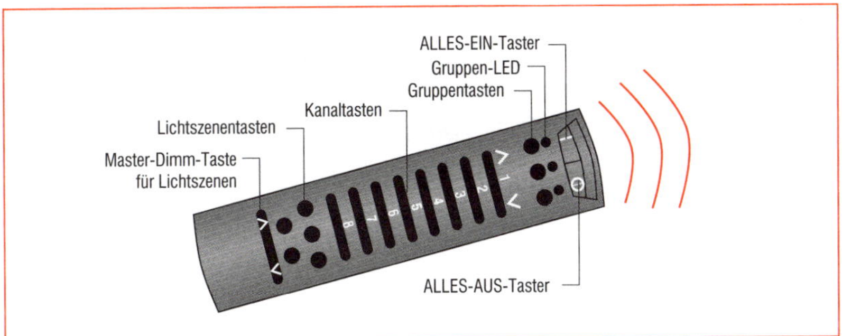

Bild 14.6 8-Kanal-Handsender

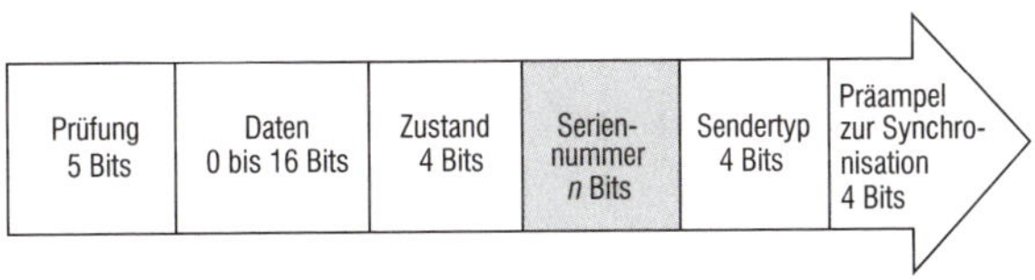

Bild 14.7 Telegrammform bei der Elektroinstallation mit Funktechnik

Die vom Benutzer eingegebenen Daten, z. B. ob EIN oder AUS bzw. Grad des Dimmens, umfassen 1 Bit bis 16 Bits. Sendertyp und Seriennummer sind vom Hersteller *fest* einprogrammiert. Das stellt sicher, dass eine Anlage nach der Programmierung (Abschnitt 14.4) nicht von einem fremden Sender angesteuert werden kann.

> Nach der Programmierung einer Anlage kann diese nur von den eigenen Sendern angesteuert werden.

Außer dem 8-Kanal-Handsender gibt es auch kleinere *2-Kanal-Handsender*, die gleich arbeiten, aber nur zwei Kanäle bedienen können, sowie größere, z. B. 32-Kanal-Handsender.

Sollen als Handsender Smartphones mit geeigneten Apps benutzt werden, sind ggf. Gateways (gateway = Tor) erforderlich, die die Signale einer Funk-Elektroinstallation mit den Frequenzen 433 MHz oder 868 MHz auf Signale mit 2,4 GHz oder 5 GHz umsetzen. Über diesen Weg können Smartphones über WLAN oder Bluetooth mit Funknetzen der Elektroinstallation gekoppelt werden, die nicht mit 2,4 GHz oder 5 GHz arbeiten (siehe auch Abschnitte 14.5 und 16.4).

8-Kanal-Wandsender sind aus Modulen (Baugruppen) aufgebaut (**Bild 14.8**). Der Wandsender-Einsatz passt in eine UP-Gerätedose. Die Spannungsversorgung erfolgt über eine kleine Lithiumbatterie oder aus dem 230-V-Netz. Es gibt seit einiger Zeit auch „batterielose“ Sender, bei denen die Betriebsspannung durch die Betätigung der Tasten erzeugt wird, z. B. von EnOcean. Wandsender haben dieselben Funktionen wie der Handsender. Der aufsteckbare Tastsensor ermöglicht das Steuern von bis acht Kanälen (**Bild 14.9**). Kurze Betätigung der Tasten führt z. B. zum Schalten, länger dauernde zum Dimmen.

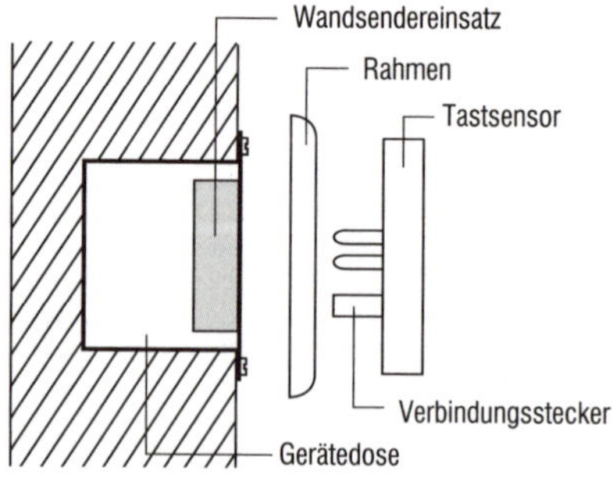

Bild 14.8 Aufbau eines Wandsenders

2-Kanal-Wandsender können als Schaltsender oder als Jalousiesender für Jalousiesteuerungen betrieben werden. Die Ansteuerung erfolgt mit üblichem AUS-Schalter oder mit Tastern (**Bild 14.10**). Da diese Sender an das 230-V-Netz angeschlossen sind, erfolgt die Spannungsversorgung aus dem Netz.

Die Funk-Tasterschnittstelle ist ein UP-Sender, der von üblichen Tastern angesteuert wird. Die Funk-Tasterschnittstelle kann bis vier Kanäle ansteuern.

Der *Funkwächter* ist ein Automatikwächter (Kapitel 13), der Funksignale abgibt (**Bild 14.11**). Wegen der Spannungsversorgung aus der Batterie kann der Funkwächter beliebig montiert werden. Die Reichweite des Senders beträgt im freien Raum 100 m. Ab einer Beleuchtungsstärke von einstellbar 80 lx bis 200 lx bleibt der Sensor abgeschaltet, da die Wärmeenergie des Tageslichts zu Fehlmeldungen führen könnte.

Bild 14.9 Wandsender für acht Kanäle

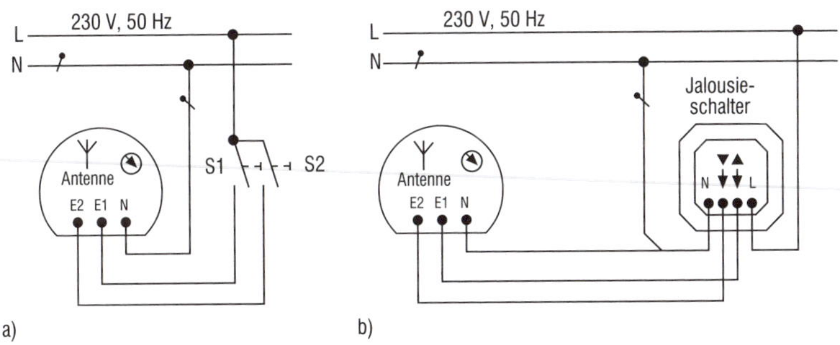

Bild 14.10 2-Kanal-Wandsender (PE-Anschluss nicht dargestellt)
a) Ansteuerung durch Taster
b) Ansteuerung durch Jalousieschalter

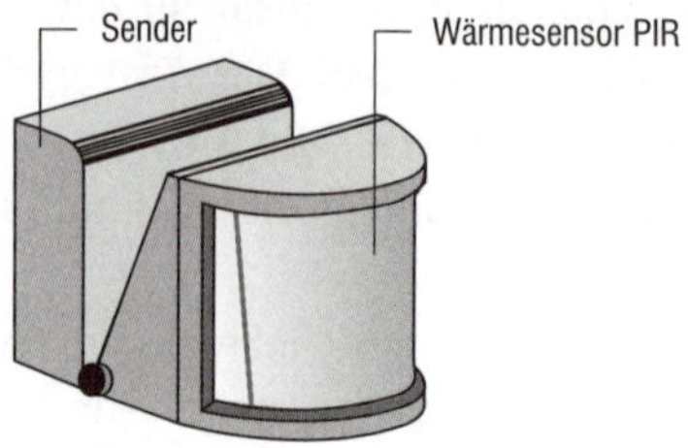

Bild 14.11 Funkwächter (PIR siehe Abschnitt 13.1)

Aktoren

Der *Funk-Schaltaktor EB* ist ein *Einbaugerät* für 1-Kanal (**Bild 14.12**). Er ist an das 230-V-Netz angeschlossen und steuert je nach Funksignal das angeschlossene Verbrauchsmittel, z. B. eine Leuchte. An den Schaltaktor lässt sich eine Nebenstelle (mechanischer Taster) anschließen, sodass das Verbrauchsmittel auch von Hand ein- oder ausgeschaltet werden kann. Je nach Typ ist die Schaltleistung verschieden. Es können z. B. Halogen-Glühlampen, Leuchtstofflampen oder LED-Lampen geschaltet werden.

Der *Funk-Schaltaktor UP* **Bild 14.13** ist ein *Unterputzgerät* mit derselben Wirkung wie der Funk-Schaltaktor EB. Jedoch ist wegen seiner kleineren Baugröße die Schaltleistung kleiner. Funk-Schaltaktoren mit gleicher Wirkung und gleicher Leistung sind auch als Zwischenstecker erhältlich.

Die elektronische *Zeitschaltuhr* ist ein UP-Gerät und ermöglicht ein programmiertes zeitgesteuertes Schalten von Halogen-Glühlampen, NV-Halogenlampen mit Tronic-Trafo, Leuchtstofflampen oder LED-Lampen (**Bild 14.14**). Der Anschluss erfolgt an das 230-V-Netz. Die Ansteuerung

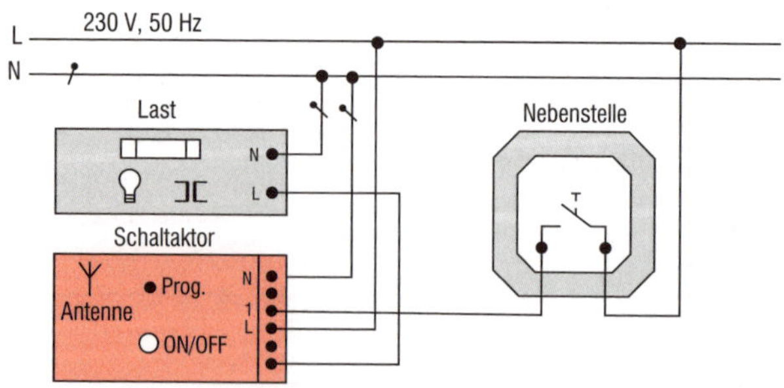

Bild 14.12 Prinzip von Funk-Schaltaktor EB (Einbau) mit Nebenstelle (PE-Anschluss nicht dargestellt)

geschieht durch Funksignale, z. B. des Handsenders. Wenn eine mechanische Nebenstelle (Tastschalter) angeschlossen wird, kann auch von Hand geschaltet oder gedimmt werden (Bild 14.14).

Der *Funk-Universaldimmer EB* (**Bild 14.15**) dient zum Dimmen von 230-V-Halogenlampen oder elektronischen Transformatoren. Er wird angesteuert durch Funksignale oder lichtsteuernde Nebenstellen.

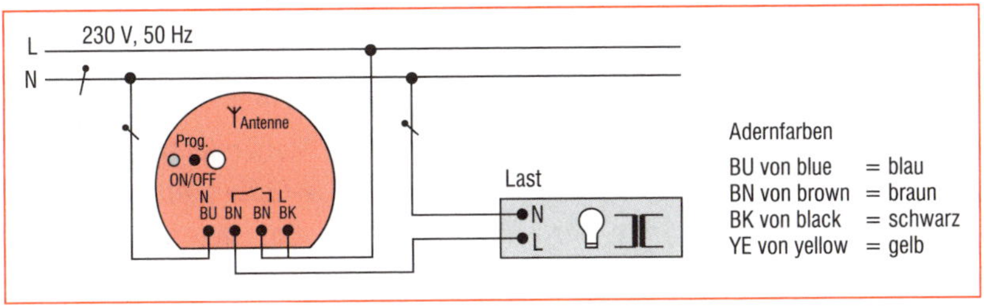

Bild 14.13 Prinzip von Funk-Schaltaktor UP (Unterputz) (PE-Anschluss nicht dargestellt)

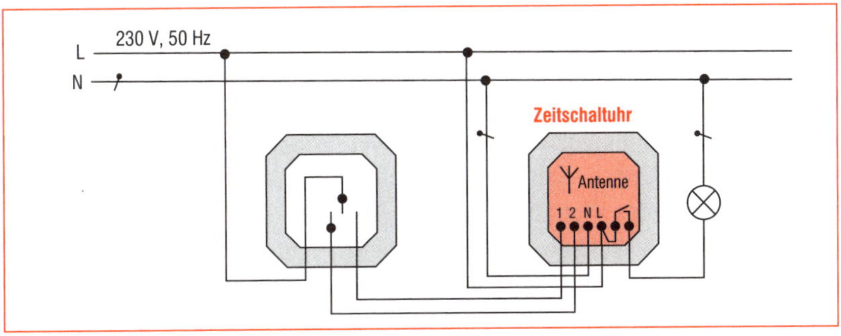

Bild 14.14 Prinzip von Zeitschaltuhr mit mechanischer Nebenstelle (PE-Anschluss nicht dargestellt)

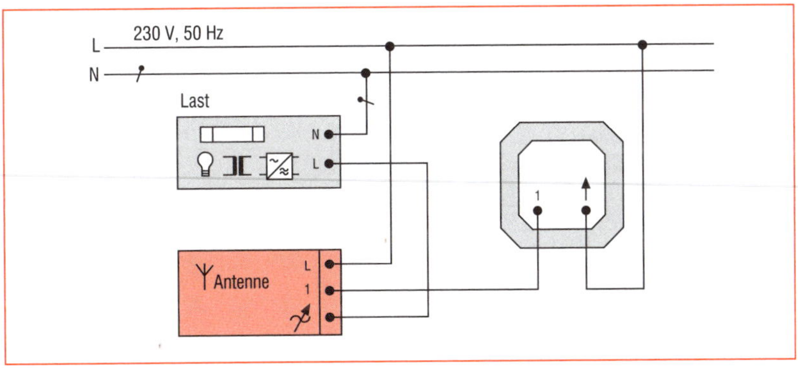

Bild 14.15 Prinzip von Funkuniversaldimmer mit Nebenstelle (PE-Anschluss nicht dargestellt)

Der *Funk-Jalousieaktor* dient zur Steuerung eines Jalousie- und Rollladenmotors oder zu ähnlichen Aufgaben. Er passt in eine UP-Gerätedose (**Bild 14.16**). Die Spannungsversorgung erfolgt aus dem UP-Einsatz vom 230-V-Netz. Bei kurzer Betätigung des Senders werden die Lamellen verstellt, bei langer Betätigung erfolgt das Fahren der Jalousie bzw. des Rollladens.

Eine Elektroinstallation mit Funktechnik kann auch mit Komponenten erfolgen, die mit ggf. schon installierten UP-Einsätzen zusammenwirken. Daher ist diese Art der Installation auch für Altanlagen interessant. Diese Komponenten sind speziell entwickelte Aufsätze der UP-Einsätze. Die Funkintelligenz, in diesem Fall für Buetooth, sowie eine Steuerelektronik sind im Aufsatz, der auch manuell bedienbar ist, für den UP-Einsatz enthalten (**Bild 14.17**). Auf diese Art kann der UP-Einsatz über ein Smartphone mittels Hersteller-App angesprochen werden. Ansteuerbar sind dabei UP-Einsätze für Dimmen, Schalten, Steuern von Jalousien/Rollläden, das Regeln von Temperaturen sowie auch für das Steuern von Steckdosen. Die Aufsätze sind entsprechend ihrer Aufgabe mit den üblichen Funktionen, z. B. Zeitsteuerung, Beleuchtungsszenen, Temperatureinstellung, als auch der Raumstellen-Zuordnung per Smartphone-App programmierbar. Die Aufsätze wirken als Sender, Empfänger sowie Repeater (Verstärker). Dadurch werden die Funksignale über diesen Weg ohne einen zentralen Server- oder Master-Computer durch das Wohnhaus geleitet.

Soll mit diesen Komponenten auch über das Internet kommuniziert werden, so ist ein Gateway erforderlich, das die Verbindung zum Internet-Router der Wohnung herstellt.

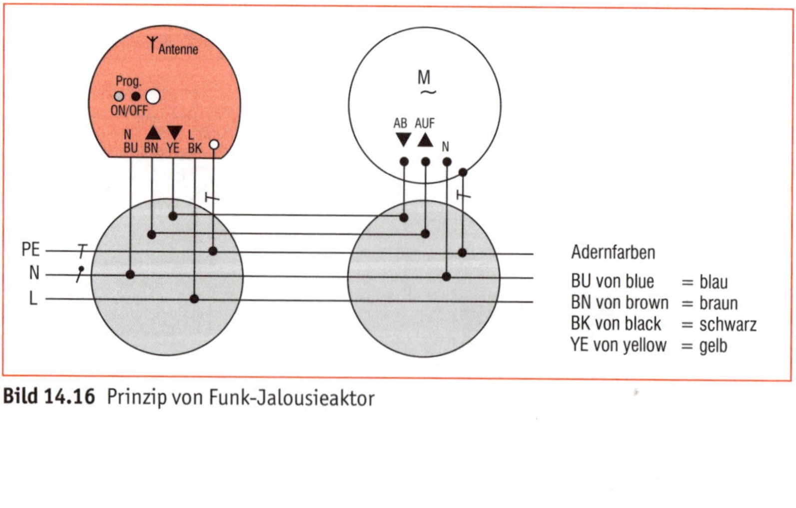

Bild 14.16 Prinzip von Funk-Jalousieaktor

Quelle: www.jung.de

Bild 14.17 Aufsätze mit Bluetooth-Fähigkeit für UP-Einsätze Taster, Jalousie, Steckdose

14.4 Programmieren der Geräte bei der Funkelektroinstallation

Im Gegensatz zur Gebäudesystemtechnik, z. B. KNX oder LCN (Kapitel 16), ist bei der Elektroinstallation mit Funktechnik die Programmierung ohne Computer und Spezialsoftware möglich. Sie erfolgt hier in 3 Schritten.

Schritt 1

Der Empfänger wird in den *Lernmodus* geschaltet, z. B. durch Stellen auf ON des Programmierschalters Prog des Empfängers.

Der Sender wird in eine Entfernung von 0,5 m bis 5 m vom Empfänger gebracht. Bei Empfängern mit Spannungsversorgung aus dem Netz ist Anschluss ans Netz erforderlich.

Schritt 2

Beim Sender wird für mindestens eine Sekunde die gewünschte *Kanaltaste* gedrückt.

Schritt 3

Der *Lernmodus* am Empfänger wird *ausgeschaltet*. Dieser Vorgang kann beliebig wiederholt werden. Die Anzahl der Empfänger, die auf ein Sendertelegramm reagieren sollen, ist unbegrenzt, da die Zuordnungen nur in den Empfängern gespeichert werden.

> Die Programmierung der Geräte ist bei der Elektroinstallation mit Funktechnik einfach.

Abhängig von den eingesetzten Funkkomponenten ist zusätzlich meist auch eine einfache Programmierung mittels Smartphone-App möglich.

Weitere Informationen: www.gira.de
www.home4u-shop.de
www.jung.de

Kontrollfragen

1. Mit welcher Strahlungsart arbeitet die Elektroinstallation mit Funktechnik?
2. Warum ist diese Strahlungsart für die Elektroinstallation besser geeignet als die IR-Strahlung?
3. Welche Geräte steuern bei der Elektroinstallation mit Funktechnik die Verbrauchsmittel?
4. Welche Materialien werden von der Strahlung der Funktechnik durchdrungen und welche nicht?
5. In welchem Fall erfolgt eine Dämpfung der Signale der Funktechnik?
6. Warum kann die Reflexion von elektromagnetischen Wellen störend sein?
7. Welche Modulation wird bei der Elektroinstallation mit Funktechnik angewendet?
8. Mit welchen Frequenzen arbeiten die Sender der Elektroinstallation mit Funktechnik?
9. Nennen Sie die beiden Senderarten der Elektroinstallation mit Funktechnik.
10. Wodurch wird sicher gestellt, dass eine Anlage nicht durch fremde Sender geschaltet wird?
11. Auf welche Weise erfolgt bei Sendern der Funk-Elektroinstallation die Spannungsversorgung?
12. Auf welche Weise erfolgt bei den Empfängern, also den Aktoren, der Funk-Elektroinstallation die Spannungsversorgung?
13. Welchen Vorteil bietet der Funkwächter gegenüber den anderen IR-Wächtern?

14.5 Funkelektroinstallation für die Gebäudeautomation

Die Lasten der Endstromkreise werden bei der Automation von Aktoren (eigentlich Aktuatoren) gesteuert, z. B. ein- oder ausgeschaltet. Die Aktoren werden ihrerseits durch Sensoren gesteuert, z. B. durch Temperaturfühler oder handbetätigte Schalter (**Bild 14.18**). Die Verbindung vom Sensor zum Aktor erfolgt über einen Bus, der bei jedem Aktor und Sensor an deren *Busankoppler BA* anzuschließen ist (Kapitel 16). Das kann ein Drahtbus sein, z. B. bei KNX TP (Twisted Pair), oder ein Funkbus, z. B. bei KNX RF (Radio Frequency). Die Funktionen von Aktor und von Sensor können im jeweils anderen Betriebsmittel zusätzlich enthalten sein, z. B. die Sensorfunktion auch im Aktor mit Stromüberwachung. Man spricht dann von Sensor-/Aktoreinheiten.

Die Sensoren sind meist abhängig von anderen Stromkreisen, z. B. für Beleuchtung, Jalousie oder Heizung, sodass sie mit diesen Stromkreisen zu vernetzen sind. Die Vernetzung erfolgt über Betriebsmittel, die einen Kleincomputer enthalten. Diese Betriebsmittel gibt es für verschiedene Bussysteme. Je nach Bussystem spricht man als zentrale Schaltstelle von Server, Master, Steuereinheit, *Management-System, Access Point* (Zugriffspunkt) oder Betriebsrelais (**Bild 14.19**).

Ein Access Point ist in einem Bussystem ein zentraler Punkt, welcher verschiedene Busteilnehmer miteinander verbindet, meist über Funk. In der Gebäudeautomation besitzt ein Access Point als zentrale Schaltstelle oft auch eine Benutzeroberfläche, um von Hand in die Gebäudeautomation eingreifen zu können (Abschnitt 16.4). Es gibt allerdings auch Access Points (ohne Benutzeroberfläche) als Einsatz für UP-Gerätedosen.

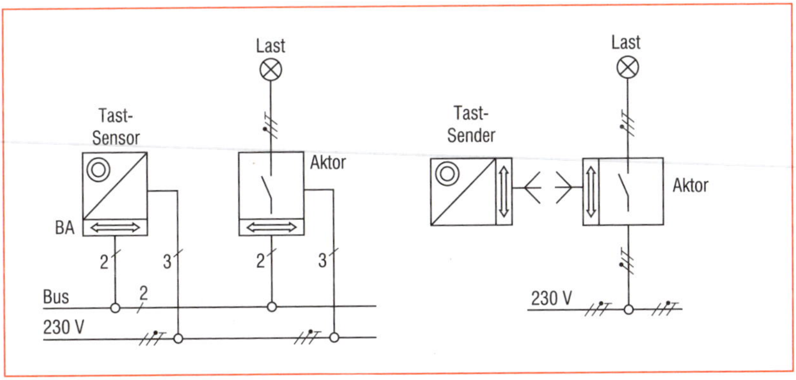

Bild 14.18 Beispiele von Aktoren und Sensoren

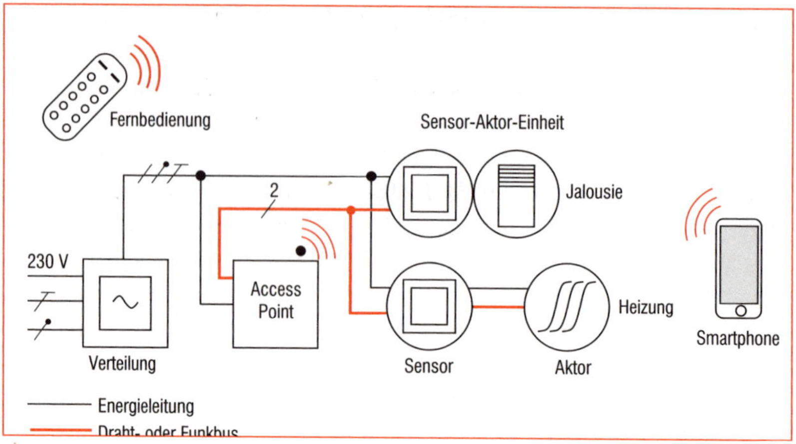

Bild 14.19 Vernetzung der Sensoren und Aktoren über einen Access Point

> Die Vernetzung von Sensoren, Aktoren und Servern kann über Busse aus Draht-Leitern oder über Funk (wireless = drahtlos) erfolgen.

Verschiedene Sensoren desselben Systems können denselben Aktor oder dieselben Aktoren steuern. Stammen die Sensoren aus verschiedenen Systemen, z. B. aus der KNX-Welt und der AS-i-Welt, so muss ein Computer deren Signale angleichen (**Bild 14.20**). Man bezeichnet diesen Computer als *Gateway* (gateway = Tor). Die Verbindung der Sensoren und Aktoren oder der zentralen Schaltstellen zum Gateway erfolgt durch Busse, einschließlich Funkbusse mit z. B. 868 MHz.

Oft ist bei der Automation die Verbindung zum Internet erwünscht, um z. B. die Fernsteuerung mittels Smartphone zu ermöglichen. Die Internet-Verbindung erfordert einen Internet-Provider (Anbieter), z. B. die Deutsche Telekom. Der Access Point der Anlage bzw. die zentrale Schaltstelle ist dazu an einen Router anzubinden, z. B. über einen Drahtbus oder einen Funkbus (**Bild 14.21**). Hierbei muss ein Gateway dazwischengeschaltet werden. Im

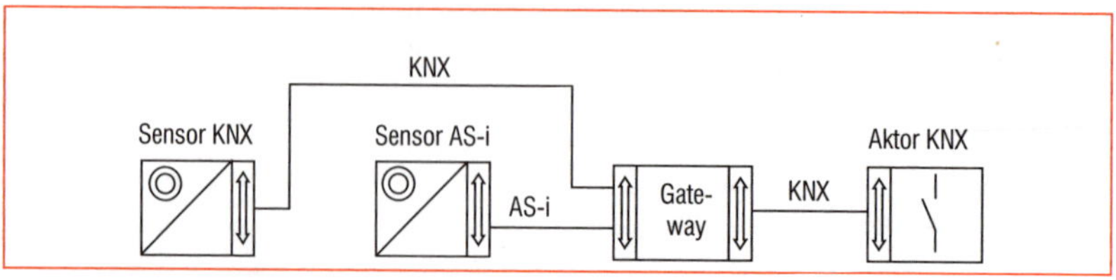

Bild 14.20 Verknüpfung von Sensoren verschiedener Systeme durch ein Gateway

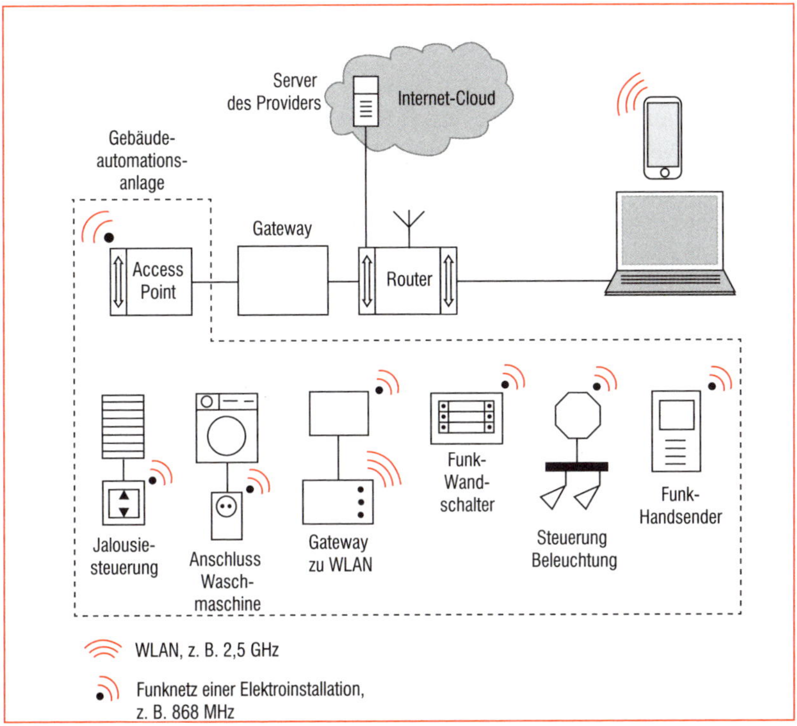

Bild 14.21 Anschluss einer Gebäudeautomationsanlage an das Internet

privaten Bereich spricht man dann von Smart-Home-Anlagen (Abschnitt 16.5).

Das Funknetz eNet ist mittels Komponeten verschiedener Hersteller (z. B. Gira, Jung) nutzbar. Durch Einbringen eines Gateways, das Signale der Frequenzen 433 MHz oder 868 MHz in Signale mit 2,5 GHz umsetzt, können Smartphones mit geeigneten Apps als Handsender verwendet werden.

Kontrollfragen

1. Was versteht man unter einem Gateway?
2. Welche Aufgabe besitzt ein Access Point?
3. Welche Voraussetzung muss bei Sensoren und Aktoren gegeben sein, damit sie über ein Bussystem Daten austauschen können?
4. Welches englische Wort wird für „drahtlos“ verwendet?
5. Welche der folgenden Aussagen ist falsch?
   1. Funk-Schaltaktoren gibt es als Einbaugeräte.
   2. Sensoren werden von Aktoren gesteuert.
   3. Bei busgesteuerten Systemen benötigen Sensoren und Aktoren Busankoppler.
   4. Komponenten von KNX TP können mit Komponenten von KNX RF zusammenwirken.
   5. Verschiedene Sensoren können denselben Aktor ansteuern.

6. Ordnen Sie den nachstehenden Bildern die Begriffe der Funk-Komponenten „Wandsender“, „zentrale Bedienstation“, „Bedienstation Temperatur-Raumregelung“, „Dimmaktor“, „Steckdose“ „Binäreingang für Anschluss von z. B. Dimmer, Schalter“ zu.

1

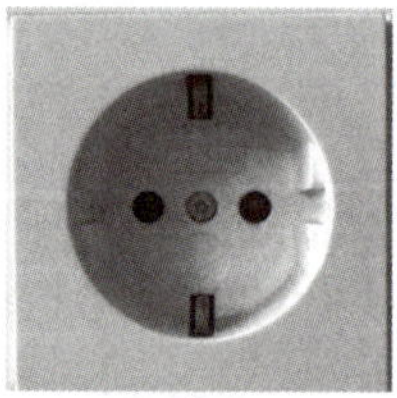

2

3

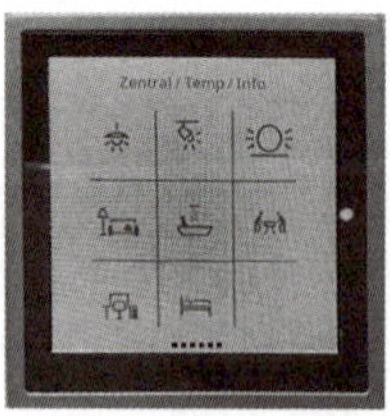

4

5

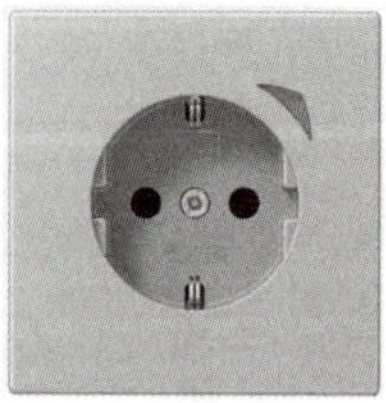

6

15 Rollladen- und Jalousieantriebe

15.1 Motor für Rollladen- und Jalousieantrieb

Der Motor für Rollladen- und Jalousieantriebe ist auch für ähnliche Antriebe, z. B. Markisen, geeignet. Er hat zusammen mit dem angebauten Getriebe die Form eines Rohres und wird deshalb meist *Rohrmotor* genannt (**Bild 15.1**).

Der Rohrmotor ist ein Kondensatormotor mit zwei gleichwertigen Wicklungssträngen U1U2 und V1V2, die im Ständer des Motors gegegeneinander versetzt liegen (**Bild 15.2**).

Die beiden Stränge sind im Schaltplan in V-Form dargestellt. Der Kondensator liegt an den beiden Stranganfängen U1 und V1. An die Verbindungsstelle U2V2 ist der Neutralleiter fest angeschlossen. Der Außenleiter kann wahlweise an U1 oder V1 gelegt werden, z. B. über einen Schalter.

> Der Rohrmotor ist ein Kondensatormotor.

Liegt der Außenleiter an U1, so ist der Strom im Strang V1V2 wegen des Kondensators gegenüber dem Strom im Strang U1U2 *voreilend*. Im Motor sind also zwei Wechselströme wirksam, die gegeneinander eine Phasenverschiebung aufweisen. Dadurch entsteht im Motor ein magnetisches Drehfeld, das den Läufer des Motors zu einer Rechtsdrehung (Drehung im Uhrzeigersinn) bringt.

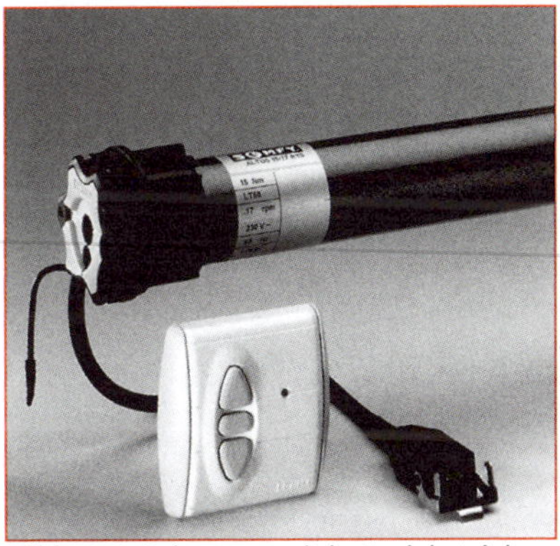

Bild 15.1 Rohrmotor mit batteriebetriebenem Funksender

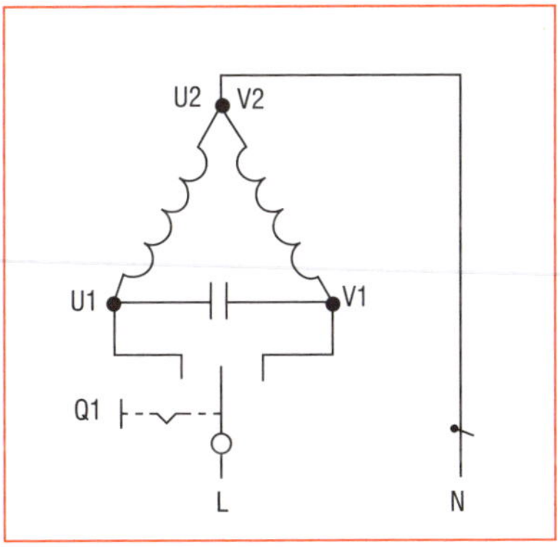

Bild 15.2 Grundprinzip des Rohrmotors (PE-Anschluss nicht dargestellt)

Liegt aber der Außenleiter an V1, so sind die Verhältnisse entgegengesetzt und der Motor dreht sich dann in entgegengesetzter Richtung. Damit ist dieser Motor für die Antriebsrichtungen AUF und AB des *Behanges* (Jalousie oder Rollladen) geeignet.

> Der Rohrmotor hat je nach Anschluss des Außenleiters an zwei der drei Anschlüsse verschiedene Drehrichtungen.

15.2 Grundschaltung mit einem Rohrmotor

Für einen einfachen Antrieb wird der Rohrmotor von einem *Gruppenschalter* und einem der beiden *Endlagenschalter* S1 und S2 angesteuert (**Bild 15.3**).

Die Endlagenschalter sind an den Rohrmotor angebaut. Außerdem ist ein *Überlastschutz* eingebaut, der bei Überlastung, z. B. beim Hängenbleiben des Behangs, den Stromkreis unterbricht. Der eine Endlagenschalter schaltet den Motor ab, wenn der Behang oben angelangt ist, der andere schaltet den Motor ab, wenn der Behang unten anlangt. Die Stellungen des Behanges, bei denen die Endlagenschalter betätigt werden, können nach dem Ein-

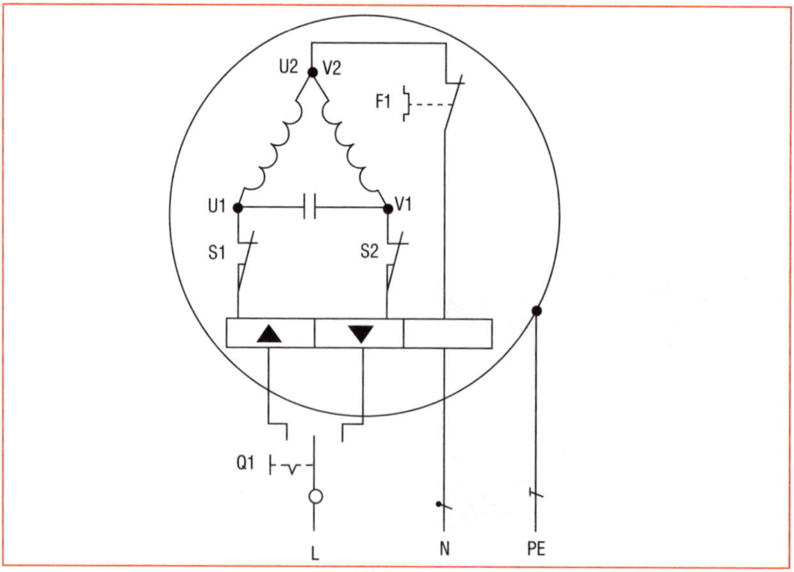

Bild 15.3 Steuerung des Rohrmotors mittels Gruppenschalter

bau des Rohrmotors justiert (eingestellt) werden. Der Gruppenschalter kann als Taster für den Tippbetrieb, als Schalter oder als einrastender Taster ausgeführt sein. Es gibt ihn als *Drehschalter* oder als *Wippschalter* in verschiedenen Ausführungen (**Bild 15.4**).

> Beim Rohrmotor sind zwei Endlagenschalter und ein Überlastschutz innerhalb des Rohres an den Motor angebaut.

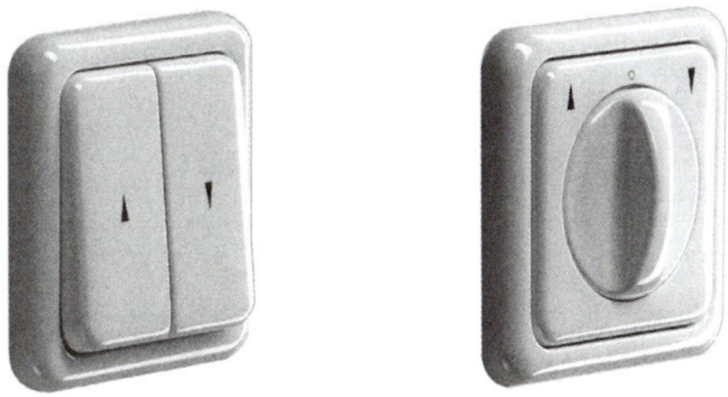

Quelle: www.presto-vedder.de

Bild 15.4 Steuerschalter für Rohrmotoren

15.3 Einfache Schaltungen mit Schaltuhr

An Stelle eines Gruppenschalters kann auch ein Schalter eingesetzt werden, der zusätzlich zum manuellen Betätigen ein zeitabhängiges automatisches Schalten vornimmt. Meist werden derartige Schalter nicht ganz richtig als *Schaltuhren* oder Zeitschaltuhren bezeichnet (**Bild 15.5**).

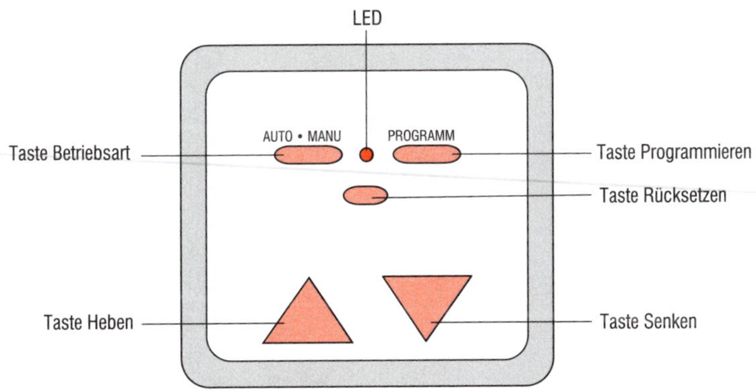

Bild 15.5 Memory-Schalter

Bei einer *einfachen Schaltuhr (Memory-Schalter = Schalter mit Gedächtnis)* kann die Betriebsart AUTOMATIK oder HANDBETRIEB über eine Taste eingestellt werden. Bei Einstellung AUTOMATIK ist das Programmieren der Bewegung so möglich, dass derselbe Vorgang nach 24 Stunden wiederholt wird. Es lassen sich verschiedene Bewegungen einprogrammieren, so auch Teilabsenkungen des Behangs. Der Anschluss der Schaltuhren erfolgt wie beim Gruppenschalter (**Bild 15.6**).

Bei einer *weiter entwickelten Schaltuhr* kann die Programmierung der Bewegungen im Voraus erfolgen. Dazu ist am Schalter ein Display vorhanden, das den Zustand der Programmierung anzeigt (**Bild 15.7**).

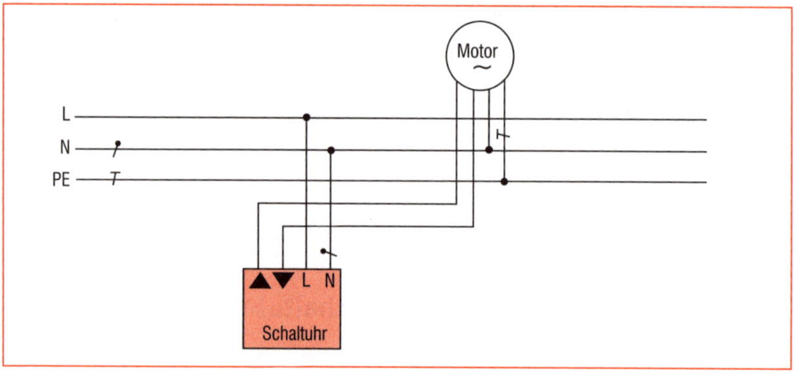

Bild 15.6 Anschluss einer Schaltuhr

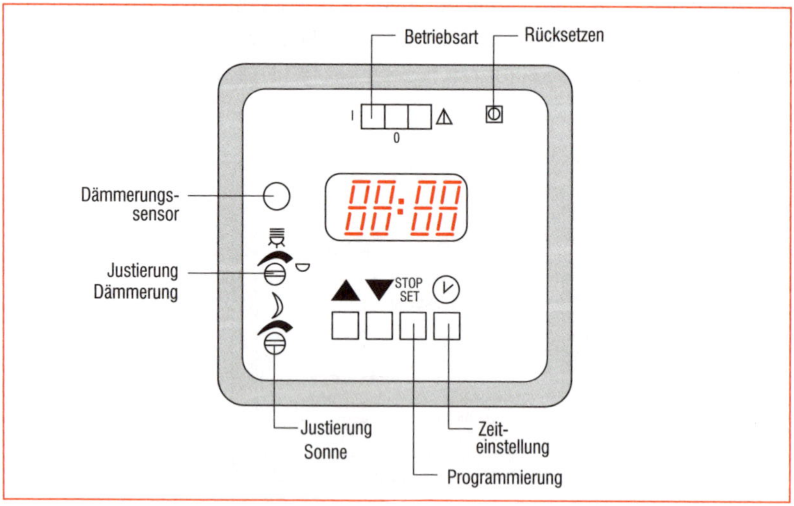

Quelle: www.presto-vedder.de

Bild 15.7 Programmierbare Schaltuhr mit Justierungen für Sonne und Dämmerung

Die Programmierung erfolgt durch Einstellen der Uhrzeit und Angabe des Schaltvorganges sowie Betätigung der Setztaste SET. Außerdem ist ein *Zufallsgenerator* anwählbar, der innerhalb der angegebenen Zeitspanne, aber zu verschiedenen Zeiten, Bewegungen des Behangs veranlasst und so die Anwesenheit der Bewohner vortäuscht. Schließlich kann an die Schaltuhr ein Sensor angeschlossen werden, z. B. ein Sonnensensor nach **Bild 15.8.**

Dadurch lässt sich der Behang bei starker Sonneneinstrahlung automatisch absenken. Die Sensorleitung kann mehrere Meter lang sein und wird an der Rückseite der Schaltuhr aufgesteckt.

Schaltuhren für Jalousie- und Rollladenantriebe können vielseitig programmierbar sein.

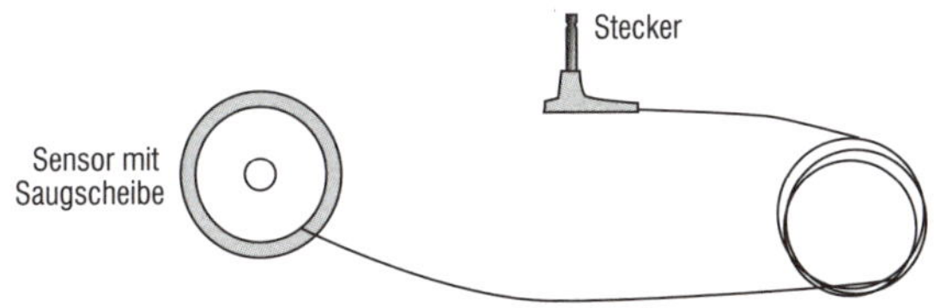

Bild 15.8 Sensor für entfernte Anordnung

15.4 Steuerung von mehreren Antrieben durch einen Schalter

Oft sollen mehrere Antriebe von einem *Steuerschalter* betätigt werden. Eine einfache Parallelschaltung nach **Bild 15.9** führte bei den meisten Rohrmotoren zum mehrfachen Auf- und Abfahren des Behanges und schließlich zur Zerstörung eines Endlagenschalters.

In dieser Schaltung würde beim Betrieb AUF z. B. der Antrieb 1 (im Bild 15.9 links) vor dem Antrieb 2 seine Endstellung erreichen. Dadurch würde beim Aufwärtsfahren der Endlagenschalter S1 öffnen. Da Antrieb 2 noch arbeitet, wird nun über den Kondensator des Antriebs 2 die Wicklung für AB des Antriebes 1 angesteuert, sodass Antrieb 1 nach AB arbeitet und der vorher geöffnete Endlagenschalter des Antriebs 1 wieder schließt. Dementsprechend fährt auch Antrieb 2 wieder nach unten.

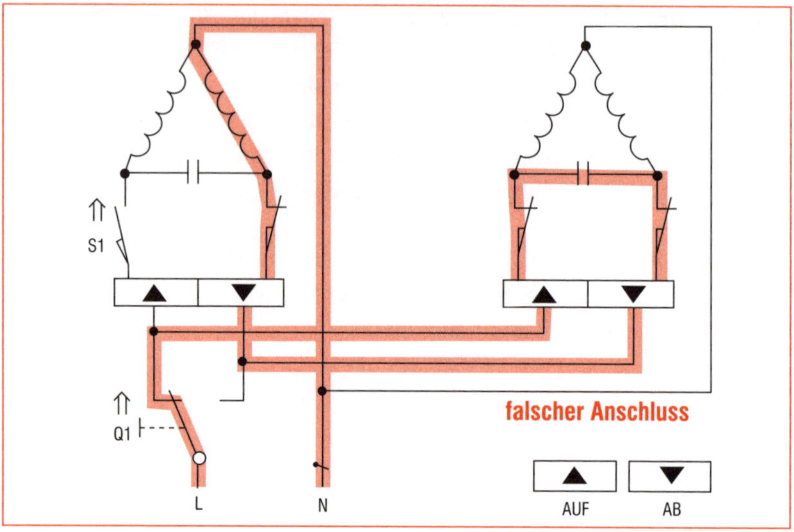

Bild 15.9 Falscher Anschluss von zwei Antrieben an gemeinsamen Steuerschalter Q1 (PE-Anschluss nicht dargestellt)

Parallelschalten von mehreren Antrieben mit Rohrmotoren ist meist nicht möglich, da beim Abschalten eines Rohrmotors sofort Wiedereinschaltung der anderen Richtung durch den Rückstrom des Kondensators vom anderen Antrieb erfolgt.

Es gibt aber Rohrmotoren, bei denen das Parallelschalten möglich ist, z. B. Rohrmotoren mit elektronischer Ansteuerung (sogenannte Elektronikmotoren).

Zur Ansteuerung mehrerer Antriebe durch einen gemeinsamen Steuerschalter Q1 (z. B. Gruppenschalter oder Schaltuhr) ist zusätzlich für jeden Antrieb ein Trennrelais erforderlich (**Bild 15.10**). Das *Trennrelais* enthält zwei *Leistungsrelais (Hilfsschütze)* mit je zwei Wechslern.

Wird z. B. vom Steuerschalter Q1 (Gruppenschalter oder Schaltuhr) der Antrieb auf AB geschaltet, so zieht Relais K2 an und steuert den Antrieb auf AB. Dementsprechendes erfolgt für AUF durch Ansteuern von K1. Der Anschluss T der Klemmenleiste X2 ist mit dem Außenleiter verbunden, wenn weder K1 noch K2 angesteuert sind. An T lassen sich weitere Steuerschalter anschließen. An die Klemmenleiste X1 können weitere Trennrelais parallel angeschlossen werden, sodass derselbe Steuerschalter mehrere Antriebe steuern kann.

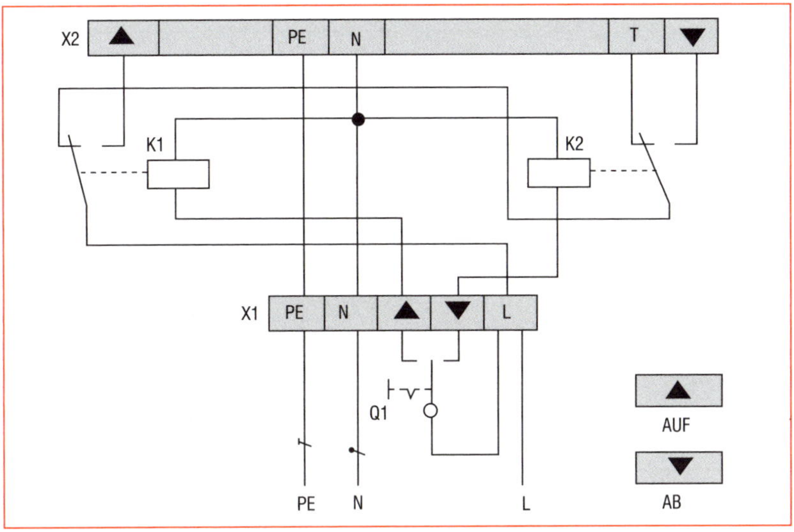

Bild 15.10 Prinzip des Trennrelais

Der Vorteil des Trennrelais wird aus dem Stromlaufplan des Hauptstromkreises für zwei Antriebe erkennbar. Der Schließer des Relais K1 von Bild 15.10 des 1. Antriebs wird in **Bild 15.11** mit K11 bezeichnet, vom entsprechenden Relais des 2. Antriebs mit K21. In gleicher Weise erfolgt die Nummerierung der anderen Kontakte.

Wenn der Steuerschalter für AUF steuert, so sind K11 und K21 geschlossen. Erreicht nun z.B. der Antrieb mit M1 zuerst die Endlage, öffnet S11. Obwohl M2 weiterarbeitet, kann über C2 kein Rückstrom an M1 gelangen, weil K22 und K12 offen sind.

Trennrelais können eingangsseitig parallel geschaltet werden und verhindern den Rückstrom über Kondensatoren.

Sollen zwei Antriebe von einem gemeinsamen Steuerschalter angesteuert werden, müssen zwei derartige Trennrelais verwendet werden (**Bild 15.12**).

Die Schaltung ist um mehrere Trennrelais und damit für mehr als zwei Antriebe erweiterbar. Es gibt auch kombinierte Trennrelais, an die direkt zwei Antriebe angeschlossen werden können. In allen Fällen lassen sich für jeden Antrieb Gruppenschalter anschließen, die nur den einzelnen Antrieb ansteuern.

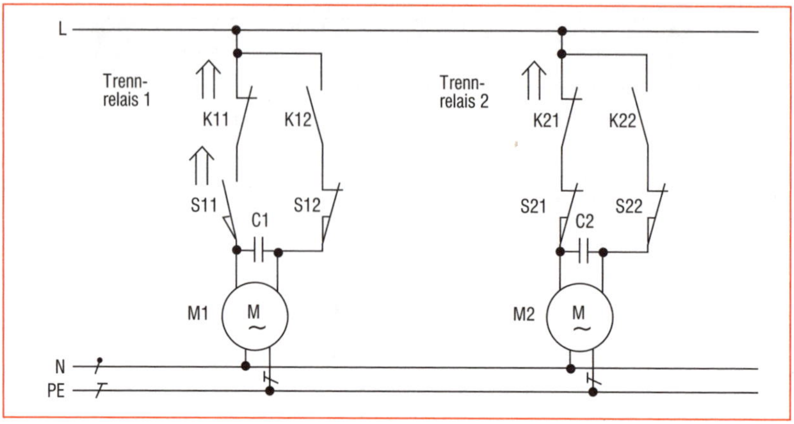

Bild 15.11 Stromlaufplan des Hauptstromkreises für zwei Antriebe über zwei Trennrelais

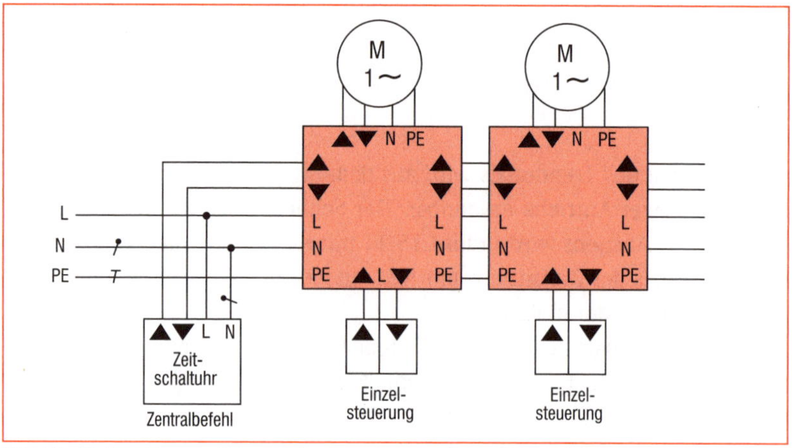

Bild 15.12 Anschluss mehrerer Rohrmotoren an mehrere Trennrelais

15.5 Weitere Steuerungen von Rohrmotoren

Beim Jalousieaktor des **Europäischen Installationsbuses KNX (EIB)** wird der Rohrmotor in der gewünschten Bewegungsrichtung eingeschaltet, wenn über den Bus das entsprechende Telegramm eintrifft (**Bild 15.13**). Dazu müssen die Steuerschalter, hier Sensoren genannt, und die Jalousieaktoren programmiert werden (Kapitel 16). Diese Programmierung ist nicht so einfach wie die im Abschnittt 15.3 beschriebene für Schaltuhren.

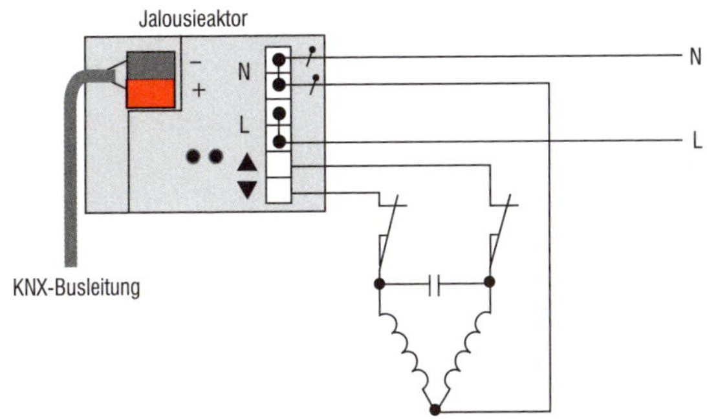

Bild 15.13 Anschluss des KNX-Jalousieaktors an einem Rohrmotor (PE-Anschluss nicht dargestellt)

Bei einem *Funk-Jalousieaktor* ist keine Steuerleitung vorhanden. Hier werden die Steuersignale von *Funksendern* erteilt. Es gibt Funksender mit einer eigenen Stromversorgung (Abschnitt 14.3) und solche mit Netzanschluss. Der Funk-Jalousieaktor ist an das Netz und an den Antrieb nach Bild 15.13 anzuschließen, jedoch ist kein Busanschluss vorhanden.

Deshalb ist bei Neuanlagen auch ohne vorgesehenen Rollladenantrieb immer zu empfehlen, dass an den Fenstern wenigstens Leerrohre verlegt werden, damit später ein Rollladenantrieb eingebaut werden kann.

Kontrollfragen

1. Welcher Motor wird zum Antrieb von Jalousien oder Rollläden verwendet?
2. Durch welche Schalter wird der Motor eines Rollladenantriebs im einfachsten Fall angesteuert?
3. Durch welche Baugruppe kann innerhalb eines programmierten Zeitbereiches eine Steuerung zu rein willkürlichen Zeiten erfolgen?
4. Warum können mehrere Rollladenantriebe nicht ohne weiteres parallel geschaltet werden?
5. An welche Teile der Anlage ist ein Funk-Jalousieaktor anzuschließen?

16 Gebäudesystemtechnik

Computer wurden für die Gebäudetechnik erstmals in der *Gebäudeleittechnik* angewendet. Dabei befindet sich im Gebäude ein *zentraler Computer*, welcher die Steuerung für Teile der Gebäudetechnik übernimmt, z. B. in Schulen die Steuerung der Heizung oder das Abschalten der Beleuchtung. Diese Technik war in der Vergangenheit für kleinere und mittelgroße Anlagen zu aufwendig. Aufgrund ständig fallender Preise im Umfeld der Computertechnik, Sensorik und Aktuatorik findet die Gebäudesystemtechnik zunehmend auch im privaten Wohnungsbau Anwendung, hier als wesentlicher Teil von Smart-Home-Anlagen (Smart Home = intelligentes Heim, Abschnitt 16.5).

16.1 Prinzip der Gebäudesystemtechnik

Bei der herkömmlichen Elektroinstallation, z. B. für die Beleuchtungsstromkreise, wird die Energieversorgungsleitung mit dem Neutralleiter an das Verbrauchsmittel, z. B. die Leuchte, geführt und der Außenleiter (die „Phase") zu einem Schalter, dann von dort zur Last (Verbrauchsmittel) oder zu weiteren Schaltern (**Bild 16.1**). Der Schalter ist dann gleichzeitig der *Lastschalter* und der *Steuerschalter*.

Bei der *Gebäudesystemtechnik* befindet sich der Lastschalter nicht mehr am Betätigungsort der Steuerung, sondern in der Nähe der Last, z. B. der Leuchte (**Bild 16.2**). Die Netzspannung von 230 V wird nur zu diesem Lastschalter geführt und von dort zur Last. Bei der Gebäudesystemtechnik wird der Lastschalter als *Aktor* bezeichnet.

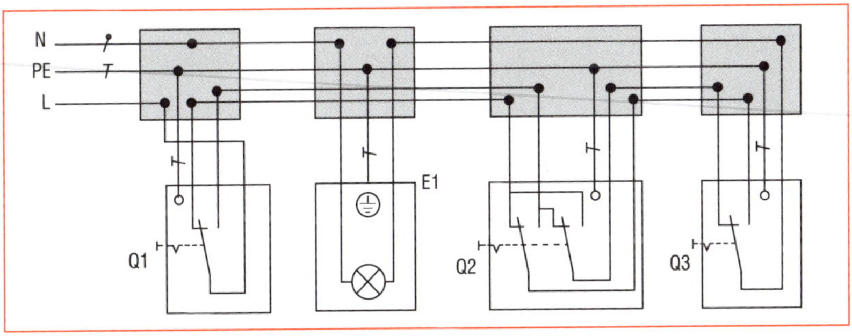

Bild 16.1 Übliche Kreuzschaltung

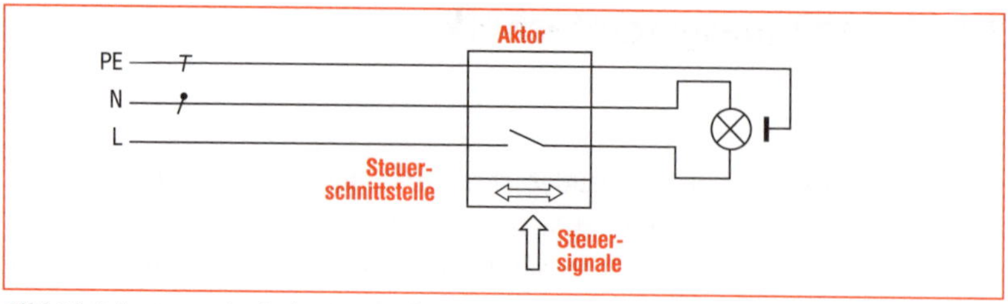

Bild 16.2 Laststromkreis der Kreuzschaltung von Bild 16.1 bei der Gebäudesystemtechnik

> Bei der Gebäudesystemtechnik wird die Last von einem Aktor gesteuert.

Die Aktoren werden ihrerseits von den verschiedenen Steuerstellen aus angesteuert, die hier *Sensoren* genannt werden. Der entscheidende Unterschied zur herkömmlichen Schützsteuerung besteht darin, dass für die Steuerung sämtliche Aktoren und Sensoren an einer gemeinsamen Leitung, dem sogenannten Bus, liegen oder aber durch Funksignale derselben Frequenz angesteuert werden.

> Bei der Gebäudesystemtechnik werden alle Sensoren und Aktoren an dieselbe Übertragungsstrecke, z. B. an nur einen Bus, angeschlossen.

Für den Signalaustausch zwischen Sensor und Aktor verfügen die Sensoren und Aktoren über *Steuerschnittstellen*, die je nach Art unterschiedlich bezeichnet werden, z. B. als *Busankoppler*. Die Sensoren und die Aktoren bilden wegen dieser Steuerschnittstellen zusammen mit der Übertragungsstrecke der Signale, z. B. einer Busleitung, die *Steuerstromkreise* der Gebäudesystemtechnik. Die Steuerschnittstellen sind dabei, ähnlich wie ein Computer, wegen ihrer Mikrocontroller „intelligent“, sodass sie unterscheiden können, ob eingehende Signale für sie selbst bestimmt sind.

> Sensoren und Aktoren können wegen ihrer Steuerschnittstellen *programmiert* werden.

16.2 Arten der Gebäudesystemtechnik

Zu unterscheiden sind, wie erwähnt, die leitungsgebundene Gebäudesystemtechnik und die Funk-Gebäudesystemtechnik. Bei der *Funk-Gebäudesystemtechnik* erhält der Aktor die Steuersignale von einem Funksender, der ein Handsender mit Batterie, ein Smartphone oder ein Wandsender mit Anschluss an das 230-V-Netz zur Stromversorgung sein kann, wie schon im Kapitel 14 beschrieben (**Bild 16.3**).

Die *Vorteile* der Funk-Gebäudesystemtechnik bestehen darin, dass keine Steuerleitung zu verlegen und dass die Programmierung einfacher als bei den anderen Systemen ist (siehe Kapitel 14). Von *Nachteil* ist die Dämpfung der Funksignale durch Mauern und Metallteile, sodass die Ansteuerung der Aktoren beeinflusst werden kann. Deshalb wird die Funk-Gebäudesystemtechnik für Sicherheitszwecke und bei großen Entfernungen zwischen Sensor und Aktor *nicht* angewendet.

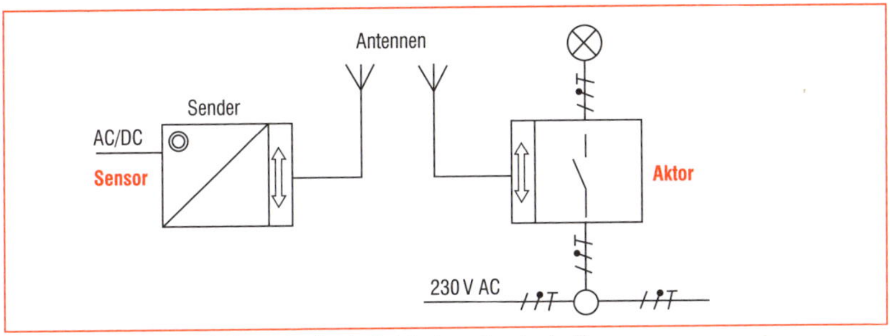

Bild 16.3 Sensor und Aktor der Funk-Gebäudesystemtechnik

KNX-System

In umfangreichen Anlagen, z. B. Rathäusern, hat der *Europäische Installationsbus KNX (von Konnex Association)* eine große Verbreitung gefunden. Hier sind die Teilnehmer (Sensoren und Aktoren) überwiegend mittels *Busleitung* miteinander verbunden (**Bild 16.4**). Die Verwirklichung von KNX über eine Busleitung wird als KNX TP (Twisted Pair) bezeichnet, oft aber auch nur KNX genannt.

Als Busleitung werden zwei Adern einer 4-adrigen Leitung, meist vom Typ J-Y(St)Y 2×2×0,8 (**Bild 16.5**) oder JH(St)H 2×2×0,8 (halogenfrei),

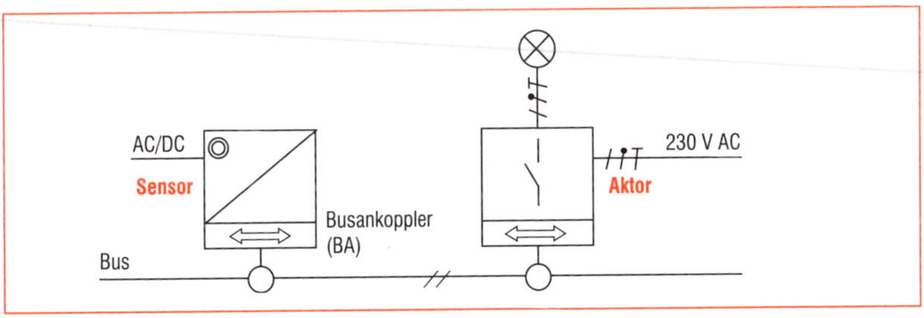

Bild 16.4 Sensor und Aktor beim Europäischen Installationsbus KNX TP

verwendet (es gibt eine Reihe von Anbietern spezieller Busleitungen). Die anderen beiden Adern können anderweitig genutzt werden. Diese Leitung wird zusammen mit der 230-V-Leitung verlegt und ist deshalb so zuverlässig isoliert wie die 230-V-Leitung.

Zu den Aktoren führen die 230-V-Leitung *und* die Busleitung, zu den Sensoren führt oft *nur* die Busleitung. Die Busleitung wird bei allen Teilnehmern an die Steuerschnittstelle angeschlossen, die als *Busankoppler* bezeichnet wird (**Bild 16.6**).

Die Stromversorgung für die Mikrocontroller der Busankoppler erfolgt mit etwa 26 V über die Busleitung. Die Steuersignale werden mit einer Bitrate von 9,6 kbit/s in die Busleitung zusätzlich eingekoppelt. An eine *Buslinie* dürfen bei manchen neuen Versionen bis zu 64 Teilnehmer angeschlossen werden. Es lassen sich aber über *Buskoppler* in der Stromkreis-

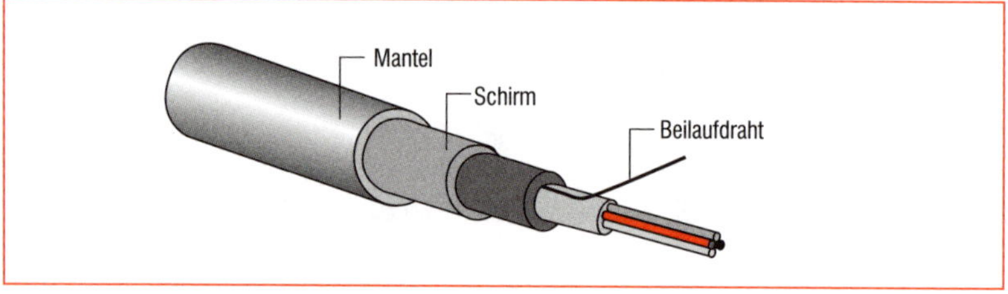

Bild 16.5 Busleitung J-Y(St)Y 2 x 2 x 0,8

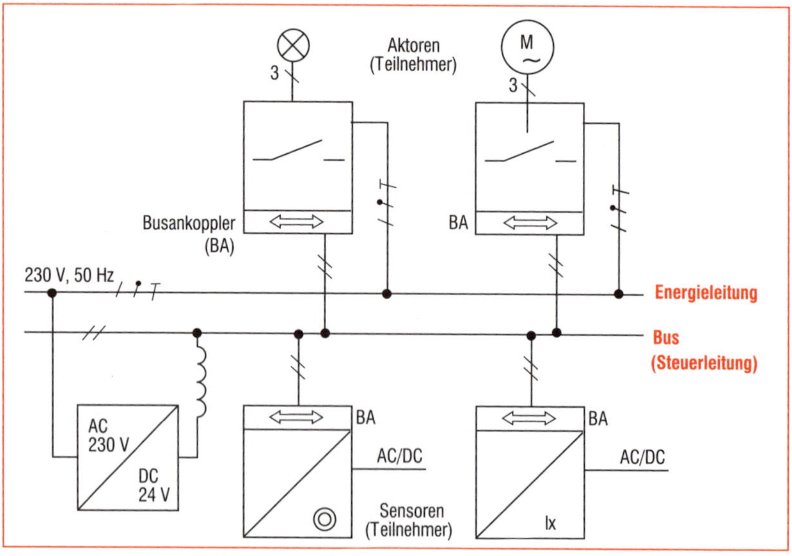

Bild 16.6 Anschluss von Sensoren und Aktoren beim KNX TP

verteilung 15 Buslinien miteinander zu einer *Hauptlinie* in einem Bereich verbinden und davon wieder 15 über die Busankoppler der Buskoppler zu einer *Bereichslinie* (**Bild 16.7**). Damit können in einer KNX-Anlage $64 \times 15 \times 15 = 14.400$ Teilnehmer angeschlossen werden. Für die Teilnehmer, also Aktoren und Sensoren, verwendet man besondere Schaltzeichen (**Bild 16.8**). Mittels IP-KNX-Koppler (IP von Internet Protocol) können übergeordnete Bereichslinien an ein Ethernet-LAN (allgemein verbreitete Netzwerktechnologie, Local Area Network) angebunden werden. Die Zahl der Busteilnehmer (Sensoren, Aktoren) sowie die Datenübertragungsrate sind hier größer.

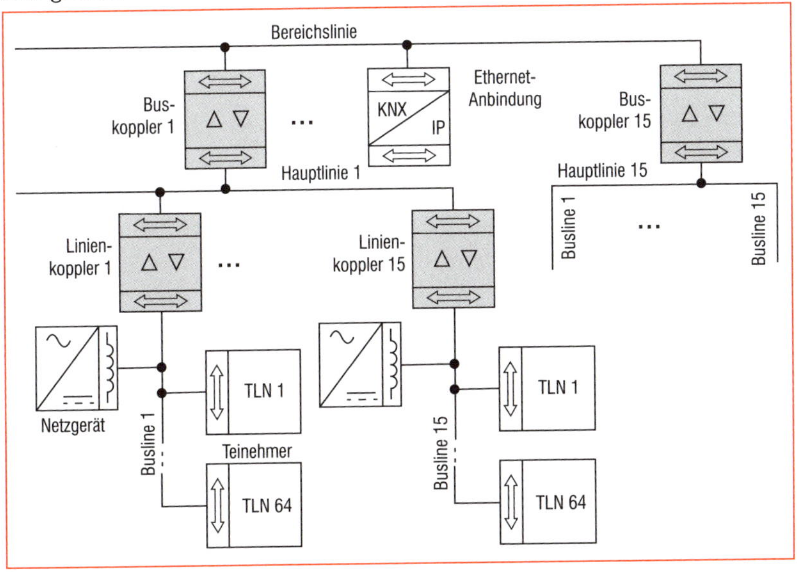

Bild 16.7 Busstrukturen beim KNX TP

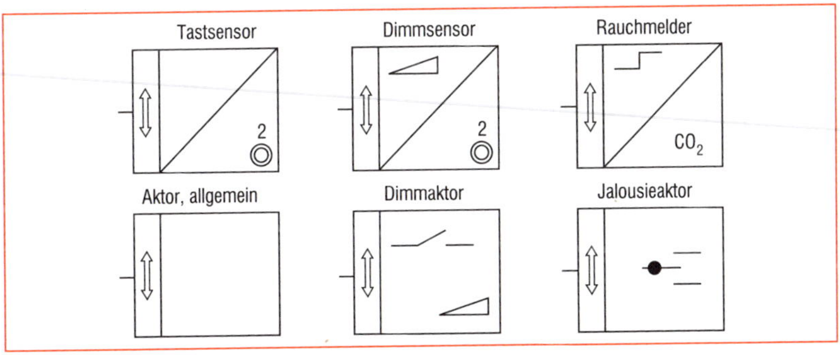

Bild 16.8 Schaltzeichenbeispiele für die Teilnehmer beim KNX TP

Beim KNX TP sind alle Teilnehmer an dieselbe Busleitung angeschlossen, die Aktoren zusätzlich an 230 V AC, die Sensoren teilweise auch.

Die Leitungsverlegung in einer KNX-Anlage erfolgt nach den üblichen Regeln der Elektroinstallation. Die Programmierung der Anlage wird mit einem Computer durchgeführt und erfordert besondere Kenntnisse und eine spezielle Software.

Beim KNX RF (Radio Frequency) kommunizieren die Sensoren und Aktoren sowie die Linienkoppler und Buskoppler mittels Funk im 868-MHz-Frequenzband. Interessant ist KNX RF vor allem, um ältere Gebäude ohne große bauliche Maßnahmen mit Geräten der Gebäudesystemtechnik auszustatten oder um bestehende KNX-TP-Installationen kostengünstig zu erweitern.

Beim *KNX Powerline* (KNX PL) werden die Signale von den Sensoren zu den Aktoren über das 230-V-Netz übertragen (**Bild 16.9**).

Zur Stromversorgung der Mikrocontroller in den Sensoren und Aktoren enthält jeder Sensor und jeder Aktor ein eigenes Netzteil. Vom Steuerteil der Sensoren und Aktoren wird die Wechselspannung des 230-V-Netzes durch *Bandsperren* (Baugruppen aus Kondensatoren und Spulen) fern gehalten.

Die Signalübertragung von den Sensoren zu den Aktoren erfolgt durch ein spezielles FSK-Verfahren (FSK von Frequency Shift Keying = *Frequenzumtastung, Frequenzmodulation*). Mögliche Anzahl der Teilnehmer sowie deren Programmierung entsprechen dem KNX TP mit Busleitung.

KNX PL ist zur Signalübertragung zwischen verschiedenen Abnehmeranlagen und bei Netzen mit geringer Frequenzkonstanz sowie für Sicherheitsanlagen, z.B. in Krankenhäusern, nicht geeignet.

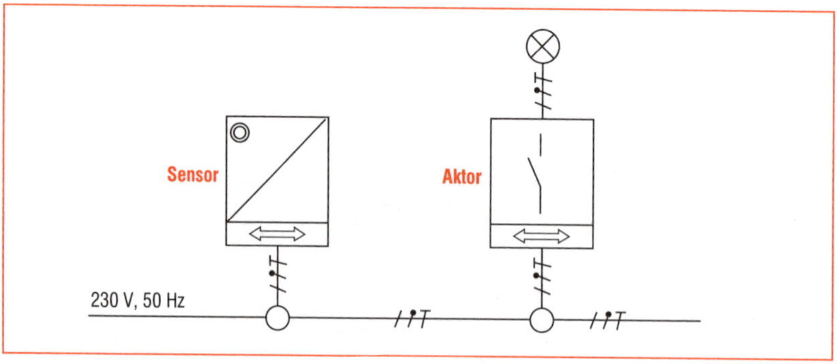

Bild 16.9 Sensor und Aktor beim KNX Powerline (KNX PL)

> KNX TP Powerline ist ein Installationsbus ohne Busleitung und kann nicht so universal wie KNX TP mit Busleitung eingesetzt werden.

LCN-System

Beim *Local Control Network (LCN)* wird die 230-V-Leitung, z. B. NYM oder NYIF, die aber eine zusätzliche Ader haben muss, gleichzeitig als Busleitung verwendet. Beim LCN ist der Grundbestandteil ein *Sensor-Aktor-Modul*, das für alle Sensoren und Aktoren gleich ist (**Bild 16.10**).

Jedes Modul erhält seine Stromversorgung aus dem 230-V-Netz. Die Signalübertragung erfolgt über die zusätzliche Datenader D und den Neutralleiter N. Das gleiche Modul wird zum Anschluss der Befehlsgeräte, z. B. Taster, und der Last, z. B. einer Lampengruppe, verwendet. An dasselbe Modul können aber auch nur Befehlsgeräte oder nur die Last angeschlossen werden (**Bild 16.11**).

Bis zu 250 Module lassen sich über die drei Anschlüsse, Außenleiter, Neutralleiter und Datenleiter, zu einem *Segment* (Anlagenteil) verbinden. Die Programmierung der Module erfordert eine spezielle Software, die auf

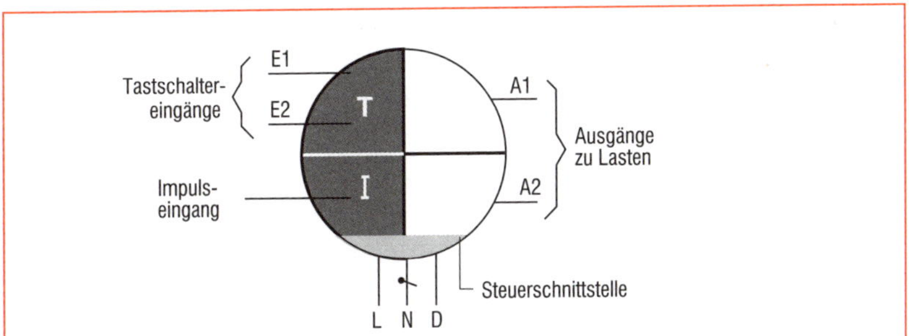

Bild 16.10 Anschlüsse des Sensor-Aktor-Moduls beim LCN

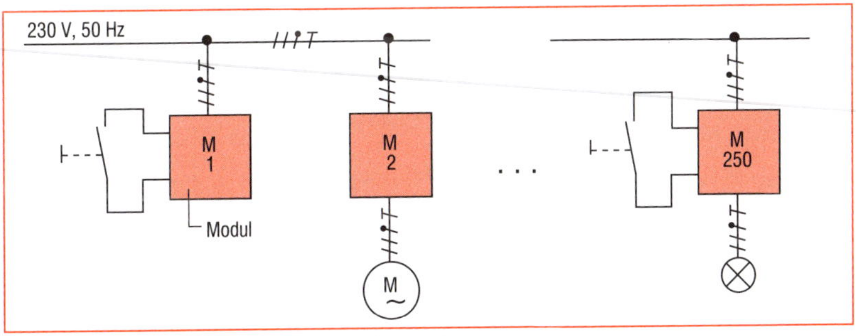

Bild 16.11 LCN-Module einer mittelgroßen Anlage

CD oder Stick oder als Download (zum Runterladen im Internet) vom Hersteller der LCN-Module geliefert wird.

> LCN ist ähnlich wie KNX einsetzbar, erfordert keine Busleitung, aber eine zusätzliche Ader der 230-V-Leitung.

16.3 Projektierung, Inbetriebnahme

Das Projektieren einer Gebäudesystemtechnik erfolgt mittels Projektierungssoftware an einem PC, z. B. ETS (Engineering Tool Software) beim KNX-Bus. Hierzu muss vorbereitend die Ausstattung aller Gebäuderäume z. B. hinsichtlich gewünschter Sensoren, Aktoren und Beleuchtungsszenen geklärt sein. Das Projektieren erfordert ein Anlegen eines Projekts und einer Datenbank, welche die Produktdaten der einzubindenden Geräte sowie die Gebäudestruktur mit Art der Geschosse und Räume enthält (**Bild 16.12**). Die Produktdaten können über die Gerätehersteller bezogen werden.

Mittels Benutzerführung werden je nach Anlagenumfang beim KNX Zahl und Art der Linien und Bereiche festgelegt. Die Busteilnehmer, also die Sensoren und Aktoren, werden entsprechend zugeordnet, parametriert

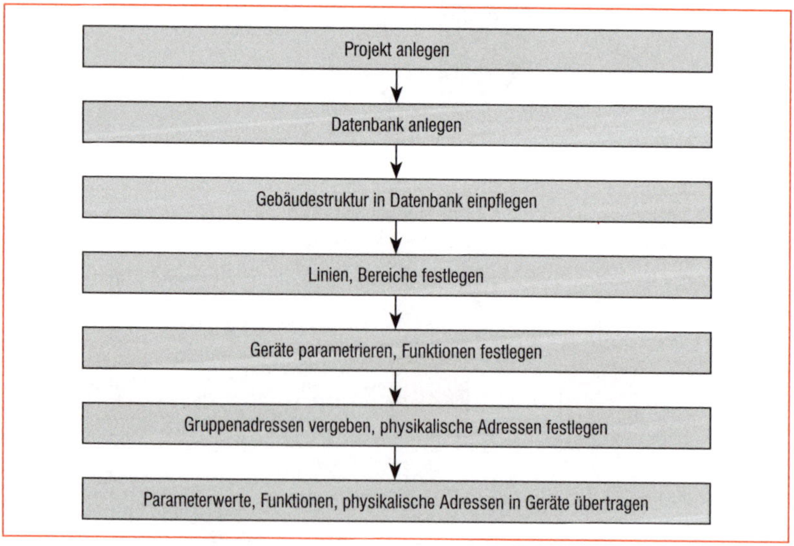

Bild 16.12 Ablauf der Projektierung und Installation einer KNX-Anlage

(konfiguriert) und mit Funktionen versehen. Parameter können sein: Zeitsteuerungen, Ausschaltverzögerungen, Einschaltverzögerungen. Funktionen sind z. B. Dimmfunktionen. Beim KNX müssen für die Schaltaufgaben den Sensoren/Aktoren sogenannte Gruppenadressen zugeordnet werden, welche die Buskommunikation ermöglichen. Die Gruppenadressen erlauben auch, dass mehrere Busteilnehmer einen Aktor ansteuern.

Beispiel:
Ein KNX-Taster sendet beim Drücken der Taste „Lampe einschalten" eine Nachricht auf den Bus, die zugeordneten Lampen empfangen diese und reagieren entsprechend. Die Lampen werden dabei über eine KNX-Gruppenadresse angesprochen.

> KNX-Gruppenadressen ermöglichen das Schalten mehrerer Aktoren durch einen Sensor oder eines Aktors durch mehrere Sensoren.

Im Anschluss an diese Tätigkeiten müssen die Kommunikationsschnittstellen mit den physikalischen Adressen der Busteilnehmer festgelegt werden. Über z. B. eine USB-Schnittstelle sind die Geräteparameter, Funktionen und physikalischen Adressen in die jeweiligen Busteilnehmer zu übertragen. Nach dieser „Installation" ist ein Funktionstest der Anlage vorzunehmen (siehe auch Abschnitt 16.5.2).

Kontrollfragen

1. Welche Aufgabe hat ein Aktor?
2. Von welchen Betriebsmitteln wird ein Aktor angesteuert?
3. Welche Aufgabe haben die Steuerschnittstellen, z. B. Busankoppler?
4. Nennen Sie Vorteile und Nachteile der Funk-Gebäudesystemtechnik.
5. Auf welche Weise erfolgt die Stromversorgung der Mikrocontroller der Busankoppler beim KNX TP?
6. Beschreiben Sie den Anschluss der Sensoren und Aktoren beim KNX TP.
7. Über welche Leitung werden beim KNX Powerline die Steuersignale übertragen?

8. Welchen Nachteil hat KNX PL gegenüber KNX TP mit Busleitung?
9. Welche Betriebsmittel können bei LCN an ein Modul angeschlossen werden?
10. Über welche Leiter des 230-V-Netzes erfolgt bei LCN die Signalübertragung?
11. An welche Leiter ist ein Aktor bei KNX TP anzuschließen?
    1. Nur an zwei Leiter der Busleitung,
    2. an vier Leiter der Busleitung und an die Leitung zur Last,
    3. nur an das 230-V-Netz und an die Leitung zur Last,
    4. an das 230-V-Netz und an vier Leiter der Busleitung,
    5. an das 230-V-Netz, an die Leiter zur Last und an zwei Leiter der Busleitung.

    ☐

12. An welche Leiter ist bei der Gebäudesystemtechnik LCN ein Aktor anzuschließen?
    1. An Außenleiter, Neutralleiter, Datenleiter der Netzleitung und an Leitung zur Last,
    2. an LCN-Bus und an Leitung zur Last,
    3. nur an Außenleiter und Datenleiter sowie Leitung zur Last,
    4. an Schutzleiter und LCN-Bus,
    5. an die vier Adern der Busleitung und an die Leitung zur Last.

    ☐

16.4 Gebäudeautomation über bestehende Stromleitungen

Eine Gebäudeautomation zu verwirklichen, ohne IT-Netzwerkleitungen installieren zu müssen, ist insbesondere für Altanlagen von Interesse. Dies kann einerseits über Funkkomponenten, also funkfähige Schalteinsätze oder Aufsätze für UP-Einsätze, erfolgen oder über sogenannte Digitalstromklemmen unter weitgehender Nutzung der vorhandenen Elektroinstallation (**Bild 16.13**). Derartige Klemmen sehen aus wie Lüsterklemmen und werden in üblichen Abzweigdosen oder Schalterdosen hinter handelsüblichen Tastern an die bestehenden Leitungen des 230-V-Spannungsnetzes angeschlossen (**Bild 16.14**). Bisherige Lüsterklemmen werden durch sie ersetzt.

Über die angeschlossenen Taster ist ein programmiertes Schalten und Dimmen der Beleuchtung, aber auch ein Schalten von Haushaltungsgeräten

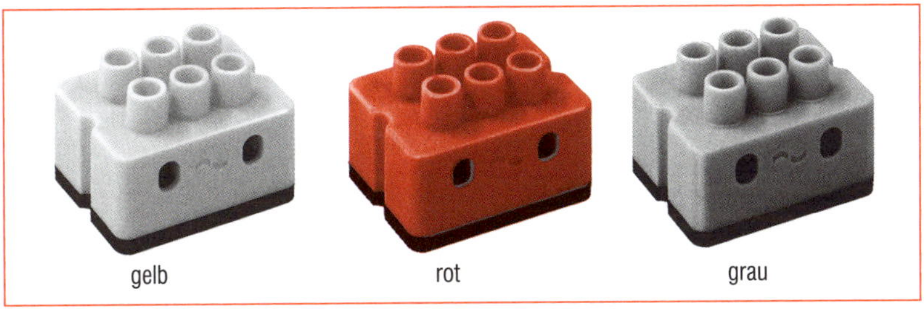

Bild 16.13 Digitalstromklemmen

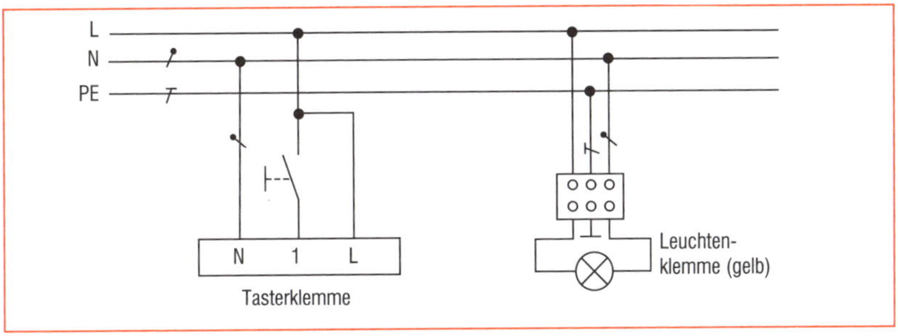

Bild 16.14 Beispiel einer Installation mit Digitalstromklemmen

möglich. Vorhandene manuelle Schalter sind durch Taster auszutauschen, da mit Tastern mehrere Funktionen verwirklicht werden können, z. B. verschiedene Beleuchtungsszenen mittels Mehrfach-Tips.

> Verschiedenartige Taster-Tips bewirken bei Digitalstromklemmen unterschiedliche Funktionen.

Digitalstromklemmen gibt es für unterschiedliche Funktionsarten. Dies ist an deren Klemmenfarben zu erkennen:

- rote Klemmen für Sicherheitsfunktionen, z. B. Brandmelder,
- grüne für Zugangsfunktionen, z. B. Türöffner,
- gelbe für Beleuchtungszwecke,
- graue für Beschattungen, z. B. Rollläden,
- blaue für Heizungsaktoren oder Stellantriebe und
- schwarze für z. B. Klimageräte, Ventilatoren, Kaffeemaschinen.

Damit die Digitalstromklemmen ihre erforderlichen Informationen bzgl. den automatisiert auszuführenden Funktionen erhalten, müssen in den Unterverteilern der elektrischen Anlage Digitalstrom-Meter in Reihe zu den Stromkreissicherungen geschaltet werden. Die Digitalstrom-Meter schalten die sinusförmige 230-V-Netzspannung bei deren Nulldurchgängen in sehr kurzen Zeitabständen ein und aus und übertragen auf diese Weise Informationen von und zu den Digitalstromklemmen im jeweiligen Stromkreis. Durch Verbinden einzelner Digitalstrom-Meter über paarverseilte Doppeladern können Informationen stromkreisübergreifend ausgetauscht werden (**Bild 16.15**). Spezielle Digitalstrom-Filter je Außenleiter sind für den Erhalt qualitativ guter Datensignale erforderlich.

Eine vollständige Gebäudeautomatisierung erfordert einen Server mit Kopplungsmöglichkeit an einen Internet-Router sowie an einen PC zur Konfiguration der Anlage. Digitalstrom-Server mit Montagemöglichkeit auf eine Hutschiene im Verteilerkasten besitzen hierzu die entsprechenden Anschlüsse. Über Konfigurationsmenüs einer Konfigurationssoftware können den Digitalstrom-Metern und Digitalstromklemmen die später auszuführenden Funktionen bezogen auf die betroffenen Geräte zugeordnet werden.

Eine weitere interessante Möglichkeit zur Kopplung der Digitalstrom-Anlage an das LAN eines Gebäudes ist über die Bridge P44-DSB des Digitalstrom-Systems gegeben (**Bild 16.16**). Damit kann die Integration von Lampen, die über ein anderes Beleuchtungssystem gesteuert werden, z. B. des Philips HUE-Systems (Abschnitt 3.5) oder des DALI-Systems (Abschnitt 3.6), in eine Digitalstrom-Anlage verwirklicht werden. Diese Bridge besitzt eine LAN-Schnittstelle und eine DALI-Schnittstelle. Sie wirkt als Gateway (Verbindungs-Tor) zu den genannten Systemen.

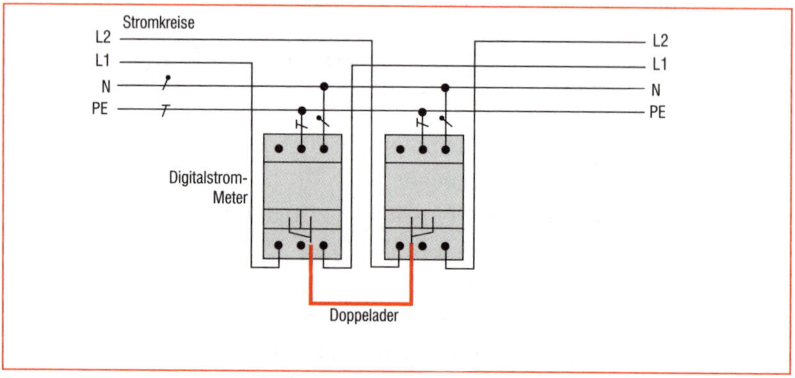

Bild 16.15 Installation von Digitalstrom-Metern

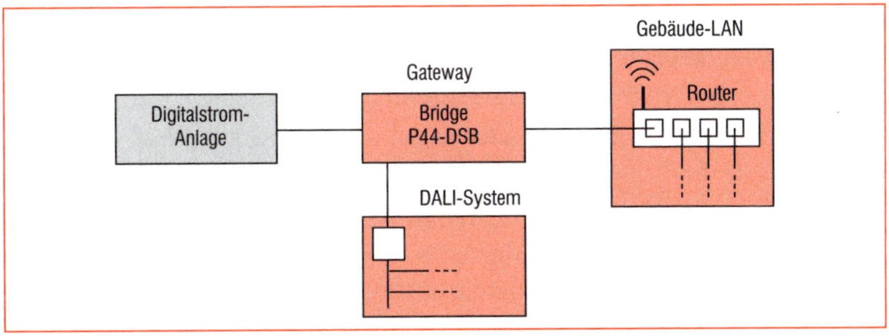

Bild 16.16 Kommunikationsmöglichkeit einer Digitalstrom-Anlage zu einem LAN und zu einem DALI-System

16.5 Smart Grids, Smart Meter und Smart Home

16.5.1 Smart Grids, Smart Meter

Der Digitalisierungstrend der letzten Jahre beschleunigte die Automatisierung auf vielen Gebieten, so auch im Bereich der elektrischen Energieversorgung sowie der Gebäudeautomatisierung. Ferner hat aber auch die Vielfalt der elektrischen Energiebereitstellung dazu beigetragen, dass die Nutzung der elektrischen Energie flexibel sein muss (**Bild 16.17**). Die Schwankungen in der Energieerzeugung z. B. durch Photovoltaikanlagen oder Windkraftanlagen müssen beherrscht werden.

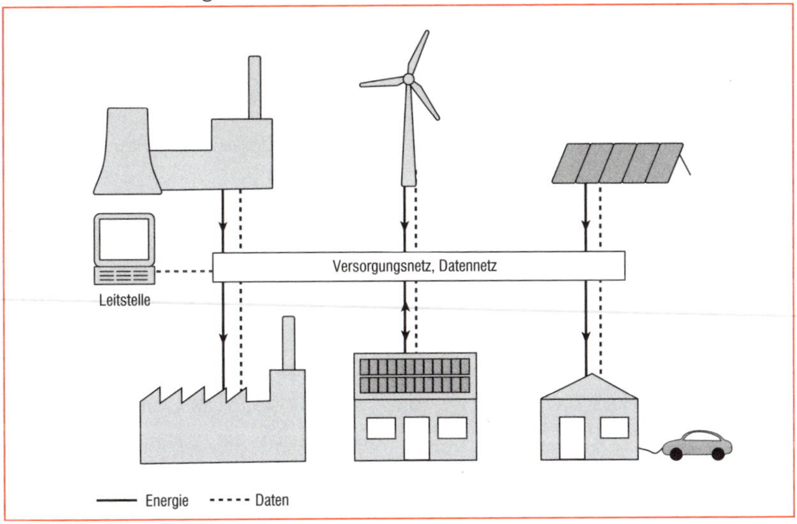

Bild 16.17 Dezentrale Energieerzeugung

Smart Grids (intelligente Netze) ermöglichen zwischen Energieversorger und Energieverbraucher eine Kommunikation derart, dass die Energienetze möglichst ausgeglichen ausgelastet sind und der Verbraucher zu möglichst niedrigen Preisen die Energie nutzen, ggf. auch speichern kann. Dazu sind intelligente Verbrauchsgeräte und Messgeräte erforderlich.

Smart Meter sind intelligente Messgeräte (**Bild 16.18**). Es gibt sie als Strom-/Spannungszähler, Gaszähler und Wasserzähler. Im Zusammenhang mit Smart Grids benötigt der Energieversorger die elektrischen Verbrauchsdaten der Energieverbraucher, um den Energiebedarf zeitgerecht steuern und preisoptimal anbieten zu können. Die elektrischen Verbrauchsdaten werden über den elektronischen Haushaltszähler (eHZ) (**Bild 16.19**) als Smart Meter erfasst und können über einen definierbaren Zeitraum dargestellt werden. Darüber kann dann auch die Rechnungsstellung hinsichtlich des Energieverbrauchs automatisiert erfolgen. Ferner können die Verbrauchsdaten in Zeitintervallen von Sekunden an den Energieversorger zur Optimierung der Energiebereitstellung übermittelt werden.

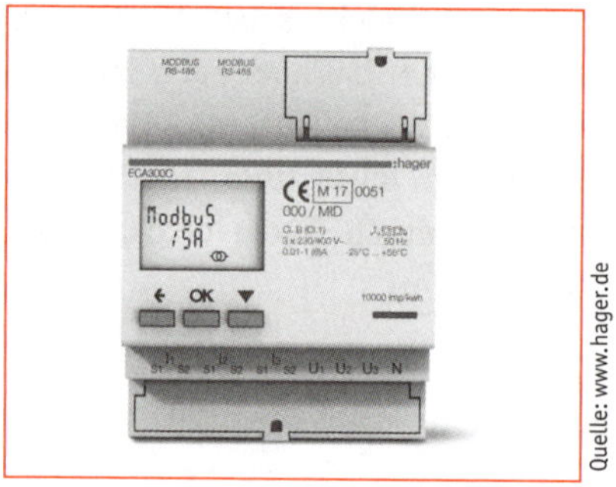

Bild 16.18 Beispiel eines Smart-Meters für ModBus-Anbindung

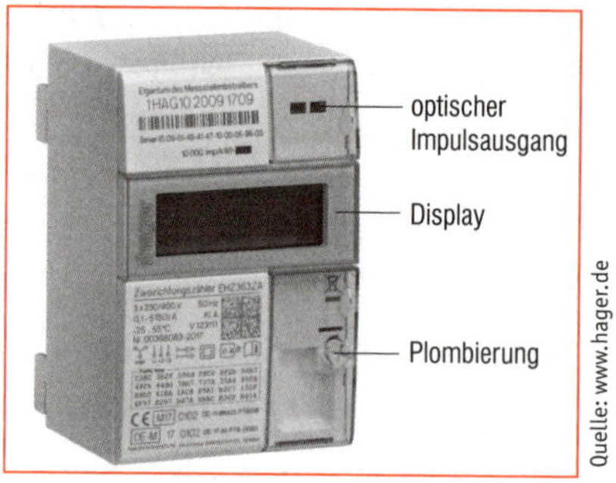

Bild 16.19 Elektronischer Haushaltszähler eHZ

Smart Meter, Smart-Meter-Gateway

Smart Meter sind Messgeräte-Computer, welche eine Schnittstelle zur Kopplung an ein Busssystem besitzen (Bild 16.18). Meist handelt es sich dabei um Schnittstellen für den ModBus oder M-Bus (Messgeräte-Bus). Die Schnittstellen können drahtgebunden, z. B. als Zwei-Draht-System, oder drahtlos über Funk (wireless) arbeiten. Alle Smart Meter einer Gebäudeinstallation sind über einen dieser Busse, auch als *Local Metrological Network* (LMN) bezeichnet, entweder mittels Schnittstellenkonverter mit einem zentralen Computer zur Datenauswertung oder mit einem Gateway (Eingangstor, Verbindungscomputer für Netzwerke), auch *Smart-Meter-*

Gateway (SMG) genannt, verbunden. Dieses Gateway kann einerseits die Verbindung zum Busssystem der Gebäudeautomation, z. B. dem KNX-Bus, herstellen und andererseits die Verbindung zum EVU/VNB (**Bild 16.20**). Das Netzwerk der Gebäudeautomation wird im Privatbereich auch *Home Area Network* (HAN) genannt.

Das Smart-Meter-Gateway kann zur Kommunikation mit dem Energieversorger je nach Ausführung mit einem Router im Zählerschrank (Bild 4.17) oder im Gebäude gekoppelt werden oder es ist über eine WAN-Anbindung (Wide Area Network) hierzu selbst in der Lage. Diese Datenübertragung muss aus Gründen des Datenschutzes verschlüsselt und gesichert erfolgen.

> Smart-Meter-Gateways besitzen Schnittstellen für WAN zur Kommunikation mit dem EVU/VNB, für einen Messgerätebus sowie für das HAN.

Besitzen Smart Meter eine KNX-Bus-Schnittstelle, dann können sie ohne Gateway direkt an den KNX-Bus der Gebäudeautomatisierung angebunden werden.

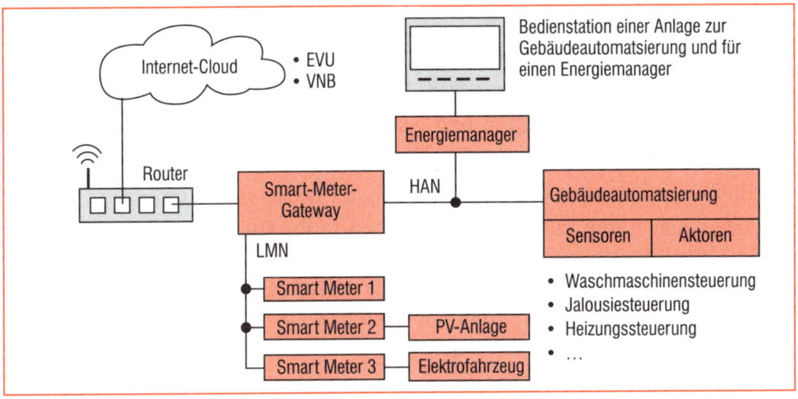

Bild 16.20 Smart-Meter-Gateway als zentrale Datenverbindungsstelle bei der Gebäudeautomatisierung

Energiemanager

Ein Energiemanager, er befindet sich meist im Zählerschrank auf einer Hutschiene, kann z.B. über das Smart-Meter-Gateway oder direkt über den M-Bus auch mit den Energiedaten einer Photovoltaikanlage (PV-Anlage, Kapitel 21) oder eines Elektrofahrzeugs versorgt werden (**Bild 16.21**).

Der Energiemanager kann dann aufgrund seiner Integration ins Netzwerk der Gebäudeautomatisierung

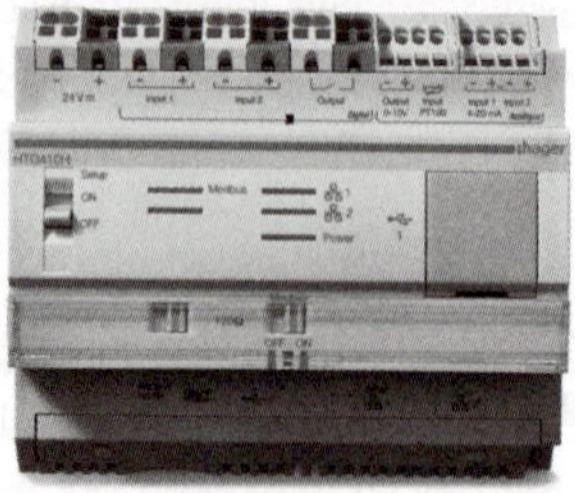

typische Funktionen:
- Auswertung Energieverbrauch
- Zuweisung öffentlich bzw. privat erzeugter Energie an Anschlussnutzeranlage
- Zeitschaltprogramme
- Glättung Lastspitzen

Quelle: www.hager.de

Bild 16.21 Energiemanager

- die von der PV-Anlage erzeugte Energie den Verbrauchern im Gebäude oder einem Elektrofahrzeug zum Laden gezielt zur Verfügung stellen und derweil die Energieversorgung über das öffentliche Netz unterbinden,
- Auswertungen hinsichtlich des Energieverbrauchs und der Energieerzeugung über einen PC im Netzwerk bereitstellen und somit auf Energieverschwendung hinweisen (Energiemonitoring),
- Zeitschaltprogramme zur Energienutzung umsetzen,
- auf Stromschwankungen oder Stromausfälle durch Zuschalten von ggf. anderen verfügbaren Stromversorgungen reagieren,
- bei Lastspitzen Verbraucher (z. B. Heizungen, Klimaanlagen, Kühlanlagen) zeitweise abschalten und wieder zuschalten, um die Lastspitzen zu glätten bzw. diese Last möglichst in Schwachlastzeiträume mit ggf. günstigeren Stromtarifen zu verschieben (Lastoptimierung).

Energiemanager enthalten selbst ein Lastoptimierungsmodul oder wirken mit Lastoptimierungssystemen zusammen.

Weitere Informationen: www.gmc-instruments.de
www.hager.de

Datenübertragung

Für die Datenkommunikation nach außen kann ein Router im Zählerschrank genutzt werden (Bild 4.17). Über eine in einem Elektroinstallationsrohr (Durchmesser ≥ 25 mm) liegende Datenleitung erfolgt die Anbindung an den Hausübergabepunkt HÜP (für IuK, Informations- und Kommunikationstechnik, Abschnitt 20.6) des Kommunikations-Netzbetreibers (**Bild 16.22**). Werden mehrere Zählerschränke mit einem gemeinsamen HÜP verbunden, müssen die Datenleitungen (Cat5 oder Cat7, Kapitel 20) außerhalb der Schränke von Schrank zu Schrank geführt werden. Die Datenleitungen benötigen hierzu einen Isolationsschlauch als Schutz.

Im Zusammenwirken mit Smart Metern und intelligenten Verbrauchsgeräten, z. B. Waschmaschinen oder Elektrofahrzeugen, ermöglichen Smart Grids, dass solche Verbrauchsgeräte automatisiert zu einer Zeit mit günstigem Stromtarif mit Energie versorgt werden können. Voraussetzung ist allerdings eine ausgeprägte Gebäudeautomatisierung, die mit einem Energiemanager zusammenwirkt. Im Privatbereich wird dies auch *Smart Home* genannt (**Bild 16.23**).

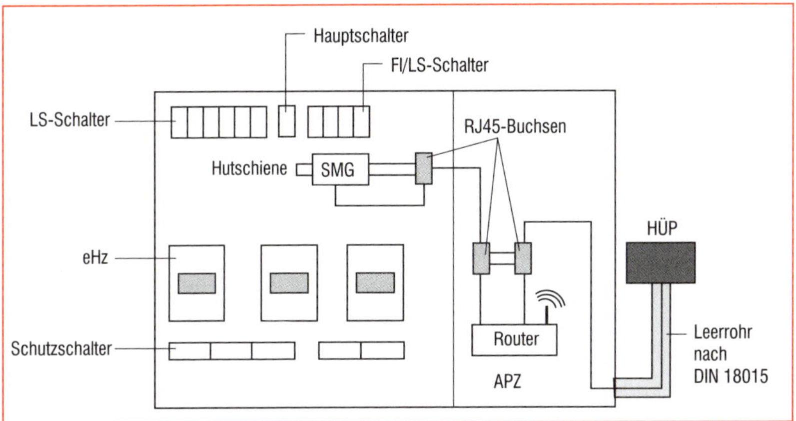

Bild 16.22 Zählerschrank mit Anschluss des HÜP über ein Leerrohr (SMG, Smart-Meter-Gateway)

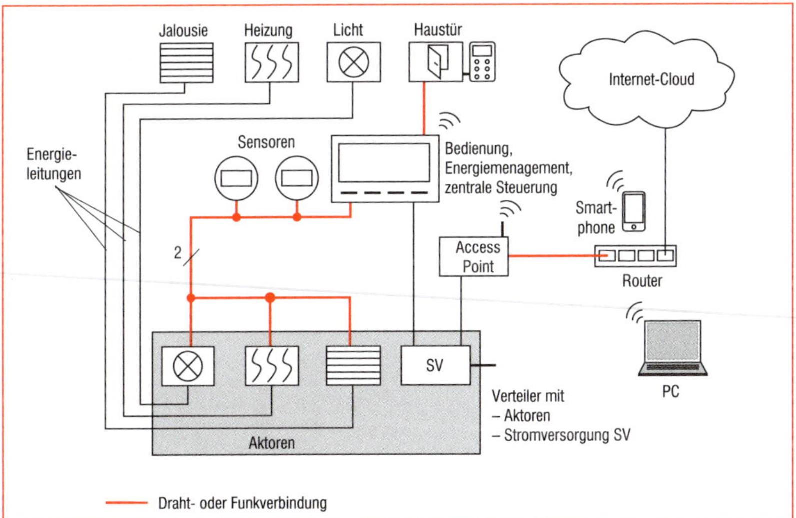

Bild 16.23 Beispiel einer Smart-Home-Anlage

> Smart Grids steuern durch ständiges Auswerten von aktuellen und angenommenen Verbrauchsdaten die Energiezufuhr und den Energieverbrauch.

16.5.2 Smart-Home-Anlagen

Sensoren, Aktoren

Smart-Home-Anlagen sind zum automatisierten (intelligenten) Steuern der Aktoren für z. B. Jalousien, Beleuchtungen oder Heizungen in Wohnhäusern und Wohnungen mit vielen Sensoren ausgestattet, z. B. hinsichtlich des Erkennens von Windströmungen, Sonneneinstrahlung, Bewegungen oder Temperaturen.

Auch Sensoren im Zusammenwirken mit einer Einbruchmeldeanlage können in eine Smart-Home-Anlage eingebunden werden, z. B. Glasbruchmelder, Fenstersensoren (**Bild 16.24**) sowie Bewegungsmelder und Kameras. Diese Sensoren können leitungsgebunden, über die Funkfrequenzen 433 MHz und 868 MHz oder per WLAN (2,4 GHz, 5 GHz) Informationen übermitteln und z. B. das Aktivieren einer Sirene auslösen. Glasbruchmelder reagieren im Umkreis von ca. 6 m auf akustische Signale zwischen 50 kHz und 100 kHz sowie auf Druckwellenfrequenzen. Fenstersensoren (Öffnungsmelder) besitzen elektromagnetische Kontakte.

Durch Anbindung der zentralen Bedienstation oder eines speziellen Access Points (System Access Point, s. S. 354) an einen Router ist die Ver-

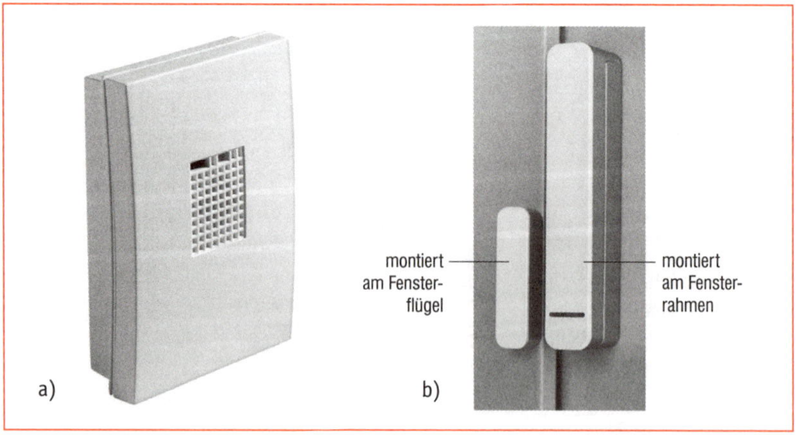

Bild 16.24 Glasbruchmelder a), Fenstersensor b)

bindung der Bedienstation sowie der Sensoren und Aktoren mit dem Internet gegeben. Sinnvoll ist dies, wie oben beschrieben, z. B. zur Kommunikation mit dem EVU/VNB oder zur *Gebäudeüberwachung/-sicherung* mittels Smartphone oder PC. Aktuelle Gebäude-Videobilder können dann von entfernten Stellen außerhalb des Gebäudes angesehen werden, Beleuchtungsszenen im Gebäude sind ferngesteuert aktivierbar (abrufbar). Eine entsprechende Kommunikationssoftware für Smartphones (App, von application = Anwendung) wird von den jeweiligen Herstellern angeboten, sogar mit Sprachsteuerung.

Weitere Informationen: www.jung.de
www.gira.de
www.busch-jaeger.de
www.abus.com

> Smart Grids, Smart Meter und Smart Home sind die Voraussetzung für eine flexible Energiebereitstellung und effiziente Energienutzung; sie reduzieren die Energieverschwendung.

Die verfügbaren Sensoren und Aktoren kommunizieren mittels Drahtverbindung oder Funkverbindung (wireless). Bei Verwenden von Unterputzeinsätzen sind die Sensoren in diesen enthalten (**Bild 16.25**). Diesen Sensoreinheiten werden Aktoren zugeordnet. Zur Ausführung ihrer Funktionen ist ein Parametrieren erforderlich. Eine Sensoreinheit ist mit einem Rahmen und gegebenenfalls mit einer Wippe oder zwei Wippen zum Bedienen zu komplettieren. Der Anschluss einer Sensoreinheit ist einfach (**Bild 16.26**). Aufwendiger ist ihre Programmierung.

Quelle: www.busch-jaeger.de

Bild 16.25 Unterputzeinsatz mit Sensorik für Smart Home

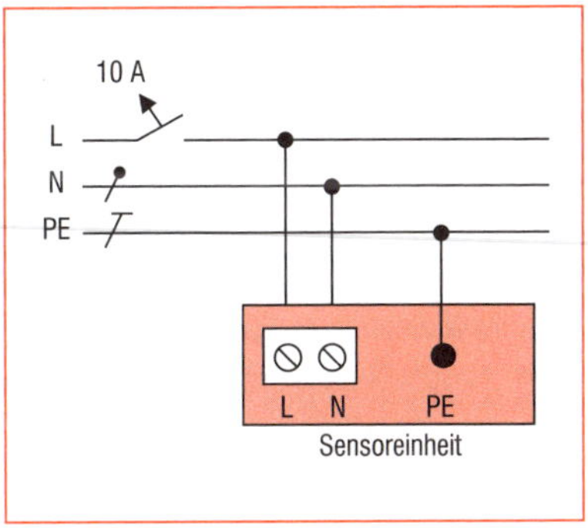

Bild 16.26 Anschluss einer Sensoreinheit für Smart Home

Bei Funkverbindung zwischen Sensor und Aktor sind die baulichen Gegebenheiten zu beachten. Wände oder Decken mit Stahlarmierung oder Metallverkleidungen beeinträchtigen die Reichweite erheblich. Der Abstand zu anderen Funk-Sendegeräten sollte in der Regel mindestens 1 m betragen.

Inbetriebnahme

Die Inbetriebnahme des Sensoreinsatzes erfolgt z. B. über den Access Point, auch *System Access Point* genannt, und einen PC. Der Access Point identifiziert die angeschlossenen Geräte (Teilnehmer) und deren Funktionen. Dieser Vorgang wird auch als Einlernmodus bezeichnet. Anschließend sind die erkannten Teilnehmer in einer Geräteliste des Access Point mit ihren Seriennummern aufgeführt. Der Elektroinstallateur sollte bei der Inbetriebnahme und Zuordnung der Geräte zu Räumen sinnvolle anlagenspezifische Namen ergänzen, z. B. *Tastschalter Wohnzimmer, Deckenlicht Esszimmer*. Dies ist auch für eine eventuelle spätere Sprachsteuerung der Smart-Home-Anlage sehr zweckmäßig.

> Die Teilnehmer (Geräte) einer Smart-Home-Anlage werden über einen Einlernmodus automatisiert erkannt.

Mittels *Parametrieren* (Konfigurieren) der Sensoreinheit über den Access Point kann z. B. der Dauer einer Wippenbetätigung eine Funktion zugeordnet werden. Auf diese Art kann bei einer Jalousie zwischen *Jalousie fahren* und *Lammellenverstellung* unterschieden werden. Ferner ist das Auswählen und Einstellen von Funktionen wie *Bedienungselement, Dimmsensor, Treppenhauslichtsensor, Jalousiesensor* mittels Parametrieren möglich.

Auf gleiche Weise erfolgt im Dialog über den Access Point das Verknüpfen der Sensoren mit den Aktoren. Zu beachten ist allerdings, dass es Sensor-/Aktorkombinationen als eine Einheit gibt, insbesondere für Dimmen, Jalousiebetrieb oder Bewegungsmelder.

Mittels *Mehrfach-Schaltaktoren* auf Hutschiene können Lichtstromkreise, Laststromkreise und Steckdosenstromkreise geschaltet werden, mittels Jalousieaktoren Jalousien (**Bild 16.27**). Die Inbetriebnahme erfolgt, wie oben beim Sensoreinsatz beschrieben, über den Access Point und z. B. einen PC. Zuordnungen zu Räumen mit verständlicher Namensgebung sind nach der automatisierten Geräteerfassung erforderlich. Spezielle Beleuchtungsfunktionen eines solchen Schaltaktors sind z. B. *Treppenhauslicht, Lichtszenen* und *Gruppenschaltungen*.

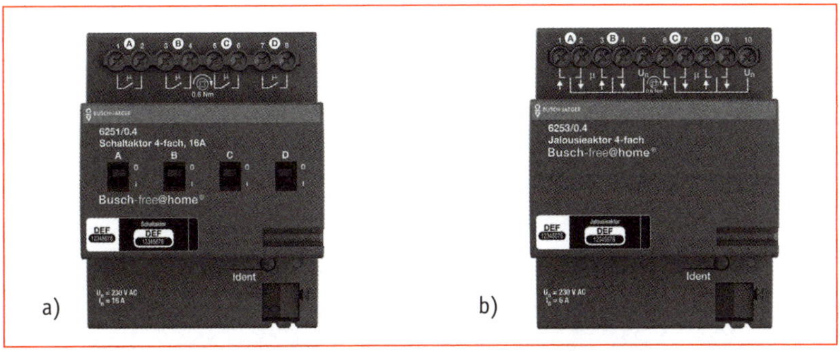

Quelle: www.busch-jaeger.de

Bild 16.27 Mehrfach-Schaltaktor a) und Jalousieaktor b) für Hutschiene

Cloud-Systeme

Es gibt auch Smart-Home-Systeme, die über das sogenannte *Internet der Dinge* (IoT, Internet of Things) vernetzt sind. Dabei besitzen die Sensoren, z. B. für Temperatur, Helligkeit, Lärm, Bewegung, oder auch Kameras einen allgemeinen WLAN-Baustein (wireless LAN, Local Area Network), der sie über den WLAN-Internet-Router der Wohnung mit dem Cloud-Computer des Sensor-Anbieters (zentraler Computer des Sensoranbieters im Internet, also in der Cloud; cloud = Wolke) verbindet. Hierbei handelt es sich um keine herstellerspezifische Funkverbindung. Auch die Aktoren für die Steuerung von Heizkörpern, Steckdosen oder Leuchtmitteln besitzen dann einen allgemeinen WLAN-Baustein zur Verbindung mit diesem Cloud-Computer über den hausinternen WLAN-Internet-Router. Automatisierte Aktionen, z. B. Zeitsteuerungen, oder manuelle Steuerungen mittels einer Smartphone-App können somit nach Installation und Konfiguration der Sensoren und Aktoren sowie deren Bekanntmachung auf dem Cloud-Computer, basierend auf dessen Sensor-Aktor-Daten, ausgeführt werden (**Bild 16.28**). Das Konfigurieren kann bedienergeführt am Smartphone erfolgen; der Kommunikationsaufbau zum Cloud-Computer erfolgt meist automatisch.

> Bei Kopplungen von Smart-Home-Geräten mit dem Internet sind entsprechende Sicherheitsvorkehrungen bezogen auf den Umgang mit Daten zu treffen.

Weiteres hierzu siehe auch Abschnitt 14.5.

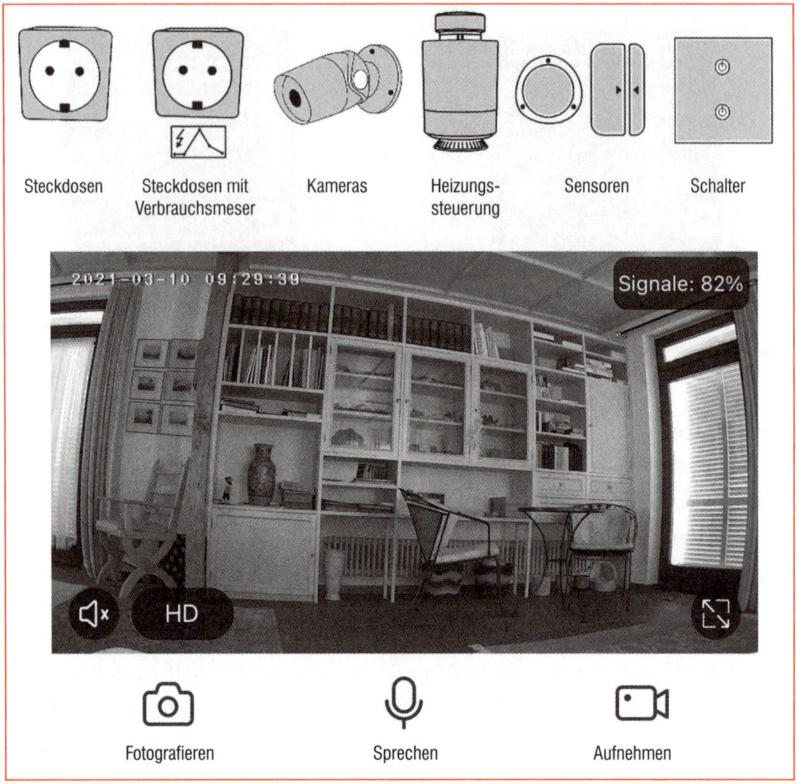

Bild 16.28 Installation, Konfiguration und Bedienung von Smart-Home-Komponenten mittels Smartphone (Beispiel)

Kontrollfragen

1. Welche Vorteile bieten Smart Grids für den Energieversorger und den Energieverbraucher?
2. Was versteht man unter einem Smart Meter?
3. Nennen Sie drei Beispiele von Smart Metern.
4. Bei einer Gebäudeinstallation können mehrere Smart Meter an einen Bus gekoppelt sein. Wie nennt man solch einen Bus?
5. Auf welche Weise müssen die Datenleitungen zum Hausübergabepunkt des Kommunikations-Netzbetreibers geführt werden, wenn ein Gebäude mehrere Zählerschränke mit elektronischen Haushaltszählern enthält?

17 Prüfung der Elektroinstallation

17.1 Allgemeines

Wenn eine Elektroinstallation neu errichtet, erweitert oder geändert wurde, muss diese vom *Errichter* auf einwandfreie Funktion geprüft werden. Man unterscheidet dabei die Sichtprüfung und die Prüfung mit Prüfgeräten.

Bei der *Sichtprüfung* werden die Anlagenteile besichtigt. Dosendeckel und Abdeckungen von Geräten sollen dabei entfernt werden, damit man sich von einer fachgerechten Verdrahtung überzeugen kann. Zur Sichtprüfung gehört es auch, dass man sich der einwandfreien Funktion der Beleuchtungsstromkreise beim Betätigen der Schalter versichert. Das ist insbesondere bei Wechselschaltungen und Kreuzschaltungen erforderlich, weil hier beim Verklemmen oft falsche Anschlüsse vorgenommen werden.

Durch die Sichtprüfung erhält man einen ersten Einblick, ob die Elektroinstallation ihre Aufgabe erfüllen kann.

Besonders wichtig bei der Prüfung der Elektroinstallation ist die Feststellung, ob die VDE-Bestimmungen eingehalten wurden. Insbesondere müssen die geforderten Schutzmaßnahmen überprüft werden. Diese Prüfungen sind so wichtig, dass ein *Prüfprotokoll* anzufertigen ist. Dieses muss alle wesentlichen Angaben enthalten, z. B. Bezeichnung der Anlage, Grund der Prüfung (Neuerrichtung, Erweiterung oder Änderung), Messergebnisse, Name des Prüfers, prüfender Betrieb, Ort und Datum, Unterschrift des Prüfers.

Elektroinstallationen, z. B. in Werkstätten oder Wohnungen, müssen in bestimmten Zeitabständen geprüft werden. Je nach Art der Anlage und nach Art der Prüfung liegen die *Prüffristen* zwischen einem Jahr und zehn Jahren. Die eigentlich vorgesehene Prüfung in Wohnungen wird bisher in vielen Fällen nicht vorgenommen.

Die Prüfung von elektrischen Anlagen muss von Elektrofachkräften durchgeführt werden, welche *zeitnah* (also nicht vor langer Zeit) Kenntnisse und Erfahrungen zu diesen Prüfungen erworben haben, z. B. durch Einweisung und Mithilfe bei Prüfungen durch *erfahrene Elektrofachkräfte*.

17.2 Sichtprüfung wegen Schutzmaßnahmen

Bei den *Schutzmaßnahmen ohne Schutzleiter* muss festgestellt werden, ob bei Schutztrennung und bei SELV und PELV vorschriftsmäßige Stromquellen verwendet werden, das Material richtig ausgewählt wurde und unverwechselbare Steckdosen eingebaut sind. Außerdem ist darauf zu achten, dass die doppelte oder verstärkte Isolierung der Schutzklasse II nicht unwirksam ist, z. B. durch leitfähige Teile oder durch Beschädigung.

> Bei der Sichtprüfung der Schutzmaßnahmen ohne Schutzleiter wird vor allem das verwendete Material geprüft.

Bei den *Schutzmaßnahmen mit Schutzleiter* muss festgestellt werden, ob die Schutzleiter und Leiter für ähnliche Aufgaben (Erdungsleiter, Schutzpotentialausgleichsleiter) mit dem erforderlichen Mindestquerschnitt einwandfrei verlegt und zuverlässig angeschlossen sind. Auch die grüngelbe Kennzeichnung der Schutzleiter ist zu prüfen. In den Stromkreisverteilungen muss die Zugehörigkeit der Betriebsmittel zu den Stromkreisen gekennzeichnet sein.

Im TN-C-S-System muss der PEN-Leiter mit der Schutzleiterschiene verbunden sein. Die Schutzleiterschiene muss so viele Anschlussstellen haben, wie Zugänge oder Abgänge erfolgen.

> Durch die Sichtprüfung bei den Schutzmaßnahmen mit Schutzleiter wird vor allem die richtige Ausführung des Schutzleiters und ähnlicher Leiter geprüft.

17.3 Erprobung der Schutzeinrichtung

Die Erprobung der Schutzeinrichtung ist nur bei solchen Schutzmaßnahmen möglich, bei denen Prüfeinrichtungen fest installiert sind. Das trifft auf *RCDs* und *Isolationsüberwachungseinrichtungen* (IMD, Isolation Monitoring Device) zu. Die Erprobung erfolgt dabei durch einfache Betätigung der Prüftaste der entsprechenden Schutzeinrichtung. Durch diese Erprobung wird allerdings nur die elektrische und mechanische Funktion der Schutzeinrichtung selbst geprüft, nicht aber die Funktionstüchtigkeit der Schutzmaßnahme.

> Bei der Erprobung durch Betätigen der Prüftaste wird nur die Funktion der Schutzeinrichtung geprüft, nicht aber die Funktionstüchtigkeit der Schutzmaßnahme.

Bei einer falsch angeschlossenen RCD (**Bild 17.1**) ist es möglich, dass die Erprobung die einwandfreie Funktion ergibt, während tatsächlich kein Schutz im Fehlerfall vorhanden ist.

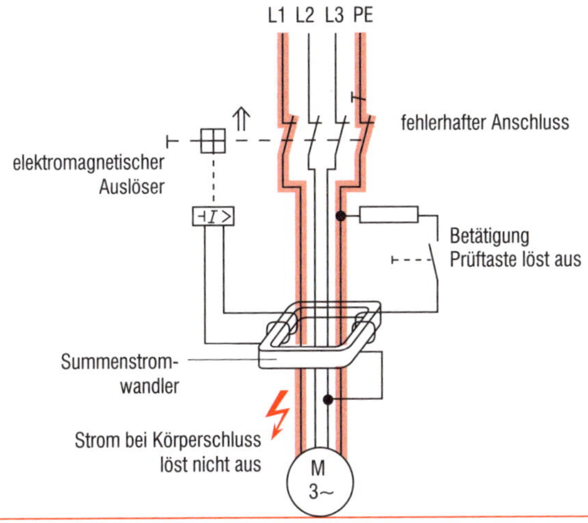

Bild 17.1 Fehlerhaft angeschlossene RCD, die bei Erprobung einwandfreie Funktion der Schutzmaßnahme vortäuscht

17.4 Prüfung der Schutzmaßnahmen mit Prüfgeräten

17.4.1 Arten der Messungen

Bei der Prüfung der Schutzmaßnahmen mit Prüfgeräten ist durch Messungen festzustellen, ob die *zulässigen Grenzwerte* eingehalten werden. Im Gegensatz zu einer echten Messung kommt es dabei weniger auf den exakten Zahlenwert an, sondern darauf, ob Grenzen überschritten werden.

Bei den Schutzmaßnahmen *ohne Schutzleiter* sind *Spannungsmessungen* und Messung des *Isolationswiderstandes* erforderlich (**Tabelle 17.1**). Bei den Schutzmaßnahmen mit *Schutzleiter* sind *Spannungs- und Widerstandsmessungen* erforderlich (**Tabelle 17.2**).

Schutzmaßnahme	Prüfung	Prüfverfahren
doppelte oder verstärkte **Isolierung**	Keine Prüfung durch den Errichter, sofern keine Gerätereparatur. Bei Gerätereparatur siehe „Prüfung von instand gesetzten Geräten"(Abschnitt 18.2.3).	
Schutzkleinspannung SELV und PELV	**Messung**, ob Bemessungsspannung $U_N \leq 50$ V AC bzw. ≤ 25 V AC oder ≤ 120 V DC bzw. ≤ 60 V DC ist. Bei SELV Prüfung, ob der Ausgangsstromkreis ohne Erdschluss ist. Prüfung, ob der Ausgangsstromkreis leitend mit Anlagen höherer Spannung verbunden ist.	**Spannungsmessung.** **Isolationsmessung** gegen Erde (Prüfspannung ≥ 250 V DC, Isolation $\geq 0{,}50$ MΩ). Isolationsmessung gegen Anlage höherer Spannung (Prüfspannung ist entsprechend der Bemessungsspannung der Anlage höher, Isolation $\geq 0{,}50$ MΩ).
Schutztrennung mit nur einem Verbrauchsmittel je Sekundärwicklung des Trenntransformators	**Prüfung**, ob der Ausgangsstromkreis ohne Erdschluss ist. Prüfung, ob Produkt aus Spannung und Leitungslänge ≤ 100.000 Vm ist.	**Spannungsmessung.** **Isolationsmessung** gegen andere Stromkreise und Erde (Prüfspannung 500 V DC, Isolation $\geq 1{,}0$ MΩ bei Bemessungsspannung ≤ 500 V AC).
Schutztrennung mit mehreren Verbrauchsmitteln je Sekundärwicklung des Trenntransformators	– Prüfen, ob die ständige fachliche Überwachung gewährleistet ist. – Prüfen, ob für die vorgesehene Verwendung als Fehlerschutz die Schutztrennung mit nur einem Verbrauchsmittel Pflicht ist.	**Messungen** wie bei der Schutztrennung mit nur einem Verbrauchsmittel je Sekundärwicklung.
nicht leitende Umgebung	**Messung** des Isolationszustandes. Als Fehlerschutz nur ausreichend bei ständiger fachlicher Überwachung durch Elektrofachkraft oder elektrotechnisch unterwiesene Person.	**Messung** der Isolationsimpedanz vom Fußboden (bei $U_N \leq 500$ V AC, Standortübergangswiderstand $Z_x \geq 50$ kΩ, bei $U_N > 500$ V AC, $Z_x \geq 100$ kΩ).

Tabelle 17.1 Vom Errichter durchzuführende Prüfung mit Prüfgeräten bei Schutzmaßnahmen ohne Schutzleiter (Erstprüfung) nach DIN VDE 0100-600

Außerdem ist bei Schutzleitern und Schutzpotentialausgleichsleitern die *Durchgängigkeit* nachzuweisen. Das erfolgt mit einer Spannung DC von 4 V bis 24 V, wobei die Stromstärke mindestens 0,2 A betragen muss.

Bei der Durchführung der Messungen muss beachtet werden, dass durch die Messgeräte keine Unfall- oder Brandgefahren hervorgerufen werden dürfen. Deshalb sind bei den Messungen Spannungen und Stromstärken auf ungefährliche Werte (50 V bzw. 10 mA) zu begrenzen oder innerhalb von 0,4 s abzuschalten.

> Zur Prüfung der Schutzmaßnahmen müssen VDE-gerechte Prüfgeräte verwendet werden, weil sonst durch die Messung Gefahren entstehen können.

Schutzmaßnahme	Prüfung	Prüfverfahren
alle Schutzmaßnahmen mit **Schutzleiter**	**Besichtigen**: Sind Schutzeinrichtungen richtig ausgewählt? Haben PE, PB und Erdungsleiter den richtigen Querschnitt und die richtige Kennzeichnung? Sind RCDs vom richtigen Typ A, B, B+, F? **Prüfen**, ob PE ohne Verbindung zum N ist, z. B. durch Spannungsmessung gegen Erde.	
Durchgängigkeit Isolationswiderstand eines einzelnen Stromkreises	**Durchgängigkeit:** Bei PE und PB ist zu prüfen, ob bei einer Spannung von 4 V bis 24 V ein Strom von ≥ 0,2 A zum Fließen kommt. Prüfung mit einigen mA genügt nicht.	**Isolationswiderstand:** Messung in der Verteilung (bei $U_N \leq 500$ V AC messen mit DC 500 V), Isolationswiderstand $R_{iso} \geq 1$ MΩ. Bei Wiederholungsprüfung muss $R_{iso} \geq 1$kΩ/V sein, am 230-V-Netz also 230 kΩ.
Schutz infolge automatischer Abschaltung durch **RCD**	**Prüfen**, ob die RCD richtig arbeitet. Prüfen, ob die Fehlerspannung bei künstlichem Fehler ≤ 50 V ist.	**Prüftaste** betätigen. **Messung** der Fehlerspannung oder beim TT-System Messung des Erdungswiderstandes R_A. Es muss dann sein: $R_A \leq 50\ \text{V}/I_{\Delta N}$.
Schutz infolge automatischer Abschaltung durch **Überstrom-Schutzeinrichtung**	**Prüfen**, ob beim TN-System Z_{Sm} und beim TT-System R_A genügend klein sind. Da Z_{Sm} bei einer niedrigeren Leitungstemperatur als der Betriebstemperatur gemessen wird, muss sein: $Z_{Sm} \leq \frac{2}{3} \cdot \frac{U_0}{I_a}$	**Schleifenimpedanzmessung** an der entferntesten Stelle. **Erdungswiderstand** im TT-System messen. Es muss dann sein: $R_A \leq 50\ \text{V}/I_a$. I_a je nach Typ der Überstrom-Schutzeinrichtung $I_a = 5 \cdot I_N$ oder $I_a = 10 \cdot I_N$ (Abschnitt 6.3.5)
Schutz infolge Meldung durch Isolationsüberwachungseinrichtung **IMD**	**Prüfen**, ob die Überwachungseinrichtung richtig arbeitet. Prüfung, ob alle leitfähigen Konstruktionsteile niederohmig verbunden sind.	Betätigen der Prüftaste, Erdungswiderstandsmessung, Durchgängigkeitsprüfung.

N Neutralleiter, PE Schutzleiter, PB Schutzpotentialausgleichsleiter, I_a Abschaltstrom der Überstrom-Schutzeinrichtung, I_N Bemessungsstrom der Überstrom-Schutzeinrichtung, $I_{\Delta N}$ Bemessungsdifferenzstrom der RCD, R_A Widerstand des Anlagenerders, U_0 Bemessungsspannung gegen Erde, R_{iso} Isolationswiderstand, Z_{Sm} gemessene Schleifenimpedanz

Tabelle 17.2 Vom Errichter durchzuführende Prüfungen bei Schutzmaßnahmen mit Schutzleiter (Erstprüfung) nach DIN VDE 0100-600

17.4.2 Messung des Isolationswiderstandes

Isolationswiderstand der Anlage

Der Isolationswiderstand jedes Stromkreises einer elektrischen Anlage muss genügend groß sein. Dabei ist zu unterscheiden, ob die *Erstprüfung* nach DIN VDE 0100-600 erfolgt oder ob es sich um eine *wiederkehrende Prüfung* nach DIN VDE 0105-100 handelt.

Der Isolationswiderstand wird zwischen den Außenleitern und Erde bzw. dem geerdeten Schutzleiter gemessen (**Bild 17.2**). Zur Vereinfachung der Messung darf man die Außenleiter miteinander verbinden, natürlich nur nach Abtrennung vom Netz. In feuergefährdeten Räumen soll zusätzlich der Isolationswiderstand *zwischen den Außenleitern* gemessen werden. Die

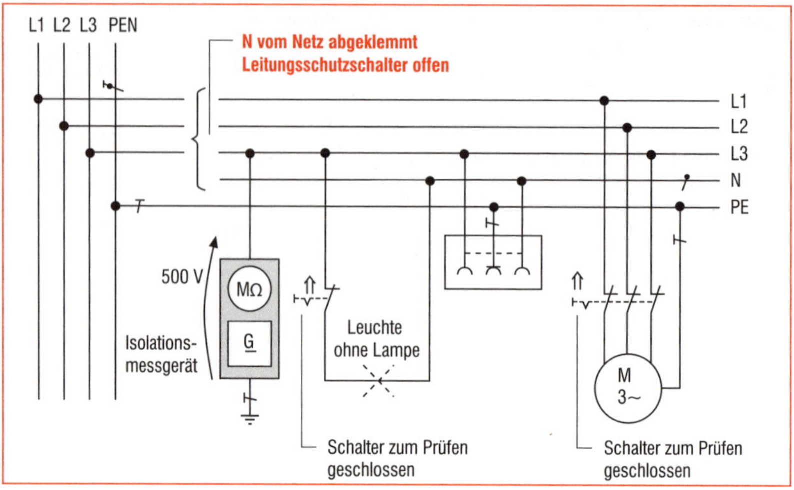

Bild 17.2 Durchführung der Prüfung gegen Erde

Messung kann ohne Verbrauchsmittel erfolgen oder mit eingeschalteten Verbrauchsmitteln.

Die Messung nimmt man mit Gleichspannung vor, da bei Wechselspannung ein kapazitiver Strom eine schadhafte Isolierung vortäuschen könnte. Bei Bemessungsspannungen des Stromkreises $U_N \leq 500\,V$ AC wird mit einer Messgleichspannung von 500 V gemessen, bei höheren Spannungen mit einer Messgleichspannung von 1.000 V.

Erstprüfung

In einer neu errichteten elektrischen Anlage oder einer grundlegend geänderten Anlage ist eine Erstprüfung nach DIN VDE 0100-600 vorzunehmen und zu dokumentieren.

> Bei der Erstprüfung muss der Isolationswiderstand der aktiven Leiter gegen Erde mit 500 V DC bzw. 1.000 V DC gemessen werden und ohne Verbrauchsmittel grundsätzlich für jeden Stromkreis mindestens 1 MΩ = 1.000 kΩ betragen.

Davon gibt es Ausnahmen. Wenn Überspannungs-Schutzeinrichtungen (ÜSE bzw. SPD) oder andere elektronische, fest eingebaute Betriebsmittel vorhanden sind, darf die Messgleichspannung bis auf 250 V gesenkt werden. Dasselbe trifft für Stromkreise mit PELV oder SELV zu, bei diesen genügt außerdem ein Isolationswiderstand von 0,5 MΩ.

Wiederkehrende Prüfung

In grundsätzlich allen elektrischen Anlagen sind in gesetzlich oder durch Normung festgelegten Zeitabständen wiederkehrende Prüfungen durchzuführen. Das wird vor allem bei gewerblichen und landwirtschaftlichen Anlagen umgesetzt (**Tabelle 17.3**), während bei Wohnhäusern wiederkehrende Prüfungen meist unterbleiben. Bei Mieterwechsel sollten diese stattfinden. Die Messung kann mit oder ohne Verbrauchsmittel erfolgen, wobei die verlangten Widerstandswerte verschieden groß sind.

Bei wiederkehrenden Prüfungen nach DIN VDE 0105-100 muss der Isolationswiderstand in trockenen Räumen mindestens 1 kΩ/V (1 kΩ je Volt der Bemessungsspannung) betragen, in feuchten Räumen (Räume, in denen zur Reinigung gespritzt wird) und im Freien 500 Ω/V. Diese Werte gelten bei abgeklemmten oder abgeschalteten Verbrauchsmitteln. Mit Verbrauchsmitteln muss der Isolationswiderstand in trockenen Räumen mindestens 300 Ω/V betragen und in feuchten Räumen 150 Ω/V.

Bei der wiederkehrenden Prüfung sind die Mindestwerte des Isolationswiderstandes ohne Verbrauchsmittel je nach Raumart 1 kΩ/V oder 500 Ω/V und mit Verbrauchsmitteln 300 Ω/V oder 150 Ω/V.

Anlage, Betriebsmittel	Prüffrist	Prüfer
elektrische Anlage, ortsfeste Betriebsmittel	4 Jahre	Elektrofachkraft
elektrische Anlagen, Betriebsmittel in Betriebsstätten, Räumen und Anlagen besonderer Art, z. B. Arbeitsstätten, Baustellen, Ausstellungen, Schwimmbäder	1 Jahr	Elektrofachkraft
Schutzmaßnahmen mit Fehlerstrom-Schutzeinrichtungen in nicht stationären Anlagen	1 Monat	Elektrofachkraft, unterwiesene Person
Fehlerstrom-, Differenzstrom-, Fehlerspannungs-Schutzschalter in – stationären Anlagen – nicht stationären Anlagen – fliegenden Bauten	6 Monate bis arbeitstäglich	Benutzer

Tabelle 17.3 Prüffristen für elektrische Anlagen und Betriebsmittel nach DIN VDE 0105-100 und DGUV Vorschrift 3. Für PV-Anlagen siehe Abschnitt 21.10

Eine Elektrofachkraft besitzt eine abgeschlossene Berufsausbildung im Bereich der elektrischen Energie- und Gebäudetechnik oder ist ein langjähriger Praktiker mit zusätzlichen Lehrgängen.

Beispiel 1:

Wie groß müssen beim 400-V-Drehstromnetz in einer Anlage ohne Feuergefährdung die Isolationswiderstände R_{iso} zwischen Außenleiter und Erde, z. B. PE und N, sein

a) bei der Erstprüfung in trockenen Räumen,

b) bei der Erstprüfung in feuchten Räumen,

c) bei der wiederkehrenden Prüfung ohne Verbrauchsmittel in trockenen Räumen,

d) bei der wiederkehrenden Prüfung mit Verbrauchsmitteln in feuchten Räumen?

Lösung:

a) **1 MΩ**

b) **1 MΩ**

c) R_{iso} = 1 kΩ/V · 230 V = **230 kΩ**

d) R_{iso} = 150 Ω/V · 230 V = **34,5 kΩ**

Beispiel 2:

In einer trockenen, aber feuergefährdeten Anlage am 400-V-Drehstromnetz ist bei der Wiederholungsprüfung der Isolationswiderstand zu ermitteln.

a) Zwischen welchen Leitern ist der Widerstand zu messen?

b) Wie groß muss jeweils R_{iso} mindestens sein?

Lösung:

a) Messungen zwischen den aktiven Leitern (Außenleitern und Neutralleiter) und dem geerdeten Schutzleiter und zusätzlich zwischen den Außenleitern.

b) Messung zwischen aktiven Leitern und Erde
R_{iso} = 1 kΩ/V · 230 V = **230 kΩ,**
Messung zwischen den Außenleitern
R_{iso} = 1 kΩ/V · 400 V = **400 kΩ.**

Die Prüfspannung von 500 V, 250 V oder 1.000 V muss bei Belastung des Messgerätes mit 1 mA vorhanden sein. Die Isolationsmessgeräte (**Bild 17.3**) arbeiten meist mit einer Batterie und enthalten eine elektronische Schaltung, welche die erforderliche Prüfspannung erzeugt.

Im Prinzip ist das Isolationsmessgerät ein Spannungserzeuger, zu dem ein *Strombegrenzungswiderstand* und ein Strommesser in Reihe geschaltet sind (**Bild 17.4**). Die gemessene Stromstärke durch die Isolation ist umgekehrt proportional dem Isolationswiderstand. Die Skala des Strommessers

Quelle: www.beha-amprobe.com

Bild 17.3 Multimeter als Isolationsmessgerät

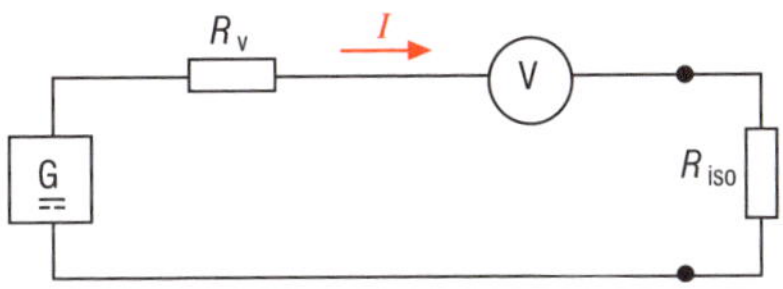

Bild 17.4 Prinzip eines Isolationsmessgeräts

kann deshalb direkt in Ohm kalibriert werden. Der Strombegrenzungswiderstand verhindert eine Gefährdung bei der Messung.

> Isolationsgeräte enthalten einen Strombegrenzungswiderstand, damit bei der Messung keine gefährlichen Körperströme auftreten können.

Ergibt die Messung einen zu kleinen Isolationswiderstand und sind Verbraucher mit angeschlossen, so müssen die Verbraucher abgeklemmt beziehungsweise entfernt werden. Danach ist die Messung zu wiederholen.

> Angeschlossene Verbraucher können bei der Messung des Isolationswiderstandes einen zu kleinen Isolationswiderstand der Anlage vortäuschen.

Es mag scheinen, als ob die Messung des Isolationswiderstandes des Neutralleiters eigentlich überflüssig sei, weil dieser ja irgendwo in der elektrischen Anlage geerdet ist, z. B. durch Anschluss an den PEN-Leiter. Durch die Messung des Isolationswiderstandes des Neutralleiters wird aber geprüft, ob der Neutralleiter einen Erdschluss hat oder durch falschen Anschluss mit dem PE verbunden ist. In beiden Fällen könnte eine Gefährdung auftreten.

Die Prüfung des Isolationswiderstandes vom Neutralleiter ist besonders wichtig, weil hierbei gleichzeitig auf Erdschlussfreiheit und Trennung vom Schutzleiter geprüft wird.

In einem sonst fehlerfreien TN-S-System führt eine Unterbrechung des Neutralleiters N nur dazu, dass an N angeschlossene Verbrauchsmittel nicht arbeiten, weil der Stromkreis unterbrochen ist. Wird aber nach der Aufteilung des PEN in N und PE im TN-S-System wieder N mit PE verbunden, so gelangt bei einer Unterbrechung des N die volle Netzspannung über den Außenleiter L, den Lastwiderstand des Verbrauchsmittels, dem N vom Verbrauchsmittel, die fehlerhafte Verbindung von N mit PE zu dem PE des Systems und damit an alle Körper der Verbrauchsmittel des Stromkreises (**Bild 17.5**).

Im TN-S-System darf nach der Aufteilung des PEN in N und PE nirgendwo der N wieder mit dem PE verbunden werden, weil sonst bei einer N-Unterbrechung Lebensgefahr besteht.

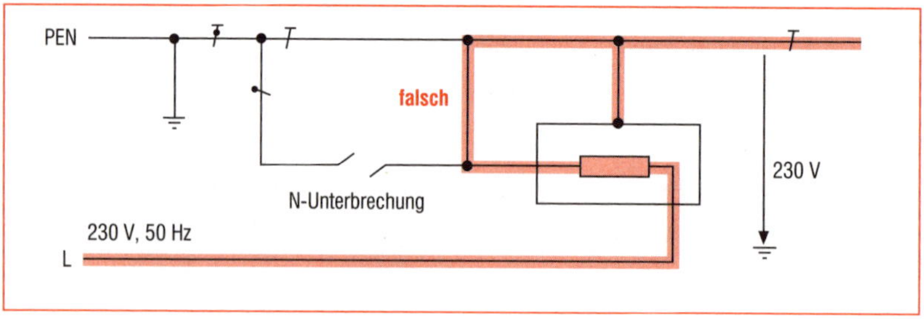

Bild 17.5 Folge einer fehlerhaften Verbindung von N mit PE

Isolationsmessung im TN-C-S-System

Wenn die Messung nach Bild 17.2 nicht zu befriedigenden Ergebnissen führt, dann sind die Verbrauchsmittel abzuschalten oder zu entfernen. Danach ist die Messung zu wiederholen. Meist genügt dann die Messung in der Verteilung zwischen dem PE-Leiter und den übrigen Leitern.

Werden die erforderlichen Mindestwerte des Isolationswiderstandes nicht erreicht, dann müssen die einzelnen Stromkreise getrennt gemessen werden. Zu diesem Zweck müssen zusätzlich die Neutralleiter der einzelnen Stromkreise abgetrennt werden (**Bild 17.6**). Das Freischalten der Stromkreise erfolgt an den Überstrom-Schutzeinrichtungen.

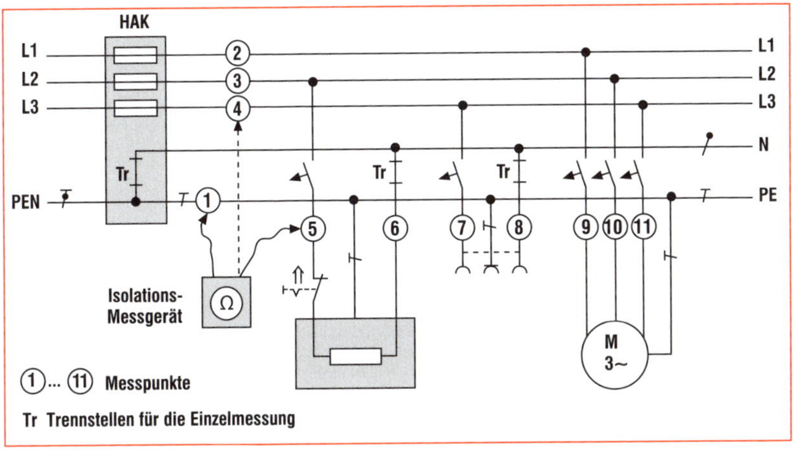

Bild 17.6 Isolationsmessung im TN-C-S-System

Isolationsmessung bei SELV und PELV

Die Isolationsmessung bei SELV und PELV ist bei freigeschaltetem Transformator auf der Kleinspannungsseite mit einer Prüfspannung von mindestens 250 V vorzunehmen (**Bild 17.7**). Durch die Isolationsmessung zwischen Erde und den verschiedenen Messpunkten wird festgestellt, ob beim Transformator ein Erdschluss vorliegt und ob seine Kleinspannungsseite zuverlässig von der Oberspannungsseite getrennt ist. Der Isolationswiderstand muss auf der Kleinspannungsseite mindestens 250 kΩ betragen. Für die Oberspannungsseite gelten die Werte des 230-V-Netzes.

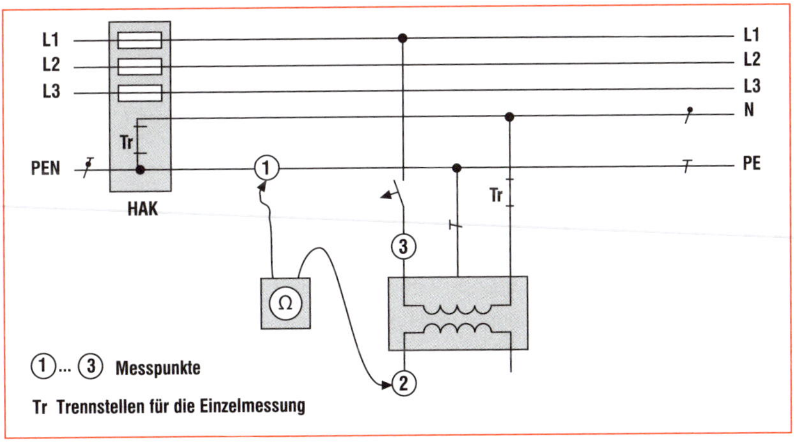

Bild 17.7 Isolationsmessung bei SELV und PELV

Isolationsmessung ohne Abschalten der Anlage

Eine Isolationsmessung im abgeschalteten Zustand ist oft mit hohen Ausfallkosten einer Anlage oder aufwendigem Wiederanfahren der Anlage verbunden. Daher sind auch zwei Messverfahren zulässig, die ohne eine Abschaltung der Anlage auskommen:

- die permanente Differenzstrommessung bei geerdeter Stromversorgung (TN-System, TT-System) und
- die permanente Messung des Isolationswiderstandes bei ungeerdeter Stromversorgung, IT-System).

Durch ständiges Auswerten der Differenzströme können Verschlechterungen in der Isolation erkannt werden. Voraussetzung hierzu ist ein selektives System zur Differenzstrommessung (RCM, Residual Current Monitor, **Bild 17.8**). In einer fehlerfreien Anlage ist die Summe der in L1, L2, L3 und N fließenden Ströme Null. Bei Abweichung von Null fließt ein Fehlerstrom. Bei einer bestimmten Höhe erfolgt über den RCM eine Meldung, ab einer kritischen Höhe wird die Anlage über eine externe Schalteinrichtung, z. B. ein Schütz, automatisch abgeschaltet. Im IT-System kann der Isolationswiderstand mittels einer Isolationsüberwachungseinrichtung (IMD, Isolation Monitoring Device) permanent überwacht werden.

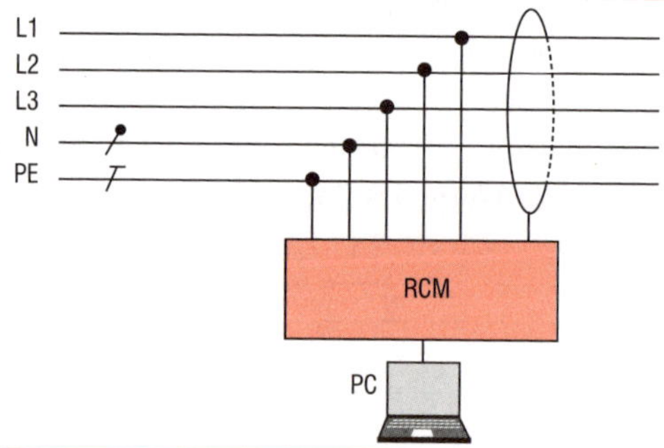

Bild 17.8 Selektive Differenzstrommessung durch RCM

Prüfung des Isolationszustandes von Fußböden und Wänden

Der Schutz durch nicht leitende Umgebung ist in neuen Anlagen nur bei fachlich überwachten Anlagen ausreichend.

Beim Schutz durch nicht leitende Umgebung muss geprüft werden, ob der Isolationswiderstand des Fußbodens genügend groß ist. Dazu wird die Isolationsimpedanz (Impedanz = Wechselstromwiderstand) zwischen einem feuchten, belasteten Tuch und einem Erder gemessen.

Als anliegende Spannung können verwendet werden die Sternspannung des Netzes, die Ausgangsspannung eines Transformators oder die Leerlaufspannung eines sonstigen Spannungserzeugers. Der Spannungsmesser muss über einen hohen Innenwiderstand verfügen (elektronisches Messgerät).

Zur Messung legt man ein feuchtes Tuch, darüber eine Metallplatte, darüber eine Holzplatte und schließlich eine Last auf den zu prüfenden Fußboden (**Bild 17.9**). Die Prüfspannung kann man direkt von einem Außenleiter beziehen. Man misst die Spannung U_x der Metallplatte gegen Erde, z.B. dem PE, und die Stromstärke I_m. Die Isolationsimpedanz einer Wand misst man mit derselben Anordnung, wobei feuchtes Tuch, Metallplatte und Holzplatte gegen die Wand gepresst werden. Dabei beträgt die Anpresskraft aber nur 250 N statt 750 N.

Die Schaltung nach Bild 17.9 ist nur ein Schaltungsbeispiel. Die Messung kann auch mit einer gleich hohen Spannung erfolgen, die vom Netz getrennt ist.

Isolations-impedanz

$$Z_x = \frac{U_x}{I_m} \quad (1)$$

Z_x Isolationsimpedanz (Isolationswiderstand) gegen Erde
U_x Spannung gegen PE
I_m gemessene Stromstärke

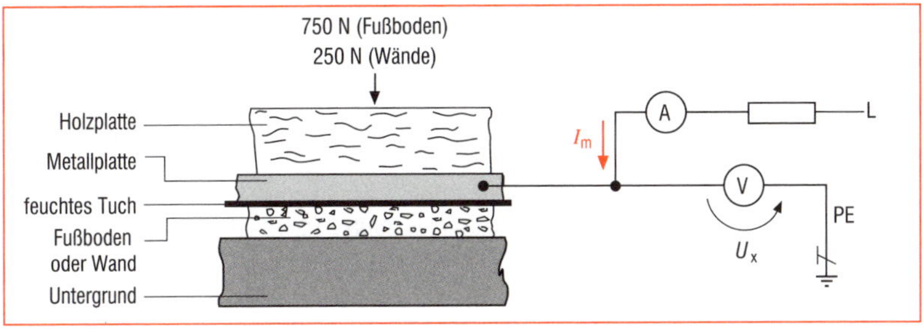

Bild 17.9 Messung des Isolationswiderstandes des Fußbodens nach DIN VDE 0100-600

Beispiel:

Man misst in Schaltung Bild 17.9 $U_x = 70\,\text{V}$ und $I_m = 1\,\text{mA}$.
Wie groß ist Z_x?

Lösung:

$$Z_x = \frac{U_x}{I_m} = \frac{70\,\text{V}}{1\,\text{mA}} = \mathbf{70\,k\Omega}$$

Wenn der Schutz durch nicht leitende Umgebung vorgenommen werden soll, dann müssen isolierende Fußböden und isolierende Wände bei Bemessungsspannung bis 500 V AC oder 750 V DC einen Isolationswiderstand bei der oben beschriebenen Messung von mindestens 50 kΩ haben, bei größeren Bemessungsspannungen mindestens 100 kΩ. Die Messung des Isolationswiderstands ist an mindestens drei verschiedenen Stellen des betreffenden Raums vorzunehmen.

17.4.3 Messung der Fehlerschleifenimpedanz

Erfolgt der Fehlerschutz durch Abschaltung, so muss in TN-Systemen im Fehlerfall der Abschaltstrom (Auslösestrom) I_a fließen, bei Fehlerstrom-Schutzeinrichtungen RCD muss der Bemessungsdifferenzstrom $I_{\Delta N}$ zum Fließen kommen. Die Impedanz (Scheinwiderstand) der Fehlerschleife (**Bild 17.10**) darf höchstens so groß sein, dass bei der gegebenen Netzspannung der Abschaltstrom beziehungsweise der Bemessungsdifferenzstrom zum Fließen kommt.

Wenn RCDs mit $I_{\Delta N} \leq 500\,\text{mA}$ als Abschalteinrichtung verwendet werden, ist die Messung der Fehlerschleifenimpedanz beim TN-System im Allgemeinen nicht nötig (DIN VDE 0100-600).

Fehlerschleifen-impedanz

$$Z_S \leq \frac{U_N}{I_a} \quad (1)$$

Z_S Fehlerschleifenimpedanz
I_a Abschaltstrom der Abschalteinrichtung
U_N Bemessungsspannung des Netzes (Sternspannung)

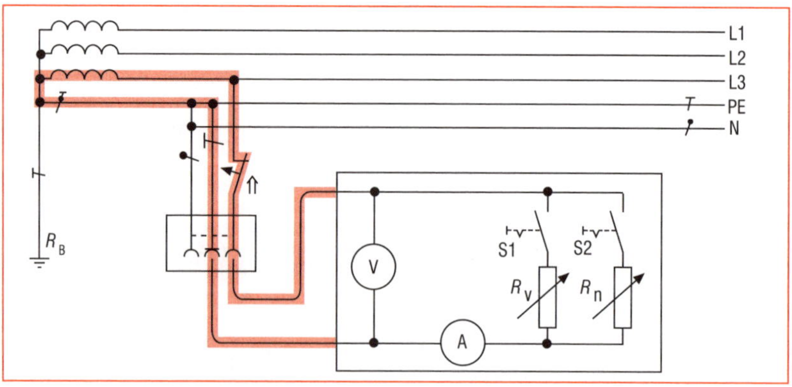

Bild 17.10 Messung der Schleifenimpedanz

Die *Fehlerschleifenimpedanz* wird an der Steckdose gemessen. Der Abschaltstrom hängt von der vorhandenen Überstrom-Schutzeinrichtung ab. Die Messung wird im Prinzip nach Bild 17.10 vorgenommen. Zunächst wird ohne Lastwiderstände die Sternspannung gemessen. Danach wird der Schalter S1 geschlossen (*Vorprüfung*). Geht die Spannung nicht merklich zurück, schließt der Schalter S2 (*Hauptprüfung*). Aus der Spannungsdifferenz und der Stromstärke lässt sich der gemessene Schleifenwiderstand Z_{Sm} berechnen.

Fehlerschleifenimpedanz (gemessen)

$$Z_{Sm} = \frac{U_0 - U}{I}$$ 2

Z_{Sm} gemessene Fehlerschleifenimpedanz
U_0 Sternspannung im Leerlauf
U Lastspannung
I Stromstärke

Beispiel:
Die Leerlaufspannung an einer Steckdose ist 235 V, bei Belastung mit 20 A sinkt die Spannung auf 225 V. Wie groß ist die gemessene Fehlerschleifenimpedanz?

Lösung:

$Z_{Sm} = (U_0 - U)/I = (235\,\text{V} - 225\,\text{V})/20\,\text{A} = \mathbf{0{,}5\,\Omega}$

Meist wird die Fehlerschleifenimpedanz mit Messgeräten bestimmt, die direkt den Kurzschlussstrom und die Fehlerschleifenimpedanz anzeigen. Diese Messung ergibt oft für den Fehlerfall einen zu niedrigen Wert, weil die Messung mit einer kleinen Stromstärke von z. B. 10 A erfolgt, im Fehlerfall aber sehr viel stärkere Ströme, z. B. Kurzschlussströme, auftreten. Dadurch ist im Fehlerfall die Leitungstemperatur sehr viel höher und damit auch die Fehlerschleifenimpedanz. Nach DIN VDE 0100-600 muss deshalb Z_{Sm} einen Sicherheitsabstand zum zulässigen Höchstwert von Z_s haben und muss geprüft werden.

Zur Prüfung von Z_{Sm}:

$$Z_{Sm} \leq \frac{2 \cdot U_0}{3 \cdot I_a}$$ 3

Z_{sm} gemessene Fehlerschleifenimpedanz
U_o Spannung Außenleiter – Neutralleiter
I_a Abschaltstrom der Überstrom-Schutzeinrichtung

Messung der Fehlerschleifenimpedanz mit Stromzangen

Bei den TN-Systemen misst man oft an Stelle der Fehlerschleifenimpedanz mit speziellen Stromzangen die fast gleich große Erdschleifenimpedanz

(**Bild 17.11**). Über die Stromzange G1 wird eine Messspannung U in der Erdschleife induziert. Die Stromzange P1 misst den daraus folgenden Strom I. Die Impedanz Z ist dann U/I.

Beide Stromzangen sind in der Praxis zu einer einzigen speziellen Stromzange zusammengefasst, deren Anzeige direkt die gemessene Schleifenimpedanz ablesen lässt.

Die Messwerte der Stromzangen können durch Einsteuerungen von Fremdfeldern, ungünstige Leiteranordnungen in der Stromzange oder durch Verschmutzungen in den Stromzangen ungenau werden. Dies ist bei den Messungen zu beachten.

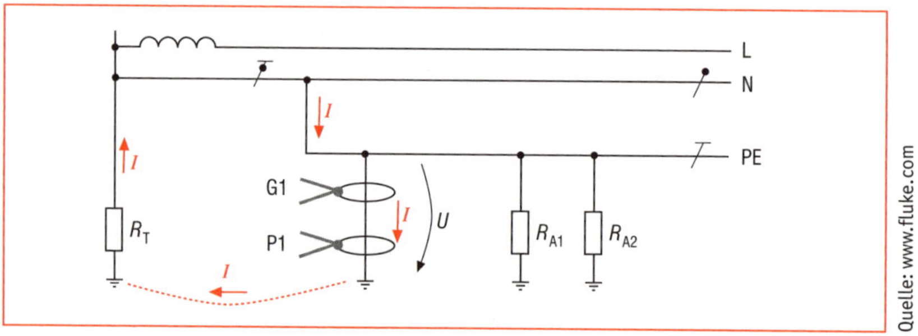

Bild 17.11 Messung der Erdschleifenimpedanz im TN-System mittels spezieller Stromzangen (R_T Widerstand Trafoerdung, R_A Widerstand Anlagenerdung)

17.4.4 Messung des Erdungswiderstandes

In *TT-Systemen* muss beim 230-V-AC-Netz der Anlagen-Erdungswiderstand R_A so niedrig sein, dass die automatische Abschaltung durch RCDs innerhalb von 0,2 s erfolgt, wenn die höchstzulässige Berührungsspannung von 50 V AC überschritten wird.

Anlagen-Erdungswiderstand

beim TT-System

$$R_A \cdot I_{\Delta N} \leq 50\,\text{V} \quad (1)$$

beim IT-System und 230 V AC

$$R_A \cdot I_d \leq 50\,\text{V} \quad (2)$$

R_A Anlagen-Erdungswiderstand
$I_{\Delta N}$ Bemessungsdifferenzstrom
I_d Fehlerstrom beim 1. Fehler

Im *IT-System* tritt an Stelle von I_a der Fehlerstrom I_d. Das ist der Fehlerstrom, der beim Auftreten des ersten Fehlers zwischen einem Außenleiter und dem Körper eines Betriebsmittels zum Fließen kommt.

Ist $I_d \leq 15$ mA kann auf eine RCD verzichtet werden. Im DC-System gibt es für $R_A \cdot I_d$ keine Spannungsbegrenzung, da I_d sehr klein ist.

Für die Messung des Erdungswiderstandes gibt es mehrere Möglichkeiten. Bei der Messung mit Hilfe der Netzspannung (**Bild 17.12**) wird ein Strom über einen Stellwiderstand und einen Strommesser in das Erdreich geschickt. Ein hochohmiger Spannungsmesser wird zwischen den Erder und eine Messsonde geschaltet. Dann wird der Spannungsfall am Erder gemessen. Da der Spannungsmesser sehr hochohmig ist, kann der über ihn fließende Strom vernachlässigt werden. Dadurch kann der Erdungswiderstand der Sonde unberücksichtigt bleiben.

Dieses Messverfahren eignet sich nur für Netze, die einen Sternpunkt haben.

Erdungswiderstand
bei $R_i \geq 40\,\text{k}\Omega$

$$R_E = \frac{U}{I}$$ 3

R_E Erdungswiderstand
U Spannung an R_E
I Stromstärke durch R_E

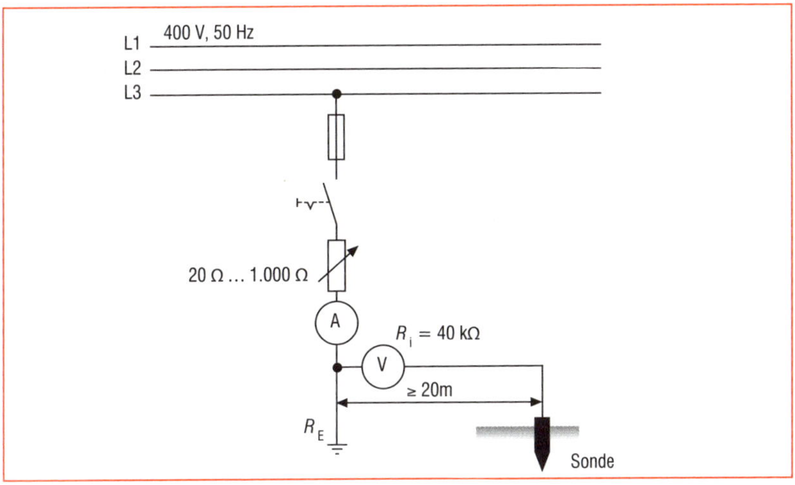

Bild 17.12 Messung des Erdungswiderstands R_E

Ein weiteres Verfahren zur Messung des Erdungswiderstands besteht darin, einen Hilfserder im Abstand von mindestens 40 m zum eigentlichen Erder sowie mittig dazu eine Sonde in das Erdreich zu stecken. Das Erdungsmessgerät wird an diese drei Elemente angeschlossen (**Bild 17.13**). Über einen konstanten Wechselstrom, der zwischen Hilfserder und Erder eingespeist wird, werden drei Strom-Spannungs-Messungen zwischen Erder und Sonde vorgenommen: Sonde mittig, um ca. 4 m nach links versetzt sowie

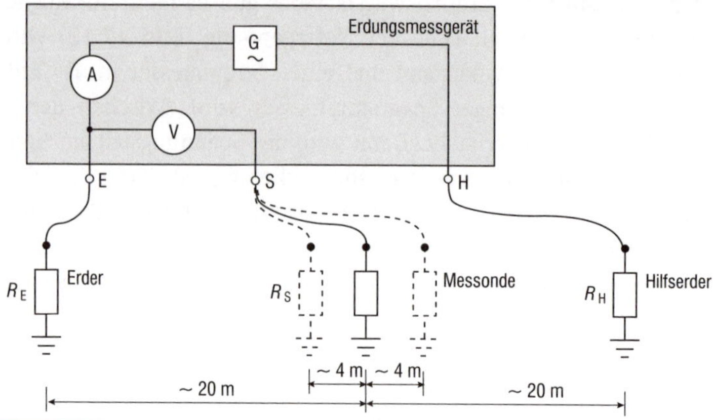

Bild 17.13 Messung des Erdungswiderstands mittels Hilfserder und Messsonde

um ca. 4 m nach rechts versetzt. Aus dem Mittelwert dieser Messungen wird der Erdungswiderstand vom Messgerät berechnet.

Zulässig ist auch, die drei Spieße (Erder, Messsonde, Hilfserder) gemäß einem gleichschenkligen Dreieck mit Seitenlängen von mindestens 20 m zu stecken. Bei den Messungen werden meist 40 V AC bei bis zu 15 mA verwendet.

Meist erfolgt die Messung des Erdungswiderstands jedoch über eine Messung der Erdschleifenimpedanz mittels einer speziellen Erdungsmesszange (Erdungsprüfzange) entsprechend der Darstellung in Bild 17.11 (beide Stromzangen sind dann jedoch als eine Messzange ausgeführt). Für die Messung müssen zwei Erdverbindungen vorliegen. Es kann hierbei bequem ohne weiträumig gesteckte Erdspieße gemessen werden.

17.4.5 Messungen bei RCDs

Es wurde schon darauf hingewiesen, dass das Betätigen der Prüftaste der RCD nur Auskunft über die einwandfreie Funktion der Schutzeinrichtung geben kann. Die Prüfung der Wirksamkeit des Schutzes durch die RCD wird durch besondere Prüfgeräte vorgenommen.

Im Prinzip simuliert man dabei über einen Stellwiderstand einen Körperschluss (**Bild 17.14**). Der Stellwiderstand wird dabei so lange verkleinert bis Auslösung erfolgt. Gleichzeitig werden der Differenzstrom (Fehlerstrom) und die Berührungsspannung gemessen.

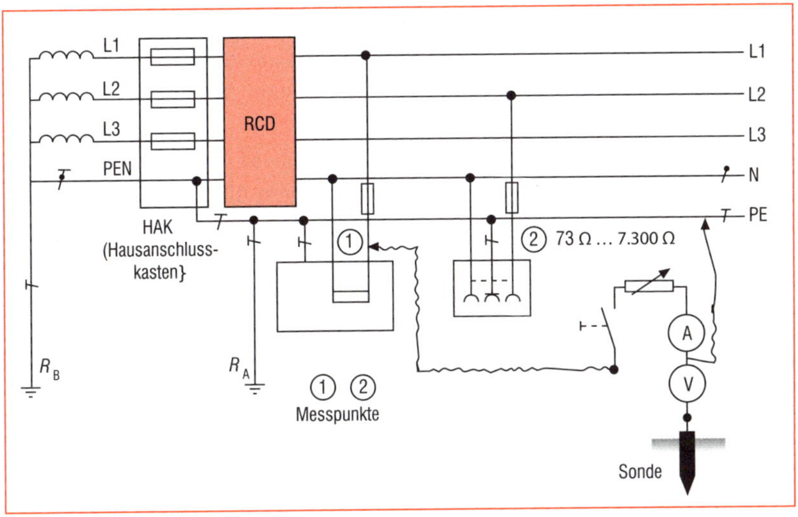

Bild 17.14 Prüfung der Wirksamkeit des Schutzes durch eine RCD (Verfahren mit Sonde)

Bei der Prüfung der Wirksamkeit des Schutzes durch die RCD muss Auslösung erfolgen, bevor der Bemessungsdifferenzstrom und die höchstzulässige Berührungsspannung überschritten werden.

Zur Messung ohne Sonde verwendet man eine Messeinrichtung, die wieder durch einen Stellwiderstand einen **Körperschluss simuliert (Bild 17.15)**. Zunächst wird ohne Körperschluss die Netzspannung gemessen und aufgeschrieben. Dann verkleinert man den Stellwiderstand, wobei jeweils die nun kleiner werdende Netzspannung gemessen wird. Die bei Auslösung der RCD gemessene Netzspannung wird aufgeschrieben.

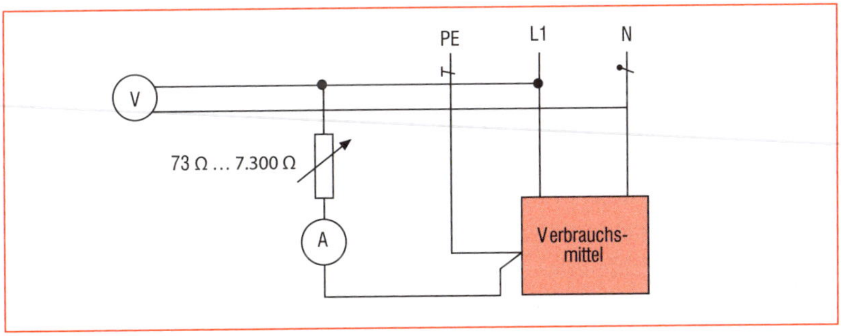

Bild 17.15 Prüfung der Wirksamkeit des Schutzes durch eine RCD (Prüfung mit Spannungsabsenkung)

Die Differenz zwischen der anfangs und der zuletzt gemessenen Netzspannung ist so groß wie die bei der Messung aufgetretene Berührungsspannung. Bei diesem Messverfahren spricht man vom Prinzip der *Spannungsabsenkung*.

Beim Verfahren mit *ansteigendem Prüfstrom* wird ein simulierter Fehlerstrom hinter der RCD gemessen. Beim Abschalten dieser muss der Fehlerstrom (Prüfstrom) kleiner gleich dem Bemessungsdifferenzstrom $I_{\Delta N}$ der RCD sein.

Die Auslösung der RCD kann auch geprüft werden mittels *Stromimpuls* in der Höhe des Bemessungsdifferenzstroms $I_{\Delta N}$ der RCD und einer Impulsdauer von maximal 200 ms (*Impulsmessung*). Die Zeit bis zum Auslösen der RCD wird gemessen.

Es gibt besondere Prüfgeräte für die Prüfung des Schutzes durch RCDs (**Bild 17.16**).

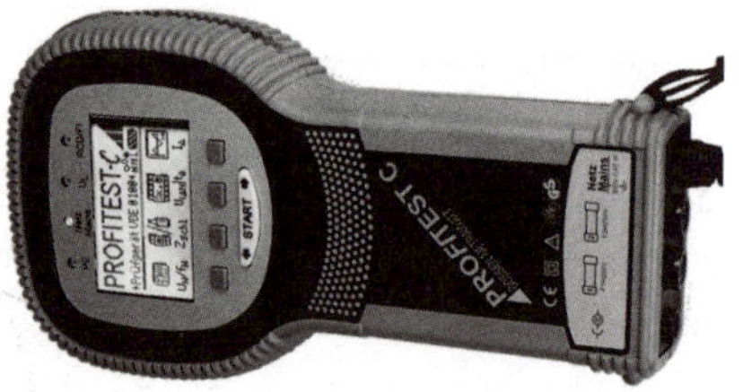

Quelle: www.gmc-instruments.de

Bild 17.16 Messgerät zur Prüfung des Schutzes durch eine RCD

17.4.6 Mehrfach-Prüfgeräte

Die mit Messgeräten durchzuführenden Prüfungsaufgaben bei der Prüfung der Elektroinstallation können mit einzelnen Prüfgeräten durchgeführt werden oder mit einem Mehrfach-Prüfgerät (**Bild 17.17**). Dieses Gerät ermöglicht alle Messungen bei der Prüfung der Elektroinstallation:

- Messung von Spannung, Widerstand und Frequenz,
- Messung des Schleifenwiderstandes,
- Messung des Erdungswiderstandes,
- Messung der Standortisolation,
- Prüfung der Drehfeldrichtung und
- Prüfung der Wirksamkeit von RCDs.

Die Messergebnisse werden auf einem Display (digitale Anzeige) ausgegeben und können zur Dokumentation mittels eines aufsteckbaren, kleinen

Quelle: www.gmc-instruments.de

Bild 17.17 Mehrfach-Prüfgeräte für Messungen bei der Prüfung der Elektroinstallation

Druckers ausgedruckt werden. Die Messergebnisse sind aber auch im Gerät speicherbar, sodass sie nach Durchführung der Messung in einen PC übernommen werden können. Die Messbereiche derartiger Geräte sind recht groß (**Tabelle 17.4**).

> In modernen Messgeräten können Messergebnisse bei der Prüfung der Elektroinstallation angezeigt, ausgedruckt und gespeichert werden.

Für die Widerstandsmessungen erfolgt die Stromversorgung über eine Batterie, die je nach Gerätetyp meist aufladbar ist. Die verschiedenen Steckereinsätze des Prüfgerätes (Bild 17.17) ermöglichen Prüfungen auch in jenen europäischen Staaten, in denen andere Steckdosen als in Deutschland verwendet werden.

Art der Prüfung oder Messung	Daten
Prüfung der RCD mit Bemessungs-Differenzstrom, Berührungsspannung mit steigendem Fehlerstrom, Auslösestrom	 0 V … 70 V 0,3 $I_{\Delta N}$ … 5 $I_{\Delta N}$
Überstrom-Schutzeinrichtung Schleifenimpedanz Kurzschlussstrom	 0 Ω … 9,9 Ω 6 A … 9 kA
Erdungswiderstand Erderspannung	0 Ω … 9,9 kΩ 0 V … 253 V
Isolationsmessung Messspannungen	0 Ω … 99,9 MΩ DC 100/250/500 V
Niederohmmessung	0 Ω … 20 Ω
Wechselspannung	0 V … 500 V
Frequenz	15,4 Hz … 400 Hz

Tabelle 17.4 Messmöglichkeiten mit Mehrfach-Prüfgeräten

Kontrollfragen

1. Wer muss eine neu errichtete Elektroinstallation auf einwandfreie Funktion prüfen?
2. Auf welche Weise ist die Sichtprüfung vorzunehmen?
3. In welchem Fall ist die Elektroinstallation einer Wohnung neu zu prüfen?
4. Auf welche Weise wird die Sichtprüfung vorgenommen, wenn Schutzmaßnahmen ohne Schutzleiter angewendet werden?
5. Worauf erstreckt sich die Sichtprüfung vor allem, wenn Schutzmaßnahmen mit Schutzleiter angewendet werden?
6. Welche Messungen sind vorzunehmen, wenn Schutzmaßnahmen ohne Schutzleiter angewendet werden?
7. Geben Sie die durchzuführenden Messungen für den Fall an, dass Schutzmaßnahmen mit Schutzleiter angewendet werden.
8. Warum muss man zur Prüfung der Schutzmaßnahmen VDE-gerechte Prüfgeräte verwenden?
9. Mit welchen elektrischen Werten wird die Durchgängigkeit von Schutzleitern geprüft?
10. Warum ist die Messung des Isolationswiderstandes vom Neutralleiter besonders wichtig?
11. Was versteht man unter Fehlerschleifenimpedanz?

12. An welcher Stelle des Stromkreises misst man die Fehlerschleifenimpedanz?
13. Wie führt man die Erprobung der Feherstrom-Schutzeinrichtung RCD durch?
    1. Durch Betätigen der Prüftaste,
    2. durch einen künstlichen Körperschluss am zu schützenden Gerät,
    3. durch Vornahme der vorgeschriebenen Messungen,
    4. durch künstliche Herstellung eines Kurzschlusses,
    5. durch Simulation eines Erdschlusses am zu schützenden Gerät.

☐

14. Welche Aufgabe hat die Erprobung der RCD?
    1. Prüfung auf Funktionstüchtigkeit der Schutzmaßnahme,
    2. Prüfung auf Funktion der Schutzeinrichtung,
    3. Prüfung auf einwandfreie Verlegung des Schutzleiters,
    4. Prüfung auf Trennung von Neutralleiter und Schutzleiter,
    5. Prüfung auf ausreichend kleine Fehlerschleifenimpedanz.

☐

15. Mit welcher Stromart wird der Isolationswiderstand der Leiter gegen Erde gemessen?
    1. Mit AC oder DC,
    2. mit DC,
    3. mit AC,
    4. bei Kleinspannung mit AC, sonst mit DC,
    5. bei Kleinspannung mit DC, sonst mit AC.

☐

16. Wie groß muss der Isolationswiderstand jedes Stromkreises bei der Wiederholungsprüfung sein?
    1. Immer 1.000 Ω/V,
    2. immer 500 Ω/V,
    3. in trockenen Räumen 1.000 Ω/V und sonst 500 Ω/V,
    4. bei Schutzmaßnahmen ohne Schutzleiter 500 Ω/V und sonst 1.000 Ω/V,
    5. immer 22 kΩ.

☐

18 Fehlersuche in Anlagen

18.1 Fehler der Elektroinstallation

18.1.1 Allgemeines

In der vom Elektroniker für Gebäudetechnik errichteten Anlage gibt es eine große Anzahl von Fehlermöglichkeiten. Fehler können durch *menschliches Versagen* entstehen, z. B. durch falsches Verklemmen oder durch fehlerhaft zugerichtete Leiterenden. Häufig entstehen sie aber durch *Umwelteinflüsse*, z. B. durch Eindringen von Wasser in die elektrische Anlage. Schließlich treten Fehler auch durch natürliche Alterung auf, z. B. durch Oxidation von Anschlüssen.

> Fehler der verschiedensten Art können in neu errichteten und in alten Anlagen auftreten.

Zur Behebung der Fehler muss die Ursache gefunden werden. Da elektrische Anlagen umfangreich sind, ist die Suche nach dem Fehlerort das eigentliche Problem. Meist verwendet man zur Fehlersuche den elektrischen Strom selber. Hierbei werden die Abdeckungen der elektrischen Betriebsmittel entfernt. Das bedeutet ein Arbeiten unter Spannung. Die Spannung kann dabei vom Prüfgerät selbst herrühren oder aber auch vom Versorgungsnetz.

> Bei der Fehlersuche sind die Bestimmungen über das Arbeiten unter Spannung zu beachten.

Das Arbeiten unter Spannung ist problemlos, wenn die zur Fehlersuche verwendeten Stromkreise (nicht gleich bedeutend mit den zu untersuchenden Stromkreisen der Elektroinstallation!) nur eine geringe Energie abgeben können. Derartige Stromkreise bezeichnet man als *eigensicher*.

Prüfgeräte, die einen eigenen Spannungserzeuger enthalten und den VDE-Bestimmungen entsprechen, können als Bestandteil eines eigensicheren Stromkreises aufgefasst werden. Deshalb darf mit ihnen problemlos nach Fehlern gesucht werden. Es versteht sich, dass dabei eine zuverlässige *Trennung* von der Netzspannung erfolgen muss, weil sonst keine Eigensicherheit vorliegt. Häufig wird auch die Netzspannung selbst bei der Fehlersuche verwendet.

Bei der üblichen Spannung von 230 V AC darf in der zu prüfenden Anlage nur eine Elektrofachkraft mit besonderen Kenntnissen und Fachausbildung arbeiten (Arbeiten unter Spannung, Tabelle 18.2).

> Die Fehlersuche mithilfe der Netzspannung darf nur von einer voll ausgebildeten Elektrofachkraft vorgenommen werden.

18.1.2 Prüfgeräte für die Fehlersuche

Es gibt eine große Anzahl von Prüfgeräten für die Fehlersuche, insbesondere für die Fehlersuche bei elektrischen Geräten. Für die Fehlersuche in installierten Anlagen sind vor allem Durchgangsprüfer und Spannungsprüfer von Bedeutung.

Durchgangsprüfer

Beim *Durchgangsprüfer* bewirkt der eingebaute Spannungserzeuger ein optisches oder akustisches Signal, wenn eine elektrische Verbindung besteht (**Bild 18.1**). Besonders wirkungsvoll sind Durchgangsprüfer, bei denen das Signal einen Rückschluss auf die Größe des Widerstandes der zu prüfenden Strecke erlaubt. Hier wird durch eine elektronische Schaltung und einen kleinen Lautsprecher als Signal ein Ton erzeugt, der umso höher ist, je kleiner der Widerstand der Prüfstrecke ist. Bei einem hohen Ton ist also eine fast widerstandslose Verbindung vorhanden, bei einem niedrigen Ton eine Verbindung mit merklichem Widerstand.

> Durchgangsprüfer mit einem akustischen Signal haben den Vorzug, dass eine Prüfung ohne Sichtverbindung zum Prüfgerät möglich ist.

Dadurch ist es möglich, sich bei der Prüfung auf die Prüfstelle zu konzentrieren und nicht auf das Prüfgerät (**Bild 18.2**). Zur Prüfung der Durchgängigkeit in der installierten Anlage müssen für den Durchgangsprüfer genügend lange Prüfleiter, z. B. flexible Aderleitungen, vorhanden sein.

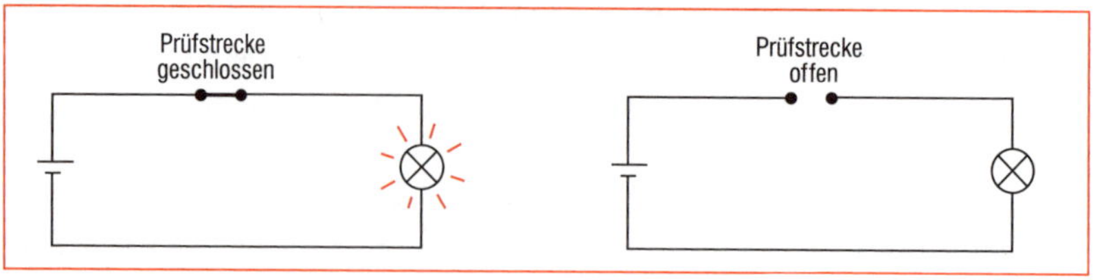

Bild 18.1 Prinzip des Durchgangsprüfers

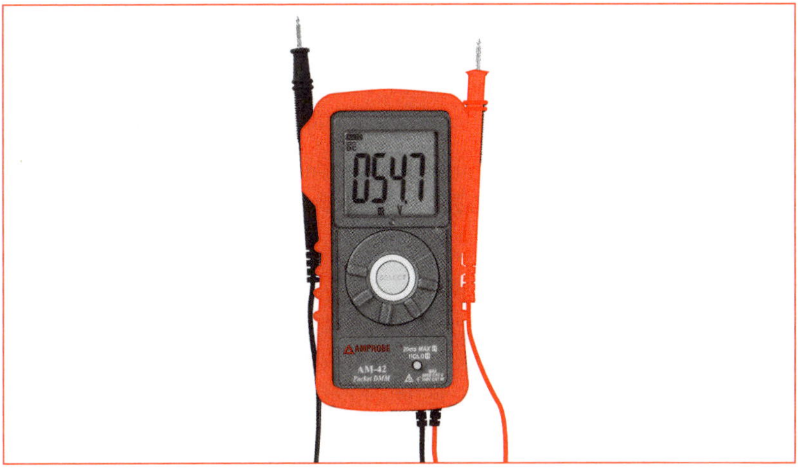

Quelle: www.beha-amprobe.com

Bild 18.2 Multimeter mit akustischem Durchgangsprüfer

An Stelle eines Durchgangsprüfers kann auch ein *Widerstandsmessgerät* verwendet werden. Dieses ist aber teurer als ein Durchgangsprüfer und erfordert bei der Prüfung eine Sichtverbindung zum Prüfer.

Spannungsprüfer

Spannungsprüfer bestehen im Prinzip aus einem optischen oder akustischen Anzeigegerät, welches Signal gibt, sobald Spannung anliegt. Bei der Spannungsprüfung wird meist mit der Netzspannung gearbeitet. Aus Sicherheitsgründen müssen bei den Spannungsprüfern die Prüfspitzen besonders sicher ausgeführt sein (**Bild 18.3**).

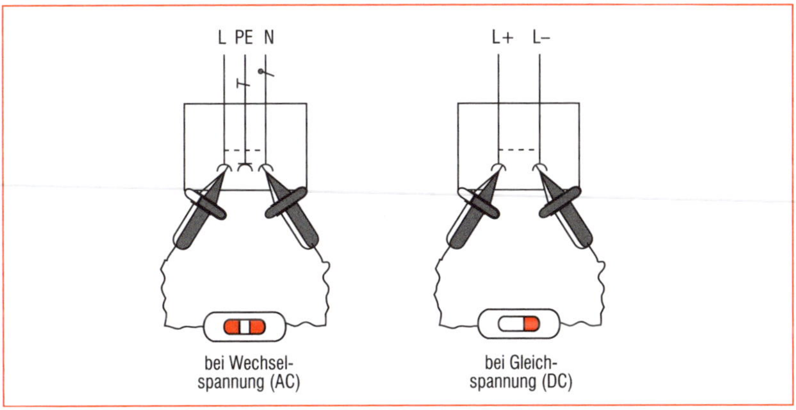

Bild 18.3 Spannungsprüfung mit zweipoligem Spannungsprüfer mit Glimmlampenanzeige

Man unterscheidet *zweipolige Spannungsprüfer* und *einpolige Spannungsprüfer*. Bei den einpoligen Spannungsprüfern bildet der Körper des Prüfers einen Teil des Prüfstromkreises (**Bild 18.4**). Deshalb ist ihre Anwendung nicht so zuverlässig wie die von zweipoligen Spannungsprüfern.

Für die Prüfung der Netzspannung dürfen nur Spannungsprüfer mit einem VDE-Zeichen bzw. GS-Zeichen (Geprüfte Sicherheit) verwendet werden.

Zur Spannungsanzeige enthalten Spannungsprüfer Glimmlampen oder LED (Licht emittierende Dioden). Dadurch lässt sich mit einem Spannungsprüfer auch feststellen, ob Gleichspannung oder Wechselspannung vorhanden ist. Bei Prüfgeräten mit Glimmlampe leuchten bei Wechselspannung beide Elektroden (Bild 18.4), bei Gleichspannung aber nur eine (Bild 18.3).

Bei Glimmlampen leuchtet immer nur die negativ ausgesteuerte Elektrode.

Bei Spannungsprüfern mit LED werden meist zwei LEDs in Gegenparallelschaltung verwendet (**Bild 18.5**).

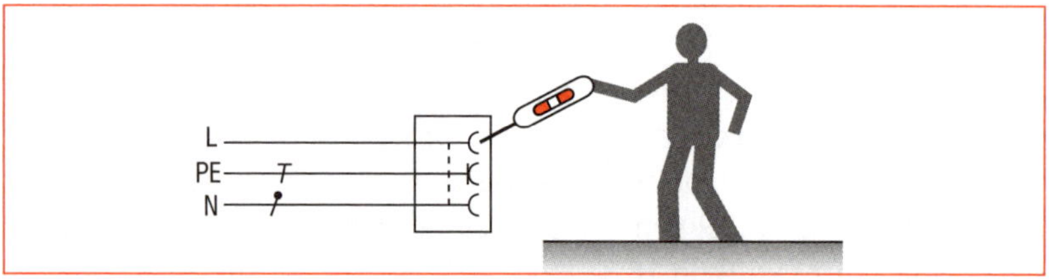

Bild 18.4 Spannungsprüfung mit einpoligem Spannungsprüfer

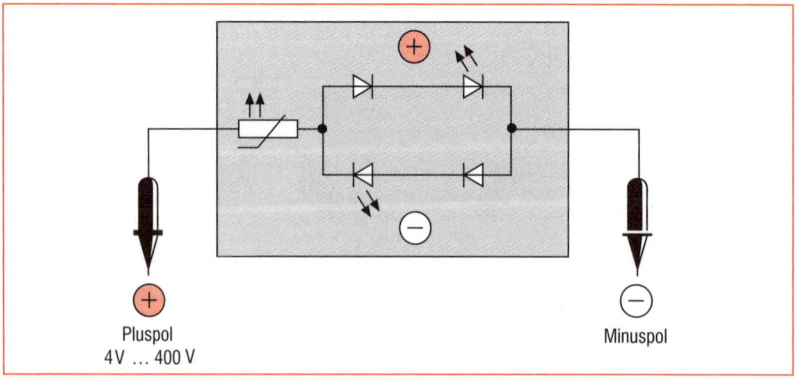

Bild 18.5 Prinzip des zweipoligen Spannungsprüfers mit LED

Dabei leuchtet immer die Diode, die in Vorwärtsrichtung geschaltet ist.

Bei Wechselspannung leuchten dadurch scheinbar beide Dioden, bei Gleichspannung jeweils nur eine.

Es gibt auch Prüfgeräte, bei denen die Höhe der Spannung durch ein akustisches Signal angezeigt wird. Diese erlauben es, dass der Prüfer sich voll auf die Prüfstelle konzentriert, da er auf das Prüfgerät nicht sehen muss.

Für die Spannungsprüfung in installierten Anlagen müssen genügend lange Prüfleiter vorhanden sein, da die Prüfstellen weit voneinander entfernt sein können. An Stelle eines Spannungsprüfers können auch Spannungsmesser verwendet werden. Bei ihnen muss der Prüfer eine Ablesung vornehmen, sodass die Arbeit mit ihnen umständlicher als mit einem Spannungsprüfer ist.

Die Verwendung eines Spannungsmessers an Stelle eines Spannungsprüfers ist meist nicht zweckmäßig.

18.1.3 Fehlersuche mit Durchgangsprüfer oder Widerstandsmesser

Es wurde schon darauf hingewiesen, dass an Stelle eines Durchgangsprüfers ein Widerstandsmesser verwendet werden kann. Wenn im folgenden Text vom Durchgangsprüfer gesprochen wird, kann darunter auch ein Widerstandsmesser verstanden werden. Mit einem Durchgangsprüfer können Leiterunterbrechungen, Leiterschlüsse, Kurzschlüsse, Körperschlüsse und Erdschlüsse festgestellt werden.

Prüfung auf Leiterunterbrechung

Zur Feststellung der Leiterunterbrechung prüft man mit dem Durchgangsprüfer die jeweiligen Leiterabschnitte (**Bild 18.6**). Oft ist es zweckmäßig, gleichzeitig Hinleitung und Rückleitung auf Durchgang zu prüfen. Das ist möglich, wenn der Verbraucher eingeschaltet wird (**Bild 18.7**).

Wenn vom Durchgangsprüfer ein Signal in Abhängigkeit vom Widerstand abgegeben wird, muss beachtet werden, dass der Verbrauchswiderstand größer als der Leitungswiderstand ist. Bei einem akustischen Durchgangsprüfer würde also die Tonhöhe niedriger sein als bei einer reinen Leitungsprüfung. Deshalb kann es zweckmäßig sein, den Verbraucher durch eine Drahtbrücke zu umgehen.

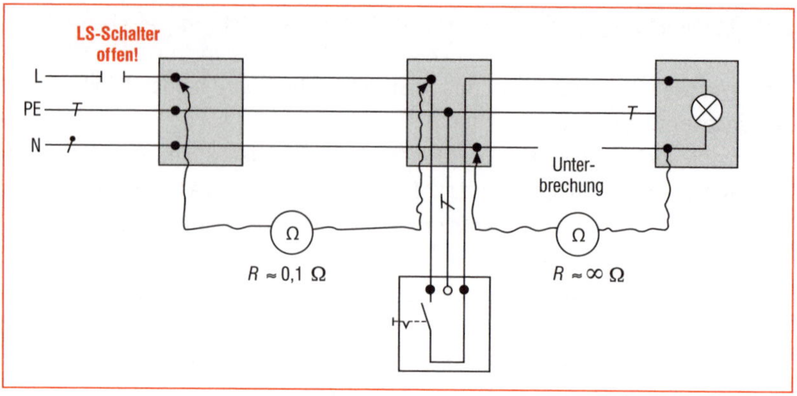

Bild 18.6 Prüfung auf Leiterunterbrechung bei offenem Schalter

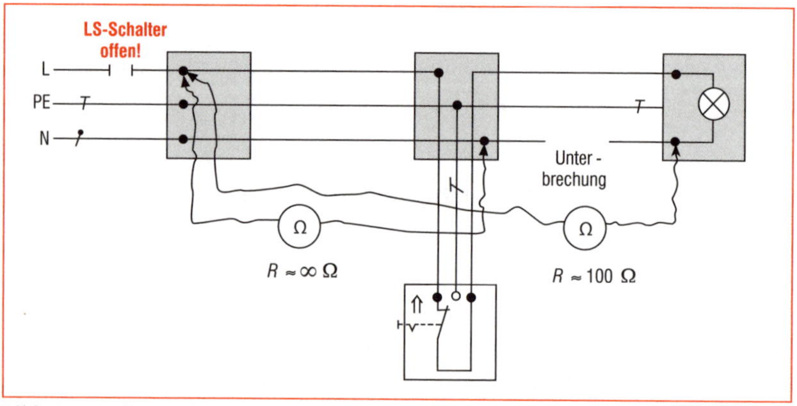

Bild 18.7 Prüfung auf Leiterunterbrechung bei geschlossenem Schalter

Oft liegen in einer installierten Anlage parallel zum zu prüfenden Anlagenteil, z. B. einer Leitung, weitere Verbraucher. Deshalb kann es notwendig sein, dass bei unübersichtlichem Leitungsverlauf der zu prüfende Anlagenteil abgeklemmt wird.

Bei schlechtem Kontakt ist es möglich, dass eine Leitungsunterbrechung nur gelegentlich vorhanden ist *(Wackelkontakt)*. Diese aussetzenden Leitungsunterbrechungen treten vor allem bei beweglichen Leitungen auf. Man findet die Fehlerstelle oft schwer. Bei der Suche ist es zweckmäßig, wenn von einem Helfer die Leitung an der verdächtigen Stelle hin- und herbewegt wird.

Prüfung auf Leiterschlüsse

Von einem *Leiterschluss* spricht man, wenn durch ihn ein Nutzwiderstand (Verbraucher) eingeschaltet wird. Meist überbrückt der Leiterschluss einen Schalter. Dann kann der Verbraucher nicht von seinem Schalter abgeschaltet werden. Der Leiterschluss kann in der eigentlichen Leitung auftreten oder aber im Schalter selbst. Deshalb ist es zweckmäßig, bei der Feststellung der Stelle des Leiteschlusses den Schalter abzuklemmen.

Wenn Leiter der Schalterleitung bei abgeklemmtem Schalter zueinander keinen Durchgang haben, eine angeschlossene Lampe also nicht leuchtet, so liegt der Leiterschluss nicht in der Schalterleitung, sondern im Schalter (**Bild 18.8**).

> Ein nach längerer Benutzungsdauer auftretender Leiterschluss ist oft durch einen schadhaft gewordenen Schalter verursacht.

Bei neu installierten Anlagen kann ein Leiterschluss auch durch falsches Verklemmen entstehen, wenn z. B. der Verbraucher nicht am Lampendraht der Schalterleitung, sondern am Schalterdraht angeschlossen wurde (**Bild 18.9**). Hier liegt zwar in der Leitung kein eigentlicher Leiterschluss vor, jedoch ist die Wirkung dieselbe. Bei der Prüfung wird man feststellen,

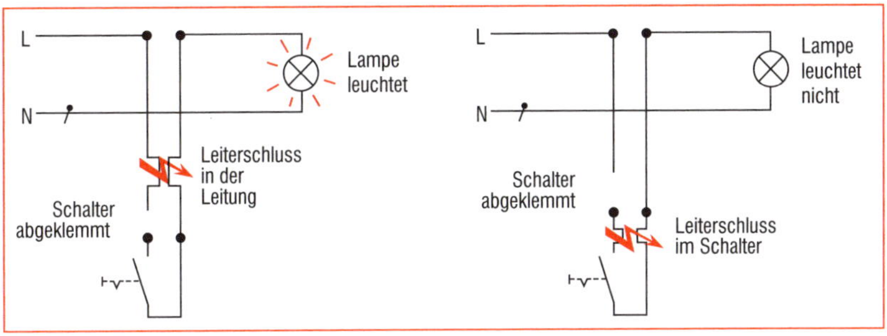

Bild 18.8 Prüfung auf Leiterschluss (PE-Anschluss nicht dargestellt)

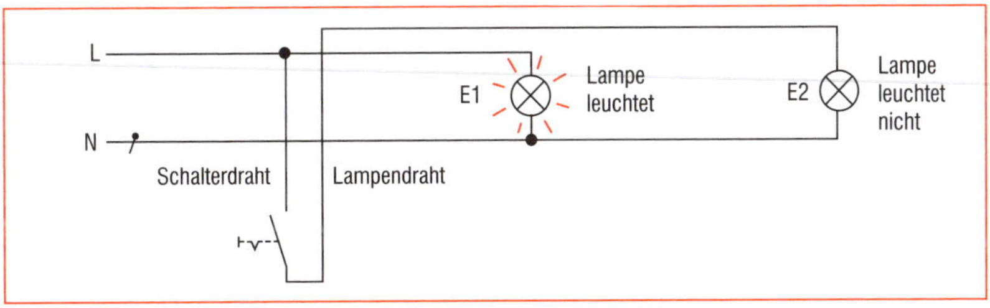

Bild 18.9 Durch fehlerhaftes Verklemmen hervorgerufener Leiterschluss (PE-Anschluss nicht dargestellt)

dass weder Schalterleitung noch Schalter einen Leitungsschluss haben, sodass der Fehler nur im falschen Anschluss liegen kann.

Prüfung auf Kurzschlüsse

Meist treten *Kurzschlüsse* (Fehlerwiderstand nahezu 0 Ω) nicht in der eigentlichen Leitung auf, sondern in angeschlossenen Verbrauchern. Bei der Suche nach dem Ort des Kurzschlusses trennt man deshalb alle Verbraucher des Stromkreises ab. Das kann etwa durch Abklemmen oder Abschalten erfolgen. Außerdem ist der zu untersuchende Stromkreis vom Netz zu lösen *(freizuschalten)*, z. B. an der Stromkreisverteilung.

Der Durchgangsprüfer darf nun zwischen den Leitern keinen Durchgang mehr anzeigen. Wird aber immer noch Durchgang zwischen den Leitern gemeldet (**Bild 18.10**), so muss eine Auftrennung in den Abzweigdosen erfolgen (**Bild 18.11**).

Ist kein Durchgang zwischen den Leitern vorhanden, so ist das betreffende Leitungsstück einwandfrei. Wird dagegen Durchgang signalisiert, so liegt dort die Kurzschlussstelle.

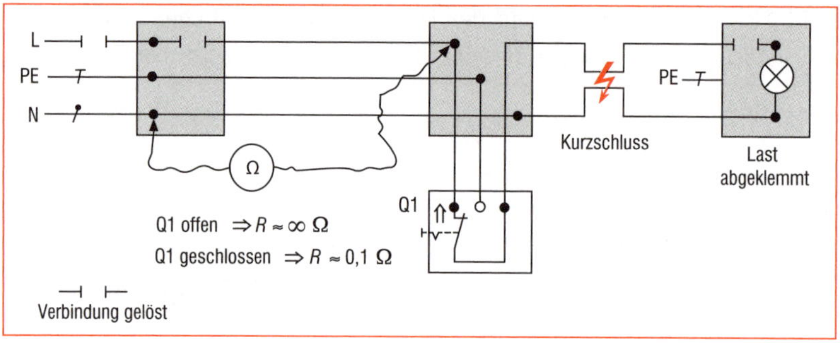

Bild 18.10 Prüfung, ob der Kurzschluss im Verbraucher oder im Stromkreis liegt

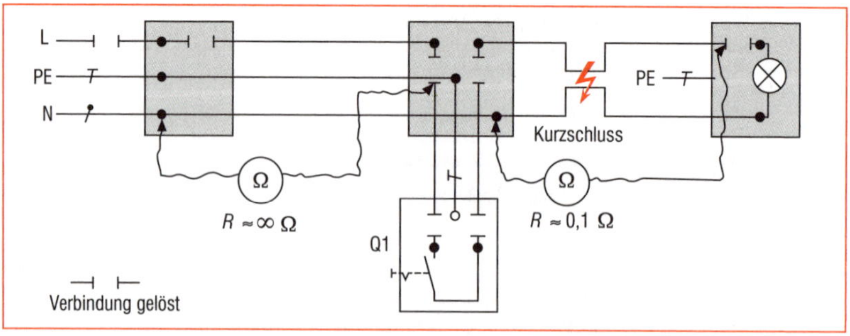

Bild 18.11 Abschnittsweise Prüfung auf Kurzschluss

Zum systematischen Eingrenzen der Kurzschlussstelle kann man den Durchgangsprüfer nach Abtrennung des Stromkreises vom Netz am Stromkreisanfang zwischen Außenleiter und Neutralleiter anschließen (Bild 18.10). Er zeigt jetzt Durchgang an. Dann werden die Verbraucher abgeschaltet oder abgeklemmt. Wenn immer noch Durchgang gemeldet wird, dann trennt man in der dem Verbraucher am nächsten gelegenen Dose die Leitung ab. Wird nun immer noch Durchgang angezeigt, so wird die Leitung in der nächsten Dose abgeklemmt. Sobald kein Durchgang mehr vorhanden ist, liegt das Leitungsstück fest, in welchem der Kurzschluss erfolgt.

Leider sind Kurzschlüsse mit Durchgangsprüfern mit kleiner Prüfspannung nicht immer feststellbar, da *unvollkommene Kurzschlüsse* (Fehlerstelle besitzt einen Widerstand) erst bei höherer Betriebsspannung bemerkbar sind. In diesem Fall kann man als Durchgangsprüfer einen Isolationsmesser verwenden, der eine Messspannung von 500 V DC hat.

Unvollkommene Kurzschlüsse sind mit Durchgangsprüfern oft nicht feststellbar, da deren Prüfspannung zu niedrig ist. Man verwendet dann Isolationsmesser mit hoher Spannung.

Prüfung auf Körperschlüsse

Körperschlüsse treten meist in den Verbrauchern einer elektrischen Anlage auf. Man kann den Ort des Körperschlusses feststellen, wenn man mit einem Durchgangsprüfer den Durchgang zum Gehäuse prüft (**Bild 18.12**). Dabei muss man die Stränge bzw. Nutzwiderstände des Verbrauchers nacheinander abtrennen, um die Fehlerstelle einzugrenzen.

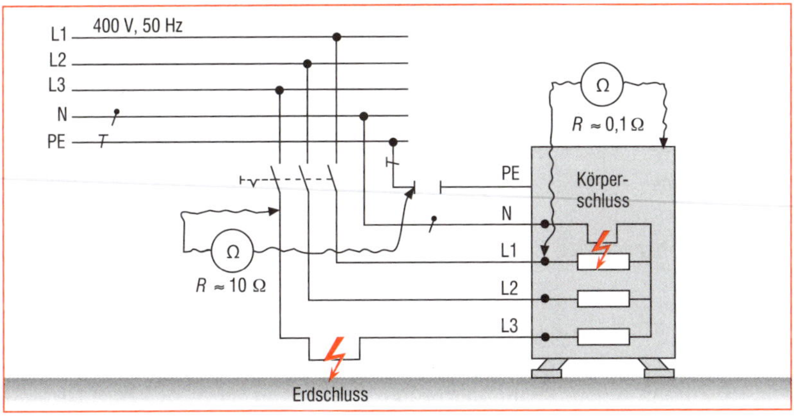

Bild 18.12 Prüfung auf Körperschluss und auf Erdschluss

Beim TN-System ist es zweckmäßig, den Schutzleiter PE bei der Prüfung vom Gerät abzutrennen, da dieser im Netz mit dem Neutralleiter N verbunden ist und damit über die Nutzwiderstände einen Körperschluss vortäuschen könnte.

Prüfung auf Erdschlüsse

Bei einem Erdschluss (Fehlerwiderstand nahezu 0 Ω) zeigt der Durchgangsprüfer zwischen Leiter und einem Erder Durchgang an (Bild 18.12). Als Erder verwendet man bei der Messung meist den Schutzleiter PE. Beim üblichen TN-System muss beachtet werden, dass der Neutralleiter N im Netz mit dem Schutzleiter PE verbunden ist. Deshalb trennt man in der Verteilung die Neutralleiter nacheinander an der Neutralleiter-Sammelschiene ab und prüft auf Durchgang zwischen den Neutralleitern und dem Schutzleiter. Sobald kein Durchgang angezeigt wird, liegt der Erdschluss in dem Stromkreis vor, dessen Neutralleiter zuletzt abgeklemmt wurde.

> Prüfungen auf Leitungsunterbrechung, Leiterschluss, Kurzschluss, Körperschluss und Erdschluss sind mit dem Durchgangsprüfer ungefährlich. Es muss aber eine zuverlässige Trennung von der Netzspannung erfolgen.

Das Abtrennen des zu prüfenden Anlageteils von der Netzspannung erfolgt meist durch Abschalten der Leitungsschutzschalter. Dabei muss gewährleistet sein, dass die richtigen Leitungsschutzschalter betätigt werden und dass unbeabsichtigt kein Einschalten während der Prüfung erfolgt. In einer größeren Anlage ist deshalb das *Herausnehmen* und *Mitnehmen der Vorsicherung,* falls dies eine Schmelzsicherung ist, zweckmäßig. Ist das nicht möglich, können die abgeschalteten Leitungsschutzschalter durch *Klebebänder* oder Sperrelemente (Bild 6.36) gegen versehentliches Einschalten durch andere Personen gesichert werden. Auch das *Abklemmen* der Stromkreise an den Leitungsschutzschaltern und die Verwendung von *Warntafeln* sind zweckmäßig.

18.1.4 Fehlersuche mit Spannungsprüfer oder Spannungsmesser

Wir haben schon darauf hingewiesen, dass an Stelle eines Durchgangsprüfers auch ein Spannungsmesser verwendet werden kann. Wenn deshalb im Folgenden von einem Spannungsprüfer gesprochen wird, so kann darunter auch ein Spannungsmesser verstanden werden.

Bei der Fehlersuche mit einem Spannungsprüfer verwendet man meist die Netzspannung. Deshalb sind hier die Bestimmungen über das Arbeiten unter Spannung zu beachten.

Die Fehlersuche mithilfe eines Spannungsprüfers ist nicht ganz ungefährlich, wenn mit der Netzspannung gearbeitet wird.

Ein sicheres Verfahren würde darin bestehen, zur Fehlersuche die zu prüfende Anlage über einen Transformator für Schutzkleinspannung zu speisen. Dieses Verfahren ist aber wegen der damit verbundenen Umstände bisher in der Praxis nicht üblich.

Bei der Fehlersuche mit Spannungsprüfer wird die Methode der *Spannungsverfolgung* angewendet (**Bild 18.13**). Dabei prüft man vom spannungslosen Verbraucher aus in allen Dosen, ob die Betriebsspannung vorhanden ist.

Bei der Fehlersuche mit Spannungsprüfer wird festgestellt, ob Spannung vorhanden ist oder nicht (Spannungsverfolgung).

Die Fehlersuche mit Spannungsprüfer kann nur bei Leiterunterbrechung vorgenommen werden. Natürlich ist eine Prüfung damit auf Leiterschluss, Kurzschluss, Körperschluss und Erdschluss nicht möglich. Die Leiterunterbrechung liegt zwischen der Stelle, an der die Betriebsspannung zuletzt vorhanden war, und der nächstfolgenden Stelle dieses Leitungsstücks ohne Betriebsspannung.

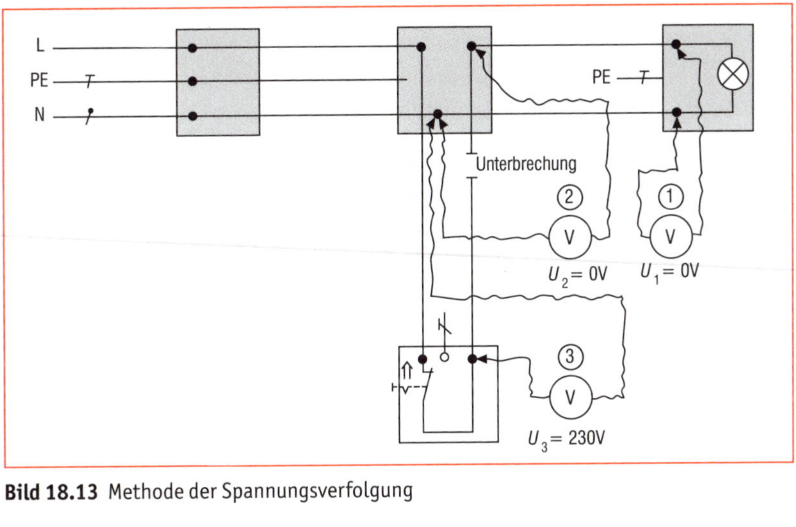

Bild 18.13 Methode der Spannungsverfolgung

18.1.5 Fehlersuche bei Schaltungsfehlern

Vor der Übergabe der Installationsschaltungen an den Betreiber der Anlage, z. B. den Bauherrn, ist zu prüfen, ob die Schaltungen einwandfrei arbeiten. Zu diesem Zweck schließt man oft als Last eine einfache Fassung mit einer Lampe an. Da diese im rauen Betrieb der Baustelle leicht zerplatzen und es deshalb zu Verletzungen kommen kann, ist es zweckmäßiger, als Last eine Handleuchte mit Schutzkorb zu verwenden.

> Bei der Abnahmeprüfung kann als Last eine Handleuchte mit Schutzkorb verwendet werden.

Bei dieser *Funktionsprüfung* stellen sich Fehler heraus, die beim Verklemmen der Schaltungen entstanden sind.

Bei der großen Zahl der in der Elektroinstallation auftretenden Schaltungen gibt es viele Fehlermöglichkeiten. Deshalb ist es nicht möglich, ein allgemein gültiges Verfahren anzugeben, mit dem man Schaltungsfehler berichtigen kann. In jedem Fall muss aber bei einer nicht einwandfrei arbeitenden Schaltung die Ursache gefunden werden. Als Hilfsgeräte genügen in den meisten Fällen Spannungsprüfer bzw. Spannungsmesser und Durchgangsprüfer. Vor allem aber ist bei der Suche nach Schaltungsfehlern die Kenntnis der betreffenden Schaltung erforderlich. Arbeitet z. B. eine Kreuzschaltung nicht einwandfrei, so kann die Fehlerstelle nur von einem Fachmann gefunden werden, der die Wirkungsweise kennt.

> Die Suche nach Schaltungsfehlern erfordert die Kenntnis der jeweiligen Schaltung.

Sind die Leiter einer Wechselschaltung nicht richtig verklemmt, so leuchtet die von der Wechselschaltung angesteuerte Lampe zwar bei bestimmten Schalterstellungen, sie kann aber nicht beliebig von beiden Schaltern aus ein- oder ausgeschaltet werden. In Schaltung **Bild 18.14** funktioniert E1 mit den gezeichneten Schalterstellungen nicht. Auch eine Betätigung von Q1 schaltet E1 nicht ein. Erst wenn sowohl Q1 als auch Q2 betätigt werden, leuchtet E1. Hier liegt also ein Schaltungsfehler vor. Natürlich ist es anhand von Bild 18.14 einfach möglich, den Schaltungsfehler zu finden.

In der Praxis ist es aber nicht so einfach, weil an Stelle der im Schaltplan übersichtlich gezeichneten Leitergeraden die weniger übersichtlichen Leiterdrähte vorhanden sind.

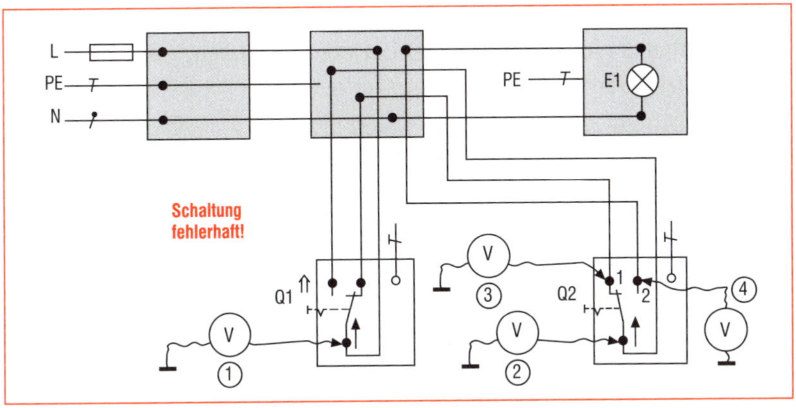

Bild 18.14 Fehlersuche an einer falsch verklemmten Wechselschaltung

Bei der *Fehlersuche* kann man z. B. wie folgt vorgehen:

1. *Suche nach dem Außenleiter*
   Man prüft, welcher Leiter an den Wechselschaltern unabhängig von den Stellungen der beiden Schalter Spannung gegen Erde bzw. gegen N führt. Ist der Außenleiter am mit ↑ (Pfeil), L, P oder roter Markierung gekennzeichneten Anschluss des einen Wechselschalters angeschlossen, so ist dieser Teil der Schaltung richtig (Anschlussstelle 1 von Bild 18.14).
2. *Suche nach den Korrespondierenden*
   Bekanntlich nennt man die Leiter, welche die Schalter untereinander verbinden, Korrespondierende. Je nach Schalterstellung des als richtig angeschlossenen erkannten Wechselschalters (Q1 von Bild 18.14) führt der eine oder andere Korrespondierende Spannung gegen N. Die Prüfung auf Spannung an den Leitern des zweiten Wechselschalters führt zur Kenntnis der Korrespondierenden. Dabei muss die Stellung des ersten Wechselschalters wiederholt geändert werden. Bei einem Fehler ist gewöhnlich einer der Korrespondierenden falsch angeschlossen, nämlich an dem mit ↑, L, P oder roter Markierung gekennzeichneten Anschluss des Schalters (Anschlussstelle 2 von Bild 18.14), und einer richtig (Anschlussstelle 3 von Bild 18.14). Der falsche Anschluss wird markiert.
3. *Suche nach dem Lampendraht*
   Als Lampendraht bezeichnet man bekanntlich den vom Schalter zur Lampe führenden Leiter. Es ist der übrig gebliebene Anschluss des zweiten Wechselschalters. Dieser führt Spannung gegen N, wenn die Lampe E1 leuchtet (Anschlussstelle 4 von Bild 18.14).

4. *Folgerung für Schaltung Bild 18.14*
   An Q2 sind die Anschlüsse ↑ (oder L, P, rote Markierung) und 2 vertauscht (siehe auch Abschnitt 2.6).

Wenn in Installationsschaltungen Schaltungsfehler zu suchen sind, so sucht man zuerst den Außenleiter, dann vorhandene Korrespondierende und schließlich den Lampendraht.

Bei den üblichen Installationsschaltungen beruhen die Schaltungsfehler häufig auf einer Verwechslung der Anschlüsse für Außenleiter, Korrespondierende und Lampendraht. Dabei erfolgt die Verwechslung oft weniger am Schalter, sondern eher in den Dosen. Die Berichtigung der Schaltung kann meist an den Schaltern erfolgen, allerdings nicht, wenn es sich um fehlerhaft angeschlossene Steckdosen handelt (**Tabelle 18.1**).

Schaltung	Erscheinung	Urasache
Wechselschaltung oder Kreuzschaltung	Last kann von einem Schalter aus nur dann einwandfrei aus- und eingeschaltet werden, wenn der eine der beiden Wechselschalter eine bestimmte Stellung hat.	Einer der beiden Korrespondierenden ist am Wechselschalter oder in einer Dose mit dem Schalterdraht oder mit dem Lampendraht vertauscht angeschlossen.
Kreuzschaltung	Last kann nur durch die Wechselschalter einwandfrei aus- und eingeschaltet werden, wobei der Kreuzschalter in einer bestimmten Stellung stehen muss.	Zwei der vier Korrespondierenden sind am Kreuzschalter vertauscht angeschlossen.
Serienschaltung	Die eine Lampengruppe kann nur eingeschaltet werden, wenn die andere schon eingeschaltet ist.	Der Außenleiter ist mit dem Lampendraht der einen Gruppe am Schalter oder in einer Dose vertauscht angeschlossen.
Wechselschaltung oder Kreuzschaltung mit Steckdose	Die Steckdose führt nur Spannung bei einer bestimmten Schalterstellung eines Wechselschalters.	Der Kontakt der Steckdose, der mit dem Außenleiter verbunden sein sollte, ist an einen Korrespondierenden angeschlossen.
Kreuzschaltung mit Steckdose	Die Steckdose führt nur Spannung, wenn ein Wechselschalter und der Kreuzschalter zwei bestimmte, zueinander passende Stellungen haben.	

Tabelle 18.1 Häufige Fehler bei Installationsschaltungen

Kontrollfragen

1. Welche Bestimmungen sind zu beachten, wenn eine Fehlersuche in einer elektrischen Anlage mit Hilfe der Netzspannung erfolgt?
2. Welche beiden Prüfgeräte sind für die Fehlersuche in installierten Anlagen von besonderer Bedeutung?
3. Warum sind Prüfgeräte mit akustischem Signal besonders zweckmäßig?
4. An welchen Stellen kann ein Leiterschluss auftreten?
5. Auf welche Weise findet man die Fehlerstelle bei aussetzenden Leiterunterbrechungen?

6. An welchen Stellen treten Kurzschlüsse in den meisten Fällen auf?
7. Warum kann man Kurzschlüsse mit Durchgangsprüfern oft nicht feststellen?
8. Warum ist es beim üblichen TN-System bei der Fehlersuche nach einem Körperschluss zweckmäßig, den Schutzleiter bei der Prüfung auf Körperschluss vom Gerät abzuklemmen?
9. Auf welche Weise erfolgt das Abtrennen eines zu prüfenden Anlageteils von der Netzspannung?
10. Welche Möglichkeiten gibt es zur Verhinderung des unbeabsichtigten Einschaltens durch andere Personen bei einer Prüfung der Anlage?
11. Was versteht man unter der Methode der Spannungsverfolgung?
12. Welcher Fehler kann mit der Methode der Spannungsverfolgung festgestellt werden?
13. Warum soll man eine ungeschützte Lampe in einer einfachen Lampenfassung bei der Abnahmeprüfung nicht als Last verwenden?
14. Welche Aussage über Durchgangsprüfer ist richtig?
    1. Sie arbeiten immer mit Kleinspannung.
    2. Sie arbeiten immer mit Gleichspannung.
    3. Sie enthalten keinen Spannungserzeuger.
    4. Sie enthalten einen Spannungsmesser.
    5. Sie enthalten eine Batterie oder eine andere Stromquelle.

    ☐

15. Bei welchen Spannungsprüfern lässt sich feststellen, ob man es mit Gleichspannung oder mit Wechselspannung zu tun hat?
    1. Nur bei einpoligen Spannungsprüfern,
    2. nur bei Spannungsprüfern mit LED als Anzeige,
    3. nur bei Spannungsprüfern mit Glimmlampenanzeige,
    4. bei Spannungsprüfern mit LED oder mit Glimmlampenanzeige,
    5. nur bei Spannungsprüfern mit akustischer Signalgabe.

    ☐

16. Warum sind einpolige Spannungsprüfer weniger zuverlässig als zweipolige?
    1. Bei einpoligen Spannungsprüfern bildet der Körper des Prüfers einen Teil des Prüfstromkreises.
    2. Einpolige Spannungsprüfer verringern den Isolationswiderstand des Leiters.

3. Zweipolige Spannungsprüfer sind auch noch funktionsfähig, wenn ein Pol ausfällt.
4. Die Prüfspitzen von zweipoligen Spannungsprüfern verhindern einen unbeabsichtigten Kurzschluss.
5. Einpolige Spannungsprüfer stellen während des Prüfens einen Körperschluss her.

☐

17. Auf welche Weise findet man eine Kurzschlussstelle?
    1. Stromkreis vom Netz trennen und mit dem Spannungsprüfer suchen,
    2. mit dem Spannungsprüfer im vom Netz nicht abgetrennten Stromkreis suchen,
    3. mit dem Durchgangsprüfer im vom Netz nicht abgetrennten Stromkreis suchen,
    4. Stromkreis vom Netz abtrennen und mit dem Durchgangsprüfer suchen,
    5. mit einem Spannungsmesser an den Verbrauchern die Spannungen messen, wenn der Stromkreis nicht vom Netz abgetrennt ist.

☐

18.2 Fehler in elektrischen Geräten

18.2.1 Prüftafel

Für die Prüfung von elektrischen Geräten ist außer speziellen Messgeräten eine *Prüftafel* erforderlich (**Bild 18.15**).

Die Prüftafel muss geeignet sein, die Funktion der wichtigsten elektrischen Geräte zu überprüfen. Außerdem sollte sie geeignet sein, bei den Geräten die Durchgangsprüfung vorzunehmen und Stromstärken zu messen. Schließlich ist es zweckmäßig, mit einem Spannungsmesser die Spannungen zwischen dem Außenleiter und dem Neutralleiter festzustellen. Deshalb sollte eine Prüftafel mindestens die folgenden Geräte enthalten:

- Hauptsicherungen 3 × 16 A,
- RCD 3 × 16 A mit $I_{\Delta N}$ = 0,03 A,
- Wendeschalter 3 × 16 A, Spannungsmesser 0 V bis 500 V mit Umschalter schaltbar zwischen N/L1/L2/L3, fünf Klemmsteckbuchsen für PE/N/L1/L2/L3,

- Drehstromsteckdosen 5-polig nach IEC für 16 A,
- Schukosteckdose 16 A mit Strommesser 0 A bis 20 A, Perilexsteckdose 16 A,
- Kleinspannungstransformator 3 V/5 V/12 V/24 V/42 V mit 100 VA,
- Kleinspannungswahlschalter, Sicherungsautomaten 4 A bei 3 V bis 24 V und 2 A bei 42 V, zwei Klemmsteckbuchsen für Kleinspannung,
- Durchgangsprüflampe mit zwei Klemmsteckbuchsen.

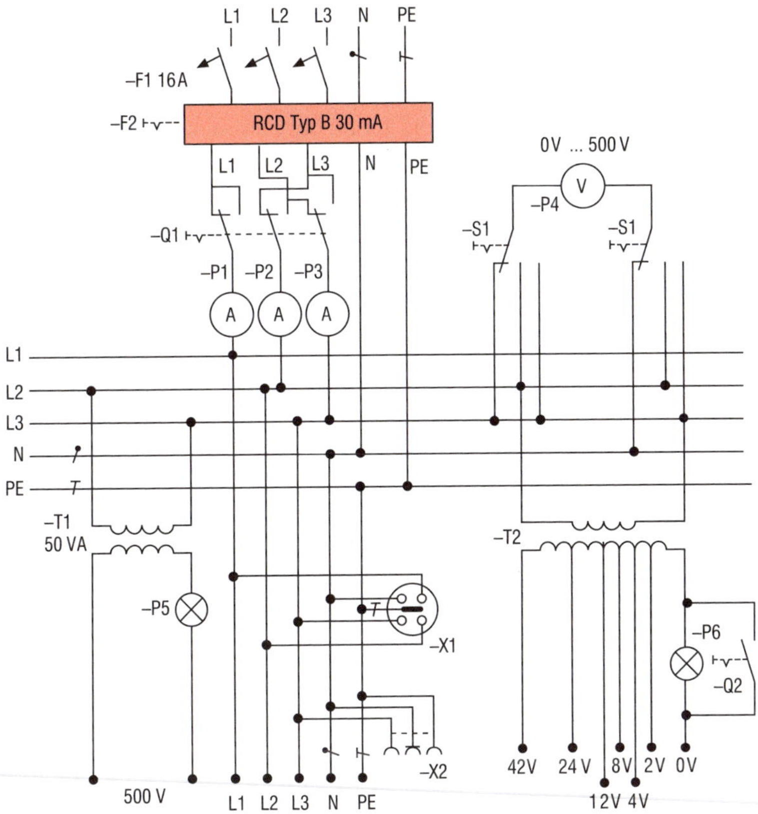

F1 Leitungsschutzschalter, F2 Fehlerstrom-Schutzeinrichtung RCD, P5 Leuchtmelder für Durchgangsprüfung mit 500 V, P6 Leuchtmelder für Durchgangsprüfung mit 8 V bis 42 V, P1 bis P4 Strommesser und Spannungsmesser, Q1 Wendeschalter, Q2 Überbrückungsschalter für P6, S1 und S2 Wahlschalter für die Spannungsmessung der Netzspannungen, T1 und T2 Kleintransformatoren für die Prüfspannungen, X1 fünfpolige Steckdose, X2 Schutzkontaktsteckdose (Anwendung der Referenzkennzeichnung, „–“ bedeutet produktbezogene Struktur)

Bild 18.15 Prüftafel zur Fehlersuche an elektrischen Geräten (Beispiel)

Bei der Prüftafel nach Bild 18.15 sind als Hauptsicherung F1 Leitungsschutzschalter 16 A verwendet. Der nachgeschaltete Fehlerstrom-Schutzschalter F2 dient gleichzeitig als Hauptschalter. Da er einen kleinen Bemessungsdifferenzstrom hat, dient er als zusätzlicher Schutz gegen direktes Berühren. Der Wendeschalter Q1 erlaubt z. B., die Drehrichtung von Drehstrommotoren zu ändern. Die Strommesser P1 bis P3 erlauben die Strommessung der angeschlossenen Geräte. Der Spannungsmesser P4 ermöglicht die Spannungsmessung aller Leiter des Netzes je nach Stellung der Umschalter S1 und S2. Für den Anschluss der Geräte sind außer den Steckbuchsen eine Perilexsteckdose und eine oder mehrere Schukosteckdosen vorhanden.

Der *Transformator* T1 erlaubt in Verbindung mit einer in Reihe geschalteten Halogen-Glühlampe P5 die Durchgangsprüfung bei 500 V. Der Transformator T2 liefert verschiedene Kleinspannungen. In Verbindung mit P6 ist die Durchgangsprüfung bei diesen Kleinspannungen möglich. Der Schalter Q2 überbrückt bei Bedarf P6, z. B. für die Funktionsprüfung eines Gerätes mit Kleinspannung.

Die Prüftafel nach Bild 18.15 stellt nur ein Beispiel dar. Sie setzt das Vorhandensein weiterer Prüfgeräte, insbesondere für die Wirksamkeit der Schutzmaßnahmen, voraus. Es gibt umfangreichere Prüftafeln, bei denen diese Geräte fest eingebaut sind.

18.2.2 Systematische Fehlersuche

Bei der Fehlersuche an elektrischen Geräten werden diese meistens geöffnet. Die dabei anfallenden Einzelteile, z. B. Schrauben und Unterlegscheiben, muss man dabei sorgfältig in einem Behälter aufbewahren, weil sie leicht verloren gehen.

> Bei der Fehlersuche an elektrischen Geräten hält man einen Behälter für die Einzelteile des Gerätes bereit.

Bei der Vielzahl der elektrischen Geräte ist es nicht möglich, eine für jeden Fall gültige Anweisung zur Fehlersuche zu geben. Es hat sich aber gezeigt, dass die meisten Fehler in der Zuleitung liegen. Deshalb beginnt die Fehlersuche mit der Überprüfung des Steckers (**Bild 18.16**). Dazu öffnet man den Stecker und prüft das Aussehen der Steckkontakte und der angeschlossenen Leiter. Sind z. B. die Kontaktschrauben locker, so tritt eine Erwärmung auf, wodurch die Leiterisolation verschmort.

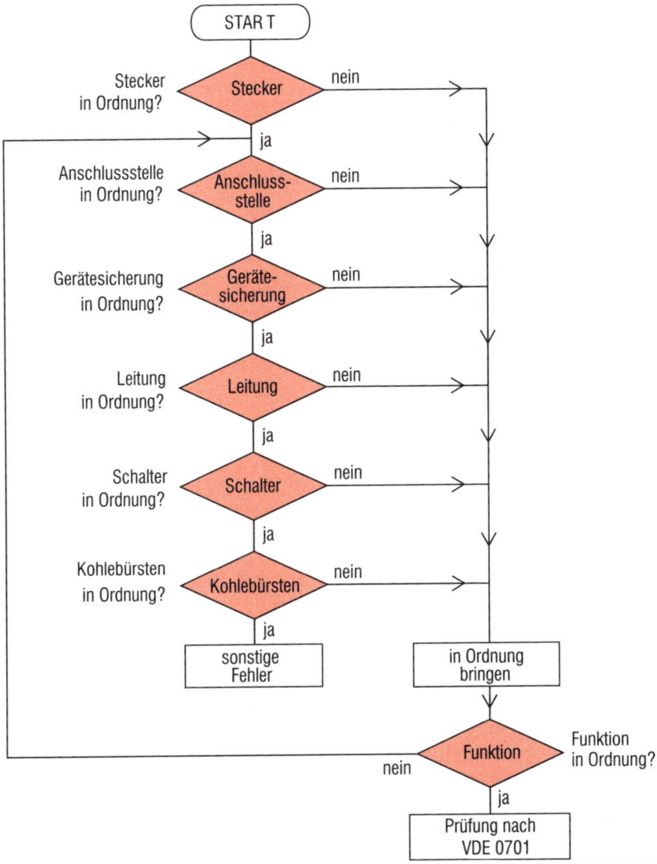

Bild 18.16 Programmablaufplan für die Fehlersuche an einem Elektrogerät

Wenn der Stecker in Ordnung ist, prüft man die Anschlussstelle im Gerät selbst (Bild 18.16). Auch hier können Kontaktverschmorungen auftreten, allerdings nicht so häufig wie im Stecker. Wenn das Gerät eine Sicherung enthält, so prüft man, ob diese durchgebrannt ist. Auch eine scheinbar einwandfreie Gerätesicherung kann defekt sein. Deshalb ist es zweckmäßig, die Gerätesicherung mit einem Durchgangsprüfer auf Stromdurchgang zu prüfen.

Wurde bis hierher kein Fehler gefunden, so nimmt man sich die bewegliche Leitung vor. Diese Prüfung kann wieder mit einem Durchgangsprüfer erfolgen, und zwar von jedem Kontakt des Steckers bis zur Anschlussstelle des Gerätes.

Beim Arbeiten mit einem Durchgangsprüfer muss das Gerät vom Netz getrennt sein.

Die Fehlersuche mit einem Kleinspannungs-Durchgangsprüfer ist der Fehlersuche mit einem Spannungsprüfer vorzuziehen, weil sonst beim Arbeiten am geöffneten Gerät versehentlich ein direktes Berühren der Spannung erfolgen kann. Die Fehlersuche am Gerät mit Hilfe des elektrischen Stroms stellt ein Arbeiten unter Spannung dar. Die entsprechenden Bestimmungen dafür sind zu beachten (**Tabelle 18.2**). Das Arbeiten mit einem batteriegespeisten Durchgangsprüfer ist gefahrlos, das Arbeiten unter Spannung an

<table>
<tr><th>Spannung</th><th>Elektrofachkraft</th><th>unterwiesene Person</th><th>Laie</th></tr>
<tr><td rowspan="3">beliebig</td><td colspan="3">Alle Arbeiten, wenn die Stromkreise eigensicher sind.</td></tr>
<tr><td>Arbeiten zum Abwenden erheblicher Gefahren, z. B. für Leben und Gesundheit von Personen oder Brand- und Explosionsgefahren.</td><td>nicht zulässig</td><td>nicht zulässig</td></tr>
<tr><td colspan="2">Arbeiten an Fernmeldeanlagen mit Fernspeisung,wenn Strom kleiner als 9 mA AC oder 60 mA DC.</td><td>nicht zulässig</td></tr>
<tr><td>bei allen Spannungen</td><td colspan="3">Es sind Vorrichtungen und Mittel zu benutzen, die der Art der Arbeit, der Spannungshöhe, den Gefahren durch mögliche Lichtbögen im Kurzschlussfall und den Umgebungsbedingungen an der Arbeitsstelle angepasst sind.</td></tr>
<tr><td>bei SELV</td><td colspan="3">Alle Arbeiten, Vorkehrung gegen Kurzschluss erforderlich.</td></tr>
<tr><td rowspan="2">über AC 50 V oder DC 120 V
bis Bemessungsspannung AC 1.000 V DC 1.500 V (Niederspannung)</td><td colspan="2">1. Heranführen von geeigneten Prüf- und Justiereinrichtungen, z. B. Spannungsprüfern, und von geeigneten Werkzeugen zum Bewegen leichtgehender Teile.
2. Heranführen von geeigneten Werkzeugen und Hilfsmitteln zum Reinigen.
3. Herausnehmen und Einsetzen von nicht gegen zufälliges Berühren geschützten Sicherungen mit geeigneten Hilfsmitteln, wenn dies gefahrlos möglich ist.
4. Anspritzen von unter Spannung stehenden Teilen bei der Brandbekämpfung.
5. Arbeiten an Akkumulatoren unter Beachtung geeigneter Vorsichtsmaßnahmen.
6. Arbeiten in Prüffeldern und Laboratorien unter Beachtung geeigneter Vorsichtsmaßnahmen, wenn es die Arbeitsbedingungen erfordern.
7. Abklopfen von Raureif mithilfe isolierender Stangen.</td><td>nicht zulässig</td></tr>
<tr><td>Elektrofachkraft mit besonderen Kenntnissen, Erfahrung, spezieller Ausbildung, außerdem:
8. Fehlereingrenzung in Hilfsstromkreisen (z. B. Signalverfolgung in Stromkreisen, Überbrückung von Teilstromkreisen)
9. Sonstige Arbeiten, wenn
a) zwingende Gründe* und
b) Anweisung vorliegen.</td><td>nicht zulässig</td><td>nicht zulässig</td></tr>
<tr><td>AC $>$ 1.000 V
DC $>$ 1.500 V</td><td>Nur zulässig durch Elektrofachkraft mit AuS-Ausbildung (AuS = Arbeiten unter Spannung) unter Anwesenheit einer zweiten Elektrofachkraft und mit spezieller Schutzausrüstung.</td><td>nicht zulässig</td><td>nicht zulässig</td></tr>
<tr><td colspan="4">* Zwingende Gründe entstehen, wenn durch den Wegfall der Spannung eine Gefährdung der Personen zu befürchten ist oder ein erheblicher wirtschaftlicher Schaden entstehen würde oder der Fahrbetrieb der öffentlichen Verkehrsmittel unterbrochen würde oder Fernmeldeanlagen von Krankenhäusern, Feuerwehren, Polizei und Rundfunk stillgesetzt werden müssten oder Störungen in Verkehrsanlagen hervorgerufen werden, die zu einer Gefahr führen würden.</td></tr>
</table>

Tabelle 18.2 Arbeitsbeispiele für Arbeiten an unter Spannung stehenden Teilen (vgl. DIN VDE 0105-100)

einem geöffneten Gerät aber nicht. Deshalb ist die Fehlersuche unter Spannung bei Spannungen über 50V AC bzw. 120V DC nur für Elektrofachkräfte zulässig.

> Die Fehlersuche unter Spannung darf bei Spannungen über 50V AC bzw. 120V DC nur von Elektrofachkräften vorgenommen werden.

Fehlersuche unter Spannung

Bei der Fehlersuche unter Spannung müssen auch von einer Elektrofachkraft Vorsichtsmaßnahmen eingehalten werden. Dazu gehören:

- Augenschutz (Schutzbrille) oder Gesichtsschutz verwenden, da bei einem versehentlichen Kurzschluss Funken oder Lichtbögen entstehen können,
- isolierende Sicherheitsschuhe und isolierende Handschuhe, möglichst mit Armschutz, benutzen, damit bei versehentlichen Fehlhandlungen kein Körperstrom zustande kommt,
- isolierendes Werkzeug verwenden, damit nicht versehentlich ein Kurzschluss hervorgerufen wird,
- keine „Bananenstecker“ verwenden, Anschlussleiter der Messgeräte müssen berührungssichere Prüfspitzen haben,
- falls Beleuchtung der Prüfstellen erforderlich ist, keine Glühlampenfassungen mit provisorischen Anschlussleitern verwenden,
- zur Beleuchtung der Prüfstellen bei Bedarf batteriebetriebene Stirnleuchten oder allenfalls Handleuchten mit VDE-Zeichen einsetzen.

Nach der Reparatur eines Elektrogerätes ist nach VDE 0701 zu prüfen, ob das Gerät den Sicherheitsbestimmungen entspricht. Stellt sich dabei heraus, dass nicht alle Sicherheitsbestimmungen erfüllt sind, so muss der Instandsetzer das Gerät auch diesbezüglich in Ordnung bringen.

> Elektrische Geräte müssen immer nach VDE 0701 geprüft werden, wenn eine Reparatur durchgeführt wird.

18.2.3 Prüfungen von instand gesetzten Geräten

Bei allen Geräten muss nach der Instandsetzung durch gründliche Besichtigung geprüft werden, ob noch äußerlich erkennbare Fehler vorhanden sind, welche die Sicherheit beeinträchtigen könnten. Man bezeichnet diese Prüfung als *Sichtprobe*.

Die Sichtprobe ist bei allen instand gesetzten Geräten vorgeschrieben.

Die übrigen Prüfungen unterscheiden sich je nach der Art der Geräte-Schutzklasse (**Tabelle 18.3**) und nach der Art der Instandsetzung (**Tabellen 18.4** und **18.5**).

	Geräteschutzklasse		
	I	**II**	**III**
Kennzeichnung		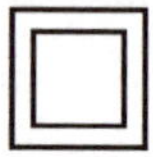	
Verwendung bei Schutzmaßnahme	mit Schutzleiter	doppelte oder verstärkte Isolierung (Schutzklasse II)	Schutzkleinspannung SELV oder PELV

Tabelle 18.3 Geräteschutzklassen

Bereich, Bestimmung	**Prüfaufgabe**	**Prüfverfahren**
Reparatur von elektrischen Geräten für den Hausgebrauch, auch beim Kundendienst DIN EN 50678 (VDE 0701)	Prüfung der Schutzleiteranschlüsse, $R_{PE} \leq 0{,}3\,\Omega$ bei 5 m Anschlusslänge und Leiterquerschnitt $\leq 1{,}5\ \text{mm}^2$, zuzüglich $0{,}1\,\Omega$ je weitere 7,5 m bis zum Maximalwert $1{,}0\,\Omega$. Bei $>1{,}5\ \text{mm}^2$: $R_{PE} = \frac{l}{\gamma \cdot A} + 0{,}1\,\Omega$	Widerstandsmessung bei Bewegung der Leitung Prüfstrom $\geq 0{,}2$ A
	Messung des Isolationswiderstandes (siehe Tabelle 18.5)	Isolationswiderstandsmessung gegen Körper und gegen Außenleiter
Reparatur von Fernmeldegeräten DIN VDE 0804	Ableitstrom-Messung Schutzklasse I: $I_a \leq 3{,}5$ mA	Wechselstrommessung
	Isolationswiderstand $R_{iso} \geq 2\ \text{M}\Omega$	Isolationswiderstandsmessung
	Spannungsfestigkeit	Hochspannungsprüfung bis 2,5 kV
Reparatur von Elektrowerkzeugen DIN EN 50678 (VDE 0701)	Prüfung der Schutzleiterverbindungen	Widerstandsmessungen nach Tabelle 18.5
	Messung des Isolationswiderstandes	

R_{PE} Schutzleiterwiderstand in Ω, l Leitungslänge in m, γ spez. Leitwert in $\text{m}/\Omega \cdot \text{mm}^2$, A Leiterquerschnitt in mm^2

Tabelle 18.4 Prüfungen nach der Reparatur von elektrischen Geräten

Messung		**Schutzklasse**		
		I	**II**	**III**
Schutzleiterstrom	allgemein	$\leq 3{,}5$ mA	entfällt	entfällt
	bei Heizgeräten ab 3,5 kW	≤ 1 mA/kW, maximal 10 mA		
Ersatz-Ableitstrom (Bild 18.19)	bei Heizgeräten bis 3,5 kW	$\leq 3{,}5$ mA	entfällt	entfällt
	bei Heizgeräten ab 3,5 kW	≤ 1 mA/kW		
Isolationswiderstand	allgemein	$\geq 1{,}0\ \text{M}\Omega$	$\geq 2{,}0\ \text{M}\Omega$	$\geq 0{,}25\ \text{M}\Omega$
	bei Heizgeräten* bis 3,5 kW	$\geq 0{,}3\ \text{M}\Omega$		

* Wenn dieser Wert unterschritten wird, muss der Ersatz-Ableitstrom eingehalten sein.

Tabelle 18.5 Prüfgrößen und ihre Messung

Instandsetzung durch Ersatz von Steckern oder Anschlussleitungen

Bei allen Schutzklassen ist Prüfung der *Zugentlastung* durch Sichtprobe und *Handprobe* (Ziehen von Hand) erforderlich. Bei Schutzklasse I (Geräte mit Schutzleiteranschluss) sind Schutzleiteranschluss und Schutzleiterverbindungen durch Sichtprobe und Handprobe zu kontrollieren. Der Schutzleiter ist auf Durchgängigkeit zu prüfen, und zwar so weit, wie es am Gerät ohne Zerlegung möglich ist. Mindestens muss aber die Prüfung des Schutzleiters zwischen Stecker und Anschlussstelle am Gerät erfolgen (**Bild 18.17**, Tabelle 18.5). Die Anschlussleitungen sind während der Prüfung von Hand abschnittsweise zu bewegen. Dabei darf keine Änderung des Schutzleiterwiderstandes eintreten, sonst ist der Schutzleiter nicht einwandfrei. Der Prüfstrom bei der Messung des Schutzleiterwiderstands muss mindestens 0,2 A betragen, die Messspannung darf höchstens 24 V betragen. Während der Messung ist das Gerät vom Netz zu trennen.

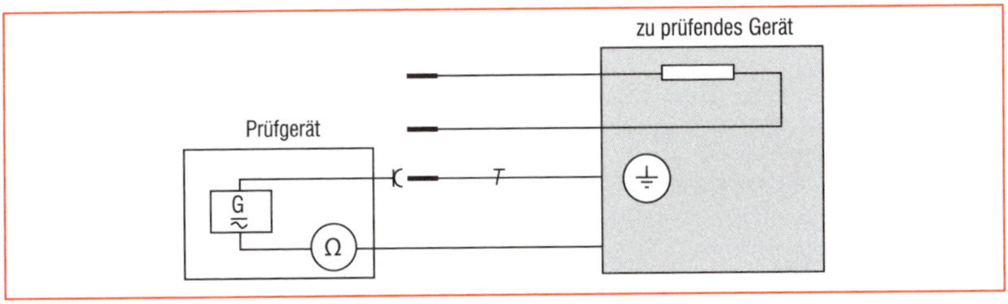

Bild 18.17 Messung des Schutzleiterwiderstands

Instandsetzung ohne Einbau von Kondensatoren an berührbaren Metallteilen und ohne Wicklungserneuerung

Zusätzlich zu den oben genannten Prüfungen ist darauf zu achten, dass sichtbare Isolierteile, die beschädigt sind, ersetzt werden. Außerdem ist der *Isolationswiderstand* mit einem ordnungsgemäßen Isolationsmesser bei 500 V DC zwischen den aktiven Leitern und dem Schutzleiter zu messen (**Bild 18.18**). Haben die Geräte Überspannungsschutzgeräte, muss die Prüfspannung auf 250 V DC reduziert werden. Bei Geräten mit Heizelementen, bei denen der geforderte Isolationswiderstand nicht eingehalten werden kann, muss geprüft werden, ob der nach **Bild 18.19** zu messende Ersatz-Ableitstrom eingehalten wird (Tabelle 18.5). Die Ersatz-Ableitstrommessung wird in VDE 0701, VDE 0702 „alternative Messmethode" genannt. Nach der Instandsetzung ist eine Prüfung auf ordnungsgemäßes Arbeiten des Gerätes *(Funktionsprüfung)* durchzuführen, die bei Elektrowärmegeräten mindestens eine Aufheizperiode umfasst.

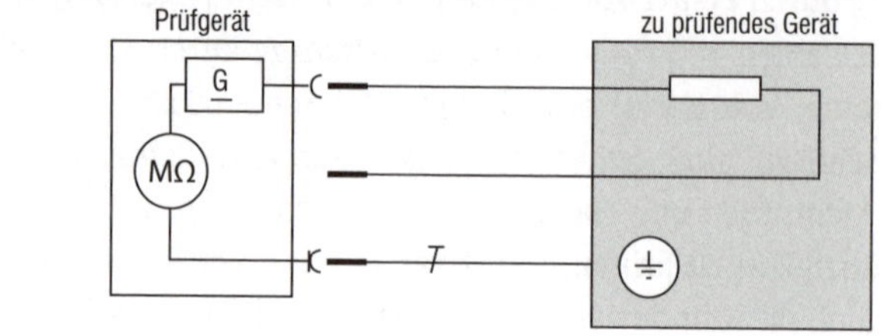

Bild 18.18 Messung des Isolationswiderstandes

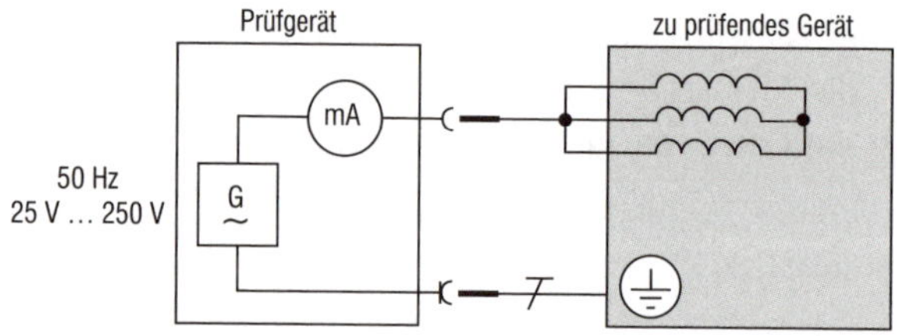

Bild 18.19 Messung des Ersatz-Ableitstroms

Instandsetzung mit Einbau von Kondensatoren an berührbaren Metallteilen

Zusätzlich zu den oben genannten Prüfungen muss wegen der Kondensatoren zwischen den unter Spannung stehenden Teilen und den berührbaren Metallteilen eine Messung des Ersatz-Ableitstroms mit AC 50 Hz erfolgen (Bild 18.19). Je nach Gerät sind die höchstzulässigen Werte bzw. die Mindestwerte verschieden groß (Tabelle 18.5).

Die Prüfungen nach VDE 0701 und VDE 0702 werden meist mit einem kombinierten Gerät durchgeführt (**Bild 18.20**). Dieses Gerät wird an das zu prüfende Teil und an das Netz angeschlossen. Für jede vorzunehmende Prüfung schaltet man das kombinierte Prüfgerät einfach um.

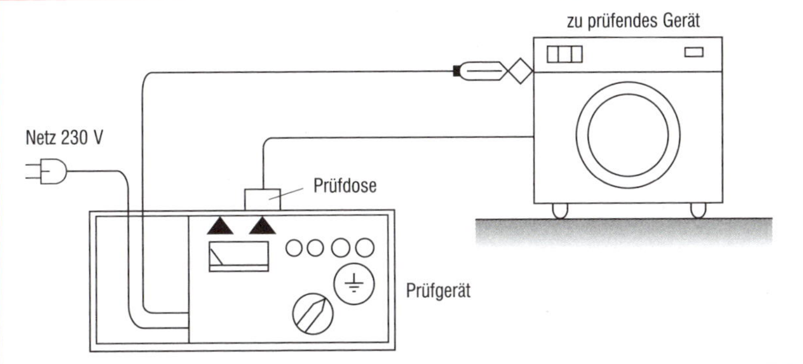

Bild 18.20 Anschluss eines Wechselstromgerätes an das kombinierte Prüfgerät zur Prüfung nach VDE 0701 und VDE 0702

18.2.4 Wiederkehrende Prüfungen von Geräten

Ortsveränderliche elektrische Betriebsmittel, z. B. Messgeräte, Computer, Steuergeräte, Regelgeräte, Elektrowerkzeuge, Verlängerungsleitungen mit Steckvorrichtungen oder Anschlussleitungen mit Stecker, müssen gemäß den Unfallverhütungsvorschriften nach DGUV Vorschrift 3 oder nach DIN VDE 0105-100 und DIN EN 50699 (VDE 0702) in festgelegten Zeitabständen auf ihren ordnungsgemäßen Zustand überprüft werden. Betroffen sind dabei alle ortveränderlichen Betriebsmittel, die auf Baustellen, in Werkstätten, Produktionsbereichen, Büros und im Home-Office zum Einsatz kommen. Übliche Kontrollzeiträume sind

- auf Baustellen 3 bis 12 Monate,
- in Produktionsbereichen oder Werkstätten 12 Monate,
- in Büros oder unter ähnlichen Bedingungen 2 Jahre.

Als wiederkehrende Prüfungen sind meist die in den vorherigen Abschnitten beschriebenen Prüfungen vorzunehmen. Dies können z. B. folgende Vorgänge sein:

- die Sichtprüfung,
- die Funktionsprüfung,
- das Messen
  - des Schutzleiterwiderstands,
  - des Isolationswiderstands,
  - des Schutzleiterstroms,
  - des Ersatzableitstroms und
  - des Berührungsstroms.

Kontrollfragen

1. Welche Einzelteile von elektrischen Geräten gehen bei der Fehlersuche leicht verloren?
2. Wie schützt man sich davor, dass Einzelteile von elektrischen Geräten bei der Fehlersuche verloren gehen?
3. An welcher Stelle beginnt man mit der Fehlersuche bei elektrischen Geräten?
4. Geben Sie eine Ursache an, die zum Verschmoren von Steckerkontakten führt.
5. Welche Personen dürfen an 230-V-Geräten mit einem Spannungssucher die Fehlersuche vornehmen?
   1. Alle volljährigen Personen,
   2. alle elektrotechnisch unterwiesenen Personen,
   3. nur Elektrofachkräfte mit zusätzlicher Ausbildung,
   4. Elektrofachkräfte,
   5. nur verantwortliche Elektrofachkraft.

   ☐

6. Welche Bestimmung gilt für die Prüfungen nach der Reparatur von elektrischen Geräten?
   1. DIN VDE 0101,
   2. DIN EN 50678 (VDE 0701),
   3. DIN VDE 0105-100,
   4. DIN VDE 0530,
   5. TAB.

   ☐

7. Wie groß muss der Widerstand des Schutzleiters von elektrischen Geräten für den Hausgebrauch bei 10 m Anschlusslänge nach einer Reparatur sein?
   1. Mindestens 0,3 Ω,
   2. mindestens 0,3 Ω, aber bei Leuchten mindestens 0,2 Ω,
   3. höchstens 0,3 Ω,
   4. höchstens 0,4 Ω,
   5. höchstens 2 Ω.

   ☐

8. Was versteht man unter einem Gerät der Schutzklasse I?
   1. Gerät mit Schutzisolierung,
   2. Gerät für Schutzkleinspannung,
   3. Gerät für eine Schutzmaßnahme mit Schutzleiter,
   4. Gerät mit Tropfwasserschutz,
   5. Gerät mit Spritzwasserschutz.

☐

9. Welche Prüfung ist bei allen instand gesetzten Geräten vorgeschrieben?
   1. Messung des Schutzleiterwiderstands,
   2. Messung des Ableitstroms,
   3. Messung des Isolationswiderstands,
   4. Sichtprobe und Handprobe,
   5. Zugprobe.

☐

10. Bei einem Gerät der Schutzklasse II wurde nur die Anschlussleitung ersetzt. Wie ist zu prüfen?
    1. Zugentlastung durch Sichtprobe und Handprobe,
    2. Sichtprobe allgemein und Prüfung der Zugentlastung durch Sichtprobe und Handprobe,
    3. Sichtprobe und Handprobe und Kontrolle der Schutzleiterverbindungen,
    4. nur Handprobe der Zugentlastung.
    5. Bei Schutzklasse II entfallen alle Prüfungen.

☐

11. Bei einem Elektroherd (Geräte-Schutzklasse I) wurde der Schalter ersetzt. Welche Prüfung oder Messung ist in jedem Fall überflüssig?
    1. Messung des Isolationswiderstandes,
    2. Messung des Schutzleiterwiderstandes,
    3. Messung der Stromstärke,
    4. Handprobe,
    5. Handprobe der Zugentlastung.

☐

19 Telefon-Anschlusstechniken

In der Telefontechnik werden zahlreiche Abkürzungen verwendet, die meist aus der deutschen, oft aber auch aus der englischen Bezeichnung hergeleitet sind. Diese Abkürzungen werden im Folgenden eingesetzt und beim ersten Gebrauch erklärt. Aufgrund des Vorhandenseins alter und neuer Technologien bei den Telefongeräten wird nachfolgend auf beide Technologien eingegangen.

19.1 Anschluss des Teilnehmers

Vom Netzbetreiber, z. B. der Aktiengesellschaft Deutsche Telekom, wird die Leitung von der *Teilnehmer-Vermittlungsstelle TVSt*, auch Betriebsstelle genannt, bis zur *Telekommunikation-Anschlussdose TAE* (E von Einheit) des Teilnehmers gelegt. Die TVSt des Netzbetreibers arbeitet mit digitalen Signalen (D). Über die TVSt wurden in der Vergangenheit ein *analoger Anschluss*, ein *ISDN-Anschluss* (ISDN von Integrated Services Digital Network = Netz für integrierte digitale Dienste) oder ein *DSL-Anschluss* (DSL von Digital Subscriber Line = digitale Teilnehmerleitung) abgebildet (**Bild 19.1**). Letzterer stellt derzeit den Stand der Technik dar.

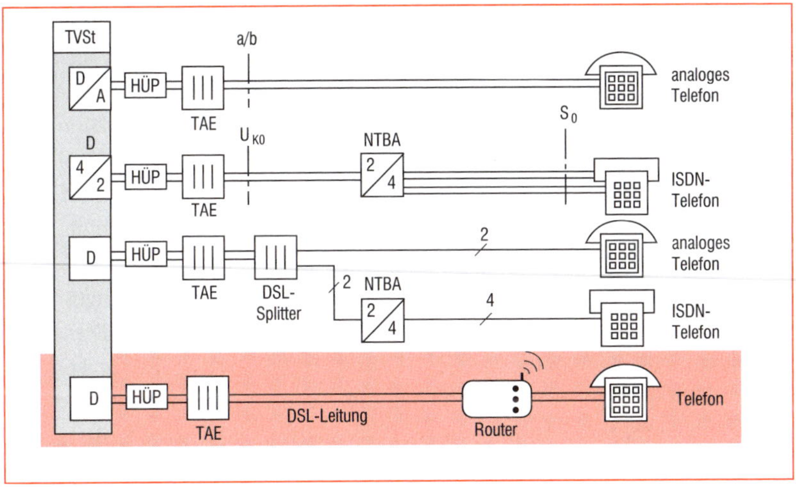

Bild 19.1 Telefonanbindungen an die Teilnehmer-Vermittlungsstelle TVSt

Beim analogen Anschluss wurden die digitalen Signale der TVSt durch einen DA-Umsetzer (Digital-Analog-Umsetzer) in analoge Signale umgewandelt und über eine 2-adrige Leitung zum Hausanschluss (Hausübergabepunkt HÜP) des Teilnehmers geführt (Bild 19.1).

Beim ISDN-Anschluss (nicht mehr gebräuchlich) wurden von der TVSt digitale Zweidraht-Signale über eine 2-adrige Leitung dem NTBA (Network Termination for Basic Access) des Teilnehmers zugeführt. Für die ISDN-Endgeräte (teilweise noch im Einsatz) wurden die digitalen Signale wieder auf vier Adern verteilt, sodass zu diesen eine 4-adrige Leitung mit je zwei Adern für Senden und Empfangen führte.

Über einen DSL-Anschluss wird seit 2019 mittels IP-Technologie (Internet Protocol, Ethernet-LAN) telefoniert (Bild 19.1, siehe Abschnitte 19.3 und 19.4). Man spricht dabei von Voice over IP (VoIP).

Die *Endgeräte TE* (von Terminal Equipment = Endgerät) entsprechen den Formen des Anschlusses. Analoge Endgeräte sind z. B. die konventionellen (auch früher gebräuchlichen) Telefone oder Faxgeräte, ISDN-Endgeräte sind z. B. ISDN-Telefone, IP-Endgeräte sind z. B. Router, PCs, Smartphones.

19.2 1. TAE-Dose

Von der TVSt führt eine 2-adrige Kupferleitung mit den Adern a und b zum Übergabepunkt HÜP, in manchen Fällen auch eine Lichtwellenleitung LWL (Bild 19.1). An die Adern a, b wird bei Anlagen in Wohnhäusern als *Netztrennabschluss NTA* (NTA von Network Termination Analogue = analoger Netzabschluss) vom Netzbetreiber eine *TAE-Dose* (TAE von Telekommunikations-Anschlusseinheit) der Form NFN gesetzt (**Bild 19.2**). Sie wird 1. TAE-Dose genannt. An diese Dose können mittels Steckern nach **Bild 19.3** bis zu drei Geräte angeschlossen werden. N steht für Nicht-Telefon, z. B. Fax, F bedeutet Fernsprechen, also Telefon.

An die TAE-Dose des NTA werden die beiden Adern a und b angeschlossen (**Bild 19.4**). Deshalb spricht man von einer *a/b-Schnittstelle*. Diese enthält außer den Kontakten mehrere Öffner, welche durch Einstecken der Stecker öffnen. Dadurch unterbrechen sie die nachfolgenden Stromkreise, sodass ein Mithören verhindert wird. Außerdem ist noch eine Reihenschaltung aus Diode und Widerstand vorhanden. Diese Schaltung wird als *passiver Prüfabschluss PPA* bezeichnet. Der PPA ermöglicht dem Netzbetreiber,

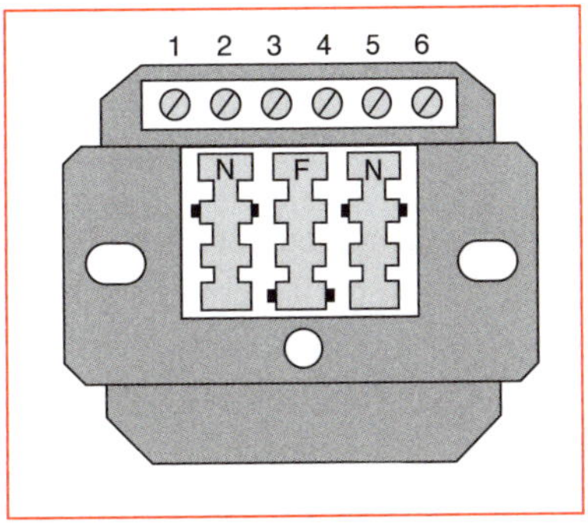

Bild 19.2 TAE-Dose NFN

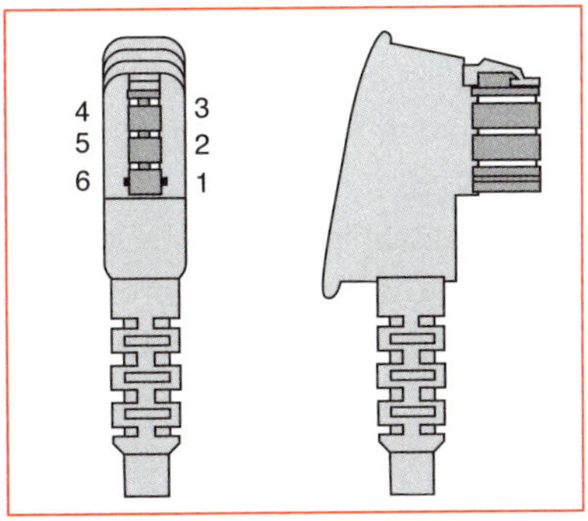

Bild 19.3 Stecker F zur TAE

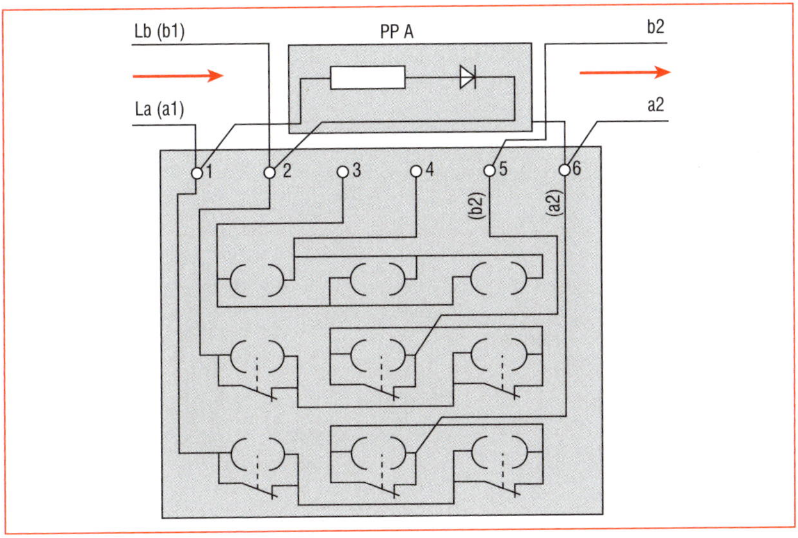

Bild 19.4 Schaltung einer TAE NFN mit PPA

von einem entfernten Prüfplatz aus zu prüfen, ob bis zum NTA eine Leitungsunterbrechung vorliegt.

> Die a/b-Schnittstelle besteht beim analogen Anschluss aus einer TAE der Form NFN mit PPA.

Zur Prüfung auf Leitungsunterbrechung wird die Betriebsspannung mit Plus (+) an die a-Ader gelegt und mit Minus (–) an die b-Ader. Nun ist die Diode in Durchlassrichtung geschaltet und es fließt ein Strom vom Prüfplatz über die a-Ader bis zum NTA und über die b-Ader wieder zurück. Das Auftreten dieses Stroms zeigt an, dass die Leitung ohne Unterbrechung ist.

Es muss verhindert werden, dass N-Geräte an die Buchsen der F-Geräte angeschlossen werden und F-Geräte an N-Buchsen. Das wird durch *Codierstege* an den Steckern erreicht und durch entsprechende Formung der TAE (**Bild 19.5**).

Die Anschlüsse der TAE-Dosen haben verschiedene Bedeutungen (**Tabelle 19.1**). Die zu ihnen führenden Leitungen sind in der Farbe unterschiedlich. Jedoch ist die Farbkennzeichnung je nach System nicht einheitlich.

Meist müssen weitere TAE-Dosen in einer Anlage an die 1. TAE-Dose angeschlossen werden. Das geschieht durch Hintereinanderschalten der Dosen mittels der Anschlüsse 6 für a2 und 5 für b2 (**Bild 19.6**). Funktionsbereit ist wegen der Öffner in den TAE-Dosen allerdings nur das Gerät, welches in Betrieb genommen wird.

Als Telekommunikationsleitung kommt z. B. J-Y(St)Y $2 \times 2 \times 0{,}6$ zum Einsatz.

Beim analogen Anschluss können mehrere TAE-Dosen angeschlossen werden, aber nur ein Gerät kann arbeiten.

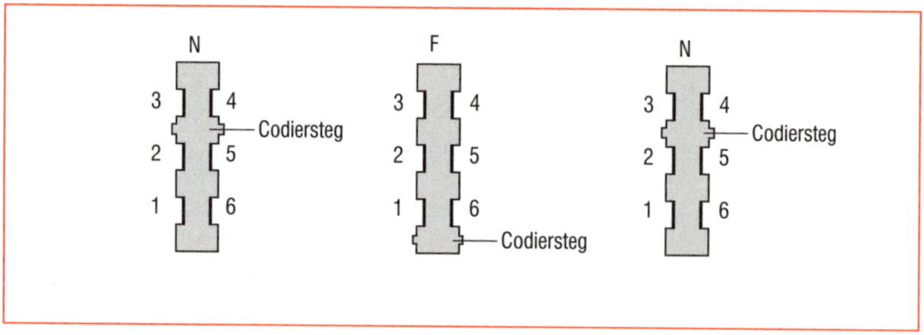

Bild 19.5 Codierung NFN

Anschluss	Kennzeichnung des Kabels (Beispiel)	Aderfarbe der Anschlussschnur	Bedeutung
1 oder La	ohne Farbringe	weiß (WH von white)	a-Ader
2 oder Lb		braun (BR von brown)	b-Ader
3 oder W		grün (GN von green)	Kontakt für Zusatzgerät
4 oder E		gelb (YE von yellow)	Erdkontakt
5 oder b2	wie Lb	grau (GY von grey)	weiter geschaltete Lb
6 oder a2	wie La	rosa (PK von pink)	weiter geschaltete La

Tabelle 19.1 Anschlüsse der TAE-Dose

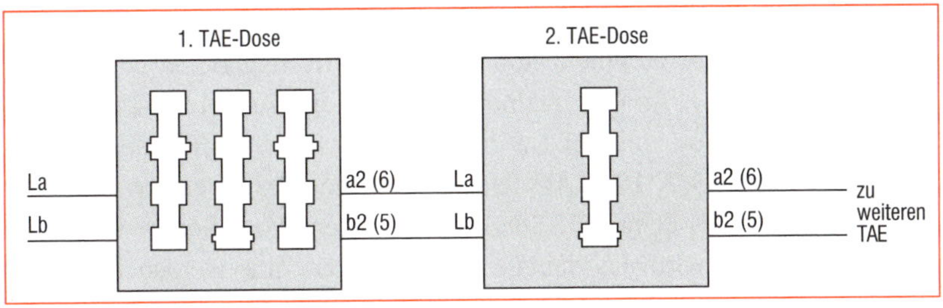

Bild 19.6 Installation mit TAE-Dosen

19.3 DSL-Anschluss

Über einen DSL-Anschluss (DSL von Digital Subscriber Line = digitale Teilnehmerleitung) kann ein Computer (IP-Gerät), z. B. ein PC, sehr schnell eine Verbindung zum Internet aufbauen. Eine häufige Form von DSL ist ADSL (Asymmetric DSL). Je nach Richtung der Signale sind hier die *Bitraten* (Anzahl der Bits je Sekunde) asymmetrisch (ungleich). Beim Senden der Signale vom Internet zum Teilnehmer spricht man von *Downstream* (Abwärtsstrom, Abwärtsbitrate), beim Senden vom Teilnehmer zum Internet von *Upstream* [Aufwärtsstrom, Aufwärtsbitrate (**Tabelle 19.2**)]. Die Abwärtsbitrate ist größer als die Aufwärtsbitrate, weil der Teilnehmer aus dem Internet gewöhnlich mehr Informationen bezieht als er einspeist. Die von der Telekom entwickelte Form von ADSL wird als DSL (Telekom), nachfolgend hier (wie früher) als T-DSL, bezeichnet. Es gibt weiterentwickelte DSL, z. B. VDSL (Very High Data Rate DSL = sehr hohes Datenübertragungs-DSL). Mit ADSL bzw. T-DSL lassen sich über die bestehende Zweidraht-Leitung die alten analogen und auch die IP-Geräte betreiben.

Bei DSL wird ein Frequenzband genutzt, das oberhalb des für die analoge Sprachtelefonie genutzten Frequenzbereichs liegt. Die gegenüber der Analogtechnik wesentlich höhere Datenübertragungsrate bei DSL resultiert aus dem weitaus größeren Frequenzbereich.

Vom Hausübergabepunkt HÜP für IuK (auch Abschlusspunkt Liniennetz APL für Kupferleitungen oder Abschlusspunkt Glasfaser APG für Glasfaser-

Art	Downstream	Upstream	Art und Länge der Leitung
ADSL und T-DSL	z. B. 16 Mbit/s	z. B. 2,4 Mbit/s	1 Adernpaar, bis 5 km Länge
VDSL	je nach Art und Netzform z. B. 500 Mbit/s	z. B. 100 Mbit/s	etwa 300 m bis zum Endnutzer 1 Adernpaar, zuvor LWL-Übertragung

Tabelle 19.2 DSL-Kommunikation

leitungen, Lichtwellenleitungen LWL) erfolgt die Verbindung zur 1. TAE-Dose und von dieser zu einem Router mit integriertem DSL-Modem (DSL-Router) im Gebäude. An diesen sind z. B. die Endgeräte, auch die der alten Technologien Analog und ISDN, über seine Schnittstellenbuchsen angeschlossen (**Bilder 19.7, 19.8,** Abschnitte 19.4 und 19.5). Der Anschluss der IP-Endgeräte erfolgt über RJ45-Steckverbindungen. Vom Router bzw. vom HÜP des Kunden wird das digitale DSL-Signal zur nur wenige Kilometer entfernten Betriebsstelle (früher Vermittlungsstelle) des Providers (Versorger), z. B. Deutsche Telekom, über die Teilnehmeranschlussleitung TAL (Telefonleitung) mit dem DSL-Multiplexer des Providers übertragen. Von dort erfolgt die weitere Datenübertragung über Lichtwellenleiter zu einem Breitband-Zugangsserver (Netzwerk-Gateway) und schließlich in das Backbone-Netz (backbone = Rückgrat, hier Hauptnetz) des Providers (**Bild 19.9**).

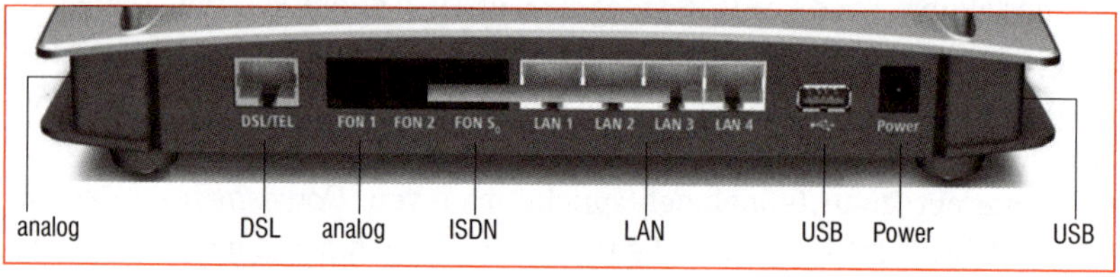

Bild 19.7 Schnittstellenbuchsen eines DSL-Router

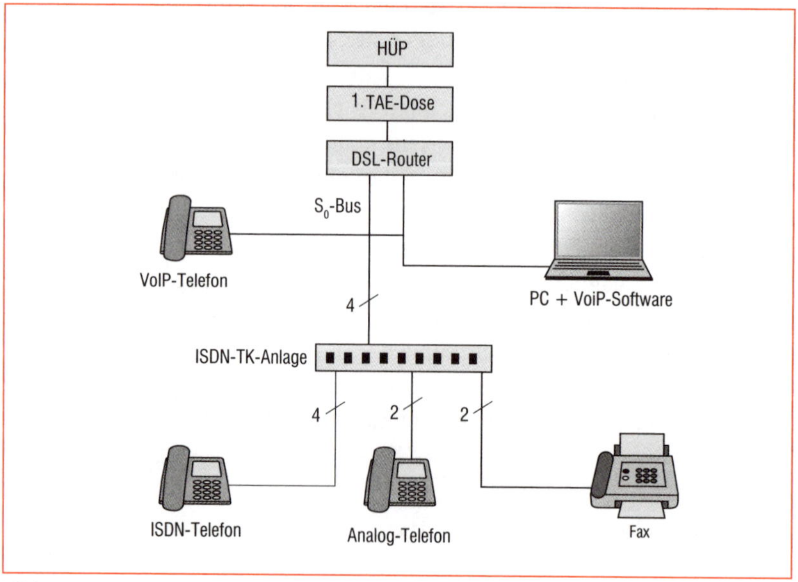

Bild 19.8 Anschluss verschiedener Endgeräte an einen DSL-Router

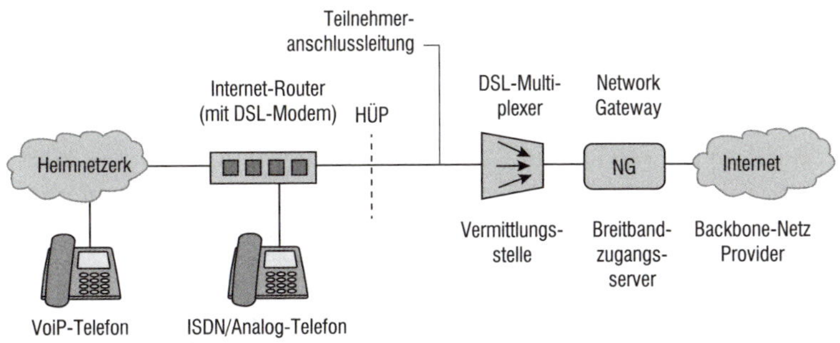

Bild 19.9 Stationen der Datenübertragung beim DSL-Anschluss

19.4 Anschluss über VoIP

Das Telefonieren über das Internet, Kurzform VoIP, von Voice over Internet Protocol, besteht in einfacher Form als VoIP per PC schon einige Jahre. Dabei wird zum Telefonieren eine Computersoftware, z.B. *Skype*, auf den PC geladen, der dann über einen Router den Zugang zum Internet herstellt. Damit ist auch Bildtelefonie möglich. Man kann sich beim Telefonieren gegenseitig sehen, sofern am PC eine Kamera installiert ist.

Die Telekom hat im Zeitraum 2017/2018 auf diese Form des Telefonierens umgestellt und nutzt hierzu die IP-Technologie mit ihren erforderlichen IP-Anschlüssen. Es ist dabei möglich, auch zu Telefonpartnern Verbindung aufzunehmen, die ihrerseits die IP-Technologie noch nicht nutzen. Dies wird über die Telekom-Betriebsstellen sichergestellt.

Weil über die IP-Anschlüsse neben dem Telefonieren auch Fernsehempfang (TV, Television) oder Surfen im Internet möglich ist, spricht man von *All-IP-Anschlüssen*.

Im Folgenden wird unter *VoIP-Anschluss* immer der IP-Anschluss ohne Softwaretools, wie z.B. Skype, Zoom oder Teams für den PC, verstanden.

Beim IP-Anschluss erfolgt die Datenübertragung paketweise. Die Nachricht wird dabei in einzelne Pakete zerlegt und digitalisiert. Für jedes einzelne Paket erfolgt die Übertragung auf einem gerade verfügbaren Weg und dadurch schneller, als wenn nur ein Leitungsweg festgelegt wäre. Beim Empfänger werden dann die Pakete wieder zur Nachricht verbunden und ausgegeben.

Beim IP-Anschluss erfolgt die Datenübertragung paketweise mit hoher Übertragungsgeschwindigkeit und nicht leitungsweggebunden.

Die hohe Übertragungsgeschwindigkeit von z. B. 500 MBit/s wird durch *Lichtwellenleiter* erreicht und auch durch *Vectoring*. Das ist eine Maßnahme zur Verringerung des Übersprechens von einem Leiter zum anderen und führt damit zu einer Beschleunigung der Datenübertragung.

Die Anschlussleitung führt vom Verteilerkasten des Providers über den Hausübergabepunkt HÜP für IuK (Abschnitt 20.6) zum Teilnehmergebäude und von dort an die 1. TAE-Dose. Von dieser geht es direkt an den DSL-Anschluss eines Routers mittels RJ45-Stecker (**Bild 19.10**). Somit ist der Router über die Computer des Providers, z. B. Telekom, an das Internet angebunden.

Im Gebäude ist der Router über Leitung oder über Funk mit den Sprechstellen des Telefons oder mit den Geräten der Datentechnik oder der Unterhaltungstechnik verbunden. Man kann erkennen, dass damit von Handgeräten, z. B. Smartphones oder Tablets, direkt das Festnetz erreichbar ist, und zwar mit hoher Übertragungsgeschwindigkeit, also hoher Qualität von Ton und Bild.

Router für VoIP gibt es von verschiedenen Herstellern und Netz-Betreibern (Providern), z. B. der Telekom oder Vodafone. Im Gebäude ist der Router mit integriertem DSL-Modem, daher auch DSL-Router genannt, direkt an die 1. TAE-Dose angeschlossen (Bild 19.10, **Bild 19.11**). Der Router be-

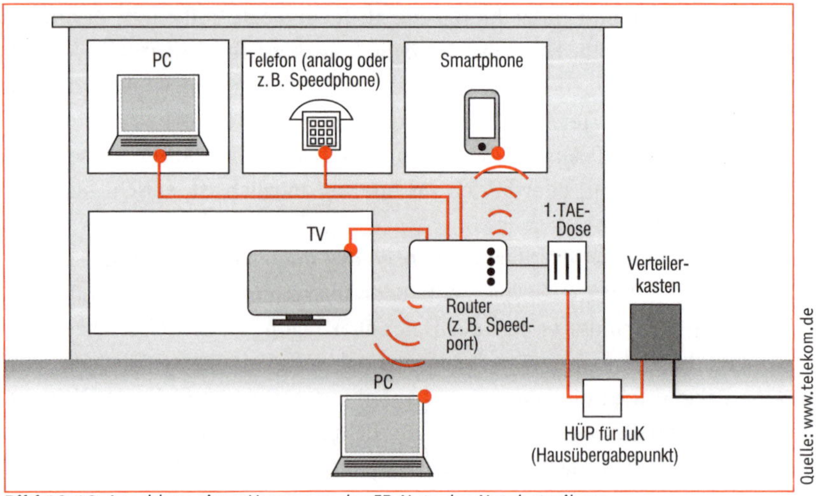

Bild 19.10 Anschluss eines Hauses an das IP-Netz des Netzbetreibers

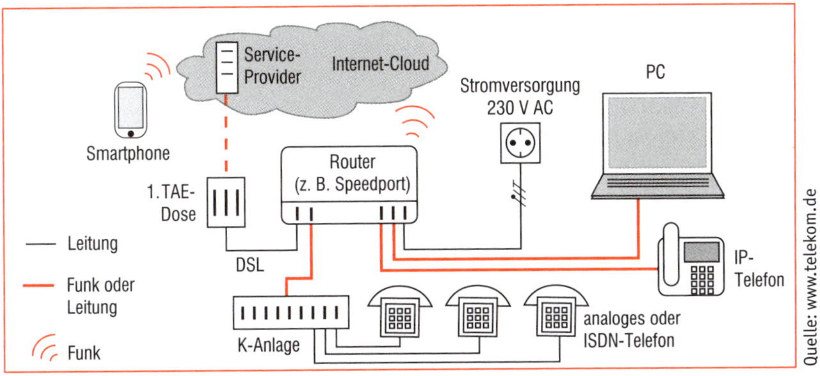

Bild 19.11 Anschluss der Geräte beim VoIP-Netz

sitzt eine eigene Stromversorgung für 230V AC. Daraus ist ersichtlich, dass beim VoIP-Anschluss die Stromversorgung der Telekommunikationsgeräte nicht über die Amtsleitung erfolgt.

Am Router sind die IP-Telefone (VoIP), zum Teil auch analoge Telefone, und die PCs direkt mit je einer Leitung oder, sofern möglich, über Funk anzuschließen. Über die PCs kann man z.B. mittels Teams-Software telefonieren. Deshalb spricht man hierbei auch von Soft-Telefonie. An den Router kann auch eine TK-Anlage angeschlossen werden, die als Gateway zwischen dem Provider und den verschiedenen Geräten der Kommunikation anzusehen ist. Dadurch können vorhandene Telefongeräte bei Umstellung auf VoIP weiter verwendet werden (Abschnitt 9.15).

> Bei Umstellung auf einen VoIP-Anschluss können die Geräte einer TK-Anlage weiter arbeiten, wenn die Anlage an den Router angeschlossen wird oder der Router selbst geeignete Schnittstellen besitzt.

Durch das Nutzen von VoIP werden die vom analogen Anschluss und ISDN-Anschluss belegten Frequenzbereiche nicht mehr für diese Art der Telefonie benötigt. Sie können daher für größere Reichweiten oder einen höheren Datendurchsatz genutzt werden. Durch den Wegfall der analogen Telefonie und der ISDN-Telefonie vereinfacht sich für den Telekommunikationsanbieter die Netzinfrastruktur erheblich. Viele dezentrale Vermittlungsstellen können aufgelöst werden.

Weitere Informationen: www.agfeo.de
www.pascom.net
www.telekom.de

Kontrollfragen

1. Wozu dient ein ADSL-Anschluss?
2. Woher stammt die Bezeichnung DSL?
    1. Dual Slope Line
    2. Digital Slope Line
    3. Dual Subscriber Line
    4. Digital Subscriber Line
    5. Data Subscriber Line

    ☐

3. Erklären Sie die Kurzform VoIP.
4. Auf welche Weise sind im Gebäude die Telefon-Sprechstellen mit dem Router verbunden?
5. Welches Leitungsmaterial ermöglicht im VoIP-Netz eine hohe Übertragungsgeschwindigkeit von z. B. 500 Mbit/s?

19.5 Nutzung von analogen Telefonen und ISDN-Telefonen

Analoge Telefone können an die Router über die Stecker F (Bild 19.3) angeschlossen und somit weiterhin betrieben werden.

Durch das Einstecken des Steckers eines analogen Telefons in die passende Buchse des Routers wird das Telefon nur mit den Adern a und b verbunden (Bild 19.4). Trotz dieses Zweidraht-Anschlusses kann gleichzeitig gesprochen und gehört werden (**Bild 19.12**). Dieser Vollduplexbetrieb wird durch eine spezielle Schaltung mit Induktivitäten, genannt Gabelschaltung, erreicht, die auf analogem Weg das Verhalten der Vierdraht-Technik herstellt.

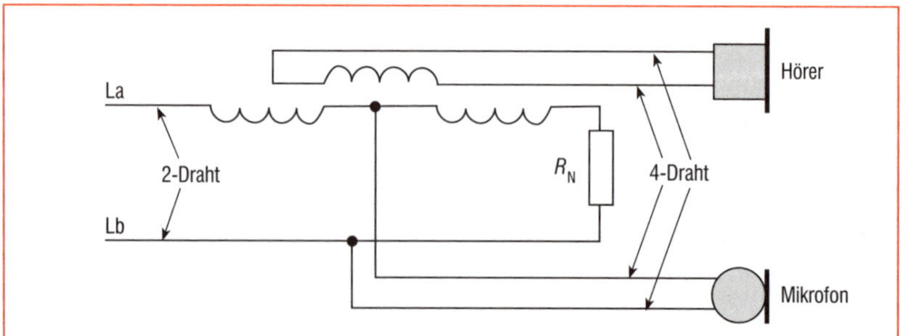

Bild 19.12 Anschluss des analogen Telefons

> In der analogen Anlage wird durch eine Gabelschaltung der Vollduplexbetrieb bei nur zwei Adern ermöglicht.

Auch *ISDN-Endgeräte* sowie eine *ISDN-Telefonanlage* können über Router, die intern IP-Signale in ISDN-Signale (S_0-Bus) umsetzen (konvertieren), und ein geeignetes Anschlusskabel weiterhin betrieben werden. Die Router müssen hierzu RJ11-Buchsen für das Anschließen der ISDN-Telefone, parallelgeschalteter IAE-Dosen oder der ISDN-Telefonanlage besitzen (**Bilder 19.13, 19.14, 19.15**).

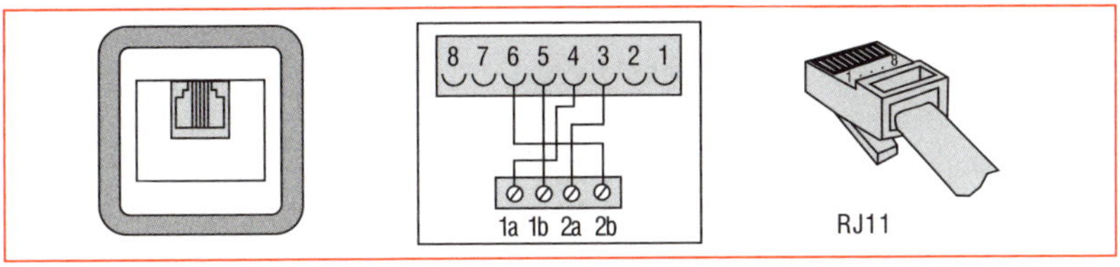

Bild 19.13 Ansicht und Schaltung der ISDN-IAE, Ansicht des Steckers RJ11

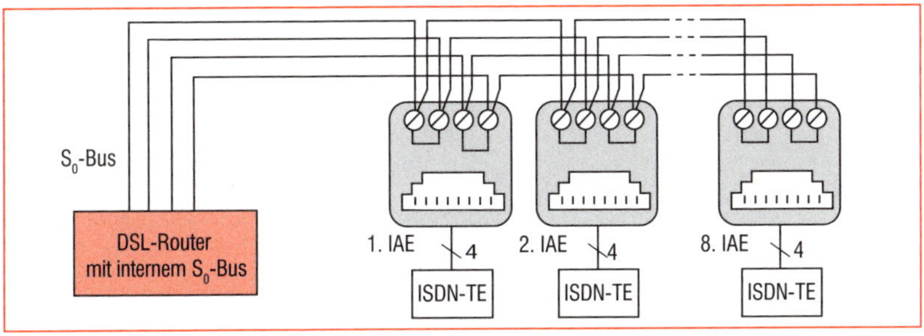

Bild 19.14 Anschluss der Endgeräte ISDN-TE beim ISDN-Netz

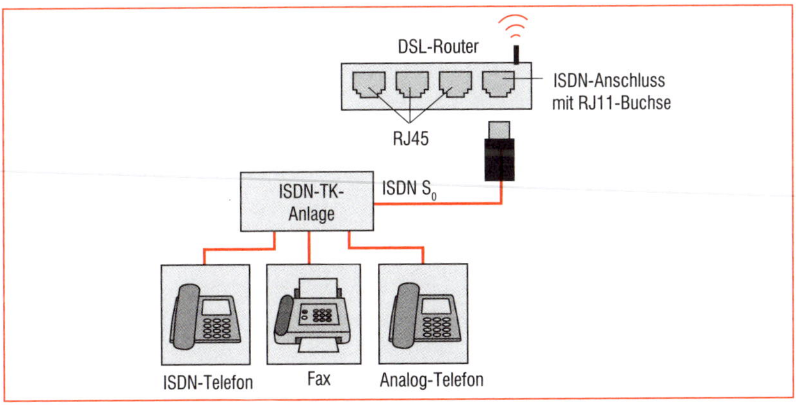

Bild 19.15 Betrieb einer ISDN-Anlage über einen DSL-Router

> Beim ISDN-Anschluss ist eine 4-adrige Busleitung (S_0-Bus) zu den Dosen der Endgeräte verlegt.

Die Dosen (Buchsen) der ISDN-Endgeräte werden als IAE-Dosen (IAE von ISDN-Anschlusseinheit) bezeichnet. Sie enthalten acht Kontaktstellen, von denen aber nur vier belegt (anschließbar) sind (Bild 19.13). Auch UAE-Dosen (Universal-Anschluss-Einheit) sind möglich.

Bei Vorhandensein mehrerer IAE-Dosen sind diese parallel an den S_0-Bus angeschlossen (Bild 19.14). Stecker RJ11 verbinden mittels Leitung die ISDN-Endgeräte mit den IAE-Dosen.

Der Anschluss eines analogen Geräts an die ISDN-Anlage ist möglich, wenn ein Terminaladapter TA verwendet wird (**Bild 19.16**). Im TA werden die digitalen Vierdraht-Signale des S_0-Busses in analoge Zweidraht-Signale umgesetzt und umgekehrt analoge Signale in digitale Signale. Der TA entspricht also einem Modem (Kunstwort aus Modulator und Demodulator).

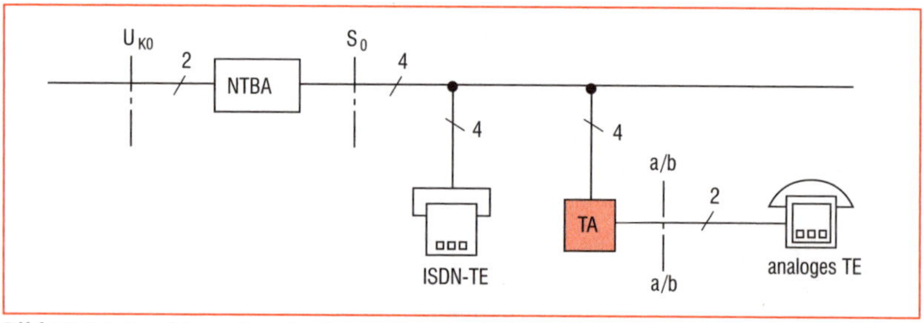

Bild 19.16 Anschluss eines Analoggerätes an einen ISDN-Bus

Kontrollfragen

1. Erklären Sie die Abkürzungen TVSt, ISDN, DA-Umsetzer und TE.
2. Welche Aufgabe hat der PPA eines NTA vom analogen Anschluss?
3. Was bedeuten die Buchstaben N und F bei den TAE?
4. Warum sind bei den TAE-Steckern Codierstege vorhanden?
5. Welche Dosen und welche Stecker werden in einer ISDN-Anlage verwendet?
6. Wozu dient der PPA in einer TAE NFN?
   1. Er ändert die Zweidraht-Technik in eine Vierdraht-Technik.
   2. Er ersetzt die Vierdraht-Technik durch eine Zweidraht-Technik.
   3. Er gibt dem Netzbetreiber die Möglichkeit, von einer Zentrale aus eine Leitungsunterbrechung festzustellen.
   4. Er dient zum Anschluss eines weiteren Telefons.
   5. Er ermöglicht, an einer TAE zwei weitere N-Geräte anzuschließen.

   ☐

7. Welche der folgenden Aussagen ist richtig?
   1. Analoge Telefone können an DSL-Routern nicht betrieben werden.
   2. Es gibt keine Möglichkeit mehr, ISDN-Telefone an einer DSL-Anlage zu betreiben.
   3. Die Stromversorgung der VoIP-Geräte erfolgt über die Telefon-Amtsleitung.
   4. Analoge Telefone können an DSL-Routern betrieben werden.
   5. Der HÜP für IuK liefert für die IP-Geräte die Versorgungsspannung 230 V AC.

   ☐

20 Kommunikationsnetzwerke

20.1 Netzwerkbereiche

Kommunikationsnetzwerke erstrecken sich über die Gebäude z.B. eines Unternehmensstandortes und über die Stockwerke der Gebäude hinweg sowie innerhalb der Stockwerke bis zu den Anschlussdosen der IT-Endgeräte. Dementsprechend unterscheidet man bei der strukturierten Gebäudeverkabelung nach DIN EN 50173-1 zum Übertragen von Daten

- Primärbereiche,
- Sekundärbereiche und
- Tertiärbereiche (**Bild 20.1**).

Der Primärbereich bezieht sich auf die Verkabelung der Gebäude eines Standortes untereinander. Der Sekundärbereich stellt die vertikale Stockwerksverkabelung eines Gebäudes dar, der Tertiärbereich die horizontale Etagenverkabelung im Gebäude.

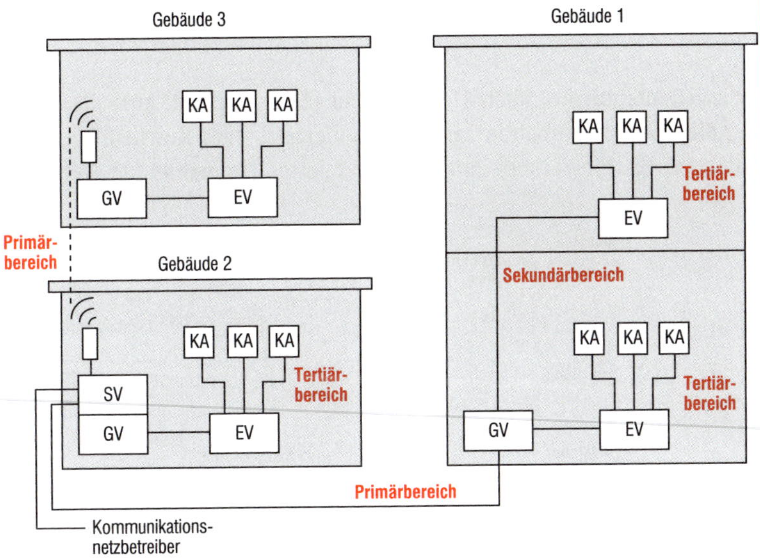

EV Etagenverteiler, GV Gebäudeverteiler, SV Standortverteiler, KA Kommunikationsanschluss

Bild 20.1 Strukturierte Kommunikationsnetzwerke

In den Primär- und Sekundärbereichen finden insbesondere Lichtwellenleitungen (LWL) zum Verbinden der Datenverteiler Anwendung. Für die gebäudeübergreifende Verkabelung (Primärbereich) werden LWL bestehend aus Singlemode-Fasern (Ein-Lichtstrahl-Fasern) der Kategorie OS2 (Optical Singlemode) mit Leitungslängen bis 10.000 m für z. B. 100 Gbit/s empfohlen, für die Verbindung zwischen Gebäudeverteiler und Etagenverteiler (Sekundärbereich) LWL mit Multimode-Fasern (Mehr-Lichtstrahl-Fasern) der Kategorie OM3 (Optical Multimode) mit Leitungslängen bis 300 m. Für die Verbindung Etagenverteiler zu den Anschlussdosen der IT-Endgeräte im Tertiärbereich finden meist Twisted-Pair-Leitungen aus Kupfer mit Leitungslängen bis 100 m sowie einer Datenübertragungsrate (-geschwindigkeit, Bitrate) von z. B. 100 Mbit/s Anwendung. Den Leitungsarten LWL und Kupfer ist gemein, dass eine zunehmende Leitungslänge bei gleicher Technologie eine geringere Datenübertragungsrate bedeutet.

LWL verwendet man insbesondere zum Überbrücken großer Entfernungen bei der Datenübertragung.

20.2 Lichtwellenleitungen

Lichtwellenleitungen, auch Lichtleitkabel (LLK) genannt, enthalten Adern, und diese Adern enthalten Fasern aus Quarzglas oder Kunststoff (Lichtwellenfasern). Es gibt Fasern mit loser und fester Ummantelung (**Bild 20.2**).

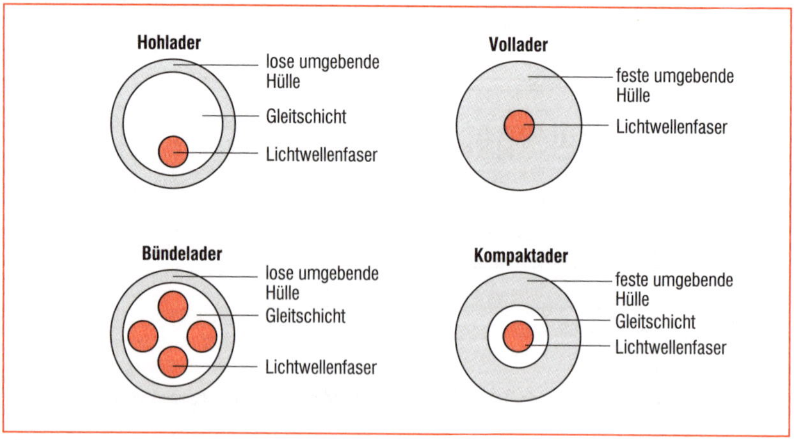

Bild 20.2 Arten von Adern in Lichtwellenleitungen

Adern mit loser Ummantelung sind von Vorteil bei Temperaturschwankungen. Ferner sind sie weniger empfindlich gegen Zugbelastungen. Hohladern mit einer Faser oder mehreren Fasern (Bündelader) besitzen eine lose umgebende Hülle, gefüllt mit einer Gleitschicht. Bei der Vollader grenzt die Faser unmittelbar an die Hülle. Bündeladern besitzen bis zu 12 Fasern, z.T. auch 24 Fasern, die durch unterschiedliche Farben gekennzeichnet sind.

In LAN-Datennetzen erfolgt die Nummerierung der Fasern gemäß zwölf Farben nach DIN VDE 0888-100-1-1 (DIN EN 60794-1-1), also Rot für die Faser Nummer 1, oder davon abweichend nach ANSI/TIA/EIA-568 (Bellcore-Farbcode, Telcordia) Blau für die Faser Nummer 1. Bei 24 Fasern beginnt die Farbfolge von vorne mit zusätzlich schwarzer Ringsignierung. Der Bezeichnungsschlüssel der LWL, z.B. U-DQ(ZN)BH 8G50/125, beschreibt deren charakteristische Merkmale (**Tabelle 20.1**), wobei die Bezeichnungsschlüssel oft auch verkürzt, also nicht alle Merkmale beschreibend, vorkommen.

Zeichen	Bedeutung	Zeichen	Bedeutung
1. Kabelart		**2. Adertyp**	
A	Außenkabel	B	Bündelader, ungefüllt
AT	Außenkabel, aufteilbar	D	Bündelader, gefüllt
J	Innenkabel	H	Hohlader, ungefüllt
JT	Innenkabel, aufteilbar	V	Vollader
U	Universalkabel	W	Hohlader, gefüllt
3. Konstruktionsaufbau, innen → außen		**4. Mantelmaterialien**	
B	Bewehrung	H	Mantel, halogenfreies Material
1B	Bewehrung aus einer Lage Stahlband (SB)	M	Bleimantel
2B	Bewehrung aus 2 Lagen SB	Y	PVC-Mantel
F	Seele gefüllt	2Y	PE-Mantel
OF	Seele mit Feststoffanteilen	4Y	Polyamid-Mantel, PA
Q	Seele mit trockenen Quellmitteln	6Y	Fluorethylen-Propylen-Mantel, FEP
(L)	überlappendes Al-Band	9Y	Polypropylenmantel, PP
(R...)	Bewehrung aus Runddrähten; Ø in mm	11Y	PUR-Mantel
S	isolierter Metallleiter in Seele	**5. Anzahl Fasern**	
W	Stahlwellmantel	n	Anzahl Bündeladern
(ZN)	Zugentlastung nichtmetallisch	n x m	Anzahl Bündeladern x Anzahl Fasern je Bündelader
(ZS)	Zugentlastung metallisch		

Tabelle 20.1 Bezeichnungsschlüssel für LWL nach DIN VDE 0888-100-1 Bbl.1 (Teil 1/2)

Zeichen	Bedeutung	Zeichen	Bedeutung
6. Faserart		**7., 8. Faserkerndurchmesser/Fasermanteldurchmesser**	
E	Einmodenfaser (SM), Glas	n/m	in µm
G	Mehrmodenfaser (MM), Glas, GI	**9. Dämpfung**	
GK	Mehrmodenfaser, Glaskern, Kunststoffmantel, GI	xx	Dämpfungskoeffizient in dB/km
K	Mehrmodenfaser, Glaskern, Kunststoffmantel, SI	**10. Wellenlänge**	
P	Mehrmodenfaser, Kunststoffkern, -mantel, SI	A	$\lambda = 650\,\text{nm}$
S	Mehrmodenfaser, Glas, SI	B	$\lambda = 850\,\text{nm}$
	GI Gradienetenindex	F	$\lambda = 1.300\,\text{nm}$ oder $1.310\,\text{nm}$
	SI Stufenindex	H	$\lambda = 1.550\,\text{nm}$
	SM Single Mode		
	MM Multi Mode		
11. Bandbreite, Dispersion		**12. Sonderarten (kann entfallen)**	
yyy	Bandbreite MHz · km (MM)	LG	Lagenverseilung
zzz	Dispersion ps/(nm · km) (SM)		

Tabelle 20.1 Bezeichnungsschlüssel für LWL nach DIN VDE 0888-100-1 Bbl.1 (Teil 2/2)

Die optischen Fasern sind in optische Faserklassen (OF) eingeteilt. Dem Klassennamen ist die maximale Länge in m zu entnehmen (**Tabelle 20.2**). Die Dämpfung nimmt bei größerer Strahlungswellenlänge ab. Singlemode-Fasern besitzen eine kleinere Dämpfung als Multimode-Fasern. Sie sind daher für größere Übertragungsstrecken besser geeignet. Die Faserkategorien OM1 bis OM5 (Multimode) und OS1, OS2 (Singlemode) kennzeichnen die Fasern nach Dämpfung/km und Gbit/s in Bezug zur Strahlungswellenlänge sowie dem Kerndurchmesser und dem Manteldurchmesser der Faser. Die Mantelfarbe kennzeichnet die Faserkategorie, z. B. Türkis für OM3, Gelb für OS2.

Klasse	maximale Dämpfung der Übertragunsstrecke in dB			
	Multimode		Singlemode	
	850 nm	1.300 nm	1.310 nm	1.550 nm
OF 100	1,85	1,65	–	–
OF 300	2,55	1,95	1,80	1,80
OF 500	3,25	2,25	2,00	2,00
OF 2.000	8,50	4,50	3,50	3,50
OF 5.000	–	–	4,00	4,00
OF 10.000	–	–	6,00	6,00

Tabelle 20.2 Optische Faserklassen OF

Allgemein ist anzumerken, dass LWL aus Kunststofffasern im Vergleich zu LWL aus Glasfasern (Quarzglas)

- mechanisch robuster sind,
- ein geringeres Gewicht haben,
- größere Ausbreitungsverluste in dB/km besitzen und
- in der Datenübertragung auf kürzere Strecken beschränkt, jedoch auch preiswerter sind.

Als Übertragungsverfahren hat sich bei den Datennetzen im Bereich WAN (Wide Area Network, Netzwerkverbindung zwischen Unternehmensstandorten, Städten) und LAN (Local Area Network) Ethernet mit dem Internet-Protokoll IP durchgesetzt. Die Übertragungsverfahren sind durch die Übertragungsrate, die Technologie und Angaben zu Strahlungswellenlänge/ Faserart/Art des Netzwerks gekennzeichnet (**Tabelle 20.3**).

Lichtwellenleitungen		Twisted-Pair-Leitungen	
Art	**Erklärung**	**Art**	**Erklärung**
100Base-FX	100 Mbit/s, Fiber, Mm, LAN	100Base-T	100 Mbit/s, LAN
1000Base-SX	1 Gbit/s, 850 nm, Mm, LAN	100Base-TX	100 Mbit/s, Cat 5, LAN
10GBase-LW	10 Gbit/s, 1.310 nm, Sm, WAN	1000Base-T	1 Gbit/s, Cat 7, LAN
10GBase-LX	10 Gbit/s,1.310 nm, LAN	10Gbase-T	10 Gbit/s, Cat 7, LAN
Mm Multimode, Sm Singlemode, Cat Kategorie, L Longwave, S Shortwave, W WAN, X LAN			

Tabelle 20.3 Kennzeichnung von Übertragungsverfahren (Auswahl)

20.3 Kupferleitungen

Anwendung finden insbesondere im Tertiärbereich von Kommunikationsnetzen die verdrillten Twisted-Pair-Leitungen (auch TP-Kabel genannt, Tabelle 1.5). Mit steigender Übertragungsrate nimmt jedoch auch hier die Länge der Übertragungsstrecke ab. Die Kennzeichnung des Übertragungsverfahrens für Ethernet ist ähnlich wie bei Lichtwellenleitungen (Tabelle 20.3). Meist kommt die Kabelkategorie 7 (Cat 7) zum Einsatz, Kabelkategorie 5 (Cat 5) ist mindestens erforderlich. Cat-7-Leitungen sollten aus Gründen der Schirmung mit dem Stecksystem Tera oder GG45 versehen sein. Das Stecksystem RJ45 ist für Cat-7-Leitungen nicht geeignet.

Eine gemeinsame Verlegung von Datenleitungen (informationstechnische, kommunikationstechnische Leitungen) und Energieleitungen zur Spannungsversorgung muss so erfolgen, dass keine elektromagnetischen (induktiven) Störungen von den Energieleitungen auf die Datenleitungen wirken (elektromagnetische Verträglichkeit EMV, Kapitel 11). In EN 50174-2 sind daher Mindesttrennabstände für diese Leitungen, z. B. verlegt in Kabelkanälen, vorgegeben (**Tabelle 20.4**). Hierbei werden die Trennklassen a bis d unterschieden, denen im Prinzip die Kabelkategorien der Datenleitungen zugeordnet werden können. Die Trennklassen orientieren sich an der Kopplungs- und Schirmdämpfung der Datenleitungen. Die Trennabstände unterstützen ferner die Wärmeabfuhr der stromdurchflossenen Leitungen.

Je nach Anzahl der Stromkreise oder Energieleitungen ist der Mindesttrennabstand aus Tabelle 20.4 über einen Korrekturfaktor *k* anzupassen, d. h. der Mindesttrennabstand kann sich erhöhen oder verringern (**Tabelle 20.5**). Bei z. B. 14 einphasigen Stromkreisen bzw. Energieleitungen entspricht demnach der Trennabstand den Werten aus Tabelle 20.4. Bei einer dreiphasigen Leitung hingegen sind zum Ermitteln des Mindesttrennabstandes drei einzelne Leitungen, also drei Stromkreise, anzunehmen.

Neben der räumlichen Trennung der Leitungen ist auch auf deren Leitungsführung insbesondere in metallischen Kabelkanälen zu achten (**Bild 20.3**). Die unteren Randbereiche der Kabelkanäle sind nämlich besser gegen induktive Störspannungen geschützt als die mittleren, höher gelegenen. In diese gelangen die Störspannungen weniger gedämpft.

Werden als Datenleitungen LWL verwendet, tritt das Problem der induktiven Störbeeinflussung nicht auf.

> Das gemeinsame Verlegen von Datenleitungen in Kupferausführung und von Energieleitungen erfordert das Einhalten von Trennabständen und eine EMV-geeignete Leitungsführung in metallenen Kabelkanälen.

Trenn-klasse	Kopplungs-, Schirmdämpfung in dB	Mindesttrennabstände in mm			
		ohne elektromagnetische Trennwand	offener Metall-Kabelkanal	Lochblechkanal	massiver Metall-Kabelkanal
a	< 40	300	225	150	0
b (Cat 5)	≥ 40	100	75	50	0
c (Cat 6)	≥ 55	50	38	25	0
d (Cat 7)	> 80	10	8	5	0

Tabelle 20.4 Mindesttrennabstände von geschirmten Datenleitungen im Bereich bis 100 MHz zu Energieleitungen

Anzahl Stromkreise	Korrekturfaktor *k*	Anzahl Stromkreise	Korrekturfaktor *k*
1 bis 3	0,2	16 bis 30	2
4 bis 6	0,4	31 bis 45	3
7 bis 9	0,6	46 bis 60	4
10 bis 12	0,8	61 bis 75	5
13 bis 15	1,0	über 75	6

Tabelle 20.5 Korrekturfaktoren für einen einphasigen Stromkreis 230 V AC, 20 A

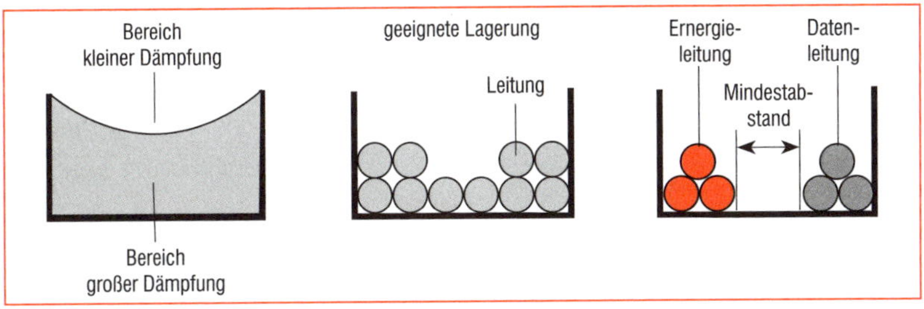

Bild 20.3 Leitungsanordnung in metallischen Kabelkanälen

20.4 Wireless LAN (WLAN)

Eine Funkverbindung oder eine drahtlose Datenübertragung wird bei lokalen Netzwerken auch WLAN (wireless = drahtlos) genannt. Entweder wird das 2,4-GHz-Frequenzband oder das 5-GHz-Frequenzband mit den jeweiligen überlappungsfreien Frequenzkanälen angewendet. Metallische Abschirmungen, z. B. Stahlbetonböden, beeinträchtigen die Datenübertragung.

Auch andere Materialien wirken für die Datenübertragung dämpfend. Typische materialbedingte Dämpfungen in Prozent sind für

- Holz 4 %,
- Aluminium 10 %,
- Glas 25 %,
- Ziegelstein 30 % und
- Beton 45 %.

Weitere Quellen für die Signaldämpfung sind Gegenstände in Gebäuden, z. B. Heizkörper, Spiegel, Kühlschränke oder metallische Behältnisse.

20.5 Netzwerkkomponenten

Wichtige Netzwerkkomponenten außer den Leitungen sind Router, Switches, Access Points, Repeater und Patchfelder sowie Gateways. Ein Router (route = Weg) verbindet Netzwerke, die mit gleichen Übertragungsprotokollen arbeiten. Ein Switch (switch = Schalter) ermöglicht die Kommunikation unterschiedlicher Endgeräte miteinander innerhalb eines Netzwerks. Access Points (Zugriffspunkte) stellen die Verbindung zu WLAN-Geräten her (**Bild 20.4**). Repeater (to repeat = wiederholen) sind Signalverstärker. Gateways (gateway = Zugang) können Netzwerke unterschiedlicher Übertragungsprotokolle verbinden.

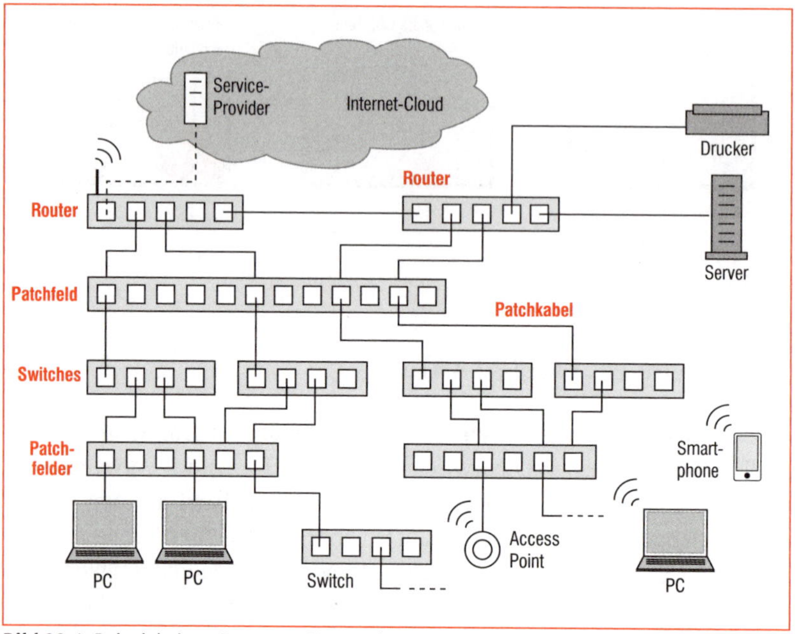

Bild 20.4 Beispiel eines Computer-Netzwerks

> Standortverteiler und Gebäudeverteiler sind meist Router, Etagenverteiler meist Switches.

Patchfelder (to patch = zusammenstecken) oder Rangierfelder ermöglichen mit Patchkabeln ein einfaches manuelles Zuordnen von Anschlussleitungen bzw. Anschlussdosen von Endgeräten zu Switches oder Servern (Bild 20.4). Wegen der EMV sind die Spannungs-Versorgungsleitungen und Datenleitungen in getrennten Kabeltrassen zu verlegen (Bild 20.3).

20.6 Kommunikationsanlagen

In jeder Wohnung eines Wohngebäudes, ebenso in eigenständigen Büros, ist ein Kommunikationsverteiler zu installieren. Dieser soll sowohl aktive als auch passive Informations- und Kommunikations-Komponenten (IuK) und/oder Rundfunk- und Kommunikations-Komponenten (RuK) enthalten (**Bild 20.5**). Der Kommunikationsverteiler ist bei Einfamilienhäusern nach Möglichkeit im Zählerschrank neben dem Zählerfeld unterzubringen (Bild 4.17).

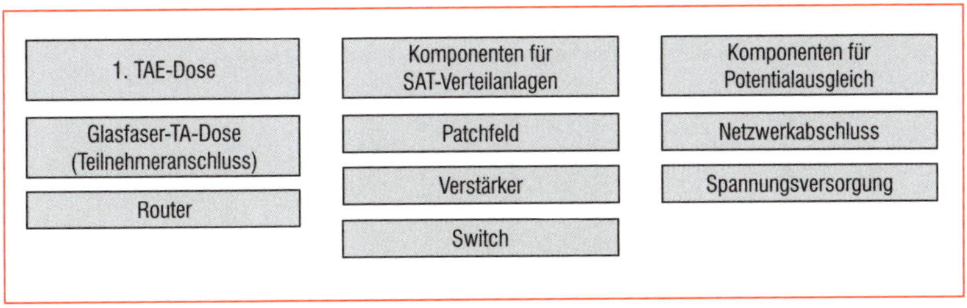

Bild 20.5 Komponenten eines Kommunikationsverteilers

Der Anschluss von Gebäuden bzgl. IuK an das öffentliche Telekommunikationsnetz erfolgt meist im Kellergeschoss am Hausübergabepunkt HÜP, auch Abschlusspunkt genannt (Bild 19.10). Für IuK heißt dieser APL für Kupferleitungen (Abschlusspunkt Liniennetz) oder Abschlusspunkt Glasfaser APG für Glasfaserleitungen. Die 1. TAE-Dose (Telekommunikations-Anschlusseinheit) oder Glasfaser-TA-Dose im Kommunikationsverteiler der einzelnen Wohnungen ist über ein *Rohrnetz*, z. B. Elektroinstallationsrohre, -kanäle, mit dem APL oder APG, also dem HÜP für IuK, zu verbinden (**Bild 20.6**). Die Außen-Rohrdurchmesser müssen mindestens 25 mm sein. Die IuK-Anschlüsse in den Räumen sind ebenfalls über ein sternförmiges Rohrnetz mit dem jeweiligen Kommunikationsverteiler zu verbinden.

Erfordern die Übertragungseinrichtungen Spannungsversorgungen, so ist ein eigener Stromkreis mit entsprechender Anzahl Steckdosen einzuplanen. Metallene Komponenten und Kabelschirme sind in den Potentialausgleich miteinzubeziehen.

Für RuK heißt der Abschlusspunkt AP RuK (HÜP für RuK). Es sind für RuK eigene Rohrnetze vorzusehen, d. h. die IuK-Leitungen und RuK-Leitungen dürfen nicht im selben Rohrnetz verlegt sein. Ein RuK-Rohrnetz betrifft die Verbindung Abschlusspunkt RuK zum Wohnungsübergabepunkt WÜP im Kommunikationsverteiler der Wohnungen. Andere Rohrnetze betreffen die Verbindung von den WÜP zu den einzelnen RuK-Anschlüssen in den Räumen der jeweiligen Wohnungen. DIN 18015-2 sieht für die einzelnen Zimmer einer Wohnung Mindestausstattungen bzgl. der Anzahl Anschlüsse für IuK und RuK vor (**Tabelle 20.6**), ebenso für die erforderlichen 230-V-Steckdosen der IuK- und RuK-Geräte (**Tabelle 20.7**).

> Rohrnetze ermöglichen, dass Kabel und Leitungen bequem ausgetauscht werden können. Bei ihrer Auswahl sind die Umgebungsbedingungen zu berücksichtigen.

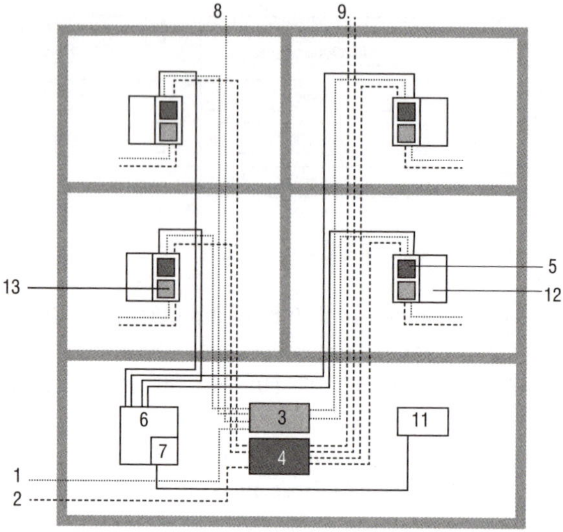

1 Hausanschlusskabel IuK
2 Hausanschlusskabel RuK
3 Hausübergabepunkt (HÜP) IuK
4 Hausübergabepunkt (HÜP) RuK
5 Kommunikationsverteiler (WÜP)
6 Zählerplatz
7 Abschlusspunkt Zählerplatz (APZ)
8 Rohr für Hausanschluss IuK bei Dacheinspeisung
9 zwei Anschlussrohre zur Ausschöpfung der Empfangsmöglichkeiten RuK
10 Rohr zur Ladeeinrichtung für Elektrofahrzeug
11 Rohr zur Erzeugungsanlage
12 Stromkreisverteiler
13 1. TAE

········· Rohrnetz IuK
------ Rohrnetz RuK
—— Rohrnetz leitungsgebundene Übertragung von Tarif- und Verbrauchsinformationen vom APZ

Bild 20.6 Rohrnetze für IuK und RuK am Beispiel von vier Wohnungen (vgl. DIN 18015-1)

Küche		Wohnzimmer		Schlafzimmer		Esszimmer		Flur		Arbeitszimmer	
RuK	IuK	RuK	IuK	RuK	IuK	RuK	IuK	RuK	IuK	RuK	IuK
–	1	1	1	1	1	1	1	–	–	–	2

Tabelle 20.6 Empfohlene Anzahl Anschlüsse von IuK und RuK in Räumen von Wohnungen (vgl. DIN 18015-2)

Küche IuK/RuK	Wohnzimmer IuK/RuK	Schlafzimmer IuK/RuK	Esszimmer IuK/RuK	Flur IuK/RuK	Arbeitszimmer IuK/RuK
1	3	2	3	–	4

Tabelle 20.7 Empfohlene Anzahl Steckdosen 230 V, 50 Hz für IuK- und RuK-Geräte (vgl. DIN 18015-2)

Wie bei der Elektroinstallation sind auch bei der Installation von IuK-, RuK-Anlagen Verteiler, Abzweiger, Verstärker in allgemein zugänglichen Räumen anzuordnen. Dies sind Flure, Kellergänge, Treppenräume.

> Leitungen und Kabel sind für IuK und RuK in getrennten Rohrnetzen zu verlegen, die Anschlussdosen 1. TAE und WÜP sollen nahe beieinander liegen.

Über TARA-Multimedia-Anschlussdosen (Telekommunikationsanschluss, Rundfunkanschluss) ist es möglich, Leitungen von Radiogeräten, TV-Geräten und Computern, ggf. auch von analogen Telefongeräten, trotz ihrer unterschiedlichen Stecker über eine Anschlussdose mit verschiedenen Buchsen anzuschließen, sofern dies aufgrund der Raumgegebenheiten sinnvoll ist (**Bild 20.7**).

Zukünftig wird wegen der Internet-Multimedia-Kommunikation IuK und RuK über denselben Anschluss erfolgen.

Besitzen elektronische Geräte sowohl Anschlüsse für die Energieversorgung als auch für IuK bzw. RuK, also z.B. Fernsehgeräte, Telekommunikationsgeräte oder Computer, dann ist jeder Anschluss mittels einer Überspannungsschutzeinrichtung SPD zu schützen.

> SPDs Typ 2 werden in Stromkreisverteilern installiert, SPDs Typ 3 vor den Verbrauchsmitteln.

Für das Verlegen der Kabel und Leitungen für IuK und RuK in Gebäuden gelten die Regeln der Kabel- Leitungsführung von Energieleitungen entsprechend der in DIN 18015-3 vorgegebenen Zonen (siehe Abschnitt 8.1).

Bild 20.7 Multimedia-Anschlussdose

Kontrollfragen

1. Welche Bereiche unterscheidet man bei der strukturierten Gebäudeverkabelung?
2. Wodurch unterscheidet sich eine Hohlader von einer Vollader?
3. Welche Aufgabe haben Patchfelder?
   1. Sie leiten ankommende Daten an alle angeschlossenen Geräte weiter.
   2. Sie verbinden ausschließlich Switches und Router miteinander.
   3. Sie leiten alle ankommenden Daten nur an ein angeschlossenes Gerät weiter.
   4. Sie dienen zum flexiblen Verbinden von Endgeräten mit Switches, Routern und Servern.
   5. Sie dienen nur zur Signalverstärkung.

   ☐

4. Welche der folgenden Aussagen ist richtig?
   1. Die Farben der Fasern in den Bündeladern geben unterschiedliche Bitraten an.
   2. Fasern aus Kunststoff sind mechanisch robuster als Fasern aus Quarzglas.
   3. Heute verwendet man meist Twisted-Pair-Leitungen der Kategorie 5.
   4. In Kabelkanälen werden Energieleitungen und Datenleitungen meist gemischt verlegt.
   5. Energieleitungen und Datenleitungen erfordern getrennte Kabelkanäle.

   ☐

21 Photovoltaikanlagen

21.1 Grundlagen

Die Spannungserzeugung bei der Photovoltaik (PV, auch Fotovoltaik, griech. photo = Licht, engl. voltage = Spannung) beruht darauf, dass Licht auf Fotoelemente einstrahlt. Fotoelemente sind Halbleiterelemente, bestehend aus einer Halbleiterschicht vom Typ P, also P-Leiter (positiv leitend, d.h. Leitung durch fehlende Elektronen, Löcher), und einer Halbleiterschicht vom Typ N, also N-Leiter (negativ leitend, d.h. Leitung durch Elektronen). Beide Halbleiterschichten grenzen aneinander. In den Halbleiterschichten erfolgt durch die Energie der elektromagnetischen Strahlen, z.B. des Lichts, Ladungstrennung (**Bild 21.1**). Die so erzeugten beweglichen negativen Elektronen im Bereich der Grenzschicht von P-Leiter und N-Leiter, Sperrschicht genannt, wandern in den N-Leiter, die entstandenen Löcher in den P-Leiter. In der Sperrrschicht entsteht so ein Ladungsausgleich, der infolge der durch die Sonneneinstrahlung hervorgerufenen Temperatur besonders hoch ist. Auf diese Weise wird in einer PV-Zelle (Solarzelle, lat. sol = Sonne) eine Spannung von 0,6 V erzeugt.

Als Halbleiterwerkstoffe werden Silizium (Si), Germanium (Ge), Galliumarsenid (GaAs) oder Cadmiumsulfid (CdS) eingesetzt. Den höchsten Wirkungsgrad besitzen monokristalline Si-Zellen (ca. 28 %), sie sind aber auch teurer in der Herstellung.

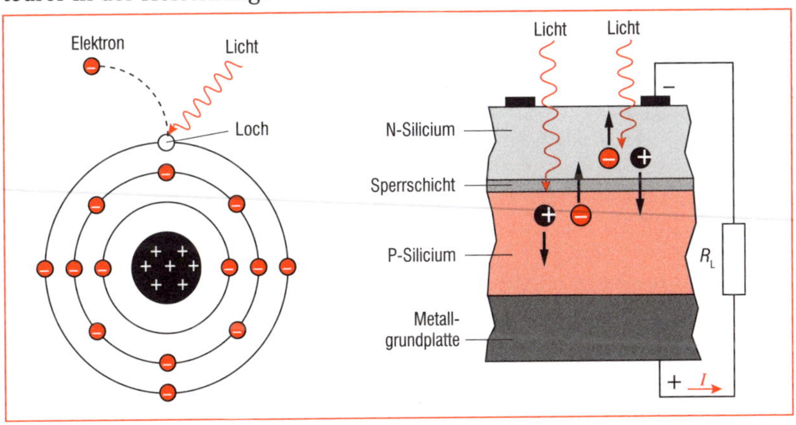

Bild 21.1 Prinzip der Stromerzeugung durch Photovoltaik

In PV-Zellen wird Gleichspannung erzeugt.

PV-Zellen besitzen die Eigenschaft, dass

- mit zunehmender Bestrahlungsstärke bei angeschlossenem Verbraucher die Stromstärke zunimmt und
- mit zunehmender Zellentemperatur die erzeugte Spannung abfällt (d. h. auch die Leistung) und somit der maximale Leistungspunkt MPP (Maximum Power Point) wandert (**Bild 21.2**).

Auf eine gute Wärmeableitung, z. B. durch eine Hinterlüftung, ist daher im späteren Betrieb zu achten.

Für das Erzeugen von Spannungen über 0,6 V müssen viele Solarzellen (PV-Zellen) in Reihe geschaltet werden. Kommt es hingegen auf das Erzeugen einer möglichst großen Stromstärke an, müssen die Solarzellen parallel geschaltet werden (**Bild 21.3**). Viele miteinander verschaltete Solarzellen bezeichnet man als PV-Module (Solarmodule). Mehrere in Reihe geschaltete PV-Module bezeichnet man als PV-Strang (PV-String). Ein PV-Teilgenerator (Teilgeneratorfeld) besteht aus mehreren PV-Strängen (**Bild 21.4**). Mehrere PV-Teilgeneratoren bilden den PV-Generator (PV-Generatorfeld). In den PV-Modulen überbrücken parallel geschaltete Bypass-Dioden schadhafte PV-Zellen.

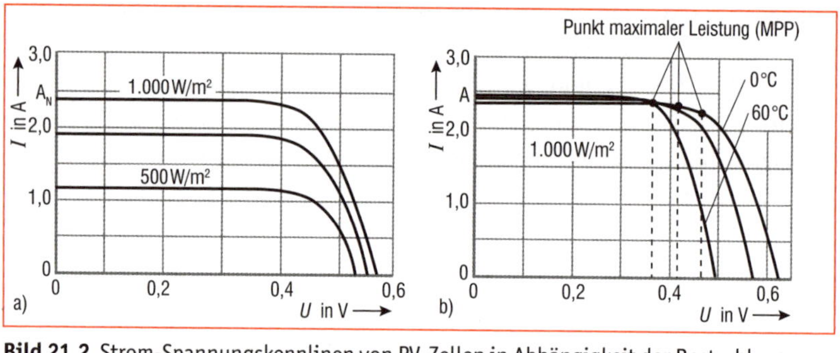

Bild 21.2 Strom-Spannungskennlinien von PV-Zellen in Abhängigkeit der Bestrahlungsstärke (a) und der Zellentemperatur (b) (Beispiel)

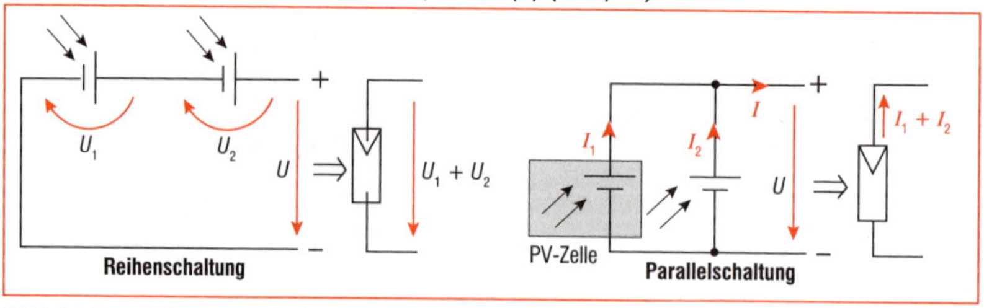

Bild 21.3 Schaltung von Solarzellen (PV-Zellen)

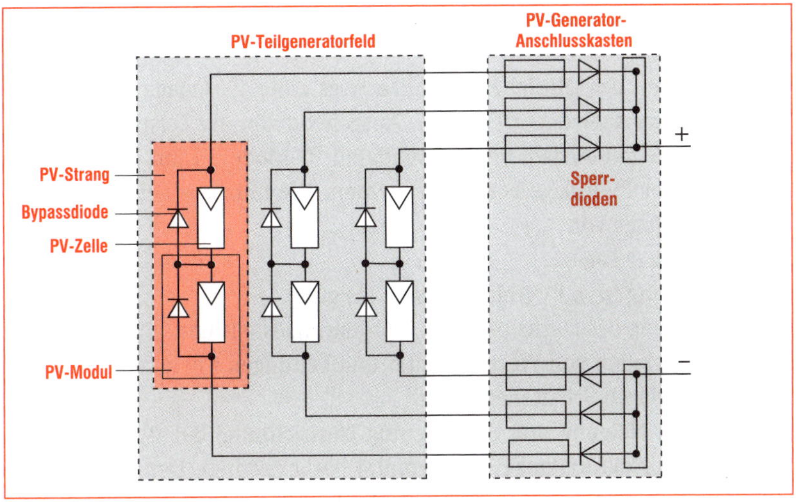

Bild 21.4 PV-Teilgenerator und PV-Generator-Anschlusskasten

PV-Module erzeugen eine Leerlaufspannung von z. B. 18 V bis 50 V, bei Belastung liefern sie eine Spannung von 12 V DC, 24 V DC oder 48 V DC. PV-Module mit größeren Ausgangsspannungen sind auch verfügbar. Ihre Nennleistung wird in kWp (Kilowatt Peak) angegeben. Danach wird die Fläche einer PV-Anlage berechnet. Je kWp können ca. 920 kWh Energie pro Jahr in Deutschland erzeugt werden (spezifischer Energieertrag). Bei kleineren und mittleren Anlagen liefern PV-Teilgeneratoren Spannungen bis 120 V DC. Als Schutzmaßnahmen gegen den elektrischen Schlag können daher die Sicherheitskleinspannung SELV oder die Schutzkleinspannung PELV angewendet werden.

Insgesamt besteht eine PV-Anlage im Wesentlichen aus einem PV-Teilgenerator oder mehreren Teilgeneratoren, Überstromschutzeinrichtungen, der DC-Trennvorrichtung (DC-Leistungsschalter), dem PV-Wechselrichter zum Umwandeln von Gleichstrom in Wechselstrom [auch als Netzeinspeisegerät (NEG) bezeichnet], der AC-Trennvorrichtung (AC-Leistungsschalter), der Einrichtung zur Netzüberwachung mit Schaltorganen ENS und einem Trenntransformator. Meist sind diese letztgenannten Komponenten im NEG enthalten. Die ENS enthält ein Netz- und Anlagenschutz-Relais (NA-Schutz), welches einen Kuppelschalter, z. B. ein Schütz, steuert. Der Kuppelschalter schaltet die PV-Anlage bei kritischen Schwankungen der Netzspannung oder Netzfrequenz entweder ans Netz oder vom Netz ab.

21.2 Berechnung des Energieertrags

Das Berechnen des jährlichen Energieertrags einer PV-Anlage erfolgt durch Anwendung verschiedener Formeln. Ausgehend von der Leistung eines PV-Moduls sowie der Anzahl der verwendeten PV-Module kann die maximale Leistung einer PV-Anlage berechnet werden. Die nutzbare Leistung der PV-Anlage ist infolge von

- geografischer Lage,
- Dachneigung bzw. PV-Anlagengestell-Neigung,
- Orientierung des Dachs bzw. des PV-Anlagengestells und
- Wirkungsgraden von Wechselrichter und Leitungen sowie
- ggf. auch durch Schatteneinflüsse

geringer. Die Neigung und Orientierung (Ausrichtung) der PV-Anlage wird durch den Korrekturfaktor f_A in **Formel 4** berücksichtigt. Der Korrekturfaktor f_A kann einem Einstrahlungsdiagramm (**Bild 21.5**) entnommen werden.

Als Maximum Power Point MPP (maximaler Leistungspunkt) wird der Betriebszustand eines PV-Moduls bezeichnet, in dem dieser seine maximale Leistung erbringt. Dieser Zustand ist abhängig von der Strahlungseinwirkung und der Modultemperatur.

Leistung des PV-Moduls

$$P_{MPP} = U_{MPP} \cdot I_{MPP} \quad (1)$$

Anzahl PV-Module

$$n = \frac{A_G}{A_M} \quad (2)$$

maximale Leistung des PV-Generators

$$P_{MPPges} = n \cdot P_{MPP} \quad (3)$$

nutzbare Leistung des PV-Generators

$$P_G = P_{MPPges} \cdot f_A \quad (4)$$

Leistung der PV-Anlage

$$P_A = P_G \cdot \eta_{WR} \cdot \eta_L \quad (5)$$

P_{MPP}	maximale Leistung PV-Modul in W
U_{MPP}	Spannung im MPP in V
I_{MPP}	Stromstärke im MPP in A
n	Anzahl PV-Module
A_G	nutzbare Dachfläche, Generatorfläche im m²
A_M	Fläche PV-Modul in m²
P_{MPPges}	maximale Leistung PV-Generator in W
P_{MPP}	maximale Leistung PV-Modul in W
P_G	nutzbare Leistung PV-Generator in W
f_A	Korrekturfaktor
P_A	Leistung PV-Anlage in W
η_{WR}	Wirkungsgrad Wechselrichter
η_L	Wirkungsgrad Leitungen
W_a	Jahresenergiemenge in kWh
K	Jahresertrag in EUR
k	Vergütung erzeugte kWh in EUR/kWh

spezifischer Energieertrag für Deutschland: 920 kWh/kWp

Jahresenergiemenge der PV-Anlage

$$W_a = 920\,\text{kWh/kWp} \cdot P_A \quad (6)$$

Jahresertrag der PV-Anlage

$$K = W_a \cdot k \quad (7)$$

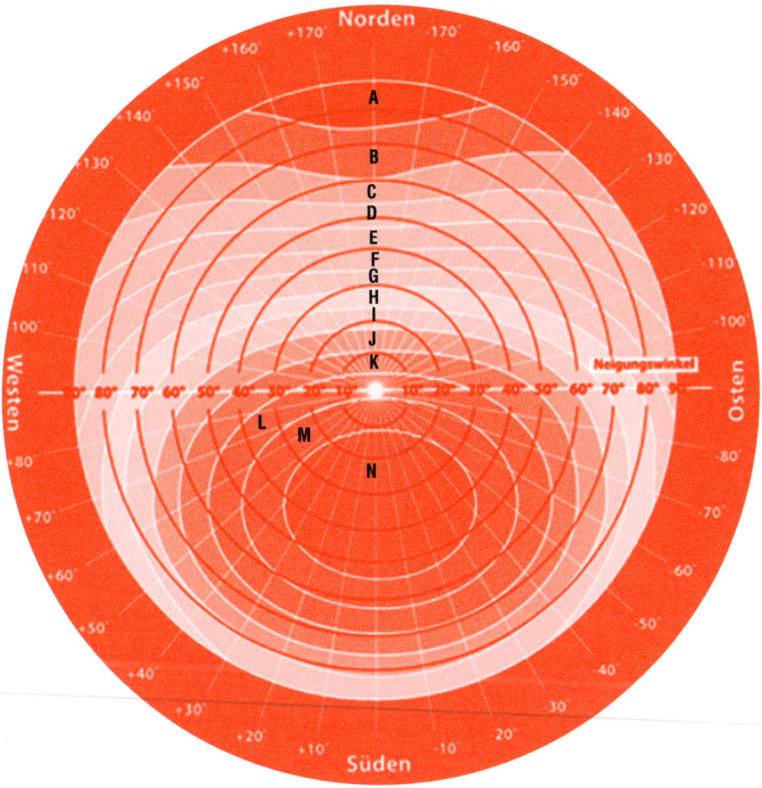

Werte für Korrekturfaktoren f_A in %

A	B	C	D	E	F	G	H	I	J	K	L	M	N
35	40	45	50	55	60	65	70	75	80	85	90	95	100

Bild 21.5 Einstrahlungsdiagramm für PV-Anlagen

Beispiel:
Ein Dachteil eines Einfamilienhauses mit Dachneigung 30° ist mit −60° nach Osten ausgerichtet. Die maximale Leistung aller PV-Module des Dachteils beträgt 15 kW. Berechnen Sie die nutzbare Leistung des PV-Generators.

Lösung:
Aus Einstahlungsdiagramm Bild 21.5 erhält man für $f_A = 0{,}95$.
$P_G = P_{MPPges} \cdot f_A = 15\ \text{kW} \cdot 0{,}95 = \mathbf{14{,}25\,kW}$

21.3 Vorbereitende Arbeiten zur Installation einer PV-Anlage

Bevor die PV-Module z. B. auf ein Schrägdach aufgebracht werden können, ist die Statik des Dachs zu prüfen. Auch ist die Sonneneinstrahlung zu beachten und dass keine spätere Beschattung der PV-Module durch Bäume erfolgt. Die PV-Module erfordern ein entsprechendes Tragwerk auf dem Dach. Diese Unterkonstruktion besteht aus Sparrenankern, auf denen Querträger befestigt werden. Die Sparrenanker sind auf den Dachsparren zu befestigen. Die PV-Module werden mithilfe von Modulklemmen bzw. Abschlussklemmen auf den Querträgern, sogenannte Halfenschienen, befestigt. Es ist zu beachten, dass die PV-Module bei der Montage nicht betreten werden. Zwischen den PV-Modulen ist ein Abstand von ca. 2 cm einzuhalten, damit Sog- und Druckkräfte der Winde gebrochen werden. Die PV-Module dürfen nicht auf entflammbarem Untergrund befestigt werden. Zu beachten ist die DIN VDE 0100-712.

21.4 Installation einer PV-Anlage

Über Steckverbindungen oder Verdrahten der Anschlüsse der PV-Module können diese zu PV-Strängen zusammengeschaltet werden (**Bild 21.6**). Die Pluspole und Minuspole der PV-Module sind gekennzeichnet. Die Kabel werden in den Profilschienen des Befestigungssystems verlegt. Für die Durchführung der DC-Kabel unter dem Dach muss eine Belüftungspfanne anstelle des normalen Dachziegels gesetzt werden. Beim Übergang der Kabel vom Dach ins Hausinnere wird ein Elektroinstallationsrohr oder ein Elektroschlauch verwendet.

Die Kabel der PV-Stränge werden im Generatoranschlusskasten entsprechend ihrer Polarität über String-Sammelklemmen zusammengefasst und mit den beiden Gleichstrom-Hauptleitungen verbunden, die z. B. über einen Kabelkanal geführt an den Wechselrichter (NEG) anzuschließen sind (**Bild 21.7**). Der Wechselrichter darf nicht auf brennbaren Materialien befestigt werden. Meist ist im Generatoranschlusskasten (GAK) der Hauptschalter (DC-Lasttrennschalter) untergebracht. Neben den zentralen Wechselrich-

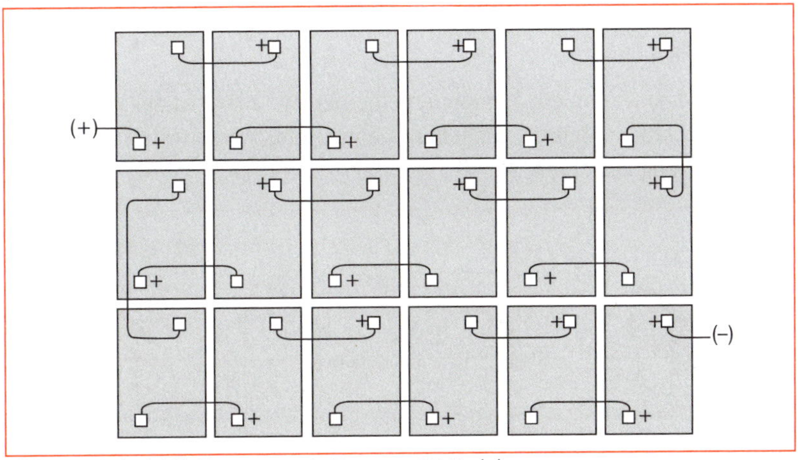

Bild 21.6 Beispiel für Zusammenschaltung von PV-Modulen

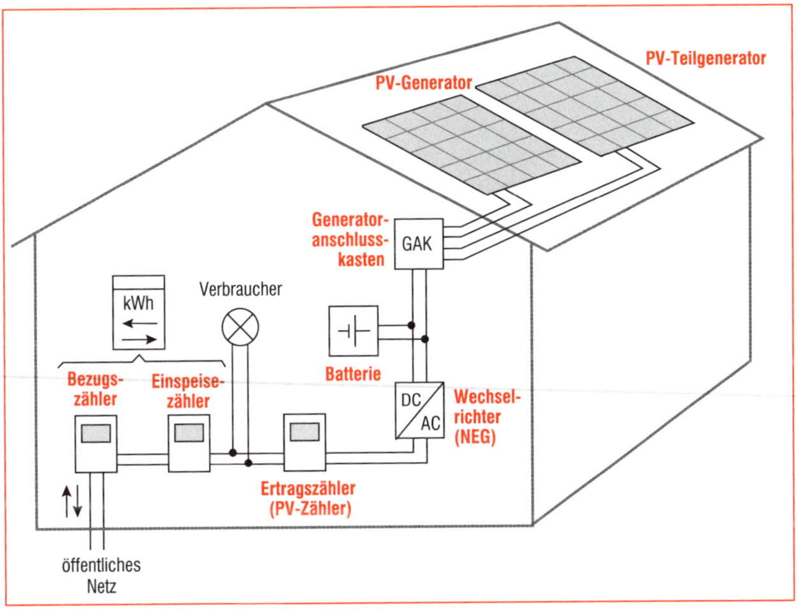

Bild 21.7 Prinzipieller Aufbau einer PV-Anlage

tern gibt es auch Strangwechselrichter. Als weitere Komponenten sind im GAK Überspannungsableiter sowie die Strangsicherungen verbaut. Zu beachten ist, dass der GAK keiner direkten Bewitterung ausgesetzt ist (**Bild 21.8**). Daher ist es meist zweckmäßig, ihn im Haus zu platzieren. GAK und Wechselrichter sollten möglichst nahe beieinander liegen, um aus Kosten- und Sicherheitsgründen (siehe Abschnitt 21.6) kurze Gleichstromkabelwege zu ermöglichen.

> Bei der Installation der Komponenten einer PV-Anlage ist auf Wärmeabfuhr, Luftfeuchtigkeit, Umgebungstemperatur, Wasserfestigkeit und Beschattung zu achten.

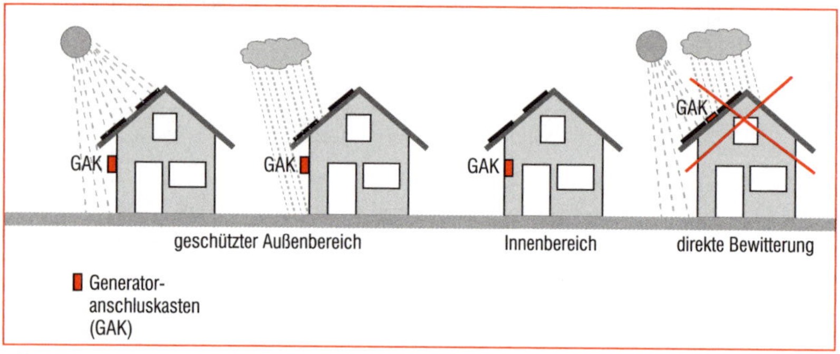

Bild 21.8 Geeigneter Montageort des Generatoranschlusskastens GAK

21.5 Blitz- und Überspannungsschutz

Ist der PV-Generator der PV-Anlage nicht durch die vorhandene Fangeinrichtung der Blitzschutzanlage des Gebäudes geschützt, sind ggf. zusätzliche Blitzfangeinrichtungen (Fangspitzen) am Dach anzubringen.

Überspannungsschutz wird gemäß DIN VDE 0100-443 (Schutz bei Überspannung infolge atmosphärischer Störungen oder von Schaltvorgängen) gefordert, wenn z. B. viele Haushaltsgeräte zum Einsatz kommen und durch Überspannung Personen gefährdet werden. DIN VDE 0100-712 (Photovoltaik-Stromversorgungssysteme) fordert dann Überspannungs-Schutzeinrichtungen SPDs mindestens vom Typ 2 auf der Gleichspannungsseite der elektrischen Anlage, sofern der Wechselrichter nicht außerhalb des Gebäudes installiert ist (**Bild 21.9**). Basis hierzu ist eine vereinfachte Risikoanalyse

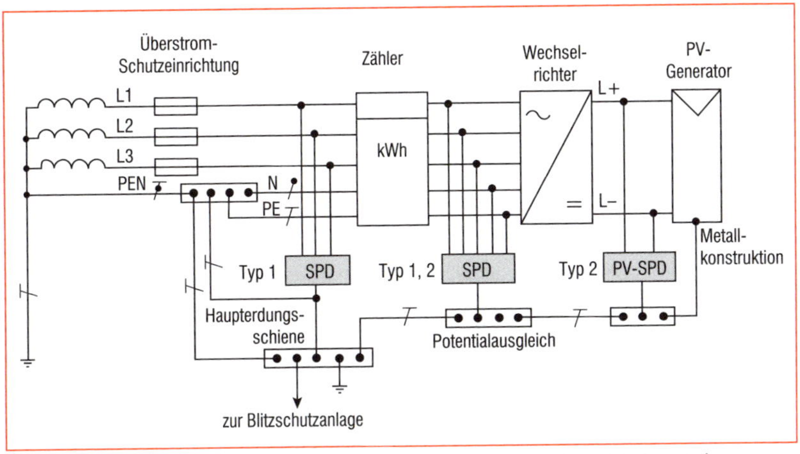

Bild 21.9 Einbauort von Überspannungs-Schutzeinrichtungen (SPDs) bei PV-Anlagen

hinsichtlich kritischer Leitungslängen zwischen Wechselrichter und den Anschlusspunkten der PV-Module (Strang-Leitungslänge) sowie der Häufigkeiten von Blitzeinschlägen im Jahr.

Der DC-Überspannungsschutz ist erforderlich, wenn die Strangleitungen in einem Wohngebäude größer als 115/NB Meter sind. NB ist die Blitzhäufigkeit je km^2 und Jahr (für Berlin NB = 1,1; für Frankfurt NB = 1,8; für München NB = 2,4). Für Nicht-Wohngebäude gilt 450/NB Meter (DIN EN 62305-2), für PV-Anlagen im Freien 200/NB Meter.

Auf der AC-Seite des Wechselrichters ist ebenfalls eine SPD vom Typ 1 oder 2 zu installieren, vom Typ 1 bei Vorhandensein einer externen Blitzschutzanlage. Leitungen von Messüberwachungseinrichtungen sollten bei blitzgefährdeten Anlagen geschirmt verlegt werden.

Zu beachten ist die Entfernung zwischen den SPDs und dem zu schützenden Gerät, hier der PV-Wechselrichter (**Bild 21.10**). Ist sie größer als 10 m, dann sollte eine zusätzliche SPD gleichen Typs installiert werden. Die 10-m-Entfernungsgrenze wird oft überschritten, z. B. wenn der Wechselrichter unter dem Dach installiert und der Gebäudeeintritt bzw. die Stromverteilung der AC-Hauptleitung im Keller ausgeführt ist oder die DC-Leitung vom Dach in den Keller führt.

> Ist der PV-Wechselrichter an Leitungen größer 10 m Länge angebunden, so sind zusätzliche SPDs entsprechend dem bereits in die Leitung eingebrachten SPD-Typ zu installieren.

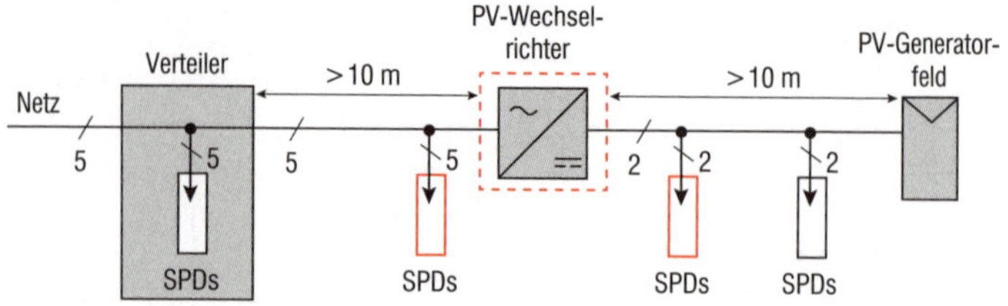

Bild 21.10 Installation zusätzlicher SPDs (rot) bei großen Leitungslängen

Hervorzuheben ist, dass der Potentialausgleich von der Metallkonstruktion der PV-Anlage ein Funktionspotentialausgleich ist, da er nicht dem Schutz gegen elektrischen Schlag dient (Bild 21.9). Sein Leiter darf nicht in der Farbe Grüngelb ausgeführt werden. Er ist in Pink (pk) und in Cu mit 6 mm² auszuführen.

Bei Vorhandensein eines äußeren Blitzschutzes an einem Gebäude ist der geforderte Trennungsabstand s um die Fangstange und zu den Leitern des äußeren Blitzschutzes entscheidend, um eine gefährliche Funkenbildung zu verhindern (**Bild 21.11**). Nur wenn der reale Abstand $d < s$ ist, müssen die Einrichtungen des äußeren Blitzschutzes mit den metallenen Teilen der Unterkonstruktion des PV-Generatorfeldes verbunden werden (Bild 21.11). Der Trennungsabstand für PV-Dachanlagen ist bei Bedarf zu berechnen. Die erforderlichen Koeffizienten k_i, k_c, k_m können Tabellen in DIN EN 62305-3 entnommen werden, die Blitzschutzklassen z. B. der Richtlinie VdS 2010 (Verband der Schadensversicherer).

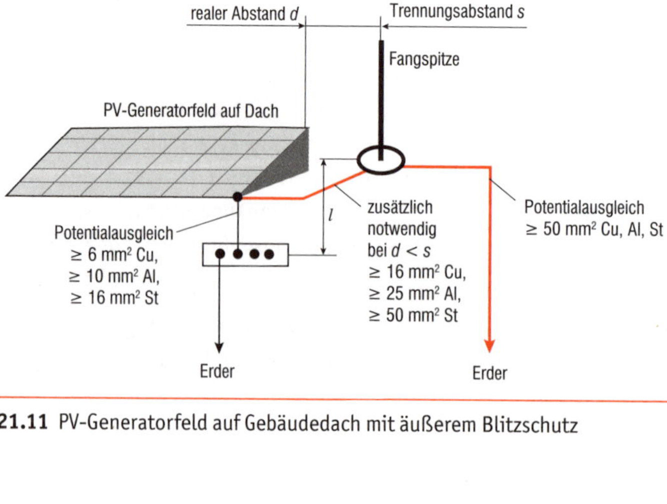

Bild 21.11 PV-Generatorfeld auf Gebäudedach mit äußerem Blitzschutz

Trennungsabstand

$$s = k_i \cdot \frac{k_c}{k_m} \cdot l \quad (1)$$

$k_c = 1$	bei einer Ableitung
$k_i = 0{,}04$	für Blitzschutzklasse 3, für PV-Anlagen
$k_m = 1$	für Luft als Isolierstoff
l	Abstand in m (Bild 21.11)
s	geforderter Trennungsabstand in m

Überschlagsmäßig kann daher für PV-Dachanlagen der Trennungsabstand berechnet werden mit $s = 0{,}04 \cdot l$, wobei l die Länge vom Punkt des interessierenden Trennungsabstands bis zum nächstliegenden Punkt des Potentialausgleichs ist.

> Für die Bewertung, ob ein Blitzschutz notwendig ist, ist eine Schadensrisikobewertung von einem befähigten Fachmann vorzunehmen.

21.6 Brandschutz

Die VDE-AR-E 2100-712 enthält Anforderungen und Empfehlungen hinsichtlich brandschutzgerechter Installationen von PV-Anlagen. An einem PV-Generator liegt bei Helligkeit immer Spannung an. Die erzeugte Gleichspannung führt bei Isolationsfehlern zwischen den Polen zu einem Kurzschlussstrom. Werden die Pole im Schaltgerät oder an der Isolationsfehlerstelle getrennt, entsteht ein Lichbogen, der nicht von selbst erlischt. Dadurch kann es bei Berührung der aktiven Leiter zu gefährlichen Körperströmen und zu Verbrennungen kommen. Ideal ist es daher, wenn in einem Gebäude keine PV-DC-Leitungen verlegt sind und der Wechselrichter außerhalb eines Gebäudes untergebracht ist. Ein Lichtbogen bei Wechselspannung hingegen erlischt beim Spannungsnulldurchgang.

Zum Reduzieren der Risiken für Rettungskräfte in einem Einsatzfall, z. B. für die Feuerwehr, sind die PV-Anlage und die PV-DC-Leitungen zu kennzeichnen. Übersichtspläne müssen Auskunft geben über die Art und die Lage der PV-Anlagenkomponenten. Hinweisschilder am/im Gebäude oder der Gebäudezufahrt sind erforderlich (**Bild 21.12**). Zum Schutz von Personen allgemein ist ein Hinweisschild z. B. am Zählerplatz oder Stromkreisverteiler zum Wechselrichter anzubringen. In Räumen der

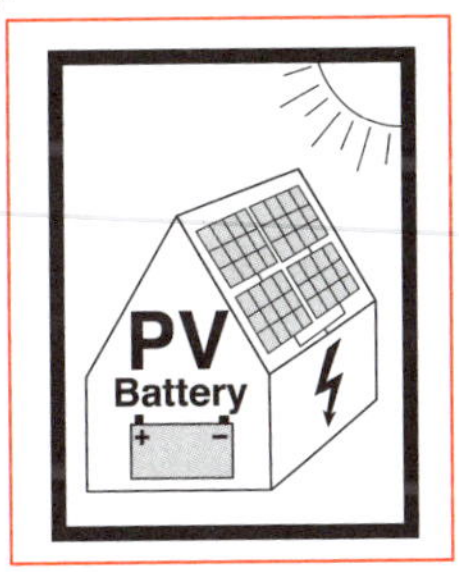

Bild 21.12 Hinweisschild auf PV-Anlage

Sicherheitsstromversorgung oder von Alarmierungsanlagen dürfen keine PV-DC-Leitungen verlegt werden. In Fluren und Treppenhäusern sind PV-DC-Leitungen mindestens feuerhemmend (F30) geschützt zu verlegen. Dies ist z. B. durch Unterputzverlegung oder Verlegung in geeigneten Brandschutzkanälen sichergestellt. Im Brandfall sollte die Feuerwehr die PV-Anlage mit einem Feuerwehrschalter spannungsfrei schalten können, sofern dieser durch Trennung des Brandhauses vom Netz nicht von selbst freischaltet.

Einrichtungen zum Trennen, Schalten und Kurzschließen müssen für eine Dauerstrombelastbarkeit vom mindestens 1,25-fachen des Kurzschlussstroms des PV-Strangs bzw. des PV-Teilgenerators ausgelegt sein. Strangsicherungen oder Strangdioden verhindern Schaden am PV-Generator durch Rückströme, welche beim Trennen oder Kurzschließen einzelner PV-Stränge oder PV-Module entstehen können.

Einrichtungen zum Trennen müssen in PV-Anlagen Gleichströme sicher abschalten.

Die Strombelastbarkeit von Leitungen auf dem Dach wird durch die maximal auftretende Temperatur bestimmt, im Sommer z. B. 80 °C an der Dachdurchführung. Die Strombelastbarkeit muss gegebenenfalls anhand von in Tabellen gegebenen Strombelastbarkeitswerten mittels sogenannter Reduktionsfaktoren ermittelt werden. Kommt es an der Dachdurchführung zu Leitungshäufungen, ist diesbezüglich ein weiterer Reduktionsfaktor zu berücksichtigen (Abschnitt 7.4).

Kabel und Leitungen dürfen nicht direkt auf der Dachoberfläche verlegt werden. Sie sind daher in Flexrohren, Schienenprofilen oder Kabelkanälen zu verlegen. Steckverbindungen müssen elektrisch und mechanisch abgestimmt sein, um das Risiko des Entstehens von Lichtbögen gering zu halten. Steckverbinderpaarungen unterschiedlicher Hersteller sind daher zu vermeiden. Als Überstromsicherungen können PV-Sicherungen gPV, DC-geeignete Leistungstrennschalter nach DIN EN 60047-2, DC-geeignete Sicherungslasttrennschalter nach DIN EN 60047-3 oder DC-geeignete Leitungsschutzschalter nach DIN EN 60898-2 verwendet werden.

21.7 Installation eines Batteriespeichersystems

PV-Anlagen sind meist mit einem Batteriespeichersystem (Batterie) auszustatten. VDE-AR-N-4105 beschreibt die Anforderungen hinsichtlich des Aufstellens von Batterien, z.B. Schutz vor Zutritt unbefugter Personen, Vorsehen einer ausreichenden Belüftung, kein Errichten in der Nähe von brennbaren Materialien. Entsprechende Sicherheitsabstände zu elektrischen Betriebsmitteln, welche Funken erzeugen können, sind einzuhalten. Die Herstellerangaben sind in jedem Fall zu beachten. Geeignete Warn- und Hinweisschilder auf hohe Spannungen und Ströme, explosive Gase und ätzende Elektrolyte müssen am Aufstellungsort der Batterie angebracht werden. Ebenso sind Kennzeichnungsschilder mit dem Namen des Errichters und dem Errichtungsdatum gefordert.

Eine PV-Anlage mit Batteriespeichersystem kann mittels zweier Netzschalter entweder im Netzparallelbetrieb oder im sogenannten Inselbetrieb, also im reinem Batteriebetrieb, arbeiten (**Bild 21.13**). Im *Netzparallelbetrieb* speist die PV-Anlage den über den Wechselrichter erzeugten Wechselstrom einerseits ins öffentliche Netz ein und versorgt andererseits die Verbraucheranlage im „eigenen" Gebäude. Die Verbraucheranlage kann aber auch nur über das öffentliche Netz gespeist werden. Im *Inselbetrieb* hingegen wird diese Verbraucheranlage nur über die Batterie gespeist, deren

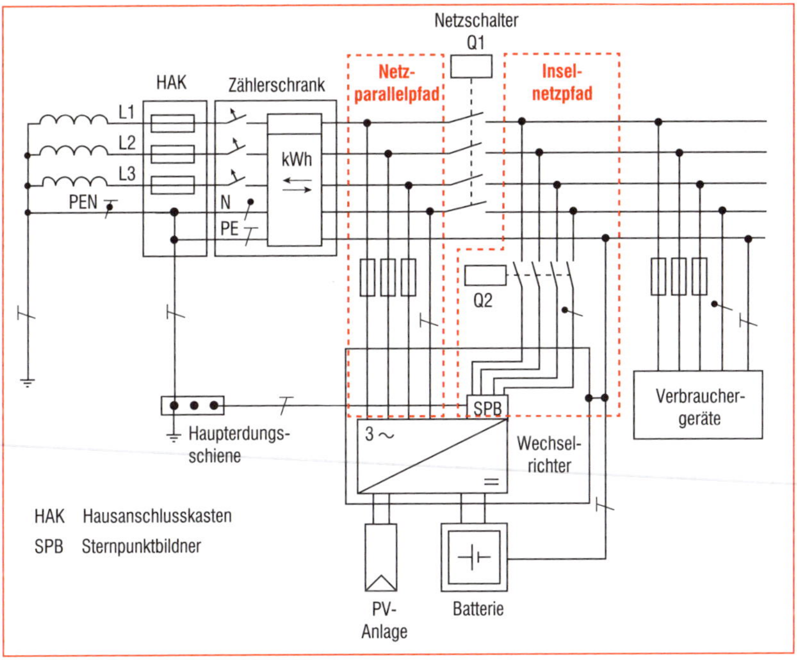

Bild 21.13 Netzparallelbetrieb und Inselbetrieb (Überspannungs-Schutzeinrichtungen nicht dargestellt, vgl. Bild 21.9)

Energie kann aber auch ins öffentliche Netz eingespeist werden. Die Anforderungen zum Schutz gegen elektrischen Schlag, Überstrom und Fehlerstrom sind insbesondere für den Inselbetrieb zu beachten (Kapitel 6).

> Ein Batteriespeichersystem für die Verwendung im Inselbetrieb muss geeignet geerdet werden.

Die Batterien können als geladen oder ungeladen angeliefert werden. Die Herstellerangaben sind speziell bei Lithium-Ionen-Batterien zu beachten. Bei tiefenentladenen Lithium-Ionen-Zellen kann beim Laden ein innerer Kurzschluss entstehen. Auch beim Transport von Batterien sind die Vorschriften zum Gefahrgut zu beachten. Lithium-Batterien sind in Sicherheitsverpackungen zu transportieren. Kein Gefahrgut stellen trockene, nicht mit Säure befüllte Batterien dar.

21.8 Mini-PV-Anlagen

Am Markt werden auch steckerfertige PV-Anlagen, genannt Mini-PV-Anlagen, Plug-in-PV-Anlagen oder Balkon-PV-Anlagen, angeboten (**Bild 21.14**). Derartige PV-Anlagen bestehen aus einem PV-Modul und einem Wechselrichter. Über eine Anschlussleitung mit Stecker können sie in Betrieb genommen werden. Die Einspeisung der erzeugten Energie erfolgt über die bestehenden Endstromkreise. Die Wieland-Steckvorrichtung ist bei Einspeiseleistungen $>800\,W$ zum Anschluss erforderlich.

> Als Stecker zum Anschluss von Mini-PV-Anlagen dürfen in Deutschland Schukostecker nur bei Einspeiseleistungen $\leq 800\,W$ und sicher abschaltendem Wechselrichter verwendet werden.

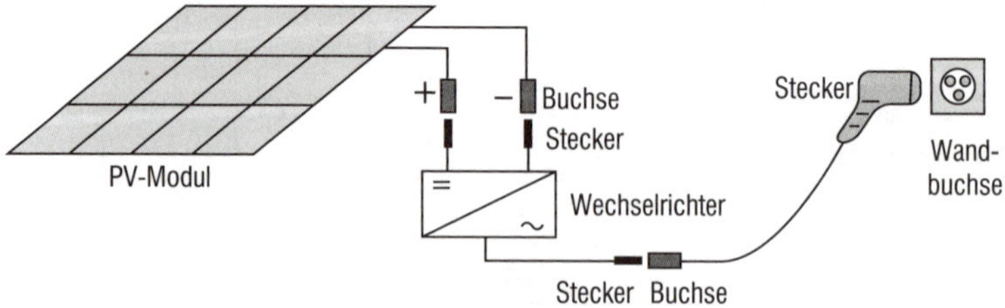

Bild 21.14 Mini-PV-Anlage

Durch Anschluss einer Mini-PV-Anlage an einen Endstromkreis wird dieser nicht mehr ausschließlich zur Stromentnahme verwendet. Wegen des Parallelbetriebs von Einspeisung und Entnahme von Energie liegt eine Nutzungsänderung vor. Schutzmaßnahmen gegen elektrischen Schlag sind an elektrischen Anlagen nach DIN VDE 0100-410 sicherzustellen, ebenso Schutz gegen Brände infolge von Überströmen und thermischen Auswirkungen bei Kabel- und Leitungsanlagen (DIN VDE 0100-520), (zusätzlicher) Schutz bei Fehlerströmen durch eine RCD $I_{\Delta N} \leq 30\,\text{mA}$, Überspannungen sowie bei Unterbrechung der Stromversorgung.

Eine Begutachtung der Kabel- und Leitungsanlage ist deshalb von Bedeutung, weil durch eine länger anhaltende Erwärmung dieser das Isolationsmaterial schneller altert. Dieses wird spröde, Risse bilden sich. Dadurch können Kriechstrecken, Fehlerströme, Fehlerlichtbögen und schließlich Brände entstehen. Entsprechend geeignete Leitungsschutzschalter sind unter Umständen einzubauen (DIN VDE V 0100-551-1).

Durch die Mini-PV-Anlage bekommt die gesamte elektrische Anlage eine zusätzliche Stromquelle hinzugeschaltet, die hinter der Schutzeinrichtung des Endstromkreises zu einer Überlastung des Stromkreises führen kann. Da diese den Überstrom nicht erkennt, erfolgt auch keine Abschaltung des Stromkreises.

> Die Dauerstrombelastbarkeit der Kabel und Leitungen darf durch den Parallelbetrieb durch die PV-Anlage nicht überschritten werden.

Die erforderlichen Schutzmaßnahmen gegen elektrischen Schlag beinhalten den Basisschutz (Schutz gegen direktes Berühren) und Fehlerschutz (Schutz gegen indirektes Berühren), eine Basisisolierung mit zusätzlicher Isolierung oder verstärkter Isolierung sowie die Schutzmaßnahme Schutz durch automatische Abschaltung der Stromversorgung im Fehlerfall. Die betroffenen Endstromkreise für das Einspeisen der erzeugten Energie müssen von einer Elektrofachkraft auf ihre Eignung geprüft werden.

> Auch steckerfertige PV-Systeme müssen beim VNB angemeldet werden.

21.9 Anbindung ans öffentliche Netz

Die von der PV-Anlage erzeugte Energie wird, wie oben beschrieben, meist in einer Batterie (Batteriespeichersystem) nach dem Generatoranschlusskasten zwischengespeichert und über einen Ertragszähler dokumentiert, der meist im NEG enthalten ist. Grundsätzlich ist zu unterscheiden, ob die erzeugte und gespeicherte Energie ins öffentliche Netz eingespeist werden soll und ob aus dem öffentlichen Netz Energie geliefert werden soll. Daher ist zusätzlich zum herkömmlichen Bezugszähler ein Einspeisezähler zu installieren, sodass die aus dem öffentlichen Netz entnommene Energie und die ins öffentliche Netz eingespeiste Energie gemessen werden können (Bild 21.7). Anhand dieser Messwerte kann als Differenz die eigen verbrauchte Energie berechnet werden. Alternativ zu den beiden genannten Zählern kann auch ein Zweirichtungszähler installiert werden.

> Ein Zweirichtungszähler nimmt die Aufgaben von Bezugszähler und Einspeisezähler wahr.

Vor Installation der PV-Anlage muss beim Energienetzbetreiber (VNB, Versorgungsnetzbetreiber) bzw. beim Energieversorgungsunternehmen (EVU) die geplante Einspeisung vom auszuführenden Installateur über entsprechende Formulare beantragt werden. Dies gilt nach VDE-AR-N-4105 auch für das Batteriespeichersystem.

Zweirichtungszähler kommen bei PV-Anlagen von weniger als 10 kW zum Einsatz. Ab 10 kW ist ein Erzeugungszähler mit Rücklaufsperre erforderlich. Bei PV-Anlagen von 30 kW bis 135 kW ist eine Wandlermessung gefordert. Im Gegensatz zur Direktmessung wird die hohe Stromstärke zur Messung zuvor durch Wandlerspulen heruntertransformiert.

PV-Anlagenbesitzer, die sowohl Energie vom Energieversorger beziehen als auch Energie ins Energienetz einspeisen, werden als *Prosumer* (Producer = Erzeuger, Consumer = Verbraucher) bezeichnet. Die ins Energienetz eingespeiste Energie kann entweder an das EVU verkauft oder gegen Gebühr bei diesem in eine Cloud (cloud = Wolke) gespeichert und zu einem späteren Zeitpunkt für den Eigenverbrauch wieder „abgerufen" werden.

PV-Anlagen ab 30 kW müssen sich nach VDE-AR-N-4105 an der Stabilisierung des Niederspannungsnetzes beteiligen, wenn sie in dieses einspeisen. Eine PV-Anlage darf sich bei kurzfristigen Spannungseinbrüchen oder Spannungserhöhungen innerhalb vorgegebener Grenzwerte bezüglich Spannung, Frequenz und Zeitintervallen nicht vom Netz trennen. Dies ist durch ein Netz- und Anlagenschutz-Relais (NA-Schutz) im Verbund mit dem Kuppelschalter sicherzustellen.

Auch die Energieversorgungsunternehmen (EVU) errichten Photovoltaikanlagen als Freiflächenparks (**Bild 21.15**) und speisen die dabei gewonnene

Energie in das öffentliche Netz ein. Mit ca. 20.000 PV-Modulen können ca. 5,2 MW Energie/Jahr gewonnen und damit ca. 1.500 Haushalte versorgt werden.

Bild 21.15 Photovoltaik-Freiflächenpark

21.10 Prüfungen und Prüffristen bei PV-Anlagen

Wie bei allen elektrischen Anlagen sind auch bei PV-Anlagen Erstprüfungen und wiederkehrende Prüfungen nach DIN VDE 0100-600, der DGUV Vorschrift 3, nach VDE 0701 und VDE 0702 vorzunehmen. Durch Besichtigen ist sicherzustellen, dass für das Gleichstromsystem Maßnahmen umgesetzt sind, z. B. zum

- Schutz gegen elektrischen Schlag,
- Schutz gegen Wirkungen von Isolationsfehlern,
- Schutz gegen Überstrom und
- Schutz gegen Wirkungen von Blitzschlag und Überspannung.

Ferner müssen die Ausführung der Erdung und des Potentialausgleichs sowie ausgewählte elektrische Betriebsmittel begutachtet werden.

Im Wechselstromsystem werden die Vorrichtungen zur Trennung des Wechselrichters, die Programmierung des Wechselrichters entsprechend der örtlichen TAB (Technische Anschlussbedingungen), die RCDs sowie die Aufschriften und Kennzeichnungen der Stromkreise und elektrischen Betriebsmittel in Augenschein genommen.

Beim Erproben sind z. B. zu prüfen/zu messen:

- Polarität,
- Generatoranschlusskasten,
- Leerlaufspannung eines PV-Strangs,
- Kurzschlussstrom eines PV-Strangs,
- Isolationswiderstand des PV-Strangs und ggf.
- *I*/*U*-Kennlinie eines PV-Strangs.

Durch Einsatz von Infrarotkameras können ungewöhnliche Temperaturänderungen bei im Betrieb befindlichen PV-Modulen erkannt werden.

Bei den wiederkehrenden Prüfungen sind Prüffristen einzuhalten (**Tabelle 21.1**). Dies ist notwendig, um Fehlfunktionen und Leistungsminderungen der Anlage, z. B. aus Gründen von Alterung oder Verschleiß, frühzeitig zu erkennen und somit einen Anlagenausfall oder sogar Brände zu verhindern. Die Zuverlässigkeit der Stromerzeugung soll dadurch sichergestellt werden. Je nach zu prüfender Einrichtung und Art der Prüfung erfordert die Prüfung verschieden qualifizierte Prüfer. Die vierjährigen Prüfungen sind durch eine Elektrofachkraft vorzunehmen, ebenso das Analysieren von Anlagen-Fehlermeldungen.

Die Prüfergebnisse müssen in einem Prüfprotokoll dokumentiert werden, zumindest sofern keine automatisierte Protokollierung erfolgt. Festgestellte Mängel müssen rasch oder nach vereinbarten Zeiträumen behoben werden. Die Verantwortung hierfür liegt beim Betreiber.

PV-Anlagen erfordern wiederkehrende Prüfungen.

Einrichtung	Prüfung	Prüffrist	Prüfer
Gesamte PV-Anlage	– Sichtprüfungen, – Messungen/Prüfungen von z. B. Isolationswiderstand, Leerlaufspannung, Kurzschlussstrom, Leistung, niederohmigen Verbindungen, Schutzpotentialausgleich, – Überprüfung der Schutzmaßnahmen zur Sicherstellung des Personen- und Anlagenschutzes, – Funktionsprüfung der Anlage, – Abgleich der vorhandenen Dokumentation mit dem Anlagenbestand.	4 Jahre	Elektrofachkraft
Zähler	Ertragskontrolle	monatlich	Betreiber
PV-Module	Sichtprüfung der Oberflächen		
Wechselrichter	Kontrolle der Betriebsanzeige, Beachtung von Fehlermeldungen.	täglich	Betreiber
Betriebsdaten-überwachung	– Kontrolle des Betriebszustandes mittels Fernüberwachung, – Beachtung des Isolationswiderstands.	täglich	Elektrofachkraft

Tabelle 21.1 Prüffristen einer PV-Anlage

22 Ladestationen für Elektrofahrzeuge

22.1 Anschlussarten

Die Elektromobilität, basierend auf der Batterietechnik, erfordert Ladestationen (**Bild 22.1**). Zu unterscheiden sind Ladestationen in Privathaushalten und öffentliche Ladestationen. DIN VDE 0100-722 beschreibt die besonderen Anforderungen an Stromkreise zum Laden von Elektrofahrzeugen (EF) einerseits und zur Rückspeisung aus den Elektrofahrzeugen in eine ortsfeste elektrische Anlage andererseits. Im Zusammenhang mit Smart Grids ist es für private Haushalte durchaus interessant, ein in der Garage stehendes EF als elektrischen Energiespeicher zu nutzen. Dieser kann in tariflich günstigen Zeiten mit elektrischer Energie geladen werden.

EF können über Kabel (**Bild 22.2**) oder kontaktlos induktiv über Ladeplatten (**Bild 22.3**) geladen werden. Das Laden kann über Haushaltssteckdosen, Industriesteckdosen oder besondere Steckdosen einer Ladestation erfolgen. Hierbei wird nach DIN VDE 0122-1 unterschieden:

- das Ladekabel mit Ladestecker ist fest am Fahrzeug angeschlossen,
- das Ladekabel ist beidseitig mit einer Steckvorrichtung versehen,
- das Ladekabel mit Ladestecker ist fest an der ortsfesten Ladestation angeschlossen.

Bild 22.1 Öffentliche Ladestation für EF

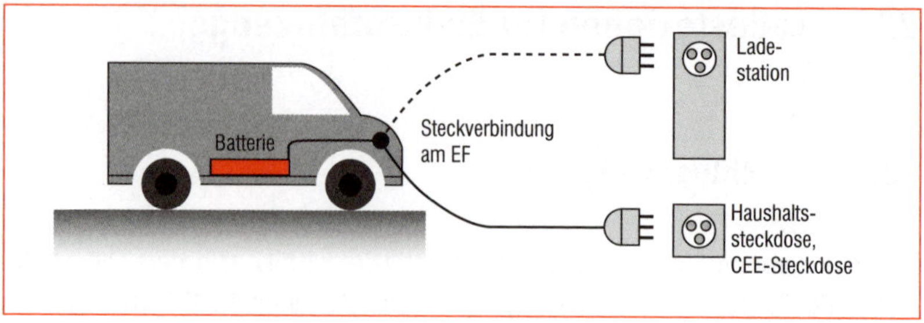

Bild 22.2 Beispiel für kabelgebundenes Laden von EF

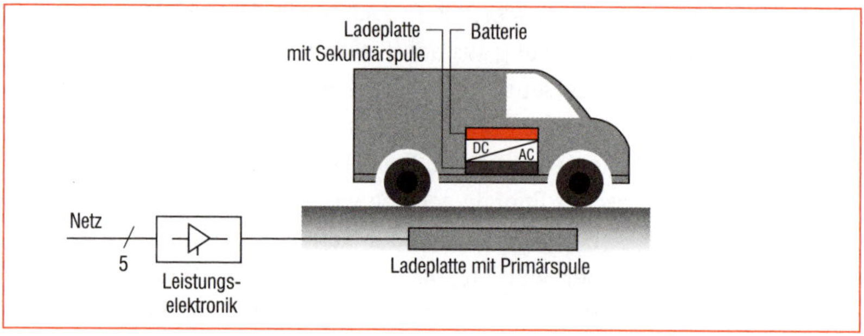

Bild 22.3 Kontakloses Laden von EF

> EF können über verschiedenartige Steckvorrichtungen und Ladekabel an die elektrische Energieversorgung angeschlossen werden.

Die Buchsen der Fahrzeuge enthalten meist die Kontaktstifte. Daher spricht man von Steckerbuchsen an den Ladekabeln.

Beim Laden mittels elektromagnetischer Induktion steht das Fahrzeug über einer am Boden befindlichen Ladeplatte mit Primärspule. Die Ladeplatte wird mit AC versorgt. Das Fahrzeug besitzt die für die Induktion notwendige Sekundärspule und einen AC-DC-Gleichrichter zur Speisung des Akkumulators (Batterie). Der Luftspalt zwischen den beiden Spulen kann bis zu 20 cm betragen.

Nichtöffentliche Ladestationen, also Ladestationen für zuhause, sind meist an Wände montiert und werden daher als Wallbox bezeichnet. Sie werden z. B. in einer Garage oder einem überdachten Bereich installiert. Die Genehmigung des örtlichen Netzbetreibers ist für solch eine Installation einzuholen. Das Laden über eine Wallbox hat Auswirkungen auf den Netzbetrieb, ggf. auf die Querschnitte der verlegten Kabel.

22.2 Ladebetriebsarten (Lademodes)

Man unterscheidet verschiedene Ladebetriebsarten, auch Lademodes genannt. Öffentliche Ladestationen ermöglichen meist das Laden mit unterschiedlichen Lademodes.

Der *Lademode 1* besitzt eine genormte Steckdose für AC ≤ 250 V oder 3 AC ≤ 480 V mit einem Ladestrom ≤ 16 A als Anschlusspunkt. Die Ladeleistung liegt entsprechend bei 3,7 kW oder 11 kW. Lademode 1 ist für private Haushalte gedacht (**Bild 22.4**).

Der *Lademode 2* arbeitet mit gleichen Steckverbindungen wie Lademode 1 (Bild 22.4). Der Ladestrom darf jedoch bis 32 A betragen. Damit sind Ladeleistungen bis 22 kW möglich. Im Ladekabel ist im Gegensatz zum Ladekabel des Lademodes 1 ein Steuergerät enthalten, welches zwischen Ladeeinrichtung und EF eine Kommunikation herstellt. Dabei werden über die Kontakte CP (Control Pilot) und PP (Proximity Pilot) die Ladezustände des EF abgefragt und der Ladevorgang wird entsprechend gesteuert. Die Wegfahrsperre wird aktiviert bzw. deaktiviert. Zusammen betrachtet bezeichnet man dies als *Pilotfunktion*. Bei dieser Art von Anbindung ist mittels RCD zwischen Ladeeinrichtung und EF Schutz gegen elektrischen Schlag gegeben.

Bei den Lademodes 1 und 2 kommen netzseitig Schukostecker/-steckdosen bis 16 A Bemessungsstrom (sind wegen möglichem Kabelbrand zu vermeiden) oder CEE-Industriestecker/-steckdosen zum Einsatz. Fahrzeugseitig werden Steckvorrichtungen von Typ 2 verwendet (**Bild 22.5**).

Der *Lademode 3* besitzt eine fest installierte Ladestation mit 480 V AC (**Bild 22.6**). Der Ladestrom kann bis 63 A betragen. Beim normalen Laden sind die Ladeleistungen ≤ 22 kW, beim schnellen Laden beträgt die Ladeleistung im Lademode 3 bis 44 kW. Die beim Lademode 2 beschriebene Kommunikation hinsichtlich des Ladezustandes erfolgt auch im Lademode 3. Letzterer ist auch für Privathaushalte denkbar.

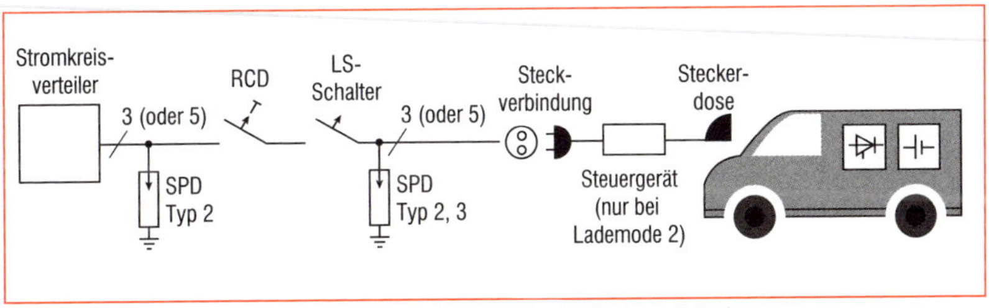

Bild 22.4 Stromversorgung für Lademodes 1 und 2 im Wohngebäude

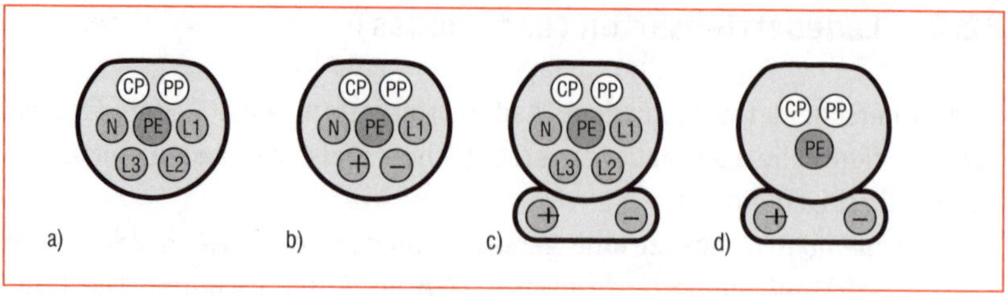

Bild 22.5 Anschlüsse der Steckvorrichtungen für das Laden von EF
a) AC b) AC und langsames Laden DC c) AC und schnelles Laden DC
d) (schnelles Laden) DC

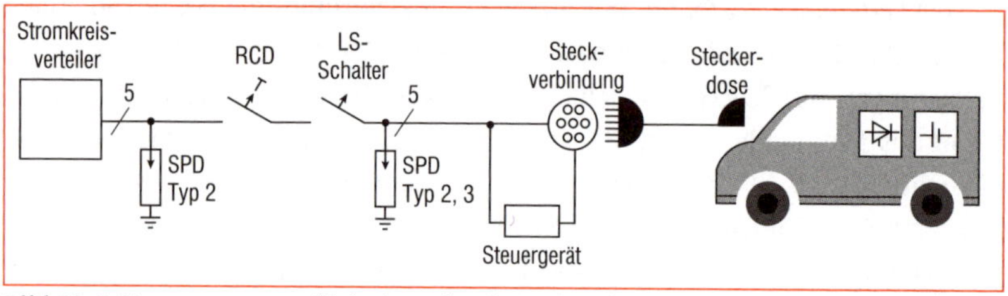

Bild 22.6 Stromversorgung für Lademode 3 im Wohngebäude

(Der *Lademode 4* arbeitet mittels externem Ladegerät ausschließlich mit DC (**Bild 22.7**). Das Ladekabel mit dem Ladestecker ist fest an der Ladestation angeschlossen. Schnelles Laden mit einer Ladeleistung bis 200 kW ist möglich. Die Gleichspannung ist dabei auf 1.000 V und einen Ladestrom von 200 A begrenzt, obwohl VDE 0100-722 einen Ladestrom bis 400 A zulässt. Das Laden erfolgt kommunikationsgesteuert über die Pilotfunktion.

Die Ladesteckvorrichtung Combo 2 (Combined Charging System, europäischer Standard nach IEC 62196) ermöglicht den Lademode 3 und den Lademode 4 (Bild 22.4). Beide Lademodes erlauben eine Rückspeisung der geladenen Energie über einen rückspeisefähigen Stromkreis in die ortsfeste

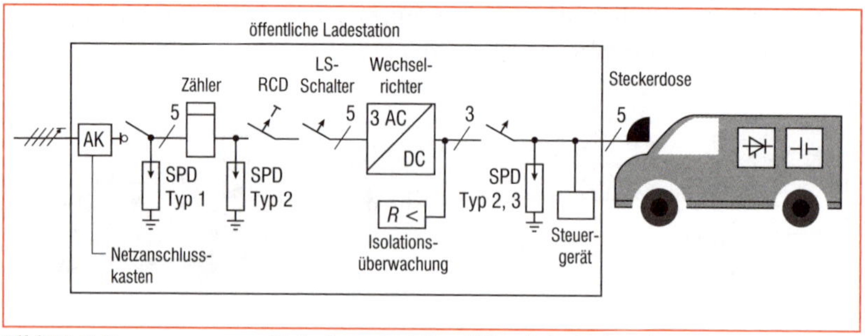

Bild 22.7 Stromversorgung für Lademode 4 über öffentliche Ladesation

elektrische Anlage. Die Lademodes 1 und 2 erlauben dies wegen ihrer verwendeten Steckvorrichtungen nicht. Das Reduzieren von Ladezeiten verlangt größere Ladeleistungen. Hohe Ladespannungen erfordern bei Anwendung der Schutzmaßnahme „Schutz durch automatische Abschaltung im Fehlerfall“ nach DIN VDE 0100-410 schnelle Abschaltzeiten, hohe Ladeströme erfordern große Leiterquerschnitte.

> Die Lademodes 1 bis Lademodes 4 unterscheiden sich in der Art der Spannungsversorgung, der Steckvorrichtung und der Leistungsfähigkeit des Ladens.

22.3 Schutzmaßnahmen

Die Einspeisung einer Wallbox aus einer Unterverteilung, z. B. in einer Garage, ist nicht zulässig. Jeder Anschlusspunkt ist durch einen eigenen Endstromkreis auszuführen. Die Endstromkreise sollten wegen der besonderen Gefährdung der EF mit Überspannungs-Schutzeinrichtungen SPDs (Surge Protective Device) und Überstrom-Schutzeinrichtungen versehen sein. Am Anschlusspunkt ist eine RCD vom Typ A oder F mit Bemessungsdifferenzstrom $\leq$ 30 mA zu installieren, wenn glatte Gleichfehlerströme $>$ 6 mA bzw. $>$ 10 mA auszuschließen sind, andernfalls ist eine RCD vom Typ B mit Bemessungsdifferenzstrom $\leq$ 30 mA vorzusehen.

Alternativ kann für den Lademode 3 auch eine RDC-PD (Residual Direct Current-Protective Device) als netzspannungsunabhängiger Fehlerstrom-Schutzschalter mit der Trenneigenschaft einer RCD Typ A oder Typ F verwendet werden. Die RDC-PD erfasst glatte Gleichfehlerströme und löst die integrierte Fehlerstrom-Schutzschalterfunktion aus, wenn der Gleichfehlerstrom $>$ 6 mA ist.

Ferner sollte in einem Elektroinstallationsrohr eine IT-Netzwerkleitung verlegt werden, um die Kommunikation mit einem Energiemanagementsystem zu ermöglichen.

Sollen Ladestationen in Parkhäusern und Tiefgaragen errichtet werden, so sind geeignete Brandschutzmaßnahmen vorzusehen, z. B. Installation von ausreichendem Überspannungsschutz, AFDDs und Brandmeldeanlagen. Rücksprachen mit den jeweiligen Sachversicherern sollten stattfinden.

Kontrollfragen

1. Worauf beruht die Spannungserzeugung bei der Photovoltaik?
2. Welche Spannungsart wird bei Photovoltaikanlagen erzeugt?
3. Aus welchen Komponenten besteht ein PV-Teilgenerator?
4. Welche Aufgabe haben Bypass-Dioden an PV-Modulen?
5. Auf welche Merkmale ist vor der Installation einer PV-Anlage zu achten?
6. Welche Aufgabe hat der Generatoranschlusskasten GAK?
7. Welche Aufgabe hat der Wechselrichter bei einer PV-Anlage?
8. Auf welche Art erfolgt bei Mini-PV-Anlagen die Einspeisung der erzeugten Energie?
9. Nennen Sie zwei Möglichkeiten zum Laden von Elektrofahrzeugen.
10. Durch welche zwei wesentliche Merkmale unterscheiden sich die Lademodes 1 und 2?
11. Welche besondere Eigenschaft besitzen die Lademodes 3 und 4?
12. Welche der folgenden Aussagen ist richtig?
    1. Beim Laden mittels elektromagnetischer Induktion arbeitet die Batterie anschließend mit Wechselstrom.
    2. Öffentliche Ladestationen werden als Wallbox bezeichnet.
    3. Das Laden mit Gleichstrom dauert am längsten.
    4. Schnellladen ist mit 230 V AC möglich.
    5. Eine RCD-PD ist für Gleichfehlerströme $>6\,mA$ geeignet.

☐

Anhang

Lösungen der Kontrollfragen

Lösungen der Kontrollfragen nach 1.2

1. Zu allen Verbrauchsmitteln und Steckdosen muss der Schutzleiter verlegt sein.
2. Der Schutzleiter besitzt eine grüngelbe Ummantelung.
3. Der Neutralleiter besitzt eine blaue Ummantelung.
4. Kabel und Leitungen in Stromkreisen für Sicherheitszwecke müssen eine Feuerwiderstandsdauer von mindestens einer Stunde besitzen.
5. Die Kennzeichnung eines unbrennbaren Kabels ist A_{CA}.
6. Die Brandklasse bei Kabeln und Leitungen ist ein Maß für deren Flammausbreitung und Wärmeentwicklung.
7. Für Fluchtwege wird die Brandklasse $B2_{CA}$ s1d1a1 empfohlen.
8. Es werden die Begriffe Brandklasse und Euroklasse verwendet.
9. 4
10. 4

Lösungen der Kontrollfragen nach 2.1

1. Elektrische Leitungen dürfen an Wänden nur waagerecht oder senkrecht verlegt werden.
2. In der Nähe von Raumkanten ist das Anbringen von Dübeln oder Nägeln einzuschränken, weil elektrische Leitungen möglichst in der Nähe von Raumkanten verlegt werden.
3. Wichtige Installationsleitungen für feste Verlegung: H07V-U, NYM, NYIF, NHXMH.
4. H05VV-F ist nicht geeignet für Anwendung im Freien, im Gewerbe und in der Landwirtschaft.
5. Eine Mantelleitung muss durch ein Rohr geschützt sein, wenn die Leitung besonders gefährdet ist, z. B. bei Fußbodendurchführungen.
6. Bei Verlegung im Installationsrohr kommt für die Hausklingelanlage Y-Draht in Frage.
7. In einem Computernetz verbindet man die Dateneingänge der Computer mit Datenleitungen U/UTP, U/FTP oder S-FTP.
8. In Arbeitsräumen müssen beleuchtete Schalter verwendet werden.
9. Eine Ausschaltung kann mit einem Ausschalter oder mit einem Wechselschalter verwirklicht werden.

10. Der Tastschalter geht nach Ende der Betätigung in seine Ausgangsstellung zurück, der übliche Schalter behält die durch Betätigung hervorgerufene Stellung bei.
11. Der rote Betätigungsknopf gibt an, wo der Spannung führende Leiter oder die Last anzuschließen ist.

Lösungen der Kontrollfragen nach 2.7

1. Installationsschaltungen stellt man in Übersichtsschaltplänen, Installationsplänen, Installationsschaltplänen oder in Stromlaufplänen dar.
2. Man unterscheidet den Stromlaufplan in zusammenhängender Darstellung und den Stromlaufplan in aufgelöster Darstellung.
3. Die Schalter werden im unbetätigten Zustand gezeichnet.
4. Ausschalter, Wechselschalter, Kreuzschalter, Serienschalter, Gruppenschalter.
5. 3
6. 2
7. 4
8. 2
9. 2
10. 2

Lösungen der Kontrollfragen nach 2.9.4

1. Relais bestehen aus einer Erregerwicklung, einem magnetischen Spulenrückschluss und Schaltstücken.
2. Schütze enthalten eine Erregerwicklung, einen Magnetkern, einen beweglichen Anker sowie Schaltstücke.
3. Gleichstromschütze arbeiten nach dem Anziehen geräuschlos.
4. Bei Schützschaltungen unterscheidet man den Hauptstromkreis und den Hilfsstromkreis (Steuerstromkreis).
5. Bei den Schützschaltungen ist die Schaltung mit Haltekontakt besonders wichtig.
6. Ein Stromstoßschalter enthält eine Erregerwicklung, einen Schaltmechanismus mit Stoßklinke und Schaltwippe mit Kontakten als Schalter.
7. Ein Stromstoßschalter ändert seine Schaltstellung bei jedem Spannungsimpuls.
8. Bei Stromstoßschaltern werden als Steuerspannung die Netzspannung 230 V oder verschiedene Kleinspannungen, z. B. 25 V, verwendet.
9. Die Beleuchtung der Taster von Stromstoßschaltern erfolgt

a) bei einer Steuerspannung von 230 V mit Glimmlampen,
b) bei einer Steuerspannung von 25 V mit Glühlampen oder LED.

10. Für Klingelanlagen werden Kleinspannungen aus einem Klingeltransformator verwendet.
11. Ein Klingeltransformator muss kurzschlussfest sein.
12. Soll eine Beleuchtung beim Klingeln eingeschaltet werden, muss die Steuerspannung des Stromstoßschalters der Spannung des Klingeltransformators entsprechen.
13. Die Leitung einer Zweidraht-Türsprechanlage bezeichnet man als Bus oder Busleitung.
14. Die Parametrierung oder Konfiguration ordnet die Hausstation den Tastern der Türstation zu.
15. Die Stromversorgung der Teilnehmer erfolgt über den Bus.
16. In der Türstation sind enthalten das Türlautsprechermodul und das Ruftastenmodul.
17. Für die Video-Türsprechanlage ist UTP oder FTP geeignet.
18. Bei der In-Out-Technik werden die eingehenden Adern und die ausgehenden Adern an dieselbe Klemme angeschlossen.
19. Bei Zeitschaltern wird die Abfallverzögerung für sehr lange Verzögerung durch eine Uhr verwirklicht, sonst aber durch eine elektronische Schaltung, meist einen IC.
20. Treppenlicht-Zeitschalter mit Vierleiteranschluss können nachgeschaltet werden.
21. Nachlaufsteuerungen mit Zeitschalter kommen bei innenliegenden Toiletten für die Steuerung des Ventilators nach Abschalten der Beleuchtung vor, außerdem bei der automatischen Abschaltung einer Beleuchtung, z. B. am Eingang.

Lösungen der Kontrollfragen nach 2.10.4

1. 1
2. 4
3. 5

Lösungen der Kontrollfragen nach 2.11.4

1. LED ist die Kurzform von Light Emitting Diode = Licht aussendende Diode.
2. LEDs werden in Vorwärtsrichtung betrieben.
3. In Vorwärtsrichtung liegt am P-Leiter der Pluspol und am N-Leiter der Minuspol.

4. Die Lichtausbeute für weißes Licht beträgt bei einer LED z. B. etwa 80 lm/W (Lumen je Watt).
5. LEDs schützt man gegen falsche Polung der Anschlussspannung mit Sperrdioden oder Gegenparallelschaltung von LEDs.
6. LED-Leuchtmittel werden mit Spannungssteuerung oder mit Stromsteuerung betrieben.
7. 3
8. 2

Lösungen der Kontrollfragen nach 3.2

1. Der Diac wird erst bei etwa 30 V leitend und steuert dann innerhalb jeder Halbperiode der Netzspannung den Triac an.
2. Das Anschnittverfahren ruft eine Phasenverschiebung wie eine Induktivität hervor und erzeugt Oberschwingungen.
3. Das Dimmen von Lampen ist möglich mit Anschnittverfahren, Abschnittverfahren und Sektorverfahren.
4. Für KVG und VVG unterscheidet man Glühlampendimmer und Leuchtstofflampendimmer.
5. VVG haben gegenüber den KVG einen größeren Kupferquerschnitt und ein Kernmaterial mit kleineren Verlusten.
6. Durch Einsatz eines Leistungszusatzes oder mehrerer Leistungszusätze wird die Steuerung einer Anlage ermöglicht, deren Leistung größer ist als die Bemessungsleistung eines Dimmers.
7. Bei einer Wechselschaltung ist nur ein Dimmer erforderlich.
8. Bei der Wechselschaltung soll der Dimmer an die Beleuchtungsanlage angeschlossen sein und der Wechselschalter an das Netz, damit im abgeschalteten Zustand die Elektronik des Dimmers nicht unter Spannung gegen Erde steht.

Lösungen der Kontrollfragen nach 3.5

1. Bei Dimmern (nicht LEDs) wird je nach Dimmerart die Last angesteuert durch Phasenanschnittsteuerung oder Phasenabschnittsteuerung oder Sektorsteuerung.
2. Zum Dimmer muss ein Leistungszusatz verwendet werden, wenn die Lastleistung größer ist als die Bemessungsleistung des Dimmers.
3. Der Leistungszusatz wird vom Dimmer angesteuert.
4. Bei einer Wechselschaltung soll der Dimmer nicht an L angeschlossen werden, weil seine empfindliche Elektronik dann im abgeschalteten Zustand nicht dauernd an der Netzspannung liegt.

5. NV-Halogenglühlampen haben gegenüber anderen Glühlampen ein eher weißes Licht, weil sie infolge der niedrigen Spannung einen dickeren Glühdraht haben und deshalb mit einer höheren Temperatur betrieben werden können.
6. Bei NV-Halogenglühlampen dimmt man die Eingangsspannung des Transformators, weil dessen Stromstärke kleiner ist als die Lampenstromstärke.
7. Die Betriebsspannung der NV-Halogenglühlampen wird aus dem 230-V-Netz mittels Transformator (elektronischer Transformator oder Kleinspannungstransformator) gewonnen.
8. Dimmer zum Betreiben einer Wechselschaltung mit Halogen-Glühlampenleuchten tragen die Kennzeichen R oder R,L oder R,C oder R,L,C.

Lösungen der Kontrollfragen nach 3.6

1. Bei DALI-Geräteinstallationen (DALI 1) wird ein NYM-Kabel verwendet.
2. Die Adern eines DALI-NYM-Kabels sind für den N-Leiter, PE-Leiter, Außenleiter sowie für zwei Steuersignale bestimmt.
3. Eine DALI-1-Linie besitzt ein Steuergerät als Master zum Adressieren der Vorschaltgeräte/Betriebsgeräte.
4. Als Slaves einer DALI-1-Linie werden die Vorschaltgeräte/Betriebsgeräte bezeichnet.
5. Beim Lichtmanagement DALI 1 erfolgt das Buszugriffsverfahren nach dem Master-Slave-Verfahren, d. h. der Master steuert den Buszugriff.
6. Beim Lichtmanagement DALI 2 erfolgt das Buszugriffsverfahren nach dem CSMA-/CD-Verfahren, welches Buszugriffskollisionen verhindert.
7. Das Lichtmanagement DALI 2 ermöglicht das Betreiben von bis zu 64 Steuergeräten in einer DALI-Linie, das Lichtmanagement DALI 1 dagegen nur das Betreiben von einem Steuergerät.
8. Eine DALI-Linie kann mittels eines DALI-KNX-Gateways mit einem KNX-Netzwerk verbunden werden.

Lösungen der Kontrollfragen nach 4.1.3

1. Aus dem Drehstromnetz kann man Einphasenwechselstrom mit einer Spannung von 230 V entnehmen, indem man die Last an einen Außenleiter und den Neutralleiter anschließt.
2. Bei der Sternschaltung sind die Klemmen U1, V1, W1 an je einen Außenleiter anzuschließen und die Klemmen U2, V2, W2 miteinander durch Brücken zu verbinden.

3. Zwischen Strom und Spannung treten Phasenverschiebungen durch Spulen, Kondensatoren und elektronischen Steuerungen auf.
4. Die Phasenverschiebung wird durch den Leistungsfaktor cos φ berücksichtigt.
5. Der Wirkungsgrad ist das Verhältnis von Nutzen zu Aufwand.
6. Bei Elektromotoren ist der Wirkungsgrad das Verhältnis von der mechanischen Leistung P_{mec} des Motors zu seiner elektrischen Leistung P.

Lösungen der Kontrollfragen nach 4.5

1. Der Hausanschluss beginnt an der Anschlussmuffe des Kabelnetzes oder am Dachständer des Freileitungsnetzes.
2. Der Hausanschlusskasten im Keller hat je nach Bedarf eine Schutzart bis IP54.
3. Hauptleitung in Wohngebäuden ist eine Mantelleitung NYM-J.
4. Einfamilienhäuser müssen im Hausanschlusskasten mit 63 A abgesichert sein.
5. In Einfamilienhäusern ist der Stromkreisverteiler meist im Zählerschrank untergebracht.
6. In Mehrfamilienhäusern befindet sich der Stromkreisverteiler in den jeweiligen Wohnungen.
7. 4
8. 5
9. Leitungsschutzschalter 12, FI/LS-Schalter 10, Patchfeld 9, Netzwerk-Switch 8, DSL-Router 7, Netzwerkserver 6, anlagenseitiger Anschlussraum 1, netzseitiger Anschlussraum 3, EHZ 4, Raum für Zusatzanwendungen 2, Abschlusspunkt Zählerplatz 5, Hauptschalter 11.

Lösungen der Kontrollfragen nach 5.5

1. Jeder Strom hat eine Wärmewirkung.
2. Wärmeausbreitung erfolgt durch Wärmeleitung, Konvektion und Strahlung.
3. Vollständiger thermischer Schutz kann durch Überstrom-Schutzeinrichtungen nicht erreicht werden, weil diese wegen des Einschaltstromes von Antrieben und Beleuchtungen so gebaut sein müssen, dass sie bei Überschreiten des Bemessungsstroms stark zeitverzögert abschalten.
4. Bei einem Kurzschlussstrom von 50 A schaltet eine RCD mit Fehlerdifferenzstrom von 30 mA nicht ab, wenn der Kurzschluss zwischen Außenleiter und Neutralleiter erfolgt.

5. Störlichtbögen sind kleine Lichtbögen zwischen Außenleiter und Neutralleiter.
6. Es gibt serielle und parallele Fehlerlichtbögen.
7. AFDD kommt von Arc Fault Detection Device = Fehlerlichtbogen-Entdeckungsgerät.
8. Das AFFD ist der Sensor für Fehlerlichtbögen.
9. Bei einem Brandschutzschalter schaltet ein Leitungsschutzschalter oder eine RCD die Stromversorgung ab, wenn ein Brand entsteht.
10. Brandschutzschalter sollen bei brandgefährdeten Anlagen installiert werden.
11. Rauchwarnmelder geben bei einem entstehenden Brand ein lautes akustisches Signal ab.
12. Bei einem Rauchwarnmelder wird ein Lichtstrahl oder Infrarotstrahl durch Rauch auf einen Sensor abgelenkt, der ein akustisches Signal einschaltet.
13. Rauchwarnmelder sind in allen Wohnungen und Geschäftsräumen zu errichten, in denen ein Brand entstehen kann.
14. Der Erfassungsbereich eines an der Decke errichteten Rauchwarnmelders beträgt $60\,m^2$ der darunterliegenden Grundfläche.
15. Die Lebensdauer eines batteriebetriebenen Rauchwarnmelders beträgt je nach Batterie 1 bis 10 Jahre.
16. Funk-Rauchwarnmelder haben den Vorteil, dass mit ihnen die Vernetzung mit anderen Rauchwarnmeldern möglich ist, sodass bei einem entstehenden Brand nicht nur am Entstehungsort Alarm erfolgt
17. 3
18. Ein AFDD ist notwendig, wenn der Risikowert größer ist als der Sicherheitswert.

Lösungen der Kontrollfragen nach 6.3.2

1. Schutz gegen direktes Berühren (Basisschutz) wird vor allem durch Isolierung aktiver Teile erreicht.
2. Indirektes Berühren liegt vor, wenn infolge eines Isolationsfehlers die Spannung an leitfähige Teile gelangt, die normalerweise keine Spannung führen und berührt werden können.
3. Die wichtigsten Schutzarten ohne Schutzleiter sind SELV und PELV, Schutzklasse II und Schutztrennung.
4. Die wichtigsten Schutzarten mit Schutzleiter sind Schutz durch Abschaltung mittels Überstrom-Schutzeinrichtung und Schutz durch Abschaltung mittels RCD.

5. Die höchstzulässige Berührungsspannung beträgt bei AC 50 V, bei DC 120 V.
6. Der PE bzw. der PB hat die Aufgabe, im Fehlerfall eine bestehenbleibende gefährliche Berührungsspannung zu verhindern.
7. Die Systeme SELV und PELV können bei den Kleinspannungen zum Schutz gegen indirektes Berühren angewendet werden.
8. SELV und PELV haben Bemessungsspannungen bis 50 V AC und 120 V DC.
9. Bei SELV ist der SELV-Stromkreis nicht geerdet, bei PELV liegt eine Erdung vor.
10. Steuerstromkreise dürfen nicht mit SELV betrieben werden.
11. Leitungen von SELV-Stromkreisen müssen getrennt von Leitungen anderer Stromkreise verlegt werden.

Lösungen der Kontrollfragen nach 6.3.8

1. Der Schutzleiter eines Betriebsmittels mit doppelter oder verstärkter Isolierung ist im Stecker anzuschließen.
2. Der Ausgangsstromkreis eines Trenntransformators darf nicht mit einem anderen Stromkreis oder Erde verbunden werden.
3. Schutzkleinspannung und Schutztrennung unterscheiden sich durch höhere Spannungen.
4. Automatische Abschaltung der Stromversorgung erfolgt, indem der bei einem Isolationsfehler enstehende Strom vom Außenleiter zur Erde die Abschaltung bewirkt.
5. Die RCD vergleicht den in die Anlage hineinfließenden Strom mit dem zurückfließenden Strom. Ist durch einen Isolationsfehler der zurückfließende Strom kleiner als der hineinfließende Strom, so erfolgt beim Typ A Abschaltung wegen der in einem Summenstromwandler induzierten Spannung oder beim Typ B durch die Magnetisierung des Eisenkernes.
6. Im TT-System sind RCDs nicht zu vermeiden, weil der kleine Erdungswiderstand für die Abschaltung durch Überstrom-Schutzeinrichtungen nicht erreicht werden kann.
7. Der Summenstromwandler in einer RCD bildet einen Differenzstrom durch Vergleich von hineinfließenden und zurückfließenden Strömen.
8. Leitungsschutzschalter werden als Überstrom-Schutzeinrichtung für Endstromkreise verwendet, Schmelzsicherungen für Verteilungsstromkreise.

9. Die Charakteristiken A und B stehen für unterschiedliche Abschaltströme.

Lösungen der Kontrollfragen nach 6.6

1. Der zusätzliche Schutz durch RCD mit $I_{\Delta N} \leq 30\,mA$ verbessert den Basisschutz und den Fehlerschutz.
2. Der zusätzliche Schutzpotentialausgleich verbessert den Fehlerschutz.
3. Fachlich überwachte Anlagen sind Anlagen, die von Elektrofachkräften oder elektrotechnisch unterwiesenen Personen betrieben und überwacht werden.
4. In fachlich überwachten Anlagen kann der Basisschutz erfüllt werden durch Anordnung außerhalb des Handbereichs oder durch Hindernisse.
5. Teile des öffentlichen Versorgungsnetzes, Metallmäntel von Leitungen und metallene Kleinteile unterliegen nicht den Bestimmungen über Schutzmaßnahmen für den Fehlerschutz.
6. Der zusätzliche Schutzpotentialausgleich erfolgt durch Verbinden aller berührbaren Körper der Betriebsmittel durch einen Schutzpotentialausgleichsleiter von kleinem Widerstand.
7. Ein erdfreier, örtlicher Schutzpotentialausgleich genügt für den Fehlerschutz nur in fachlich überwachten Anlagen.
8. 2

Lösungen der Kontrollfragen nach 6.8.4

1. Die Anzahl der Elektrounfälle ist klein, weil an elektrischen Anlagen fachmännisch gearbeitet wird.
2. 1. Freischalten,
   2. gegen Wiedereinschalten sichern,
   3. Spannungsfreiheit feststellen.
3. Die aufsichtsführende Person überwacht die Spannungsfreiheit vor Arbeitsbeginn.
4. Unter Freischalten versteht man das allseitige Ausschalten oder Abtrennen eines Anlageteils von allen nicht geerdeten Leitern der elektrischen Anlage.
5. Das Freischalten erfolgt durch einen Hauptschalter, durch Herausnehmen von Schmelzsicherungen oder durch Abschalten der Leitungsschutzschalter.
6. Die Spannungsfreiheit kann durch Spannungsprüfer oder Messgeräte festgestellt werden, deren einwandfreie Funktion unmittelbar vorher geprüft wurde.

7. Erden und Kurzschließen ist in Anlagen bis 1.000 V nur bei Arbeiten an Freileitungen oder Erdkabeln erforderlich und in Anlagen über 1.000 V immer.
8. Zuerst ist zu erden und dann kurzzusschließen.
9. Die Vorrichtungen für Erden und Kurzschließen müssen große Querschnitte haben, weil sehr große Kurzschlussströme auftreten können.
10. Benachbarte, unter Spannung stehende Teile sind abzudecken oder abzuschranken, wenn in der Nähe der Arbeitsstelle unter Spannung stehende Teile eines anderen Stromkreises vorhanden sind.
11. Das Abdecken kann mit Gummitüchern, Abdeckplatten oder Formstükken erfolgen.
12. Nach Abschluss der Arbeit sind die Sicherheitsregeln in der umgekehrten Reihenfolge wie vor Aufnahme der Arbeit aufzuheben,
also von Sicherheitsregel 5 bis 1 bzw. 3 bis 1.
13. Eine Anlage darf erst wieder eingeschaltet werden, wenn von der Arbeitsstelle aus die Einschaltbereitschaft unmittelbar gemeldet ist.
14. 3

Lösungen der Kontrollfragen nach 7.6

1. 3
2. 2
3. 3
4. 1
5. 4
6. 2
7. 1
8. 1
9. 5
10. 3
11. 4
12. 2

Lösungen der Kontrollfragen nach 8.3

1. Die Gefahr von Kopfverletzungen ist auf Baustellen in der Regel gegeben.
2. Auf Rohbaustellen sollte man Sicherheitsschuhe tragen.
3. Bei Arbeiten mit Bohrmaschinen oder Fräsmaschinen sollen Schutzbrillen zur Verhinderung von Augenverletzungen getragen werden.

4. Die Entfernung zwischen Schalter und Fußboden in einem Wohnraum sollte höchstens 1,15 m betragen.
5. In feuchten Räumen befestigt man Dosen in Dosenlöchern durch Einzementieren oder Nageldosen durch Annageln.
6. Anrühren von Gips: Gips in Wasser anhäufeln, kurze Zeit anrühren.
7. Bei Geräte-Verbindungsdosen müssen weniger Dosen gesetzt werden, es entstehen weniger Leitungszweige und die spätere Prüfung ist wegen der kleineren Dosenzahl einfacher.
8. 5

Lösungen der Kontrollfragen nach 8.8

1. Im Installationsrohr mit Durchmesser 16 mm können zwei Adern zu 2,5 mm^2 verlegt werden.
2. Das Installationsrohr mit der Kennzeichnung 44241 ist für schweren Druck geeignet, hält schwere Schläge aus , ist starr und kann von −5 °C bis 120 °C verlegt werden.
3. In der Hausinstallation ist die Verlegung unter Putz mit Aderleitungen im Installationsrohr oder mit NYM am häufigsten. Die Stegleitung – früher häufig verwendet – hat an Bedeutung verloren.
4. Bei Unterputzverlegung wird NYM in den Mauerschlitzen durch Gipsbrücken, Dübelstecklaschen oder Hakennägel befestigt.
5. Bögen von Installationsrohren müssen bei der Unterputzverlegung einen großen Radius haben, damit sich die Adern gut einziehen lassen.
6. 2
7. 2
8. 4

Lösungen der Kontrollfragen nach 9.4

1. 5
2. 1
3. 3
4. 1
5. 2
6. 3
7. 4
8. 2

Lösungen der Kontrollfragen nach 9.7

1. In Orten mit Badewanne oder Dusche können bei nicht fachgerechter Installation Unfälle entstehen, weil in ihnen der Widerstand des menschlichen Körpers besonders klein sein kann.
2. In Orten mit Badewanne oder Dusche unterscheidet man die Bereiche 0, 1 und 2.
3. Für Orte mit Badewanne oder Dusche muss der Schutz durch RCD mit kleinem Bemessungsstrom erfolgen.
4. Die Bereiche 1 und 2 erstrecken sich vom Fußboden aus bis zu einer Höhe von 2,25 m.
5. Alle 230-V-Stromkreise mit Leitungen im Raum sind durch RCDs mit $I_{\Delta N} \leq 30$ mA zu schützen.
6. In Orten mit Badewanne oder Dusche dürfen normale 230-V-Steckdosen nur außerhalb der Bereiche 0, 1 oder 2 angebracht werden.
7. Bei PELV sind im Bereich 1 höchstzulässig 25 V AC bzw. 60 V DC.
8. Bei SELV sind im Bereich 0 höchstzulässig 12 V AC bzw. 25 V DC.
9. Zum Errichten einer Saunakabine in einem Wohnhaus verwendet man am einfachsten eine fabrikfertige Saunakabine mit CE-Zeichen.
10. Die Schalter für die Beleuchtung der Saunakabine sollen außerhalb der Saunakabine angeordnet sein.
11. Die Steckdosen sind zu entfernen, da in dem Raum mit Saunakabine keine Steckdosen installiert sein dürfen.
12. Für alle Stromkreise außer dem Heizungsstromkreis ist der zusätzliche Schutz durch eine RCD mit $I_{\Delta N} \leq 30$ mA anzuwenden.
13. Im Bereich 3 ist eine höhere Wärmefestigkeit als im Bereich 2 erforderlich, weil die heiße Luft nach oben steigt.
14. Für das Saunaheizgerät im Bereich 1 würde ich eine wärmefeste Leitung mit der Grenztemperatur von 180 °C empfehlen, z. B. H05SS-F.
15. 5

Lösungen der Kontrollfragen nach 9.8

1. Große Nutztiere sind bzgl. eines elektrischen Schlags besonders gefährdet, da sie meist feucht stehen und bei einem Isolationsfehler eine größere Spannung überbrücken als der zweifüßige Mensch.
2. 2

Lösungen der Kontrollfragen nach 10.3.2

1. Das Kabelmesser führt leicht zu Verletzungen.
2. 3
3. Das Verzinnen der Aderenden von feindrähtigen Leitern ist nicht zulässig, da das Zinn unter der Klemmenkraft fließen würde und der Kontakt dann nicht mehr fest ist.
4. Reihenklemmen sind Klemmen, die auf einer Tragschiene aufgereiht werden können.
5. Eine Steckverbindung besteht aus einer Steckdose und einem Stecker.
6. 1
7. Der Schutzleiter bei einer Steckverbindung muss so lang sein, dass er bei Gewaltanwendung als Letzter aus der Anschlussklemme gerissen wird.
8. An der Steckdose überprüft man die Drehrichtung des Drehfeldes mit einem Drehfeldrichtungsanzeiger.
9. Perilex-Steckdosen dürfen in Wohnungen, Büros und ähnlichen Hausinstallationen verwendet werden.
10. 3
11. 4

Lösungen der Kontrollfragen nach 11.6

1. Das EMV-Gesetz soll sicherstellen, dass elektrotechnische Anlagen in ihrem Umfeld ohne Probleme arbeiten.
2. Für die EMV haben elektrische Felder, magnetische Felder und elektromagnetische Felder Bedeutung.
3. EMI sind elektromagnetische Störungen.
4. EMI kommt von Electromagnetic Interference = elektromagnetische Störung.
5. Starke EMIs werden durch Blitze hervorgerufen.
6. Ein LEMP (Blitz) hat EMIs zur Folge.
7. EMIs können an der Störquelle, an der Kopplung und an der Störsenke bekämpft werden.
8. EMIs werden an der Störquelle vermieden, wenn elektrische Betriebsmittel verwendet werden, die keine bzw. wenig Störungen hervorrufen, z. B. Kurzschlussläufermotoren statt Gleichstrommotoren.
9. Betriebsmittel der Störquelle werden entstört, indem man die Spannungen der EMIs kurzschließt und so nicht nach außen gelangen lässt.
10. Man unterscheidet induktive, kapazitive und galvanische Kopplung.

11. Eine galvanische Kopplung vermeidet man durch Potentialausgleich.
12. Das Eindringen von EMIs in eine Störsenke vermeidet man durch Schirmung der Betriebsmittel, Einbau von Überspannungsableitern und Filtern in der Zuleitung.
13. Man unterscheidet die LPZ 0 (mit Unterteilung LPZ 0_A, LPZ 0_B, LPZ 0_C), LPZ 1, LPZ 2 und LPZ 3.
14. Man verwendet in der Blitzschutzzone LPZ1 den Typ 1, in LPZ2 den Typ 2, in LPZ3 den Typ 3.
15. Bei der feldarmen Elektroinstallation können elektrische Felder durch Schirmung vermieden werden.
16. 1
17. 3
18. 4

Lösungen der Kontrollfragen nach 12.5

1. Beim Ansehen der Farbe Grüngelb hat das menschliche Auge die größte relative Empfindlichkeit.
2. Beleuchtungsstärke E ist der senkrecht auftreffende Lichtstrom Φ je Fläche A ($E_v = \Phi_v / A$).
3. Die Leuchtdichte hat die Einheit Candela durch Quadratmeter (cd/m²).
4. Der Wartungswert einer Beleuchtungsstärke ist die Beleuchtungsstärke in einem Raum, die bei Beginn der Wartung, z. B. Reinigung oder regelmäßiger Lampenaustausch, noch mindestens vorhanden sein soll.
5. Bei einfachen Glühlampen ist die Lichtausbeute besonders niedrig.
6. Für die Qualität einer Beleuchtung sind vor allem wichtig Beleuchtungsstärke, Leuchtdichteverteilung, Blendung, Lichtfarbe und Farbwiedergabe.
7. Wichtige Größen der Beleuchtungstechnik sind Lichtstrom, Beleuchtungsstärke und Leuchtdichte.
8. Der Lichtstrom hat die Einheit Lumen.
9. Mittels eines Prismas aus Glas kann weißes Licht in seine Spektralfarben zerlegt werden.
10. Relative Empfindlichkeit bedeutet, dass das Auge abhängig von der Wellenlänge bei gleicher Leistung der Strahlung die Helligkeit unterschiedlich wahrnimmt.
11. Lichtfarben werden durch die Wellenlänge oder die Frequenz angegeben.

Lösungen der Kontrollfragen nach 13.6

1. PIR bedeutet passiver IR-Melder. PIR-Melder nehmen IR-Strahlen nur auf und senden sie nicht.
2. Die Arbeitsweise der PIR-Melder beruht auf dem Pyroeffekt (von griech. pyro = Feuer). So nennt man die Spannungserzeugung mit Hilfe von Erwärmung von manchen Halbleitern zwischen zwei Metallelektroden.
3. Der PIR-Melder besteht aus einer Jalousieblende, dem Fenster, dem Parabolreflektor, dem Wärmesensor, einer gedruckten Schaltung zur Signalauswertung und dem Stromversorgungsteil.
4. Die IR-Strahlung muss sich ändern, damit der IR-Wächter anspricht.
5. Die Sektoren des Erfassungsbereichs werden durch eine geeignete Form der Linsen und durch Unterteilung des Wärmesensors erzielt.
6. Der IR-Wächter enthält einen Zeitschalter, damit die Beleuchtung auch nach Aufhören der sich ändernden IR-Strahlung einige Zeit eingeschaltet bleibt und danach abgeschaltet wird.
7. Das Signal eines IR-Wächters kann über eine Leitung zum Verbrauchsmittel, z. B. einer Beleuchtung, gelangen oder mittels Sendemodul über das 230-V-Netz in Form von 120-kHz-Signalen zu einem Fernschaltmodul für das Verbrauchsmittel. Außerdem werden beim Funkwächter die Signale mittels Funk zu einem Schaltaktor des Verbrauchsmittels übertragen.
8. Der Präsenzmelder überwacht, ob eine Person anwesend (präsent) ist und sich bewegt. Davon abhängig wird eine Last, z. B. die Beleuchtung, eingeschaltet.
9. Beim Präsenzmelder kann die Beleuchtungsstärke eingestellt werden, damit er bei hellem Tageslicht die Beleuchtung abschaltet.
10. Büsche im Erfassungsbereich eines IR-Wächters unterbrechen den wirksamen Erfassungsbereich.
11. IR-Wächter dürfen nicht nahe bei Leuchten montiert werden, weil diese selbst IR-Strahlen aussenden.

Lösungen der Kontrollfragen nach 14.4

1. Die Elektroinstallation mit Funktechnik arbeitet mit elektromagnetischer Strahlung.
2. Diese Strahlungsart ist besser geeignet als IR-Strahlung, weil IR-Strahlung durch undurchsichtige Gegenstände zwischen Sender und Empfänger unterbrochen wird.

3. Bei der Elektroinstallation mit Funktechnik werden die Verbrauchsmittel durch Aktoren gesteuert.
4. Elektrisch isolierende Materialien werden von der Strahlung der Funktechnik durchdrungen und elektrisch gut leitende, z. B. Metalle, nicht.
5. Eine Dämpfung erfolgt beim Durchgang der Funksignale durch schwach leitende Materialien, z. B. Betonwände.
6. Die Reflexion von elektromagnetischen Wellen kann störend sein, weil je nach Lage einfallende Welle und reflektierte Welle sich gegenseitig aufheben.
7. Bei der Elektroinstallation mit Funktechnik wird die Amplitudenumtastung ASK angewendet.
8. Die Sender der Elektroinstallation mit Funktechnik arbeiten je nach Technologie mit Frequenzen von 433 MHz, 868 MHz, 2,4 GHz oder 5 GHz.
9. Es werden Handsender und Wandsender verwendet.
10. Ein Schalten durch fremde Sender erfolgt nicht, weil Sendertyp und Seriennummer vom Hersteller in den Sender fest einprogrammiert sind und der Aktor vom Anwender nach diesen Daten programmiert wird.
11. Die Spannungsversorgung der Sender erfolgt meist durch eine Batterie. Es gibt auch Wandsender, die an das 230-V-Netz anzuschließen sind und aus diesem versorgt werden.
12. Die Aktoren sind an das 230-V-Netz angeschlossen und werden aus diesem über ein eigenes Netzteil versorgt.
13. Bei Funkwächtern sind keine Steuerleitungen und keine Versorgungsleitungen erforderlich.

Lösungen der Kontrollfragen nach 14.5

1. Ein Gateway ermöglicht das Verbinden von zwei Systemen, welche unterschiedliche Datenformate benutzen.
2. Ein Access Point ist in einem Bussystem ein zentraler Punkt, welcher verschiedene Busteilnehmer miteinander verbindet, meist über Funk. In der Gebäudeautomation besitzt ein Access Point oft auch eine Benutzeroberfläche, um von Hand in die Gebäudeautomation einzugreifen.
3. Die Sensoren und Aktoren müssen eine geeignete Busschnittstelle (Busankoppler) besitzen, um über einen Bus kommunizieren zu können.

4. Das englische Wort für drahtlos lautet wireless.
5. 2
6. Wandsender 3, zentrale Bedienstation 4, Bedienstation Temperatur-Raumregelung 5, Dimmaktor 1, Steckdose 6.
   Die Steckdose 2 ist keine Funk-Steckdose, erkennbar an der fehlenden LED.

Lösungen der Kontrollfragen nach 15.5

1. Zum Antrieb von Jalousien oder Rollläden wird ein Rohrmotor verwendet.
2. Im einfachsten Fall wird der Motor eines Rollladenantriebs von einem Gruppenschalter angesteuert.
3. Innerhalb eines programmierten Zeitbereiches kann eine Steuerung zu willkürlichen Zeiten erfolgen, wenn ein Zufallsgenerator angewählt werden kann.
4. Mehrere Rollladenantriebe können nicht parallel geschaltet werden, weil dann nach Erreichen der Endstellung über den Kondensator des parallel geschalteten Antriebes der Stromkreis für die mögliche Bewegungsrichtung geschlossen wird. Dadurch würde ein ständiges Auf- und Abfahren eintreten, bis ein Teil der Anlage zerstört ist.
5. Der Funk-Jalousieaktor ist an den Rohrmotor und an das 230-V-Netz anzuschließen.

Lösungen der Kontrollfragen nach 16.3

1. Bei der Gebäudesystemtechnik wird die Last von einem Aktor gesteuert.
2. Aktoren werden von Sensoren angesteuert.
3. Die Steuerschnittstellen bzw. beim KNX die Busankoppler dienen dem Signalaustausch zwischen Sensoren und Aktoren.
4. Bei der Funk-Gebäudesystemtechnik ist keine Busleitung erforderlich und die Programmierung kann einfacher als bei anderen Systemen sein. Nachteilig ist die Dämpfung der Signale, sodass die Signalübertragung weniger sicher als bei anderen Systemen ist.
5. Beim KNX TP erfolgt die Stromversorgung der Mikrocontroller der Busankoppler über die Busleitung.
6. Beim KNX TP sind die Sensoren oft nur an den Bus angeschlossen, aber auch an DC oder 230 V AC, die Aktoren sind an den Bus und an 230 V AC angeschlossen.
7. Beim KNX Powerline werden die Signale über das 230-V-Netz übertragen.

8. KNX Powerline ist zur Signalübertragung zwischen verschiedenen Abnehmeranlagen und bei Netzen mit geringer Frequenzkonstanz sowie für Sicherheitsanlagen, z. B. in Krankenhäusern, nicht geeignet.
9. Beim LCN können Sensoren und/oder Aktoren an ein Modul angeschlossen werden.
10. Beim LCN erfolgt die Signalübertragung über den Neutralleiter N und einen zusätzlichen Datenleiter D des 230-V-Netzes.
11. 5
12. 1

Lösungen der Kontrollfragen nach 16.5.2

1. Smart Grids ermöglichen dem Energieversorger möglichst ausgeglichene Netzauslastungen und dem Energieverbraucher, Energie preiswert zu nutzen.
2. Ein Smart Meter ist ein Messgerät mit integriertem Computer und Datenschnittstelle.
3. Smart Meter gibt es z. B. für Strom-/Spannungszähler, Gaszähler und Wasserzähler.
4. Smart Meter werden über ein LMN gekoppelt.
5. Die Datenleitungen müssen außerhalb der Zählerschränke von Schrank zu Schrank geführt werden.

Lösungen der Kontrollfragen nach 17.4.6

1. Wenn eine Elektroinstallation neu errichtet wurde, so muss diese vom Errichter auf einwandfreie Funktion geprüft werden.
2. Bei der Sichtprüfung werden die Anlagenteile besichtigt. Dosendeckel und Abdeckungen von Geräten sollen dabei entfernt werden. Die einwandfreie Funktion der Beleuchtungsstromkreise beim Betätigen der Schalter wird ebenfalls geprüft.
3. Die in Wohnungen vorhandene Elektroinstallation ist bei Änderungen neu zu prüfen.
4. Bei der Sichtprüfung der Schutzmaßnahmen ohne Schutzleiter wird vor allem das verwendete Material geprüft.
5. Durch die Sichtprüfung bei den Schutzmaßnahmen mit Schutzleiter muss vor allem die richtige Ausführung des Schutzleiters und ähnlicher Leiter geprüft werden.
6. Bei den Schutzmaßnahmen ohne Schutzleiter sind Spannungsmessungen und Messungen des Isolationswiderstandes erforderlich.
7. Bei den Schutzmaßnahmen mit Schutzleiter sind Spannungsmessungen und Widerstandsmessungen erforderlich.

8. Zur Prüfung der Schutzmaßnahmen müssen VDE-gerechte Prüfgeräte verwendet werden, weil sonst durch die Messung Gefahren entstehen können.
9. Die Durchgängigkeit des Schutzleiters prüft man mit Spannungen von 4 V bis 24 V bei einer Stromstärke von mindestens 0,2 A.
10. Durch die Messung des Isolationswiderstandes des Neutralleiters wird geprüft, ob der Neutralleiter einen Erdschluss hat oder durch falschen Anschluss mit dem PE verbunden ist. In beiden Fällen könnte eine Gefährdung auftreten.
11. Die Fehlerschleifenimpedanz ist der Scheinwiderstand der Fehlerschleife.
12. Man misst die Fehlerschleifenimpedanz an der Steckdose.
13. 1
14. 2
15. 2
16. 3

Lösungen der Kontrollfragen nach 18.1.5

1. Bei der Fehlersuche mit Hilfe der Netzspannung sind die Bestimmungen über das Arbeiten unter Spannung zu beachten.
2. Für die Fehlersuche in elektrischen Anlagen sind vor allem Durchgangsprüfer und Spannungsprüfer von Bedeutung.
3. Prüfgeräte mit akustischem Signal haben den Vorzug, dass eine Prüfung ohne Sichtverbindung zum Prüfgerät möglich ist.
4. Der Leiterschluss kann in der Leitung auftreten oder aber im Schalter.
5. Bei aussetzender Leiterunterbrechung ist es zweckmäßig, wenn von einem Helfer die Leitung an der verdächtigen Stelle hin- und herbewegt wird.
6. Kurzschlüsse treten meist in angeschlossenen Verbrauchern auf.
7. Kurzschlüsse sind mit Durchgangsprüfern nicht immer feststellbar, da unvollkommene Kurzschlüsse erst bei höherer Betriebsspannung bemerkbar sind.
8. Beim üblichen TN-System ist es zweckmäßig, den Schutzleiter bei der Prüfung vom Gerät abzutrennen, da dieser im Netz mit dem Neutralleiter verbunden ist und damit über die Nutzwiderstände einen Körperschluss vortäuschen könnte.
9. Das Abtrennen des zu prüfenden Anlageteils von der Netzspannung erfolgt meist durch Abschalten der Leitungsschutzschalter.

10. Möglichkeiten zur Verhinderung des unbeabsichtigten Einschaltens: Herausnehmen und Mitnehmen der Vorsicherung, Sichern der Leitungsschutzschalter durch Klebebänder, Abklemmen der Stromkreise an den Leitungsschutzschaltern, Verwendung von Warntafeln.
11. Bei der Spannungsverfolgung prüft man vom spannungslosen Verbraucher aus in allen Dosen, ob die Betriebsspannung vorhanden ist.
12. Mit der Spannungsverfolgung kann der Ort einer Leitungsunterbrechung festgestellt werden.
13. Die Lampe in einer einfachen Lampenfassung könnte im rauen Betrieb der Baustelle leicht zerplatzen und deshalb zu Verletzungen führen.
14. 5
15. 4
16. 1
17. 4

Lösungen der Kontrollfragen nach 18.2.4

1. Bei der Fehlersuche an elektrischen Geräten gehen anfallende Einzelteile, z. B. Schrauben und Unterlegscheiben, leicht verloren.
2. Bei der Fehlersuche an einem elektrischen Gerät hält man einen Behälter für die Einzelteile des Gerätes bereit.
3. Man beginnt die Fehlersuche mit der Überprüfung des Steckers.
4. Sind die Kontaktschrauben locker, so tritt eine Erwärmung auf, wodurch die Leiterisolation verschmort.
5. 4
6. 2
7. 4
8. 3
9. 4
10. 2
11. 3

Lösungen der Kontrollfragen nach 19.4

1. Der ADSL-Anschluss dient zur schnellen Verbindung mit dem Internet.
2. 4
3. VoIP kommt von Voice over Internet Protocol = Sprache über Internet.
4. Die Sprechstellen im Gebäude sind mit dem Router über Kabel, Leitungen oder Funk verbunden.
5. Glasfaserkabel (Lichtwellenleitungen) ermöglichen im Netz hohe Übertragungsgeschwindigkeiten von z. B. 500 Mbit/s.

Lösungen der Kontrollfragen nach 19.5

1. TVSt: Teilnehmer-Vermittlungsstelle, ISDN: Netz für integrierte digitale Dienste, DA-Umsetzer: Digital-Analog-Umsetzer, TE: Teilnehmer-Endgerät.
2. Der PPA ermöglicht dem Netzbetreiber zu prüfen, ob eine Leitungsunterbrechung vorliegt.
3. Beim TAE bedeuten N Nicht-Telefon und F Fernsprechen.
4. Beim TAE-Stecker verhindern Codierstege, dass Stecker für N-Geräte in Buchsen für F-Geräte eingesteckt werden können und umgekehrt Stecker für F-Geräte in Buchsen für N-Geräte.
5. In einer ISDN-Anlage werden IAE-Dosen und UAE-Dosen verwendet sowie Stecker RJ11 oder RJ45.
6. 3
7. 4

Lösungen der Kontrollfragen nach 20.6

1. Bei der strukturierten Gebäudeverkabelung unterscheidet man Primärbereiche, Sekundärbereiche und Tertiärbereiche.
2. Die Glasfaser einer Vollader ist mit einer festen umgebenden Hülle versehen. Bei einer Hohlader befindet sich zwischen einer losen umgebenden Hülle und der Glasfaser eine Gleitschicht.
3. 4
4. 2

Lösungen der Kontrollfragen nach 22.3

1. Die Spannungserzeugung bei der Photovoltaik beruht auf der Einstrahlung von Licht auf Fotoelemente.
2. Bei Photovoltaikanlagen wird Gleichspannung erzeugt.
3. Ein PV-Teilgenerator besteht aus PV-Modulen und Bypass-Dioden.
4. Bypass-Dioden an PV-Modulen haben die Aufgabe, schadhafte PV-Module zu überbrücken.
5. Vor der Installation einer PV-Anlage ist die Statik des Dachs zu prüfen, auf Beschattungen der PV-Module durch Bäume ist zu achten, ebenso auf eine geeignete Sonneneinstrahlung.
6. Im Generatoranschlusskasten GAK werden die Anschlüsse der PV-Teilgeneratoren zusammengeführt, sodass die erzeugte Gleichspannung an einen Wechselrichter geliefert werden kann.
7. Der Wechselrichter einer PV-Anlage hat die Aufgabe die Gleichspannung (DC) in eine Wechselspannung (AC) umzuformen.

8. Bei Mini-PV-Anlagen erfolgt die Einspeisung der erzeugten Energie über die vorhandenen Endstromkreise.
9. Elektrofahrzeuge können über Kabel oder induktiv geladen werden.
10. Lademode 1 besitzt am Anschlusspunkt einen kleineren Ladestrom als Lademode 2. Lademode 2 arbeitet mit einem Steuergerät in der Ladeleitung, welches zwischen der Ladeeinrichtung und dem Elektrofahrzeug eine Kommunikation herstellt.
11. Die Lademodes 3 und 4 erlauben eine Rückspeisung der Energie über einen rückspeisefähigen Stromkreis in das öffentliche Netz.
12. 5

Schaltzeichen

Allgemeine Schaltzeichen

Symbol	Bedeutung
	Leiter allgemein Schutzleiter PE Neutralleiter N PEN-Leiter
	Leitung auf Putz Leitung im Putz Leitung unter Putz
1. 2.	Leiterabzweig, einfach
1. 2.	Leiterabzweig, doppelt
	Leiterabzweig mit Angabe der Anschlussrichtung
	Leiterkreuzung
1. 2.	mechanische Verbindungen
	Widerstand, allgemein
	Überstromschutzeinrichtung, allgemein
	Dauermagnet
	Handantriebe

Symbol	Bedeutung
	Schließer, handbetätigt
	Öffner, handbetätigt
	Spule, Induktivität
	Transformator
	Leuchte, Lampe, allgemeine Form
	Meldelampe, z.B. im Schalter
	Glimmlampe
	Leuchtenauslass
	Kondensator
	elektrolytisches Element, z. B. Batterie, langer Strich + kurzer Strich –
12 V + –	Akkumulator 12 V
	Kennzeichen Näherungsbetätigung Berührungsbetätigung

Symbol	Bedeutung
•	1. Verbindung, allgemein 2. Anschluss, allgemein 3. Kennzeichen für Gasfüllung
○	Dose, allgemein
◯	1. Messinstrument 2. Messwerk 3. rotierende Maschine 4. Läufer einer rotierenden Maschine
V	Spannungsmesser
A	Strommesser
M	Motor, allgemein
M ~	Motor für Einphasen-Wechselstrom, allgemein
M 3~	Drehstrommotor, allgemein
XX	Gerät, allgemein (xx muss durch zusätzliche Angaben ergänzt werden)
	Schaltschloss

Schaltzeichen für Installationsschaltpläne und Installationspläne

Symbol	Bedeutung
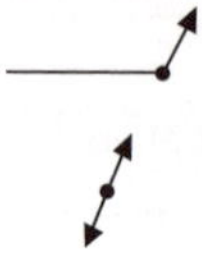	Leitung nach oben
	Leitung nach oben und unten
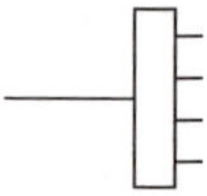	Verteilung
	Leitungs-schutzschalter
	Motorschutz-schalter
	RCD, Fehler-strom-Schutz-einrichtung
	Sterndreieck-schalter
	Ausschalter, einpolig
	Ausschalter, zweipolig
	Ausschalter für Drehstrom
	Dimmer (Ausschalter)
	Sensorschalter (Ausschalter)
	Bewegungs-melder (passiv, Infrarot)
	Gruppen-schalter, einpolig
	Serienschalter
	Wechsel-schalter
	desgleichen, beleuchtet
	Kreuzschalter, beleuchtet
	Taster
	desgleichen, beleuchtet
	Einfachsteck-dose ohne Schutzkontakt
	desgleichen mit Schutz-kontakt
	Mehrfach-steckdose, z. B. 3 Dosen
	Schutzkontakt-steckdose für Drehstrom
	Telefon-Steckdose
	Steckdose, abschaltbar
	Steckerstift
	Antennen-steckdose
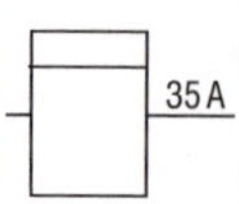	kWh-Zähler mit Leitungs-schutzschalter 35 A
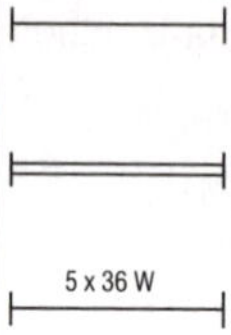	Leuchte für 1 Leuchtstoff-lampe
	desgleichen, für 2 Lampen
	Leuchtband, z. B. mit 5 36-W-Lampen
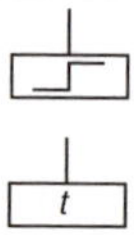	Stromstoß-Schalter
	Zeitrelais, z. B. Treppenhaus-automat
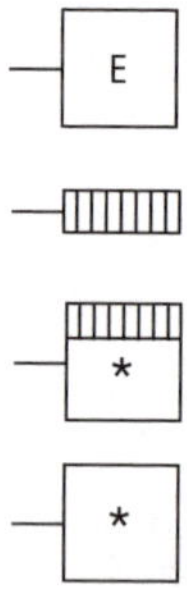	Elektrogerät, allgemein
	Raumbe-heizung, allgemein
	Klimagerät
	Kühlgerät
	Antenne, allgemein
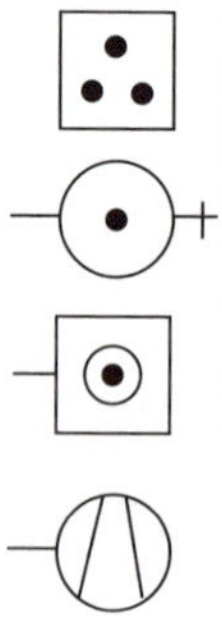	Elektroherd, allgemein
	Warmwasser-speicher
	Wasch-maschine
	Lüfter

Schaltzeichen für Elektronik und Steuerungen

Symbol	Bedeutung
	Kennzeichen Veränderbarkeit, allgemein
	Kennzeichen Einstellbarkeit, allgemein
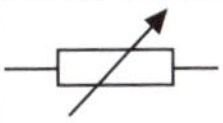	Widerstand, veränderbar
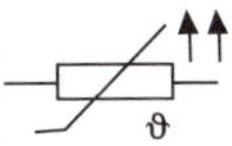	PTC-Widerstand (positiver TK), Kaltleiterwiderstand
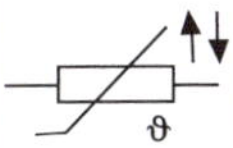	NTC-Widerstand (negativer TK), Heißleiterwiderstand
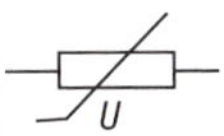	spannungsabhängiger Widerstand
	Erdung
	Körper, Masse
	Masse, bei Platzmangel
	Schutzleiteranschluss
	Kennzeichen für „betätigt“
	Sperre in einer Richtung

Symbol	Bedeutung
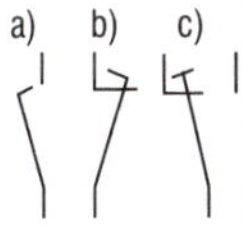	Schaltglieder mit verlängerter Kontaktgabe a) Schließer b) Öffner c) Wechsler
	Kennzeichen für nicht selbsttätigen Rückgang
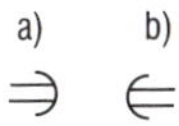	Verzögerung a) nach links b) nach rechts
	Kennzeichen für zwangsgeführte Betätigung
	Endschalter Schließer
	Endschalter Öffner
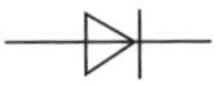	Halbleiterdiode
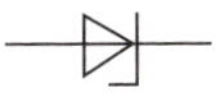	Z-Diode
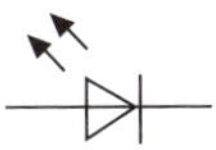	LED (Licht aussendende Diode)
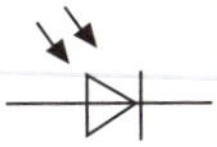	Fotodiode
	Fotoelement

Symbol	Bedeutung
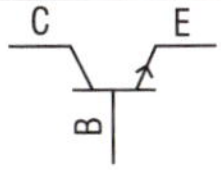	NPN-Transistor
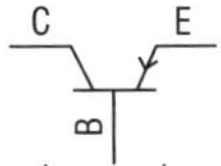	PNP-Transistor
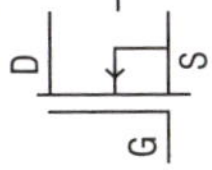	FET, selbstleitender Typ
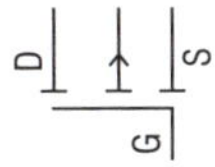	FET, selbstsperrender Typ
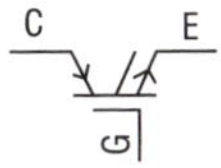	IGBT, selbstleitender Typ
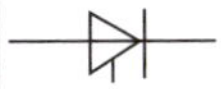	Thyristor, allgemein
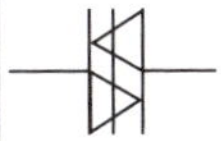	Diac
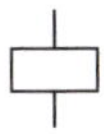	elektromechanischer Antrieb, z. B. für Schütz
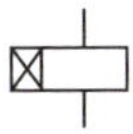	Antrieb mit Anzugsverzögerung, z. B. für Relais
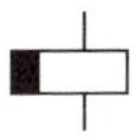	Antrieb mit Abfallverzögerung, z. B. für Relais
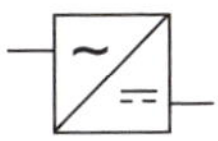	Umsetzer, Umrichter, z. B. AC in DC
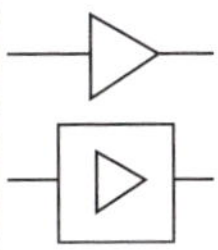	Verstärker, allgemein

Strombelastbarkeit I_r von Leitungen und Kabeln (Teil 1/2)

Festverlegte Leitungen und Kabel, zwei stromführende Cu-Adern, ϑ_U = 30 °C, ϑ_B = 70 °C

Querschnitt in mm²	Strombelastbarkeit in A				
	Gruppe A1	Gruppe B1	Gruppe B2	Gruppe C	Gruppe E
1,5	15,5	17,5	16,5	19,5	22
2,5	19,5	24	23	27	30
4	26	32	30	36	40
6	34	41	38	46	51
10	46	57	52	57	70
16	61	76	69	85	94
25	80	101	90	112	119
35	99	125	111	138	148

Festverlegte Leitungen und Kabel, drei stromführende Cu-Adern, ϑ_U = 30 °C, ϑ_B = 70 °C

Querschnitt in mm²	Strombelastbarkeit in A				
	Gruppe A1	Gruppe B1	Gruppe B2	Gruppe C	Gruppe E
1,5	13,5	15,5	15	17,5	18,5
2,5	18	21	20	24	25
4	24	28	27	32	34
6	31	36	34	41	43
10	42	50	46	57	60
16	56	68	62	76	80
25	73	89	80	96	101
35	89	110	99	119	126

Flexible Cu-Leitungen, ϑ_U = 30 °C

Querschnitt in mm²	Strombelastbarkeit in A				
	$\vartheta_B \leq 60$ °C 1-adrig, frei in Luft	$\vartheta_B \leq 60$ °C 2-adrig, aufliegend	$\vartheta_B \leq 60$ °C drei stromführende Adern, aufliegend	$\vartheta_B \leq 70$ °C 2-adrig, aufliegend	$\vartheta_B \leq 70$ °C drei stromführende Adern, aufliegend
0,5	–	3	3	6	6
0,75	15	6	6	12	12
1	19	10	10	15	15
1,5	24	16	16	18	18
2,5	32	25	20	26	26
4	42	32	25	34	34
6	54	40	40	44	44
10	73	63	63	61	61
16	98	82	82	82	82
25	129	108	108	108	108

ϑ_U höchstzulässige Umgebungstemperatur
ϑ_B höchstzulässige Betriebstemperatur der Leitung
Weitere Querschnitte siehe DIN VDE 0298-4
Verlegearten A1, B1, B2, C, E siehe Seite 184

Strombelastbarkeit I_r von Leitungen und Kabeln (Teil 2/2)

Leitungen und Kabel mit Kupferleitern

Festverlegte Leitungen und Kabel, zwei stromführende Cu-Adern, Umgebungstemperatur $\vartheta_U = 30\,°C$, Betriebstemperatur $\vartheta_B \leq 90\,°C$

Querschnitt in mm²	Strombelastbarkeit in A				
	Gruppe A1	Gruppe B1	Gruppe B2	Gruppe C	Gruppe E
1,5	19	23	22	24	26
2,5	26	31	30	33	36
4	35	42	40	45	49
6	45	54	51	58	63
10	61	75	69	80	86
16	81	100	91	107	115
25	106	133	119	138	149
35	131	164	146	171	185

Festverlegte Leitungen und Kabel, drei stromführende Cu-Adern, Umgebungstemperatur $\vartheta_U = 30\,°C$, Betriebstemperatur $\vartheta_B \leq 90\,°C$

Querschnitt in mm²	Strombelastbarkeit in A				
	Gruppe A1	Gruppe B1	Gruppe B2	Gruppe C	Gruppe E
1,5	17	20	19,5	22	23
2,5	23	28	26	30	32
4	31	37	35	40	42
6	40	48	44	52	54
10	54	66	60	71	75
16	73	88	80	96	100
25	95	117	105	119	127
35	117	144	128	147	158

Leitungen und Kabel mit Aluminiumleitern

Festverlegte Leitungen und Kabel, zwei stromführende Al-Adern, Umgebungstemperatur $\vartheta_U = 30\,°C$, Betriebstemperatur $\vartheta_B \leq 90\,°C$

Querschnitt in mm²	Strombelastbarkeit in A				
	Gruppe A1	Gruppe B1	Gruppe B2	Gruppe C	Gruppe E
25	84	105	94	101	108
35	103	130	115	126	135
50	125	157	138	154	164

Festverlegte Leitungen und Kabel, drei stromführende Al-Adern, Umgebungstemperatur $\vartheta_U = 30\,°C$, Betriebstemperatur $\vartheta_B \leq 90\,°C$

Querschnitt in mm²	Strombelastbarkeit in A				
	Gruppe A1	Gruppe B1	Gruppe B2	Gruppe C	Gruppe E
25	76	93	84	90	97
35	94	116	103	112	120
50	113	140	124	136	146

Weitere Werte siehe DIN VDE 0298-4 und z. T. Tabellenbuch Elektrotechnik

Wichtige Teile von DIN VDE 0100

Errichten von Niederspannungsanlagen (Teil 1/2)

Teil	Bezeichnung, z. T. vereinfacht
Anwendungsbereich, Begriffe und allgemeine Angaben	
100	Anwendungsbereich, Zweck und Grundsätze
200	Begriffe
Schutzmaßnahmen	
410	Schutz gegen elektrischen Schlag
420	Schutz gegen thermische Einflüsse
430	Schutz von Kabeln und Leitungen bei Überstrom
442	Schutz von Niederspannungsanlagen bei Netzfehlern
443	Schutz bei Störspannungen – Schutz bei Überspannungen infolge Blitz oder Schaltvorgängen
444	Schutz bei Störspannung und elektromagnetischen Störgrößen
450	Schutz gegen Unterspannung
460	Trennen und Schalten
Auswahl und Errichtung elektrischer Betriebsmittel, Prüfungen	
510	Allgemeine Bestimmungen
520	Kabel- und Leitungsanlagen
530	Schalt- und Steuergeräte
534	Überspannungs-Schutzeinrichtungen (ÜSE, SPD)
540	Erdungsanlagen, Schutzleiter, Schutzpotentialausgleichsleiter
550	Steckvorrichtungen, Schalter und Installationsgeräte
551	Niederspannungs-Stromerzeugungseinrichtungen
557	Hilfsstromkreise
559	Leuchten und Beleuchtungsanlagen
560	Einrichtungen für Sicherheitszwecke
570	Stationäre Sekundärbatterien
600	Prüfungen (enthält fast nur Erstprüfungen, jedoch Hinweis auf Wiederholungsprüfungen nach DIN VDE 0105-100)
701	Orte mit Badewanne oder Dusche
702	Becken von Schwimmbädern und andere Becken
703	Räume und Kabinen mit Saunaheizung
704	Baustellen
705	Landwirtschaftliche und gartenbauliche Betriebsstätten
706	Leitfähige Bereiche mit begrenzter Bewegungsfreiheit
708	Caravanplätze, Campingplätze und ähnliche Breiche
709	Niederspannungsanlagen in Marinas (Liegeplätze für Boote)
710	Medizinisch genutzte Bereiche
711	Ausstellungen, Shows, Stände
712	PV-Stromversorgungssysteme
713	Möbel

Errichten von Niederspannungsanlagen (Teil 2/2)

Teil	Bezeichnung, z. T. vereinfacht
714	Beleuchtungsanlagen im Freien
715	Kleinspannungsbeleuchtungsanlagen
717	Ortsveränderliche oder transportable Baueinheiten
718	Bauliche Anlagen für Menschenansammlungen
719	Lichtwerbeanlagen für Niederspannung
721	Elektrische Anlagen von Caravans und Motorcaravans
722	Stromversorgung von Elektrofahrzeugen
723	Unterrichtsräume mit Experimentiereinrichtungen
729	Bedienungsgänge und Wartungsgänge
730	Landanschluss für Binnenschifffahrt
731	Abgeschlossene elektrische Betriebsstätten
732	Hausanschlüsse in öffentlichen Kabelnetzen; zurückgezogen, seit 2019 enthalten in VDE-AR-N 4100
737	Feuchte und nasse Bereiche, Anlagen im Freien
740	Vorübergehend errichtete elektrische Anlagen für Aufbauten, Vergnügungseinrichtungen und Buden auf Kirmesplätzen, Vergnügungsparks und für Zirkusse
753	Umschlossene Heizungssysteme
801	Energieeffizienz
802	Kombinierte Erzeugungs-Verbrauchsanlagen (E DIN IEC 60364-8-2)

Wichtige VDE-Bestimmungen

Bezeichnung	Titel, z. T. vereinfacht
VDE 0100	Errichtung von Niederspannungsanlagen (Elektrische Anlagen in Gebäuden)
VDE 0101	Starkstromanlagen mit Nennwechselspannungen über 1 kV
VDE 0102	Berechnung von Kurzschlussströmen in Drehstromnetzen
VDE 0103	Bemessung von Starkstromanlagen auf Kurzschlussfestigkeit
VDE 0105	Betrieb von elektrischen Anlagen
VDE 0106	Messung von Berührungsstrom und Schutzleiterstrom
VDE 0110	Niederspannungsanlagen, Isolationskoordination
VDE 0113	Elektrische Ausrüstung von Maschinen
VDE 0128	Errichten von Leuchtröhrenanlagen mit Leerlaufspannungen über 1 kV bis 10 kV
VDE 0131	Errichten und Betreiben von Elektrozaunanlagen
VDE 0141	Erdungen in Wechselstromanlagen über 1 kV
VDE 0160	Ausrüstung von Starkstromanlagen mit elektronischen Betriebsmitteln
VDE 0165	Elektrische Anlagen in explosionsgefährdeten Bereichen
VDE 0168	Errichten von Anlagen im Freien, die erschwerten Bedingungen unterworfen sind, z. B. in Steinbrüchen
VDE 0170	Elektrische Betriebsmittel für explosionsgefährdete Bereiche
VDE 0185	Errichten von Blitzschutzanlagen
VDE 0210	Bau von Freileitungen mit Nennspannungen über 1 kV
VDE 0211	Bau von Starkstrom-Freileitungen mit Nennspannungen bis 1 kV
VDE 0228	Maßnahmen bei Beeinflussung von Fernmeldeanlagen durch Starkstromanlagen
VDE 0282	Bestimmungen über gummiisolierte Leitungen
VDE 0293	Aderkennzeichnung von Starkstromkabeln und Starkstromleitungen bis 1 kV
VDE 0298	Verwendung von Kabeln und isolierten Leitungen für Starkstromanlagen
VDE 0411	Bestimmungen für elektronische Messgeräte und Regler
VDE 0413	Geräte zum Prüfen der Schutzmaßnahmen in elektrischen Anlagen
VDE 0414	Bestimmungen für Messwandler
VDE 0418	Messung der elektrischen Energie, Elektrizitätszähler
VDE 0510	Bestimmungen für Akkumulatoren und Batterie-Anlagen
VDE 0530	Bestimmungen für drehende elektrische Maschinen
VDE 0532	Bestimmungen für Transformatoren und Drosselspulen
VDE 0544	Schweißstromquellen für Lichtbogenhandschweißen
VDE 0550	Bestimmungen für Kleintransformatoren
VDE 0551	Bestimmungen für Sicherheitstransformatoren
VDE 0560	Regeln für Kondensatoren
VDE 0570	Sicherheit von Transformatoren und dergleichen
VDE 0606	Verbindungsmaterial, Kleinverteiler, Zählerplätze
VDE 0636	Bestimmungen für Niederspannungssicherungen
VDE 0641	Bestimmungen für Leitungsschutzschalter
VDE 0660	Bestimmungen für Niederspannungsschaltgeräte
VDE 0675	Schutz elektrischer Anlagen gegen Überspannungen

Bezeichnung	Titel, z. T. vereinfacht
VDE 0680	Schutzkleidung, Schutzvorrichtungen und Werkzeuge zum Arbeiten unter Spannung
VDE 0681	Geräte zum Betätigen, Prüfen und Abschranken unter Spannung stehender Betriebsmittel mit Spannungen über 1 kV
VDE 0682	Bestimmungen für Spannungsprüfer
VDE 0700	Sicherheit elektrischer Geräte für den Hausgebrauch und ähnliche Zwecke
VDE 0701 VDE 0702	Reparatur elektrischer Geräte [DIN EN 50678 (VDE 0701)] Wiederholungsprüfung elektrischer Geräte [DIN EN 50599 (VDE 0702)]
VDE 0710	Leuchten mit Betriebsspannungen unter 1 kV
VDE 0800	Errichten und Betrieb von Anlagen der Informationstechnik und Kommunikationstechnik
VDE 0815	Leitungen für Anlagen der Informationstechnik und Kommunikationstechnik
VDE 0829	Elektrische Systemtechnik für Heim und Gebäude
VDE 0833	Gefahren-Meldeanlagen und sonstige Meldeanlagen
VDE 0855	Kabelverteilsysteme für Tonrundfunksignale und Fernsehrundfunksignale
VDE 0860	Bestimmungen für netzbetriebene elektronische Geräte für den Heimgebrauch
VDE 0875	Funkentstörung von Betriebsmitteln und Anlagen
VDE 0878	Elektromagnetische Verträglichkeit EMV
VDE 0880	Errichten und Betrieb von Fernmeldeanlagen

Nützliche Internetadressen

Adresse	Produkte/Dienstleistungen
www.abb.com	Energie-, Antriebs- und Automatisierungstechnik
www.abschirmung.de	feldarme Installation
www.ackermann-clino.com	Krankenhaus-Kommunikation, Kabelverlegesysteme
www.addi-data.com	Automation mit PC
www.arbeitsagentur.de	Berufsinformationen
www.beckhoff.com	Industrie-PC
www.beijerelectronics.de	Industrie-PC
www.bibb.de	Berufsbildungsfragen
www.beuth.de	Normenvertrieb
www.bfe.de	Computerausbildung, elektrotechnische Bildungseinrichtung
www.bgetem.de	Berufsgenossenschaft der Feinmachanik und Elektrotechnik
www.boschrexroth.com	Automatisierungstechnik
www.boschsecurity.com	Sicherheitssysteme
www.busch-jaeger.de	Installationsgeräte, Kommunikationssysteme, Bewegungsmelder, Zeitschaltuhren, Sicherheitstechnik, Türsprechanlagen, Bussysteme
www.bzl-online.ch	elektrotechnische Bildungseinrichtung
www.celduc-relais.com	Halbleiterschütze, Halbleiterrelais
www.cimco.de	Werkzeuge für Elektroniker
www.conrad.de	Betriebsmittel allgemein, elektrische Komponenten, Kleinspannungsbeleuchtung, Elektronik
www.danfoss.com	elektrische Antriebe
www.debra-safety.de	sicherheitsbezogene Steuerungen
www.dehn.de	Überspannungsschutz
www.denios.de	Umwelttechnik
www.dguv.de	Deutsche Gesetzliche Unfallversicherung
www.dial.de	Licht- und Gebäudetechnik
www.distrelec.com	elektrische Komponenten
www.doepke.de	Netztechnik (z.B. RCDs)
www.dynexsemi.com	Halbleiterbauelemente
www.eberle.de	Regelungstechnik
www.eaton.com	Steuerungskomponenten, Kleinsteuerung easy, Sicherheitssysteme, Leitungsführungssysteme
www.eib-home.de	Europäischer Installationsbus EIB
www.elrest.de	Steuerungssysteme
www.esser-systems.com	Sicherheitstechnik
www.euchner.de	Sicherheitstechnik
www.euro-express.de	Versand
www.fluke.com	Messgeräte
www.fraenkische.com	Elektroinstallationsrohre

Adresse	Produkte/Dienstleistungen
www.fussbodenheizung-elektroheizung.de	elektrische Fußbodenheizung
www.gira.de	Installationsgeräte, Kommunikationssysteme, Bewegungsmelder, Zeitschaltuhren, Sicherheitstechnik, Bussysteme
www.gmc-instruments.de	Messgeräte, Messsysteme
www.graf-syteco.de	Bediengeräte
www.grs-batterien.de	Batterien, Rücknahmesystem
www.hager.com	Geräte zur Gebäudetechnik, Verteilungen, Anschlusssysteme
www.harting.com	Steckverbinder
www.hauff-technik.de	Hauseinführungen
www.hensel-electric.de	Installationsgeräte
www.homeway.de	Leitungen und Steckdosen für Multimedia
www.honeywell.com	Sicherheitstechnik, Videoüberwachung
www.icp-deutschland.de	Bediengeräte, Industrie-PC
www.indexa.de	Rufanlagen, Sicherheitssysteme
www.industrieanzeiger.industrie.de	Information über industrielle Produkte
www.italcoppie.de	Temperatursensoren
www.jung.de	Installationsgeräte, Schalter und Systeme
www.kaiser-elektro.de	Montageelemente, Einbaugehäuse, Unterputz-, Hohlwand- und Betonbaukomponenten
www.knipex.de	Werkzeuge
www.knx.com	KNX-Bus, Installationen
www.lappkabel.de	Kabel, Leitungen, Steckverbinder
www.legrand.de	Türsprechanlagen, Hausautomation, Schalterprogramme
www.maximintegrated.com	Sensoren, Regler, RFID, Microcontroller
www.mc-technologies.com	Datenübertragungstechnik, Verbindungstechnik, Antennen
www.merten.de	Rufanlagen, Sicherheitssysteme
www.mobac.de	Magnetpulver-Kupplungen und Bremsen
www.moeller.net (www.eaton.com)	Steuerungskomponenten, Kleinsteuerung easy, Sicherheitssysteme, Leitungsführungs- und Verdrahtungssysteme
www.neff-home.com	elektrische Haushaltgeräte
www.net-gmbh.com	CCD-Kameras
www.novar.de	Brandmeldetechnik, Krankenhaus-Kommunikation, Sicherheitstechnik (Brandschutz)
www.obo.de	Befestigungsmittel, Betriebsmittel, Elektroinstallation, Blitzschutz
www.osram.de	Lampen, Leuchten, Beleuchtungstechnik
www.panasonic.com	elektronische Betriebsmittel aller Art, Speicher, Akkumulatoren, Digitalkameras, Geräte IT-Technik
www.phoenixcontact.com	Verbindungstechnik, Überspannungsschutz, Automatisierungstechnik, Steuerungstechnik,
www.piller.com	USV-Anlagen
www.pilz.com	Maschinenautomation, sicherheitsbezogene Steuerungen
www.plug-in.de	Industrie-PC, PC-Messtechnik

Adresse	Produkte/Dienstleistungen
www.pulspower.com	Stromversorgungen, Netzteile
www.raytec.ch	kontaktlose Temperaturmessung
www.roxtec.com	Brandschutz, Abdichtungen für Kabel, Rohre
www.rs-online.com	elektrische Komponenten und Betriebsmittrel, Geräte
www.schalk.de	Überwachungsrelais, Freischalter
www.schmersal.com	sicherheitsbezogene Steuerungen
www.siedle.de	Rufanlagen, Sicherheitssysteme
www.siemens.com	Betriebsmittel allgemein, Installationstechnik, Gebäudeautomation, Gebäudesicherheit, Kleinsteuerung LOGO!, Sensorik, Mess- und Prüftechnik, Kommunikationssysteme
www.socomec.de	USV-Anlagen
www.somfy.de	Automatisierung von Rollläden, Jalousien, Sonnenschutz, Garagentoren
www.spelsberg.de	Elektroinstallations- und Gehäusesysteme
www.ssam.com	Sicherheitstechnik
www.steinel.de	Leuchten, Bewegungsmelder
www.technicolor.com	Entertainment, Animationen
www.ti.com	Komponenten Texas Instruments
www.timmer.de	Komponenten der Pneumatik
www.trilux.com	Beleuchtungstechnik
www.vde.com	VDE-Vorschriftenwerk, auch Seminare vom VDE
www.vdma.org	Fachverband Industrial Communication
www.vem-group.com	elektrische Maschinen, Generatoren für Windkraftanlagen
www.vicorpower.com	Stromversorgungen
www.vosla.com	Beleuchtungen
www.wago.com	Steckverbinder der Gebäudeinstallation, Steuerungen
www.walcher.com	Netzregler
www.wieland-electric.com	elektrische Verbindungen
www.windpower.org	Windkraftanlagen
www.zdh.de	Zentralverband ZDH
www.zumtobel.com	Beleuchtungen
www.zveh.de	Zentralverband der Deutschen Elektro- und Informationstechnischen Handwerke ZVEH
www.zvei.org	Zentralverband ZVEI Elektrotechnik- und Elektronikindustrie
www.z-z.de	Brandschutzsysteme

Unterstützende Firmen und Dienststellen

Die nachfolgend aufgeführten Firmen und Dienststellen haben die Autoren durch Beratung, durch Zurverfügungstellung von Druckschriften und Bildern sowohl bei der Textbearbeitung als auch bei der bildlichen Ausgestaltung des Buches unterstützt. Es wird ihnen herzlich gedankt.

ABB Asea Brown Boveri AG
68165 Mannheim

Albrecht Jung GmbH
58579 Schalksmühle

Berker GmbH & Co. KG
58579 Schalksmühle

Busch-Jaeger Elektro GmbH
58513 Lüdenscheid

CIMCO-Werkzeugfabrik
42855 Remscheid

Danfoss Antriebs- und Regeltechnik GmbH
63004 Offenbach

Dehn + Söhne
92306 Neumarkt

EnBW Energieversorgung
Baden-Württemberg
70174 Stuttgart

Fluke Deutschland GmbH
79286 Glottertal

Forschungs- und Technologie-Zentrum FTZ
64295 Darmstadt

General Electric Deutschland
60313 Frankfurt

GMC-I Messtechnik GmbH
90449 Nürnberg

Hager Electro GmbH & Co. KG
66440 Blieskastel

Hartmann und Braun AG
60478 Frankfurt

HEA – Fachgemeinschaft für effiziente Energieanwendung e.V.
10117 Berlin

Hirschmann GmbH & Co.
73728 Esslingen

IBM Deutschland GmbH Informationssysteme
71139 Ehningen

Jokari-Krampe GmbH
59387 Ascheberg-Herbern

Knipex-Werk
42334 Wuppertal

Lapp KG
70565 Stuttgart

Leuze Electronic GmbH & Co
73277 Owen-Teck

Mitsubishi Electric Europe GmbH
40880 Ratingen

Phoenix Contact GmbH & Co. KG
32819 Blomberg

Rohde & Schwarz GmbH & Co. KG
81671 München

Schalk Steuerungstechnik GmbH
87784 Westerheim

Siedle & Söhne
78113 Furtwangen

Siemens AG
91050 Erlangen
80333 München

Trilux AG
CH-8957 Spreitenbach

VDE Verband der Elektrotechnik Elektronik Informationstechnik e.V.
60596 Frankfurt

vosLED GmbH
08523 Plauen

Wago Kontakttechnik GmbH
32423 Minden

Zapp-Zimmermann GmbH
50769 Köln

Bildquellenverzeichnis

Die meisten Bilder stammen aus dem Arbeitsumfeld der Autoren. Ergänzend hierzu haben die nachfolgend genannten Unternehmen die Ausgestaltung des Buches durch Informationen und durch Bilder unterstützt. Dabei sind diesen alle Rechte vorbehalten. Kein Teil darf daher ohne vorherige schriftliche Genehmigung weitergegeben oder übertragen werden. Verlag und Autoren danken den Unternehmen recht herzlich für diese Unterstützung.

Anstelle einer Postadresse sind bei den Unternehmen die Internetadressen angegeben, unter denen die Ansprechpartner, z. B. Pressestellen, für weitergehende Informationen erreichbar sind. Außerdem sind über die Internetadresse bei Bedarf weitergehende Informationen erhältlich.

Bild	Internetadresse
1.2	www.conrad.de
2.46	www.ledtronics.com
2.47	www.vosla.com
4.13, 6.36	www.dehn.de
4.17, 16.18, 16.19, 16.21	www.hager.de
5.4	www.siemens.com
5.5	www.gira.de
6.22, 6.23, 17.11	www.fluke.com
6.32	www.spelsberg.de
7.5	www.eaton.com
8.7, 8.17	www.obo.de
8.29	www.z-z.de
10.2	www.knipex.de
10.4, 17.3	www.phoenixcontact.de
10.6, 10.7	www.jokari.de
10.14, 17.3, 18.2	www.beha-amprobe.com
11.17	www.schalk.de
12.4	www.trilux.de
15.1	www.somfy.com
15.4, 15.7	www.presto-vedder.de
16.13	www.digitalstrom.com
16.25, 16.27	www.busch-jaeger.de
17.16, 17.17	www.gmc-instruments.de
19.10, 19.11	www.telekom.de
21.5	www.geoplex.de

Planung und Ausführung einer Elektroinstallation

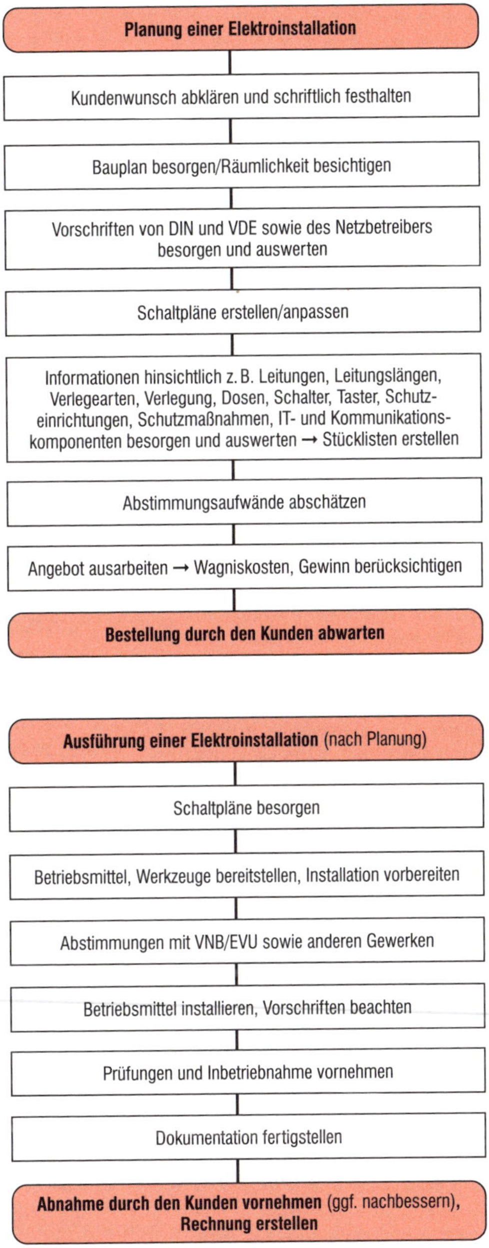

Stichwortverzeichnis

T

U

V

Mehr Titel vom Hüthig Verlag

Petra Bodenstein, Jörg Veit (Hrsg.)
WissensFächer – Englisch für Elektrofachkräfte ISBN 978-3-8101-0447-2

Alwin Burgholte
Elektromagnetische Verträglichkeit Umwelt
(EMVU) ISBN 978-3-8101-0469-4

Klaus Bödeker, Michael Lochthofen
Prüfung elektrischer Geräte ISBN 978-3-8101-0564-6

Klaus Bödeker, Michael Lochthofen, Kirsten Rohlof
Wiederholungsprüfungen nach DIN VDE 0105
– Elektrische Gebäudeinstallationen und
ihre Betriebsmittel ISBN 978-3-8101-0573-8

André Croissant
Elektroinstallationen im Ex-Bereich ISBN 978-3-8101-0444-1

Marc Fengel
Speicher am Niederspannungsnetz – Planung,
Errichtung und Betrieb von Batteriespeichern
in elektrischen Anlagen ISBN 978-3-8101-0537-0

Heinz-Dieter Fröse
Brandschutz für Kabel und Leitungen ISBN 978-3-8101-0595-0
Elektrofachkraft für festgelegte Tätigkeiten, Band 1 ISBN 978-3-8101-0567-7
Elektrofachkraft für festgelegte Tätigkeiten, Band 2 ISBN 978-3-8101-0599-8
Regelkonforme Installation von PV-Anlagen ISBN 978-3-8101-0580-6

Gero Gerber
Brandmeldeanlagen ISBN 978-3-8101-0464-9

Kai A. Hannich, Bernd Landsiedel
Praxiswissen Recht in der Elektrotechnik ISBN 978-3-8101-0430-4

Ulrich C. Heckner, Sabine Bernstein
Rechtssicherheit im Elektrohandwerk ISBN 978-3-8101-0448-9

Ismail Kasikci
Projektierung von Niederspannungsanlagen
– Betriebsmittel, Vorschriften, Praxisbeispiele ISBN 978-3-8101-0468-7

Markus Klar
Verantwortung und Haftung in der Elektrotechnik ISBN 978-3-8101-0376-5

Ludwig H. Klatzka, Jörg Veit (Hrsg.)
WissensFächer – Kalkulation und Betriebsführung ISBN 978-3-8101-0399-4

Michael Körmer, Willi Meyer
KNX/EIB Engineering Tool Software
– Sicherer Ein- und Umstieg von ETS5 auf ETS6 ISBN 978-3-8101-0521-9

Rainer Langer
Innenbeleuchtungen ISBN 978-3-8101-0405-2

Martin Schauer
Feldreduzierung in Gebäuden – Geschirmte Elektroinstallation, Abschirmung an Gebäuden und in Wohnungen (E-Book) ISBN 978-3-8101-0523-3

Herbert Schmolke
Auswahl und Bemessung von Kabeln und Leitungen ISBN 978-3-8101-0556-1
Elektromagnetische Verträglichkeit in der Elektroinstallation ISBN 978-3-8101-0354-3
Schutzeinrichtungen – Anforderungen, Empfehlungen undHintergründe nach TAB, VDE 0100 und DIN 18015 ISBN 978-3-8101-0475-5

Andreas Simon
Sprachalarmanlagen und elektroakustische Notfallwarnsysteme ISBN 978-3-8101-0454-0

Jörg Veit
WissensFächer – Elektroinstallation ISBN 978-3-8101-0583-7
WissensFächer – Energieeffizienz ISBN 978-3-8101-0372-7
WissensFächer – Formeln für Elektrotechniker ISBN 978-3-8101-0398-7
WissensFächer – Lichttechnik ISBN 978-3-8101-0418-2

Jörg Veit, Fritz Staudacher
WissensFächer – Elektromobilität ISBN 978-3-8101-0598-1

Jörg Veit, Thomas Wübbe
WissensFächer – Informations- und Kommunikationstechnik ISBN 978-3-8101-0450-2

Martin H. Virnich
Baubiologische EMF-Messtechnik – Grundlagen der Feldtheorie, Praxis der Feldmesstechnik ISBN 978-3-8101-0525-7

Bruno Weis, Hans Finke
Not- und Sicherheitsbeleuchtung ISBN 978-3-8101-0584-4

Frank Ziegler
Blitz- und Überspannungsschutz ISBN 978-3-8101-0435-9
Gewusst wie: Normen und Vorschriften im Berufsalltag der Elektrofachkraft ISBN 978-3-8101-0462-5

Carl-Heinz Zieseniß, Frank Lindemuth, Paul Schmits
Beleuchtungstechnik für den Elektrofachmann ISBN 978-3-8101-0394-9

Diese und weitere Titel finden Sie
in unserem de-Buchshop:
shop.elektro.net